全国高等学校自动化专业系列教材

教育部高等学校自动化专业教学指导分委员会牵头规划

普通高等教育"十一五"国家级规划教材

Computer Control Systems
计算机控制系统

北京航空航天大学　　　高金源　夏　洁　编著
　　　　　　　　　　　Gao Jinyuan, Xia Jie

北京理工大学　　　　　张宇河　主审
　　　　　　　　　　　Zhang Yuhe

清华大学出版社
北京

内 容 简 介

本书系统地讲述计算机控制系统基本原理与实现技术问题。全书共 10 章,分为三部分:(1)计算机控制的基础理论,包括计算机控制概述、系统信号分析、计算机控制系统数学描述、离散系统分析;(2)计算机控制系统设计,包括连续域离散化设计、直接离散域设计(如根轨迹设计、w' 域设计)和状态空间设计等;(3)计算机控制系统工程实现技术,包括计算机控制系统的构建、工程实现的某些问题(如量化误差分析、采样周期的选取以及抗干扰和可靠性等)、嵌入式系统、可编程控制器、集散控制系统、总线控制系统及控制网络系统。最后一章介绍了三个应用实例。书末附有 z 变换的常用表,全书各章的习题均放在附录中。在所附光盘中,给出本书所涉及的 MATLAB 常用指令表和符号语言工具箱、部分习题解答、基于本书内容的教师用电子教案。

本书可作为高等学校自动控制(自动化)、电气工程、仪器仪表及机电一体化专业的教材,也可作为研究生教学的基础教材,同时也是有关工程技术人员的有用参考资料。

本书封面贴有清华大学出版社防伪标签,无标签者不得销售。
版权所有,侵权必究。举报: 010-62782989,beiqinquan@tup.tsinghua.edu.cn。

图书在版编目(CIP)数据

计算机控制系统/高金源,夏洁编著. ——北京: 清华大学出版社,2007.1(2022.1重印)
(全国高等学校自动化专业系列教材)
ISBN 978-7-302-13600-2

Ⅰ. 计… Ⅱ. ①高… ②夏… Ⅲ. 计算机控制系统—高等学校—教材 Ⅳ. TP273

中国版本图书馆 CIP 数据核字(2006)第 091697 号

责任编辑: 王一玲　王敏稚
责任校对: 时翠兰
责任印制: 宋　林

出版发行: 清华大学出版社
　　网　　址: http://www.tup.com.cn, http://www.wqbook.com
　　地　　址: 北京清华大学学研大厦 A 座　　邮　编: 100084
　　社 总 机: 010-62770175　　邮　购: 010-83470235
　　投稿与读者服务: 010-62776969, c-service@tup.tsinghua.edu.cn
　　质 量 反 馈: 010-62772015, zhiliang@tup.tsinghua.edu.cn
印 装 者: 三河市铭诚印务有限公司
经　　销: 全国新华书店
开　　本: 175mm×245mm　　印　张: 31.5　　字　数: 612 千字
　　　　　(附光盘 1 张)
版　　次: 2007 年 1 月第 1 版　　印　次: 2022 年 1 月第 12 次印刷
定　　价: 79.00 元

产品编号: 017416-04

出版说明

《全国高等学校自动化专业系列教材》

为适应我国对高等学校自动化专业人才培养的需要，配合各高校教学改革的进程，创建一套符合自动化专业培养目标和教学改革要求的新型自动化专业系列教材，"教育部高等学校自动化专业教学指导分委员会"（简称"教指委"）联合了"中国自动化学会教育工作委员会"、"中国电工技术学会高校工业自动化教育专业委员会"、"中国系统仿真学会教育工作委员会"和"中国机械工业教育协会电气工程及自动化学科委员会"四个委员会，以教学创新为指导思想，以教材带动教学改革为方针，设立专项资助基金，采用全国公开招标方式，组织编写出版一套自动化专业系列教材——《全国高等学校自动化专业系列教材》。

本系列教材主要面向本科生，同时兼顾研究生；覆盖面包括专业基础课、专业核心课、专业选修课、实践环节课和专业综合训练课；重点突出自动化专业基础理论和前沿技术；以文字教材为主，适当包括多媒体教材；以主教材为主，适当包括习题集、实验指导书、教师参考书、多媒体课件、网络课程脚本等辅助教材；力求做到符合自动化专业培养目标、反映自动化专业教育改革方向、满足自动化专业教学需要；努力创造使之成为具有先进性、创新性、适用性和系统性的特色品牌教材。

本系列教材在"教指委"的领导下，从2004年起，通过招标机制，计划用3～4年时间出版50本左右教材，2006年开始陆续出版问世。为满足多层面、多类型的教学需求，同类教材可能出版多种版本。

本系列教材的主要读者群是自动化专业及相关专业的大学生和研究生，以及相关领域和部门的科学工作者和工程技术人员。我们希望本系列教材既能为在校大学生和研究生的学习提供内容先进、论述系统和适于教学的教材或参考书，也能为广大科学工作者和工程技术人员的知识更新与继续学习提供适合的参考资料。感谢使用本系列教材的广大教师、学生和科技工作者的热情支持，并欢迎提出批评和意见。

《全国高等学校自动化专业系列教材》编审委员会
2005年10月于北京

《全国高等学校自动化专业系列教材》编审委员会

顾　　问（按姓氏笔画）：

　　　　　　　　王行愚（华东理工大学）　　　冯纯伯（东南大学）
　　　　　　　　孙优贤（浙江大学）　　　　　吴启迪（同济大学）
　　　　　　　　张嗣瀛（东北大学）　　　　　陈伯时（上海大学）
　　　　　　　　陈翰馥（中国科学院）　　　　郑大钟（清华大学）
　　　　　　　　郑南宁（西安交通大学）　　　韩崇昭（西安交通大学）

主任委员：　　吴　澄（清华大学）

副主任委员：　赵光宙（浙江大学）　　　　萧德云（清华大学）

委　　员（按姓氏笔画）：

　　　　　　　　王　雄（清华大学）　　　　　方华京（华中科技大学）
　　　　　　　　史　震（哈尔滨工程大学）　　田作华（上海交通大学）
　　　　　　　　卢京潮（西北工业大学）　　　孙鹤旭（河北工业大学）
　　　　　　　　刘建昌（东北大学）　　　　　吴　刚（中国科技大学）
　　　　　　　　吴成东（沈阳建筑工程学院）　吴爱国（天津大学）
　　　　　　　　陈庆伟（南京理工大学）　　　陈兴林（哈尔滨工业大学）
　　　　　　　　郑志强（国防科技大学）　　　赵　曜（四川大学）
　　　　　　　　段其昌（重庆大学）　　　　　程　鹏（北京航空航天大学）
　　　　　　　　谢克明（太原理工大学）　　　韩九强（西安交通大学）
　　　　　　　　褚　健（浙江大学）　　　　　蔡鸿程（清华大学出版社）
　　　　　　　　廖晓钟（北京理工大学）　　　戴先中（东南大学）

工作小组（组长）：　萧德云（清华大学）
　　　　（成员）：　陈伯时（上海大学）　　　郑大钟（清华大学）
　　　　　　　　　田作华（上海交通大学）　　赵光宙（浙江大学）
　　　　　　　　　韩九强（西安交通大学）　　陈兴林（哈尔滨工业大学）
　　　　　　　　　陈庆伟（南京理工大学）
　　　　（助理）：　郭晓华（清华大学）

责任编辑：　　王一玲（清华大学出版社）

序 FOREWORD

自动化学科有着光荣的历史和重要的地位，20世纪50年代我国政府就十分重视自动化学科的发展和自动化专业人才的培养。五十多年来，自动化科学技术在众多领域发挥了重大作用，如航空、航天等，"两弹一星"的伟大工程就包含了许多自动化科学技术的成果。自动化科学技术也改变了我国工业整体的面貌，不论是石油化工、电力、钢铁，还是轻工、建材、医药等领域都要用到自动化手段，在国防工业中自动化的作用更是巨大的。现在，世界上有很多非常活跃的领域都离不开自动化技术，比如机器人、月球车等。另外，自动化学科对一些交叉学科的发展同样起到了积极的促进作用，例如网络控制、量子控制、流媒体控制、生物信息学、系统生物学等学科就是在系统论、控制论、信息论的影响下得到不断的发展。在整个世界已经进入信息时代的背景下，中国要完成工业化的任务还很重，或者说我们正处在后工业化的阶段。因此，国家提出走新型工业化的道路和"信息化带动工业化，工业化促进信息化"的科学发展观，这对自动化科学技术的发展是一个前所未有的战略机遇。

机遇难得，人才更难得。要发展自动化学科，人才是基础、是关键。高等学校是人才培养的基地，或者说人才培养是高等学校的根本。作为高等学校的领导和教师始终要把人才培养放在第一位，具体对自动化系或自动化学院的领导和教师来说，要时刻想着为国家关键行业和战线培养和输送优秀的自动化技术人才。

影响人才培养的因素很多，涉及教学改革的方方面面，包括如何拓宽专业口径、优化教学计划、增强教学柔性、强化通识教育、提高知识起点、降低专业重心、加强基础知识、强调专业实践等，其中构建融会贯通、紧密配合、有机联系的课程体系，编写有利于促进学生个性发展、培养学生创新能力的教材尤为重要。清华大学吴澄院士领导的《全国高等学校自动化专业系列教材》编审委员会，根据自动化学科对自动化技术人才素质与能力的需求，充分吸取国外自动化教材的优势与特点，在全国范围内，以招标方式，组织编写了这套自动化专业系列教材，这对推动高等学校自动化专业发展与人才培养具有重要的意义。这套系列教材的建设有新思路、新机制，适应了高等学校教学改革与发展的新形势，立足创建精品教材，重视实践性环节在人才培养中的作用，采用了竞争机制，以激励和推动教材建设。在此,我谨向参与本系列教材规划、组织、编写的老师致以诚挚的感谢,并希望该系列教材在全国高等学校自动化专业人才培养中发挥应有的作用。

吴启迪 教授

2005 年 10 月于教育部

序 FOREWORD

《全国高等学校自动化专业系列教材》编审委员会在对国内外部分大学有关自动化专业的教材做深入调研的基础上，广泛听取了各方面的意见，以招标方式，组织编写了一套面向全国本科生（兼顾研究生）、体现自动化专业教材整体规划和课程体系、强调专业基础和理论联系实际的系列教材，自2006年起将陆续面世。全套系列教材共50多本，涵盖了自动化学科的主要知识领域，大部分教材都配置了包括电子教案、多媒体课件、习题辅导、课程实验指示书等立体化教材配件。此外，为强调落实"加强实践教育，培养创新人才"的教学改革思想，还特别规划了一组专业实验教程，包括《自动控制原理实验教程》、《运动控制实验教程》、《过程控制实验教程》、《检测技术实验教程》和《计算机控制系统实验教程》等。

自动化科学技术是一门应用性很强的学科，面对的是各种各样错综复杂的系统，控制对象可能是确定性的，也可能是随机性的；控制方法可能是常规控制，也可能需要优化控制。这样的学科专业人才应该具有什么样的知识结构，又应该如何通过专业教材来体现，这正是"系列教材编审委员会"规划系列教材时所面临的问题。为此，设立了《自动化专业课程体系结构研究》专项研究课题，成立了由清华大学萧德云教授负责，包括清华大学、上海交通大学、西安交通大学和东北大学等多所院校参与的联合研究小组，对自动化专业课程体系结构进行深入的研究，提出了按"控制理论与工程、控制系统与技术、系统理论与工程、信息处理与分析、计算机与网络、软件基础与工程、专业课程实验"等知识板块构建的课程体系结构。以此为基础，组织规划了一套涵盖几十门自动化专业基础课程和专业课程的系列教材。从基础理论到控制技术，从系统理论到工程实践，从计算机技术到信号处理，从设计分析到课程实验，涉及的知识单元多达数百个、知识点几千个，介入的学校50多所，参与的教授120多人，是一项庞大的系统工程。从编制招标要求、公布招标公告，到组织投标和评审，最后商定教材大纲，凝聚着全国百余名教授的心血，为的是编写出版一套具有一定规模、富有特色的，既考虑研究型大学又考虑应用型大学的自动化专业创新型系列教材。

然而，如何进一步构建完善的自动化专业教材体系结构？如何建设基础知识与最新知识有机融合的教材？如何充分利用现代技术,适应现代大学生的接受习惯,改变教材单一形态,建设数字化、电子化、网络化等多元形态、开放性的"广义教材"？等等,这些都还有待我们进行更深入的研究。

  本套系列教材的出版,对更新自动化专业的知识体系、改善教学条件、创造个性化的教学环境,一定会起到积极的作用。但是由于受各方面条件所限,本套教材从整体结构到每本书的知识组成都可能存在许多不当甚至谬误之处,还望使用本套教材的广大教师、学生及各界人士不吝批评指正。

院士

2005 年 10 月于清华大学

前言

　　计算机在实时控制领域中获得了广泛的应用。在国民经济及国防等各个领域中，采用计算机控制是现代化的重要标志。计算机控制学科涉及计算机控制的基本理论、分析、设计与工程实现等多方面内容。

　　本书是依照"全国高等学校自动化专业系列教材编审委员会"审定的教材大纲编写的。

　　本书兼顾计算机控制基本原理和实现技术两大方面的教学要求。通过本书的学习，读者可在计算机控制基本原理和实现技术方面获得较全面的培养和锻炼。全书除第 1 章外，其余各章可分为三部分：(1)计算机控制的理论基础(第 2～4 章)。考虑到这部分内容较为成熟，在前修课的基础上，将简练、系统、深入地讲述一些基础性的内容；(2)计算机控制系统设计(第 5～6 章)。遵循经典与现代设计方法并重的原则，重点讨论连续离散化设计、离散域根轨迹设计、w' 域设计和状态空间设计等相关内容；(3)计算机控制系统工程实现技术(第 7～10 章)。由于计算机硬软件技术发展日新月异，因此，在论述基本工程实现技术的基础上，重点介绍了现代先进计算机控制的实现技术。除第 7 章介绍一些基本的工程实现技术外，第 8～9 章分别讨论了嵌入式系统、可编程控制器、集散式系统、现场总线和网络控制等先进控制技术。第 10 章介绍了 3 个计算机控制系统实例，以增强读者的感性认识。鉴于自动控制专业学生在微机原理及接口技术等相关课程中对计算机系统硬件已有较系统的学习，本书将不再重复，但在论述计算机控制系统构建及实现技术时，从应用的角度上讨论了相关问题。为了加强教材理论联系实际和实践能力的培养，本书在组织教材的基本内容时，特别注意论述工程中常用的方法和解释实践中比较关心的问题。此外，各章节将结合具有典型工程背景的实例进行相关内容的论述，大部分例题和习题均有各种实际应用背景，并且结合工程实例和配合典型实验系统设置习题作业，使学生在初级阶段就可以从事一些简单系统的设计和实现任务。本书在论述计算机控制系统分析、设计时，充分恰当地使用了现代的计算工具 MATLAB 及 Simulink 软件，特别是，应用了其中的符号语言工具箱，将有效地帮助学生完成复杂计算，实现系统的分析和设计。

　　本书书末有 2 个附录，分别为 z 变换表和各章的习题。为了帮助读者学习和运用所学知识解决问题的能力，本书给出了较多的习题。随书将附带一张光盘，其中包括本书在分析设计和仿真中涉及到的 MATLAB 常用指令表、MATLAB 软件符号语言工具箱以及本书部分习题的解答。另外还提供基于本书内容的电子教案，以便于选择该教材的教师教学时使用。

本书可供自动控制（自动化）专业本科及研究生教学使用，亦可供电气、仪器仪表及机电一体化等专业选用。为了满足学生的自主性、研究性学习要求，调动学生学习的积极性，激发学生的潜能，满足培养优秀生的要求，在组织教材内容时，适量地编入了某些较深入或前沿问题，习题中也包括了一些难度稍大的问题，教学时可以适当选用。对于普通高校自动控制专业本科生，通常可选用第 1 章及第 2～4 章的重点内容和第 5、6 及 7、8 各章。根据教学大纲及学时要求，亦可放弃第 6 章及第 8 章的学习。第 9、10 章可供教学和优秀生学习参考。

学习本书的知识背景是：一般连续控制理论以及微机原理和接口技术的基本知识。

本书是在北京航空航天大学计算机控制教学小组近 20 年教学、编写及使用多本教材所积累的经验并参阅了近年来国内外有关教材的基础上编写的。多年来本学科在计算机控制系统分析、设计和实现技术方面积累了一定的经验，这些经验在相应章节中做了一定的反映，本教材可以看作是北京航空航天大学自动控制系计算机控制教学小组集体编著的。全书由高金源教授与夏洁副教授共同编写。高金源负责编写第 1～6 章，夏洁负责编写第 7～10 章。在编写过程中教学小组的张平教授、周锐教授提供了许多章节的原始资料和意见。此外，北京航空航天大学自动控制系扈宏杰副教授等还提供了一些研究实例，在此，特向他们表示衷心的感谢。

全书由北京理工大学张宇河教授主审。张宇河教授对全书进行了详细认真的审阅，提出了许多宝贵意见。本书的出版得到了清华大学出版社王一玲女士的大力支持与帮助。在此一并对他们表示衷心的感谢。

在编写过程中学习和汲取了部分国内外有关教材的内容，受益匪浅，对此表示谢意。

由于编者的知识和经验有限，不妥之处在所难免，期望得到读者的批评指正。

编　者

2006 年 3 月

目录

第1章 计算机控制导论 ... 1
1.1 计算机控制系统概述 ... 1
1.1.1 计算机控制系统组成 ... 1
1.1.2 计算机控制系统特点 ... 4
1.1.3 计算机控制系统优点 ... 4
1.2 计算机控制系统的发展与应用 ... 6
1.2.1 计算机控制系统发展概述 ... 6
1.2.2 计算机控制系统应用与分类 ... 8
1.3 计算机控制系统的理论与设计问题 ... 12
1.3.1 计算机控制系统的理论问题 ... 12
1.3.2 计算机控制系统的设计与实现 ... 15
本章小结 ... 17

第2章 计算机控制系统信号分析 ... 18
2.1 控制系统中信号分类 ... 18
2.1.1 A/D 变换 ... 20
2.1.2 D/A 变换 ... 21
2.1.3 计算机控制系统中信号的分类 ... 22
2.2 理想采样过程的数学描述及特性分析 ... 23
2.2.1 采样过程的描述 ... 23
2.2.2 理想采样信号的时域描述 ... 24
2.2.3 理想采样信号的复域描述 ... 26
2.2.4 理想采样信号的频域描述 ... 29
2.2.5 采样定理 ... 34
2.2.6 前置滤波器 ... 37
2.3 信号的恢复与重构 ... 39
2.3.1 理想恢复过程 ... 39
2.3.2 非理想恢复过程 ... 40
2.3.3 零阶保持器 ... 41

    2.3.4 后置滤波 ·············· 43
 2.4 信号的整量化 ·············· 43
 2.5 计算机控制系统简化结构 ·············· 44
 本章小结 ·············· 45

第3章 计算机控制系统的数学描述 ·············· 47

 3.1 离散系统的时域描述——差分方程 ·············· 47
   3.1.1 差分的定义 ·············· 47
   3.1.2 差分方程 ·············· 48
   3.1.3 线性常系数差分方程的迭代求解 ·············· 49
 3.2 z变换 ·············· 50
   3.2.1 z变换的定义 ·············· 50
   3.2.2 z变换的基本定理 ·············· 53
   3.2.3 求z变换及反变换的方法 ·············· 56
   3.2.4 差分方程的z变换解法 ·············· 61
 3.3 脉冲传递函数 ·············· 61
   3.3.1 脉冲传递函数定义 ·············· 61
   3.3.2 脉冲传递函数特性 ·············· 62
   3.3.3 差分方程与脉冲传递函数 ·············· 63
 3.4 离散系统的方块图分析 ·············· 64
   3.4.1 环节连接的等效变换 ·············· 65
   3.4.2 闭环反馈系统脉冲传递函数 ·············· 67
   3.4.3 计算机控制系统的闭环脉冲传递函数 ·············· 69
   3.4.4 干扰作用时闭环系统的输出 ·············· 72
 3.5 离散系统的频域描述 ·············· 73
   3.5.1 离散系统频率特性的定义 ·············· 73
   3.5.2 离散系统频率特性的计算 ·············· 73
   3.5.3 离散系统频率特性的特点 ·············· 77
 3.6 离散系统的状态空间描述 ·············· 81
   3.6.1 由差分方程建立离散状态方程 ·············· 81
   3.6.2 由脉冲传递函数建立离散状态方程 ·············· 83
   3.6.3 计算机控制系统状态方程 ·············· 85
   3.6.4 离散状态方程求解 ·············· 89
   3.6.5 脉冲传递函数阵 ·············· 90
 3.7 应用实例 ·············· 90
 本章小结 ·············· 95

第4章 计算机控制系统分析 ········· 97

4.1 s平面和z平面之间的映射 ········· 97
4.1.1 s平面和z平面的基本映射关系 ········· 97
4.1.2 s平面上等值线在z平面的映射 ········· 101

4.2 稳定性分析 ········· 103
4.2.1 离散系统的稳定条件 ········· 104
4.2.2 稳定性的检测 ········· 105
4.2.3 采样周期与系统稳定性 ········· 108

4.3 稳态误差分析 ········· 109
4.3.1 离散系统稳态误差的定义 ········· 109
4.3.2 离散系统稳态误差的计算 ········· 110
4.3.3 采样周期对稳态误差的影响 ········· 113

4.4 时域特性分析 ········· 115
4.4.1 离散系统动态特性指标的提法及限制条件 ········· 115
4.4.2 极点零点位置与时间响应的关系 ········· 116
4.4.3 采样系统动态响应的计算 ········· 120

4.5 频域特性分析 ········· 121
4.5.1 频域系统稳定性的分析 ········· 121
4.5.2 相对稳定性的检验 ········· 123

4.6 应用实例 ········· 124

本章小结 ········· 126

第5章 计算机控制系统的经典设计方法 ········· 128

5.1 连续域—离散化设计 ········· 128
5.1.1 设计原理和步骤 ········· 128
5.1.2 各种离散化方法 ········· 130

5.2 数字PID控制器设计 ········· 156
5.2.1 数字PID基本算法 ········· 156
5.2.2 数字PID控制算法改进 ········· 159
5.2.3 PID调节参数的整定 ········· 164

5.3 控制系统z平面设计性能指标要求 ········· 167
5.3.1 时域性能指标要求 ········· 167
5.3.2 频域性能指标要求 ········· 169

5.4 z平面根轨迹设计 ········· 170
5.4.1 z平面根轨迹 ········· 170

5.4.2　z平面根轨迹设计方法 …………………………………… 172
　5.5　w'变换及频率域设计 …………………………………………… 178
　　　5.5.1　w'变换 …………………………………………………… 178
　　　5.5.2　w'域设计法 ……………………………………………… 182
　　　5.5.3　设计举例 …………………………………………………… 182
　本章小结 ……………………………………………………………… 187

第6章　计算机控制系统状态空间设计 …………………………………… 189

　6.1　离散系统状态空间描述的基本特性 ……………………………… 190
　　　6.1.1　可控性与可达性 …………………………………………… 190
　　　6.1.2　可观性 ……………………………………………………… 194
　　　6.1.3　可控性及可观性某些问题的说明 ………………………… 196
　　　6.1.4　采样系统可控可观性与采样周期的关系 ………………… 198
　6.2　状态反馈控制律的极点配置设计 ………………………………… 200
　　　6.2.1　状态反馈控制 ……………………………………………… 201
　　　6.2.2　单输入系统的极点配置 …………………………………… 203
　　　6.2.3　多输入系统的极点配置 …………………………………… 208
　6.3　状态观测器设计 …………………………………………………… 209
　　　6.3.1　系统状态的开环估计 ……………………………………… 209
　　　6.3.2　全阶状态观测器设计 ……………………………………… 210
　　　6.3.3　降维状态观测器 …………………………………………… 216
　6.4　调节器设计(控制律与观测器的组合) …………………………… 217
　　　6.4.1　调节器设计分离原理 ……………………………………… 218
　　　6.4.2　调节器系统的控制器 ……………………………………… 218
　　　6.4.3　控制律及观测器极点选择 ………………………………… 219
　6.5　最优二次型设计 …………………………………………………… 222
　　　6.5.1　概述 ………………………………………………………… 222
　　　6.5.2　无限时间离散最优二次型 ………………………………… 223
　　　6.5.3　采样系统最优二次型设计 ………………………………… 225
　　　6.5.4　离散最优二次型调节器 …………………………………… 228
　本章小结 ……………………………………………………………… 229

第7章　计算机控制系统组建以及实现技术 ……………………………… 230

　7.1　硬件组成及输入输出接口 ………………………………………… 231
　　　7.1.1　控制用计算机系统的硬件要求 …………………………… 232
　　　7.1.2　控制用计算机的选择 ……………………………………… 235

目录

7.1.3 计算机控制系统的模拟输出通道 ………………… 237
7.1.4 计算机控制系统的模拟输入通道 ………………… 242
7.1.5 计算机控制系统的数字输入输出通道 …………… 248
7.1.6 信号的调理 …………………………………………… 250
7.1.7 总线技术 ……………………………………………… 251

7.2 系统测试信号的处理 ……………………………………… 256
7.2.1 测试信号的滤波 …………………………………… 256
7.2.2 测试信号的线性化处理 …………………………… 259

7.3 计算机控制系统的实时软件设计 ………………………… 260
7.3.1 软件的分类 ………………………………………… 260
7.3.2 实时控制程序设计语言的选用 …………………… 262
7.3.3 实时控制软件的设计 ……………………………… 263

7.4 控制算法的编排实现 ……………………………………… 266
7.4.1 控制算法的编排结构 ……………………………… 266
7.4.2 比例因子的配置 …………………………………… 268

7.5 量化效应分析 ……………………………………………… 272
7.5.1 有限字长二进制特性 ……………………………… 273
7.5.2 计算机控制系统中的量化 ………………………… 277
7.5.3 量化误差分析 ……………………………………… 277
7.5.4 量化效应的非线性分析 …………………………… 281
7.5.5 控制算法 δ 变换描述 …………………………… 284

7.6 采样频率的选取 …………………………………………… 286
7.6.1 采样频率对系统性能的影响 ……………………… 286
7.6.2 选择采样频率的经验规则 ………………………… 289
7.6.3 多采样频率配置 …………………………………… 290

7.7 计算机控制系统的抗干扰及可靠性技术 ………………… 291
7.7.1 干扰源及抗干扰措施 ……………………………… 291
7.7.2 提高系统可靠性的措施 …………………………… 297

本章小结 ………………………………………………………… 301

第8章 嵌入式系统及可编程控制器 …………………………… 303

8.1 嵌入式系统 ………………………………………………… 303
8.1.1 概述 ………………………………………………… 303
8.1.2 软硬件协同设计技术 ……………………………… 307
8.1.3 实时操作系统 ……………………………………… 310
8.1.4 嵌入式系统的开发 ………………………………… 316

　　　　8.1.5　嵌入式控制系统设计实例 …………………………………… 324
　　8.2　可编程控制器(PLC) ……………………………………………… 327
　　　　8.2.1　概述 …………………………………………………………… 327
　　　　8.2.2　PLC的结构和工作原理 ……………………………………… 331
　　　　8.2.3　PLC常用编程语言 …………………………………………… 337
　　　　8.2.4　PLC的应用实例 ……………………………………………… 342
　　　　8.2.5　PLC的网络系统 ……………………………………………… 347
　本章小结 ……………………………………………………………………… 350

第9章　控制网络系统及网络控制技术 ……………………………………… 351

　　9.1　集散控制系统 ……………………………………………………… 352
　　　　9.1.1　概述 …………………………………………………………… 352
　　　　9.1.2　功能分层体系及基本结构 …………………………………… 354
　　　　9.1.3　集散控制系统的组态性 ……………………………………… 362
　　9.2　现场总线控制系统 ………………………………………………… 366
　　　　9.2.1　概述 …………………………………………………………… 367
　　　　9.2.2　现场总线类型 ………………………………………………… 371
　　　　9.2.3　典型应用系统构成 …………………………………………… 380
　　9.3　以太控制网络系统 ………………………………………………… 385
　　　　9.3.1　控制网络的技术基础 ………………………………………… 387
　　　　9.3.2　以太控制网络系统的组成及其特点 ………………………… 392
　　　　9.3.3　以太网用于工业现场的关键技术 …………………………… 393
　　9.4　控制网络与管理网络集成技术 …………………………………… 397
　　　　9.4.1　网络互联技术 ………………………………………………… 398
　　　　9.4.2　动态数据交换技术 …………………………………………… 398
　　　　9.4.3　远程通信技术 ………………………………………………… 399
　　　　9.4.4　数据库访问技术 ……………………………………………… 400
　　9.5　网络控制系统及其时间同步 ……………………………………… 401
　　　　9.5.1　网络控制系统定义及存在问题 ……………………………… 401
　　　　9.5.2　传输延迟的分析 ……………………………………………… 402
　　　　9.5.3　网络控制的时钟同步 ………………………………………… 403
　　9.6　闭环网络控制系统分析 …………………………………………… 405
　　　　9.6.1　基于事件驱动的稳定性分析 ………………………………… 406
　　　　9.6.2　基于时间驱动的稳定性分析 ………………………………… 408
　　9.7　闭环网络控制系统的控制器设计方法 …………………………… 410
　　　　9.7.1　确定性控制设计方法 ………………………………………… 410

9.7.2 存在问题 ……………………………………………… 412
本章小结 ……………………………………………………… 413

第10章 计算机控制系统设计与应用实例 …………………… 414

10.1 双摆实验系统的计算机控制设计与实现 ……………… 414
  10.1.1 双摆实验控制系统介绍 ………………………… 415
  10.1.2 双摆控制系统的整体方案 ……………………… 416
  10.1.3 双摆系统数学建模 ……………………………… 417
  10.1.4 系统控制器设计 ………………………………… 420
  10.1.5 软件设计 ………………………………………… 423
  10.1.6 闭环控制实验结果 ……………………………… 423

10.2 转台计算机伺服控制系统设计 ………………………… 426
  10.2.1 转台系统介绍 …………………………………… 427
  10.2.2 三轴测试转台的总体控制结构 ………………… 428
  10.2.3 转台单框的数学模型 …………………………… 429
  10.2.4 转台单框控制回路设计 ………………………… 429
  10.2.5 控制系统软件设计 ……………………………… 432
  10.2.6 控制律及仿真结构 ……………………………… 434
  10.2.7 实际控制效果 …………………………………… 434

10.3 民用机场供油集散系统 ………………………………… 435
  10.3.1 民用机场供油系统工艺简介 …………………… 435
  10.3.2 机场供油系统的总体结构 ……………………… 436
  10.3.3 网络设计 ………………………………………… 438
  10.3.4 功能设计 ………………………………………… 438
  10.3.5 硬件设计 ………………………………………… 439
  10.3.6 软件设计 ………………………………………… 440
  10.3.7 实际应用 ………………………………………… 441

本章小结 ……………………………………………………… 444

附录A z变换表 …………………………………………………… 445

附录B 习题 ………………………………………………………… 448

参考文献 …………………………………………………………… 479

第1章 计算机控制导论

数字计算机的出现和发展,在科学技术上引起了一场深刻的革命。数字计算机不仅在科学计算、数据处理等方面获得了广泛的应用,而且在自动控制领域也得到了越来越广泛的应用。数字计算机在自动控制中的基本应用就是直接参与控制,承担控制系统中控制器的任务,从而形成计算机控制系统,又常称为数字控制。采用数字计算机对系统进行控制,不仅在工业、交通、农业、军事等部门得到了广泛应用,而且开始在经济管理等领域得到应用。与常规模拟式控制系统相比,计算机控制系统具有许多优点。数字计算机参与控制,对控制系统的性能、系统的结构以及控制理论等多方面都产生了极为深刻的影响。本章将概要地说明什么是计算机控制系统,计算机控制系统的组成、特点和它的主要优点,同时也将概括说明它的主要应用方式以及在系统理论、系统设计等方面所带来的问题。

本章提要

在1.1节中将通过常规模拟式系统引出计算机控制系统,并介绍计算机控制系统的基本组成、特点和优点;在1.2节将概括地介绍目前计算机控制系统的应用;在1.3节,将集中讨论数字计算机引入控制系统时,给系统理论分析、设计与工程实现所带来的问题。

1.1 计算机控制系统概述

1.1.1 计算机控制系统组成

图1-1是一典型模拟式火炮位置控制系统的原理结构图。

由雷达测出目标的高低角、方位角和斜距,信号经滤波后,由模拟式计算机计算出伺服系统高低角和方位角的控制指令,分别加到炮身的高低角和方位角伺服系统,使炮身跟踪指令信号。为了改善系统的动态和稳态特性,高低角和方位角伺服系统各自采用了有源串联校正网络和测

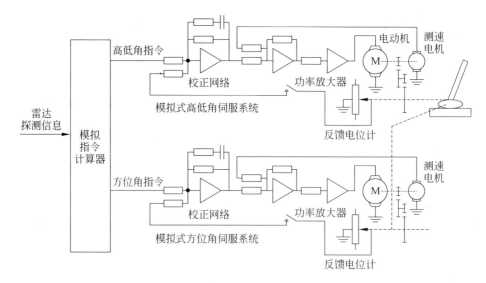

图 1-1 典型模拟式火炮位置控制系统的原理结构图

速反馈校正,同时利用逻辑电路实现系统工作状态的控制(如偏差过大时可断开主反馈,实现最大速度控制,当偏差小于一定值后实现精确位置控制)。如果系统复杂,校正网络及工作状态的逻辑控制也将变得很复杂,用模拟网络将难以实现。众所周知,如将系统中对信号的这种变换处理和工作状态的逻辑管理由数字计算机实现,将会变得十分方便,此时,就形成了常规的计算机控制系统。

简单说,若控制系统中的控制器功能由数字计算机实时完成,则称该系统为计算机控制系统。由于数字计算机工作的特点,为了使数字计算机能接收模拟式指令或反馈信号,并输出连续的模拟信号给炮身的驱动电机,计算机控制系统中除必须包含有数字计算机外,还需要加入必要的外部设备,如模数(A/D)、数模(D/A)转换器。如将模拟式火炮位置伺服系统改造为计算机控制系统,则可得如图 1-2 所示计算机控制系统。

从图 1-2 可见,计算机控制系统的组成与连续模拟控制系统类似,是由下述几部分构成的:

(1) 被控对象　本例为火炮炮身;
(2) 执行机构　本例为直流电机;
(3) 测量装置　本例为测量电位计及测速电机;
(4) 指令给定装置　本例为火炮高低角及方位角的指令生成装置;
(5) 计算机系统　包括下述主要部件:

- A/D 转换器,将连续模拟信号转换为断续的数字二进制信号,送入计算机;
- D/A 转换器,将计算机产生的数字指令信号转换为连续模拟信号(直流电压)并送给直流电机的放大部件;

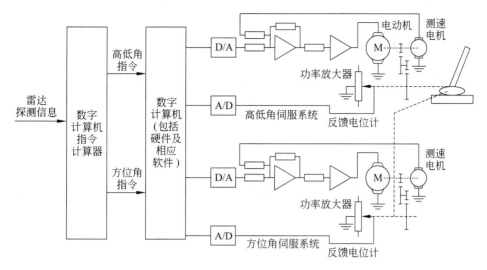

图 1-2 典型火炮位置计算机控制系统的原理结构图

- 数字计算机(包括硬件及相应软件),实现信号的变换处理以及工作状态的逻辑管理,按给定的算法产生相应的控制指令。

由于系统实现方案的差异,有些系统并不一定采用 A/D 或 D/A 类型的转换设备,例如,有些系统直接利用数字码盘实现反馈信号的测量。本书为了简单见,在理论分析部分将认为信号均采用 A/D 及 D/A 转换器进行变换。

从本质上来看,计算机控制系统的控制过程可以归结为:
- 实时数据采集,即对被控量及指令信号的瞬时值进行检测和输入;
- 实时决策,即按给定的算法,依采集的信息进行控制行为的决策,生成控制指令;
- 实时控制,即根据决策适时地向被控对象发出控制信号。

一般来说,计算机控制系统的典型结构如图 1-3 所示。图中的时钟表示计算机及其输入输出设备按自然时间运行。详细的计算机控制系统的构成将在本书第 7 章讨论。系统的控制目标和性能要求与连续模拟控制系统类似。如同连续控制系统一样,计算机控制系统亦可分为闭环控制、开环控制以及复合控制等不同的控制类型。

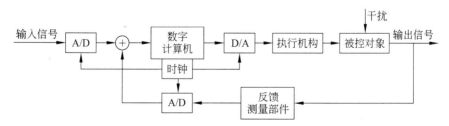

图 1-3 计算机控制系统的典型原理结构图

1.1.2 计算机控制系统特点

数字计算机直接参与控制，因为数字计算机工作的特殊性，相对连续控制系统来说，计算机控制系统在系统结构、信号特征以及工作方式等方面都具有一些特点。主要特点大致可以归纳如下。

1. 系统结构特点

计算机控制系统必须包括有计算机，它是一个数字式离散处理器。此外，由于多数系统的被控对象及执行部件、测量部件是连续模拟式的，因此，必须加入信号变换装置（如 A/D 及 D/A 变换器）。所以，计算机控制系统通常是由模拟与数字部件组成的混合系统。如系统中各部件全为数字部件，则称为全数字式控制系统。本书主要研究混合系统。

2. 信号形式上的特点

连续系统中各点信号均为连续模拟信号，而计算机控制系统有多种信号形式。由于计算机是串行工作的，必须按一定的采样间隔（称为采样周期）对连续信号进行采样，将其变成时间上是断续的离散信号，并进而变成数字信号才能进入计算机。所以，它除有连续模拟信号外，还有离散模拟、离散数字等信号形式，是一种混合信号系统（详细分析见第 2 章）。

3. 系统工作方式上的特点

在连续控制系统中，控制器通常是由不同电路构成的，并且一台控制器仅为一个控制回路服务。例如在模拟式火炮位置控制系统中，同一被控火炮的高低角和方位角形成两个控制回路，因此必须有两个不同的模拟控制器实现信号的处理变换和控制指令生成。但在计算机控制系统中，一台计算机可同时控制多个被控对象或被控量，即可为多个控制回路服务。同一台计算机可以采用串行或分时并行方式实现控制，每个控制回路的控制方式由软件来形成（详细分析见第 7 章）。如图 1-2 所示，火炮位置计算机控制系统中高低角和方位角两套伺服控制回路的控制器均由同一台计算机硬件实现。两个回路控制器的算法分别由软件实现，控制指令可利用依次巡回串行输出，实现对火炮高低角和方位角的控制。

1.1.3 计算机控制系统优点

尽管由常规仪表组成的连续控制系统已获得了广泛的应用，并具有可靠、易维护操作等优点，但随着生产的发展、技术的进步，对自动化的要求越来越高，这种常规连续控制系统的应用受到了极大的限制。例如,难以实现多变量复杂的控制,难以实现自适应控制等等。计算机,特别是微处理机在控制中的广泛应用,给控制带来了重大的影响。与连续系统相比,计算机控制系统除了能完成常规连续控制系统的功能外,还表现了如下一些独特的优点。

1. 易实现复杂控制规律

由于计算机的运算速度快、精度高、具有极丰富的逻辑判断功能和大容量的存储能力,因此,容易实现复杂的控制规律,如最优控制、自适应控制及各种智能控制等,从而可以达到连续系统难于实现的要求,极大地提高系统性能。

2. 计算机控制系统的性价比高

尽管一台计算机系统最初投资较大,但增加一个控制回路的费用却很少。对于连续系统,模拟硬件的成本几乎和控制规律复杂程度、控制回路多少成正比;而计算机控制系统中的一台计算机却可以实现复杂控制规律并可同时控制多个控制回路,因此,它的性能/价格比值较高。

3. 适应性强灵活性高

由于计算机控制系统的控制算法是由软件程序实现的,通过修改软件或执行不同的软件即可使系统具有不同性能,因此,它的适应性强,灵活性高。如要改变系统控制规律,不必像模拟式系统那样改变控制器硬件结构或参数,一般只需修改软件即可。此外,计算机是一种可编程的智能元件,易于修改系统功能和特性,构成了一种柔性(弹性)系统。另外,一套硬件设计可以适用于很多不同软件的变型,用于不同产品生产过程和对象的控制,简化了系统设计,节省了系统设计时间。

4. 系统测量灵敏度高

由于数字计算机参与控制,允许系统使用各种数字部件。例如使用数字式传感器,系统对微弱信号的检测更加敏感,可提高系统测量灵敏度。同时系统可以利用数字通信来传输信息。

5. 控制与管理容易结合并实现层次更高的自动化

6. 系统可靠性和容错能力高

模拟式系统实现自动检测和故障诊断较为困难,但计算机控制系统则较方便,因此,提高了系统的可靠性和容错能力。

与连续控制系统相比,计算机控制系统也有一些缺点与不足。例如,抗干扰能力较低,特别是由于系统中插入数字部件,信号复杂,给设计实现带来一定困难。但全面比较起来,随着对自动控制系统功能和性能要求的不断提高,计算机控制系统的优越性表现得越来越突出。现代的控制系统不管是简单的,还是复杂的,几乎都采用计算机进行控制。

1.2 计算机控制系统的发展与应用

1.2.1 计算机控制系统发展概述

计算机控制技术是自动控制理论与计算机技术相结合的产物,它的发展离不开控制理论特别是计算机技术的发展。

在世界第一台数字计算机于1946年诞生之后,于20世纪50年代初就产生了将数字计算机用于控制的思想,最初的研究是力图将数字计算机用于导弹与飞机的控制。但研究表明,由于当时数字计算机水平所限,将数字计算机用于控制系统的潜力不大。伴随计算机技术的迅猛发展,计算机控制也出现了蓬勃发展的局面。

计算机控制技术的发展更多地是依赖于计算机硬件的发展,依据计算机硬件的发展状况,可将其大致分为下述几个阶段。

1. 开创时期(1955—1962年)

1955年美国TRW航空公司与美国一个炼油厂合作,开始进行计算机过程控制的研究。经过3年的努力,研制成功了一个采用RW-300计算机控制的聚合装置系统,它对26个流量系统、72个温度系统、3个压力系统等进行控制。该系统的基本功能是保证反应器的压力最小,实现反应器供料的最佳分配,控制热水流入量,确定最佳循环。TRW公司的开创性工作,为计算机控制奠定了基础,推动了计算机控制技术的发展。

但早期的计算机主要使用电子管,速度慢,体积庞大,价格昂贵,可靠性差,此时计算机还难于直接参与系统的闭环控制。计算机的主要任务是寻求最佳运行条件,从事操作指导和设定值的计算工作,控制计算机仅按监督方式运行,并要求集中承担多种任务。

2. 直接数字控制时期(1962—1967年)

如前所述,前期控制计算机是按监督方式运行,此时仍需要常规的模拟控制设备。1962年,英国的帝国化学工业公司研制了一种装置,其过程控制中的全部模拟仪表由一台计算机替代,可直接控制224个变量和129个阀门。由于计算机直接控制被控过程的变量,取代了原来的模拟控制,因而被称为直接数字控制

(DDC)。DDC系统是计算机控制技术发展方向的重大变革,这种系统关注的是控制功能,而不是早期控制计算机的监督功能。采用DDC控制与模拟控制相比有许多优点,尽管DDC系统比模拟系统更加昂贵,但DDC的概念很快为人们所接受。在1962—1965年间,DDC系统研究与开发取得了显著进展。

3. 小型计算机时期(1967—1972年)

20世纪60年代,数字计算机技术取得了重大进展。计算机变得体积更小、速度更快、更加可靠和更加便宜。在这段时期内,出现了适合工业控制的多种类型的小型计算机,从而使得计算机控制系统不再是大型企业的工程项目,许多小型工程项目、设备和课题也有可能采用计算机控制系统。小型计算机的出现,使过程控制用计算机的数目迅速增加。

4. 微型计算机时期(1972年至今)

在1972年之后,微型计算机的出现和发展,推动计算机控制进入了崭新的发展阶段。20世纪80年代以后,微型处理器件得到了迅速发展,价格大幅度降低,对计算机控制的应用产生了深远的影响,使用微型处理器件参与控制,使计算机控制系统得到更为普及的应用。今天所有的控制器均是以计算机为基础的,应用范围涉及电力、过程控制、运输以及娱乐、日用电气产品等生产和分配全部领域。

5. 集散型控制

微型计算机的迅速发展使计算机控制技术产生了一个新的飞跃,开创了许多新型计算机控制系统的应用。微型计算机的迅速发展对计算机应用于控制整个工厂的方式产生了深远的影响,促使发展一种许多相关联的微计算机组合、共同负担工作负荷的系统,这种系统通常包括控制过程的控制站,具有操作监视作用的操作站和各级辅助的站点,而所有的相互作用则通过某种通信网络实现,形成了目前得到广泛应用的集成分散型控制系统。今天的集成分散型控制系统能够控制生产的各个方面,并且使操作员可以使用一台计算机就能完成对整个生产活动的监视和控制。

微型计算机的发展和普及,促进了许多新型计算机控制方式的发展。目前,嵌入式计算机控制系统、网络计算机控制以及许多专用控制器都得到了迅速的发展。

计算机控制技术的发展除了依赖于计算机硬件的发展外,还依赖于计算机实时控制软件的进展。但不幸的是,过去几十年软件生产的进展不大。20世纪80年代以前,许多计算机控制系统的软件主要采用汇编语言编写。目前,已广泛采用高级语言编写实时控制程序,这是今后继续发展的方向。

性能完好的计算机控制技术的发展,必然要求有相应的计算机控制系统分析、设计理论的支持。鉴于计算机控制系统本质上是一种采样信号系统,在计算机控制系统诞生之前,有关采样系统的基本理论已取得重要成果,如发展了采样定理、采用差分方程及 z 变换法对系统进行描述,并提出了类似连续系统所用的稳定性判断方法等。在现代控制理论迅速发展时期,在连续现代控制理论发展的同时,现代离散控制理论也得到了相应发展,并已在系统中得到应用。

1.2.2 计算机控制系统应用与分类

目前,随着计算机价格的急剧下降和可靠性明显的改善,计算机已越来越多地用于各种控制系统中,不仅取代了原来控制系统中的各种模拟控制器,而且由于数字计算机技术的迅速发展,又极其迅速地扩大了计算机控制系统的应用。目前,计算机控制系统不仅广泛地用于机床、化工过程、采矿、核电站等各种不同的工业生产以及海陆空和航天等国防现代化的各种武器装备中,而且也迅速地渗透到现代生活的各式各样的产品中。计算机不仅可以控制各个单个设备和产品,而且通过计算机网络可以同时控制多个相距遥远的设备和系统,形成复杂的网络控制系统。

计算机控制系统在工业自动化中的一种典型的应用就是各种用途的机器人系统。图 1-4 是一种在工厂自动化生产线中被广泛使用的焊接机器人,控制机器人运动的核心即为计算机控制系统。图 1-5 是一种具有视觉器件抓举零件的机器人示意图。该机器人应用光学装置扫描物体的背景,通过模式识别确定物体的存在与方位。这种模式识别过程中的信号处理,以及根据物体的方位控制机器人运动的控制指令生成均由计算机完成,从而形成一种复杂的计算机控制系统。

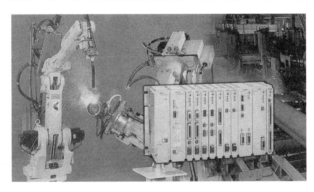

图 1-4 焊接机器人系统

计算机控制在现代军用、民用飞机上获得了最有成效的应用,形成了以计算机为核心的复杂飞行控制与飞行管理系统。现代飞机不仅利用数字飞行控制系统实现自动飞行,减轻飞行员的工作负担,同时还利用各种不同功能的数字飞行

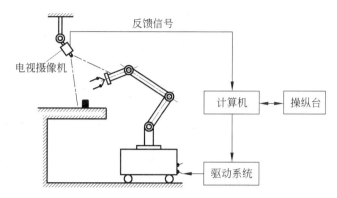

图 1-5　具有视觉器件的机器人示意图

控制系统，改善飞机的飞行性能和旅客乘坐的舒适性。飞行管理计算机系统集成了导航、性能管理和制导等多项功能，与飞行控制系统和飞机推进控制系统以及导航系统相结合，可以全程提供精确的飞机航迹控制，并可控制飞机按最经济的航线飞行。图 1-6 是现代民用飞机实现自动飞行和飞行管理的座舱显示与控制仪表。图 1-7 是通过飞机升降舵保持飞行高度的计算机控制系统简化结构图。

图 1-6　现代民用飞机座舱数字控制电子设备

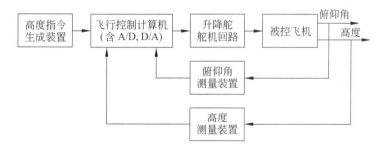

图 1-7　飞机飞行高度计算机控制系统

计算机控制系统在各种空间飞行器的控制中发挥了无可替代的作用。不管是发射空间飞行器的火箭飞行，还是空间飞行器本身及其内部各种系统的工作都是由各种复杂的计算机控制系统实现控制的。图 1-8 是 20 世纪末登陆火星的以太阳能为动力的"勇气号"火星漫游车。由地球上发出的路径控制信号,通过嵌入车内的计算机所形成的控制系统实现控制,以使漫游车在各种干扰影响下,精确按指令的轨迹漫游。

在现代工厂自动化中,广泛使用计算机实现分散控制和集中监视系统。在工厂企业中,采用分散控制、集中操作、综合管理和分而自治的原则对生产过程进行控制管理,系统安全可靠、通用灵活、性能优化和综合管理能力为工业过程的计算机控制开创了新方法。图 1-9 表示了一种工厂自动化系统用的分散控制集中管理的组成图。从图中可见,系统分为四层,分别为生产管理层、集中检测和控制层、区域或生产线控制层与设备控制层,各层之间通过以太网及现场总线交换信息和指令。

图 1-8 "勇气号"火星漫游车

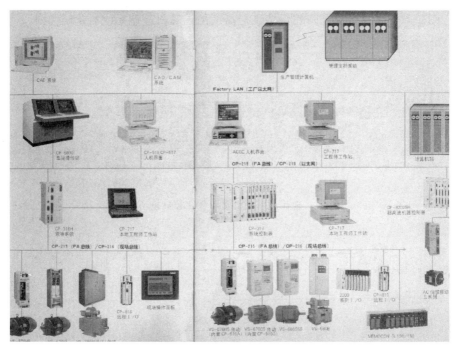

图 1-9 分散控制集中管理的组成图

广泛应用的计算机控制系统,可以按不同的方法进行分类。如同连续系统一样,如按自动控制方式分类,可分为闭环控制、开环控制以及复合控制等。如按调节规律分类,可以分为常规 PID 控制、最优控制、自适应控制、智能控制等。与连续系统不同,如从数字计算机参与系统的控制方式来分类,可以分为如下几种。

1. 直接数字控制（direct digital control，DDC）系统

由系统计算机取代常规的模拟式控制器而直接对生产过程或被控对象进行控制。直接数字控制系统结构如图 1-10 所示。计算机通过输入通道进行实时数据采集，并按已给定的控制规律进行实时决策，产生控制指令，通过输出通道，对生产过程（或被控设备）实现直接控制。由于这种系统中的计算机直接参与生产过程（或被控设备）的控制，所以，要求实时性好、可靠性高和环境适应性强。这种 DDC 计算机控制系统已成为当前计算机控制系统的主要控制形式，它的主要优点是灵活性大，价格便宜，能用数字运算形式对多个回路实现控制。一般情况下，DDC 控制是更复杂的高级控制的执行级。本书主要研究这种系统的设计与实现问题。

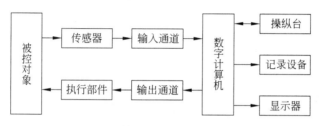

图 1-10　直接数字控制系统

2. 计算机监督控制（supervise control by computer，SCC）系统

计算机监督控制系统是针对某一生产过程或被控对象，依生产过程的各种状态，按生产过程的数学模型和给定指标要求，进行优化分析计算，产生最佳设定值，并将其自动地作为执行级 DDC 的设定控制目标值，由 DDC 行使控制。计算机监督控制系统的框图如图 1-11 所示。当然，SCC 产生的最佳设定值也可作为模拟式调节系统的设定控制目标值，但这种类型的系统已趋减少。

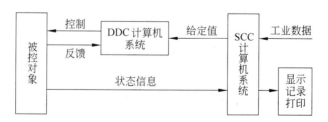

图 1-11　计算机监督控制系统

3. 分散型计算机控制系统（distributed control system，DCS）

随着工业生产过程规模的扩大和综合管理与控制要求的提高，人们开始应用以多台计算机为基础的分散型控制系统。DCS 是将控制系统分成若干个独立的局部子系统,用以完成被控过程的自动控制任务。该系统采用分散控制原理、集中操作、分级管理控制和综合协调的原则进行设计,系统从上而下分成生产管理级、控制管理级和过程控制级等,各级之间通过数据传输总线及网络相互连接起来,如图 1-12 所示。系统中的过程控制级完成过程的检测任务。控制管理级通过协调过程控制器工作,实现生产过程的动态优化。生产管理级完成生产计划和工艺流程的制定以及对产品、人员、财务管理的静态优化。由于微型计算机的出现与发展,为实现分散控制提供了物质和技术基础。近年来分散控制获得了异乎寻常的发展,且已成为计算机控制发展的重要趋势。

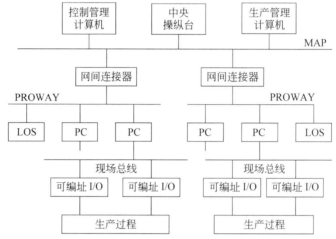

LOS—局部操作站　PC—过程控制器　MAP—制造自动化协议
PROWAY—过程数据高速公路

图 1-12　分散型计算机控制系统

在分散控制基础上的进一步发展又形成了集散型计算机控制系统,又称为分散型综合控制系统(total DCS)。"控制要分散,管理要集中"的实际需要推动了集散型计算机控制系统的发展。集散系统是作为过程控制的一种工程化产品提出的,目前在运动控制与逻辑控制领域也得到了发展,形成了综合自动化系统。

1.3　计算机控制系统的理论与设计问题

1.3.1　计算机控制系统的理论问题

如前所述,计算机控制系统是混合系统,若采样间隔时间越小,甚至趋于零,该系统即趋于连续系统。因此,常常会产生这样的问题,即连续控制系统理论已有深入的发展,是否还需要计算机控制的有关理论和设计方法？从如下几个例子的讨论中,可以看到,研究计算机控制的有关理论是必要的。

(1) 若被控对象是时不变线性系统,通常所形成的连续控制系统也是时不变系统。但当将其改造成计算机控制系统后,它的时间响应与外作用的作用时刻和采样时刻是否同步有关。如图 1-13 所示,其中 C_c 为连续系统响应, C_s 为 D/A 的输出。由于阶跃输入信号加入时刻的不同,连续系统响应形状相同,但计算机控制系统的输出则不相同,所以严格说,计算机控制系统不是时不变系统。系统对同样外作用的响应,在不同时刻研究、观察时可能是不同的,所以,它的特性与时间有关。

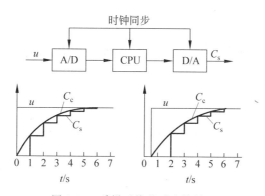

图 1-13 采样系统的时变特性

(2) 众所周知,连续系统在正弦输入信号的激励下,稳态输出为同频率的正弦信号,但对计算机控制系统而言,其稳态正弦响应则与输入信号频率和采样周期有关,如图 1-14 所示。图 1-14(a)是频率为 4.9Hz 的输入信号,图 1-14(c)为连续系统的输出。若采样间隔时间为 0.1s 时,则会发生振荡周期为 10s 的差拍现象,如图 1-14(b)所示。这种现象在连续系统里是不会发生的。产生这种现象的原因可以依信号采样理论进行分析(详细分析见第 2 章)。

(3) 尽管计算机控制系统特性可以用连续控制理论解释,但还有很多现象是不能用连续系统理论加以解释的。通常,一个连续系统是可控可观测的,将其变成计算机控制系统时,若采样间隔时间选取的不合适,则可能会变得不可控。例如,围绕地球运动的同步卫星,其运行周期为 1 天。为了保持它的高度和同步特性,地面站需要不时地对其姿态进行控制,如连续进行控制和修正,卫星是可控的;若对其实现断续控制,控制间隔时间为 1 天,则会发现,对这样的控制作用,卫星是不可控的。这种结果也是和采样系统的特性有关。

(4) 严格地说,一个稳定的连续时不变系统,达到稳态的时间应是无限的,因为它的响应是多个指数函数之和。但对计算机控制系统,通过设计却可以实现在有限的采样间隔内(即有限时间内)达到稳态值,从而可以获得比连续系统更好的性能。图 1-15 所示仿真曲线可以说明这点,图中实线表示连续系统位置、速度的

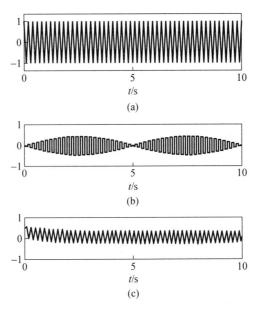

图 1-14 计算机控制系统的正弦激励响应

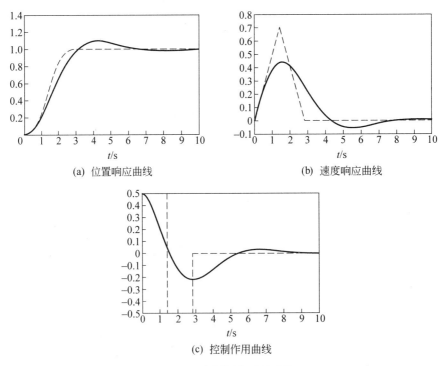

图 1-15 有限调节时间系统

阶跃响应和被控对象的连续输入曲线。图 1-15 中虚线是同一被控对象的计算机控制系统的仿真曲线,其中控制器是依有限调节时间方法设计的,最大控制输入两个系统相同。从图中可见,连续系统的调节时间大约为 6s,且有一定超调,计算机控制系统的调节时间大约 2.8s,具有较好的调节性能。

(5) 系统的稳定性也是值得关注的问题。对闭环负反馈的一阶、二阶线性连续系统,系统开环放大系数为任意值,系统均是稳定的,但从第 4 章的分析可以看到,当采样周期一定时,计算机控制系统的开环放大系数仅处于一定范围时,系统才能稳定。

上述几个例子表明,在计算机控制系统中,由于信号的采样所产生的一些现象是无法用连续控制理论解释和说明的,因此,必须采用与采样有关的理论进行说明和解释。

除上述问题外,在计算机控制系统中还存在另一个问题,即字长有限的问题。众所周知,A/D 或 D/A 变换器、计算机内存及运算器的字长是有限的,由于数字字长有限,在某些情况下,将会使计算机控制系统响应产生极限环振荡,如图 1-16 所示。这也是连续系统所没有的现象(当然,连续系统也会由系统中的非线性特性引起极限环振荡)。

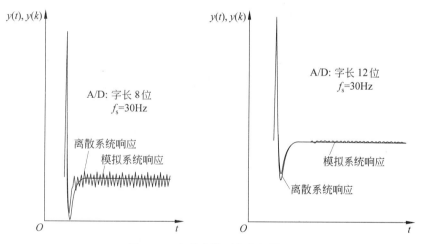

图 1-16 字长有限引起的极限环

1.3.2 计算机控制系统的设计与实现

如前所述,计算机控制系统是一种混合信号系统。如果从图 1-17(a) 中 AA' 两点来看,将计算机系统看作黑箱,系统可以看成是连续系统;如从图 1-17(b) 中 BB' 两点来看,又可将其看成是纯离散信号系统,因此,在实际工程设计时也有两种设计方法。

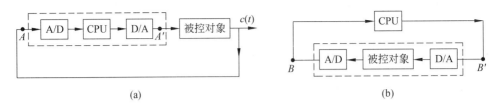

图 1-17 计算机控制系统等效结构图

1. 连续域设计-离散化方法

将计算机控制系统看成是连续系统,在连续域上设计得到连续控制器。由于它要在数字计算机上实现,因此,采用不同方法将其数字化(离散化)。这种方法是目前常用的一种设计方法。由于离散化将会产生误差,并与采样间隔时间的大小有关,所以是一种近似实现方法,这是目前工程技术人员较为熟悉的方法。其设计流程如图 1-18(a)所示。

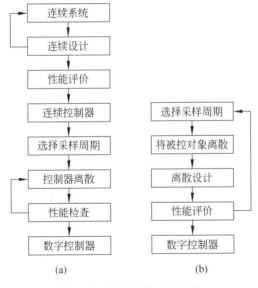

图 1-18 两种设计方法流程

2. 直接数字域(离散域)设计

将系统看成是纯离散信号系统,直接在离散域进行设计,得到数字控制器,并在计算机里实现。这种方法是一种准确的设计方法,无需将控制器近似离散化,日益受到人们的重视。其设计流程如图 1-18(b)所示。

不管采用哪种方法,采样间隔时间对系统性能均有很大影响,所以正确选择采样间隔时间是计算机控制系统设计时需要特别重视的问题。此外,计算机控制系统的控制器是以软件在计算机内实现的,因此,软件编程及可能给系统性能带来影响等有关问题,也是值得注意和讨论的问题。

鉴于计算机控制系统在基本理论、分析设计方法和工程实现等方面与连续控制系统有许多不同之处,因此,在学好连续控制理论后,还必须系统地学习有关计算机控制系统的基本理论和分析、设计以及工程实现方法。

本章小结

计算机控制系统的组成与连续模拟控制系统组成的主要差别是,计算机控制系统中的控制器是用数字计算机和 A/D 及 D/A 变换器来实现的。

计算机控制系统与连续模拟控制系统相比有许多重要的特点,由于计算机工作的特点,计算机控制系统中存在有多种信号形式的变换,是一个混合信号系统。

由于计算机本身的特性,计算机控制系统与连续模拟系统相比具有许多优点。计算机是一种可编程的智能元件,控制算法是由软件编程实现的,因此可以使计算机控制系统实现复杂和智能化算法,构成一种柔性和智能化的系统。

计算机技术,特别是计算机硬件技术的发展促使计算机控制技术得到了迅速发展。计算机控制系统,伴随着计算机技术的发展从早期的数据采集、监控系统,经过了几个不同的发展阶段,已发展成为今天广泛用于国防、国民经济各个领域中不可替代的各种系统。

本章简单地介绍了常用的计算机控制系统分类,并说明本书将重点讨论有关直接数字控制系统的分析与设计问题。

尽管计算机控制系统与常规连续控制系统有许多相似之处,但由于计算机参与控制的特点,使计算机控制系统的理论分析和设计具有许多不同的特点。本章最后通过几个实例,重点说明了学习有关计算机控制系统理论、分析和设计方法的必要性。

第 2 章 计算机控制系统信号分析

计算机控制系统是模拟部件与数字部件共存的混合系统,信号的传输及变换过程较为复杂。本章将从计算机系统角度出发来分析系统中的信号特性。计算机接受被控过程的连续模拟信号,因此就必须利用采样器将其转换为时间离散的信号,并通过量化、编码过程转换为数字信号。数字信号在计算机中经过处理,产生的数字控制指令信号还需经过解码和信号恢复装置转换为连续模拟信号方可用于控制被控过程。信号的这些转换具有怎样的特性,这些特性对系统性能可能产生什么影响,是研究计算机控制系统理论与设计方法之前应当有所了解的。实际上,计算机控制系统与连续系统特性的许多差异也是源于系统中信号的这种复杂变换。本章将分析计算机控制系统中所具有的信号变换,由于信号变换中的采样、量化和信号恢复对系统特性有重要影响,将重点分析它们的特性和数学描述以及对系统特性的影响。

本章提要

2.1 节将详细分析计算机控制系统中的 5 种信号变换装置及计算机控制系统中不同处的信号形式,特别指出其中采样、量化和信号恢复这 3 种变换对系统特性有重要影响;2.2 节将重点讨论采样过程的数学描述和理想采样信号的时域及频域特性,并给出保证连续信号采样后不失真的条件——采样定理以及频率混叠等概念;零阶保持器是工程中物理可实现的信号恢复装置,2.3 节将讨论零阶保持器的传递函数以及它的时域及频域特性;2.4 节将简要地说明信号整量化概念。鉴于前置滤波器及后置滤波器是工程系统中常用的两种滤波器,将分别在 2.3 节及 2.4 节中进行讨论;2.5 节将给出计算机控制系统简化结构图。

2.1 控制系统中信号分类

控制系统中信号的幅值是随时间变化的,因此信号的形式可以用时间及幅值的表示方式加以区分。

从时间上区分:
- 连续时间信号　在任何时刻都可取值的信号;
- 离散时间信号　仅在离散断续时刻出现的信号。

从幅值上区分:
- 模拟信号　信号幅值可取任意值的信号,即幅值可连续变化的信号;
- 离散信号　信号幅值具有最小分层单位的模拟量,即幅值上只取离散值的信号;
- 数字信号　信号幅值用一定位数的二进制编码形式表示的信号。

若将信号从时间及幅值上组合起来,可以形成不同的信号,如表 2-1 所示。

表 2-1　控制系统中信号形式分类

时间 幅值	连　续	离　散
连续	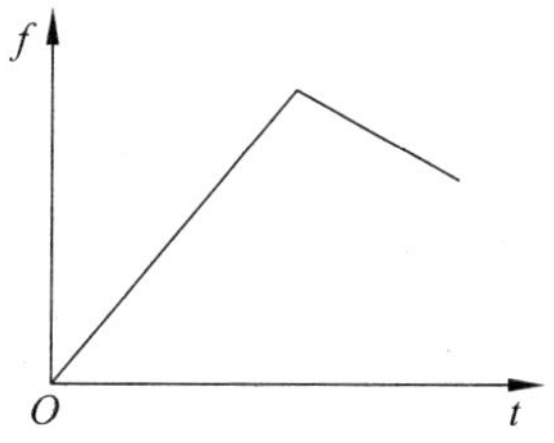 A 点	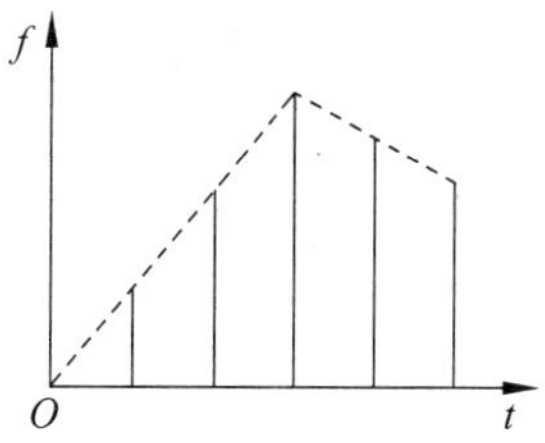 B 点
离散	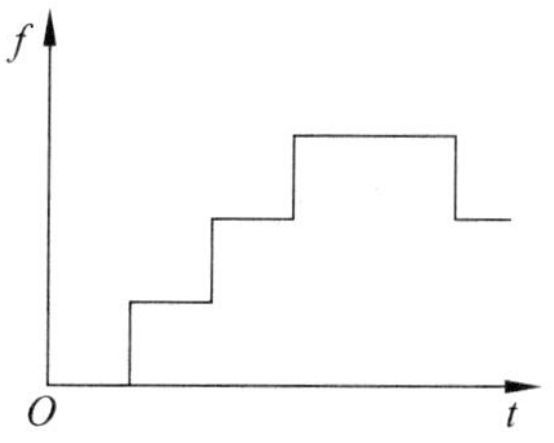 H 点	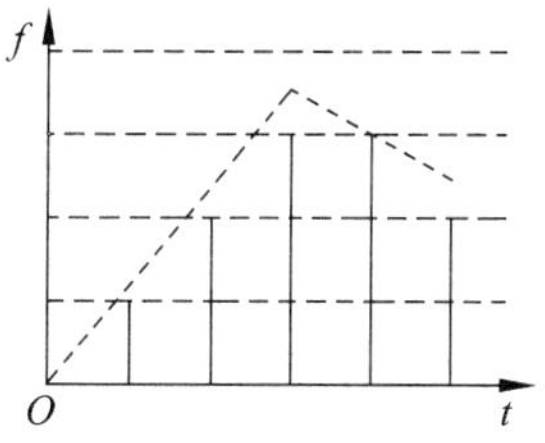 C 点、G 点
数字 二进制	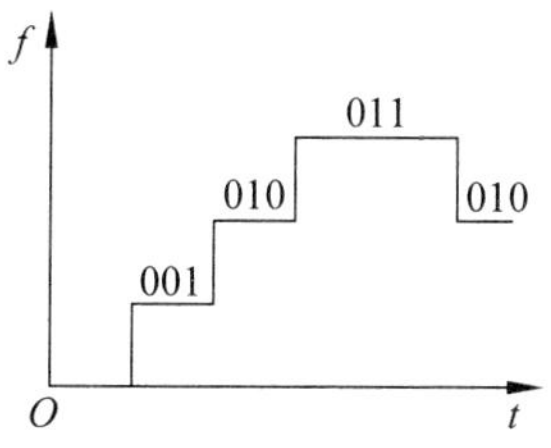 E 点	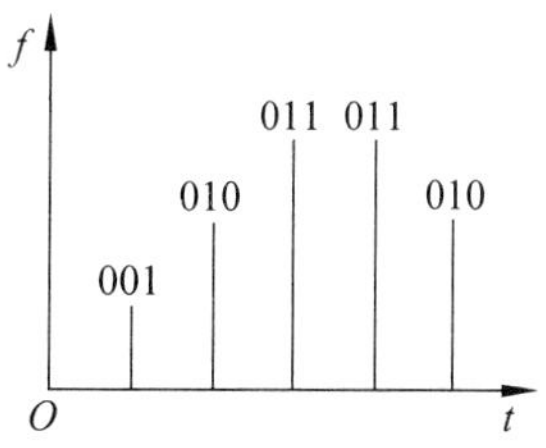 D 点、F 点

对连续控制系统,不论是被控对象还是控制器,其各点信号在时间上和幅值上都是连续的。计算机控制系统的结构图如图 2-1 所示,其广义被控对象(包括执行机构)通常为模拟式部件,即输入及输出信号均为连续模拟信号,而控制器采用

了数字计算机。对于这种模拟部件和数字部件共存的混合系统,信号变换装置A/D 和 D/A 是必不可少的,因此,在计算机控制系统中,信号的种类较多。在时间上,既有连续信号,也有离散信号;在幅值上,既有模拟量,又有离散量和数字量。

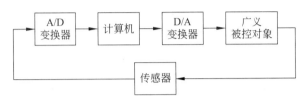

图 2-1 计算机控制系统结构图

2.1.1 A/D 变换

A/D 变换器是将连续模拟信号变换成离散数字编码信号的装置。通常,A/D 变换器要按下述顺序完成 3 种变换:采样、量化及编码,其框图如图 2-2 所示。

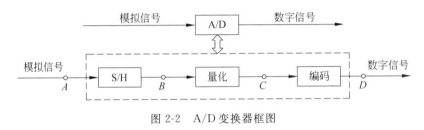

图 2-2 A/D 变换器框图

1. 采样

采样保持器(S/H)对连续的模拟输入信号,按一定的时间间隔 T(称为采样周期)进行采样,变成时间离散、幅值等于采样时刻输入信号值的序列信号,如图 2-3(b)所示。(理论上并不需要保持操作,加入保持器的主要作用是提高采样精度。)采样过程是将连续时间信号变为离散时间信号的过程,这个过程涉及信号的有无问题,因而是 A/D 变换中最本质的变换。

2. 量化

将采样时刻的信号幅值按最小量化单位取整,这个过程称为整量化。若连续信号为 $f(t)$,采样后它在采样时刻的幅值为 $f(kT)$。$f(kT)$ 是模拟量,是可以任意取值的。为了将 $f(kT)$ 变换成有限位数的二进制数码,必须要对它进行整量化处理,即用 $f_q(kT)=Lq$ 表示,其中 L 为整数,q 为最小量化单位(它与数字二进制位数 n 有关,通常 $q=1/2^n$)。这样,可以任意取值的模拟量 $f(kT)$ 只能用 $f_q(kT)$

近似表示,显然,量化单位 q 越小,它们之间的差异也越小。量化过程如图 2-3(c)所示。

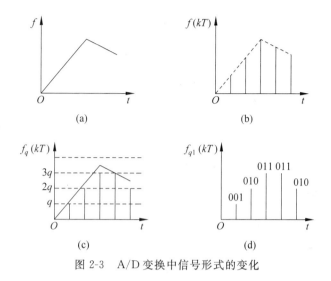

图 2-3 A/D 变换中信号形式的变化

3. 编码

编码是将整量化的分层信号变换为二进制数码形式,即用数字量表示,如图 2-3(d)所示。编码只是信号表示形式的改变,可将它看作是无误差的等效变换过程。

2.1.2 D/A 变换

D/A 变换器将数字编码信号转换为相应的时间连续模拟信号(一般用电流或电压表示)。从功能角度来看,通常可将 D/A 变换器看作是解码器与信号恢复器的组合,如图 2-4 所示(点 F、G、H 的信号见图 2-5)。

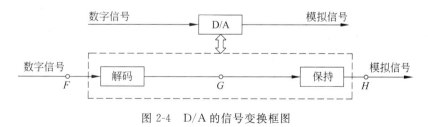

图 2-4 D/A 的信号变换框图

1. 解码器

解码器的功能是把数字量转换为幅值等于该数字量的模拟脉冲信号。注意,

点 G 的信号在时间上仍是离散的,但幅值上已是解码后的模拟脉冲信号(电压或电流),如图 2-5(b)所示。

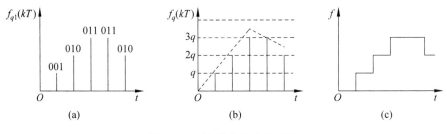

图 2-5 D/A 的信号变换过程

2. 信号恢复器

信号恢复器的作用是将解码后的模拟脉冲信号变为随时间连续变化的信号。实际上,信号恢复器均采用保持器,它将离散的模拟脉冲信号保持规定的时间,从而使时间上离散的信号变成时间上连续的信号,如图 2-5(c)所示。在 1 个采样周期内将信号保持为常值,形成阶梯状信号的保持器,称为零阶保持器(zero-order holder,ZOH)。

分析 D/A 变换的过程,解码只是信号形式的变化,可看作无误差的等效变换,而保持器将时间离散的信号变成了时间连续的信号。在实际系统里,由于 D/A 变换器的结构不同,可能是如图 2-4 所示的先解码后保持,也可能是先数字保持后解码。利用数字计算机的存储功能使数字量在时间上保持连续,则称为数字保持器。

2.1.3 计算机控制系统中信号的分类

通过以上 A/D 和 D/A 信号变换的分析,可将图 2-1 计算机控制系统画成图 2-6 所示信号变换结构图,并将其中的信号形式分成 6 类,如表 2-1 所示。读者不难确定图 2-6 中各点信号的类型。

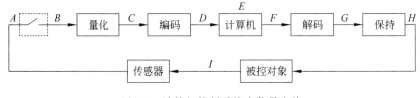

图 2-6 计算机控制系统中信号变换

习惯上,将时间及幅值均连续的信号称为连续信号或模拟信号,如表 2-1 中图

(a)、(h);将时间上离散,幅值上是二进制编码的信号称为数字信号,如表2-1中图(f)、(d)、(e)(在计算机内存中也存在时间上连续的数字量);通常将时间断续幅值连续的信号称为采样信号。

通过以上分析,可得出以下结论:

(1) A/D 和 D/A 变换中,最重要的是采样、量化和保持(或信号恢复)3 个变换过程。编码和解码仅是信号形式的改变,其变换过程可看作无误差的等效变换,因此在系统分析中可以略去。

(2) 采样将连续时间信号变换为离散时间信号,保持器将离散时间信号又恢复成连续时间信号,这涉及采样间隔中信号有无问题,影响系统的传递特性,因而是本质问题,在系统的分析和设计中是必须要考虑的。

(3) 量化使信号产生误差并影响系统的特性。但当量化单位 q 很小时(即数字量字长较长时),信号的量化特性影响很小,在系统的初步分析和设计中可不予考虑。

2.2 理想采样过程的数学描述及特性分析

2.2.1 采样过程的描述

一般来说,采样器就是各种不同形式的"开关",如图 2-7(b)所示。由于实际开关合上后是不能瞬时打开的,这样,采样所得的脉冲有一定的宽度 p(称为采样时间),如图 2-7(c)所示。采样开关相邻两次闭合之间的间隔时间称为采样周期,以 T 表示,单位为 s。$f_s=1/T$ 称为采样频率,单位为 Hz;$\omega_s=2\pi f_s=2\pi/T$,单位为 rad/s,称为采样角频率,也常简称为采样频率。由于采样器具有一定采样时间,为了避免在采样时间内被采样信号的变化,提高采样信号的精度,通常在采样开关之后接有零阶保持器,以保证采样器的输出为恒值,此时采样器的输出如图 2-7(d)所示。

通常,采样周期 T 远大于采样脉冲宽度 p,即 $T\gg p$。为分析方便起见,可以近似认为采样是瞬时完成的,即认为 $p\approx 0$,如图 2-7(e)所示,这种采样过程称为理想采样过程,理想采样信号用 $f^*(t)$ 表示。

采用理想采样开关将给系统分析带来很大方便。通常在满足 $T\gg p$ 以及采样开关之后带有零阶保持器时,可以证明这种代替是合理的。在计算机控制系统中,上述条件均能满足。

若整个采样过程中采样周期不变,这种采样称为均匀采样;若采样周期是变化的,称为非均匀采样;若采样间隔大小随机变化,称为随机采样。若一个系统里,各点采样器的采样周期均相同,称为单速率系统。若各点采样器的采样周期

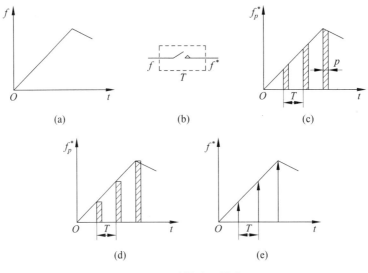

图 2-7 采样过程描述

不相同,则称为多速率系统。本书只讨论均匀单速率采样。

2.2.2 理想采样信号的时域描述

1. 理想采样的数学描述

理想采样开关具有瞬时开关功能,而且它只让采样时刻的输入信号通过,非采样时刻的信号一律阻断,也就是采样器把连续时间信号转换成发生在采样瞬时 $t=0,T,2T,3T,\cdots$ 的脉冲序列,在两个相邻采样瞬时之间,采样器不传输任何信号。采样器输出的采样信号为一串脉冲序列,脉冲的强度等于在相应采样瞬时的输入信号值 $f(kT)$。所以,用 δ 函数来描述理想采样开关是合适的。采样开关闭合后又瞬时打开,相当于在该时刻作用一个 δ 函数,采样开关以 T 为周期闭合并瞬时打开,由此形成一个单位脉冲序列,用 δ_T 表示

$$\delta_T = \sum_{k=-\infty}^{\infty} \delta(t-kT) \tag{2-1}$$

式(2-1)即是理想采样开关的时域数学表达式,其特性如图 2-8 所示。其中 $\delta(t-kT)$ 表示延迟 kT 时刻出现的脉冲,它仅表示脉冲出现的时刻,不表示幅值的大小。

2. 理想采样信号的时域数学描述

理想采样信号 $f^*(t)$ 是连续信号 $f(t)$ 经过一个理想采样开关而获得的输出信号,它可以看作是连续信号 $f(t)$ 被单位脉冲序列串 δ_T 调制的过程,即

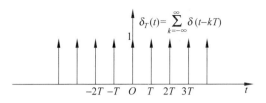

图 2-8 理想采样开关的数学描述

$$f^*(t) = f(t)\delta_T = f(t)\sum_{k=-\infty}^{\infty}\delta(t-kT) = \sum_{k=-\infty}^{\infty}f(t)\delta(t-kT) \quad (2\text{-}2)$$

式(2-2)表示,输入 $f(t)$ 是调制信号,δ_T 是载波信号,输出采样信号 $f^*(t)$ 则是一列幅值被调制的脉冲序列,如图 2-9 所示。

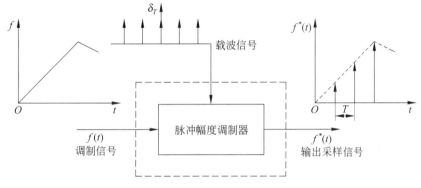

图 2-9 采样器—脉冲幅值调制器

由于在实际系统中,时间函数 $f(t)$ 在 $t<0$ 时都为零,而且 $f(t)$ 仅在脉冲发生时刻在采样器输出端有效,记为 $f(kT)$,所以,式(2-2)又可写为

$$f^*(t) = \sum_{k=0}^{\infty} f(kT)\delta(t-kT) \quad (2\text{-}3)$$

式(2-3)即为常用的理想采样信号的时域表达式,它表明理想采样信号是幅值强度为 $f(kT)$ 的脉冲序列。式中 $\delta(t-kT)$ 仅表示脉冲发生时刻,并无其他物理意义。有时还采用 $f(kT)$ 表示采样信号序列,但严格说,它仅表示一列数,不能反映实现瞬时采样的物理过程。

需要指出,理想采样仅是为数学研究方便而引入的概念。采样开关采用单位脉冲序列描述,这仅是数学上的等效,理想采样器在物理上是不可能实现的。

考虑到如图 2-7(d)所示的实际采样器特性,也可以将采样器看作调制器,其载波信号是具有宽度为 p 的单位脉冲序列 $p(t)$,如图 2-10 所示,其数学描述为

$$f_p^*(t) = f(t)p(t)$$

式中

注:本书中用楷体字表示的内容为相关问题非教学要求的扩展说明。

$$p(t) = \sum_{k=-\infty}^{\infty} [1(t-kT) - 1(t-kT-p)] \tag{2-4}$$

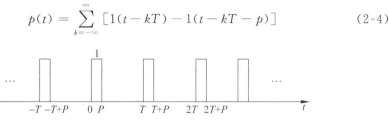

图 2-10 有限宽度脉冲序列 $p(t)$

2.2.3 理想采样信号的复域描述

1. 理想采样信号的拉氏变换

对理想采样信号的时域表示式(2-3)进行拉氏变换,得

$$F^*(s) = \mathscr{L}[f^*(t)] = \int_0^\infty f^*(\tau) e^{-s\tau} d\tau = \int_0^\infty \sum_{k=-\infty}^{\infty} f(\tau) \delta(\tau - kT) e^{-s\tau} d\tau$$

$$= \sum_{k=-\infty}^{\infty} f(kT) e^{-kTs} = \sum_{k=0}^{\infty} f(kT) e^{-kTs} \tag{2-5}$$

若已知连续信号的采样序列值 $f(kT)$,式(2-5)是求取采样信号拉氏变换 $F^*(s)$ 的基本方法。

采样信号拉氏变换 $F^*(s)$ 不仅可以利用式(2-5)求取,如果已知连续信号 $f(t)$ 的拉氏变换式 $F(s)$,也可以通过 $F(s)$ 求取。

由于脉冲序列函数 δ_T 是周期函数,依据傅里叶级数,该脉冲序列函数可以表示为

$$\sum_{k=-\infty}^{\infty} \delta(t-kT) = \sum_{k=-\infty}^{\infty} C_k e^{j(2\pi k/T)t} \tag{2-6}$$

式中 C_k 是傅里叶系数,该系数由下述积分求得

$$C_k = \frac{1}{T} \int_{-T/2}^{T/2} \sum_{k=-\infty}^{\infty} \delta(t-kT) e^{-jk(2\pi t/T)} dt \tag{2-7}$$

因为在 $(-T/2 \sim T/2)$ 积分周期内,$k=0$,仅有一个原点处的脉冲,所以,式(2-7)又可写为

$$C_k = \frac{1}{T} \int_{-T/2}^{T/2} \delta(t) e^{-jk(2\pi t/T)} dt \tag{2-8}$$

考虑到脉冲函数 $\delta(t)$ 的筛选特性:

$$\int_{-\infty}^{\infty} \delta(t) f(t) dt = f(t)\big|_{t=0}$$

所以,式(2-8)可写为

$$C_k = \frac{1}{T} [e^{-jk(2\pi t/T)}]\big|_{t=0} = \frac{1}{T} \tag{2-9}$$

将该式代入式(2-6)中,得

$$\sum_{k=-\infty}^{\infty} \delta(t-kT) = \frac{1}{T}\sum_{k=-\infty}^{n} e^{j(2\pi k/T)t} \tag{2-10}$$

依该式,采样信号 $f^*(t)$ 又可以表示为

$$f^*(t) = f(t)\sum_{k=-\infty}^{\infty} \delta(t-kT) = f(t)\frac{1}{T}\sum_{k=-\infty}^{\infty} e^{j(2\pi k/T)t} \tag{2-11}$$

将 $\omega_s = 2\pi/T$ 代入上式,并对式(2-11)进行拉氏变换,可得

$$\mathscr{L}[f^*(t)] = \mathscr{L}\left[f(t)\frac{1}{T}\sum_{k=-\infty}^{\infty} e^{jk\omega_s t}\right] = \frac{1}{T}\sum_{k=-\infty}^{\infty}\mathscr{L}[f(t)e^{jk\omega_s t}] \tag{2-12}$$

依拉氏变换复位移定理得

$$F^*(s) = \frac{1}{T}\sum_{k=-\infty}^{\infty} F(s-jk\omega_s) \tag{2-13}$$

令 $n=-k$,得

$$F^*(s) = \frac{1}{T}\sum_{n=-\infty}^{\infty} F(s+jn\omega_s) \tag{2-14}$$

式中 $F(s)$ 是原连续信号 $f(t)$ 的拉氏变换式。该式表示采样信号的拉氏变换与原连续信号拉氏变换的关系。

如考虑实际的采样过程,依式(2-4),对其进行拉氏变换,可得

$$F_p^*(s) = \sum_{k=-\infty}^{\infty} f(kT)\left(\frac{1-e^{-ps}}{s}\right)e^{-ksT} = \frac{1-e^{-ps}}{s}F^*(s)$$

若采样时间足够小,由于 $1-e^{-ps} \approx ps$,则上式又可改写为

$$F_p^*(s) = p\sum_{k=-\infty}^{\infty} f(kT)e^{-kTs} = pF^*(s)$$

该式表明,实际采样信号的拉氏变换近似等于理想采样信号拉氏变换式乘以一个衰减系数 p。

2. $F^*(s)$ 的特性

$F^*(s)$ 和 $F(s)$ 一样,描述了采样信号的复域特性。它具有如下重要特性:
(1) $F^*(s)$ 是周期函数,其周期值为 $j\omega_s$,即

$$F^*(s+jm\omega_s) = F^*(s) \qquad m=\pm 1, \pm 2, \cdots \tag{2-15}$$

证明:根据式(2-5)

$$F^*(s) = \sum_{k=0}^{\infty} f(kT)e^{-ksT}$$

用 $s+jm\omega_s$ 替换上式中的 s,当 m 为整数时,

$$\begin{aligned}F^*(s+jm\omega_s) &= \sum_{k=0}^{\infty} f(kT)e^{-kT(s+jm\omega_s)} = \sum_{k=0}^{\infty} f(kT)e^{-kTs}\cdot e^{-jkm\omega_s T}\\ &= \sum_{k=0}^{\infty} f(kT)e^{-kTs}\cdot e^{-jkm\frac{2\pi}{T}T} = \sum_{k=0}^{\infty} f(kT)e^{-kTs}\cdot e^{-jkm2\pi}\end{aligned} \tag{2-16}$$

在式(2-16)的最后一项中,因为 k 和 m 均为整数,所以
$$e^{-jkm2\pi} = \cos(km2\pi) - j\sin(km2\pi) = 1$$
这样式(2-16)化为
$$F^*(s+jm\omega_s) = \sum_{k=0}^{\infty} f(kT)e^{-kTs} = F^*(s) \qquad ■^*$$

(2) 假设 $F(s)$ 在 $s=s_1$ 处有一极点,那么 $F^*(s)$ 必然在 $s=s_1+jm\omega_s$ 处具有极点,$m=\pm 1,\pm 2,\cdots$。该结论读者可依式(2-14)自行证明。

该特性表明,$F(s)$ 的极点在 s 平面上的位置唯一地确定了 $F^*(s)$ 极点的位置。但 $F(s)$ 的零点的位置并不能唯一地确定 $F^*(s)$ 零点的位置。然而根据 $F^*(s)$ 的第一个特性,$F^*(s)$ 零点也是 ω_s 的周期函数。图 2-11 表示了 $F^*(s)$ 的零点极点在 s 平面上的分布。

例 2-1 已知函数 $f(t)=e^{-t}$,求 $F(s)$ 和 $F^*(s)$ 的极点。

解 $F(s)=\mathscr{L}[e^{-t}]=\dfrac{1}{s+1}$,它的极点位于 $s=-1$ 处。采样信号为
$$f^*(t) = \sum_{k=0}^{\infty} e^{-kT}\delta(t-kT)$$
依式(2-5),它的拉氏变换为
$$F^*(s) = \sum_{k=0}^{\infty} e^{-kT}e^{-ksT} = \sum_{k=0}^{\infty} e^{-kT(1+s)}$$
$$= 1 + e^{-T(1+s)} + e^{-2T(1+s)} + \cdots$$
若 $|e^{-T(s+1)}|<1$,上述级数可写成闭合形式,

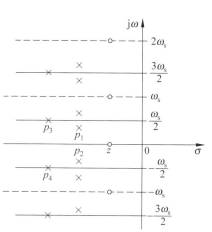

图 2-11 $F^*(s)$ 的零点极点分布

$$F^*(s) = \frac{1}{1-e^{-T(s+1)}} \qquad (2-17)$$

$F^*(s)$ 的极点是使上式分母为零的所有 s 值,即满足 $e^{-T(1+s)}=1$ 的 s 值均为 $F^*(s)$ 的极点。因为 $F(s)$ 的极点在 $s=-1$,令 $s=-1+jm\omega_s$,代入
$$e^{-T(s+1)} = e^{-T(-1+jm\omega_s+1)} = e^{-j2\pi m}$$
$$= \cos(2\pi m) - \sin(2\pi m) = 1$$

由此可见,$F^*(s)$ 的极点在 $s=-1+jm\omega_s$ 处,为无限多个,周期性地出现,如图 2-12 所示。 ■

(3) 采样信号的拉氏变换与连续信号的拉氏变换的乘积再离散化,则前者可从离散符号中提取出来,即
$$Y^*(s) = [E^*(s)G(s)]^* = E^*(s)[G(s)]^* = E^*(s)G^*(s) \qquad (2-18)$$

---

* 注:本书用"■"符号代表一段证明或者解答的结束。

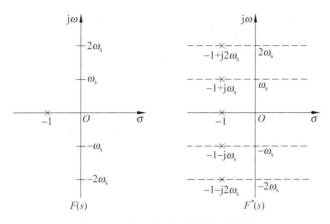

图 2-12 $F(s)$ 及 $F^*(s)$ 极点分布图

根据式(2-14)及特性(1),不难证明上式。事实上,根据式(2-14)

$$Y^*(s) = [E^*(s)G(s)]^* = \frac{1}{T}\sum_{n=-\infty}^{\infty}[E^*(s+jn\omega_s)G(s+jn\omega_s)]$$

根据特性(1),上式可写为

$$Y^*(s) = [E^*(s)G^*(s)]^* = \frac{1}{T}\sum_{n=-\infty}^{\infty}[E^*(s)G(s+jn\omega_s)]$$

$$= E^*(s)\frac{1}{T}\sum_{n=-\infty}^{\infty}G(s+jn\omega_s) = E^*(s)G^*(s)$$

这一特性在第 3 章中讨论离散系统框图简化时将非常有用。

2.2.4 理想采样信号的频域描述

1. 理想采样信号的频谱

通过推导,也可得采样信号的频谱特性

$$F^*(j\omega) = \frac{1}{T}\sum_{n=-\infty}^{\infty}F(j\omega+jn\omega_s) \tag{2-19}$$

由式(2-19)看到,理想采样信号 $f^*(t)$ 的频谱 $F^*(j\omega)$ 与连续函数 $f(t)$ 频谱 $F(j\omega)$ 有十分密切的关系。图 2-13(a)为连续函数 $f(t)$ 的频谱(只画幅频谱),图 2-13(b)为理想采样信号 $f^*(t)$ 的频谱,其中,T 为采样周期,ω_m 为连续函数 $f(t)$ 的最高频率分量。

分析式(2-19)和图 2-13,$F^*(j\omega)$ 和 $F(j\omega)$ 的关系如下:

(1) 当 $n=0$ 时,$F^*(j\omega)=F(j\omega)/T$,该项称为采样信号的基本频谱,它正比于原连续信号 $f(t)$ 的频谱,仅幅值相差 $1/T$。

(2) 当 $n\neq0$ 时,派生出以 ω_s 为周期的高频谐波分量,称为旁带。每隔 1 个

ω_s,就重复原连续频谱 $F(\mathrm{j}\omega)/T$ 一次,如图 2-13(b)所示。因此又可视采样器为谐波发出器。从图中可见,每个频谱分量都是由基本频谱分量以 $n\omega_s/2$ 为轴线折叠产生的,且对 $n\omega_s/2$ 轴是对称的。通常称 $\omega_s/2$ 为折叠频率,又称为奈奎斯特频率,以 ω_N 表示。

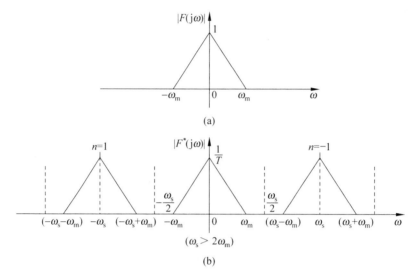

图 2-13 连续信号频谱和采样信号频谱

关于幅频谱的计算,还需说明一点,式(2-18)表示的采样信号的频谱等于连续信号频谱和派生频谱的矢量和。采样信号的幅频谱的数学表达式为

$$|F^*(\mathrm{j}\omega)| = \frac{1}{T}\left|\sum_{n=-\infty}^{\infty} F(\mathrm{j}\omega + \mathrm{j}n\omega_s)\right| \qquad (2\text{-}20)$$

由于矢量和的模总是小于模的代数和,下面不等式成立:

$$|F^*(\mathrm{j}\omega)| = \frac{1}{T}\left|\sum_{n=-\infty}^{\infty} F(\mathrm{j}\omega + \mathrm{j}n\omega_s)\right| \leqslant \frac{1}{T}\sum_{n=-\infty}^{\infty}\left|F(\mathrm{j}\omega + \mathrm{j}n\omega_s)\right| \qquad (2\text{-}21)$$

为方便起见,以后研究时均以后式代替幅频谱的矢量和,并且均不考虑相位的影响。

对实际的采样信号,其采样信号的频谱与理想采样信号频谱稍有不同。实际上,有限宽度脉冲序列 $p(t)$ 为周期函数,其傅里叶变换为

$$p(t) = \sum_{n=-\infty}^{\infty} C_n \mathrm{e}^{\mathrm{j}n\omega_s t}$$

式中傅里叶系数为

$$C_n = \frac{1}{T}\int_0^T p(t)\mathrm{e}^{-\mathrm{j}n\omega_s t}\mathrm{d}t$$

依 $p(t)$ 的定义,进一步可得

$$C_n = \frac{p}{T}\frac{\sin(n\omega_s p/2)}{n\omega_s p/2}\mathrm{e}^{-\mathrm{j}n\omega_s p/2}$$

由此可得实际采样信号的表达式为

$$f_p^* = f(t)p(t) = \sum_{n=-\infty}^{\infty} C_n f(t) e^{jn\omega_s t}$$

对上式进行傅里叶变换并利用复位移定理,可得

$$F_p^*(j\omega) = \sum_{n=-\infty}^{\infty} C_n F(j\omega + jn\omega_s)$$

从该式可见,实际采样信号的频谱与理想采样信号频谱类似,是由连续信号频谱及无穷多个谐波分量组成,主要的差别是,各谐波分量应被其相应傅里叶系数 C_n 加权,而傅里叶系数 C_n 随 ω 的增大而衰减。

2. 频谱混叠

若连续信号的频谱带宽有限,最高频率为 ω_m,采样频率 $\omega_s \geq 2\omega_m$,则采样后派生出的高频频谱和基本频谱不会重叠,如图 2-13(b)所示。但若 $\omega_s < 2\omega_m$ 时,则采样信号各频谱分量互相交叠,产生严重的频率混叠现象,如图 2-14(b)所示。图中加粗线为采样信号频谱。例如,在 ω_1 处有两条曲线,较大的细线值为 $|F(j\omega_1)|$,较小的细线值是中心位于 ω_s 处的频谱,即 $|F(j\omega_0)|$,其中 $\omega_0 = \omega_1 - \omega_s$。加粗线的幅值为 $|F^*(j\omega_1)|$,即上述两条曲线之和,该处的频谱不仅有频率 ω_1 的信号,还包含有 $\omega_0 = \omega_1 - \omega_s$ 的频谱(一般说来,是 $n\omega_s \pm \omega_1$,n 为整数)。对采样信号,$(n\omega_s \pm \omega_1)$ 频谱分量在 ω_1 处出现的现象称为混叠,频率 $\omega_0 = \omega_1 - \omega_s$ 称为 ω_1 的假频。

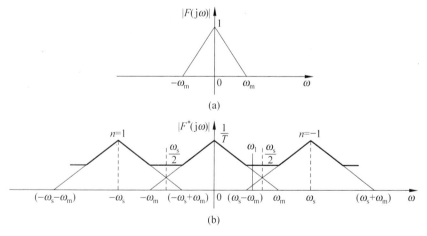

图 2-14 $\omega_m > \omega_s/2$ 时频率响应产生混叠

例 2-2 两个频率各为 $f_1 = 1/8\text{Hz}$、$f_2 = 7/8\text{Hz}$ 的余弦信号被采样频率为 $f_s = 1\text{Hz}$ 的采样开关采样。试研究其频谱及时域特性。

解 连续余弦信号的频谱为位于相应频率处的脉冲,所以频率为 $f_1 = 1/8\text{Hz}$ 余弦信号的采样信号频谱如图 2-15(a)所示。频率为 $f_2 = 7/8\text{Hz}$ 余弦信号的采样信号频谱如图 2-15(b)所示。其中 $f_0 = f_s - f_2 = 1/8\text{Hz}$ 即为 $f_2 = 7/8\text{Hz}$ 的假频。

从图可见，两个信号的采样信号频谱完全相同。从频谱特性中，可知 $f_2=7/8\text{Hz}$ 的余弦信号，采样后变为低频 $f_1=1/8\text{Hz}$ 的余弦信号。

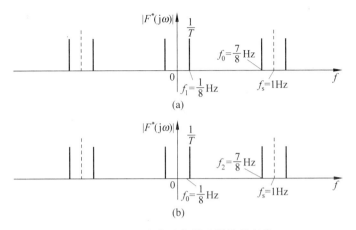

图 2-15　两个余弦信号采样信号频谱

假频现象在时间域中有清楚的物理意义。图 2-16 表示了上述两个连续余弦信号及其采样值。从中可见，对 $f_1=1/8\text{Hz}$ 的余弦信号，采样信号仍可反映原连续信号的形状，但对 $f_2=7/8\text{Hz}$ 的余弦信号，采样信号完全不能反映原信号特性，变成了低频信号。从图中可见，两个信号在所有采样时刻都具有相同的采样值，如图 2-16 中圆点所示。

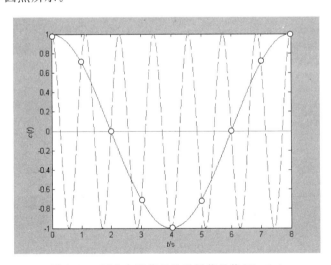

图 2-16　两个余弦信号的采样信号值（$T=1\text{s}$）

采样后频谱的混叠使采样信号的频谱与原连续信号的频谱发生很大的差别，将会产生许多特殊现象。

事实上,理想采样信号频谱在以下两种情况下,将产生频率混叠现象:

(1) 当连续信号的频谱带宽是有限时,即 $\omega<\omega_m$,ω_m 为信号中的最高频率。如果此时采样频率太低,如 $\omega_s/2<\omega_m$,则采样信号频谱的各个周期分量将会互相交叠,如图 2-14 所示。

(2) 连续信号的频谱是无限带宽(实际信号一般都属于此种情况),此时无论怎样提高采样频率,频谱混叠或多或少都将发生。

例 2-3 画出 $f(t)=e^{-t}$($t<0$ 时,$f(t)=0$)和它对应的采样信号的幅频特性。

解 $f(t)$ 的傅里叶变换为

$$F(j\omega) = \int_{-\infty}^{\infty} e^{-t} e^{-j\omega t} dt = \int_{0}^{\infty} e^{-(1+j\omega)t} dt = \frac{1}{1+j\omega}$$

其幅频特性为

$$|F(j\omega)| = \frac{1}{\sqrt{\omega^2+1}}$$

分析上式可见,该信号的频谱是无限的,随着 ω 的增加,幅值衰减,当 $\omega\to\infty$ 时,幅值→0,如图 2-17 所示,因此,可以预见,无论采样频率 ω_s 取多高(或说采样周期 T 选多小),所得采样信号的各频谱分量总是互相有混叠。混叠的程度与采样频率的大小有关。

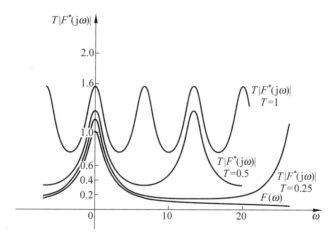

图 2-17 $f(t)=e^{-t}$ 及其采样信号频谱

在该例中(实际系统都是如此),当频率相当高时,幅值已很小。如取幅值衰减至 5% 时的频率为该信号的最高有效频率 ω_m,即

$$|F(j\omega_m)| = \varepsilon |F(0)|, \quad \varepsilon = 0.05$$

并取采样频率 $\omega_s>2\omega_m$,则此时 $F^*(s)$ 的混叠不会太严重。

3. 采样器的静态增益

采样器作为系统中的一个环节,其输入信号的频谱为 $F(j\omega)$,而输出信号的

频谱为

$$F^*(j\omega) = \frac{1}{T}\sum_{n=-\infty}^{\infty} F(j\omega \pm jn\omega_s)$$

所以,采样器的静态增益为

$$s_k = \frac{F^*(j\omega)}{F(j\omega)}\bigg|_{\omega=0} = \frac{\frac{1}{T}\sum_{n=-\infty}^{\infty} F(j\omega \pm jn\omega_s)}{F(j\omega)}\bigg|_{\omega=0} \quad (2\text{-}22)$$

从前述讨论的采样信号特性可知:

(1) 若连续信号是有限带宽,且折叠频率 $\omega_s/2 > \omega_m$,则不产生混叠时,$s_k = 1/T$;

(2) 若采样信号频谱产生混叠时,$s_k \neq 1/T$,且 $s_k > 1/T$,如图 2-17 所示,具体等于多大,将视混叠的严重程度而定。

2.2.5 采样定理

1. 采样定理

如前所述,连续信号被采样,所得采样信号可能与原连续信号形状类似,也可能与连续信号形状有很大的差异。产生这种现象的直接原因是采样在时域内只保留了采样时刻的信息,丢失了采样间隔之间的信息。可以想象,当采样频率较高时,采样的信号很密集,采样信号就可以近似代表原来的连续信号。反之,采样周期增大(即采样频率 ω_s 减小),连续信号变化又较快,信号丢失就严重,那么从采样信号中就难以了解原信号的状况了。

例如,图 2-18 表示了一个用蒸汽加热冷水系统的示意图。如果系统中水的压力由记录仪进行连续记录,结果如图 2-18(b)所示,表明水的压力是振荡变化的(这里不研究产生振荡的原因),振荡周期为 2.11min。若对该压力采用定时周期地抽测(即采样)记录,每两分钟测试记录一次,并将抽测的数据绘制成曲线,可得图 2-18(c)所示曲线。比较这两个测试结果,可见它们是不同的。显然,连续记录的结果应是准确的,那么为什么采样测量的结果不对呢?简单来说,是由于抽测的周期过大造成的。由于抽测的时间间隔过大,过多地丢失了抽测(采样)间隔之间的信息,采样信号不能全面反映原连续信号的特性。如果我们将抽测的时间间隔改为 0.5min,测试的结果如图 2-18(d)所示。此时,从该曲线上即可以看到,压力的变化大致与连续的记录类似了。由此引出的问题是,满足什么条件,采样信号可以不失真地代表原来的连续信号呢?采样定理回答了这个问题。采样过程的频域描述有助于说明这个问题。

采样定理(香农定理) 如果一个连续信号不包含高于频率 ω_{max} 的频率分量(连续信号中所含频率分量的最高频率为 ω_{max}),那么就完全可以用周期 $T < \pi/\omega_{max}$

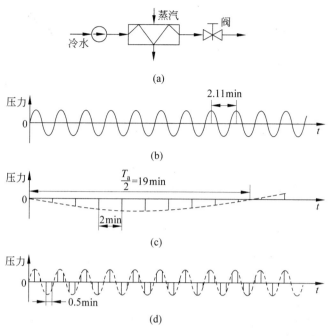

图 2-18 正弦振荡信号的采样

的均匀采样值来描述。或者说,如果采样频率 $\omega_s > 2\omega_{max}$,那么就可以从采样信号中不失真地恢复原连续信号。该定理的物理意义是,如果选用的采样频率 ω_s,对连续信号中所含的最高频率的正弦分量来讲,能够做到在一个振荡周期内采样两次以上,那么经采样所得的脉冲序列,就包含了连续信号的全部信息,如采样次数太少,采样所得的脉冲序列就不能无失真地反映原连续信号的特性。

采样定理可以利用采样信号的频谱特性加以说明。

如前所述,采样信号频谱 $F^*(j\omega)$ 除了与连续信号成比例的基本频谱,即 $F(j\omega)/T$ 外,还派生了无限多个以 ω_s 为周期的高频频谱分量 $\frac{1}{T}F(j\omega+jn\omega_s)$。如果连续信号的频谱分量在 $\omega = \omega_s/2$ 之外全部为零,那么这些周期性的频谱分量就是互相分离的(不混叠),理论上就可能从采样信号频谱 $F(j\omega)^*$ 中恢复原连续信号的频谱(如采用下一节介绍的理想滤波器)。

如用采样定理来衡量前述例子,可以看到,在该系统里,水压力的正弦振荡的最高频率 $\omega_{max} = \frac{2\pi}{60} \times 2.11 = 0.0496 \text{rad/s}$。若采样周期 $T = 2\text{min} = 120\text{s}$,采样频率 $\omega_s = 0.0523 \text{rad/s}$,显然,$\omega_s < 2\omega_{max}$,不满足采样定理,所以,采样信号不能代表原连续信号,产生失真。如将采样周期 T 改为 0.5min,即 $\omega_s = 0.2086 \text{rad/s} > 2\omega_{max}$,满足采样定理,采样信号将不失真地反映连续信号的特性。

应当指出,虽然采样定理规定了需要的最小采样频率是 $\omega_s > 2\omega_{max}$,但是考虑到实际闭环系统稳定性以及其他设计因素,所需要的采样频率比理论最小值要高得多(详细分析见第 7 章)。

2. 采样信号失真

如采样定理所表明的,一个连续信号,若采样时不满足采样定理,采样信号将会失真。下边将说明,失真将会产生怎样的特殊现象呢?

(1) 信号的高频分量折叠为低频分量

如前述例 2-2 所示,频率为 $f_2=7/8\text{Hz}$ 的余弦信号,由于采样频率 $f_s=1\text{Hz}$,不满足采样定理,所以,采样信号将要失真。失真的结果如图 2-16 所示,采样信号变成了一个 $f=1/8\text{Hz}$ 的低频信号。事实上,

$$x_2(kT)=\cos(\omega_2 kT)=\cos[(2\pi\times 7/8)k\times 1]=\cos(2k\pi-2k\pi/8)$$
$$=\cos(-2k\pi/8)=\cos[(2\pi/8)kT]=x_1(kT)$$

该式表明,采样序列即为频率为 $f_1=1/8\text{Hz}$ 的低频余弦信号。

从该例还可进一步推得,如果两个信号的频率相差正好是 ω_s 的整数倍,即 $\omega_1-\omega_2=n\omega_s$($n$ 为整数),则它们的采样值相同。

例如,考虑信号 $x(t)$ 与 $y(t)$ 为

$$x(t)=\sin(\omega t)$$
$$y(t)=\sin[(\omega+n\omega_s)t]$$

其中 n 为整数,$x(t)$ 与 $y(t)$ 的频率相差为 ω_s 的整数倍。当对其进行采样时,其采样序列为

$$x(kT)=\sin(\omega kT)$$
$$y(kT)=\sin[(\omega+n\omega_s)kT]=\sin(\omega kT+2\pi kn)$$

因为 k 及 n 均为整数,故有

$$y(kT)=\sin(\omega kT)$$

该式与低频信号 $x(t)$ 的采样值相等。

从前述的讨论中可以看到,如不满足采样定理,一个高频连续信号采样后将会变成一个低频信号,即高频信号会"混叠进入"而被误认为是低频信号。实际上,高于折叠频率 $\omega_N=\omega_s/2$ 频率的信号,都将在 $(0\sim\omega_s/2)$ 之间出现。在某些情况下,输出中可能出现零频信号,就是说,可能在系统的输出中引起直流分量。

(2) 隐匿振荡(hidden oscillation)

应当指出,如果连续信号 $x(t)$ 的频率分量等于采样频率 ω_s 的整数倍,则该频率分量在采样信号中将会消失。例如,若信号为

$$x(t)=x_1(t)+x_2(t)=\sin(t)+\sin(3t)$$

令采样频率 $\omega_s=3\text{rad/s}$。则采样序列为

$$x(kT)=\sin(2\pi k/3)+\sin(3\times 2\pi k/3)=\sin(2\pi k/3)+\sin(2\pi k)=\sin(2\pi k/3)$$

这表明 $x(kT)$ 中仅含有 $x_1(t)$ 的采样值,而 $x_2(t)$ 的采样振荡分量消失了。在采样间隔之间,$x(t)$ 中存在的振荡称为隐匿振荡。连续信号及采样信号如图 2-19 所示。

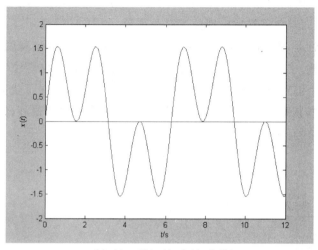

(a) $x(t)=x_1(t)+x_2(t)=\sin(t)+\sin(3t)$

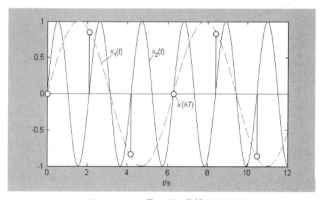

(b) $x_1(t)$、$x_2(t)$ 及 $x(kT)$ 曲线 (T=2.09s)

图 2-19 采样信号的隐匿振荡

2.2.6 前置滤波器

前置滤波器是串在采样开关前的模拟低通滤波器,主要作用是防止采样信号产生频谱混叠,因此又称为抗混叠滤波器。

如前所述,在计算机控制系统中,若有用信号混杂有高频干扰信号,而采样频率相对干扰信号的频率不满足采样定理,那么这些干扰信号经过采样后将变成低频信号夹杂在有用信号中进入系统。由于系统的低通特性,这些干扰信号也能通过系统，从而影响系统的正常输出。

如何解决这一问题呢？一种方法是按高频干扰的频率选取采样频率 ω_s，但这显然会使采样频率 ω_s 过高，难于实现；另一种方法是工程上常用的，在采样开关之前加入模拟式的低通滤波器。它的作用有两个：一是滤除连续信号中高于 $\omega_s/2$ 的频谱分量，从而避免采样后出现频谱混叠现象，如图 2-20 所示。如果选前置滤波器的频率特性是锐截止的，就可以使进入采样器的信号频带宽度变窄，这将会消除或减弱混叠。二是滤除高频干扰。混有高频干扰的连续信号，经采样后，干扰会折叠到有用信号的低频段，如图 2-21 所示，图中 ω_f 为高频干扰频率。这表明有用信号的采样频率即使满足采样定理，仍需要有前置滤波器，以便在采样前先滤掉高频干扰信号。

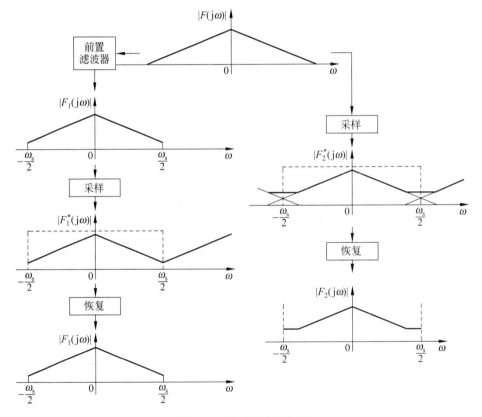

图 2-20　前置滤波器作用

前置滤波器最常用的形式是 $G_F(s)=1/(T_F s+1)$，时间常数 T_F 应根据噪声干扰特性来选取。如若保证高于 $\omega_s/2$ 的有用信号中的高频分量有足够的衰减，通常应选择频带较为陡峭的滤波器。

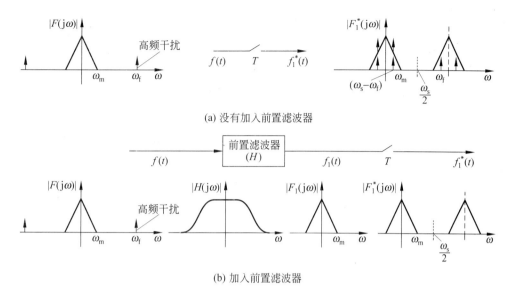

(a) 没有加入前置滤波器

(b) 加入前置滤波器

图 2-21　引入前置滤波器防止高频干扰的混叠

2.3　信号的恢复与重构

信号的恢复是指将采样信号还原成连续信号的问题。本节将研究理想不失真恢复的条件以及物理可实现的恢复所采用的恢复装置(或称信号重构装置)。

2.3.1　理想恢复过程

采样信号的恢复过程,从时域来说,就是要由离散的采样值求出所对应的连续时间函数;从频域来说,就是要除去采样信号频谱的旁带,保留基频分量。

理想不失真的恢复需要具备3个条件:

(1) 原连续信号的频谱必须是有限带宽的频谱;
(2) 采样必须满足采样定理,即 $\omega_s > 2\omega_m$;
(3) 采用理想低通滤波器,对采样信号进行滤波。

理想低通滤波器是指它对截止频率 ω_c 以下的频率分量可以不失真地进行传输,而对高于截止频率 ω_c 以上的频率分量全部衰减为零。它的频谱特性如图2-22所示。

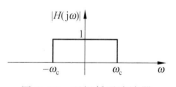

图 2-22　理想低通滤波器频谱特性

在上述3个条件下,滤波器的输出可以无失真地恢复出原连续信号,如图2-23所示。但是,

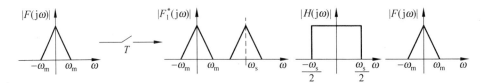

图 2-23 采样信号通过理想滤波器的恢复

低通滤波器是物理不可实现的。因为在 $t=0$ 时,产生的脉冲响应为

$$h(t) = \mathscr{F}^{-1}[H(\mathrm{j}\omega)] = \frac{\sin(\pi t/T)}{\pi t/T} \tag{2-23}$$

其曲线如图 2-24 中的 $h(t)$ 所示。它不符合物理可实现系统的因果关系(即系统响应不可能发生在输入信号作用之前),因而该滤波器是物理不可实现的。

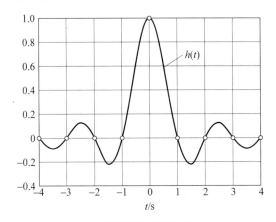

图 2-24 理想低通滤波器脉冲响应

2.3.2 非理想恢复过程

物理上可实现的恢复只能以现在时刻及过去时刻的采样值为基础,通过外推插值来实现。数学上,两点之间的函数可用下述幂级数展开式表示。

$$f_k(t) = f(kT) + f'(kT)(t-kT) + \cdots \tag{2-24}$$

式中

$$f_k(t) = f(kT) \qquad kT \leqslant t < (k+1)T \tag{2-25}$$

$$f'(kT) = \left.\frac{\mathrm{d}f(t)}{\mathrm{d}t}\right|_{t=kT} \tag{2-26}$$

式(2-26)可用采样值来估计。一阶导数可简单用一阶差分来估计,即

$$f'(kT) \approx \{f(kT) - f[(k-1)T]\}/T \tag{2-27}$$

从式(2-24)中可见,级数取项越多时,近似的程度越高,但用差分近似时所需的延迟脉冲数目越多。时间延迟增多对反馈系统的稳定性有严重影响。为此,目

前常利用式(2-24)的第 1 项来重构信号。由于它是多项式中的零阶项,所以通常称为零阶外推插值,又因为在区间 $kT \leqslant t < (k+1)T$ 内,$f(t)$ 保持不变,故又称为零阶保持器。若用式(2-24)前两项来估计 $f(t)$,通常称为一阶外推插值(或一阶保持)。在实际物理系统中,除零阶保持器外,其他保持器都无法实现,但数学仿真时常常会用到。

2.3.3 零阶保持器

零阶保持器(ZOH)的时域方程为

$$f_k(t) = f(kT) \qquad kT \leqslant t < (k+1)T \qquad (2\text{-}28)$$

由式(2-28)可见,由于零阶保持器将采样信号 $f^*(t)$ 的采样瞬时值保持到下一个采样时刻,从而使采样信号恢复为阶梯信号 $f_h(t)$,如图 2-25 所示。可见,零阶保持器的输出是不光滑的。若把 $f_h(t)$ 的每个区间的中点连接起来,则可得到与 $f(t)$ 形状基本一致,但在时间上落后 $T/2$ 的时间响应 $f(t-T/2)$,这表明零阶保持器会带来时间滞后。此外,$f_h(t)$ 也可看成是由 $f(t-T/2)$ 信号与高频噪声叠加而成。高频噪声的频率和采样频率成正比,其幅值与连续信号的变化率及采样周期成正比。

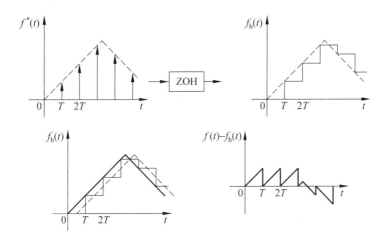

图 2-25 零阶保持器的输入与输出

若零阶保持器的输入为单位脉冲 $\delta(t)$,其输出必为在一个采样周期内保持为常数 1 的方波信号,其脉冲过渡函数如图 2-26 所示,其数学表达式为

$$g_h(t) = u_s(t) - u_s(t-T) \qquad (2\text{-}29)$$

式中 $u_s(t)$ 为单位阶跃函数。

式(2-29)的拉氏变换式就是零阶保持器的传递函数,即

$$G_h(s) = \mathscr{L}[g_h(t)] = \mathscr{L}[u_s(t) - u_s(t-T)]$$

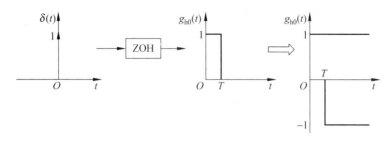

图 2-26 ZOH 的脉冲过渡函数

$$= \frac{1}{s} - e^{-sT} \frac{1}{s} = \frac{1 - e^{-sT}}{s} \tag{2-30}$$

通过简单的变换,零阶保持器的频率特性为

$$G_h(j\omega) = \frac{1 - e^{-j\omega T}}{j\omega} = T \frac{e^{-j\omega T/2}(e^{j\omega T/2} - e^{-j\omega T/2})}{T \times 2j\omega/2} = T \frac{\sin(\omega T/2)}{\omega T/2} e^{-j\omega T/2}$$

$$= \frac{2\pi}{\omega_s} \frac{\sin(\omega\pi/\omega_s)}{\omega\pi/\omega_s} e^{-j(\omega/\omega_s)\pi} \tag{2-31}$$

由式(2-31)可得零阶保持器的幅频特性及相频特性为

$$|G_h(j\omega)| = T \left| \frac{\sin(\omega T/2)}{\omega T/2} \right| = \frac{2\pi}{\omega_s} \left| \frac{\sin(\omega\pi/\omega_s)}{\omega\pi/\omega_s} \right| \tag{2-32}$$

$$\theta_h(\omega) = -\frac{\pi\omega}{\omega_s} + \angle \frac{\sin(\omega\pi/\omega_s)}{\omega\pi/\omega_s} \tag{2-33}$$

在式(2-33)中相角 $\angle \frac{\sin(\omega\pi/\omega_s)}{\omega\pi/\omega_s}$ 是随 ω 在 0 与 π 之间周期变化的。

依式(2-32)及(2-33)可得零阶保持器的频率特性曲线,如图 2-27 所示。由图可见,零阶保持器的特性类似于低通滤波器,然而和理想低通滤波器相比,又有不小的差别:

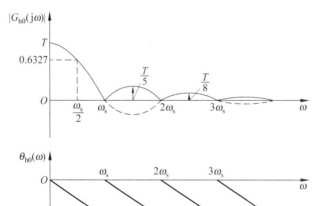

图 2-27 零阶保持器的频率特性

(1) 理想滤波器的截止频率为 $\omega_c = \omega_s/2$，在 $\omega \leqslant \omega_c$ 时，采样信号无失真地通过，在 $\omega > \omega_c$ 时锐截止；而零阶保持器有无限多个截止频率 $\omega_c = n\omega_s (n=1,2,\cdots)$，在 $0 \sim \omega_s$ 内，幅值随 ω 增加而衰减。

(2) 零阶保持器允许采样信号的高频分量通过，不过它的幅值是逐渐衰减的。

(3) 从相频特性看，零阶保持器是一个相位滞后环节，相位滞后的大小与信号频率 ω 及采样周期 T 成正比。

由于零阶保持器简单且可用物理装置实现，所以，目前控制系统中全都采用零阶保持器。

2.3.4 后置滤波

由于零阶保持器允许高频分量通过，当采样周期较大（相当时域曲线的阶梯较大）时，ZOH 的输出势必对系统的动态特性产生不良影响。若高频噪声的幅度大，而执行机构及被控对象的惯性又偏小，常会引起执行机构的高频抖动，造成机械磨损。为了减轻或消除高频噪声的影响，应在零阶保持器后面串入一个模拟式低通滤波器，称为后置滤波器，进一步将高频分量滤除，在时域上来看，相当于把输出响应的阶梯展平。

但低通滤波器必然给系统引入相位滞后，影响整个系统的动态特性。为了克服这种不良影响，可以在系统控制器的适当位置串入超前环节，或通过修改控制器参数加以补偿。如果高频噪声不很严重，而执行机构及被控对象的惯性又比较大，依靠对象本身的惯性已能将其滤掉，这就不需要另加后置滤波器了。

2.4 信号的整量化

一个模拟信号经过 A/D 变换器将其变成二进制数字信号时，必须要进行整量化处理和编码。如前所述，编码只是信号形式的变化，对信号所含信息大小无影响，但整量化对信息的大小有影响，因此要研究有关整量化的一些特性。

A/D 变换器将一个模拟量变成二进制数字量时，二进制的位数是有限的。假定它的位数为 n，那么不管用来表示整数还是小数，n 位二进制数只能表示 2^n 个不同状态，最低位所代表的量，称为量化单位 $q=1/2^n$。若用 3 位二进制数表示 $0\sim1$ 之间的任意变化的模拟量，只能有 8 个不同数，如图 2-28 所示，若模拟量小于 $1/8$，只能令它等于零或等于 $1/8$；对于 $1/8 \sim 2/8$ 之间的模拟量，只能令它等于 $1/8$ 或 $2/8$，依此类推。可见模拟量和有限字长二进制数之间不是一一对应的，用数字量表示模拟量是有误差的，这种误差称为量化误差。显然，增加字长 n 可以减小量化单位，从而降低量化误差。

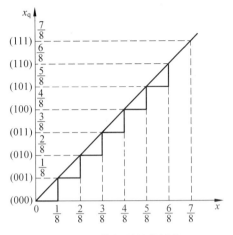

图 2-28 模拟量的整量化

整量化处理不仅发生在 A/D 转换过程中,而且在计算机内运算时和数字量输出时也同样存在整量化问题。

由于现代数字计算机技术的发展,数字二进制的位数较多,即其量化单位 q 较小,在系统中所引入的量化误差亦较小,常常可以忽略,因此,本书在后续的研究中,将认为计算机及输入输出通道的数字位数为无限长,可以不考虑量化的影响。有关量化影响的分析将在第 7 章进行讨论。

2.5 计算机控制系统简化结构

从前述各节的分析可知,尽管计算机控制系统中含有多种信号形式的变换,但其中仅采样、量化及信号恢复(零阶保持器)对系统影响最大。如果考虑计算机系统相应设备的二进制字长较长,量化对系统的影响亦可忽略,这样,计算机控制系统结构就可在图 2-6 的基础上简化为图 2-29 所示结构。其中计算机用通常的控制器表示。通常称这种系统结构为采样系统。

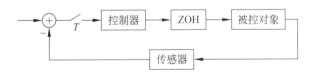

图 2-29 计算机控制系统简化结构图

采样系统定义为动态子系统的集合,系统中某些信号在一点或多点是以时间离散序列出现的,在另外一些点上,信号是以时间连续信号形式出现的。

如从计算机控制角度出发,计算机接收受控对象在离散时间上的测量值,并在离散时间上发送新的控制信号,研究的目的就是描述信号在各个采样点上的变化。若不关心采样点之间的特性,系统的输入及输出信号均取为采样信号(也可认为是虚假的采样),如图 2-30 所示,此时,如从 A 点到 B 点来看,整个系统输入输出均为采样信号,系统可以看为时间离散系统。通常,当系统中各环节之间的信号全为时间离散信号时,称其为离散时间系统。

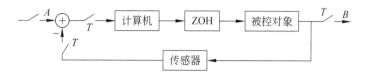

图 2-30 计算机控制系统作为离散系统的结构图

本章小结

计算机控制系统是信号混合系统,包括有五种信号形式的变换:采样、量化、编码、解码、信号恢复(零阶保持),其中采样、量化、信号恢复(零阶保持)最重要。计算机控制系统中各点信号如表 2-1 所示。

(1) 当采样器的采样时间 $p \ll T$ 时,称为理想采样。本书认为系统中的采样器均为理想采样器。采样周期以 T 表示,单位为秒;采样频率 $f_s = 1/T$,采样角频率 $\omega_s = 2\pi f_s = 2\pi/T$。

(2) 本章重点讨论了理想采样信号的时域、复域及频域的数学表达式,说明了采样信号的拉氏变换及频谱分别是连续信号拉氏变换及频谱的周期函数。采样信号的频谱除包括有连续信号的频谱外,还包括有无限多的高频分量,采样器相当于一个谐波发生器。

(3) 采样定理是一个重要的定理,采样定理说明了为使采样信号可以不失真地恢复原连续信号特性的基本条件。如果采样时不满足采样定理的要求,采样信号将会发生频谱的混叠、假频及隐匿振荡等现象,总的来说,若不满足采样定理,连续信号中高于折叠频率的频率分量将会折叠到 $(0 \sim \omega_s/2)$ 频率范围内。

(4) 尽管采样信号满足采样定理,准确恢复原连续信号是不可能的。实际上只能采用零阶保持器近似恢复。零阶保持器是一个相位滞后的低通滤波环节,其时间响应曲线是一种阶梯形状,幅频响应曲线具有振荡衰减的高频分量,相频滞后与频率及采样周期成正比。

(5) 由于数字二进制字长有限,系统中将会产生整量化现象,这将会对系统特性产生影响。但限于整量化现象影响较小,分析起来又较困难,因此,在理论分析和系统设计阶段将不考虑数的整量化变换。

（6）前置滤波器及后置滤波器是工程应用中两个模拟部件，分别用于消除采样信号的混叠和滤除零阶保持器输出中的高频分量。

（7）由于在今后研究中略去了量化变换，因此，所研究的计算机控制系统中仅含有采样及零阶保持两种变换，即可以将其看作采样系统。如在系统输出端加上虚拟的采样开关，则又可将其看作离散系统。

第 3 章 计算机控制系统的数学描述

计算机控制系统,如第 2 章所述,可以将其看作采样系统,进而又可以将其看作时间离散系统。对于离散系统,通常使用时域的差分方程、复数域的 z 变换和脉冲传递函数、频域的频率特性以及离散状态空间方程等作为系统分析和设计的基本数学工具。本章将对上述各种方法进行介绍,给出离散系统各种描述方法,特别是比较详细地分析以 z 变换为基础的脉冲传递函数结构图的描述方法。

本章提要

本章第 1 节简单说明一下差分方程的概念及计算机的迭代求解方法;在 3.2 节,介绍 z 变换的定义、性质与变换方法,同时还要讨论 z 变换与差分方程的相互转换方法;3.3 节利用 z 变换方法,导出离散系统的复数域数学表达式——脉冲传递函数的概念;3.4 节介绍在脉冲传递函数基础上建立的系统结构图方法;3.5 节讨论离散系统的频率特性;3.6 节介绍离散系统状态空间的描述方法。

3.1 离散系统的时域描述——差分方程

连续系统的动态过程,在时域中用微分方程来描述;离散系统的动态过程,则用差分方程描述。离散系统是一个动态系统,在平衡点附近线性化后,可以近似地用线性常系数差分方程来描述。

3.1.1 差分的定义

连续函数 $f(t)$,采样后为 $f(kT)$,为方便起见,以后常写为 $f(kT)=f(k)$,现定义:

一阶向前差分

$$\Delta f(k) = f(k+1) - f(k) \tag{3-1}$$

二阶向前差分

$$\Delta^2 f(k) = \Delta f(k+1) - \Delta f(k)$$
$$= [f(k+2) - f(k+1)] - [f(k+1) - f(k)]$$
$$= f(k+2) - 2f(k+1) + f(k) \tag{3-2}$$

类似地,n 阶向前差分定义为
$$\Delta^n f(k) = \Delta^{n-1} f(k+1) - \Delta^{n-1} f(k) \tag{3-3}$$

在以后的应用中,还常使用向后差分,定义为

一阶向后差分
$$\nabla f(k) = f(k) - f(k-1) \tag{3-4}$$

二阶向后差分
$$\nabla^2 f(k) = \nabla [\nabla f(k)] = f(k) - 2f(k-1) + f(k-2) \tag{3-5}$$

类似地,n 阶向后差分定义为
$$\nabla^n f(k) = \nabla^{n-1} f(k) - \nabla^{n-1} f(k-1) \tag{3-6}$$

3.1.2 差分方程

微分方程是描述连续系统的方程,差分方程是描述离散系统的方程。

现研究图 3-1 所示系统。其中图 3-1(a)是一连续系统,它可以用下述微分方程描述:
$$\frac{d^2 c(t)}{dt^2} + a \frac{dc(t)}{dt} + bc(t) = kr(t) \tag{3-7}$$

图 3-1(b)为一采样离散系统,输入与输出信号均被采样。对该系统就不能再用微分方程来描述采样信号 $c(k)$ 与 $r(k)$ 之间的关系,而应该用相应离散信号来表示。

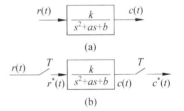

图 3-1 离散系统的差分表示

为此,式(3-7)中的二阶微分可用二阶差分代替:
$$\frac{d^2 c(t)}{dt^2} = \Delta^2 c(t) = c(k+2) - 2c(k+1) + c(k)$$

一阶微分用一阶差分代替:
$$\frac{dc(t)}{dt} = c(k+1) - c(k)$$

$c(t)$,$r(t)$ 分别用 $c(k)$ 及 $r(k)$ 代替,这样,式(3-7)即变为
$$[c(k+2) - 2c(k+1) + c(k)] + a[c(k+1) - c(k)] + bc(k) = kr(k)$$
$$c(k+2) + (a-2)c(k+1) + (1-a+b)c(k) = kr(k)$$
$$c(k+2) + a_1 c(k+1) + a_2 c(k) = kr(k) \tag{3-8}$$

在式(3-8)中,除了因变量序列 $c(k)$ 外,还包含有它的移位序列 $c(k+i)$,这种方程称为差分方程。从该方程中可以看到,系统的输出序列不仅与当前时刻的输

入序列 $r(k)$ 有关，还与输出的超前序列 $c(k+1),c(k+2)$ 等有关。

对于一般的离散系统，输出序列与输入序列之间可以用方程描述如下：
$$c(k+n)+a_1c(k+n-1)+a_2c(k+n-2)+\cdots+a_nc(k)$$
$$=b_0r(k+m)+b_1r(k+m-1)+\cdots+b_mr(k) \quad (3\text{-}9)$$

式(3-9)即为描述离散系统的差分方程。与微分方程类似，式中 n 为差分方程的阶次，它是最高差分与最低差分之差，m 是输入信号的阶次。由于 a_i,b_i 是常数，且 $c(k)$ 与 $c(k+i),r(k)$ 与 $r(k+i)$ 之间的关系是线性的，故称该方程为线性常系数差分方程，通常 $m \leqslant n$。与微分方程类似，方程的阶次和系数是由具体物理系统结构及特性决定的。

在以后的应用中，差分方程还可用向后差分表示为
$$c(k)+a_1c(k-1)+a_2c(k-2)+\cdots+a_nc(k-n)$$
$$=b_0r(k)+b_1r(k-1)+\cdots+b_mr(k-m) \quad (3\text{-}10)$$

3.1.3 线性常系数差分方程的迭代求解

差分方程的基本问题是寻求它的解。差分方程的解也分为通解与特解。通解是与方程初始状态有关的解，特解与外部输入有关，它描述系统在外部输入作用下的强迫运动。直接从式(3-10)中获得差分方程的解析解是困难的，但利用计算机通过递推迭代求取它的有限项的数值解却是极为容易的。

例 3-1 已知差分方程
$$c(k)-0.5c(k-1)=r(k) \quad (3\text{-}11)$$
且给定起始值 $c(0)=0,r(k)=1$，试求 $c(k)$。

解 将式(3-11)写成下述形式
$$c(k)=r(k)+0.5c(k-1) \quad (3\text{-}12)$$
由于 $c(0)=0,r(k)=1$，故
$$k=1, c(1)=r(1)+0.5c(1-1)=1+0.5c(0)=1$$
$$k=2, c(2)=r(2)+0.5c(2-1)=1+0.5c(1)=1+0.5=1.5$$
$$k=3, c(3)=r(3)+0.5c(3-1)=1+0.5c(2)=1+0.5\times 1.5=1.75$$
$$\vdots$$
依此类推，如此迭代下去就可以求得 k 为任意值时的输出 $c(k)$。

上述例题可以用下述 MATLAB 程序求解：

```
n=10;% 定义计算的点数
c(1:n)=0;r(1:n)=1;k(1)=0;% 定义输入输出和点数的初值
for i=2:n
   c(i)=r(i)+0.5*c(i-1);k(i)=k(i-1)+1;
end
plot(k,c,'k:o')% 绘输出响应图，每一点上用°表示
```

得到的解序列为：$k=0,1,\cdots,9$ 时，

$c=0,1.0000,1.5000,1.7500,1.8750,1.9375,1.9688,1.9844,1.9922,1.9961$

解随着 k 变化的序列值如图 3-2 所示，图中小圆圈标出了离散点上的取值。

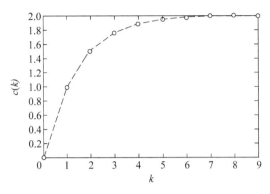

图 3-2　差分方程的解序列表示

通常，这种数值求解方法只能求得 k 的有限项，难于得到 $c(k)$ 解的闭合形式。此外，对于 n 阶差分方程，必须具有 c_0 至 c_{n-1} 的初始条件。利用计算机完成这种数值的迭代计算是非常容易的。

与用拉普拉斯变换求解微分方程相同，差分方程的另一个求解方法是利用 z 变换求解，这将在 z 变换的应用中加以说明。

3.2　z 变换

在连续系统中使用拉普拉斯变换作为基本工具，得到了连续系统的传递函数描述方法。传递函数作为基本的数学表达式，在连续系统的分析及设计中发挥了重要作用，并将连续系统研究中的各种方法联系在一起。在离散系统中，将使用拉氏变换的特例——z 变换，得到描述离散系统的脉冲传递函数，它将在离散系统的分析及设计中发挥重要作用。

3.2.1　z 变换的定义

1. z 变换

如第 2 章所述，连续信号 $f(t)$ 通过理想采样开关采样后，采样信号 $f^*(t)$ 的表达式为

$$f^*(t) = \sum_{k=0}^{\infty} f(kT)\delta(t-kT) \tag{3-13}$$

其拉普拉斯变换为

$$F^*(s) = \mathscr{L}[f^*(t)] = \sum_{k=0}^{\infty} f(kT)\mathrm{e}^{-ksT} \tag{3-14}$$

可见 $F^*(s)$ 是 s 的超越函数,难于使用,故用拉普拉斯变换来研究离散信号系统较为困难。为此,引入另一个复变量"z",令

$$z = \mathrm{e}^{sT}$$

或

$$s = \frac{1}{T}\ln z \tag{3-15}$$

式中 z 为一复数变量,T 为采样周期。

代入式(3-14),并令 $F^*(s)\big|_{s=\frac{1}{T}\ln z} = F(z)$,得

$$F(z) = \sum_{k=0}^{\infty} f(kT)z^{-k} \tag{3-16}$$

式(3-16)定义为采样信号 $f^*(t)$ 或离散序列 $f(kT)$ 的 z 变换,通常以 $F(z) = \mathscr{Z}[f^*(t)]$ 表示,并称其为 $f^*(t)$ 的 z 变换。由于 z 变换只是对采样序列进行的变换,不同的连续函数,只要它们的采样序列相同,其 z 变换即相同。

$F(z)$ 是 z 的无穷幂级数之和,式中一般项的物理意义是,$f(kT)$ 表示时间序列的强度,z^{-k} 表示时间序列出现的时刻,相对时间的起点,延迟了 k 个采样周期。因此,$F(z)$ 既包含了信号幅值的信息,又包含了时间信息。式(3-13)、式(3-14)和式(3-16)分别是采样信号在时域、s 域和 z 域的表达式。可见,时域中的 $\delta(t-kT)$、s 域中的 e^{-ksT} 及 z 域中的 z^{-k} 均表示信号延迟了 k 步,体现了信号的定时关系。因此,应记住 z 变换中 z^{-1} 代表信号滞后一个采样周期,可称为单位延迟因子。

由于在该定义式中,幂级数是从 $k=0$ 到 ∞,因此又称为单边 z 变换。考虑到控制系统中所研究的问题均是从 $t=0$ 开始的,因此,本书所使用的 z 变换均为单边 z 变换。

由以上推导可知,z 变换实际上是拉普拉斯变换的特殊形式,它是对采样信号拉氏变换式作 $z=\mathrm{e}^{sT}$ 的变量置换的结果。

$f^*(t)$ 的 z 变换的符号写法有多种,如 $\mathscr{Z}[f^*(t)]$,$\mathscr{Z}[f(kT)]$ 及 $\mathscr{Z}[f(t)]$ 等,其概念都应理解为对采样脉冲序列进行 z 变换。

在实际应用中,对控制工程中多数信号,z 变换所表示的无穷级数是收敛的,并可写成闭合形式,其表达式是 z 的有理分式:

$$F(z) = \frac{K(z^m + d_{m-1}z^{m-1} + \cdots + d_1 z + d_0)}{z^n + c_{n-1}z^{n-1} + \cdots + c_1 z + c_0} \qquad m \leqslant n \tag{3-17}$$

或 z^{-1} 的有理分式

$$F(z) = \frac{Kz^{-l}(1+d_{m-1}z^{-1}+\cdots+d_1z^{-m+1}+d_0z^{-m})}{1+c_{n-1}z^{-1}+\cdots+c_1z^{-n+1}+c_0z^{-n}} \qquad l=n-m \quad (3\text{-}18)$$

其分母多项式为特征多项式。在讨论系统动态特征时,z 变换写成零、极点形式更为有用,式(3-18)可改写为

$$F(z) = \frac{KN(z)}{D(z)} = \frac{K(z-z_1)\cdots(z-z_m)}{(z-p_1)\cdots(z-p_n)} \qquad m \leqslant n \quad (3\text{-}19)$$

在实际应用时采用哪种形式,应视情况而定。在求取 $F(z)$ 零、极点时,采用式(3-17)更为方便可靠。

例 3-2 试求单位阶跃函数的 z 变换

$$f(t) = \begin{cases} 1(t) & t \geqslant 0 \\ 0 & t < 0 \end{cases}$$

解 依 z 变换定义,可得

$$F(z) = \mathscr{L}[1(t)] = \sum_{k=0}^{\infty} 1(kT)z^{-k} = 1+z^{-1}+z^{-2}+z^{-3}+\cdots$$

该级数为等比级数,依级数求和公式,当 $|z|>1$ 时,该级数收敛,并可写成如下闭合形状:

$$F(z) = \mathscr{L}[1(t)] = \sum_{k=0}^{\infty} 1(kT)z^{-k} = \frac{1}{1-z^{-1}} = \frac{z}{z-1} \qquad (3\text{-}20) \blacksquare$$

在实际应用时,$F(z)$ 在什么 z 上收敛(称为收敛域或定义域)是不需要特别说明的。只要知道存在这个值就可以了。

2. z 反变换

求与 z 变换相对应的采样序列函数 $f^*(t)$ 的过程称为 z 反变换,并表示成

$$\mathscr{L}^{-1}[F(z)] = f^*(t) \Rightarrow f(kT) \qquad (3\text{-}21)$$

与拉氏变换类似,z 变换的反变换也是唯一的,但 z 反变换唯一对应的是采样序列,而不是连续函数,即

$$\mathscr{L}^{-1}[F(z)] \neq f(t)$$

也就是,一个 z 变换式可能对应无穷多个连续函数,实际上,任何一个采样值为零的函数 $g(t)$ 与函数 $f(t)$ 相加,$f(t)$ 的 z 变换都相同。如图 3-3 所示,两个不同的连续信号对应着同一个采样信号序列。

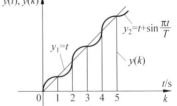

图 3-3 采样信号与连续信号的关系

由上述可见,z 变换只能反映采样点的信号,不能反映采样点之间的行为,为了了解采样点之间信号的行为,应采用其他方法(如扩展 z 变换等)。

3.2.2　z 变换的基本定理

与拉氏变换类似，z 变换也有一些类似的基本定理。下边给出一些常用的定理。

1. 线性定理

若 $f_1(t)$、$f_2(t)$ 的 z 变换分别为 $F_1(z)$、$F_2(z)$，且 a、b 为常数，则依定义可以容易得到：

$$\mathscr{Z}[af_1(t)+bf_2(t)] = aF_1(z)+bF_2(z) \tag{3-22}$$

2. 实域位移定理（时移定理）

(1) 右位移（延迟）定理

若 $\mathscr{Z}[f(t)]=F(z)$，则

$$\mathscr{Z}[f(t-nT)] = z^{-n}F(z) \tag{3-23}$$

式(3-23)中 n 是正整数。

证明：根据定义

$$\mathscr{Z}[f(t-nT)] = \sum_{k=0}^{\infty} f(kT-nT)z^{-k} = z^{-n}\sum_{k=0}^{\infty} f(kT-nT)z^{-(k-n)}$$

令 $k-n=m$，则

$$\mathscr{Z}[f(t-nT)] = z^{-n}\sum_{m=-n}^{\infty} f(mT)z^{-m}$$

根据物理可实现性，$t<0$ 时 $f(t)$ 为零，所以上式成为

$$\mathscr{Z}[f(t-nT)] = z^{-n}\sum_{m=0}^{\infty} f(mT)z^{-m} = z^{-n}F(z) \qquad\blacksquare$$

右位移 nT 函数 $f(t-nT)$ 的含义如图 3-4 所示，表示 $f(k-n)$ 相对时间起点延迟 n 个采样周期。该定理还表明 $F(z)$ 经过一个 z^{-n} 的纯滞后环节，相当于其时间特性向后移动 n 步。

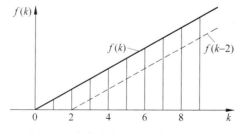

图 3-4　右位移定理的时域图形描述

(2) 左位移(超前)定理

若 $\mathscr{Z}[f(t)] = F(z)$,则

$$\mathscr{Z}[f(t+nT)] = z^n \left[F(z) - \sum_{k=0}^{n-1} f(kT) z^{-k} \right] \quad (3-24)$$

证明：根据定义有

$$\mathscr{Z}[f(t+nT)] = \sum_{k=0}^{\infty} f(kT+nT) z^{-k}$$

令 $k+n=r$,则

$$\mathscr{Z}[f(t+nT)] = \sum_{r=n}^{\infty} f(rT) z^{-(r-n)} = z^n \sum_{r=n}^{\infty} f(rT) z^{-r}$$

$$= z^n \left[\sum_{r=0}^{\infty} f(rT) z^{-r} - \sum_{r=0}^{n-1} f(rT) z^{-r} \right]$$

$$= z^n \left[F(z) - \sum_{k=0}^{n-1} f(kT) z^{-k} \right] \quad \blacksquare$$

当 $f(0)=f(T)=f(2T)=\cdots=f[(n-1)T]=0$ 时,即在零初始条件下,则超前定理成为

$$\mathscr{Z}[f(t+nT)] = z^n F(z) \quad (3-25)$$

左位移 nT 函数 $f(t+nT)$ 的含义如图 3-5 所示,它表示 $f(k+n)$ 相对时间起点超前 n 个采样周期出现。该定理还表明 $F(z)$ 经过一个 z^n 的纯超前环节,相当于其时间特性向前移动 n 步。

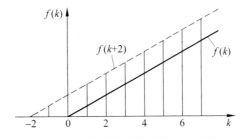

图 3-5 左位移定理的时域图形描述

从实域位移定理再次可见,复变量 z 有明显的物理意义,z^n 代表超前作用,z^{-n} 代表时间滞后作用。实域位移定理很重要。它的作用相当于拉氏变换中的微分及积分定理。

3. 复域位移定理

若函数 $f(t)$ 的 z 变换为 $F(z)$,则

$$\mathscr{Z}[e^{\mp at} f(t)] = F(z e^{\pm aT}) \quad (3-26)$$

式中 a 是常数。

证明：根据 z 变换定义有

$$\mathscr{Z}[\mathrm{e}^{\mp at}f(t)] = \sum_{k=0}^{\infty} f(kT)\mathrm{e}^{\mp akT}z^{-k}$$

令 $z_1 = z\mathrm{e}^{\pm aT}$，则上式可写成

$$\mathscr{Z}[\mathrm{e}^{\mp at}f(t)] = \sum_{k=0}^{\infty} f(kT)z_1^{-k} = F(z_1)$$

代入 $z_1 = z\mathrm{e}^{\pm aT}$，得

$$\mathscr{Z}[\mathrm{e}^{\mp at}f(t)] = F(z\mathrm{e}^{\pm aT}) \qquad\blacksquare$$

4. 初值定理

如果函数 $f(t)$ 的 z 变换为 $F(z)$，并存在极限 $\lim\limits_{z\to\infty}F(z)$，则

$$\lim_{k\to 0}f(kT) = \lim_{z\to\infty}F(z) \tag{3-27}$$

或者写成

$$f(0) = \lim_{z\to\infty}F(z) \tag{3-28}$$

证明：根据 z 变换定义，$F(z)$ 可写成

$$F(z) = \sum_{k=0}^{\infty} f(kT)z^{-k} = f(0) + f(T)z^{-1} + f(2T)z^{-2} + \cdots$$

当 z 趋于无穷时，上式两端取极限，得

$$\lim_{z\to\infty}F(z) = f(0) = \lim_{k\to 0}f(kT) \qquad\blacksquare$$

利用初值定理检查 z 变换的结果是否有错是很方便的。由于 $f(0)$ 通常是已知的，因此通过求取 $\lim\limits_{z\to\infty}F(z)$，就可以很容易判断 z 变换是否有误了。

5. 终值定理

若 $f(t)$ 的 z 变换为 $F(z)$，并假定函数 $F(z)$ 全部极点均在 z 平面的单位圆内或最多有一个极点在 $z=1$ 处，则

$$\lim_{k\to\infty}f(kT) = \lim_{z\to 1}(1-z^{-1})F(z) = \lim_{z\to 1}(z-1)F(z) \tag{3-29}$$

证明：依定义有

$$\mathscr{Z}[f(t)] = F(z) = \sum_{k=0}^{\infty} f(kT)z^{-k} \tag{3-30}$$

$$\mathscr{Z}[f(kT-T)] = z^{-1}F(z) = \sum_{k=0}^{\infty} f(kT-T)z^{-k} \tag{3-31}$$

因此，有

$$\sum_{k=0}^{\infty} f(kT)z^{-k} - \sum_{k=0}^{\infty} f(kT-T)z^{-k} = F(z) - z^{-1}F(z)$$

当 $z\to 1$ 时，取上式极限，可得

$$\lim_{z \to 1}\left[\sum_{k=0}^{\infty} f(kT)z^{-k} - \sum_{k=0}^{\infty} f(kT-T)z^{-k}\right] = \lim_{z \to 1}(1-z^{-1})F(z)$$

由于 $t<0$ 时所有的 $f(t)=0$，上式左侧变为

$$\sum_{k=0}^{\infty}[f(kT)-f(kT-T)] = [f(0)-f(-T)] + [f(T)-f(0)]$$
$$+ [f(2T)-f(T)] + \cdots = f(\infty) = \lim_{k \to \infty} f(kT)$$

因此有

$$\lim_{k \to \infty} f(kT) = \lim_{z \to 1}(1-z^{-1})F(z)$$

必须注意，终值定理成立的条件是，$F(z)$ 全部极点均在 z 平面的单位圆内或最多有一个极点在 $z=1$ 处，实际上即是要求 $(1-z^{-1})F(z)$ 在单位圆上和圆外没有极点，即脉冲函数序列应当是收敛的，否则求出的终值是错误的。如函数 $F(z)=\dfrac{z}{z-2}$，其对应的脉冲序列函数为 $f(k)=2^k$，当 $k \to \infty$ 时是发散的，而直接应用终值定理得

$$f(k)|_{k \to \infty} = \lim_{z \to 1}(1-z^{-1})\frac{z}{z-2} = 0$$

与实际情况相矛盾。这是因为函数 $F(z)$ 不满足终值定理条件所致。

应用终值定理可以很方便地从 $f(t)$ 的 z 变换中确定 $f(kT)$ 当 $k \to \infty$ 时的特性，这在研究系统的稳态特性时非常方便。

例 3-3 已知 $f(t)=1-\mathrm{e}^{-at}$ 的 z 变换为 $F(z)=\dfrac{(1-\mathrm{e}^{-T})z^{-1}}{(1-z^{-1})(1-\mathrm{e}^{-T}z^{-1})}$，试确定 $f(t)$ 的初值和终值。

解 依初值定理可知

$$f(0) = \lim_{z \to \infty} \frac{(1-\mathrm{e}^{-T})z^{-1}}{(1-z^{-1})(1-\mathrm{e}^{-T}z^{-1})} = 0$$

从所给函数 $f(t)=1-\mathrm{e}^{-at}$ 亦可判断 $f(0)=0$。

从所给 $F(z)$ 可知，$F(z)$ 有一个 $z=1$ 和 $z=\mathrm{e}^{-T}$ 极点，满足终值定理条件。依终值定理，有

$$f(\infty) = \lim_{z \to 1}(1-z^{-1})F(z) = \lim_{z \to 1}(1-z^{-1})\frac{(1-\mathrm{e}^{-T})z^{-1}}{(1-z^{-1})(1-\mathrm{e}^{-T}z^{-1})} = 1$$

从所给函数 $f(t)=1-\mathrm{e}^{-at}$ 亦可判断 $f(\infty)=1$。

3.2.3 求 z 变换及反变换的方法

1. z 变换方法

(1) 级数求和法

利用 z 变换定义式(3-16)，直接计算级数和，写出闭合形式。

例 3-4 求单位脉冲函数 $\delta(t)$ 的 z 变换。

解 因为 $f(t)=\delta(t)$ 在 $t=0$ 处的脉冲强度为 1，$t\neq 0$ 时均为 0，所以

$$F(z)=\mathscr{Z}[\delta(t)]=\sum_{k=0}^{\infty}f(kT)z^{-k}=f(0)z^{-0}=1 \tag{3-32}$$

例 3-5 求单位脉冲序列

$$\delta_T(t)=\sum_{k=0}^{\infty}\delta(t-kT)$$

的 z 变换。

解 因为 $\delta_T(t)$ 在 $t=kT$ 时，其值为 1，所以

$$F(z)=\mathscr{Z}[\delta_T(t)]=\sum_{k=0}^{\infty}\delta_T(kT)z^{-k}=\sum_{k=0}^{\infty}1\cdot z^{-k}$$

$$=1+z^{-1}+z^{-2}+z^{-3}+\cdots=\frac{1}{1-z^{-1}}=\frac{z}{1-z} \tag{3-33}$$

例 3-6 求指数函数 $f(t)=\mathrm{e}^{-t}$ 的 z 变换。

解 依式(3-16)，有

$$F(z)=\sum_{k=0}^{\infty}f(kT)z^{-k}=1+\mathrm{e}^{-T}z^{-1}+\mathrm{e}^{-2T}z^{-2}+\cdots$$

上式为等比级数，当公比 $|\mathrm{e}^{-T}z^{-1}|<1$ 时，级数收敛，可写出和式为

$$F(z)=\frac{1}{1-\mathrm{e}^{-T}z^{-1}}=\frac{z}{z-\mathrm{e}^{-T}} \tag{3-34}$$

(2) $F(s)$ 的 z 变换

求拉氏变换式 $F(s)$ 的 z 变换的含义是，将拉氏变换式所代表的连续函数 $f(t)=\mathscr{L}^{-1}[F(s)]$ 进行采样，然后求它的 z 变换。为此，首先应通过拉氏反变换求得连续函数 $f(t)$，然后对它的采样序列做 z 变换。通常，在给定 $F(s)$ 后，应利用 s 域中的部分分式展开法，将 $F(s)$ 分解为简单因式，进而得到简单的时间函数之和，然后对各时间函数进行 z 变换。

另一种由 $F(s)$ 求取 $F(z)$ 的方法是留数计算方法。本书对此不予讨论。

例 3-7 试求 $F(s)=\dfrac{1}{s(s+1)}$ 的 z 变换。

解 首先对 $F(s)$ 进行部分分式展开：

$$F(s)=\frac{1}{s(s+1)}=\frac{1}{s}-\frac{1}{s+1}$$

对各项进行拉氏反变换，得

$$f(t)=\mathscr{L}^{-1}\left[\frac{1}{s}-\frac{1}{s+1}\right]=1-\mathrm{e}^{-t}$$

利用式(3-20)及式(3-34)，可得：

$$F(z) = \mathscr{Z}[F(s)] = \mathscr{Z}[1-e^{-t}] = \frac{z}{z-1} - \frac{z}{z-e^{-T}}$$

$$= \frac{z(1-e^{-T})}{(z-1)(z-e^{-T})} \tag{3-35}$$

应注意,对 $F(s)$ 做 z 变换时,不能将 $s=\frac{1}{T}\ln z$ 直接代入求 $F(z)$,如已求得了采样信号的拉氏变换式 $F^*(s)$,原理上可以用 $s=\frac{1}{T}\ln z$ 直接代入求取 $F(z)$。例如,第 2 章式(2-17)所得 $F^*(s)=\frac{1}{1-e^{-T(s+1)}}$ 是函数 $f(t)=e^{-t}$ 采样信号的拉氏变换,此时,它的 z 变换可直接将 $s=\frac{1}{T}\ln z$ 代入求得:

$$F(z) = F^*(s)\bigg|_{s=\frac{1}{T}\ln z} = \frac{1}{1-e^{-T(s+1)}}\bigg|_{s=\frac{1}{T}\ln z} = \frac{1}{1-e^{-T}e^{-\ln z}} = \frac{1}{1-e^{-T}z^{-1}}$$

所得结果与例 3-6 结果相同。

注:对于复杂的 $F(s)$ 进行部分分式展开是较麻烦的,但 $F(s)$ 部分分式展开也可以利用 MATLAB 软件中的符号语言工具箱进行计算。

如已知 $F(s) = \frac{s+2}{s(s+1)^2(s+3)}$,通过部分分式展开法求 $F(z)$。

该例题在使用 MATLAB 的符号语言进行部分分式分解时,可写出如下程序:

```
F = sym('(s + 2)/(s * (s + 1)^2 * (s + 3))');%传递函数 F(s)进行符号定义
[numF,denF] = numden(F);%提取分子分母
pnumF = sym2poly(numF);%将分母转化为一般多项式
pdenF = sym2poly(denF);%将分子转化为一般多项式
[R,P,K] = residue(pnumF,pdenF) %部分分式展开
```

运行结果:

```
R =
    0.0833
   -0.7500
   -0.5000
    0.6667
P =
   -3.0000
   -1.0000
   -1.0000
         0
```

上述程序运行求得部分分式分解结果为:

$$F(s) = 0.0833 \frac{1}{s+3} - 0.7500 \frac{1}{s+1} - 0.5000 \frac{1}{(s+1)^2} + 0.6667 \frac{1}{s}$$

根据上述分解结果,通过查表变换,最终完成 z 变换:

$$F(z) = 0.0833 \frac{z}{z - \mathrm{e}^{-3T}} - 0.7500 \frac{z}{z - \mathrm{e}^{-T}} - 0.5000 \frac{T\mathrm{e}^{-T}}{(z - \mathrm{e}^{-T})^2} + 0.6667 \frac{z}{z-1}$$

(3) 利用 z 变换定理求取 z 变换式

z 变换的许多定理都可用于求取复杂函数的 z 变换。

例 3-8 已知 $f(t) = \sin \omega t$ 的 z 变换 $F(z) = \dfrac{z \sin \omega T}{z^2 - 2z\cos \omega T + 1}$,试求 $f_1(t) = \mathrm{e}^{-at} \sin \omega t$ 的 z 变换。

解 利用 z 变换中的复位移定理可以很容易得到 $f_1(t) = \mathrm{e}^{-at} \sin \omega t$ 的 z 变换:

$$\mathscr{Z}[\mathrm{e}^{-at} \sin \omega t] = \frac{\mathrm{e}^{aT} z \sin \omega T}{z^2 \mathrm{e}^{2aT} - 2z\mathrm{e}^{aT} \cos \omega T + 1} = \frac{\mathrm{e}^{aT} z \sin \omega T}{z^2 - 2z\mathrm{e}^{-aT} \cos \omega T + \mathrm{e}^{-2aT}} \quad \blacksquare$$

(4) 查表法

实际应用时可能遇到各种复杂函数,不可能采用上述方法进行推导计算。实际上,前人已通过各种方法针对常用函数进行了计算,求出了相应的 $F(z)$ 并列出了表格,工程人员应用时,根据已知函数直接查表即可。具体表格见附录 A。

2. z 反变换方法

(1) 查表法

如已知 z 变换函数 $F(z)$,可以依 $F(z)$ 直接从给定的表格中求得它的原函数 $f^*(t)$。

(2) 部分分式法

若 $F(z)$ 较复杂,可能无法直接从表格中求得它的原函数 $f^*(t)$。此时应首先进行部分分式展开,以使展开式的各项能从表中查到。z 变换式 $F(z)$ 通常是 z 的有理分式,对此,可以将 $F(z)/z$ 展开成部分分式,然后各项乘以 z,再查表。这样做是因为表中绝大部分 z 变换式的分子中均含有 z 因子。

例 3-9 求下式的 z 反变换

$$F(z) = \frac{-3z^2 + z}{z^2 - 2z + 1} = \frac{z - 3z^2}{(z-1)^2}$$

解 该式的部分分式展开,可以利用 MATLAB 的符号语言工具箱进行计算,程序如下:

```
Fz = sym('(-3*z^2 + z)/(z^2 - 2*z + 1)'); % 进行符号定义
F = Fz/'z';
[numF,denF] = numden(F); % 提取分子分母
pnumF = sym2poly(numF); % 将分母转化为一般多项式
pdenF = sym2poly(denF);
[R,P,K] = residue(pnumF,pdenF) % 部分分式展开
```

运行程序可得 $\dfrac{F(z)}{z}$ 的部分分式展开式为：

$$\frac{F(z)}{z} = -\frac{2}{(z-1)^2} - \frac{3}{z-1}$$

进一步可得：

$$F(z) = -\frac{2z}{(z-1)^2} - \frac{3z}{z-1}$$

由此，通过查表可得

$$f(k) = -2k - 3u(k)$$
$$u(k) = \begin{cases} 1 & k \geqslant 0 \\ 0 & k < 0 \end{cases}$$

其中

采样信号为

$$f^*(t) = \sum_{k=0}^{\infty} [-2k - 3u(k)]\delta(t - kT)$$

(3) 幂级数展开法（长除法）

如前所述，$F(z)$ 通常为式(3-17)或式(3-18)的有理分式形式，若用分母去除分子多项式，并将其按 z^{-1} 的升幂排列，则有

$$F(z) = f(0) + f(T)z^{-1} + f(2T)z^{-2} + \cdots + f(kT)z^{-k} + \cdots = \sum_{k=0}^{\infty} f(kT)z^{-k}$$

根据 z 变换的定义，若 z 变换用幂级数表示，则 z^{-k} 前的加权系数即为采样时刻的 $f(kT)$，对应的采样函数为

$$f^*(t) = f(0)\delta(t) + f(T)\delta(t-T) + f(2T)\delta(t-2T) + \cdots + f(kT)\delta(t-kT) + \cdots$$

一般来说，长除法所得为无穷多项式，实际应用时，取其有限项就可以了。这种方法应用简单，主要缺点是难于得到采样函数的闭合表达式。

例 3-10 已知 $F(z) = \dfrac{10z^{-1}}{1 - 1.5z^{-1} + 0.5z^{-2}}$，求 $f^*(t)$。

解 利用长除法

$$\begin{array}{r} 10z^{-1} + 15z^{-2} + 17.5z^{-3} + 18.75z^{-4} + \cdots \\ 1 - 1.5z^{-1} + 0.5z^{-2} \overline{\smash{\big)}\, 10z^{-1}} \\ \underline{-)\,10z^{-1} - 15z^{-2} + 5z^{-3}} \\ 15z^{-2} - 5z^{-3} \\ \underline{-)\,15z^{-2} - 22.5z^{-3} + 7.5z^{-4}} \\ 17.5z^{-3} - 7.5z^{-4} \\ \underline{-)\,17.5z^{-3} - 26.25z^{-4} + 8.75z^{-5}} \\ 18.75z^{-4} - 8.75z^{-5} \\ \cdots \end{array}$$

由此得

$$F(z) = 10z^{-1} + 15z^{-2} + 17.5z^{-3} + 18.75z^{-4} + \cdots$$
$$f^*(t) = 0 + 10\delta(t-T) + 15\delta(t-2T) + 17.5\delta(t-3T) + 18.75\delta(t-4T) + \cdots$$

对该例,从相关系数中可以归纳得:
$$f^*(t) = \sum_{k=0}^{\infty} 20(1-0.5^k)\delta(t-kT)$$
∎

3.2.4 差分方程的 z 变换解法

与用拉氏变换求解线性常系数微分方程类似,利用 z 变换也可以方便地求解线性常系数差分方程,将差分方程的求解转换为代数方程的求解。

例 3-11 用 z 变换法求下述差分方程
$$c(k+2) - 3c(k+1) + 2c(k) = 4^k$$

解 (1) 对上述方程每一项做 z 变换
$$[z^2 C(z) - z^2 c(0) - zc(1)] - [3zC(z) - 3zc(0)] + 2C(z) = z/(z-4)$$
$$(z^2 - 3z + 2)C(z) - zc(1) - z^2 c(0) + 3zc(0) = z/(z-4)$$

(2) 归纳整理,写出 $C(z)$ 表达式
$$C(z) = \frac{z}{(z-4)(z^2-3z+2)} + \frac{z^2 c(0) + zc(1) - 3zc(0)}{(z^2-3z+2)}$$

式中第 1 项为特解,第 2 项为通解。

(3) z 反变换

若假设初始条件为零,上式第 2 项为零。为进行 z 反变换,需求解 $C(z)$ 表达式的特征根。通过部分分式展开,可得
$$C(z) = \frac{0.166z}{z-4} - \frac{0.5z}{z-2} + \frac{0.33z}{z-1}$$

查表可得
$$c(k) = 0.166 \times 4^k - 0.5 \times 2^k + 0.333$$
∎

3.3 脉冲传递函数

在连续系统中,常用传递函数研究系统的特性,对采样系统或离散系统,同样也可以在 z 域通过脉冲传递函数来研究它们的特性。脉冲传递函数又称离散传递函数。

3.3.1 脉冲传递函数定义

与连续系统传递函数的定义类似,离散系统脉冲传递函数定义为,在初始条件为零时,系统输出量 z 变换与输入量 z 变换之比,即
$$G(z) = \frac{C(z)}{R(z)} \tag{3-36}$$

若已知系统的脉冲传递函数 $G(z)$,系统输出量的 z 变换可表示为
$$C(z) = G(z)R(z) \qquad (3-37)$$
上述关系如图 3-6(a)所示。通过 z 反变换,即可求得输出的采样信号:
$$c^*(t) = \mathscr{Z}^{-1}[C(z)] = \mathscr{Z}^{-1}[G(z)R(z)] \qquad (3-38)$$

如若是采样系统,输入信号 $r(t)$ 经采样后为 $r^*(t)$,其 z 变换为 $R(z)$,但其输出为连续信号 $c(t)$。为了用脉冲传递函数表示,可在输出端虚设一个与输入开关同步动作的采样开关,如图 3-6(b)中虚线所示,便可得到输出采样信号 $c^*(t)$ 及其 z 变换 $C(z)$,采样系统变成了离散系统,它的脉冲传递函数仍以式(3-36)表示。脉冲传递函数又称为 z 传递函数。

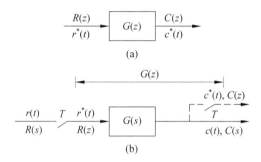

图 3-6 脉冲传递函数

3.3.2 脉冲传递函数特性

1. 离散系统脉冲传递函数的求取

在连续系统里,传递函数可以看作是系统输入为单位脉冲时,它的脉冲响应的拉普拉斯变换。对离散系统,脉冲传递函数也可以看作是系统输入为单位脉冲时,它的脉冲响应的 z 变换。事实上,由于系统输入为单位脉冲时,系统的输出响应为脉冲响应 $g^*(t)$,因为 $R(z) = \mathscr{Z}[\delta(t)] = 1$,所以,依式(3-37),有
$$C(z) = \mathscr{Z}[g^*(t)] = G(z)R(z) = G(z) \qquad (3-39)$$

如果已知采样系统的连续传递函数 $G(s)$,当其输出端加入虚拟开关变为离散系统时,它的脉冲传递函数可按下述步骤求取:

(1) 对 $G(s)$ 做拉普拉斯反变换,求得脉冲响应 $g(t) = \mathscr{L}^{-1}[G(s)]$。

(2) 对 $g(t)$ 采样,求得离散系统脉冲响应 $g^*(t)$ 为
$$g^*(t) = \sum_{k=0}^{\infty} g(kT)\delta(t - kT) \qquad (3-40)$$

(3) 对离散脉冲响应 $g^*(t)$ 做 z 变换,即得系统的脉冲传递函数 $G(z)$ 为
$$G(z) = \mathscr{Z}[g^*(t)] = \sum_{k=0}^{\infty} g(kT)z^{-k}$$

为书写方便,以下几种脉冲传递函数的表示方法均可应用

$$G(z) = \mathscr{Z}[g^*(t)] = \mathscr{Z}[g(t)] = \mathscr{Z}[G(s)] \qquad (3\text{-}41)$$

由此式可知,当已知连续系统的传递函数 $G(s)$,只需对其进行 z 变换即可得到它的脉冲传递函数 $G(z)$。

与连续系统传递函数类似,脉冲传递函数完全表征了系统或环节的输入与输出之间的特性,并且也只由系统或环节本身的结构参数决定,与输入信号无关。

2. 脉冲传递函数的极点与零点

通常,脉冲传递函数 $G(z)$ 是由式(3-17)或式(3-18)有理分式表示。当 $G(z)$ 是由 $G(s)$ 通过 z 变换得到时,它的极点是 $G(s)$ 的极点按 $z=e^{sT}$ 的关系一一映射得到。由此映射关系可知,$G(z)$ 的极点位置不仅与 $G(s)$ 的极点有关,还与采样周期密切相关,从该式可见,当采样周期 T 足够小时,不管 $G(s)$ 的极点如何分布,都将密集地映射在 $z=1$ 附近。

$G(z)$ 的零点与 $G(s)$ 的零点的关系较为复杂,与极点相互映射不同,不存在零点相互映射的公式。研究已表明,$G(z)$ 的零点是采样周期的复杂函数。通常,$G(s)$ 零点个数与极点个数相比较少,但采样过程会增加额外的零点,一个 n 阶离散系统有 $n-1$ 个零点。若连续系统 $G(s)$ 没有不稳定的零点,且极点数与零点数之差大于2,当采样周期较小时,$G(z)$ 总会出现不稳定的零点,变成非最小相位系统。对于一个确定的 $G(s)$,可以得到 $G(z)$ 产生不稳定零点的采样周期取值范围。所以,带有不稳定零点的离散时间系统是十分普遍的。相反,有不稳定零点的连续传递函数,只要采样周期取得合适,离散后也可以得到没有不稳定零点的 $G(z)$。了解 $G(z)$ 是否具有不稳定的零点,在使用基于对消被控过程零点的方法设计控制器时,是很有意义的。详细的论述可参阅文献[15]。

3.3.3 差分方程与脉冲传递函数

如前所述,离散系统既可用差分方程描述,又可用脉冲传递函数描述,因此两者之间必可互相转换。

1. 由差分方程求脉冲传递函数

已知差分方程为

$$c(k) + a_1 c(k-1) + a_2 c(k-2) + \cdots + a_n c(k-n)$$
$$= b_0 r(k) + b_1 r(k-1) + \cdots + b_m r(k-m) \qquad (3\text{-}42)$$

设初始条件为零。式(3-42)可写成和式形式

$$c(k) + \sum_{i=1}^{n} a_i c(k-i) = \sum_{j=0}^{m} b_j r(k-j) \qquad (3\text{-}43)$$

两端进行 z 变换,得

$$C(z) + \sum_{i=1}^{n} a_i z^{-i} C(z) = \sum_{j=0}^{m} b_j z^{-j} R(z)$$

由此可得系统的脉冲传递函数为

$$G(z) = \frac{C(z)}{R(z)} = \frac{\sum\limits_{j=0}^{m} b_j z^{-j}}{1 + \sum\limits_{i=0}^{n} a_i z^{-i}} \tag{3-44}$$

式(3-44)中,$\Delta(z) = 1 + \sum\limits_{i=1}^{n} a_i z^{-i}$ 为该系统的特征多项式。

因此,系统输出 $C(z)$ 为

$$C(z) = G(z)R(z) = \frac{\sum\limits_{j=0}^{m} b_j z^{-j}}{1 + \sum\limits_{i=0}^{n} a_i z^{-i}} R(z)$$

通过 z 反变换即可求得在 $r(kT)$ 作用下的 $c(kT)$。实际上,这即为原差分方程的特解。

2. 由脉冲传递函数求差分方程

已知系统的脉冲传递函数,通过 z 反变换可求得相应的差分方程。

已知系统的脉冲传递函数为

$$G(z) = \frac{C(z)}{R(z)} = \frac{\sum\limits_{j=0}^{m} b_j z^{-j}}{1 + \sum\limits_{i=0}^{n} a_i z^{-i}}$$

则可得

$$C(z) + \sum_{i=1}^{n} a_i z^{-i} C(z) = \sum_{j=0}^{m} b_j z^{-j} R(z)$$

进行反变换即可得到对应的差分方程

$$c(k) + \sum_{i=1}^{n} a_i c(k-i) = \sum_{j=0}^{m} b_j r(k-j)$$

在计算机控制系统控制器软件编程实现时,由脉冲传递函数求差分方程是很重要的。但求差分方程时还有很多问题需要考虑,详细问题将在第 7 章中讨论。

3.4　离散系统的方块图分析

和连续系统一样,离散系统也可以用方块图描述。方块图描述所用符号与连续系统相同,但增加了采样开关。由于在采样系统中,既有连续环节,又有计算机那样的离散环节,而且采样开关的位置也不完全相同,因此,方块图等效变换的具体作法与连续系统稍有差别。

3.4.1 环节连接的等效变换

1. 采样系统中连续部分的结构形式

图 3-7 给出了采样系统中连续部分 4 种常见的结构形式。

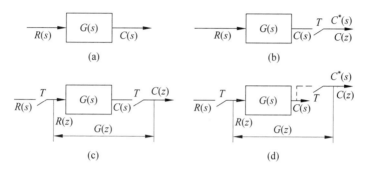

图 3-7 连续部分的 4 种结构形式

图 3-7(a) 结构是常见的连续输入与连续输出,此时
$$C(s) = G(s)R(s) \tag{3-45}$$

图 3-7(b) 结构是连续输入与采样输出,此时
$$C^*(s) = [G(s)R(s)]^*$$

若将 s 用 z 代入,变为 z 域形式
$$C(z) = \mathscr{Z}[G(s)R(s)] = GR(z) \tag{3-46}$$

注意,$GR(z)$ 表示对 $[G(s)R(s)]$ 乘积做 z 变换。

图 3-7(c) 结构是采样输入与采样输出,此时按脉冲传递函数的定义
$$C(z) = G(z)R(z) \tag{3-47}$$

式(3-47)中,$G(z) = \mathscr{Z}[G(s)]$。

图 3-7(d) 结构是采样输入与连续输出,此时
$$C(s) = G(s)R^*(s) \tag{3-48}$$

式中,$R^*(s)$ 是采样序列 $r^*(t)$ 的拉普拉斯变换。如果要研究输出在采样时刻的信息 $c^*(t)$,则可在输出端虚设一个采样开关,这就与图 3-7(c) 结构相同了。

从上述分析可以看到,并不是所有结构都能写出环节的脉冲传递函数,如图 3-7(b) 与图 3-7(d) 结构只能写出输出的表达式,不能写出它的脉冲传递函数。只有当输入信号及输出信号均有采样开关,或者说,它们均为离散信号时,才能写出它们之间的脉冲传递函数。这一点在结构图变换时应特别注意。

2. 串联环节的脉冲传递函数

常遇到的环节串联结构有如图 3-8 所示两种形式。

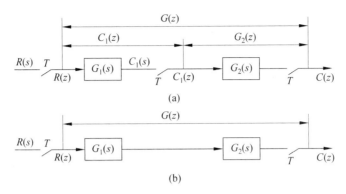

图 3-8 串联连接的两种形式

对第一种形式(图 3-8(a)所示),由于两个连续环节之间有采样开关,输入输出也均有采样开关,这样,每个环节的输入输出都是离散信号,按定义可得

$$C_1(z) = G_1(z)R(z)$$
$$C(z) = G_2(z)C_1(z)$$

式中 $G_1(z) = \mathscr{Z}[G_1(s)]$, $G_2(z) = \mathscr{Z}[G_2(s)]$。将 $C_1(z)$ 代入第二式中,可得

$$C(z) = G_2(z)G_1(z)R(z) = G(z)R(z)$$

故有

$$G(z) = \frac{C(z)}{R(z)} = G_1(z)G_2(z) \tag{3-49}$$

类似地,n 个环节串联,且它们之间均有采样开关隔开,则可得

$$G(z) = G_1(z)G_2(z)\cdots G_n(z) = \prod_{i=1}^{n} G_i(z) \tag{3-50}$$

式中 $G_i(z) = \mathscr{Z}[G_i(s)]$。

对第二种情况(图 3-8(b)所示),两个连续环节之间无采样开关,这样在输入与输出两个采样开关之间的连续函数为 $G(s) = G_1(s)G_2(s)$,$G(s)$ 可以看作一个独立环节。按定义,输出采样信号 $C(z) = G(z)R(z)$,而

$$G(z) = \mathscr{Z}[G(s)] = \mathscr{Z}[G_1(s)G_2(s)] = G_1G_2(z) \tag{3-51}$$

可见,两个环节之间无采样开关,它们的等效脉冲传递函数等于两个连续环节乘积的 z 变换。类似地,也可扩充到 n 个无采样开关串联连接的情况,即

$$G(z) = \mathscr{Z}[G_1(s)G_2(s)\cdots G_n(s)] = G_1G_2\cdots G_n(z) \tag{3-52}$$

应注意,两个连续环节串联之后的 z 变换并不等于每个环节 z 变换之积,即

$$G_1(z)G_2(z) \neq G_1G_2(z)$$

这一点可通过实例说明,例如,图 3-8 中,$G_1(s) = \frac{1}{s}$,$G_2(s) = \frac{1}{s+1}$,对第一种情况,有

$$G(z) = G_1(z)G_2(z) = \mathscr{Z}\left[\frac{1}{s}\right] \cdot \mathscr{Z}\left[\frac{1}{s+1}\right] = \frac{z^2}{(z-1)(z-\mathrm{e}^{-T})} \tag{3-53}$$

对第二种情况,有

$$G(z) = \mathscr{Z}[G_1(s)G_2(s)] = \mathscr{Z}\left[\frac{1}{s(s+1)}\right] = \frac{(1-e^{-T})z}{(z-1)(z-e^{-T})} \quad (3\text{-}54)$$

显然,两者结果不同。但也应注意到,它们的极点相同,仅零点不同。

3. 并联环节的脉冲传递函数

图 3-9 给出了两种并联连续的结构图,依叠加定理,可以很容易求得两种连接的并联环节的脉冲传递函数均为

$$G(z) = \frac{C(z)}{R(z)} = G_1(z) + G_2(z) = \mathscr{Z}[G_1(s)] + \mathscr{Z}[G_2(s)] \quad (3\text{-}55)$$

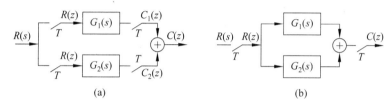

图 3-9 并联环节的脉冲传递函数

3.4.2 闭环反馈系统脉冲传递函数

在连续系统里,闭环传递函数与相应开环传递函数之间有确定关系,所以可用典型结构图描述一个闭环系统。但在采样系统中,由于采样开关位置不同,闭环传递函数也不同,所以在求闭环传递函数时应特别注意采样开关的位置。现就常见的采样系统结构讨论闭环系统的等效脉冲传递函数的求取。

图 3-10 是一种常见的采样控制系统的结构。若系统输出是连续的,为将其变成离散系统,在输出端加入虚拟采样开关,表示仅研究系统在各采样点离散时刻的输出值。综合点之后的采样开关可等效为综合点两个输入端的采样开关。

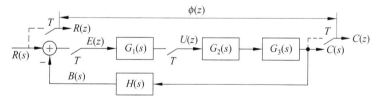

图 3-10 采样控制系统典型结构

依图 3-10,可得

$$E(z) = R(z) - B(z)$$
$$B(z) = \mathscr{Z}[G_2(s)G_3(s)H(s)]U(z) = G_2G_3H(z)U(z)$$

$$E(z) = R(z) - G_2G_3H(z)U(z)$$

$$C(z) = \mathscr{Z}[G_2(s)G_3(s)]U(z) = G_2G_3(z)U(z)$$

$$U(z) = \mathscr{Z}[G_1(s)]E(z) = G_1(z)E(z)$$

所以
$$C(z) = G_2G_3(z)G_1(z)E(z)$$

将 $U(z)$ 代入 $E(z)$ 的表达式中，得

$$E(z) = R(z)/(1 + G_1(z)G_2G_3H(z)) \quad (3\text{-}56)$$

将 $E(z)$ 代入 $C(z)$ 表达式，得

$$C(z) = \frac{G_1(z)G_2G_3(z)}{1 + G_1(z)G_2G_3H(z)} R(z) \quad (3\text{-}57)$$

所以，可得以 $C(z)$ 为输出，以 $R(z)$ 为输入的闭环脉冲传递函数

$$\Phi(z) = \frac{C(z)}{R(z)} = \frac{G_1(z)G_2G_3(z)}{1 + G_1(z)G_2G_3H(z)} \quad (3\text{-}58)$$

由式(3-56)，可得以 $R(z)$ 为输入的误差传递函数

$$\Phi_e(z) = \frac{E(z)}{R(z)} = \frac{1}{1 + G_1(z)G_2G_3H(z)} \quad (3\text{-}59)$$

由式(3-58)可见，闭环脉冲传递函数的求取方法与连续系统类似。唯一要注意的问题是，在求取正向通道传递函数及反馈通道传递函数时，要使用独立环节的脉冲传递函数，所谓独立环节，是指在两个采样开关之间的环节（不管其中有几个连续环节串联或并联）。如式(3-58)中，正向通道传递函数的两个独立环节只能是 $G_1(z)$ 与 $G_2G_3(z)$ 之积，而开环传递函数的独立环节只能是 $G_1(z)$ 与 $G_2G_3H(z)$ 之积。式(3-58)中 $[1+G_1(z)G_2G_3H(z)]$ 为闭环系统特征多项式。

由式(3-57)可见，一般来说，系统输出 z 变换可按以下公式直接给出：

$$C(z) = \frac{\text{前向通道所有独立环节 } z \text{ 变换的乘积}}{1 + \text{闭环回路中所有独立环节 } z \text{ 变换的乘积}} \quad (3\text{-}60)$$

但应注意，输入信号 $R(s)$ 也作为一个连续环节看待。所以，如要 $R(z)$ 存在，则可以依式(3-58)写出闭环系统脉冲传递函数，否则无法得到传递函数。表 3-1 给出了一些常用采样系统结构图及输出表达式。

表 3-1 常用采样系统结构图及输出表达式

序号	结 构 图	$C(z)$
1	(结构图)	$C(z) = \dfrac{G(z)R(z)}{1 + G(z)H(z)}$
2	(结构图)	$C(z) = \dfrac{RG(z)}{1 + HG(z)}$

续表

序号	结 构 图	$C(z)$
3	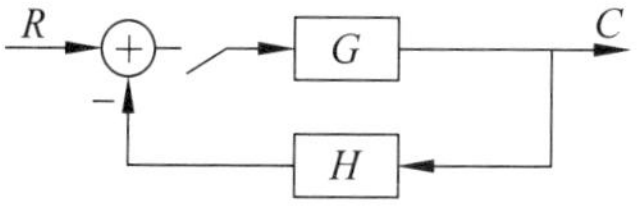	$C(z)=\dfrac{G(z)R(z)}{1+GH(z)}$
4	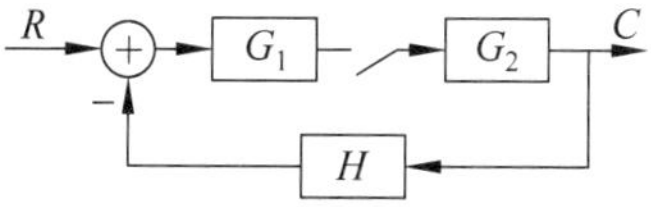	$C(z)=\dfrac{G_2(z)G_1R(z)}{1+G_1G_2H(z)}$
5	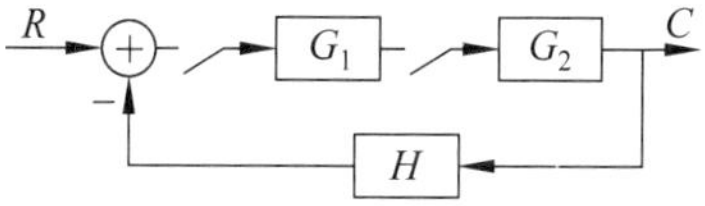	$C(z)=\dfrac{G_1(z)G_2(z)R(z)}{1+G_1(z)G_2H(z)}$
6	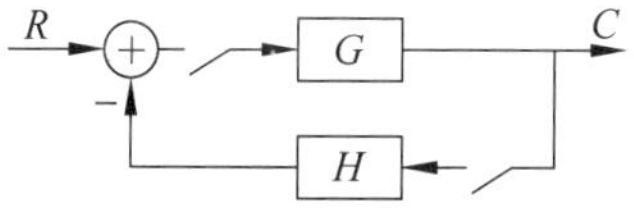	$C(z)=\dfrac{G(z)R(z)}{1+G(z)H(z)}$
7	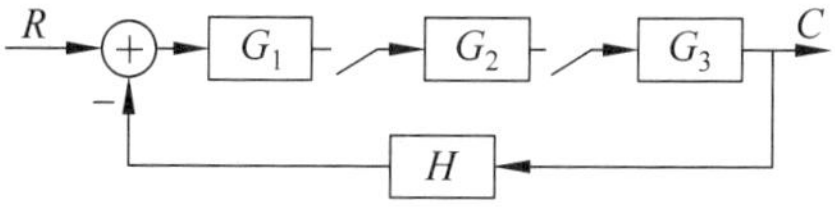	$C(z)=\dfrac{G_2(z)G_3(z)G_1R(z)}{1+G_2(z)G_1G_3H(z)}$
8	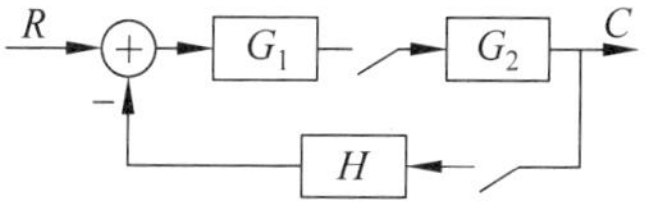	$C(z)=\dfrac{G_2(z)G_1R(z)}{1+G_2(z)G_1H(z)}$

3.4.3 计算机控制系统的闭环脉冲传递函数

如前所述,计算机控制系统基本上是由数字计算机部分和连续部分构成的,基本结构与图 3-10 类似。现讨论计算机内控制算法及连续部分的脉冲传递函数的求取问题。

1. 数字部分的脉冲传递函数

计算机内的控制算法,通常有两种形式,一种是差分方程,另一种是连续传递函数。

如若以差分方程来描述控制算法的输入输出关系,利用式(3-44)即可直接得到它的脉冲传递函数。

例如,若已知计算机实现的控制算法由下述差分方程描述

$$u(k) = u(k-1) + Te(k-1)$$

对给定差分方程两端做 z 变换，得

$$U(z) = z^{-1}U(z) + Tz^{-1}E(z)$$

$$U(z) = \frac{Tz^{-1}}{1-z^{-1}}E(z) = \frac{T}{z-1}E(z)$$

所以，数字部分的脉冲传递函数为

$$D(z) = \frac{U(z)}{E(z)} = \frac{T}{z-1}$$

如若以连续传递函数给定，则可以通过 z 变换或采用第 5 章将要讲述的离散化方法，求得它的脉冲传递函数。

2. 连续部分的脉冲传递函数

典型的计算机控制系统，计算机输出的控制指令 $u^*(t)$ 是经过零阶保持器加到系统的被控对象上的，零阶保持器和被控对象一起，是该系统的连续部分，所以，连续部分传递函数是

$$G_h(s)G_0(s) = \frac{1-\mathrm{e}^{-Ts}}{s}G_0(s)$$

式中 $G_0(s)$ 是被控对象传递函数，$G_h(s) = \frac{1-\mathrm{e}^{-Ts}}{s}$ 是零阶保持器的传递函数。

通常被控对象的输出 $c(t)$ 是连续变化的，为了研究方便，将其转换为纯离散系统，在系统输出端加入一虚拟采样开关，如图 3-11 所示。为此，连续部分的脉冲传递函数 $G(z)$ 为

$$G(z) = \frac{C(z)}{U(z)} = \mathscr{Z}\left[\frac{1-\mathrm{e}^{-Ts}}{s}G_0(s)\right] = \mathscr{Z}\left[\frac{1}{s}G_0(s) - \frac{1}{s}G_0(s)\mathrm{e}^{-Ts}\right]$$

$$= \mathscr{Z}\left[\frac{1}{s}G_0(s)\right] - \mathscr{Z}\left[\frac{1}{s}G_0(s)\mathrm{e}^{-Ts}\right]$$

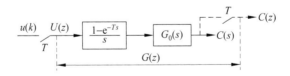

图 3-11 连续部分的系统结构

式中第二项是函数 $g(t) = \mathscr{L}^{-1}\left[\frac{1}{s}G_0(s)\right]$ 延迟一个采样周期 T 后，$g(t-T)$ 的 z 变换，根据 z 变换的延迟定理，得

$$G(z) = G_0(z) - z^{-1}G_0(z) = (1-z^{-1})G_0(z) \tag{3-61}$$

式中 $G_0(z) = \mathscr{Z}\left[\frac{1}{s}G_0(s)\right]$。从该式可见，$z$ 变换时，零阶保持器中的 $(1-\mathrm{e}^{-Ts})$ 可以直接变换为 $(1-z^{-1})$。

3. 闭环传递函数的求取

在求得了 $D(z)$ 及 $G(z)$ 后,依据式(3-58)即可求得计算机控制系统的闭环脉冲传递函数 $\Phi(z)$。

例 3-12 试求图 3-12 所示计算机控制系统闭环脉冲传递函数,已知 $T=1\text{s}$。

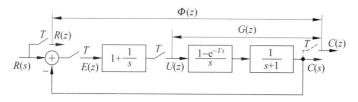

图 3-12 例 3-12 计算机控制系统结构图

解 由于 $D(s)=(1+1/s)$,所以

$$D(z)=\mathscr{Z}[D(s)]=\mathscr{Z}[1+1/s]=1+\frac{1}{1-z^{-1}}=\frac{2-z^{-1}}{1-z^{-1}}$$

又因为 $G(s)=G_\text{h}(s)G_0(s)=\dfrac{1-\text{e}^{-Ts}}{s}\dfrac{1}{s+1}$,所以,

$$G(z)=G_\text{h}G_0(z)=\mathscr{Z}\left[\frac{1-\text{e}^{-Ts}}{s}\frac{1}{s+1}\right]=(1-z^{-1})\mathscr{Z}\left[\frac{1}{s(s+1)}\right]$$

$$=(1-z^{-1})\left[\frac{1}{1-z^{-1}}-\frac{1}{1-\text{e}^{-T}z^{-1}}\right]=\frac{(1-\text{e}^{-T})z^{-1}}{1-\text{e}^{-T}z^{-1}}$$

由图知 $H(s)=1$,由式(3-58)可得

$$\Phi(z)=\frac{C(z)}{R(z)}=\frac{D(z)G_\text{h}G_0(z)}{1+D(z)G_\text{h}G_0(z)}=\frac{\dfrac{2-z^{-1}}{1-z^{-1}}\dfrac{(1-\text{e}^{-T})z^{-1}}{1-\text{e}^{-T}z^{-1}}}{1+\dfrac{2-z^{-1}}{1-z^{-1}}\dfrac{(1-\text{e}^{-T})z^{-1}}{1-\text{e}^{-T}z^{-1}}}$$

$$=\frac{(2-z^{-1})(1-\text{e}^{-T})z^{-1}}{(1-z^{-1})(1-\text{e}^{-T}z^{-1})+(2-z^{-1})(1-\text{e}^{-T})z^{-1}}$$

因为 $T=1$,所以

$$\Phi(z)=\frac{C(z)}{R(z)}=\frac{2(1-0.5z^{-1})\times 0.632z^{-1}}{(1-z^{-1})(1-0.368z^{-1})+2(1-0.5z^{-1})\times 0.632z^{-1}}$$

$$=\frac{1.264(z^{-1}-0.316z^{-2})}{1-0.104z^{-1}+0.05z^{-2}}=\frac{1.264z-0.399}{z^2-0.104z+0.05}$$

实际上,对传递函数进行 z 变化时,亦可以直接利用 MATLAB 相应命令,例如对该例有:

```
num = [1];
den = [1 1];
[c,d] = c2dm(num, den, 1, 'zoh')
```

结果为

```
c = [0      0.6321]
d = [1.0000   -0.3679]
```

即
$$G(z) = \frac{0.6321}{z - 0.3679} = \frac{0.6321z^{-1}}{1 - 0.3679z^{-1}}$$

3.4.4 干扰作用时闭环系统的输出

在控制系统里,除有用的外作用信号外,还常常有连续变化的干扰信号。现以图 3-13 为例,讨论干扰信号作用时采样系统的输出。

图 3-13 为一典型的计算机控制系统结构图。根据线性系统叠加定理,可分别计算指令信号 $R(s)$ 和干扰信号 $N(s)$ 作用下的输出响应。

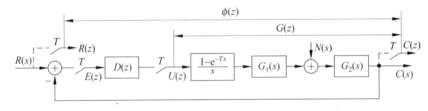

图 3-13 有干扰时的计算机控制系统

1. $R(s)$ 单独作用时的输出响应(令 $N(s)=0$)

依公式(3-57),可得
$$C_R(z) = \frac{R(z)D(z)G(z)}{1 + D(z)G(z)} \tag{3-62}$$

式(3-62)中
$$G(z) = \mathscr{Z}\left[\frac{1 - \mathrm{e}^{-Ts}}{s} G_1(s)G_2(s)\right] = (1 - z^{-1})\mathscr{Z}\left[\frac{G_1(s)G_2(s)}{s}\right] \tag{3-63}$$

2. 干扰 $N(s)$ 单独作用时的输出响应(令 $R(s)=0$)

由于干扰 $N(s)$ 直接作用于 $G_2(s)$ 之前,中间无采样开关,因此,无法写出 $N(s)$ 与输出 $C_N(z)$ 之间的脉冲传递函数,而只能求出在 $N(s)$ 作用下的 $C_N(z)$。依公式(3-60)得
$$C_N(z) = \frac{NG_2(z)}{1 + D(z)G(z)} \tag{3-64}$$

3. 系统总的输出

$$C(z) = C_R(z) + C_N(z) = \frac{D(z)G(z)R(z) + NG_2(z)}{1 + D(z)G(z)} \qquad (3\text{-}65)$$

由以上算式可见，不同输出表达式不同，但它们的分母却相同，即闭环系统的特征多项式是不变的。

3.5 离散系统的频域描述

在线性连续系统中，用频率特性描述系统是一种很普遍也很有用的方法。在描述和研究离散系统时，也引用了频率特性概念。

3.5.1 离散系统频率特性的定义

在连续系统中，一个系统或环节的频率特性是指，在正弦信号作用下，系统或环节的稳态输出与输入的复数比随输入正弦信号频率变化的特性。上述定义对离散系统也成立，但此时输入及输出信号均应取离散值，如图 3-14 所示。

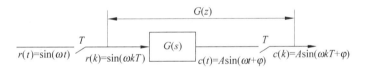

图 3-14 离散系统的频率特性

连续系统的频率特性可按下式计算

$$G(\mathrm{j}\omega) = G(s)\big|_{s=\mathrm{j}\omega} \qquad (3\text{-}66)$$

可以推得，离散系统频率特性按下式计算

$$G(\mathrm{e}^{\mathrm{j}\omega T}) = G(z)\big|_{z=\mathrm{e}^{\mathrm{j}\omega T}} \qquad (3\text{-}67)$$

连续域频率特性 $G(\mathrm{j}\omega)$ 随 ω 变化，相当于考察 $G(s)$ 当 s 沿虚轴变化时（$s=\mathrm{j}\omega$）的特性。离散系统频率特性 $G(\mathrm{e}^{\mathrm{j}\omega T})$ 相当于考察脉冲传递函数 $G(z)$ 当 z 沿单位圆变化时（$z=\mathrm{e}^{\mathrm{j}\omega T}$）的特性。

3.5.2 离散系统频率特性的计算

与连续系统类似，离散系统频率特性也常常用指数形式表示

$$G(\mathrm{e}^{\mathrm{j}\omega T}) = |G(\mathrm{e}^{\mathrm{j}\omega T})| \angle G(\mathrm{e}^{\mathrm{j}\omega T}) \qquad (3\text{-}68)$$

式中，$|G(\mathrm{e}^{\mathrm{j}\omega T})|$ 称为幅频特性，$\angle G(\mathrm{e}^{\mathrm{j}\omega T})$ 称为相频特性。幅相频率特性常用对数

频率特性表示。

若已知环节的脉冲传递函数 $G(z)$,通常可用下述方法求取它的频率特性。

1. 数值计算法

该法就是按 $G(e^{j\omega T})$ 表达式逐点计算它的幅相频率特性。

例 3-13 已知连续传递函数

$$G(s) = \frac{1}{s+1} \tag{3-69}$$

及相应的脉冲传递函数

$$G(z) = \mathscr{Z}\left[\frac{1-e^{-Ts}}{s}\frac{1}{s+1}\right] = \frac{1-e^{-T}}{z-e^{-T}} \tag{3-70}$$

若设 $T=0.5\text{s}$,试绘制它们的频率特性。

解 连续环节 $G(s)$ 的频率特性为

$$G(j\omega) = \frac{1}{j\omega+1} = \frac{1}{\sqrt{\omega^2+1}}\angle\arctan\omega$$

离散环节 $G(z)$ 的频率特性为

$$G(e^{j\omega T}) = \frac{1-e^{-T}}{e^{j\omega T}-e^{-T}} = \frac{0.393}{e^{j\omega T}-0.606} = \frac{0.393}{[\cos(0.5\omega)-0.606]+j\sin(0.5\omega)}$$

$$|G(e^{j\omega T})| = \frac{0.393}{\sqrt{[\cos(0.5\omega)-0.606]^2+\sin^2(0.5\omega)}}$$

$$\angle G(e^{j\omega T}) = -\arctan\frac{\sin(0.5\omega)}{\cos(0.5\omega)-0.606}$$

上述连续和离散环节的频率特性曲线如图 3-15 所示。图中幅频特性和相频特性是分开画的。

离散环节的频率特性曲线也可以用 MATLAB 程序完成。该例题的 MATLAB 程序如下:

```
Gs = sym('1/(s+1)');  % 传递函数 F(s)
T = 0.5;
[numGs,denGs] = numden(Gs);  % 提取分子分母

% 将分母转化为一般多项式
pnumGs = sym2poly(numGs);
pdenGs = sym2poly(denGs);

% z 变换
[pnumGz,pdenGz] = c2dm(pnumGs,pdenGs,T,'zoh');
w = 0:0.1:19;
[mag,pha] = bode(pnumGs,pdenGs,w);
```

```
[dmag,dpha] = dbode(pnumGz,pdenGz,T,w);
for i = 1:1:190
    if dpha(i)< = -180   dpha(i) = dpha(i) + 360;
    end
end
figure(1);
plot(w,mag,'blue'); hold on;
plot(w,dmag,'red');
grid on; axis([0,19,0,1.2]);
figure(2);
plot(w,pha,'blue'); hold on;
plot(w,dpha,'red');
grid on;
axis([0,19,-200,200]);
```

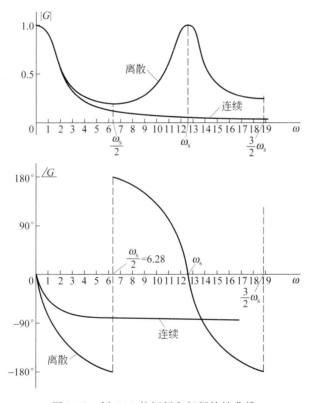

图 3-15 例 3-13 的幅频和相频特性曲线

运行结果与图 3-15 相同。 ∎

2. 几何作图法

当脉冲传递函数用零、极点表示时,它的频率特性为

$$G(e^{j\omega T}) = \frac{\prod_{i=0}^{m}(e^{j\omega T} - z_i)}{\prod_{i=0}^{n}(e^{j\omega T} - p_i)} \tag{3-71}$$

为说明方便,再假定 $m=1, n=2$,故

$$G(e^{j\omega T}) = \frac{e^{j\omega T} - z_1}{(e^{j\omega T} - p_1)(e^{j\omega T} - p_2)} \tag{3-72}$$

它的幅频特性为

$$|G(e^{j\omega T})| = \frac{|e^{j\omega T} - z_1|}{|(e^{j\omega T} - p_1)(e^{j\omega T} - p_2)|} = \frac{r_1}{l_1 \cdot l_2} \tag{3-73}$$

其中 r_1, l_1, l_2 分别代表零点 z_1、极点 p_1, p_2 到 z 平面单位圆上 $e^{j\omega T}$ 点的距离,如图 3-16 所示。它的相频特性为:

$$\angle G(e^{j\omega T}) = \angle(e^{j\omega T} - z_1) - [\angle(e^{j\omega T} - p_1) + \angle(e^{j\omega T} - p_2)]$$
$$= \psi - (\varphi_1 + \varphi_2) \tag{3-74}$$

式中 $\psi, \varphi_1, \varphi_2$ 如图 3-16 所示。

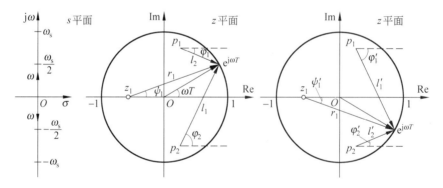

图 3-16 几何作图法求频率特性

从式(3-73)和式(3-74)可见,幅频特性是由零、极点指向 $e^{j\omega T}$ 点的向量幅值来确定,相频特性是由这些向量的相角确定。几何作图法即是,当 $e^{j\omega T}$ 移动时,根据 r_1, l_1, l_2 的变化估算出幅频特性;根据 ψ, φ_1 和 φ_2 的变化估算出相频特性。利用几何作图法很难精确绘制频率特性曲线,但可以很容易看出零、极点对系统频率特性的影响,并能很清楚地说明离散系统频率特性的特点。

3.5.3 离散系统频率特性的特点

1. 离散系统频率特性的特点

（1）离散系统频率特性 $G(e^{j\omega T})$ 是 ω 的周期函数,其周期为 ω_s,即 $G(e^{j\omega T})=G(e^{j(\omega+\omega_s)T})$。这从几何作图法中可以看到,当 ωT 沿单位圆每转一周（2π）时,频率特性就周期性地重复一次。这一特性是连续系统所没有的。

（2）幅频特性 $|G(e^{j\omega T})|$ 是 ω 的偶函数,即 $|G(e^{j\omega T})|=|G(e^{-j\omega T})|$,这一点从图 3-16 中很容易理解,当 $\omega=-\omega$ 时,$l_1=l_1'$，$l_2=l_1'$，$r_1=r_1'$,所以总模值不变。

（3）相频特性 $\angle G(e^{j\omega T})$ 是 ω 的奇函数,也就是 $\angle G(e^{j\omega T})=-\angle G(e^{j\omega T})$。从几何作图法中可以看到,当 $\omega=-\omega$ 时,$\psi'=-\psi$，$\varphi_1'=-\varphi_2$，$\varphi_2'=-\varphi_1$,所以总的相角反号,绝对值不变。

当然,对连续系统来说,也具有后两种特性。

从图 3-15 中也可明显看出上述特点,在 $\omega=0\sim\omega_s$ 频段内,以 $\omega=\omega_s/2$ 为对称轴,幅频是偶对称,相频是奇对称;当 $\omega=\omega_s\sim2\omega_s$,则重复 $0\sim\omega_s$ 周期的曲线。

2. 使用离散系统频率特性时应注意的问题

（1）由于离散环节频率特性 $G(e^{j\omega T})$ 不是 ω 的有理分式函数,在绘制对数频率特性时,不能像连续系统那样使用渐近对数频率特性。但由于对数横坐标能压缩频率区间、简化运算等优点,因此,在离散系统频域分析时还常常使用对数频率特性。

（2）离散环节频率特性形状与连续系统频率特性形状有较大差别,特别是当采样周期较大以及频率较高时,由于混叠,使频率特性形状有较大变化,主要表现有

- 高频时会出现多个峰值;
- 可能出现正相位;
- 仅在较小的采样周期或低频段与连续系统频率特性相接近。

例 3-14 已知连续系统被控对象传递函数为

$$G(s)=\frac{1}{s(s+1)}$$

控制指令通过零阶保持器作用于被控对象。试求 $T=0.2s、1s、2s$ 时的对数频率特性图（Bode 图）并比较之。

解 $G(z)=\mathscr{Z}\left[\dfrac{1-e^{-Ts}}{s}\dfrac{1}{s(s+1)}\right]$,对不同采样周期的变换可以利用 MATLAB 工具箱中相应指令完成。

```
sysc = tf([1],[1 1 0]);
sysd1 = c2d(sysc,0.2)
```

$$G_1(z) = \frac{0.01873z + 0.01752}{z^2 - 1.819z + 0.8187}, \qquad T = 0.2\text{s}$$

```
sysd2 = c2d(sysc,1)
```

$$G_2(z) = \frac{0.3679z + 0.2642}{z^2 - 1.368z + 0.3679}, \qquad T = 1\text{s}$$

```
sysd3 = c2d(sysc,2)
```

$$G_3(z) = \frac{1.135z + 0.594}{z^2 - 1.135z + 0.1353}, \qquad T = 2\text{s}$$

相应的 Bode 图可利用下述命令画出,如图 3-17 所示。

```
bode(sysc,'-',sysd1,'--',sysd2,':',sysd3,'-.')
grid
```

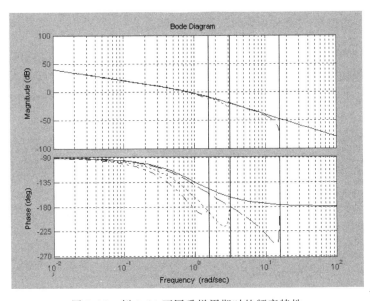

图 3-17 例 3-14 不同采样周期时的频率特性

从图 3-17 可见,不同采样周期对幅频特性影响不很明显,但对相频特性影响较大。图中实线为连续系统的相频特性,长的虚线为 $T=1$s 时的相频特性,其中 $T=2$s 时的相频特性的相位滞后最大。可见,采样周期对频率特性的主要影响是增大了相位延迟。在截止频率 $\omega_c = 0.9$rad/s 处产生的相位延迟近似与 $\omega_c T/2$ 成正比。当 $T=2$s 时，相位延迟 $\Delta\varphi=\omega_c T/2=0.9\text{rad}=50°$，这主要反映了零阶保持器的相位延迟的影响。∎

3. 关于采样系统频率特性的测试

采样系统频率特性的测试如图 3-18 所示。加入系统的频率信号为
$$r(t) = \sin(\omega t + \varphi) = \text{Im}[e^{j(\omega t+\varphi)}]$$
式中 φ 是信号与采样时刻的相角差。连续信号采样后，得
$$r^*(t) = \sin(\omega t + \varphi)\sum_{k=-\infty}^{\infty}\delta(t-kT)$$

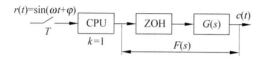

图 3-18 频率特性的测试简图

如前所述，$\delta_T = \dfrac{1}{T}\Big(1+2\sum_{k=1}^{\infty}\cos k\omega_s t\Big)$，所以，
$$r^*(t) = \frac{1}{T}\Big[\sin(\omega t+\varphi)+2\sum_{k=1}^{\infty}\cos k\omega_s t \cdot \sin(\omega t+\varphi)\Big]$$
$$r^*(t) = \frac{1}{T}\Big[\sin(\omega t+\varphi)+2\sum_{k=1}^{\infty}\sin(k\omega_s t+\omega t+\varphi)-\sin(k\omega_s t-\omega t-\varphi)\Big]$$

进入计算机的信号包括基频信号和各次旁频信号，计算机输出也同样包括上述信号。但后续环节 $F(s)$ 一般是低通网络，由于频带限制，高频被滤除。

(1) 如果测试频率较低，$\omega < \omega_s/2$，可以认为输出信号即为基频信号：
$$c(t) = \frac{1}{T}\text{Im}[F(j\omega)e^{j(\omega t+\varphi)}]$$

(2) 如果测试频率 $\omega = k\omega_s/2$，依采样频谱分析可知，$k=1$ 旁频与基频相重叠，所以，
$$r^*(t) = \frac{1}{T}[\sin(\omega t+\varphi)+\sin(\omega_s t+\omega t+\varphi)-\sin(\omega_s t-\omega t-\varphi)]$$
由于 $\sin(\omega_s t+\omega t+\varphi)$ 频率较高，常被系统滤除，所以输入为
$$r^*(t) = \frac{1}{T}[\sin(\omega t+\varphi)-\sin(\omega_s t-\omega t-\varphi)]$$
考虑到此时 $\omega_s = 2\omega$，所以输出为
$$c(t) = \frac{1}{T}\text{Im}[F(j\omega)e^{j(\omega t+\varphi)}-F(j\omega)e^{j(\omega t-\varphi)}]$$
$$= \frac{1}{T}\text{Im}[(1-e^{-j2\varphi})F(j\omega)e^{j(\omega t+\varphi)}]$$

因为 $(1-e^{-2j\varphi})=2e^{j(\frac{\pi}{2}-\varphi)}\sin\varphi$，所以

$$c(t) = \text{Im}\left[\frac{2}{T}e^{j(\frac{\pi}{2}-\varphi)}\sin\varphi F(j\omega)e^{j(\omega t+\varphi)}\right]$$

频率特性为
$$\hat{F}(j\omega) = \frac{2}{T}F(j\omega)e^{j(\frac{\pi}{2}-\varphi)}\sin\varphi$$

可见此时 $c(t)$、$\hat{F}(j\omega)$ 与起始相角 φ 有关。图 3-19 说明这种情况（图中设 $T=1\text{s}$）。

- 当 $\varphi=0$，即测试信号与采样开关同步时，$c(t)=0$，$\hat{F}(j\omega)=0$，如图 3-19(a) 所示。
- 当 $\varphi\neq 0$，即测试信号与采样开关不同步时，如图 3-19(b) 所示（$\varphi=\pi/4$）。
- 当 $\varphi=\pi/2$，即测试信号与采样开关相位差 $\varphi=\pi/2$ 时，如图 3-19(c) 所示。

上述结果表明，采样系统是一种特殊的时变系统，它的输出与采样时刻有关。

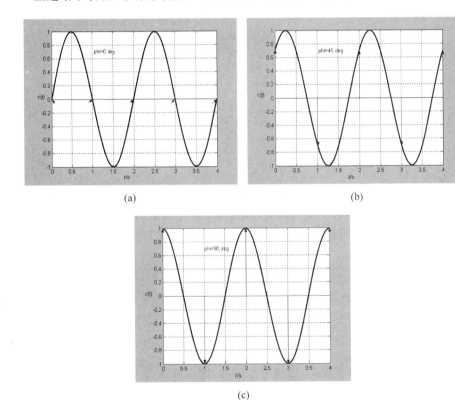

图 3-19 不同起始相角 φ 时时域响应曲线

(3) 当 $\omega\neq k\omega_s/2$，但非常接近，会产生另一种频率干涉现象。

假定 $\varphi=0$，此时

$$r^*(t) = \frac{1}{T}[\sin(\omega t) - \sin(\omega_s t - \omega t)] + \text{高频部分（此部分被滤除）}$$

$$= 2\cos\left(\frac{\omega+\omega_s-\omega}{2}\right)t \cdot \sin\left(\frac{\omega-\omega_s+\omega}{2}\right)t$$

$$= 2\cos\frac{\omega_s}{2}t \cdot \sin\left(\omega-\frac{\omega_s}{2}\right)t$$

这即为一种差拍现象,高频信号被一低频信号进行幅值调制。

若 $\omega_s=62.8\text{rad/s}(f_s=10\text{Hz})$,测试频率 $\omega=30.772\text{rad/s}(4.9\text{Hz})$,则

$$r^*(t) = 2\cos 31.4t \cdot \sin(30.772-31.4)t = -2\cos(5\text{Hz})t \cdot \sin(0.1\text{Hz})t$$

通过后续环节后,幅值有衰减,但形状不变。这就说明了图 1-14 产生的原因。

3.6 离散系统的状态空间描述

离散系统的状态方程可以表示成如下形式:

$$\boldsymbol{x}(k+1) = \boldsymbol{Fx}(k) + \boldsymbol{Gu}(k)$$
$$\boldsymbol{y}(k) = \boldsymbol{Cx}(k) + \boldsymbol{Du}(k) \tag{3-75}$$

其中:$\boldsymbol{x}$——n 维状态向量;

$\boldsymbol{u}$——m 维控制向量;

$\boldsymbol{y}$——p 维输出向量;

$\boldsymbol{F}(n\times n)$——离散系统的状态转移矩阵;

$\boldsymbol{G}(n\times m)$——离散系统的输入矩阵或控制转移矩阵;

$\boldsymbol{C}(p\times n)$——状态输出矩阵;

$\boldsymbol{D}(p\times m)$——直接传输矩阵。

连续系统和离散系统的状态空间模型框图如图 3-20 所示。

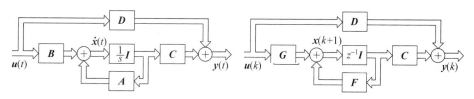

图 3-20 状态方程框图

离散系统状态空间方程可以由离散系统差分方程或脉冲传递函数直接求得。

3.6.1 由差分方程建立离散状态方程

对于单输入单输出线性离散系统,可用 n 阶差分方程描述:

$$y(k+n) + a_1 y(k+n-1) + \cdots + a_n y(k)$$

$$= b_0 u(k+m) + b_1 u(k+m-1) + \cdots + b_m u(k)$$

选择状态变量

$$\begin{cases} x_1(k) = y(k) - h_0 u(k) \\ x_2(k) = x_1(k+1) - h_1 u(k) \\ x_3(k) = x_2(k+1) - h_2 u(k) \\ \vdots \\ x_n(k) = x_{n-1}(k+1) - h_{n-1} u(k) \end{cases}$$

式中

$$\begin{cases} h_0 = b_0 \\ h_1 = b_1 - a_1 h_0 \\ h_2 = b_2 - a_1 h_1 - a_2 h_0 \\ h_3 = b_3 - a_1 h_2 - a_2 h_1 - a_3 h_0 \\ \vdots \\ h_n = b_n - a_1 h_{n-1} - a_2 h_{n-2} - \cdots - a_n h_0 \end{cases}$$

当 $n=m$ 时，系统的离散状态空间方程可以表示为式(3-75)所示的一种状态空间方程形式，其中

$$\boldsymbol{F} = \begin{bmatrix} 0 & 1 & 0 & \cdots & 0 & 0 \\ 0 & 0 & 1 & \cdots & 0 & 0 \\ \vdots & \vdots & \vdots & \ddots & \vdots & \vdots \\ 0 & 0 & 0 & \cdots & 0 & 1 \\ -a_n & -a_{n-1} & -a_{n-2} & \cdots & -a_2 & -a_1 \end{bmatrix}$$

$$\boldsymbol{G} = \begin{bmatrix} h_1 \\ h_2 \\ \vdots \\ h_{n-1} \\ h_n \end{bmatrix} \quad \boldsymbol{C} = \begin{bmatrix} 1 0 0 \cdots 0 0 \end{bmatrix} \quad \boldsymbol{D} = [h_0] = [b_0]$$

例 3-15 设线性离散系统差分方程为

$$y(k+2) + y(k+1) + 0.16 y(k) = u(k+1) + 2u(k)$$

试写出离散状态空间表达式。

解 系统阶数 $n=2, a_0=1, a_1=1, a_2=0.16, b_0=0, b_1=1, b_2=2, h_0=b_0=0$，故有 $h_1=b_1-a_1 h_0=1, h_2=b_2-a_1 h_1-a_2 h_0=1$，则系统状态方程为

$$\begin{cases} x(k+1) = \begin{bmatrix} 0 & 1 \\ -0.16 & -1 \end{bmatrix} x(k) + \begin{bmatrix} 1 \\ 1 \end{bmatrix} u(k) \\ y(k) = \begin{bmatrix} 1 & 0 \end{bmatrix} x(k) \end{cases}$$

3.6.2 由脉冲传递函数建立离散状态方程

用脉冲传递函数表示的系统,一般只考虑系统的输入、输出变量,而不给出状态变量的具体含义。建立离散状态方程,通常采用串行法、直接法等。现以下述脉冲传递函数为例,逐一加以说明。

$$G(z) = \frac{Y(z)}{U(z)} = \frac{z^2 + 0.8z + 0.12}{z^2 + 1.3z + 0.4} \tag{3-76}$$

1. 串行法(又称迭代法)

将式(3-76)写成零、极点形式

$$G(z) = \frac{Y(z)}{U(z)} = 1 + \frac{-0.5z - 0.28}{(z+0.5)(z+0.28)} = 1 + \frac{-0.5}{z+0.05} \cdot \frac{z+0.56}{z+0.8}$$

由上式可得状态方程框图,如图 3-21 所示。

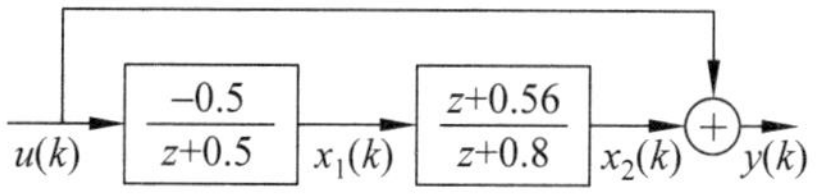

图 3-21 串行法状态方程框图

根据状态变量关系,列写状态方程:

$$x_1(k+1) = -0.5x_1(k) - 0.5u(k)$$
$$x_2(k+1) = -0.8x_2(k) + x_1(k+1) + 0.56x_1(k)$$
$$= 0.06x_1(k) - 0.8x_2(k) - 0.5u(k)$$

输出方程 $\qquad y(k) = x_2(k) + u(k)$

故可得状态方程的矩阵形式:

$$\begin{bmatrix} x_1(k+1) \\ x_2(k+1) \end{bmatrix} = \begin{bmatrix} -0.5 & 0 \\ 0.06 & -0.8 \end{bmatrix} \begin{bmatrix} x_1(k) \\ x_2(k) \end{bmatrix} + \begin{bmatrix} -0.5 \\ -0.5 \end{bmatrix} u(k)$$

$$y(k) = \begin{bmatrix} 0 & 1 \end{bmatrix} \begin{bmatrix} x_1(k) \\ x_2(k) \end{bmatrix} + u(k)$$

2. 并行法(又称部分分式法)

将式(3-76)进行部分分式展开:

$$G(z) = \frac{Y(z)}{U(z)} = 1 + \frac{-0.5z - 0.28}{(z+0.5)(z+0.8)} = 1 + \frac{-0.1}{z+0.5} + \frac{-0.4}{z+0.8}$$

可得 $\qquad Y(z) = U(z) + \dfrac{-0.1}{z+0.5} U(z) + \dfrac{-0.4}{z+0.8} U(z)$

选取的状态变量及状态方程框图,如图 3-22 所示。

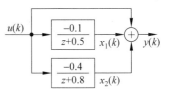

图 3-22 并行法状态方程框图

状态方程为
$$x_1(k+1) = -0.5x_1(k) - 0.1u(k)$$
$$x_2(k+1) = -0.8x_2(k) - 0.4u(k)$$
$$y(k) = x_1(k) + x_2(k) + u(k)$$

矩阵形式为
$$\begin{bmatrix} x_1(k+1) \\ x_2(k+1) \end{bmatrix} = \begin{bmatrix} -0.5 & 0 \\ 0 & -0.8 \end{bmatrix} \begin{bmatrix} x_1(k) \\ x_2(k) \end{bmatrix} + \begin{bmatrix} -0.1 \\ -0.4 \end{bmatrix} u(k)$$

$$y(k) = \begin{bmatrix} 1 & 1 \end{bmatrix} \begin{bmatrix} x_1(k) \\ x_2(k) \end{bmatrix} + u(k)$$

3. 直接法

将式(3-76)写成如下形式:
$$G(z) = \frac{Y(z)}{U(z)} = 1 + \frac{-0.5z^{-1} - 0.28z^{-2}}{1 + 1.3z^{-1} + 0.4z^{-2}}$$

令
$$W(z) = \frac{U(z)}{1 + 1.3z^{-1} + 0.4z^{-2}}$$
$$Y(z) = (-0.5z^{-1} - 0.28z^{-2})W(z) + U(z)$$

进一步可得
$$W(z) = -1.3z^{-1}W(z) - 0.4z^{-2}W(z) + U(z)$$
$$Y(z) = -0.5z^{-1}W(z) - 0.28z^{-2}W(z) + U(z)$$

选状态变量
$$X_1(z) = z^{-1}W(z)$$
$$X_2(z) = z^{-2}W(z) = z^{-1}X_1(z)$$

将 $W(z)$ 代入 $X_1(z)$、$X_2(z)$,取 z 反变换,可得状态方程
$$x_1(k+1) = -1.3x_1(k) - 0.4x_2(k) + u(k)$$
$$x_2(k+1) = x_1(k)$$
$$y(k) = -0.5x_1(k) - 0.28x_2(k) + u(k)$$

由上式得出状态方程框图,如图 3-23 所示。

矩阵形式为
$$\begin{bmatrix} x_1(k+1) \\ x_2(k+1) \end{bmatrix} = \begin{bmatrix} -1.3 & -0.4 \\ 1 & 0 \end{bmatrix} \begin{bmatrix} x_1(k) \\ x_2(k) \end{bmatrix} + \begin{bmatrix} 1 \\ 0 \end{bmatrix} u(k)$$

$$y(k) = \begin{bmatrix} -0.5 & -0.28 \end{bmatrix} \begin{bmatrix} x_1(k) \\ x_2(k) \end{bmatrix} + u(k)$$

由上述讨论可知,对于同一个离散系统,由于状态变量的选择不同,可以得到

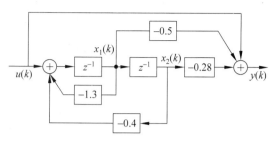

图 3-23 直接法状态方程框图

不同的离散状态方程和输出方程。尽管状态变量的选择不是唯一的,但状态变量的个数是相同的,状态变量的个数与系统阶数相同。而且这些离散系统的特征方程也是一样的。

考虑线性离散状态方程

$$x(k+1) = Fx(k) + Gu(k)$$

对上式进行 z 变换,可得

$$X(z) = (zI - F)^{-1}[zx(0) + GU(z)]$$

令矩阵 $(zI - F)$ 的行列式

$$|zI - F| = 0$$

称上式为线性离散系统的 z 特征方程。z 特征方程的根称为矩阵 F 的特征值,也是线性离散系统的极点。因此,尽管一个系统的状态变量的选择不是唯一的,但是系统的 z 特征方程是不变的。

3.6.3　计算机控制系统状态方程

对于被控对象为连续系统的计算机控制系统,其离散系统是由采样形成的,离散状态方程与采样周期和保持器的形式有关。

1. 系统连续部分的离散状态方程

已知被控对象的状态方程为

$$\dot{x}(t) = Ax(t) + Bu(t)$$
$$y(t) = Cx(t) + Du(t) \tag{3-77}$$

计算机控制系统中的连续部分,除被控对象外,还包括零阶保持器,如图 3-24 所示。被控对象的输入信号是由采样信号通过零阶保持器而形成的连续阶梯信号,输入 $u(t)$ 在相邻采样时刻之间等于常数,若只关心连续部分在各采样时刻的输出状态,可列写连续部分的离散状态方程,从而和系统中计算机部分的离散状态方程统一。

具体做法是:对方程(3-77)求解,得

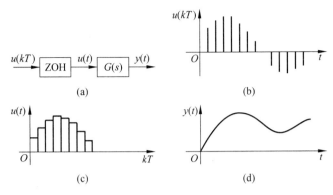

图 3-24 系统连续部分

$$x(t) = e^{A(t-t_0)} x_0(t) + \int_{t_0}^{t} e^{A(t-\tau)} Bu(\tau) d\tau \tag{3-78}$$

其中 t_0 是初始时刻，设 $t_0 = kT, t = (k+1)T$，代入式(3-78)，得

$$x[(k+1)T] = e^{AT} x(kT) + \int_{kT}^{(k+1)T} e^{A[(k+1)T-\tau]} Bu(\tau) d\tau \tag{3-79}$$

由于 $u(\tau)$ 在 kT 和 $(k+1)T$ 之间是常数，等于 $u(kT)$，所以，式(3-79)可改写为

$$x[(k+1)T] = e^{AT} x(kT) + \int_{kT}^{(k+1)T} e^{A[(k+1)T-\tau]} B d\tau u(kT) \tag{3-80}$$

令 $(k+1)T - \tau = t$，又因假定系统是时不变的，A、B 阵和时间无关，所以，式(3-80)可改写成

$$\begin{aligned} x[(k+1)T] &= e^{AT} x(kT) + \int_{0}^{T} e^{At} B dt\, u(kT) \\ &= F(T) x(kT) + G(T) u(kT) \end{aligned} \tag{3-81}$$

式中

$$F(T) = e^{AT} \tag{3-82}$$

$$G(T) = \int_{0}^{T} e^{At} B dt \tag{3-83}$$

系统的输出可由式(3-77)求得，即

$$y(kT) = Cx(kT) + Du(kT) \tag{3-84}$$

线性定常系统的状态转移矩阵 $F(t)$ 是方阵指数函数 e^{At}，即 $F(t) = e^{At}$，它具有如下性质：

(1) $F(t+\tau) = F(t) \cdot F(\tau)$。

(2) $F^{-1}(t) = F(-t)$。

(3) $F(kt) = F^k(t)$。

(4) $F(0) = I$。

(5) $F(t) \cdot F^{-1}(t) = I$。

(6) $F^{-1}(T)$ 一定存在。

2. 状态转移阵的求解

状态转移矩阵是列写离散状态方程的关键。定常系统的离散状态转移矩阵 $\boldsymbol{F}=\mathrm{e}^{\boldsymbol{A}T}$ 可以利用级数展开法、拉普拉斯变换法、凯莱-哈密顿定理和西勒维斯特内插公式法等求得。

(1) 级数展开法

状态转移矩阵 $\boldsymbol{F}(T)=\mathrm{e}^{\boldsymbol{A}T}$ 可以表示为无穷级数之和,若级数项取 100,计算精度至少准确到第 6 位有效数字。为了便于计算机计算,可将级数形式改为嵌套形式:

$$\boldsymbol{F}(T) = \mathrm{e}^{\boldsymbol{A}T} = \boldsymbol{I} + \boldsymbol{A}T + \boldsymbol{A}^2 T^2/2! + \boldsymbol{A}^3 T^3/3! + \cdots = \sum_{i=0}^{\infty} \frac{\boldsymbol{A}^i T^i}{i!} \approx \sum_{i=0}^{L} \frac{\boldsymbol{A}^i T^i}{i!}$$

$$= \boldsymbol{I} + \boldsymbol{A}T \left\{ \boldsymbol{I} + \frac{\boldsymbol{A}T}{2} \left[\boldsymbol{I} + \frac{\boldsymbol{A}T}{3} \left(\boldsymbol{I} + \cdots + \frac{\boldsymbol{A}T}{L-1} \left(\boldsymbol{I} + \frac{\boldsymbol{A}T}{L} \right) + \cdots \right) \right] \right\} \quad (3\text{-}85)$$

计算项数 L 可由精度要求确定。

输入矩阵

$$\boldsymbol{G}(T) = \int_0^T \mathrm{e}^{\boldsymbol{A}t} \boldsymbol{B} \,\mathrm{d}t = (\mathrm{e}^{\boldsymbol{A}T} - \boldsymbol{I}) \boldsymbol{A}^{-1} \boldsymbol{B} = T \sum_{i=0}^{\infty} \frac{\boldsymbol{A}^i T^i}{(i+1)!} \boldsymbol{B}$$

$$= T \left\{ \boldsymbol{I} + \frac{\boldsymbol{A}T}{2} \left[\boldsymbol{I} + \frac{\boldsymbol{A}T}{3} \left(\boldsymbol{I} + \cdots + \frac{\boldsymbol{A}T}{L-1} \left(\boldsymbol{I} + \frac{\boldsymbol{A}T}{L} \right) \right) + \cdots \right] \right\} \boldsymbol{B} \quad (3\text{-}86)$$

采用级数展开法,为了保证计算精度,计算项数 L 通常应取较大值,影响计算速度。为了计算,在工程应用时常采用一些工程实用方法,如步长减半法等,具体方法可参阅有关教材[1]和[11]。

(2) 拉普拉斯变换法

已知

$$(s\boldsymbol{I}-\boldsymbol{A})\left(\frac{\boldsymbol{I}}{s}+\frac{\boldsymbol{A}}{s^2}+\frac{\boldsymbol{A}^2}{s^3}+\cdots\right)$$

$$= \left(\boldsymbol{I}+\frac{\boldsymbol{A}}{s}+\frac{\boldsymbol{A}^2}{s^2}+\frac{\boldsymbol{A}^3}{s^3}+\cdots\right) - \left(\frac{\boldsymbol{A}}{s}+\frac{\boldsymbol{A}^2}{s^2}+\frac{\boldsymbol{A}^3}{s^3}+\cdots\right) = \boldsymbol{I}$$

由此式可得

$$(s\boldsymbol{I}-\boldsymbol{A})^{-1} = \left(\frac{\boldsymbol{I}}{s}+\frac{\boldsymbol{A}}{s^2}+\frac{\boldsymbol{A}^2}{s^3}+\cdots\right)$$

拉普拉斯反变换得

$$\mathscr{L}^{-1}\left[(s\boldsymbol{I}-\boldsymbol{A})^{-1}\right] = \boldsymbol{I} + \boldsymbol{A}t + \frac{\boldsymbol{A}^2 t^2}{2!} + \frac{\boldsymbol{A}^3 t^3}{3!} + \cdots = \mathrm{e}^{\boldsymbol{A}t} = \boldsymbol{F}(t)$$

所以
$$\boldsymbol{F}(T) = \boldsymbol{F}(t)|_{t=T} = \mathscr{L}^{-1}[s\boldsymbol{I}-\boldsymbol{A}]^{-1}|_{t=T} \quad (3\text{-}87)$$

例 3-16 双积分环节的状态方程为

$$\frac{\mathrm{d}\boldsymbol{x}}{\mathrm{d}t} = \begin{bmatrix} 0 & 1 \\ 0 & 0 \end{bmatrix} \begin{bmatrix} x_1 \\ x_2 \end{bmatrix} + \begin{bmatrix} 0 \\ 1 \end{bmatrix} u(t)$$

$$y(t) = \begin{bmatrix} 1 & 0 \end{bmatrix} \boldsymbol{x}$$

试求其离散状态方程。

解 (1) 级数展开法

$$F(T) = e^{AT} = I + AT + A^2T^2/2 + \cdots = \begin{bmatrix} 1 & 0 \\ 0 & 1 \end{bmatrix} + \begin{bmatrix} 0 & T \\ 0 & 0 \end{bmatrix} = \begin{bmatrix} 1 & T \\ 0 & 1 \end{bmatrix}$$

$$G(T) = \int_0^T \begin{bmatrix} 1 & t \\ 0 & 1 \end{bmatrix} \begin{bmatrix} 0 \\ 1 \end{bmatrix} dt = \int_0^T \begin{bmatrix} t \\ 1 \end{bmatrix} dt = \begin{bmatrix} T^2/2 \\ T \end{bmatrix}$$

(2) 拉氏变换法

$$(sI - A)^{-1} = \begin{bmatrix} s & 1 \\ 0 & s \end{bmatrix}^{-1} = \frac{1}{s^2} \begin{bmatrix} s & 1 \\ 0 & s \end{bmatrix} = \begin{bmatrix} 1/s & 1/s^2 \\ 0 & 1/s \end{bmatrix}$$

$$F(T) = e^{AT} = \mathscr{L}^{-1}(sI-A)^{-1}\Big|_{t=T} = \mathscr{L}^{-1}\begin{bmatrix} 1/s & 1/s^2 \\ 0 & 1/s \end{bmatrix}\Big|_{t=T} = \begin{bmatrix} 1 & T \\ 0 & 1 \end{bmatrix}$$

由此通过积分即可求得 $G(T)$。

3. 计算机控制系统闭环状态方程

整个闭环系统的状态方程,可通过求取系统数字部分、广义被控对象部分以及反馈部分的状态方程,然后消去中间变量,经整理后得到。

例 3-17 求图 3-25 所示系统的状态方程,$T=0.1$s。

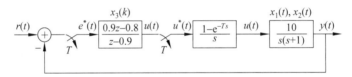

图 3-25 计算机控制系统

解 (1) 数字部分:已知 $D(z) = (0.9z - 0.8)/(z - 0.9)$,选状态变量 $x_3(k)$,利用直接法,得出以下方程

$$x_3(k+1) = 0.9x_3(k) + e(k)$$
$$u(k) = 0.01x_3(k) + 0.9e(k) \tag{3-88}$$

(2) 广义被控对象部分:被控对象连续状态方程为

$$\begin{bmatrix} \dot{x}_1 \\ \dot{x}_2 \end{bmatrix} = \begin{bmatrix} 0 & 1 \\ 0 & -1 \end{bmatrix} \begin{bmatrix} x_1 \\ x_2 \end{bmatrix} + \begin{bmatrix} 0 \\ 10 \end{bmatrix} u(t)$$

利用拉氏变换法求得 $F(T)$ 和 $G(T)$:

$$(sI - A)^{-1} = \begin{bmatrix} s & -1 \\ 0 & s+1 \end{bmatrix}^{-1} = \frac{1}{s(s+1)} \begin{bmatrix} s+1 & 1 \\ 0 & s \end{bmatrix} = \begin{bmatrix} 1/s & 1/s(s+1) \\ 0 & 1/(s+1) \end{bmatrix}$$

$$F(t) = e^{At} = \mathscr{L}^{-1}[(sI-A)^{-1}] = \mathscr{L}^{-1}\begin{bmatrix} 1/s & 1/s(s+1) \\ 0 & 1/(s+1) \end{bmatrix} = \begin{bmatrix} 1 & 1-e^{-t} \\ 0 & e^{-t} \end{bmatrix}$$

$$F(T) = F(t)\Big|_{t=T} = \begin{bmatrix} 1 & 1-e^{-T} \\ 0 & e^{-T} \end{bmatrix} = \begin{bmatrix} 1 & 0.0952 \\ 0 & 0.9048 \end{bmatrix}$$

$$G(T) = \int_0^T e^{At}B\,dt = 10\begin{bmatrix} T-1+e^{-T} \\ 1-e^{-T} \end{bmatrix} = \begin{bmatrix} 0.0484 \\ 0.9516 \end{bmatrix}$$

所以连续部分离散状态方程为

$$\begin{bmatrix} x_1(k+1) \\ x_2(k+1) \end{bmatrix} = \begin{bmatrix} 1 & 0.0952 \\ 0 & 0.9048 \end{bmatrix} \begin{bmatrix} x_1(k) \\ x_2(k) \end{bmatrix} + \begin{bmatrix} 0.0484 \\ 0.9516 \end{bmatrix} u(k) \quad (3\text{-}89)$$

$$y(k) = x_1(k) \quad (3\text{-}90)$$

（3）反馈部分

$$e(k) = r(k) - y(k) = r(k) - x_1(k) \quad (3\text{-}91)$$

综合式(3-88)~式(3-91)可得系统状态方程和输出方程为

$$\begin{bmatrix} x_1(k+1) \\ x_2(k+1) \\ x_3(k+1) \end{bmatrix} = \begin{bmatrix} 0.9565 & 0.0952 & 0.000484 \\ -0.8565 & 0.9048 & 0.00952 \\ -1 & 0 & 0.9 \end{bmatrix} \begin{bmatrix} x_1(k) \\ x_2(k) \\ x_3(k) \end{bmatrix} + \begin{bmatrix} 0.0435 \\ 0.8565 \\ 1 \end{bmatrix} r(k)$$

$$y(k) = \begin{bmatrix} 1 & 0 & 0 \end{bmatrix} \begin{bmatrix} x_1(k) \\ x_2(k) \\ x_3(k) \end{bmatrix}$$

3.6.4 离散状态方程求解

1. 迭代法

线性定常动态系统的离散状态方程的通式为

$$x(k+1) = Fx(k) + Gu(k) \quad (3\text{-}92)$$

式(3-92)表明了系统状态是怎样随离散时间 k 的增加而转移。如果已知 $k=0$ 时系统状态 $x(0)$ 以及从 $0 \to k$ 之间各个时刻的输入量 $u(0), u(1), \cdots, u(k)$，就能求得现时刻 k 的状态 $x(k)$。在式(3-92)中依次迭代 $k=0,1,2,\cdots$ 可得以下方程：

$$x(k) = F^k x(0) + \sum_{i=0}^{k-1} F^{k-i-1} Gu(i) \quad (3\text{-}93)$$

2. z 变换法

对式(3-92)做 z 变换，得

$$zX(z) - zx(0) = FX(z) + GU(z)$$

对 $X(z)$ 求解，得

$$X(z) = (zI - F)^{-1}[zx(0) + GU(z)] \quad (3\text{-}94)$$

对式(3-94)进行 z 反变换，得

$$x(k) = \mathscr{Z}^{-1}[(zI-F)^{-1}z]x(0) + \mathscr{Z}^{-1}[(zI-F)^{-1}GU(z)] \quad (3\text{-}95)$$

式(3-93)和式(3-95)相比较，可得

$$F^k = \mathscr{Z}^{-1}[(zI-F)^{-1}z] \quad (3\text{-}96)$$

式(3-93)和式(3-95)中,第1项是由初始状态 $x(0)$ 所引起的状态转移,第2项是由外作用$\{u(0),u(1),\cdots,u(k-1)\}$所引起的状态变化。

3.6.5 脉冲传递函数阵

设多输入、多输出系统状态方程和输出方程分别为

$$\begin{cases} x(k+1) = Fx(k) + Gu(k) \\ y(k) = Cx(k) + Du(k) \end{cases} \quad (3\text{-}97)$$

其中 x 是 n 维状态变量。式(3-97)的 z 变换式为

$$\begin{cases} X(z) = (zI - F)^{-1}[GU(z) + zx(0)] \\ Y(z) = CX(z) + DU(k) \end{cases}$$

设 $x(0)=0$,得

$$Y(z) = \{C[zI - F]^{-1}G + D\}U(z)$$

若令

$$H(z) = C[zI - F]^{-1}G + D$$

则

$$Y(z) = H(z)U(z)$$

通常将 $H(z)$ 称为脉冲传递函数阵,它是以脉冲传递函数为元素的矩阵,其中 $H_{ij}(z)$ 是指第 j 个输入变量为 δ 序列 $\delta_0(k)$ 时的第 i 个输出序列的 z 变换。

该系统脉冲过渡函数 $g(k)$ 为 $H(z)$ 的 z 反变换:

$$g(k) = \mathscr{L}^{-1}[H(z)] = \mathscr{L}^{-1}[C[(zI - F)^{-1}z]z^{-1}G + D] \quad (3\text{-}98)$$

利用式(3-96),将式(3-98)改写为

$$g(k) = CF^{k-1}G + D\delta_0(k)$$

利用卷积和方法,求得输出

$$\begin{cases} y(k) = \sum_{j=0}^{k-1} g(k-j)u(j) \quad k = 1,2,3,\cdots \\ y(0) = Du(0) \end{cases}$$

3.7 应用实例

雷达天线计算机定向位置伺服控制系统如图 3-26(a)所示。天线指向控制系统采用电枢控制电机驱动天线,采用模拟式速度控制回路,位置回路采用计算机控制。试求该系统闭环传递函数、状态方程并利用 MATLAB 软件计算系统的单位阶跃响应及开环对数频率特性。

解 依图 3-26(a)所示结构,可画出系统结构图,如图 3-26(b)所示。

(1) 由图 3-26(a)可分别求取以下的传递函数

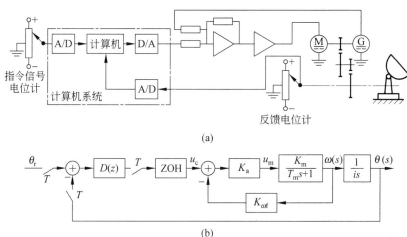

图 3-26 天线控制系统结构图

① 电枢控制的直流电动机加天线负载的传递函数

在略去电机电磁时间常数时,可得

$$G_m(s) = \frac{\omega(s)}{U_m(s)} = \frac{K_m}{T_m s + 1}$$

式中 K_m 为电机的传动系数,$K_m = 1/C_e$(rad/s·V),C_e 为电动机的反电势系数(V·s/rad)。T_m 为机电时间常数,$T_m = \frac{R_a J}{C_e C_m}$(s),式中 R_a 为电枢电阻(Ω),J 为转子轴上的总的转动惯量(包括电动机拖动天线的惯量)(N·ms²),C_m 为电动机的力矩系数(N·m/A)。

② 速度闭环回路的传递函数

如图 3-26(a)所示,该系统在系统模拟部分采用了速度反馈,形成了速度闭环回路。如以计算机的输出电压 $u_c(t)$ 为输入,电动机的转速 $\omega(t)$ 为输出,通过结构图合并,将速度闭环传统函数 $G_\omega(s)$ 简化为如下形式:

$$G_\omega(s) = \frac{\omega(s)}{U_c(s)} = \frac{K_\omega}{T_\omega s + 1}$$

式中 K_ω 为速度闭环传递函数的增益,根据结构图可得:

$$K_\omega = \frac{K_a K_m}{1 + K_a K_m K_{\omega f}}$$

T_ω 为速度回路闭环传递函数的时间常数：$T_\omega = \dfrac{T_m}{1 + K_a K_m K_{\omega f}}$。

③ 天线角速度 $\omega(s)$ 与转角 $\theta(s)$ 的传递函数

$$G_\theta(s) = \frac{\theta(s)}{\omega(s)} = \frac{1}{is}$$

式中 i 为角速度与角度之间的减速比。

计算机内控制器的脉冲传递函数记为 $D(z)$。天线在转动过程中将受到阵风的阻力，该阵风阻力形成干扰力矩直接作用于电动机上。依结构变换规则，可以将其移到速度回路输入端，等效为干扰电压 $u_n(t)$。

依上述分析，可得简化后结构图，如图 3-27 所示。

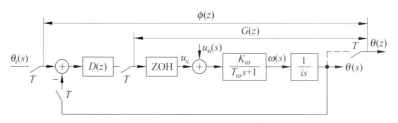

图 3-27 天线控制系统简化结构图

(2) 求取闭环传递函数

若假定 $D(z) = K_d = 1, K_\omega = 10, T_\omega = 0.1\text{s}, i = 5$，采样周期 $T = 0.02\text{s}$。依图 3-27 可求得传递函数。

$$G(z) = \mathscr{Z}\left[\frac{1 - \mathrm{e}^{-Ts}}{s} \frac{K_\omega}{T_\omega s + 1} \cdot \frac{1}{is}\right] = \mathscr{Z}\left[\frac{K(1 - \mathrm{e}^{-Ts})}{s^2(s + a)}\right]$$

式中 $K = K_\omega / iT_\omega = 20, a = 1/T_\omega = 10$，所以

$$G(z) = 2(1 - z^{-1})\mathscr{Z}\left[\frac{10}{s^2(s + 10)}\right]$$

$$= 2(1 - z^{-1})\left[\frac{0.02z}{(z - 1)^2} - \frac{(1 - \mathrm{e}^{-0.2})z}{10(z - 1)(z - \mathrm{e}^{-0.2})}\right]$$

$$= \frac{0.00374(z + 0.939)}{(z - 1)(z - 0.8187)} \tag{3-99}$$

闭环传递函数 $\Phi(z)$ 为

$$\Phi(z) = \frac{\theta(z)}{\theta_r(z)} = \frac{D(z)G(z)}{1 + D(z)G(z)}$$

$$= \frac{0.00374(z + 0.939)}{(z - 1)(z - 0.8187) + 0.00374(z + 0.939)}$$

$$= \frac{0.00374(z + 0.939)}{z^2 - 1.815z + 0.8222} \tag{3-100}$$

(3) 获得闭环状态方程

闭环系统状态方程可依上述开环传递函数及控制器传递函数求得。

由式(3-99)开环传递函数,依串行法,可得图 3-28 所示系统结构图。

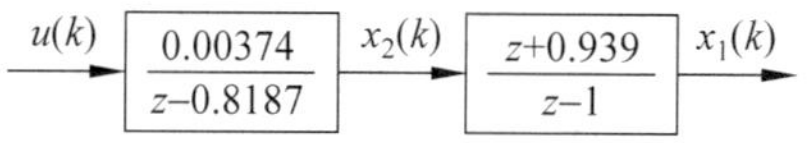

图 3-28 开环传递函数串行结构图

$$x_2(k+1) = 0.8187x_2(k) + 0.00374u(k)$$
$$x_1(k+1) = x_1(k) + x_2(k+1) + 0.939x_2(k)$$

将 $x_2(k+1)$ 代入第 2 式,得

$$x_1(k+1) = x_1(k) + 1.7577x_2(k) + 0.00374u(k)$$

给定控制器传递函数 $K_d=1$,可得

$$u(k) = r(k) - x_1(k)$$

依上述方程,可得闭环系统状态方程

$$\begin{bmatrix} x_1(k+1) \\ x_2(k+1) \end{bmatrix} = \begin{bmatrix} 1 & 1.7577 \\ 0 & 0.8187 \end{bmatrix} \begin{bmatrix} x_1(k) \\ x_2(k) \end{bmatrix} + \begin{bmatrix} 0.00374 \\ 0.00374 \end{bmatrix} [r(k) - x_1(k)]$$

$$\begin{bmatrix} x_1(k+1) \\ x_2(k+1) \end{bmatrix} = \begin{bmatrix} 0.99626 & 1.7577 \\ -0.00374 & 0.8187 \end{bmatrix} \begin{bmatrix} x_1(k) \\ x_2(k) \end{bmatrix} + \begin{bmatrix} 0.00374 \\ 0.00374 \end{bmatrix} r(k) \quad (3\text{-}101)$$

依所得闭环状态方程,可得闭环系统特征方程

$$\Delta(z) = |z\mathbf{I} - \mathbf{F}| = \begin{vmatrix} (z-0.99626) & -1.7577 \\ 0.00374 & (z-0.8187) \end{vmatrix} = 0$$

$$\Delta(z) = z^2 - 1.815z + 0.8222 = 0$$

所得特征方程与闭环传递函数式(3-100)所得相同。

(4) 计算干扰作用下系统的输出

由于干扰 $U_n(s)$ 等效直接作用于速度回路输入端,无法求得干扰与天线转角之间的传递函数,故只能求取在干扰作用下,天线转角的 z 变换 $\theta_n(z)$:

$$\theta_n(z) = \frac{U_n G_1(z)}{1 + D(z)G(z)}$$

$$U_n G_1(z) = \mathscr{Z}[U_n(s) \cdot G_1(s)] = \mathscr{Z}\left[U_n(s) \cdot \frac{K_\omega}{T_\omega s + 1} \cdot \frac{1}{is}\right]$$

若假设 $U_n(s)=1/s$,则

$$U_n G_1(z) = 2\mathscr{Z}\left[\frac{10}{s^2(s+10)}\right] = \frac{0.00374(z+0.939)z}{(z-1)^2(z-0.8187)}$$

所以

$$\theta_n(z) = \frac{0.00374(z+0.939)z}{(z^2 - 1.815z + 0.8222)(z-1)} \quad (3\text{-}102)$$

(5) 计算系统单位阶跃响应

依式(3-100),可得系统输出 $\theta(z)$ 为

$$\theta(z) = \frac{0.00374(z+0.939)}{z^2 - 1.815z + 0.8222}\theta_r(z) = \frac{0.00374z^{-1} + 0.00351z^{-2}}{1 - 1.815z^{-1} + 0.8222z^{-2}}\theta_r(z)$$

进行 z 反变换可得

$$\theta(k) = 0.00374\theta_r(k-1) + 0.00351\theta_r(k-2) \\ + 1.815\theta(k-1) - 0.8222\theta(k-2)$$

若假定输入指令信号 $\theta_r(k) = 1(k)(k=0,1,2,\cdots)$，且 $\theta(k)$ 的各初始值为零，依迭代方法可得输出序列

$k=0, \theta(0)=0$

$k=1, \theta(1)=0.00374$

$k=2, \theta(2)=0.00374+1.815\times0.00374=0.0105$

$k=3, \theta(3)=0.00374+0.00351+1.8144\times0.0105-0.8222\times0.00374=0.0232$

$\vdots$

通过下述仿真计算程序，可得天线转角的单位阶跃响应曲线，如图 3-29 所示。

```
tt = 0.02;    % sampling time
t(1) = 0;
t(2) = t(1) + tt;
thetar(1) = 0; thetar(2:200) = 1; % input
theta(1) = 0; theta(2) = 0; % inertial condition
for k = 3:200
    t(k) = t(k-1) + tt;
    theta(k) = 0.00374 * thetar(k-1) + 0.00351 * thetar(k-2) + 1.815 *
    theta(k-1) - 0.8222 * theta(k-2);
end
plot(t,theta,'k'),grid
```

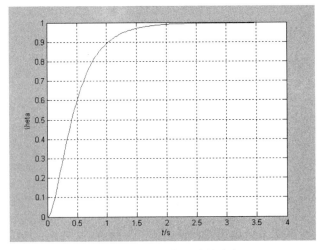

图 3-29　天线转角的阶跃响应

(6) 计算开环对数频率响应

依频率响应定义,由开环脉冲传递函数式(3-99)可得

$$G(e^{j\omega T}) = \frac{0.00374(e^{j\omega T} + 0.939)}{(e^{j\omega T} - 1)(e^{j\omega T} - 0.8187)}$$

利用 MATLAB 软件计算离散系统对数频率特性的相关指令,可得对数频率响应特性,如图 3-30 所示。从图中可以看到离散系统频率响应特性的周期性等特点。

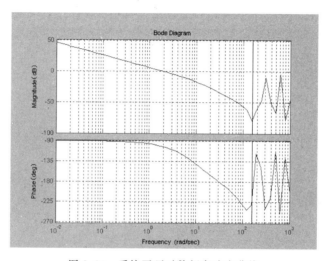

图 3-30　系统开环对数频率响应曲线

本章小结

本章重点介绍了离散系统常用的几种数学描述方法,其中包括差分方程、脉冲传递函数及系统动态结构图、频率特性以及离散系统状态方程。此外,简要地介绍了用于描述脉冲传递函数的基本数学工具 z 变换的相关问题。

(1) 如同微分方程是描述连续系统的基本方法一样,差分方程是描述离散系统的基本方法。类似地,使用差分方程在分析离散系统特性时也是不方便的。

(2) 最常用的数学描述方法是脉冲传递函数。在使用脉冲传递函数时要注意,与连续系统不同,一个系统或环节,只有两端都有采样开关时,方能写出系统或环节的脉冲传递函数,有的系统只能写出输出的 z 变换式,而不能写出脉冲传递函数。

(3) 系统动态结构图也是最常用的系统描述方法。要掌握系统结构图的变换规则,特别要注意变换中"独立环节"的概念。此外,要熟记"零阶保持器与连续环

节"组合环节的 z 变换的一般结果,即

$$G(z) = \mathscr{Z}\left[\frac{1-\mathrm{e}^{-Ts}}{s}G_1(s)\right] = (1-z^{-1})\mathscr{Z}\left[\frac{G_1(s)}{s}\right]$$

(4) 离散系统频率特性定义与连续系统相同。若已知系统脉冲传递函数 $G(z)$,则频率特性为 $G(\mathrm{e}^{\mathrm{j}\omega T})=G(z)|_{z=\mathrm{e}^{\mathrm{j}\omega T}}$。由于离散系统频率特性不是 ω 的有理分式函数,因此,无法使用渐进对数频率特性。此外,还应注意,离散系统频率特性是 ω 的周期函数,周期是 ω_s。

(5) 离散状态空间方程是现代控制理论分析和设计计算机控制系统常用的数学描述方法。要注意了解和掌握差分方程和脉冲传递函数与状态方程的相互转换的方法以及计算机控制系统的离散状态方程表示方法。

第 4 章 计算机控制系统分析

任何控制系统都必须稳定性工作且应满足规定的稳态及动态特性要求,同时对干扰应具有一定的抑制能力和鲁棒性。确认系统具有怎样的性能,这属于控制系统性能分析方面的工作。计算机控制系统的分析与连续系统的分析内容与方法类似。本章在第 3 章讨论过的系统数学描述方法的基础上,从时域特性和频域特性来分析离散系统的稳定性、稳态特性和动态响应特性的描述方法和计算手段。尽管这些特性的定义、描述方法与连续系统类似,但要注意它们的差别,尤其要注意采样周期对这些性能的影响。

本章提要

本章 4.1 节研究 s 平面与 z 平面之间的映射关系,建立两个复变量 s 与 z 的内在联系。4.2 节重点讨论离散系统稳定性的充要条件,重点讨论为保证系统稳定性,临界增益的求取方法以及采样周期对系统稳定性的影响。4.3 节讨论离散系统稳态误差,表明离散系统稳态误差的概念和计算方法与连续系统类似。尽管离散系统的速度误差系数、加速度误差系数的计算式子与采样周期有关,但在含有零阶保持器的计算机控制系统中,实际上速度误差系数、加速度误差系数与采样周期无关。4.4 节讨论离散系统的时间响应特性描述方法,重点讨论 z 平面极点类型、位置与系统动态响应形状的关系。4.5 节介绍了系统频域特性主要描述方法,重点说明频域内稳定裕度的概念和测试方法。最后 4.6 节以天线计算机控制系统为例,进行了系统稳定性、稳态误差及频域特性分析。

4.1 s 平面和 z 平面之间的映射

4.1.1 s 平面和 z 平面的基本映射关系

复变量 z 和 s 之间的关系为

$$z = e^{sT} \quad \text{或} \quad s = \frac{1}{T}\ln z \tag{4-1}$$

代入 $s = \sigma + j\omega$，则

$$z = e^{(\sigma+j\omega)T} = e^{\sigma T} \cdot e^{j\omega T} = e^{\sigma T} \angle \omega T$$

由于 $e^{j\omega T} = \cos\omega T + j\sin\omega T$，是 2π 的周期函数，所以上式又可写为

$$z = e^{(\sigma+j\omega)T} = e^{\sigma T} \cdot e^{j\omega T} = e^{\sigma T} \cdot e^{j(\omega T+2k\pi)} = e^{\sigma T} \angle(\omega T + 2k\pi)$$

这样，复变量 z 的模 R 及相角 θ（z 平面一点到原点连线与横坐标之间的夹角）与复变量 s 的实部和虚部（如图 4-1 所示）的关系为

$$\begin{cases} R = |z| = e^{\sigma T} \\ \theta = \angle z = \omega T + 2k\pi \end{cases} \tag{4-2}$$

式(4-2)即是 s 平面与 z 平面的基本对应关系。

具体映射关系如下：

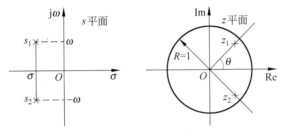

图 4-1 s 平面与 z 平面

1. s 平面虚轴的映射

s 平面整个虚轴映射为 z 平面单位圆，s 左半平面任一点映射在 z 平面单位圆内，右半平面任一点映射在单位圆外，如表 4-1 所示。

表 4-1 s 平面与 z 平面关系

	$s = \sigma + j\omega$			$z = R\angle\theta$	
几何位置	σ	ω	几何位置	$R = e^{\sigma T}$	$\theta = \omega T$
虚轴	$=0$	任意值	单位圆周	$=1$	任意值
左半平面	<0	任意值	单位圆内	<1	任意值
右半平面	>0	任意值	单位圆外	>1	任意值

2. 角频率 ω 与 z 平面相角的关系

角频率 ω 与 z 平面相角关系为 $\theta = \omega T + 2k\pi = \left(\omega + k\dfrac{2\pi}{T}\right)T = (\omega + k\omega_s)T$，表明 s 平面上频率相差采样频率整数倍的所有点，映射到 z 平面上同一点。也就是当 s 平面的点沿虚轴 $\omega = -\infty$ 变化到 $+\infty$，z 平面的相角也从 $-\infty$ 变化到 $+\infty$ 时，每当 ω 变化一个 ω_s 时，z 平面相角 θ 变化 2π，即转了一周。因此，若 ω 在 s 平

面虚轴上从 $-\infty$ 变化到 $+\infty$ 时,z 平面上相角将转无穷多圈,见表 4-2。

表 4-2 角频率 ω 与 z 平面相角关系

ω	$-\infty$	$\cdots$	$-2\omega_s$	$-\omega_s$	$-\omega_s/2$	0	$\omega_s/2$	ω_s	$2\omega_s$	$\cdots$	$+\infty$
θ	$-\infty$	$\cdots$	-4π	-2π	$-\pi$	0	π	2π	4π	$\cdots$	$+\infty$

3. s 平面上的主带与旁带

从上述角频率 ω 与 z 平面相角关系的分析中可见,当 ω 从 $-\mathrm{j}\omega_s/2 \to \mathrm{j}\omega_s/2$ (σ 可任意取值)时,相角从 $-\pi$ 变化为 π,相角逆时针转过一圈。如 ω 从 $\mathrm{j}\omega_s/2 \to \mathrm{j}3\omega_s/2$ 时,相角逆时针又转过一圈。如此可见,s 平面上被分成了许多平行带子,其宽度为 ω_s。其中 $-\omega_s/2 \leqslant \omega \leqslant \omega_s/2$ 的带子(σ 任意变化)称为主带,其余均称为旁带。由于 z 平面的相角每隔一个 ω_s 转一周,结果主带映射为整个 z 平面,而其余每一个旁带也都重叠映射在整个 z 平面上,如图 4-2 和图 4-3 所示。

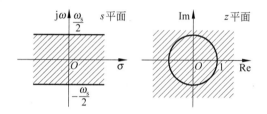

图 4-2 主带映射

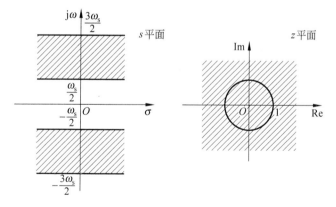

图 4-3 旁带映射

例 4-1 如图 4-4 所示,在 s 平面上有 3 个点,分别为 $s_1 = -1$,$s_{2,3} = -1 \pm \mathrm{j}10$,若 $\omega_s = 10$,试求它们映射在 z 平面上的点。

解 按式(4-1),得

$$z_1 = \mathrm{e}^{s_1 T} = \mathrm{e}^{-1 \times 2\pi/\omega_s} = \mathrm{e}^{-1 \times 2\pi/10} = 0.533 \angle 0$$

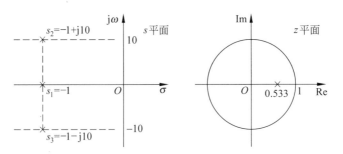

图 4-4 例 4-1 的映射关系

$$z_2 = e^{s_2 T} = e^{(-1+j10)2\pi/10} = 0.533\angle 2\pi$$
$$z_3 = e^{s_3 T} = e^{(-1-j10)2\pi/10} = 0.533\angle -2\pi$$

可见上述 3 个点,映射到 z 平面上时均位于一点。

该例说明,按 $z = e^{sT}$ 映射时,z 平面上某一个点并不是唯一地对应 s 平面上的一个点,而是对应 s 平面上实部相同虚部相差 ω_s 整倍数的所有点。但 s 平面上的一个点,只对应 z 平面上唯一的一个点。可见,采样信号在 z 平面表示,消除了在 s 平面表示时的周期性。

4. s 平面主带的映射

当 s 平面的点沿主带左半平面的周边走一圈时,其映射关系可用图 4-5 表示。s 平面的点沿旁带左半平面的周边走一圈时,其映射关系也可用图 4-5 表示。

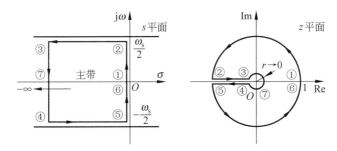

图 4-5 s 平面主带左半平面的映射

当 s 平面的点沿主带右平面的周边走一圈时,其映射关系可用图 4-6 表示。类似地,s 平面的点沿旁带右半平面的周边走一圈时,其映射关系也可用图 4-6 表示。

5. s 平面极点与零点的映射

上述讨论的映射,描述了 s 平面上任意点依 $z = e^{sT}$ 关系在 z 平面上所对应的映射点。如第 3 章所述,连续传递函数的极点 s_p,经过 z 变换,z 传递函数的极点 z_p 满足上述关系,因此,具有上述特点。因此,连续传递函数在变为脉冲传递函数

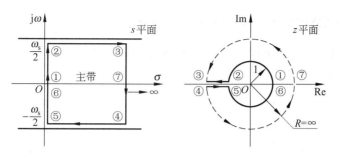

图 4-6　s 平面主带右半平面的映射

(z 传递函数)时，会有下述情况产生：

(1) 如果原连续传递函数为 4 阶系统，有 4 个极点分别为 $s_1, s_2, s_{3,4}=s_2\pm j\omega_s$，以采样频率 ω_s 采样后，其脉冲传递函数的极点仅对应为 $z_1=\mathrm{e}^{s_1T}$ 及 $z_1=\mathrm{e}^{s_2T}$，系统由 4 阶系统变为 2 阶系统，发生了降阶现象。

(2) 如果连续系统中有一高频极点 $s_{i,i+1}=-\sigma_i\pm jn\omega_s$，当系统以采样频率 ω_s 采样后，其脉冲传递函数的极点对应为 $z_i=\mathrm{e}^{-\sigma_iT}$，变为实数极点。在连续系统里，可以忽略该高频极点对系统的影响，但由于采样变为实数极点(或低频极点)，此时就无法忽略它的影响。这种现象的实质是采样信号的折叠，表明所用采样频率不满足采样定理。

连续传递函数的零点 s_z 在 s 平面上亦可表示为一点，该点对应在 z 平面上，其映射点由 $z_z=\mathrm{e}^{s_zT}$ 确定，但它并不是 z 传递函数的零点。只有当采样周期足够小时，相应脉冲传递函数中某些零点方可近似由 $z_z=\mathrm{e}^{s_zT}$ 确定。

4.1.2　s 平面上等值线在 z 平面的映射

1. s 平面实轴平行线(即等频率线)的映射

s 平面上 $\omega=\omega_A$ 的等频率线映射到 z 平面是从原点出发的 z 平面上幅角为 $T\omega_A$ 的射线，如图 4-7 所示。因为 $\pm\omega_sT/2=\pm\pi$，所以 s 平面上 $\omega=\pm\omega_s/2$ 的等频率线，映射为 z 平面上的负实轴。s 平面上 $\omega=\pm n\omega_s(n=0,1,2,\cdots)$ 的等频率线，映射为 z 平面上的正实轴。

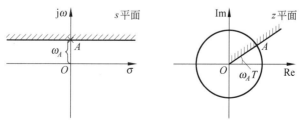

图 4-7　等频率线的映射

2. s 平面虚轴平行线（即等衰减率线）的映射

s 平面上 $\sigma=\sigma_A$ 的虚轴平行线，映射到 z 平面是半径 $R=e^{\sigma_A T}$ 以原点为圆心的同心圆，如图 4-8 所示。

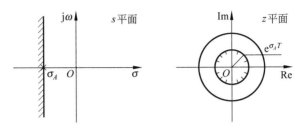

图 4-8　等衰减率线的映射

3. s 平面上等阻尼比轨迹的映射

设 s 平面上有一对共轭复极点，它是二阶振荡系统特征方程 $s^2+2\xi\omega_n s+\omega_n^2=0$ 的根：

$$s_{1,2}=\sigma\pm j\omega_d=-\xi\omega_n\pm j\omega_n\sqrt{1-\xi^2} \tag{4-3}$$

式中 ξ 为阻尼比，ω_n 为无阻尼自然振荡频率，ω_d 为阻尼自然频率。图 4-9(a)表示了特征根与 σ、ξ、ω_n 和阻尼振荡频率 ω_d 之间的几何关系。从图中可见

$$\cos\beta=\xi \tag{4-4}$$

式(4-4)表示，s 平面等阻尼比 ξ 的轨迹是从原点出发的射线。在该射线上，特征根的实部可用其虚部 ω 来表示，即

$$s=\sigma+j\omega=-\omega\cot\beta+j\omega$$

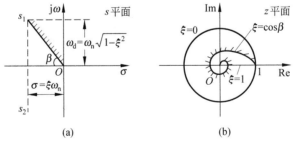

图 4-9　阻尼比线及其映射

将上式映射至 z 平面得

$$|z|=e^{\sigma T}=e^{-\omega T\cot\beta}$$
$$\angle z=\theta=\omega T$$

由以上两式可见，β（即阻尼比 ξ）为常值的轨迹，映射至 z 平面，其模随 ω 增加按指数衰减，其相角随 ω 线性增长，构成一条对数螺旋线，见图 4-9(b)。图中对

数螺旋线是对应 $0 \leqslant \omega \leqslant \omega_s/2$ 的映射。若 $-\omega_s/2 \leqslant \omega \leqslant 0$,$z$ 平面的对数螺旋线是上述曲线相对水平轴的镜像。

当 $\beta=90°$,即 $\xi=0$,这是 s 平面正虚轴,按照前面讨论的映射结果,螺旋线演化为单位圆上半周。

当 $\beta=0$,即 $\xi=1$,这是 s 平面负实轴,它映射为 z 平面单位圆内正实轴。

当 s 值位于 s 平面的右半平面(即负阻尼)时,在 z 平面所映射的对数螺旋线伸展到单位圆之外。

4. 等自然频率轨迹的映射

在 s 平面,自然频率相同的轨迹是圆心位于原点的同心圆,其半径为无阻尼自然频率 ω_n。显然它与等阻尼比轨迹是正交的,如图 4-10(a)所示。在 z 平面,等自然频率轨迹与等阻尼比轨迹也是正交的。具体轨迹的数学描述如下。

在 s 平面,
$$s = \sigma \pm j\omega = \omega_n e^{\pm j\varphi} = \omega_n \cos\varphi \pm j\omega_n \sin\varphi, \qquad \varphi = \operatorname{arccot}(\sigma/\omega)$$

在 z 平面,
$$z = e^{sT} = e^{T\omega_n \cos\varphi} e^{\pm jT\omega_n \sin\varphi}$$

所以,$R = e^{T\omega_n \cos\varphi}$,$\angle z = T\omega_n \sin\varphi$。

依据该式,ω 变化时,φ 角变化,因此,z 平面映射点的模值 R 及相角也变化,从而形成一条轨迹,该轨迹线与 z 平面上的等阻尼比曲线正交,如图 4-10(b)所示。

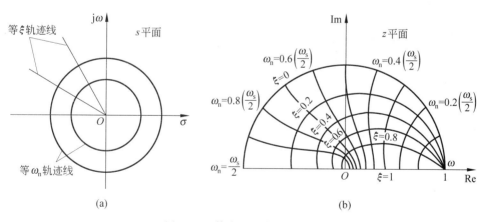

图 4-10 等自然频率轨迹映射

4.2 稳定性分析

任何系统在扰动作用下,都会偏离原来的平衡工作状态。所谓稳定性是指当扰动作用消失以后,系统恢复原平衡状态的性能。若系统能恢复原平衡状态,则称系统是稳定的；若系统在扰动作用消失以后，不能恢复平衡状态，则称系统是不稳定的。稳定性是系统的固有特性，它与扰动的形式无关，而只取决于系统本身的结构及参数。

4.2.1 离散系统的稳定条件

连续系统稳定与否取决于闭环系统的特征根在 s 平面上的位置。若特征根全在 s 左半平面，则系统稳定；只要有一个根在 s 平面的右半平面或虚轴上，则系统不稳定。

根据 s 平面和 z 平面的映射关系，离散系统稳定的充要条件是，系统的特征根全部位于 z 平面的单位圆中，只要有一个根在单位圆外，系统就不稳定。

以上充要条件还可以从数学上做一简单推导。

离散系统的脉冲传递函数为

$$G(z) = \frac{C(z)}{R(z)} = \frac{b_0 z^m + b_1 z^{m-1} + \cdots + b_{m-1} z + b_m}{a_0 z^n + a_1 z^{n-1} + \cdots + a_{n-1} z + a_n} \tag{4-5}$$

若系统输入为 δ 函数（代表瞬时扰动），$R(z)=1$，则系统输出为

$$C(z) = G(z)R(z) = \frac{\sum_{i=0}^{m} b_i z^{m-i}}{\sum_{i=0}^{n} a_i z^{n-i}} \tag{4-6}$$

假如该脉冲传递函数有 n 个相异的极点 p_i，对式(4-6)做部分分式分解，有

$$C(z) = \frac{A_1 z}{z - p_1} + \frac{A_2 z}{z - p_2} + \cdots + \frac{A_n z}{z - p_n} \tag{4-7}$$

反变换后得

$$c(k) = A_1 p_1^k + A_2 p_2^k + \cdots + A_n p_n^k = \sum_{i=1}^{n} A_i p_i^k \tag{4-8}$$

根据系统稳定性定义，如果系统对 δ 函数的响应 $c(k)$，在 $k \to \infty$ 时衰减为零，即

$$\lim_{k \to \infty} c(k) = \lim_{k \to \infty} \sum_{i=1}^{n} A_i p_i^k = 0 \tag{4-9}$$

则离散系统是稳定的。为此，要求式(4-8)每一个分量都要衰减为零，即

$$\lim_{k \to \infty} A_i p_i^k = 0 \tag{4-10}$$

由于 $A_i \neq 0$，为此要求每一特征根的模值应小于 1，即位于单位圆中

$$|p_i| < 1 \quad i = 1, 2, \cdots, n \tag{4-11}$$

上述结论对 $G(z)$ 中有重根时也成立。

4.2.2 稳定性的检测

1. 直接求取特征方程根

为了检验系统的稳定性，最直接的办法就是求出它的全部特征根。目前，求取特征根有许多可用的计算机软件，其中 MATLAB 软件中求取多项式及矩阵特征根的命令都可使用。

例 4-2 已知系统特征方程为
$$\Delta(z) = z^4 - 1.2z^3 + 0.07z^2 + 0.3z - 0.08 = 0$$
试判断该系统的稳定性。

解 利用 MATLAB 软件中相关指令，很容易求得特征根，直接判断系统的稳定性。

```
c = [1 - 1.2 0.07 0.3 - 0.08];
r = roots(c)
```

运行结果为：

```
r = - 0.5000
    0.8000
    0.5000
    0.4000
```

可知 4 个特征根模值均小于 1，位于单位圆中，系统稳定。

直接求取特征方程根的方法不仅判断了系统稳定性，而且还可知特征根的具体特性，有利于系统分析和设计。但缺点是难于分析系统参数的影响。

例 4-3 已知系统状态方程为
$$\begin{bmatrix} x_1(k+1) \\ x_2(k+1) \end{bmatrix} = \begin{bmatrix} -1.3 & -0.4 \\ 1 & 0 \end{bmatrix} \begin{bmatrix} x_1(k) \\ x_2(k) \end{bmatrix} + \begin{bmatrix} 1 \\ 0 \end{bmatrix} u(k)$$
试判断该系统的稳定性。

解 该系统的稳定性取决于下述特征方程的特征根
$$(z\boldsymbol{I} - \boldsymbol{F}) = \begin{bmatrix} z & 0 \\ 0 & z \end{bmatrix} - \begin{bmatrix} -1.3 & -0.4 \\ 1 & 0 \end{bmatrix} = 0$$

利用 MATLAB 软件中相关指令，很容易求得它的特征根：

```
F = [ - 1.3000  - 0.4000
       1.0000    0]
eig(F)
```

运行结果为：

```
ans =
 - 0.8000
 - 0.5000
```

可知 2 个特征根模值均小于 1，位于单位圆中，系统稳定。

和连续系统一样，判断离散系统稳定性并不必求出特征根的具体数值，而只要了解特征根的位置就可以了。在连续域，利用特征方程的系数来判定特征根实部的符号；在离散域，则应利用特征方程的系数来判定特征根模值的大小。所以，连续系统稳定性代数判据不能用于离散系统中。

2．朱利代数稳定判据

连续系统的稳定性可用劳斯判据判断，离散系统的稳定性则可用朱利判据来判断。

朱利判据是一个判断特征根的模是否小于 1 的判据。设离散系统的特征方程为

$$\Delta(z) = a_0 z^n + a_1 z^{n-1} + \cdots + a_{n-1} z + a_n = 0 \qquad (4\text{-}12)$$

与构造劳斯表的方法类似，利用特征多项式的各项系数，依据一定的关系构成朱利表。

若定义 $a_0 = a_0^n, a_1 = a_1^n, \cdots, a_n = a_n^n$，朱利表构成如下：

$$
\begin{array}{ccccc}
a_0^n & a_1^n & \cdots & a_{n-1}^n & a_n^n \\
-)\ a_n^n & a_{n-1}^n & \cdots & a_1^n & a_0^n \quad \times \alpha_n = \dfrac{a_n}{a_0} \\
\hline
a_0^{n-1} & a_1^{n-1} & \cdots & a_{n-1}^{n-1} & \\
& & & & \\
a_{n-1}^{n-1} & a_{n-2}^{n-1} & \cdots & a_0^{n-1} & \alpha_{n-1} = \dfrac{a_{n-1}^{n-1}}{a_0^{n-1}} \\
\hline
\vdots & & & & \\
a_0^0 & & & &
\end{array}
$$

注意，其中偶数行各元素为奇数行各元素的倒排，奇数排各元素为

$$a_i^{k-1} = a_i^k - \alpha_k a_{k-i}^k;\ \alpha_k = a_k^k / a_0^k;\ \text{或}\ a_i^{k-1} = \frac{a_i^k a_0^k - a_k^k a_{k-i}^k}{a_0^k}$$

式中横向变化序列号为 $i = 0, 1, \cdots, n$；纵向变化序列号为 $k = n, n-1, \cdots, 1$。

朱利准则：如果 $a_0 > 0$，当且仅当全部 a_0^k，$k = n-1, \cdots, 1, 0$ 都是正数时，方程式(4-12)的根全部位于单位圆内。如果没有一个 $a_0^k = 0$，那么 a_0^k 为负数的个数就等于位于单位圆外根的个数。

进一步，可以证明
$$\Delta(1) > 0$$
$$(-1)^n \Delta(-1) > 0$$
是系统稳定的必要条件，在构成朱利表前可以使用。如若特征方程不满足必要条件，则系统一定不稳定，故不必构造朱利表。如若满足必要条件，则最后一项 a_0^0 必定大于零，故构造朱利表时可不必进行计算。

随着计算机技术及软件的发展，求高阶系统特征值的计算变得较为简单，可以直接计算特征值判断稳定性，而不必使用朱利表进行稳定性判断。

下面仅以二阶系统为例，给出二阶离散系统的稳定性判据。

已知二阶离散系统的特征方程为
$$\Delta(z) = z^2 + a_1 z + a_2 = 0$$
系统稳定的充要条件可以由朱利判据推导得到。

系统稳定的必要条件为
$$\Delta(1) > 0, \text{即 } a_2 > -1 - a_1$$
$$(-1)^2 \Delta(-1) > 0, \text{即 } a_2 > -1 + a_1$$
构造朱利表

$$\begin{array}{cccc}
 & 1 & a_1 & a_2 \\
-) & a_2 & a_1 & 1 \quad \times \dfrac{a_2}{1} \\
\hline
1-a_2^2 & & &
\end{array}$$

为使系统稳定，在满足必要条件后，只要求第 3 行的系数
$$1 - a_2^2 > 0$$
由该式推得 $a_2^2 < 1$，即 $|a_2| < 1$，而 $|a_2| < 1$ 等价于 $|\Delta(0)| < 1$。由此可得二阶离散系统稳定的充分必要条件为
$$\begin{cases} |\Delta(0)| < 1 \\ \Delta(1) > 0 \\ \Delta(-1) > 0 \end{cases}$$

依上述条件，可得二阶系统参数的稳定域，如图 4-11 所示。

例 4-4 已知单位负反馈系统的被控对象为 $G_0(s) = \dfrac{1}{s+1}$，控制器传递函数为 $D(z) = \dfrac{1.1k(z-0.91)}{(z-1)}$，控制指令通过 ZOH 控制被控对象。试写出系统闭环传递函数，并求使系统稳定的最大 k 值。设 $T = 0.2s$。

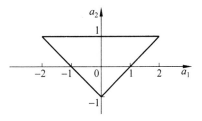

图 4-11 二阶系统参数稳定域

解 $G(z) = \mathscr{Z}\left[\dfrac{1-e^{-Ts}}{s}\dfrac{1}{s+1}\right] = (1-z^{-1})\mathscr{Z}\left[\dfrac{1}{s(s+1)}\right] = \dfrac{0.182}{z-0.818}$

$\Phi(z) = \dfrac{D(z)G(z)}{1+D(z)G(z)} = \dfrac{0.2002k(z-0.91)}{(z-1)(z-0.818)+0.2002k(z-0.91)}$

$\Phi(z) = \dfrac{0.2002k(z-0.91)}{z^2-(1.818-0.2002k)z+(0.818-0.182k)}$

$\Delta(z) = z^2 - (1.818-0.2002k)z + (0.818-0.182k) = 0$

依据 2 阶系统稳定条件,有

$$\Delta(0) = |(0.818-0.182k)| < 1$$

依此要求,有

$$0.818 - 0.182k < 1$$

所以,$k > -1$。因为放大系数不为负数,故要求 $k > 0$。即

$$0.818 - 0.182k > -1$$

从而得

$$k < 1.818/0.182 = 9.98$$

又因 $\Delta(1) = 1-(1.818-0.2002k)+(0.818-0.182k) > 0$,要求 $k > 0$;

$\Delta(-1) = 1+(1.818-0.2002k)+(0.818-0.182k) > 0$,要求 $k < 9.51$。

为保证系统稳定,要求

$$0 < k < 9.51$$

4.2.3 采样周期与系统稳定性

与连续系统不同,在采样系统里,采样周期是系统的一个重要参数,它的大小影响特征方程的系数,从而对闭环系统的稳定性有明显的影响。

例 4-5 已知采样系统的开环传递函数为

$$G(z) = (1-z^{-1})Z\left[\dfrac{k}{s(0.1s+1)}\right] = \dfrac{k(1-e^{-10T})}{z-e^{-10T}}$$

系统的特征方程为

$$\Delta(z) = z + k(1-e^{-10T}) - e^{-10T} = 0$$

试讨论采样周期 T 对系统稳定性的影响。

解 为使系统稳定,要求特征根位于单位圆内,即

$$|(1-e^{-10T})k - e^{-10T}| < 1$$

亦即

$$-1 < [(1-e^{-10T})k - e^{-10T}] < 1$$

依 $[(1-e^{-10T})k-e^{-10T}] < 1$,可得 $k < (1+e^{-10T})/(1-e^{-10T})$;

依 $[(1-e^{-10T})k-e^{-10T}] > -1$,可得 $k > -1$。

取 $T=1$,则 $-1 < k < 1$;

取 $T=0.1$,则 $-1<k<2.165$;

取 $T=0.01$,则 $-1<k<20$。

可见,当采样周期减小时,使系统稳定的 k 值范围将增大,反之则减小。

当 k 取值一定时,过大的采样周期 T 将使系统变得不稳定。如 $k=2$ 时,系统的特征方程为

$$\Delta(z) = z + 2(1-e^{-10T}) - e^{-10T} = z + 2 - 3e^{-10T} = 0$$

为使系统稳定,要求

$$|2-3e^{-10T}|<1$$

即

$$-1 < (2-3e^{-10T}) < 1$$

由 $(2-3e^{-10T})<1$,得 $T<0.109$;

由 $(2-3e^{-10T})>-1$,得 $T>0$(这是必然的)。

可见,当 $k=2$ 时,采样周期 T 必须小于 0.109,系统才能稳定。∎

从本例题可得如下结论:

(1) 离散系统的稳定性比连续系统差。如对开环传递函数为 $G(s)=\dfrac{k}{0.1s+1}$ 的连续系统来说,该系统在 $k>0$ 下均是稳定的,而变成如本例所示的离散系统后,k 必须限制在一定范围内才能稳定。

(2) 采样周期 T 是影响稳定性的重要参数,一般来说,T 减小,稳定性增强。

4.3 稳态误差分析

和连续系统一样,离散系统的稳态误差一方面与系统本身的结构和参数有关,另一方面与外作用特性有关。连续系统的稳态误差可用拉普拉斯变换中的终值定理求得,并用误差系数表示,离散系统也采用类似的方法进行分析和计算。

4.3.1 离散系统稳态误差的定义

连续系统的误差信号定义为单位反馈系统指令输入与系统输出信号的差值,即

$$e(t) = r(t) - c(t)$$

稳态误差定义为上述误差的终值,即

$$e_{ss} = \lim_{t \to \infty} e(t)$$

类似地,离散系统的误差信号是指采样时刻的输入与输出信号的差值

$$e^*(t) = r^*(t) - c^*(t)$$

稳态误差也定义为

$$e_{ss}^* = \lim_{t \to \infty} e^*(t) = \lim_{t \to \infty} e(kT) \tag{4-13}$$

若系统为非单位反馈系统,如图 4-12 所示,则稳态误差定义为综合点处的误差

$$e^*(t) = r^*(t) - b^*(t)$$

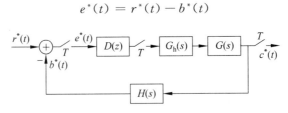

图 4-12 非单位反馈系统稳态误差定义

本章主要讨论单位负反馈系统的稳态误差。

4.3.2 离散系统稳态误差的计算

在连续系统中,常按其开环传递函数中所含积分环节的个数 ν 来分类,当 $\nu = 0,1,2,\cdots$ 时,分别称为 0 型、Ⅰ 型、Ⅱ 型……系统。按照 s 域和 z 域的映射关系,积分环节,或者说 s 域 $s=0$ 极点,映射至 z 域,极点为 $z = e^{sT} = 1$。因此,离散系统若已写成脉冲传递函数形式,则按其开环脉冲传统函数在 $z=1$ 处的极点数 ν 来分类,同样,$\nu = 0,1,2,\cdots$ 时,称为 0 型、Ⅰ 型、Ⅱ 型……系统。

1. 指令信号 $r(k)$ 作用下的稳态误差计算

首先研究只有指令信号 $r(k)$ 作用下的单位反馈系统,如图 4-13 所示。应当说明,当所有环节均用脉冲传递函数描述时,系统结构图中不必再画出采样开关,因为根据定义,脉冲传递函数两端必定都是采样信号。由该图可求得闭环系统的误差传递函数

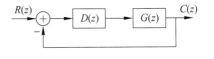

图 4-13 离散系统结构图

$$\Phi_e(z) = \frac{E(z)}{R(z)} = \frac{1}{1 + D(z)G(z)} \tag{4-14}$$

所以

$$E(z) = \Phi_e(z) R(z) = \frac{1}{1 + D(z)G(z)} R(z)$$

根据 z 变换的终值定理,离散系统采样时刻的稳态误差为

$$e_{ss}^* = \lim_{z \to 1}(1-z^{-1})E(z) = \lim_{z \to 1}(1-z^{-1})\frac{1}{1+D(z)G(z)}R(z) \quad (4\text{-}15)$$

可见，e_{ss}^* 与输入信号 $R(z)$ 及系统结构 $D(z)G(z)$ 的特性均有关。

以下讨论常用的 3 种典型输入信号作用下的稳态误差。

(1) 单位阶跃信号 $r(t)=1(t)$

单位阶跃信号的 z 变换为 $R(z)=1/(1-z^{-1})$。将其代入式(4-15)，得

$$\begin{aligned}e_{ss}^* &= \lim_{z \to 1}(1-z^{-1})\frac{1}{1+D(z)G(z)} \cdot \frac{1}{1-z^{-1}} = \lim_{z \to 1}\frac{1}{1+D(z)G(z)} \\ &= \frac{1}{1+\lim\limits_{z \to 1}D(z)G(z)} = \frac{1}{1+K_p}\end{aligned} \quad (4\text{-}16)$$

式中 $K_p = \lim\limits_{z \to 1} D(z)G(z)$ 称为稳态位置误差系数，它是针对输入信号为阶跃函数定义的。显然，K_p 增大，稳态误差减小。

对"0"型系统，开环传递函数 $D(z)G(z)$ 在 $z=1$ 处无极点，或者说系统中不含积分环节，K_p 为有限值，所以稳态误差 e_{ss}^* 亦为有限值。

对"Ⅰ"型系统，开环传递函数 $D(z)G(z)$ 在 $z=1$ 处有 1 个极点，或者说系统含有 1 个积分环节，$K_p=\infty$，所以稳态误差为零。

类似地，对于高于"Ⅰ"型的系统，在 $z=1$ 处有多个极点，$K_p=\infty$，稳态误差为零。

总之，若输入为阶跃信号时，对单位负反馈系统，系统无稳态误差的条件是系统正向通道中至少含有 1 个积分环节。

(2) 单位斜坡信号 $r(t)=t$

此时，输入信号的 z 变换为 $R(z)=\dfrac{Tz}{(z-1)^2}$，代入式(4-15)，得

$$\begin{aligned}e_{ss}^* &= \lim_{z \to 1}(1-z^{-1})\frac{1}{1+D(z)G(z)} \cdot \frac{Tz}{(z-1)^2} \\ &= \lim_{z \to 1}\frac{T}{(z-1)+(z-1)D(z)G(z)} \\ &= \frac{1}{\dfrac{1}{T}\lim\limits_{z \to 1}(z-1)D(z)G(z)} = 1/K_v\end{aligned} \quad (4\text{-}17)$$

式中 $K_v = \dfrac{1}{T}\lim\limits_{z \to 1}(z-1)D(z)G(z)$ 称为稳态速度误差系数，它是针对输入信号为斜坡函数定义的。

(3) 单位加速度信号 $r(t)=\dfrac{1}{2}t^2$

此时，输入信号的 z 变换为 $R(z)=\dfrac{T^2(z+1)z}{2(z-1)^3}$，代入式(4-15)，得

$$e_{ss}^* = \lim_{z \to 1}(1-z^{-1})\frac{1}{1+D(z)G(z)} \cdot \frac{T^2(z+1)z}{2(z-1)^3} \quad (4-18)$$

$$= \frac{1}{\frac{1}{T^2}\lim_{z \to 1}(z-1)^2 D(z)G(z)} = 1/K_a$$

式(4-18)中 $K_a = \frac{1}{T^2}\lim_{z \to 1}(z-1)^2 D(z)G(z)$ 称为稳态加速度误差系数。它是针对输入信号为加速度函数定义的。

从上述讨论中可见,连续与离散系统的误差系数的计算公式非常相似,但离散系统的 K_v 及 K_a 还与采样周期 T 有关。此外还应注意,如果不能写出闭环脉冲传递函数,则输入信号不能从系统的动态特性分离出来,从而上述静态误差系数不能被定义。在3种典型信号作用下的稳态误差计算公式如表4-3所示。

表 4-3 离散系统的稳态误差

e_{ss}^*	$r(t)=1(t)$	$r(t)=t$	$r(t)=\frac{1}{2}t^2$
0型系统	$1/(1+K_p)$	∞	∞
Ⅰ型系统	0	$1/K_v$	∞
Ⅱ型系统	0	0	$1/K_a$

关于稳态误差,应注意以下几个概念:

(1) 系统的稳态误差只能在系统稳定的前提下求得,如果系统不稳定,也就无所谓稳态误差。因此,在求取系统稳态误差时,应首先确定系统是稳定的。

(2) 稳态误差为无限大并不等于系统不稳定,它只表明该系统不能跟踪所输入的信号,或者说,跟踪该信号时将产生无限大的跟踪误差。

(3) 上面讨论的稳态误差只是由系统的构造(如放大系数和积分环节等)及外界输入作用所决定的原理误差,并非是由系统元部件精度所引起的。也就是说,即使系统原理上无稳态误差,但实际系统仍可能由于元部件精度不高而造成稳态误差。对计算机控制系统,由于 A/D 及 D/A 变换器字长有限,在字长较短时,A/D 及 D/A 的量化误差过大,将会给系统带来附加的稳态误差。

2. 干扰作用下的离散系统稳态误差

系统中的干扰是一种非有用信号,由它引起的输出完全是系统的误差。图 3-13 中,当指令信号 $r(t)=0$ 时,误差完全由干扰 $n(t)$ 引起,此时

$$e(t) = -c_n(t)$$

$$C_N(z) = \frac{NG_2(z)}{1+D(z)G(z)} \quad (4-19)$$

根据终值定理,便可求出系统在干扰作用下采样时刻的稳态误差,即

$$e_{ssN}^* = \lim_{z \to 1}(1-z^{-1})E(z) = -\lim_{z \to 1}(1-z^{-1})C_N(z) \quad (4-20)$$

例 4-6 已知天线计算机控制系统结构图如图 3-27 所示。若令 $D(z)=K_d=20$,试分析 $\theta_r(t)=1(t)$ 和 $\theta_r(t)=t$ 两种情况下系统的稳态误差。若假设由阵风引起的等效干扰电压 $u_n(t)=1$,试求干扰引起的稳态误差。

解 在计算稳态误差前应首先判断系统稳定性。当 $D(z)=K_d=20$ 时,依 3.7 节所得被控对象传递函数,利用 4.2 节所得稳定判据,可知闭环系统稳定。

为求稳态误差,首先计算误差系数,利用表 4-3 中所给公式,可得

$$K_p = \lim_{z \to 1} D(z)G(z) = \infty$$

$$K_v = \frac{1}{T} \lim_{z \to 1}(z-1)D(z)G(z)$$

$$= \frac{1}{0.02} \lim_{z \to 1}(z-1) \times 20 \times \frac{0.00374(z+0.936)}{(z-1)(z-0.818)} \approx 40$$

所以,当 $\theta_r(t)=1(t)$ 时,稳态误差 $e_{ss}^*=0$;当 $\theta_r(t)=t$,$e^*=1/K_v=1/40=0.025$。实际上,通过系统结构图可知,在 $D(z)=K_d=20$ 时,该系统为 I 型系统,所以 $\theta_r(t)=1$ 时,$e_{ss}^*=0$;当 $\theta_r(t)=t$ 时系统的速度误差系数 K_v 就等于系统的开环放大系数 $K=K_d \cdot K_\omega/i=40$,得 $e_{ss}^*=0.025$。

干扰的稳态误差利用终值定理进行计算:

$$e_{ss}^* = \lim_{z \to 1}(z-1)E(z) = \lim_{z \to 1}(z-1)\theta_n(z)$$

在 $D(z)=K_d=20$ 时,

$$\theta_n(z) = \frac{U_n G_1(z)}{1+D(z)G(z)}$$

$$= \frac{0.00374(z+0.936)}{(z-1)(z-0.818)+20 \times 0.00374(z+0.936)} \cdot \frac{z}{z-1}$$

所以

$$e_{ss}^* = -\lim_{z \to 1}(z-1) \cdot \frac{0.00374(z+1)}{(z-1)(z-0.818)+20 \times 0.00374(z+0.936)} \cdot \frac{z}{z-1}$$

$$= -1/20 = -0.05 \qquad ■$$

4.3.3 采样周期对稳态误差的影响

离散系统中采样周期 T 是系统的一个重要参数,故其大小对系统的动态特性及稳定性都有很大的影响。从离散系统的误差系数计算公式看,在 K_v 和 K_a 中都包含有 T。那么,采样周期 T 对闭环系统的稳态误差是否有影响?结论是:对于具有零阶保持器的离散系统,稳态误差的计算结果与 T 无关,它只与系统的类型、放大系数及输入信号的形式有关。

为说明上述结论,现在分析图 4-14 所示的连续系统和相应的离散系统。为简便起见,图 4-14 中控制器设为 $D(s)=1$ 和 $D(z)=1$。连续部分的传递函数一般式为

$$G_0(s) = \frac{K(1+\tau_1 s)(1+\tau_2 s)\cdots(1+\tau_m s)}{s^\nu(1+T_1 s)(1+T_2 s)\cdots(1+T_n s)} \tag{4-21}$$

其中，K 为系统的开环放大系数，系统的类型等于积分环节 ν 的数目。

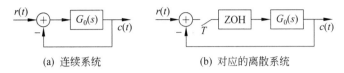

(a) 连续系统　　　　　　　(b) 对应的离散系统

图 4-14　连续系统及其对应的离散系统

图 4-14(a) 所示连续系统的稳态误差系数如表 4-4 所示。

表 4-4　系统类型与误差系数

系统类型(ν)	K_p	K_v	K_a
0	K	0	0
I	∞	K	0
II	∞	∞	K

图 4-14(b) 所示采样系统的开环脉冲传递函数为

$$G(z) = \mathscr{Z}\left[\frac{1-e^{-sT}}{s}G_0(s)\right]$$

$$= (1-z^{-1})\mathscr{Z}\left[\frac{K(1+\tau_1 s)(1+\tau_2 s)\cdots(1+\tau_m s)}{s^{\nu+1}(1+T_1 s)(1+T_2 s)\cdots(1+T_n s)}\right]$$

$$= (1-z^{-1})\mathscr{Z}\left[\frac{K}{s^{\nu+1}}+\frac{K_1}{s^\nu}+\cdots+\frac{K_2}{s}+\text{分母无积分环节的各因式}\right] \tag{4-22}$$

注意：括号内进行部分分式分解时，积分环节最高幂项的系数必为原连续系统的开环放大系数 K。对括号内各因式进行 z 变换时，只有分母中有 s 因子的项，在 z 变换后，分母中才有 $(z-1)$ 的因子。

当系统为 "0" 型($\nu=0$)，离散系统的开环传递函数为

$$G(z) = (1-z^{-1})\mathscr{Z}\left[\frac{K}{s}+\text{分母无积分环节的各项}\right]$$

$$= (1-z^{-1})\left[\frac{Kz}{z-1}+\text{分母无}(z-1)\text{因子的各项}\right] \tag{4-23}$$

由此求得离散系统的误差系数为

$$K_p = \lim_{z\to 1}G(z) = \lim_{z\to 1}(1-z^{-1})\frac{Kz}{z-1} = K$$

$$K_v = \frac{1}{T}\lim_{z\to 1}(z-1)G(z) = 0$$

$$K_a = \frac{1}{T^2}\lim_{z\to 1}(z-1)^2 G(z) = 0$$

可见对于"0"型系统,稳态误差系数计算结果与连续系统完全相同,并不取决于采样周期 T。

当系统为"Ⅰ"型($\nu=1$),离散系统的开环传递函数为

$$G(z) = (1-z^{-1})\mathscr{Z}\left[\frac{K}{s^2} + \frac{K_1}{s} + \text{分母无积分环节的各项}\right]$$

$$= (1-z^{-1})\left[\frac{KTz}{(z-1)^2} + \frac{K_1 z}{z-1} + \text{分母无}(z-1)\text{因子的各项}\right] \quad (4\text{-}24)$$

此时

$$K_p = \lim_{z \to 1} G(z) = \infty$$

$$K_v = \frac{1}{T}\lim_{z \to 1}(z-1)G(z) = \frac{1}{T}\lim_{z \to 1}(z-1)(1-z^{-1})\frac{KTz}{(z-1)^2} = K$$

$$K_a = \frac{1}{T^2}\lim_{z \to 1}(z-1)^2 G(z) = 0$$

可见,Ⅰ型系统的稳态误差系数仍与连续系统相同,与 T 无关。对Ⅱ型系统也可得出类似结论。

所以,尽管离散系统的稳态误差系数 K_v 和 K_a 的公式中包含 T,但在实际计算过程中,K_v 和 K_a 的 T 与脉冲传递函数中的 T 相对消,因此稳态误差与采样周期 T 无关。

4.4 时域特性分析

在离散系统或计算机控制系统里,校正网络 $D(z)$ 是在离散域表示的。由于被控对象一般是连续的,因而输出响应也是连续的。所以,描述离散系统的时域特性也与连续系统类似,常用下述几个方面的性能表示:

- 稳定性;
- 稳态特性(主要指标是稳态误差);
- 动态特性。

前两个特性已分别在 4.2 节和 4.3 节介绍,本节着重讨论动态特性。

4.4.1 离散系统动态特性指标的提法及限制条件

动态特性主要是用系统在单位阶跃输入信号作用下的响应特性来描述,如图 4-15 所示,它反映了控制系统的瞬态过程。主要性能指标用超调量 $\sigma\%$、上升时间 t_r、峰值时间 t_p 和调节时间 t_s 表示,其定义与连续系统一致,如图 4-15 中所示。

必须指出,尽管上述动态特性的提法与连续系统相同,但在 z 域进行分析时,

所得到的只是各采样时刻的值。对计算机控制系统而言,被控对象常常是连续变化的,因此,在采样间隔内系统的状态并不能被表示出来,它们尚不能精确地描述和表达计算机控制系统的真实特性。如图 4-16 所示,实际系统输出是连续变化的,它的最大峰值输出为 c_m,但在 z 域计算时,得到的峰值为 c_m^*,一般情况下,$c_m^* < c_m$。若采样周期 T 较小,响应的采样值可能更接近连续响应。如采样周期 T 较大,两者差别可能较大。多数情况下,只要采样周期 T 选取合适,把两个采样值连接起来就可以近似代表采样间隔之间的连续输出值。

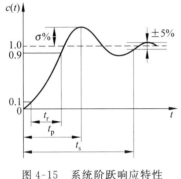

图 4-15 系统阶跃响应特性

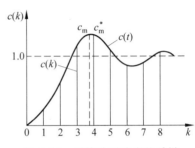

图 4-16 系统阶跃响应的采样

为精确描述采样间隔之间的信息,还可以采用扩展 z 变换法进行理论计算(该方法本书中不予讨论)。工程中多采用数字仿真方法进行计算。

4.4.2 极点零点位置与时间响应的关系

在连续系统里,如已知传递函数的极点位置,便可估计出与它对应的瞬态响应形状,这对分析系统性能很有帮助。在离散系统中,若已知脉冲传递函数的极点,同样也可估计出它对应的瞬态响应。

1. 极点位于实轴

如已知脉冲传递函数为

$$G(z) = c_i \frac{1}{z - p_i} \tag{4-25}$$

它的 z 反变换即为它的脉冲响应

$$c(k) = c_i p_i^{k-1} \qquad k \geqslant 1 \tag{4-26}$$

式中 p_i 为传递函数的实极点,其位置①～⑥如图 4-17(a)所示。

(1) 若 $p_i > 1$,脉冲响应单调发散。

(2) 若 $p_i = 1$,脉冲响应为常值。

(3) 若 $0 < p_i < 1$,脉冲响应单调衰减。

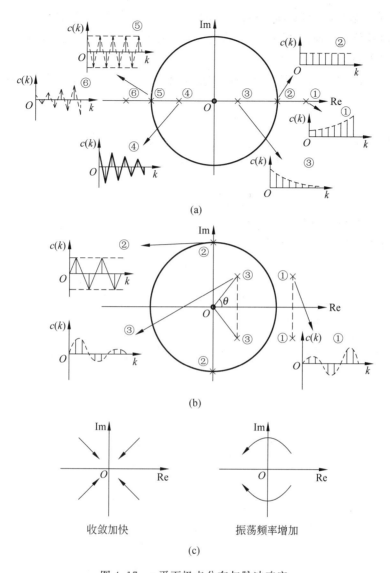

图 4-17 z 平面极点分布与脉冲响应

(4) 若 $-1 < p_i < 0$，即极点位于单位圆内负实轴上，在式(4-26)中，当 k 为偶数时，p_i^k 为正值；当 k 为奇数时，p_i^k 为负值。因此该响应为收敛的正负交替脉冲，或称振荡收敛。振荡周期为 $2T$，振荡频率 $\omega_d = \omega_s/2$。

(5) 若 $p_i = -1$，脉冲响应为正负交替的等幅脉冲。同样，振荡周期为 $2T$，振荡频率 $\omega_d = \omega_s/2$。

(6) 若 $p_i < -1$，脉冲响应为正负交替发散的脉冲，振荡周期为 $2T$，振荡频率 $\omega_d = \omega_s/2$。

(7) 若 $p_i = 0$，相当于脉冲传递函数为 $G(z) = c_i z^{-1}$，对应的时间响应为发生

在 $k=1$ 时的脉冲,表明时间响应的时间最短,在一个采样周期内即结束。因此,若脉冲传递函数有在原点处的极点,其调节时间最短,在离散系统中,最短的过程时间为采样周期。

进一步,查看该系统的阶跃响应将更为直观。此时系统响应的 z 变换为

$$C(z) = \frac{1}{z-p_i} \frac{z}{z-1} = \frac{1}{z-1} \qquad p_i = 0$$

z 反变换,可得

$$C(z) = z^{-1} + z^{-2} + z^{-3} + \cdots$$

所以

$$c(k) = 1 \qquad k \geqslant 1$$

表明经过一个采样周期即达到了稳态。

例 4-7 已知数字滤波器如下:

$$D(z) = \frac{0.126z^3}{(z+1)(z-0.55)(z-0.6)(z-0.65)}$$

试估计它在单位阶跃信号输入下的时间响应及稳态值。

解 数字滤波器的输出响应为

$$C(z) = D(z)R(z) = \frac{0.126z^3}{(z+1)(z-0.55)(z-0.6)(z-0.65)} \cdot \frac{z}{z-1}$$

$$= \frac{Az}{z-1} + \frac{Bz}{z+1} + \frac{c_1 z}{z-0.55} + \frac{c_2 z}{z-0.6} + \frac{c_3 z}{z-0.65}$$

求 z 反变换,得

$$c(k) = A + B(-1)^k + \sum_{i=1}^{3} c_i p_i^k$$

其中

$$A = \frac{C(z)}{z}(z-1)\Big|_{z=1} = 1$$

$$B = \frac{C(z)}{z}(z+1)\Big|_{z=-1} = 0.0154$$

分析以上各式,第一项为稳态值 A,第二项为振幅为 $\pm B$ 的等幅振荡脉冲,最后三项的极点 p_i 均在单位圆内的正实轴上,因而该三项的响应均为单调收敛,很快衰减。所以该滤波器的阶跃响应为:从零逐渐上升,在过滤过程结束后,在稳态值 $A=1$ 处附加一个幅值为 $\pm B$ 的等幅振荡。∎

2. 极点为复根

如果脉冲传递函数的极点为一对共轭复根,见图 4-17(b),那么

$$G(z) = \frac{c_{i+1}}{z-p_i} + \frac{c_i}{z-p_{i+1}} \tag{4-27}$$

由于传递函数系数为实数,所以 c_i, c_{i+1} 必为共轭

$$c_i, c_{i+1} = |c_i| e^{\pm j\varphi_i} \tag{4-28}$$

共轭复根也可写为

$$p_i, p_{i+1} = r_i e^{\pm j\theta_i} \tag{4-29}$$

式(4-27)对应的瞬态响应为

$$\begin{aligned}
c(k) &= \mathscr{Z}^{-1}\left[\frac{c_{i+1}z}{z-p_i}z^{-1} + \frac{c_i z}{z-p_{i+1}}z^{-1}\right] = c_{i+1}p_i^{k-1} + c_i p_{i+1}^{k-1} \\
&= |c_i| e^{-j\varphi_i} r_i^{k-1} e^{j\theta_i(k-1)} + |c_i| e^{j\varphi_i} r_i^{k-1} e^{-j\theta_i(k-1)} \\
&= |c_i| r_i^{k-1} (e^{j[(k-1)\theta_i - \varphi_i]} + e^{-j[(k-1)\theta_i - \varphi_i]}) \\
&= 2|c_i| r_i^{k-1} \cos[(k-1)\theta_i - \varphi_i] \\
&= 2|c_i| r_i^{k-1} \cos\left(\frac{\theta_i}{T}(k-1)T - \varphi_i\right) \quad k \geqslant 1 \tag{4-30}
\end{aligned}$$

所以，共轭复根对应的脉冲响应是以余弦规律振荡的，其中 φ_i 是与初始值有关的初始相角，振荡频率 $\omega_i = \theta_i/T$ 与共轭复根的幅角 θ_i 有关，幅角越大，振荡频率越高。当 $\theta_i = \pi$ 时，即一对共轭复根变成为负实轴上的一对极点，此时振荡频率最大，等于 $\omega_i = \pi/T = \omega_s/2$。脉冲响应的模与 $|p_i|^k$ 成正比，可见：

(1) $|p_i| > 1$，振荡发散，$|p_i|$ 越大，发散越快；
(2) $|p_i| = 1$，振荡是等幅的；
(3) $|p_i| < 1$，振荡是收敛的，$|p_i|$ 越小，收敛越快。

当已知 z 平面复数极点位置 $p_{1,2} = r\angle\pm\theta$ 时，可以很容易求得相应振荡响应曲线的阻尼比与无阻尼自然频率：

$$r = e^{-\xi\omega_n T} \tag{4-31}$$

$$\xi\omega_n T = -\ln r \tag{4-32}$$

$$\theta = \omega_d T = \omega_n T \sqrt{1-\xi^2} \tag{4-33}$$

将式(4-32)与式(4-33)两式相除，可得

$$\frac{\xi}{\sqrt{1-\xi^2}} = \frac{-\ln r}{\theta} \tag{4-34}$$

解此方程可得

$$\xi = \frac{-\ln r}{\sqrt{\ln^2 r + \theta^2}} \tag{4-35}$$

由此可得

$$\omega_n = \frac{1}{T}\sqrt{\ln^2 r + \theta^2} \tag{4-36}$$

总括来说，极点位置与脉冲响应的变化趋势如图 4-17(c)所示。极点越靠近原点，收敛越快；极点的幅角越大，振荡频率越高。若幅角为零（即在正实轴上），则单调变化；幅角最大为 $\theta = \pi$，则振荡频率最高 $\omega_d = \omega_s/2$。

例 4-8 在图 4-18(a)所示 z 平面上，有 4 对共轭复数极点，试分析它们的脉冲响应。

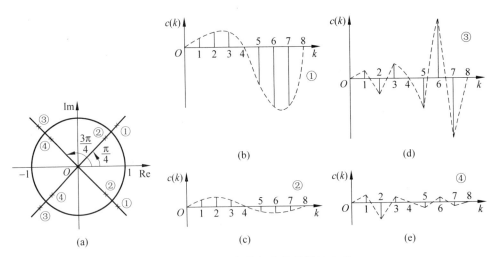

图 4-18 例 4-8 复数极点及其脉冲响应

解 ①、②两对复数极点,因为其幅角为 $\pm\pi/4$,所以振荡频率相同,且为 $\omega_d=\theta_i/T=\pi/4T$,振荡周期为 $T_d=2\pi/\omega_d=8T$。因为点①的幅值 $|p_i|>1$,故振荡是发散的,脉冲响应如图 4-18(b)所示。②点的幅值 $|p_i|<1$,振荡收敛。脉冲响应如图 4-18(c)所示。

③、④两对复数极点,因其幅角为 $\pm 3\pi/4$,所以振荡频率 $\omega_d=\theta_i/T=3\pi/4T$,振荡周期 $T_d=8T/3$,即在 $8T$ 内振荡 3 次。同理,③是发散的,④是收敛的。脉冲响应分别如图 4-18(d)、(e)所示。∎

还应说明,系统的脉冲响应除与极点有关外,与零点的关系也很密切。与连续系统类似,传递函数的极点决定动态响应的模态组成,而零点将综合影响不同模态在整体响应中的幅值的大小,但分析起来较为复杂,本书不予讨论。

4.4.3 采样系统动态响应的计算

若已知离散系统的脉冲传递函数 $\Phi(z)$ 及输入信号 $R(z)$ 时,系统响应 $c^*(t)$ 可以采用 z 反变换各种方法,如部分分式展开法、长除法进行计算求取,并可计算求取动态响应的性能指标。另一种方便的方法是将脉冲传递函数转换为差分方程,利用计算机实现循环迭代求解。

对于采样系统,如希望更准确地了解输出响应 $c(t)$ 在采样间隔之间的变化状况,可以利用计算机实现"离散部分"与"连续部分"的混合仿真计算。也就是在响应计算时,系统中离散部分按设计选用的采样周期 T 进行仿真计算。而连续部分的仿真计算采用更小的计算步长,这样,系统连续部分的响应,将以更小的时间间隔输出。

4.5 频域特性分析

与连续系统类似,离散系统频率特性,特别是系统开环频率特性仍是分析系统稳定性、稳态和动态特性的重要手段和工具,并且主要的分析方法也非常类似。

4.5.1 频域系统稳定性的分析

奈奎斯特稳定判据是检验连续系统稳定性的有效方法,它利用系统开环频率特性直接判断闭环系统的稳定性。奈奎斯特稳定判据可以直接用于离散系统,唯一需要注意的是,在 z 平面的不稳定域是单位圆外部。与连续系统奈奎斯特稳定判据类似,可总结归纳如下述的离散系统奈奎斯特稳定判据。

若离散系统特征方程为

$$1 + kD(z)G(z) = 0 \tag{4-37}$$

(1) 确定 $kD(z)G(z)$ 的不稳定极点数 p;
(2) 以 $z=e^{j\omega T}$ 代入,在 $0 \leqslant \omega T \leqslant 2\pi$ 范围内,画开环频率特性 $kD(e^{j\omega T})G(e^{j\omega T})$;
(3) 计算该曲线顺时针方向包围 $z=-1$ 的数目 n;
(4) 计算 $q=p-n$;当且仅当 $q=0$ 时,闭环系统稳定。

下边以具体实例说明之。

例 4-9 设某单位反馈离散系统开环传递函数为

$$G(z) = \frac{k(z+1)}{(z-1)(z-0.242)} \tag{4-38}$$

采样周期 $T=0.1\text{s}$,试绘制它的幅相特性曲线,并分析闭环系统的稳定性。

解 (1) 该开环系统稳定,所以 $p=0$;
(2) 将 $z=e^{j\omega T}$ 代入式(4-38),得

$$\begin{aligned}
G(e^{j\omega T}) &= \frac{k(e^{j\omega T}+1)}{(e^{j\omega T}-1)(e^{j\omega T}-0.242)} \\
&= \frac{k[\cos(\omega T)+1+j\sin(\omega T)]}{[\cos(\omega T)-1+j\sin(\omega T)][\cos(\omega T)-0.242+j\sin(\omega T)]}
\end{aligned} \tag{4-39}$$

依该式进行计算,可分别求得它的虚部及实部,从而得到它的幅相特性曲线,如图4-19 所示。

图 4-19 分别绘出了 $k=0.198,0.7584$ 和 1 时的 3 条曲线,可见,当 ω 从 $0 \to \omega_s/2$ 与 ω 从 $\omega_s/2 \to \omega_s$ 的曲线是镜面对称的。另外,当 ω 从 $\omega_s \to 3\omega_s/2$ 及 ω 从 $3\omega_s/2 \to 2\omega_s$ 时,曲线又重复一次,这再一次说明了前述离散频率特性的特点。

(3) 当 $k=0.198$ 时,频率特性不包围 $z=-1$ 点,$n=0$,所以 $q=0$,故此时闭环

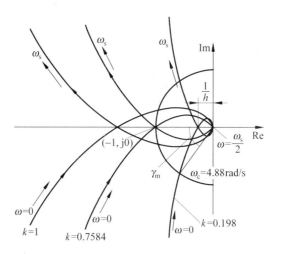

图 4-19 例 4-9 幅相特性曲线

系统稳定；当 $k=1$ 时，频率特性包围 $z=-1$ 点一次，$n=1$，所以 $q=-1$，此时闭环系统不稳定；当 $k=0.7584$，频率特性穿越 $z=-1$ 点，此时闭环系统为临界稳定。

以下 MATLAB 程序可以自动完成例 4-9 的离散奈奎斯特计算与绘图：

```
% digital nyquist diagram
clear all
zG=[-1];pG=[1 0.242];k=[0.198,0.7584,1];Ts=0.1;
for i=1:3
    [numG,denG]=zp2tf(zG,pG,Ts);
    dnyquist(numG,denG,Ts);
    hold on; axis([-3,0.5,-2,+2]);
end
hold on;
xlabel('Re')
ylabel('Im')
text(-2,-1,'(-1,j0)');
% draw unit citcul
x=-1:0.01:0;
n=length(x);
for i=1:n
    y1(i)=sqrt(1-x(i)^2);y2(i)=-y1(i);
end
plot(x,y1,'k',x,y2,'k')
```

4.5.2 相对稳定性的检验

在连续系统中,为了检验系统在达到不稳定之前,允许提高多少增益和允许增加多少额外的相位滞后,通常引进幅值裕度和相位裕度这两个相对稳定性概念。这些概念仍可直接用于离散时间系统,其定义与连续系统相同。利用相对稳定性两个指标,可以间接判断和检测闭环系统的动态特性,如系统快速性及振荡性等。

例如,在 $k=0.198$ 时,从图 4-19 中可以算得幅值裕度 $h=3.85$,相角裕度 $\gamma_m=54°$,系统的截止频率 $\omega_c=4.88\text{rad/s}$。

利用离散系统伯德(Bode)图求取稳定裕度更方便。

对于式(4-38)所示系统,可以利用 MATLAB 软件中的下述指令求取:

```
w = logspace(0,2);
zG = [0.198 0.198]; pG = [1 -1.242 0.242];
dbode(zG,pG,0.1,w)
grid
```

所得曲线如图 4-20 所示。从图中可知截止频率 $\omega_c=4.88\text{rad/s}$,相位裕度 $\gamma_m=54°$;幅值裕度 $L_h=11.7\text{dB}$,$\omega_h=13.3\text{rad/s}$。

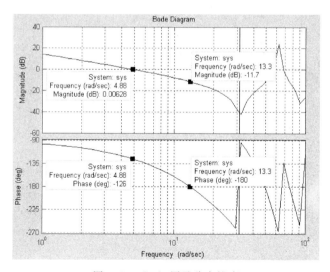

图 4-20 Bode 图及稳定裕度

4.6 应用实例

第 3 章 3.7 节给出了天线计算机控制系统结构图(图 3-26)。
(1) 试求该系统使系统稳定的参数 $D(z)=k_d$ 的范围；
(2) 试确定该系统的静态误差系数以及常值干扰 $U_n(s)$ 时的稳态误差；
(3) 试确定当 $T=0.02\text{s}$、$k_d=10$ 时系统的稳定裕度；
(4) 计算 $T=0.02\text{s}$、$k_d=10$ 时闭环系统的单位阶跃曲线，并求系统的主要动态响应指标。

解 (1) 求取系统传递函数

$$G(z) = \mathscr{L}\left[\frac{1-e^{-Ts}}{s}\cdot\frac{K_w}{T_w s+1}\cdot\frac{1}{is}\right] = \mathscr{L}\left[\frac{K(1-e^{-Ts})}{s^2(s+a)}\right] = \mathscr{L}\left[\frac{20(1-e^{-Ts})}{s^2(s+10)}\right]$$

$$= 2(1-z^{-1})\left[\frac{Tz}{(z-1)^2} - \frac{(1-e^{-10T})z}{10(z-1)(z-e^{-10T})}\right]$$

$$= \frac{(2T-0.2+0.2e^{-10T})z - [(0.2+2T)e^{-10T}-0.2]}{(z-1)(z-e^{-10T})}$$

(2) 判断稳定性
闭环系统特征方程

$$\begin{aligned}
\Delta(z) &= 1 + D(z)G(z) \\
&= (z-1)(z-e^{-10T}) + k_d\{(2T-0.2+0.2e^{-10T})z \\
&\quad - [(0.2+2T)e^{-10T}-0.2]\} \\
&= z^2 - [1+e^{-10T}-(2T-0.2+0.2e^{-10T})k_d]z \\
&\quad + \{e^{-10T} - k_d[(0.2+2T)e^{-10T}-0.2]\} = 0
\end{aligned}$$

$$\Delta(0) = |e^{-10T} - k_d[(0.2+2T)e^{-10T}-0.2]| < 1; \quad (4\text{-}40)$$

$$e^{-10T} - k_d[(0.2+2T)e^{-10T}-0.2] < 1;$$

$$e^{-10T} - k_d[(0.2+2T)e^{-10T}-0.2] > -1;$$

$$\Delta(1) = 1 - [1+e^{-10T}-(2T-0.2+0.2e^{-10T})k_d]$$

$$\quad + \{e^{-10T} - k_d[(0.2+2T)e^{-10T}-0.2]\} > 0$$

$$2k_d T(1-e^{-10T}) > 0$$

因为系统应保证 $k_d > 0$，且 $T > 0$，所以，$(1-e^{-10T}) > 0$，该式成立。

$$\Delta(-1) = 1 + [1+e^{-10T}-(2T-0.2+0.2e^{-10T})k_d]$$

$$\quad + \{e^{-10T} - k_d[(0.2+2T)e^{-10T}-0.2]\} > 0$$

若改变采样周期 T，考查极限放大系数 k_d 的变化：

$T=$	0.01	0.02	0.05	0.1	0.2	0.5
$k_d \leqslant$	100.8	51.6	21.8	11.96	7.28	5.17

可见,随着采样周期的增大,保证系统稳定的极限放大系数减小。

(3) 稳态特性分析

该系统为 I 型系统,位置误差系数 $k_p = \infty$,速度误差系数 $k_v = k_d k_\omega / i = 2 k_d$;由干扰 $u_n = 1(t)$ 所引起的输出均为误差。依 3.7 节的推导,有

$$\theta_n(z) = \frac{U_n G_1(z)}{1 + D(z) G(z)}$$

$$U_n G_1(z) = \mathscr{Z}[U_n(s) \cdot G_1(s)] = \mathscr{Z}\left[U_n(s) \cdot \frac{K_\omega}{T_\omega s + 1} \cdot \frac{1}{is}\right]$$

若假设 $U_n(s) = 1/s$,则

$$U_n G_1(z) = 2\mathscr{Z}\left[\frac{10}{s^2(s+10)}\right] = \frac{0.00374(z + 0.939)z}{(z-1)^2(z - 0.8187)}$$

所以,在 $D(z) = 10$ 时,

$$\theta_n(z) = \frac{U_n G(z)}{1 + D(z) G(z)} = \frac{U_n G(z)}{1 + 10 G(z)} = \frac{0.00374(z + 0.939)z}{(z^2 - 1.7813z + 0.85382)(z - 1)}$$

稳态误差值为

$$e_{ss} = -\theta_{ss} = -\lim_{z \to 1}(z-1)\theta_n(z) = \frac{-0.00374(z + 0.939)z}{(z^2 - 1.7813z + 0.85382)(z-1)} = -0.1$$

从控制回路分析可知,闭环系统产生 0.1 的系统输出,控制器方能产生控制指令 $u = -1$,抵消干扰的作用。

(4) 稳定裕度的计算

开环传递函数为

$$D(z) G(z) = \frac{10 \times 0.00374(z + 0.939)}{z^2 - 1.8187z + 0.8187} = \frac{0.0374z + 0.0351}{z^2 - 1.8187z + 0.8187}$$

利用 MATLAB 相关指令可求得相位及幅值稳态裕度:

```
num = [0.0374 0.0351];
den = [1 -1.8187 0.8187];
w = logspace(-1,3);
dbode(num,den,0.02,w); grid
```

由程序绘制的 Bode 图如图 4-21 所示。用鼠标单击图中对应点,即可得到图中所标示的对应得到的参数值。从图中可知截止频率 $\omega_c = 12.5 \text{rad/s}$,相位裕度 $\gamma_m = 31°$;幅值裕度 $L_h = 14.5 \text{dB}$,$\omega_h = 31.5 \text{rad/s}$。

(5) 动态响应计算

利用 Simulink 软件,对该系统进行仿真计算。仿真曲线如图 4-22 所示。图中可见,超调量 $\sigma\% = 21\%$,调节时间 $t_s = 0.75 \text{s}$,峰值时间 $t_p = 0.24 \text{s}$。这种响应特性与稳定裕度是一致的,由于相位裕度仅为 31°,所以系统超调量较大。

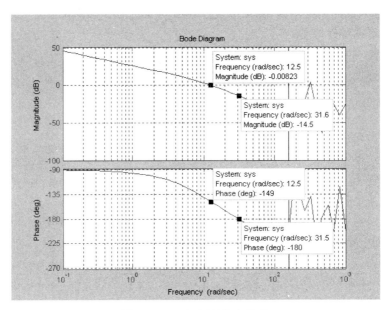

图 4-21　Bode 图及稳定裕度

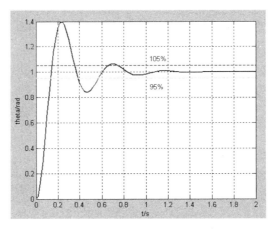

图 4-22　单位阶跃响应

本章小结

本章主要从时域及频域特性两方面,讨论了离散系统的稳定性、稳态特性和动态响应特性的描述方法和计算手段。本章所讨论的特性与方法是分析计算机控制系统的基本手段,应熟练地掌握和了解以下内容：

(1) s 平面上的任意一点,通过 z 变换都对应地映射为 z 平面上唯一的一点,

应清楚地了解 s 平面向 z 平面映射的规律。特别应注意，s 平面被分为一个主带和许多旁带，主带与旁带内的对应点将重叠地映射为 z 平面上相同点。此外应牢记，s 左半平面上所有点，将周期重复地映射在 z 平面的单位圆内。依据这种对应关系，应注意，z 平面上的任意点，对应 s 平面上的点并不是唯一的，s 平面上的映射点，实部相同，但沿虚轴将周期地重复。

（2）依 s 平面与 z 平面的关系，应掌握 s 平面上各等值线（如等阻尼比线、等自然频率线等）在 z 平面上的对应关系。这些概念在系统设计时将是非常有用的。

（3）要牢记离散系统稳定的充分必要条件，特别应注意采样周期对稳定性的影响。通常，增大采样周期将使系统的稳定程度降低，甚至变为不稳定。此外，还应注意，一个连续系统，转换为离散系统后，在控制规律不变的情况下，系统稳定程度将要降低。

（4）离散系统稳态误差的概念及基本规律与连续系统类似。但应注意，尽管采样周期是系统的重要参数，但在具有零阶保持器的系统中，采样周期大小并不影响稳态误差。

（5）在研究系统动态特性时，系统动态指标的提法与连续系统类似，但应注意其特点。

（6）与连续系统类似，应注意了解 z 平面极点分布与时间响应的关系以及相应的规律，应注意当系统极点位于 z 平面原点时，系统调节时间最短的概念。

（7）尽管离散系统频率特性有其特点，并且绘制不太方便，但应注意，在利用相关的计算机软件获得系统频率特性后，连续系统中判别稳定性、稳态误差和动态特性的一些方法和概念也仍然可以使用。

第5章 计算机控制系统的经典设计方法

和连续控制系统一样,计算机控制系统的设计方法可分为经典设计和现代控制理论设计两类,并且,连续系统的多数设计方法均可推广应用于计算机控制系统。

计算机控制系统的经典设计方法一般分为两种。一种是将连续域设计好的控制律 $D(s)$ 利用不同的离散化方法变换为离散控制律 $D(z)$,这种方法称为"连续域—离散化设计"方法,它允许设计师利用熟悉的各种连续域设计方法设计出令人满意的连续域控制器,然后将控制器离散化,离散化过程较为简单。另一种方法是在离散域先建立被控对象的离散模型 $G(z)$,然后直接在离散域进行控制器设计。其经典设计方法包括 z 域根轨迹设计以及频率域(w' 域)设计等。本章将分别介绍上述两种设计方法。

本章提要

本章 5.1 节讨论连续域—离散化设计方法,除介绍这种方法的基本原理外,重点讨论连续控制器离散化的各种方法及其主要特性;在 5.2 节讨论工业中常用的数字 PID 的各种算法;5.3 节重点讨论在 z 平面进行直接设计时,系统性能指标的描述方法;5.4 节讨论 z 平面的根轨迹设计方法,说明在 z 平面根轨迹设计时应注意的问题;5.5 节讨论 w' 变换方法及其主要特性,并以实例说明如何在 w' 平面利用频率域方法设计数字控制器。

5.1 连续域—离散化设计

5.1.1 设计原理和步骤

众所周知,由于微机性价比的迅速提高,常规模拟式连续控制系统正逐渐被计算机控制系统所取代,如第 1 章所述,常规模拟控制器被计算机及其相应的信号变换装置所取代。在对原连续控制系统进行改造时,最方便的方法是将原来的模拟控制规律离散化,变为数字算法,然后在计算机上编程实现。即使是设计新的计算机控制系统,由于人们在离散域直接设计数字控制器的经验相对不足,也愿意先在连续域中设计出控制律,而后将它离散,编排在计算机上实现。这就是连续域—离散化设计的含义。

进一步说,连续域—离散化设计是一种间接设计法,其实质是将数字控制器部分(A/D、计算机和 D/A)看成是一个整体,它的输入 $r(t)$ 和输出 $u(t)$ 都是模拟量(见图 5-1),因而可等效为连续传递函数 $D_e(s)$。这样,计算机控制系统仍可视为控制器为 $D_e(s)$ 的连续控制系统,从而可以利用已积累了丰富经验的连续域设计技术。

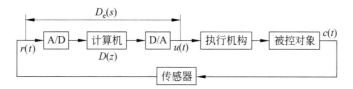

图 5-1 计算机控制系统典型组成

实际上,$D_e(s)$ 中的 3 个环节可近似描述如下。

(1) A/D:如第 2 章所述,不考虑量化效应,A/D 本质上可看作为一个理想的采样开关,其输出与输入关系可表示为

$$R^*(\mathrm{j}\omega) = \frac{1}{T}\sum_{n=-\infty}^{\infty} R(\mathrm{j}\omega + \mathrm{j}n\omega_s) \tag{5-1}$$

当系统具有低通特性且采样频率 ω_s 较高时,式(5-1)可近似为

$$R^*(\mathrm{j}\omega) \approx \frac{1}{T}R(\mathrm{j}\omega)$$

因此,A/D 的频率特性可近似为

$$R^*(\mathrm{j}\omega)/R(\mathrm{j}\omega) \approx \frac{1}{T} \tag{5-2}$$

(2) 计算机:计算机中实现算法 $D(z)$ 的计算,它的频率特性可用 $D(\mathrm{e}^{\mathrm{j}\omega T})$ 表示。

(3) D/A:如第 2 章所述,D/A 的本质可抽象为零阶保持器。类似地,考虑系统具有低通特性且采样频率 ω_s 较高,它的频率特性可近似为

$$G(\mathrm{j}\omega) = T\frac{\sin(\omega T/2)}{\omega T/2}\mathrm{e}^{-\mathrm{j}\omega T/2} \approx T\mathrm{e}^{-\mathrm{j}\omega T/2} \tag{5-3}$$

这样,等效连续传递函数 $D_e(s)$ 的频率特性可近似为

$$D_e(\mathrm{j}\omega) \approx \frac{1}{T}D(\mathrm{e}^{\mathrm{j}\omega T})T\mathrm{e}^{-\mathrm{j}\omega T/2} = D(\mathrm{e}^{\mathrm{j}\omega T})\mathrm{e}^{-\mathrm{j}\omega T/2} \tag{5-4}$$

其传递函数可写为

$$D_e(s) = D_{dc}(s)\mathrm{e}^{-sT/2} \tag{5-5}$$

其中 $D_{dc}(s)$ 为数字算法 $D(z)$ 的等效传递函数，$e^{-sT/2}$ 为 A/D 和 D/A 合起来的近似环节，它主要反映了 ZOH 的相位滞后特性。由于 $e^{-sT/2}$ 不是有理分式，实际设计时可用一阶泊松近似代替

$$e^{-sT/2} \approx \frac{1}{1+sT/2} \tag{5-6}$$

这样，连续域等效设计可简化为图 5-2 所示系统。依此结构图即可设计等效传递函数 $D_{dc}(s)$。有时也称这种方法为 s 平面修正设计。如果原连续系统的模拟控制器 $D(s)$ 已知，若直接用 $D(s)$ 代替 $D_e(s)$，不进行 s 平面修正设计，那么计算机控制系统的性能通常会比连续系统差。但当采样频率 ω_s 较高（如采样频率 ω_s 比系统闭环频带 ω_b 大 10 倍以上）时，为简单起见，ZOH 的相位滞后影响可以忽略，不必进行 s 平面修正设计。

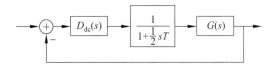

图 5-2　计算机控制系统等效连续结构

通过以上分析，得到连续域—离散化设计的步骤如下。

第 1 步：根据系统的性能（如频带宽度等），选择采样频率，并设计抗混叠前置滤波器。

第 2 步：如图 5-2 所示，考虑 ZOH 的相位滞后，根据系统的性能指标和连续域设计方法，设计出数字控制算法的等效传递函数 $D_{dc}(s)$。

第 3 步：选择合适的离散化方法，将 $D_{dc}(s)$ 离散化，获得脉冲传递函数 $D(z)$，使两者性能尽量等效。

第 4 步：检验计算机控制系统的闭环性能。可以根据采样系统理论，在 z 域进行数学分析，也可以采用仿真技术校验系统的性能指标。如果满足指标要求，进行下一步；否则，重新进行设计。改进设计的途径有：

- 选择更合适的离散化方法；
- 提高采样频率；
- 修正连续域设计，如增加稳定裕度指标等。

第 5 步：将 $D(z)$ 变为数字算法，在计算机上编程实现。

5.1.2　各种离散化方法

离散化法的实质就是求原连续传递函数 $D(s)$ 的等效离散传递函数 $D(z)$。"等效"是指 $D(s)$ 与 $D(z)$ 在以下特性方面的相近性：脉冲响应特性、阶跃响应特性、频率特性、稳态增益等。对多数熟悉连续域设计的控制工程技术人员来说，采

用连续域—离散化设计并不困难,关键是掌握各种离散化方法。通常有多种离散化方法,但要求离散前后,两者必须有近似相同的动态特性,即相同的时域响应特性和频率响应特性。对给定的连续控制器,选择合适的离散化方法是较难于处理的问题。为此,设计人员必须明确,与连续控制器性能相比,期望离散化的控制器应具有什么性能。最常用的表征控制器特性的主要指标有:

- 零极点个数;
- 系统的频带;
- 稳态增益;
- 相位及幅值裕度;
- 阶跃响应或脉冲响应形状;
- 频率响应特性等。

应注意,不同的离散化方法所具有的特性不同,离散后的脉冲传递函数与原传递函数相比,并不能保持全部特性,并且不同特性的接近程度也不一致。因此,设计者必须要了解不同方法的特点,并且要确定哪种特性是最重要的,据此来选择合适的离散化方法。

离散化方法很多,主要有下述几种:

- 数值积分法(置换法),其中包括一阶向后差法、一阶向前差法、双线性变换法及修正双线性变换法等;
- 零极点匹配法;
- 保持器等价法;
- z 变换法(脉冲响应不变法)。

下面分别介绍常用的几种离散化方法。

1. 一阶向后差分法

(1) 离散化公式

设连续传递函数为 $D(s)$,一阶向后差分离散化方法为

$$D(z) = D(s)\Big|_{s=\frac{1-z^{-1}}{T}} \tag{5-7}$$

式中 T 为采样周期。该方法实质是将连续域中的微分用一阶向后差分替换。所以,若

$$D(s) = U(s)/E(s) = 1/s \tag{5-8}$$

微分方程为

$$du(t)/dt = e(t), u(t) = \int_0^t e(t)dt \tag{5-9}$$

用一阶向后差分代替式(5-9)中的微分,即

$$du(t)/dt = \{u(kT) - u[(k-1)T]\}/T \tag{5-10}$$

将式(5-10)代入式(5-9)则有

$$u(kT) = u[(k-1)T] + Te(kT) \tag{5-11}$$

对该式做 z 变换,得

$$U(z) = z^{-1}U(z) + TE(z)$$

$$D(z) = U(z)/E(z) = T/(1-z^{-1}) \tag{5-12}$$

比较式(5-12)与式(5-8),得 s 与 z 之间的变换关系

$$s = (1-z^{-1})/T \tag{5-13}$$

或

$$z = \frac{1}{1-sT} \tag{5-14}$$

实际上,这种方法相当于数学中的矩形积分法,即以矩形面积近似代替积分。从式(5-11)可见,输出量 $u(k)$ 是由矩形面积累加而成,其图形如图 5-3 所示。显然,当采样周期 T 较大时,这种方法精度较差。

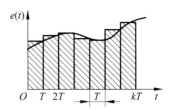

图 5-3 向后差分(矩形积分)法

另外,一阶向后差分替换关系也是 z 变量与 s 变量关系的一种近似。实际上,

$$z = e^{sT} = \frac{1}{e^{-sT}} \approx \frac{1}{1-sT}$$

所以有

$$s = \frac{1-z^{-1}}{T}$$

(2) 主要特性

① s 平面与 z 平面的映射关系:由于一阶向后差分替换法使 s 平面与 z 平面的关系改变了,所以采用这种方法时,s 平面点(如极点)与 z 平面点的对应关系不具有 z 变换的关系。

由式(5-14)可得

$$z = \frac{1}{1-Ts} = \frac{1}{2} + \frac{1}{2}\frac{1+Ts}{1-Ts}$$

取模的平方并代入 $s = \sigma + j\omega$,则有

$$\left|z - \frac{1}{2}\right|^2 = \frac{1}{4}\frac{(1+\sigma T)^2 + (\omega T)^2}{(1-\sigma T)^2 + (\omega T)^2} \tag{5-15}$$

分析上式可得:

- 当 $\sigma = 0$ (s 平面虚轴),上式为 $\left|z - \frac{1}{2}\right| = \frac{1}{2}$,这是 z 平面上圆的方程,其圆心在 $(1/2, 0)$ 处,半径为 $1/2$。表明 s 平面虚轴映射到 z 平面为该小圆的圆周,如图 5-4 所示。

- 当 $\sigma > 0$ (s 右半平面),上式为 $\left|z - \frac{1}{2}\right| > \frac{1}{2}$,映射到 z 平面为上述小圆的外部,如图 5-4 所示。

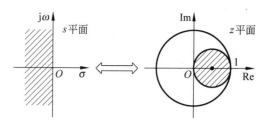

图 5-4 向后差分法的映射关系

- 当 $\sigma<0$（s 左半平面），上式为 $\left|z-\dfrac{1}{2}\right|<\dfrac{1}{2}$，映射到 z 平面为上述小圆的内部，如图 5-4 所示。

② 由上述映射关系可见，若 $D(s)$ 稳定（即极点在 s 平面的左半平面），变换后 $D(z)$ 一定也稳定。同时可见，若有一些不稳定的 $D(s)$，采用向后一阶差分离散，离散后可能变得稳定。

③ 很容易验证，变换前后稳态增益不变，即 $D(s)|_{s=0}=D(z)|_{z=1}$。

④ 因为 s 平面稳定域被映射为单位圆中一个小圆内，因此，离散后控制器的时间响应与频率响应，与连续控制器相比有相当大的畸变。

(3) 应用

由于这种变换的映射关系畸变严重，变换精度较低。所以，工程应用受到限制，用得较少；但这种变换简单易行，要求不高时，在采样周期 T 相对较小的场合也有一定的应用。

例 5-1 已知 $D(s)=\dfrac{1}{s^2+0.8s+1}$，$T=1\text{s}$、$0.1\text{s}$，试用一阶向后差分法离散。

解

$$D(z)=D(s)\Big|_{s=(1-z^{-1})/T}=\dfrac{1}{s^2+0.8s+1}\Big|_{s=(1-z^{-1})/T}$$

$$=\dfrac{1}{[(1-z^{-1})^2/T^2+0.8(1-z^{-1})/T+1]}$$

$$=\dfrac{T^2 z^2}{1-az+bz^2} \quad \text{其中} \ a=2+0.8T, \quad b=1+0.8T+T^2$$

当 $T=1\text{s}$ 时，$a=2.8$，$b=2.8$，$D_1(z)=\dfrac{z^2}{1-2.8z+2.8z^2}$。

当 $T=0.1\text{s}$ 时，$a=2.08$，$b=1.09$，$D_2(z)=\dfrac{0.01z^2}{1-2.08z+1.09z^2}$。

分析所得结果可知：

- 可以判断，环节稳定性不变。

$D(s)$ 是稳定的；$D_1(z)$ 两个根分别为：

$$z_{1,2}=0.5000\pm0.3273\text{j}=0.59758\angle 0.5796=r_1\angle\theta_1$$

$D_2(z)$ 两个根分别为：

$$z_{1,2}=0.9541\pm0.0841\text{j}=0.9578\angle 0.0879=r_2\angle\theta_2$$

均位于单位圆内；

- 极点特性：$D(s)$ 的 $\xi=0.4$；$\omega_n=1\mathrm{rad/s}$；

$D_1(z)$ 的 $\xi_1=\dfrac{-\ln r_1}{\sqrt{\ln^2 r_1+\theta_1^2}}=\dfrac{0.5148}{0.7752}=0.66$；　$\omega_{n1}=\dfrac{1}{T}\sqrt{\ln^2 r_1+\theta_1^2}=0.7752$

$D_2(z)$ 的 $\xi_2=\dfrac{-\ln r_2}{\sqrt{\ln^2 r_2+\theta_2^2}}=\dfrac{0.04312}{0.09791}=0.44$；　$\omega_{n2}=\dfrac{1}{T}\sqrt{\ln^2 r_2+\theta_2^2}=0.9791$

- 稳态增益不变：$D(s)\big|_{s=0}=1$；

$D_1(z)\big|_{z=1}=\dfrac{1}{1-2.8+2.8}=1$；　$D_2(z)\big|_{z=1}=\dfrac{0.01}{1-2.08+1.09}=1$

- 单位阶跃响应如图 5-5 所示。

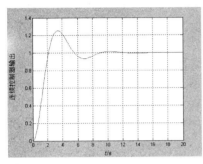

(a) 连续环节阶跃响应

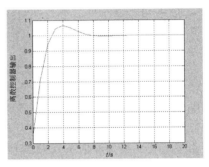

(b) $T=1\mathrm{s}$ 离散环节阶跃响应

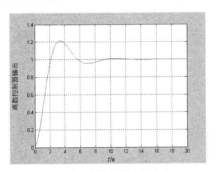

(c) $T=0.1\mathrm{s}$ 离散环节阶跃响应

图 5-5　阶跃响应曲线

- 频率响应特性如图 5-6 所示。

连续环节的相位裕度 $\gamma_m=68.9°$，$\omega_c=1.17\mathrm{rad/s}$，幅值裕度为无穷大。

$T=0.1\mathrm{s}$ 时离散环节的相位裕度 $\gamma_m=84.2°$，$\omega_c=1.08\mathrm{rad/s}$，幅值裕度为无穷大。

$T=1\mathrm{s}$ 时离散环节的相位裕度及幅值裕度为无穷大。

通过上述几个特性的计算可以看到，当采样周期较大时，离散后环节特性与原连续环节特性相差较大。当采样周期较小（$T=0.1\mathrm{s}$）时，离散后环节特性与原连续环节特性比较接近。

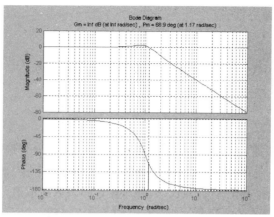

(a) 连续环节频率响应

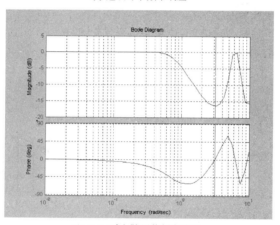

(b) $T=1s$ 时离散环节频率响应

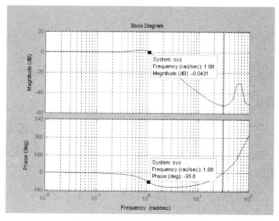

(c) $T=0.1s$ 时离散环节频率响应

图 5-6 频率响应曲线

2. 一阶向前差分法

(1) 离散化公式

设连续传递函数为 $D(s)$，一阶向前差分离散化公式为

$$D(z) = D(s)\bigg|_{s=\frac{z-1}{T}} \tag{5-16}$$

式中 T 为采样周期。

这种变换的实质是将连续域中的微分用一阶向前差分替换，即

$$du(t)/dt = \{u[(k+1)T] - u(kT)\}/T$$

对式(5-9)所示环节，将该式代入，并对输入 $e(t)$ 取离散值，则有

$$u[(k+1)T] - u(kT) = Te(kT)$$

对该式两端做 z 变换，得

$$(z-1)U(z) = TE(z)$$

与原微分方程对比，有

$$s = \frac{z-1}{T} = \frac{1-z^{-1}}{Tz^{-1}} \tag{5-17}$$

实际上，这种方法也是一种矩形积分近似，如图 5-7 所示。与图 5-3 比较，向前差分变换所累加的矩形面积是 $Te(k-1)$，向后差分时，所累加的矩形面积是 $Te(k)$。

(2) 主要特性

s 平面与 z 平面的映射关系如下面所述。

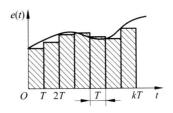

图 5-7 向前差分矩形积分法

由式(5-17)，可得

$$s = \sigma + j\omega = \frac{1}{T}[(\sigma_z + j\omega_z) - 1] = \frac{\sigma_z - 1}{T} + j\frac{\omega_z}{T}$$

所以

$$\sigma = \frac{\sigma_z - 1}{T}$$

可见 s 左半平面，即 $\sigma<0$，映射为 $\sigma_z<1$，如图 5-8(a)所示。该图表明，s 左半平面上的极点可能映射为 z 平面的单位圆外，故离散后的控制器可能是不稳定的。为了进一步说明映射不稳定的具体条件，下面从另一个角度说明映射关系。

由 s 与 z 之间的变换关系可得

$$z = 1 + Ts = (1 + \sigma T) + j\omega T \tag{5-18}$$

上式两端取模平方

$$|z|^2 = (1+\sigma T)^2 + (\omega T)^2 \tag{5-19}$$

令 $|z|=1$(单位圆)，则其对应为 s 平面上一个圆，即

$$1 = (1+\sigma T)^2 + (\omega T)^2$$

或

$$\frac{1}{T^2} = \left(\frac{1}{T}+\sigma\right)^2 + \omega^2 \tag{5-20}$$

如图 5-8(b)所示。可见，只有当 $D(s)$ 的所有极点位于左半平面的以点 $(-1/T,0)$ 为圆心，$1/T$ 为半径的圆内，离散化后 $D(z)$ 的极点才位于 z 平面单位圆内，也就是，通过向前差分变换，s 平面上只有部分面积能映射在 z 平面单位圆内，如图中 s_3 点映射到 z 平面就不会落到单位圆内。若想使极点 s_3 也映射到 z 平面的单位圆内，只能将采样周期 T 减小，从而使 s 平面上圆的半径增大，将点 s_3 包括在 s 平面上的圆内。

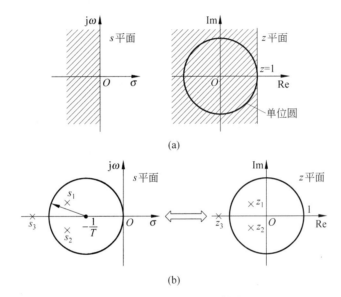

图 5-8 向前差分法的映射关系

显而易见，若 $D(s)$ 稳定，采用向前差分法离散化，$D(z)$ 不一定稳定。只有 $D(s)$ 的全部极点均位于 s 平面上由采样周期 T 所确定的圆内时，$D(z)$ 才能稳定。如若 $D(s)$ 存在离 s 平面虚轴较远的极点，只有采用较小的采样周期 T，方能保证 $D(z)$ 稳定。

（3）应用

由于这种变换的映射关系畸变严重，不能保证 $D(z)$ 一定稳定，或者如要保证稳定，要求采样周期较小，所以应用较少。与向后差分法类似，这种方法使用简单方便，如若采样周期较小，亦可使用。

例 5-2 已知 $D(z) = \dfrac{1}{s^2+0.8s+1}$，试用向前差分法离散化。

解 依式(5-16)，可得

$$D(z) = \frac{1}{s^2+0.8s+1}\bigg|_{s=(z-1)/T}$$

$$= \frac{1}{\dfrac{(z-1)^2}{T^2}+0.8\dfrac{z-1}{T}+1}$$

$$= \frac{T^2}{z^2-(2-0.8T)z+(1-0.8T+T^2)}$$

若使 $D(z)$ 稳定,则应保证 T 小于一定数值,即
$$\Delta(0) = |1-0.8T+T^2| < 1$$

$1-0.8T+T^2<1$,可得 $T<0.8$s

$1-0.8T+T^2 = 0.84+(T-0.4)^2 > 0$,必然满足 $1-0.8T+T^2 > -1$

$\Delta(1) = 1-(2-0.8T)+(1-0.8T+T^2) > 0$,要求 $T>0$

$\Delta(-1) = 1+(2-0.8T)+(1-0.8T+T^2) = 3.36+(T-0.8)^2$,自然满足 $\Delta(-1) > 0$

可见该控制器采用一阶向前差分法离散时,要求
$$0 < T < 0.8\text{s}$$

实际上该环节的极点为 $s_{1,2} = -0.4000\pm0.9165\text{j}$。若同例 5-1 那样取 $T=1$s,则该极点将落在以 $(-1,0)$ 为圆心,以 $r=1$ 为半径的圆外。故通过一阶向前差分法离散后,得到离散环节的极点就不能落在 z 平面的单位圆内,即离散后,该环节不稳定。

3. 双线性变换法(突斯汀(Tustin)变换法)

(1) 离散化公式

若连续域传递函数为 $D(s)$,则双线性变换法为
$$D(z) = D(s)\bigg|_{s=\frac{2}{T}\frac{z-1}{z+1}} \tag{5-21}$$

这种方法相当于数学的梯形积分法,即以梯形面积近似代替积分。设连续传递函数为
$$D(s) = \frac{U(s)}{E(s)} = \frac{1}{s} \tag{5-22}$$

即
$$\frac{\mathrm{d}u(t)}{\mathrm{d}t} = e(t), u(t) = \int_0^t e(t)\mathrm{d}t \tag{5-23}$$

$u(t)$ 相当于面积积分。近似用梯形面积之和代替,如图 5-9 所示。

图 5-9 中,每个梯形面积的宽度为 T,上底与下底分别为 $e(k-1)$ 和 $e(k)$,故面积
$$u(k) = u(k-1) + \frac{T}{2}[e(k)+e(k-1)]$$

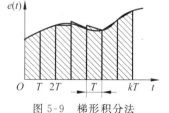

图 5-9 梯形积分法

式中 $u(k-1)$ 为前 $(k-1)$ 个梯形面积之和。进行 z 变换有

$$U(z) = z^{-1}U(z) + \frac{T}{2}[E(z) + z^{-1}E(z)]$$

$$D(z) = \frac{U(z)}{E(z)} = \frac{\frac{T}{2}(1+z^{-1})}{1-z^{-1}} = \frac{1}{\frac{2}{T}\frac{z-1}{z+1}} = \frac{1}{\frac{2}{T}\frac{1-z^{-1}}{1+z^{-1}}}$$

与式(5-22)比较,可得 s 与 z 之间的变换关系:

$$s = \frac{2}{T}\frac{z-1}{z+1} = \frac{2}{T}\frac{1-z^{-1}}{1+z^{-1}}, \qquad z = \frac{1+\frac{T}{2}s}{1-\frac{T}{2}s} \tag{5-24}$$

从式(5-24)可知,s 与 z 的关系是双线性函数,故称为双线性变换。为纪念英国工程师 Tustin 对双线性变换研究的贡献,这种变换又称为突斯汀变换。

这种变换也是 z 变换的一种近似。实际上,

$$z = e^{(Ts/2)}/e^{-(Ts/2)}$$

将分子分母上的 $e^{Ts/2}$ 展成级数,近似取前两项,可得

$$z = \left(1+\frac{T}{2}s\right)\Big/\left(1-\frac{T}{2}s\right)$$

所以有

$$s = \frac{2}{T}\frac{z-1}{z+1}$$

双线性变换不仅可方便地用于传递函数,也可用于状态方程描述的环节。若系统状态方程为:

$$\begin{aligned}\dot{\boldsymbol{x}}(t) &= \boldsymbol{A}\boldsymbol{x}(t) + \boldsymbol{B}\boldsymbol{u}(t) \\ \boldsymbol{y}(t) &= \boldsymbol{C}\boldsymbol{x}(t) + \boldsymbol{D}\boldsymbol{u}(t)\end{aligned} \tag{5-25}$$

对式(5-25)作拉氏变换,得

$$\boldsymbol{X}(s) = (s\boldsymbol{I} - \boldsymbol{A})^{-1}\boldsymbol{B}\boldsymbol{U}(s)$$

将式(5-24)代入上式,并进一步整理,可得:

$$\begin{aligned}\boldsymbol{X}(z) &= \left[(z-1)\boldsymbol{I} - \frac{\boldsymbol{A}T}{2}(z+1)\boldsymbol{I}\right]^{-1}(z+1)\boldsymbol{I}\frac{\boldsymbol{B}T}{2}\boldsymbol{U}(z) \\ &= \left[z\left(\boldsymbol{I}-\frac{\boldsymbol{A}T}{2}\right) - \left(\boldsymbol{I}+\frac{\boldsymbol{A}T}{2}\right)\right]^{-1}(z+1)\boldsymbol{I}\frac{\boldsymbol{B}T}{2}\boldsymbol{U}(z)\end{aligned}$$

若令 $\boldsymbol{F}_1 = \boldsymbol{I} - \frac{\boldsymbol{A}T}{2}$;$\boldsymbol{F}_2 = \boldsymbol{I} + \frac{\boldsymbol{A}T}{2}$;$\boldsymbol{G}_1 = \frac{\boldsymbol{B}T}{2}$,上式可写为

$$\begin{aligned}\boldsymbol{X}(z) &= (z\boldsymbol{F}_1 - \boldsymbol{F}_2)^{-1}(z+1)\boldsymbol{I}\boldsymbol{G}_1\boldsymbol{U}(z) \\ &= (z\boldsymbol{I} - \boldsymbol{F}_1^{-1}\boldsymbol{F}_2)^{-1}(z\boldsymbol{I} + \boldsymbol{I})\boldsymbol{F}_1^{-1}\boldsymbol{G}_1\boldsymbol{U}(z)\end{aligned} \tag{5-26}$$

依 $\boldsymbol{F}_1$、$\boldsymbol{F}_2$ 定义,可以推得

$$2\boldsymbol{F}_1^{-1} - \boldsymbol{F}_1^{-1}\boldsymbol{F}_2 = \boldsymbol{I}$$

用该式替换式(5-26)中 $(z\boldsymbol{I}+\boldsymbol{I})$ 的第2项,则

$$X(z) = (zI - F_1^{-1}F_2)^{-1}(zI + 2F_1^{-1} - F_1^{-1}F_2)F_1^{-1}G_1U(z)$$

进一步整理,得

$$X(z) = [(zI - F_1^{-1}F_2)^{-1}2F_1^{-2}G_1 + F_1^{-1}G_1]U(z) \tag{5-27}$$

对式(5-24)的输出方程做 z 变换,并将式(5-27)代入,则有

$$Y(z) = [C(zI - F_1^{-1}F_2)^{-1}2F_1^{-2}G_1 + CF_1^{-1}G_1]U(z) + DU(z)$$
$$= [C(zI - F_1^{-1}F_2)^{-1}2F_1^{-2}G_1]U(z) + (CF_1^{-1}G_1 + D)U(z)$$

由该式可见,这相当于一个离散状态方程的输出方程的 z 变换。

令

$$\begin{aligned} F &= F_1^{-1}F_2 = \left(I - \frac{AT}{2}\right)^{-1}\left(I + \frac{AT}{2}\right) \\ G &= 2F_1^{-2}G_1 = \left(I - \frac{AT}{2}\right)^{-2}BT \\ H &= C \\ E &= (CF_1^{-1}G_1 + D) = D + C\left(I - \frac{AT}{2}\right)^{-1}\frac{BT}{2} \end{aligned} \tag{5-28}$$

则离散系统状态方程为

$$\begin{aligned} x_d(k+1) &= Fx_d(k) + Gu(k) \\ y_d(k) &= Hx_d(k) + Eu(k) \end{aligned} \tag{5-29}$$

所以,原连续系统状态方程式(5-24),通过双线性变换离散后,其离散状态方程为式(5-29),其各项矩阵如式(5-28)所示。

依类似方法,亦可求得连续系统状态方程式(5-24)通过一阶向后、向前差分变换后的离散状态方程。

(2) 主要特性

① s 平面与 z 平面的映射关系。

以 $s=\sigma+j\omega$ 代入式(5-24),得

$$z = \frac{1 + \frac{T}{2}s}{1 - \frac{T}{2}s} = \frac{\left(1 + \frac{T}{2}\sigma\right) + j\frac{\omega T}{2}}{\left(1 - \frac{T}{2}\sigma\right) - j\frac{\omega T}{2}} \tag{5-30}$$

两边取模的平方,得

$$|z|^2 = \frac{\left(1 + \frac{T}{2}\sigma\right)^2 + \left(\frac{\omega T}{2}\right)^2}{\left(1 - \frac{T}{2}\sigma\right)^2 + \left(\frac{\omega T}{2}\right)^2} \tag{5-31}$$

分析式(5-31),可得如下映射关系,如图 5-10 所示。

- $\sigma=0$(s 平面虚轴)映射为 $|z|=1$(z 平面单位圆)。
- $\sigma<0$(s 左半平面)映射为 $|z|<1$(z 平面单位圆内)。
- $\sigma>0$(s 右半平面)映射为 $|z|>1$(z 平面单位圆外)。

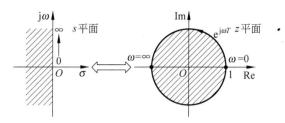

图 5-10 双线性变换映射关系

可见,双线性变换将整个 s 平面左半部映射到 z 平面单位圆内,而 s 平面右半部映射到单位圆外,s 平面虚轴映射为单位圆。但要注意,z 变换的映射是重叠映射,但双线性变换的映射是一对一的非线性映射,即整个虚轴对应一个有限长度的单位圆的圆周长。

上述结论可详细说明如下:若令 s 域的角频率以 ω_A 表示,z 域角频率以 ω_D 表示,依式(5-24)可得

$$j\omega_A = \frac{2}{T}\frac{1-e^{-j\omega_D T}}{1+e^{-j\omega_D T}} = \frac{2}{T}\frac{e^{j\omega_D T/2}-e^{-j\omega_D T/2}}{e^{j\omega_D T/2}+e^{-j\omega_D T/2}}$$

$$= \frac{2}{T}\frac{2j\sin(\omega_D T/2)}{2\cos(\omega_D T/2)} = j\frac{2}{T}\tan\frac{\omega_D T}{2}$$

即

$$\omega_A = \frac{2}{T}\tan\frac{\omega_D T}{2} \tag{5-32}$$

由式(5-32)可推出,当 s 平面角频率 ω_A 沿正虚轴从 0 变化到 ∞ 时,对应 z 平面角频率沿单位圆由 0 变化到 $\omega_s/2$,即 s 平面整个正虚轴对应 z 平面单位圆上半圆周。

② 由上述的映射关系可见,若 $D(s)$ 是稳定的,离散后 $D(z)$ 也一定是稳定的。

③ 频率畸变:双线性变换的一对一映射,保证了离散频率特性不产生频率混叠现象,但产生了频率畸变。式(5-32)表明,s 域角频率和 z 域角频率是非线性关系,如图 5-11 所示。由图 5-11 可见,s 域 0~∞ 频段均压缩到 z 域的有限频段 0~π/T(即 $\omega_s/2$)上。也正是由于这种非线性压缩,才使双线性变换不产生频率的混叠。

由图 5-11 还可看到,当采样频率较高或 $\omega_D T$ 足够小时,式(5-32)可简化为

$$\omega_A \cong \frac{2}{T}\frac{\omega_D T}{2} = \omega_D$$

这表明,在低频段(与 $\omega_s/2$ 相比),s 域和 z 域的频率近似保持线性关系,因而在此频段内,双线性变换频率失真小。同时,采样频率越高,线性段

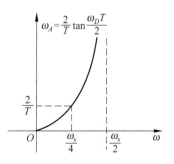

图 5-11 双线性变换的频率关系

越宽。当频率 ω_D 接近 $\omega_s/2$ 时，$\tan(\omega_D T/2)$ 将趋于 $\tan(\pi/2)$，而连续域频率 ω_A 迅速增到 ∞，故当 ω_D 接近 $\omega_s/2$ 时，频率畸变严重，特性失真较大，如图 5-12 所示。从图中可见，原连续环节 $D(j\omega_A)$ 在高频部分频率范围较宽，但通过双线性变换后，其频率特性 $D(e^{j\omega T})$，频率范围变得很窄，发生了高频压缩现象。

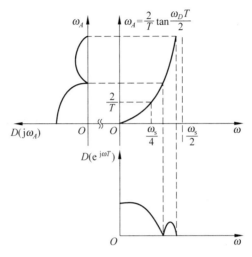

图 5-12 双线性变换频率特性失真

④ 双线性变换后环节的稳态增益不变，即

$$D(s)\Big|_{s=0} = D(z)\Big|_{z=1} \tag{5-33}$$

这表明双线性变换保证了连续控制器离散化后，稳态增益不必进行修正。离散化算法本身将自动保证稳态增益不变。

⑤ 双线性变换后 $D(z)$ 的阶次不变，且分子、分母具有相同的阶次。若 $D(s)$ 分子阶次比分母低 $p=n-m$ 次，则 $D(z)$ 分子上必有 $(z+1)^p$ 的因子，即在 $z=-1$ 处有 p 重零点。这是采用 $s=\dfrac{2}{T}\dfrac{z-1}{z+1}$ 进行置换的必然结果。在 $z=-1$ 的零点，表示它的输出在 $z=-1$ 处为零，而 $z=-1$ 处的频率为 $\omega_s/2$，因此，有下式成立：

$$\left|D(e^{j\omega T})\right|_{\omega=\frac{\omega_s}{2}} = 0 \tag{5-34}$$

（3）应用

① 这种方法使用方便，且有一定的精度和前述一些好的特性，工程上应用较为普遍。双线性变换方法是一种较为适合工程应用的方法。

② 这种方法的主要缺点是高频特性失真严重，主要用于低通环节的离散化，不宜用于高通环节的离散化。

例 5-3 已知连续控制器传递函数

$$D(s) = \frac{1}{s^2 + 0.8s + 1}, \quad T = 1\text{s}, 0.2\text{s}$$

试用双线性变换法离散化，并比较 $D(s)$ 与 $D(z)$ 的频率特性。

解 依式(5-21)，有

$$D(z) = \frac{1}{s^2 + 0.8s + 1}\bigg|_{s=\frac{2}{T}\frac{z-1}{z+1}} = \frac{1}{\left(\frac{2}{T}\frac{z-1}{z+1}\right)^2 + 0.8\left(\frac{2}{T}\frac{z-1}{z+1}\right) + 1}$$

$$= \frac{T^2(z+1)^2}{(4+1.6T+T^2)z^2 - (8-2T^2)z + (4-1.6T+T^2)}$$

当 $T=1$s 时，

$$D_1(z) = \frac{0.1515(z+1)^2}{z^2 - 0.9091z + 0.5152}$$

当 $T=0.2$s 时，

$$D_2(z) = \frac{0.0092(z+1)^2}{z^2 - 1.8165z + 0.8532}$$

实际上，采用双线性变换，也可以直接利用 MATLAB 软件中相应命令完成。

```
num = [1]; den = [1 0.8 1];
[n,d] = c2dm(num,den,1,'tustin') % T = 1s
```

运行结果为：

```
n = [0.1515 0.3030 0.1515]
d = [1.0000 -0.9091 0.5152];
```

类似还可求得 $T=0.2$s 时的 $D_2(z)$：

```
n = [0.0092 0.0183 0.0092]
d = [1.0000 -1.8165 0.8532]。
```

单位阶跃响应的仿真结果如图 5-13 所示。

时域仿真结果表明，$T=1$s 时的单位阶跃响应与连续系统响应(见图 5-5(a))接近，$T=0.2$s 时的单位阶跃响应与连续系统响应非常接近，这表明该方法精度较高。

频率响应曲线如图 5-14 所示。从中可见，当 $T=1$s 时，连续环节与离散环节幅频特性相差较大(实线为连续环节幅频)特性，仅当频率较低时，两者接近。当 $T=0.2$s 时，连续环节与离散环节幅频特性非常一致。另外从图中还可看到，双线性变换的离散环节，其频率特性消除了混叠，当 $\omega=\omega_s/2$ 时，幅频特性变为零。

MATLAB 频率特性计算程序如下：

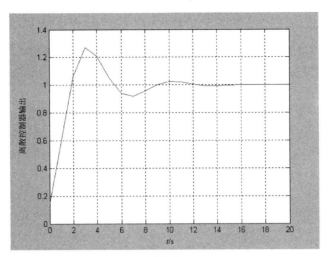

(a) $T=1s$

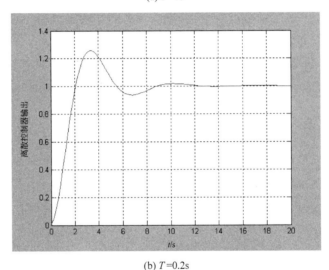

(b) $T=0.2s$

图 5-13 单位阶跃响应

```
w = 0:0.01:10;
num1 = [0.1515 0.3030 0.1515]; den1 = [1 -0.909 0.5132];
[m1,p1] = dbode(num1,den1,1,w);
num0 = [1]; den0 = [1 0.8 1];
[m0,p0] = bode(num0,den0,w);
figure(1)
plot(w,m0,'-',w,m1,'--'),title('BodeDiagrams'),xlabel('Frequency(rad/s)'),
ylabel('Magnitude(dB)') grid;
```

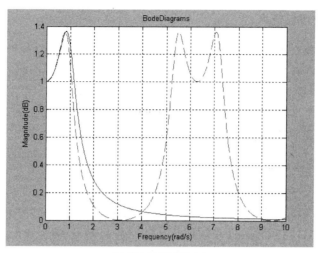

(a) $D(s)$ 与 $D(z)(T=1s)$

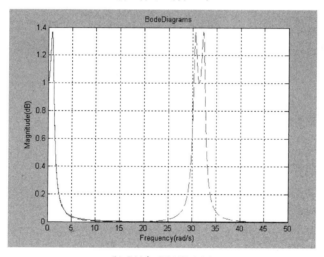

(b) $D(s)$ 与 $D(z)(T=0.2s)$

图 5-14 例 5-3 控制器的连续系统和离散系统的幅频特性

```
w = 0:0.01:50;
num0 = [1]; den0 = [1 0.8 1];
[m0,p0] = bode(num0,den0,w);
num1 = [0.0092 0.0184 0.0092]; den1 = [1 -1.8165 0.8532];
[m2,p2] = dbode(num1,den1,0.2 ,w);
figure(2)
plot(w,m0,'-',w,m2,'--'),title('BodeDiagrams'),xlabel('Frequency(rad/s)'),
ylabel('Magnitude(dB)') grid
```

4. 修正双线性变换

双线性变换产生了频率轴的非线性畸变,从而导致了频率特性的畸变。若某些系统要求保证在某个特征频率(如陷波器的陷波频率等)处离散后频率特性不变,则需要采用修正双线性变换。

(1) 离散化方法

连续域传递函数为 $D(s)$,则修正双线性变换法为:

$$D(z) = D(s) \Big|_{s=\frac{\omega_1}{\tan(\omega_1 T/2)} \cdot \frac{z-1}{z+1}} \tag{5-35}$$

式中 ω_1 是设计者选定的特征角频率。

上述变换关系是依据连续域与双线性变换后频率的非线性关系,首先修正原连续域传递函数,然后再进行双线性变换的结果。如取 $D(s)=1/s$,令 ω_1 为特征角频率,为了保证在 ω_1 处频率特性不变,依式(5-32),ω_1 应修改为 ω_A:

$$\omega_A = \frac{2}{T} \tan \frac{\omega_1 T}{2}$$

这相当于在原传递函数中引入一个比例因子 ω_1/ω_A,因此原传递函数修改为:

$$D^*(s) = \frac{\omega_A}{\omega_1 s} = \frac{\frac{2}{T}\tan(\omega_1 T/2)}{\omega_1 s}$$

依该式进行双线性变换

$$D(z) = \frac{\frac{2}{T}\tan(\omega_1 T/2)}{\omega_1 s} \Big|_{s=\frac{2}{T}\frac{z-1}{z+1}} = \frac{1}{\frac{\omega_1}{\tan(\omega_1 T/2)} \cdot \frac{z-1}{z+1}} \tag{5-36}$$

与 $D(s)=1/s$ 比较,可得

$$s = \frac{\omega_1}{\tan(\omega_1 T/2)} \cdot \frac{z-1}{z+1} \tag{5-37}$$

实际上,在 ω_1 处 $D(s)$ 连续域频率特性为 $D(\mathrm{j}\omega_1)=1/\mathrm{j}\omega_1$,而修正双线性变换 $D(z)$ 的频率特性为

$$D(\mathrm{e}^{\mathrm{j}\omega_1 T}) = \frac{\tan(\omega_1 T/2)}{\omega_1} \cdot \frac{\mathrm{e}^{\mathrm{j}\omega_1 T}+1}{\mathrm{e}^{\mathrm{j}\omega_1 T}-1} = \frac{\tan(\omega_1 T/2)}{\omega_1} \cdot \frac{1}{\mathrm{j}\tan(\omega_1 T/2)} = \frac{1}{\mathrm{j}\omega_1}$$

可见,$D(\mathrm{j}\omega)$ 和 $D(\mathrm{e}^{\mathrm{j}\omega T})$ 在 ω_1 处相等。

(2) 主要特性

该方法本质上仍为双线性变换法,因此具有双线性变换法的各种特性。但由于采用了频率预修正,故可以保证在 ω_1 处连续频率特性与离散后频率特性相等,即

$$D(\mathrm{e}^{\mathrm{j}\omega_1 T}) = D(\mathrm{j}\omega_1) \tag{5-38}$$

但在其他频率处仍有畸变。

(3) 应用

由于该方法的上述特性,所以主要用于将原连续控制器离散时,要求在某些

特征频率处,离散前后频率特性保持不变的场合。

例 5-4 已知连续控制器传递函数

$$D(s) = \frac{1}{s^2 + 0.8s + 1}, \quad T = 1\text{s}$$

试用预修正双线性变换法离散,设关键频率为 $\omega = \omega_n = 1\text{rad/s}$。

解 依式(5-35),修正双线性变换法离散后,可得

$$D(s) = \frac{1}{s^2 + 0.8s + 1}\bigg|_{s = \frac{\omega_1}{\tan(\omega_1 T/2)} \cdot \frac{z-1}{z+1} = 1.83\frac{z-1}{z+1}} = \frac{0.172z^2 + 0.344z + 0.172}{z^2 - 0.808z + 0.4963}$$

依此可求得连续及离散后的 Bode 图,如图 5-15 所示。其中图 5-15(b)为双线性变换法的 Bode 图(其中实线为连续环节的频率响应曲线),从中可见,在关键频率 $\omega = 1\text{rad/s}$ 处,连续与离散环节的频率响应相差较大。其中图 5-15(a)为修正双线性变换法的 Bode 图,从中可见,在关键频率 $\omega = 1\text{rad/s}$ 处,连续与离散环节的频率响应相等,在其附近,连续与离散环节的频率响应也较接近。

MATLAB 频率特性计算程序如下:

```
w = 0:0.01:2;
den0 = [1 0.8 1]; num0 = [1];
[m0,p0] = bode(num0,den0,w);

figure(1)
num1 = [0.172 0.344 0.172]; den1 = [1 -0.808 0.4963];
[m1,p1] = dbode(num1,den1,1,w); % T = 1s, 'Pretustin'
subplot(2,1,1),plot(w,m0,'-',w,m1,'--'),title('Bode Diagrams'),
xlabel('Frequency(rad/s)'),ylabel('Magnitude(dB)')
grid
subplot(2,1,2),plot(w,p0,'-',w,p1,'--'),xlabel('Frequency(rad/s)'),
ylabel('phase(deg)')
grid

figure(2)
num2 = [0.1515 0.3030 0.1515]; den2 = [1 -0.9091 0.5152];
[m2,p2] = dbode(num2,den2,1,w); % T = 1s, 'tustin'
subplot(2,1,1),plot(w,m0,'-',w,m2,'--'),title('Bode Diagrams'),
xlabel('Frequency(rad/s)'),ylabel('Magnitude(dB)')
grid
subplot(2,1,2),plot(w,p0,'-',w,p2,'--'),xlabel('Frequency(rad/s)'),
ylabel('phase(deg)')
grid
```

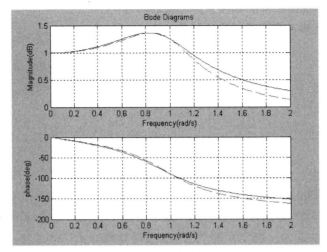

(a) 修正双线性变换法

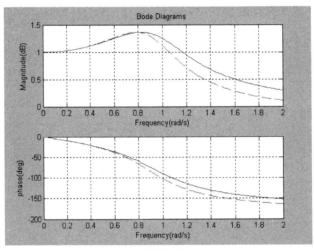

(b) 双线性变换法

图 5-15 双线性、修正双线性变换法 Bode 图

5. 零极点匹配法

系统的零极点位置决定了系统的性能。z 变换时 s 平面和 z 平面的极点是依 $z=e^{sT}$ 关系对应的。如第 3 章所述，零点并不存在这种对应关系。所谓零极点匹配法就是将 $D(s)$ 的零点和极点均按 $z=e^{sT}$ 关系一一对应地映射到 z 平面上，所以又称其为匹配 z 变换法。

(1) 离散化方法

$$D(s) = \frac{k \prod_m (s + z_i)}{\prod_n (s + p_i)} \xrightarrow{z = e^{sT}}$$

$$D(z) = \frac{k_1 \prod_m (z - e^{-z_i T})}{\prod_n (z - e^{-p_i T})} (z+1)^{n-m}$$

(5-39)

式(5-39)表明：

- 零、极点分别按 $z = e^{sT}$ 变换；
- 若分子阶次 m 小于分母阶次 n，即表明在 $s = \infty$ 处有零点，则将该零点映射在 $z = -1$ 处。因为，在 z 平面上，最高的频率为 $\omega_s/2$，它对应 $z = -1$ 点。所以，离散变换时，在 $D(z)$ 分子上加 $(z+1)^{n-m}$ 因子；类似地，若分母阶次低于分子阶次，即分母有位于 $s = \infty$ 处极点时，则将其映射为 $z = -1$ 处的极点；
- $D(z)$ 的增益 k_1 按 $D(s)|_{s=0} = D(z)|_{z=1}$ 来匹配。若 $D(s)$ 分子有 s 因子，则可依据高频段增益相等的原则确定增益 k_1，即 $|D(s)|_{s=\infty}| = |D(z)|_{z=-1}|$。也可选择某关键频率 ω_1 处的幅频相等，即

$$|D(j\omega_1)| = |D(e^{j\omega_1 T})|$$

(5-40)

来确定 $D(z)$ 的增益 k_1。

(2) 主要特性

① 零极点匹配法要求对 $D(s)$ 分解为零极点形式，且需要进行稳态增益匹配，因此使用不够方便。

② 由于该变换是基于 z 变换进行的，所以可以保证 $D(s)$ 稳定，$D(z)$ 一定稳定。

③ 当 $D(s)$ 分子阶次比分母低时，在 $D(z)$ 分子上匹配有 $(z+1)$ 因子，可获得双线性变换的效果，即可防止频率混叠。

如果由于某种原因，希望控制器单位脉冲有一步延迟（如考虑控制器实时计算的延迟），则可以将一个 $s = \infty$ 的零点映射为 $z = \infty$ 的零点，其他 $s = \infty$ 的零点映射为 $z = -1$ 的零点，此时离散环节分子将比分母低一阶。MATLAB 工具箱中零极点匹配指令，即采用这种方法配置其零点。

例 5-5 已知连续控制器传递函数

$$D(s) = \frac{1}{s^2 + 0.8s + 1}, \quad T = 1s$$

试用零极点匹配法进行离散。

解 依据零极点匹配规则，首先应进行因式分解。由于该极点为复数，求得复数根为

$$s_{1,2} = -0.4000 \pm j0.9165$$

极点映射在 z 平面为

$$z_{1,2} = e^{(-0.4\pm j0.9165)T} = 0.67\angle \pm 0.9165 \text{rad} = 0.408 \pm j0.5313$$

连续传递函数有两个位于无限远的零点，故其映射为 $(z+1)^2$，所以

$$D(z) = \frac{k_1(z+1)^2}{(z-0.408-j0.5313)(z-0.408+j0.5313)}$$

$$= \frac{k_1(z^2+2z+1)}{z^2-0.816z+0.4488}$$

确定稳态增益

$$D(s)|_{s=0} = D(z)|_{z=1}, \frac{k_1(1+2+1)}{1-0.816+0.4488} = 1$$

$$k_1 = 0.6328/4 = 0.1582$$

最后可得

$$D(z) = \frac{0.1582z^2+0.3164z+0.1582}{z^2-0.816z+0.4488}$$

利用 MATLAB 工具箱中零极点匹配指令：

```
sysc = tf([1],[1 0.8 1]);
sysd = c2d(sysc,1,'matched')
```

离散，可得：

$$D(z) = \frac{0.3167z+0.3167}{z^2-0.8159z+0.4493}$$

可见零点数少一个。

频率响应曲线如图 5-16 所示。图中实线为连续环节响应曲线，虚线为双零点环节曲线，点划线为单零点环节曲线。从图中可见，零极点匹配法均可消除混叠，但采用单零点匹配时其相位延迟较大。

MATLAB 频率特性计算程序如下：

```
w = 0:0.01:5;
den2 = [1 - 0.8159 0.4493];
num2 = [0.3167 0.3167];
den0 = [1 0.8 1];
num0 = [1];
den1 = [1 - 0.816 0.4488];
num1 = [0.1582 0.3164 0.1582];
[m1,p1] = dbode(num1,den1,1,w);
[m0,p0] = bode(num0,den0,w);
[m2,p2] = dbode(num2,den2,1,w);
subplot(2,1,1),plot(w,m0,'-',w,m1,'--',w,m2,'-.'),title('BodeDiagrams'),
xlabel('Frequency(rad/s)'),ylabel('Magnitude(dB)')
```

```
subplot(2,1,2),plot(w,p0,'-',w,p1,'--',w,p2,'-.'),xlabel('Frequency(rad/s)'),
ylabel('phase(deg)')
grid
subplot(2,1,1),plot(w,m0,'-',w,m1,'--',w,m2,'-.'),title('BodeDiagrams'),
xlabel('Frequency(rad/s)'),ylabel('Magnitude(dB)')
grid
```

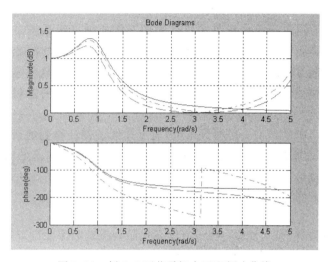

图 5-16　例 5-5 环节零极点匹配频响曲线

6. 其他方法

除上述介绍的几种方法外，还有其他一些方法，如 z 变换法、带保持器的 z 变换法等。

(1) z 变换法（脉冲响应不变法）

$$D(z) = \mathscr{Z}[D(s)]$$

这种方法可以保证连续与离散环节脉冲响应相同，但由于 z 变换比较麻烦，多个环节串联时无法单独变换以及产生频率混叠和其他特性变化较大，所以应用较少。

(2) 带保持器的 z 变换

① 带零阶保持器 z 变换法（阶跃响应不变法）

$$D(z) = \mathscr{Z}\left[\frac{1-e^{-sT}}{s}D(s)\right]$$

应注意，这里的零阶保持器是假想的，并没有物理的零阶保持器。这种方法可以保证连续与离散环节阶跃响应相同，但由于要进行 z 变换，同样具有 z 变换法的一系列缺点，所以应用亦较少。

② 一阶保持器 z 变换法（斜坡响应不变法）

在连续网络前串入一阶保持器的传递函数，然后进行 z 变换。由于一阶保持器在采样间隔内输出是线性变化的，因此，可以保证环节输入为斜坡信号时，连续环节及离散环节的响应是相同。由于和零阶保持器 z 变换法类似的原因，这种方法应用的较少。

7. 应用举例

现代飞机普遍采用电传操纵系统代替原来的机械操纵系统。电传操纵系统是一种计算机控制的闭环系统。目前飞机电传操纵系统的控制规律通常是采取经典或现代控制方法在连续域内设计，得到的控制规律通过软件编程在计算机内实现。为此，需要将设计所得的控制规律离散化，变成离散的控制器。现举例加以说明。

现已知某飞机的俯仰电传操纵系统，通过连续域设计得到的系统结构图如图 5-17 所示。要求选用合适的离散化方法将所有的控制器传递函数离散化，并通过仿真方法检查离散系统的保真特性。图中

$$D_2(s) = \frac{s^2 + 6.28s + 3943}{s^2 + 75.4s + 3943}$$

是一种陷波滤波器，是为滤除 $f_1 = 10\text{Hz}$ 飞机结构振荡频率而设置的。此外，正常控制器为比例＋积分环节。拖动舵面偏转的执行机构（通常称为舵机）用极点为 -20 的一阶非周期环节近似。

图 5-17 飞机俯仰电传操纵系统结构图

解 （1）依前述介绍的离散化步骤，首先应选择合适的采样周期，依照一般原则（见第 7 章）和经验，可选 $T=0.025\text{s}(f_s=40\text{Hz})$。

（2）检查零阶保持器对系统性能的影响

原连续系统的开环频率特性如图 5-18 所示。系统的相位稳定裕度为 $\gamma_m = 70°(\omega_c = 1.61\text{rad/s})$。

当变为计算机控制系统时，需引入 ZOH，它在系统截止频率处所引入的相位滞后约为 $\Delta\varphi = -\omega_c T/2 = -1.61 \times 0.025 \times 57.3/2 = -1.15°$，对系统的稳定裕度影响很小，所以不必对原控制器进行修正。

（3）根据控制器选择合适的离散化方法

对本系统，$D_1(s) = (2 + 0.02/s)$ 是一常规控制器，主要表现为低频特性，为了保证较高的离散化精度，选用双线性变换法较好（向后差分法也可行）。

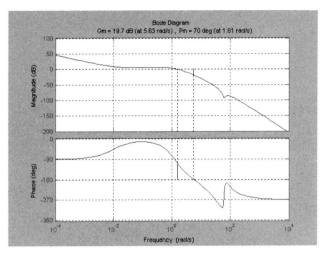

图 5-18 原连续系统的开环频率特性

对于结构陷波器 $D_2(s)=\dfrac{s^2+6.28s+3943}{s^2+75.4s+3943}$，由于它要求在给定的陷波频率 $\omega_1=62.8\text{rad/s}$ 处实现信号的极大衰减，依前述介绍的各种方法可见，对该环节应采用修正双线性变换法，从而可以较好地在指定的陷波频率处保持频率特性不变。

具体离散结果如下：离散化运算可以由手工运算完成。也可以利用 MATLAB 软件中的符号语言，编制一段小程序，由计算机自动完成。

$$D_1(z)=\frac{U_1(z)}{E(z)}=\left(2+\frac{0.02}{s}\right)\bigg|_{s=\frac{2}{T}\frac{z-1}{z+1}}=\frac{2.00025(1-0.9998z^{-1})}{1-z^{-1}}$$

所以 $\quad u_1(k)=2.00025e(k)-1.9998e(k-1)+u_1(k-1)$

$$D_2(z)=\frac{U_2(z)}{U_1(z)}=\frac{s^2+6.28s+3943}{s^2+75.4s+3943}\bigg|_{s=\frac{\omega_1(z-1)}{\tan\left(\frac{\omega_1 T}{2}\right)(z+1)}}$$

$$=\frac{0.656(1-0.00171z^{-1}+0.905z^{-2})}{(1-0.00112z^{-1}+0.25z^{-2})}$$

所以 $\quad u_2(k)=0.656[u_1(k)-0.00171u_1(k-1)+0.905u_1(k-2)]$
$\qquad\qquad +0.00112u_2(k-1)-0.25u_2(k-2)$

陷波器连续及离散频率特性如图 5-19 所示。

图 5-19 中实线为连续陷波器频率特性。从中可见，在所要求的陷波频率 $\omega_1=62.8\text{rad/s}$ 处，连续及离散频率特性相同。但在其他频率处仍有较大差别，在高频处离散频率特性向低频部分压缩。

依据已离散化的 $D_1(z)$ 及 $D_2(z)$，利用 Simulink 软件进行仿真，飞机迎角的阶跃响应曲线如图 5-20 所示。其中点划线为离散系统仿真曲线，实线为连续系统仿真曲线。比较可见，离散化的精度较好。

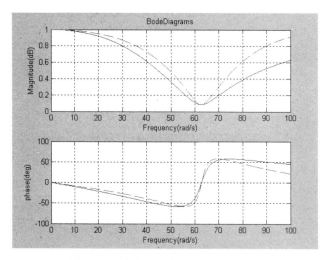

图 5-19 陷波器连续及离散频率特性

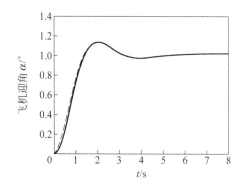

图 5-20 纵向电传操纵系统迎角仿真结果

MATLAB 频率特性计算程序如下:

```
w = 0:0.01:100;
num2 = [0.656 -0.001122 0.59368];
den2 = [1 -0.00112 0.25];
den0 = [1 75.4 3943];
num0 = [1 6.28 3943];
[m0,p0] = bode(num0,den0,w);
[m2,p2] = dbode(num2,den2,0.025,w);
subplot(2,1,1),plot(w,m0,'-',w,m2,'--'),title('BodeDiagrams'),
xlabel('Frequency(rad/s)'),ylabel('Magnitude(dB)')
grid
subplot(2,1,2),plot(w,p0,'-',w,p2,'--'),xlabel('Frequency(rad/s)'),
ylabel('phase(deg)')
grid
```

上述 $D_1(s)$ 及 $D_2(s)$ 的双线性变换的 MATLAB 软件中的符号语言程序如下：

```matlab
% 比例 + 积分环节
d = sym('2 + 0.02/ss');            % 定义连续传递函数 D(s)
T = 0.025;                          % 定义采样周期
s = sym('2/T*(z-1)/(z+1)');         % 定义 Tustin 变换式
ss = subs(s)                        % s 中代入 T
dz = subs(d)                        % d 中代入 Tustin 变换式
xx = simplify(dz)                   % 化简符号表达式
[n1,d1] = numden(xx)                % 求分子分母表达式
disp('D(z) = n2/d2');               % 屏幕显示 z 的传递函数
% 显示传递函数,表示为 s 的传递函数,实际为 z 的传递函数
n2 = sym2poly(n1)                   % 分子符号表达式变为多项式形式
d2 = sym2poly(d1)                   % 分母符号表达式变为多项式形式
chuan1 = tf(n2,d2)                  % 显示传递函数
% 陷波器
% symbel operatin for tustin tranform;D(z) = D(s)|s=2/T*(z-1)/(z+1)
clear
w1 = 62.8;T = 0.025;                % 定义采样周期
d = sym('(ss^2 + 6.28*ss + 3943.8)/(ss^2 + 75.38*ss + 3943.8)');
                                    % 定义连续传递函数 D(s)
s = sym('(w1/tan(w1*T/2))*(z-1)/(z+1)');
                                    % 定义修正 Tustin 变换式
ss = subs(s);                       % w1,T 代入 Tustin 变换式
dz = subs(d);                       % d 中代入 Tustin 变换式
xx = simplify(dz);                  % 化简符号表达式
[n1,d1] = numden(xx);               % 求分子分母表达式
n2 = sym2poly(n1)                   % 分子符号表达式变为多项式形式
d2 = sym2poly(d1)                   % 分母符号表达式变为多项式形式
disp = ('D(z) = k*(n4(1)*z^2 + n4(2)*z + n4(3)/d3(1)*z^2 + d3(2)*z + d3(3)');
                                    % 屏幕显示 z 的传递函数
n3 = n2/d2(1);                      % 求分子多项式,代入常数项
k = n3(1)
n4 = n3/k
d3 = d2/d2(1)                       % 求分母多项式
chuan1 = tf(n3,d3)                  % 显示传递函数
```

5.2 数字 PID 控制器设计

在连续控制系统中，PID 控制算法得到了广泛的应用，是技术最成熟的控制规律。相当多的工业对象，都利用 PID 进行控制，并能获得较为满意的结果。在连续模拟式控制系统中，PID 控制律是采用不同的模拟元件实现的。在现代计算机控制系统中，PID 控制算法将由计算机软件实现。由于计算机软件的灵活性，利用计算机实现 PID 控制具有许多优点，可以将 PID 算法修改得更为合理，得到许多考虑了实际要求的改进算法；同时对于参数的在线整定和修改更为方便，朝着更加灵活和智能化的方向发展。此外，计算机还能实现数据处理、显示、报警和打印等功能，便于管理和操作。所以，用计算机实现数字 PID 算法获得了广泛的应用。

5.2.1 数字 PID 基本算法

1. 模拟 PID 控制算法的离散化

模拟 PID 控制器的基本算式为

$$u(t) = K_P \left(e(t) + \frac{1}{T_I} \int e(t) \mathrm{d}t + T_D \frac{\mathrm{d}e(t)}{\mathrm{d}t} \right) \tag{5-41}$$

$$D(s) = \frac{U(s)}{E(s)} = K_P \left(1 + \frac{1}{T_I s} + T_D s \right) \tag{5-42}$$

对式(5-41)离散化，可以采用前述各种方法进行。在工业应用中，习惯上，将式中各项近似离散为

$$t \approx kT \quad k = 0, 1, 2, \cdots$$
$$e(t) \approx e(kT)$$
$$\int e(t) \mathrm{d}t \approx \sum_{j=0}^{k} e(jT) T = T \sum_{j=0}^{k} e(jT)$$
$$\frac{\mathrm{d}e(t)}{\mathrm{d}t} \approx \frac{e(kT) - e[(k-1)T]}{T}$$

为书写方便，凡采样时间序列 kT 均用 k 简化表示，则式(5-41)离散为

$$\begin{aligned} u(k) &= K_P \{ e(k) + \frac{T}{T_I} \sum_{j=0}^{k} e(j) + \frac{T_D}{T} [e(k) - e(k-1)] \} \\ &= K_P e(k) + K_I \sum_{j=0}^{k} e(j) + K_D [e(k) - e(k-1)] \end{aligned} \tag{5-43}$$

式中 $K_I = K_P \frac{T}{T_I}$，$K_D = K_P \frac{T_D}{T}$。

通常，计算机输出的控制指令 $u(k)$ 是直接控制执行机构（如控制流量的阀门），$u(k)$ 的值与执行机构输出的位置（如阀门的开度）相对应，所以，将式(5-43)称为 PID 的位置算法。按位置算法构成的计算机控制系统如图 5-21(a)所示。工业应用时，采用 PID 位置算法是不够方便和有缺欠的。由于要累加误差，占用内存较多，并且安全性较差。由于计算机输出的 $u(k)$ 直接对应的是执行机构的实际位置，如果一旦计算机出现故障，$u(k)$ 的大幅度变化会引起执行机构位置的突变，在某些场合下，就可能造成重大的生产事故。考虑到这种情况，在工业应用中，还采用一种增量式算法。

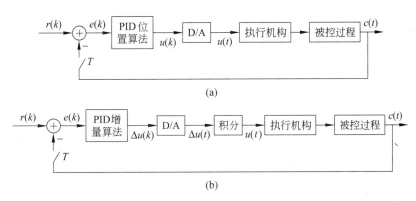

图 5-21 PID 计算机控制系统

2. PID 的增量式算法

增量式算法是位置算法的一种改进。由式(5-43)可以得到 $(k-1)$ 次的 PID 输出表达式

$$u(k-1) = K_P e(k-1) + K_I \sum_{j=0}^{k-1} e(j) + K_D [e(k-1) - e(k-2)] \quad (5\text{-}44)$$

由式(5-43)与式(5-44)可得

$$\begin{aligned}\Delta u(k) &= u(k) - u(k-1) \\ &= K_P[e(k) - e(k-1)] + K_I e(k) \\ &\quad + K_D[e(k) - 2e(k-1) + e(k-2)]\end{aligned} \quad (5\text{-}45)$$

该式为增量式 PID 算法。计算机仅输出控制量的增量 $\Delta u(k)$，它仅对应执行机构（如阀门）位置的改变量，故称增量式算法，又称速率式算法。增量式算法比位置式算法应用得更普遍些，主要的原因是增量式算法具有下述优点：

(1) 该方法较为安全。因为一旦计算机出现故障。输出控制指令为零时，执行机构的位置（如阀门的开度）仍可保持前一步的位置，不会给被控对象带来较大的扰动。

(2) 该方法在计算时不需要进行累加，仅需最近几次误差的采样值。从式(5-45)可见，控制量的增量计算非常简单，通常采用平移法将历史数据 $e(k-1)$ 和

$e(k-2)$ 保存起来,即可完成计算。

增量式算法带来的主要问题是,执行机构的实际位置也就是控制指令全量 $u(k)=\sum\Delta u(j)$ 的累加需要用计算机外的其他的硬件(如步进电机)实现,如图 5-21(b)所示。因此,如果系统的执行机构具有这种功能,采用增量算法是很方便的。即使需要位置输出,利用 $u(k)=u(k-1)+\Delta u(k)$ 也可以方便地求得,而 $u(k-1)$ 同样也可以用平移法保存。

将式(5-45)进一步整理,可得下式

$$\Delta u(k) = K_P[(1+T/T_I+T_D/T)e(k) \\ - (1+2T_D/T)e(k-1)+(T_D/T)e(k-2)] \\ = K_P[Ae(k)-Be(k-1)+Ce(k-2)] \quad (5\text{-}46)$$

式中 $A=(1+T/T_I+T_D/T)$,$B=(1+2T_D/T)$,$C=T_D/T$。从式(5-46)可见,增量式算法的实质,就是根据误差三个时刻采样值,适当加权计算求得的,调整加权值 A、B、C 即可获得不同的控制品质和精度。

3. PID 算法中的数值积分问题

在位置和增量算法中,积分控制是采用矩形积分近似的。人们自然会想到,如果采用较精确的数值积分方法,如梯形积分时,情况又如何呢?若采用梯形积分,则位置算法为

$$u(k) = K_{P1}\left\{e(k)+\frac{T}{T_{I1}}\sum_{j=0}^{k}\frac{e(j)+e(j-1)}{2}+\frac{T_{D1}}{T}[e(k)-e(k-1)]\right\}$$
(5-47)

式中 K_{P1},T_{I1},T_{D1} 分别表示新取的传递系数、积分时间常数和微分时间常数。在 $(k-1)$ 时刻

$$u(k-1) = K_{P1}\left\{e(k-1)+\frac{T}{T_{I1}}\sum_{j=0}^{k-1}\frac{e(j)+e(j-1)}{2}+\frac{T_{D1}}{T}[e(k-1)-e(k-2)]\right\}$$
(5-48)

式(5-47)与式(5-48)两式相减,可得增量算法为

$$\Delta u(k) = u(k)-u(k-1) \\ = K_{P1}\left\{[e(k)-e(k-1)]+\frac{T}{2T_{I1}}[e(k)+e(k-1)] \\ +\frac{T_{D1}}{T}[e(k)-2e(k-1)+e(k-2)]\right\}$$

整理后,又可写成

$$\Delta u(k) = K_{P1}[A_1 e(k)-B_1 e(k-1)+C_1 e(k-2)] \quad (5\text{-}49)$$

式中 $A_1=(1+T/2T_{I1}+T_{D1}/T)$,$B_1=(1-T/2T_{I1}+2T_{D1}/T)$,$C_1=T_{D1}/T$。

比较式(5-49)与式(5-46)可见,两种积分算法所得增量算式形式相同。如果按式(5-49)调整各项加权系数,其结果也就相当于精度较好的梯形法数值积分。

由于工业控制中 PID 参数是现场调试的,只要调整得合适,很难说是按梯形积分还是按矩形积分计算的。

5.2.2 数字 PID 控制算法改进

前述 PID 基本算法是由连续 PID 控制算法直接演变过来的。由于计算机具有很强的信息处理及逻辑判断的能力,因此可以在 PID 基本算法的基础上做许多改进,对生产过程实现更有效和质量更高的控制。

1. 抗积分饱和算法

(1) 积分饱和的原因及影响

控制系统在开工、停工或大幅度改变给定值时,系统输出会出现较大的偏差,不可能在短时间内消除,经过 PID 算法中积分项的积累后,可能会使控制作用 $u(k)$ 很大,甚至超过执行机构由机械或物理性能所确定的极限,即控制量达到了饱和。当控制量达到饱和后,闭环控制系统相当于被断开,积分器输出可能达到非常大的数值。当误差最终被减小下来时,积分可能会变得相当大,以至于要花相当长的时间,积分才能回到正常值。这种现象使控制量不能根据被控量的误差按控制算法进行调节,从而影响控制效果。其中最明显的结果是,系统超调增大,响应延迟。

图 5-22(a)、(b)、(c)是某 PI 调节系统的仿真曲线。其中,图 5-22(a)是在小信号控制下,积分器没有饱和的响应曲线。从图中可见,开始时,输入信号有一个单位阶跃变化,产生较大的偏差,控制器输出的控制量也开始增加,从而 $u(k)$ 很快上升,然而在相当一段时间内,由于 $e(k)$ 较大,控制作用 $u(k)$ 保持上升状况。仅当 $e(k)$ 减小到某个值时,$u(t)$ 不再增加,开始下降。当 $c(t)=r(t)$ 时,$e(k)=0$,但 $u(k)$ 仍然很大,所以,$c(t)$ 继续上升,出现超调。$e(k)$ 变负,使积分项下降较快,$u(k)$ 减小。当 $c(t)$ 下降,小于 $r(t)$ 时,$e(t)$ 又变为正值,使积分项又有所回升。最后,$c(t)$ 趋于稳态,$e(k)$ 趋于零,$u(k)$ 趋于某个稳态值。这也是积分控制容易使控制出现超调的一种简单的解释。

图 5-22(b)是控制饱和值不变,但系统给定值加大,使控制作用出现饱和时的仿真曲线。图 5-22(c)是系统在同样给定值时,控制作用没有饱和限制时的仿真曲线。比较这两条曲线,可以清楚地看到,控制作用的饱和使被控量超调增大,响应减缓。分析其原因,从响应曲线上可以看到,由于给定值加大,开始时误差极大,使控制作用 $u(k)$ 很快即进入饱和区。由于 $u(k)$ 已为最大值,系统响应比没有饱和限制时的响应慢得较多,误差 $e(k)$ 在较长时间内保持较大的正值,于是使积分器又有较大的积累值。当输出 $c(t)$ 达到给定值后,控制作用使它继续上升。之后 $e(k)$ 变负,误差的积累不断变小,但由于前段积累得太多,只有经过较长时间

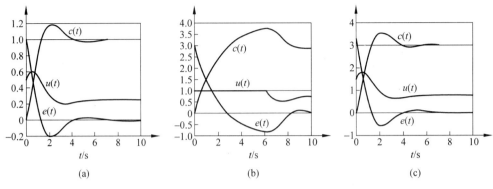

图 5-22 积分饱和曲线

后,才能使 $u(k)$ 退出饱和区,使系统回到正常控制状态。可见,PID 运算的"饱和"主要是积分项引起的,因此,称这种饱和为"积分饱和"。

(2) 积分饱和抑制

有许多克服积分饱和的方法,本书介绍其中应用较多的几种方法。

① 积分分离法:系统加入积分控制的主要作用是提高稳态精度,减少或消除误差。基于积分的这种作用,积分分离法的基本控制思想是,当偏差大于某个规定的门限值时,取消积分作用;只有当误差小于规定门限值时才引入积分作用,以消除误差。

将式(5-43)改写为下述形式

$$u(k) = K_P e(k) + \alpha K_I \sum_{j=0}^{k} e(j) + K_D[e(k) - e(k-1)] \quad (5-50)$$

当 $e(k) \leqslant \varepsilon$ 值,$\alpha=1$;当 $e(k) > \varepsilon$ 值,$\alpha=0$。ε 为规定的门限值。门限值的选取对克服积分饱和有重要影响,可通过仿真或实验选取。图 5-23 是积分分离法仿真结果,其中虚线为无积分分离的响应曲线,实线为有积分分离的响应曲线。

② 遇限削弱积分法:这种方法的基本思想是,当控制量进入饱和区后,只执行削弱积分项的累加,而不进行增大积分项的累加。为此,系统在计算 $u(k)$ 时,先判断 $u(k-1)$ 是否超过门限值。若超过某个方向门限值时,积分只累加反方向的 $e(k)$ 值。具体算式为

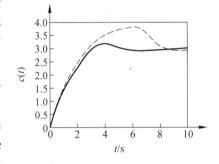

图 5-23 积分分离法

若 $u(k-1) \geqslant u_{max}$ 且 $e(k) \geqslant 0$,不进行积分累加;
若 $e(k) < 0$,进行积分累加。

若 $u(k-1) \leqslant u_{min}$ 且 $e(k) \leqslant 0$,不进行积分累加;
若 $e(k) > 0$,进行积分累加。

③ 饱和停止积分法：这种方法的基本思想是，当控制作用达到饱和时，停止积分器积分，而控制器输出未饱和时，积分器仍正常积分。这种方法简单易行，但不如上一种方法容易使系统退出饱和。具体算法是：

若 $|u(k-1)| \geqslant u_{max}$，不进行积分运算；

若 $|u(k-1)| < u_{max}$，进行积分运算。

④ 反馈抑制积分饱和法：图 5-24 表示了一种利用反馈抑制积分饱和的方案。从图中可见，测量执行机构的输入与输出，并形成误差 e_s，将该信号经过增益 $1/T_t$ 反馈至积分器输入端，降低积分器输出。当执行机构未饱和时，$e_s=0$，当执行机构饱和时，附加反馈通道使误差信号 e_s 趋于零，使控制器输出处于饱和极限。该方案要求系统可以测量执行机构的输出。如果无法测量执行机构的输出，可以在执行机构之前加入执行机构带饱和限幅的静态数学模型，利用该模型形成误差 e_s，并构成附加反馈通道。

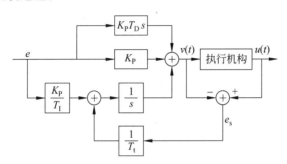

图 5-24　反馈抑制积分饱和法

2. 防积分整量化误差的方法

当采样周期较小而积分时间常数较大时，积分项 $Te(k)/T_I$ 的数值很小，有可能使微型机二进制数字最低位无法表示，产生整量化误差，发生积分项丢失的现象。为了防止积分项由于数的整量化误差所导致的丢失现象，在控制算法及编程方面应采取一定的改进措施。可以从算法方面进行改进，亦可以从编程方面加以改进。其中一种方法是将积分的算法做一些修正。在积分项运算时，可以将其结果用双字长单元存储，若积分项小于单字长时，其积分结果存放在低字节单元中，经过若干次累加后，当其值超过低字节表示时，则在高字节最低位加 1，从而消除了有限字长造成的量化截尾误差。其运算结构图如图 5-25 所示。

3. 微分算法的改进

引入微分改善了系统的动态特性，但由于微分放大噪声的作用，也极易引进高频干扰。因此，在实现 PID 控制时，除了要限制微分增益外，还要对信号进行平滑处理，消除高频噪声的影响。

(1) 不完全微分的 PID 算式

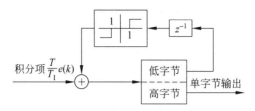

图 5-25　双字节积分累加

不完全微分 PID 算式是仿效模拟式控制系统中纯微分无法实现,而采用带惯性环节的实际微分器。不完全微分的 PID 算法的传递函数为

$$U(s) = \left(K_P + \frac{K_P/T_I}{s} + \frac{K_P T_D s}{1 + T_f s}\right) E(s) \tag{5-51}$$
$$= U_P(s) + U_I(s) + U_D(s)$$

将上式离散得

$$u(k) = u_P(k) + u_I(k) + u_D(k)$$

其中 $u_P(k)$、$u_I(k)$ 没有变化,仅 $u_D(k)$ 有改变

$$U_D(s) = \frac{K_P T_D s}{1 + T_f s} E(s)$$

$$T_f \frac{du_D(t)}{dt} + u_D(t) = K_P T_D \frac{de(t)}{dt}$$

以差分近似代替微分,离散化为

$$u_D(k) + T_f \frac{u_D(k) - u_D(k-1)}{T} = K_P T_D \frac{e(k) - e(k-1)}{T}$$

整理得

$$u_D(k) = \frac{T_f}{T + T_f} u_D(k-1) + K_P T_D \frac{1}{T + T_f} [e(k) - e(k-1)]$$

令 $\alpha = T_f/(T + T_f)$,$T/(T + T_f) = 1 - \alpha$(显见 $\alpha < 1$,$(1-\alpha) < 1$)。所以

$$u_D(k) = \alpha u_D(k-1) + \frac{K_P T_D}{T}(1-\alpha)[e(k) - e(k-1)] \tag{5-52}$$

因此,不完全微分 PID 位置算法为

$$u(k) = K_P e(k) + K_I \sum_{j=0}^{k} e(j) + u_D(k) \tag{5-53}$$

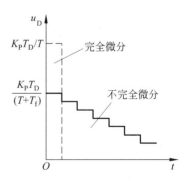

图 5-26　不完全微分的阶跃响应

与基本 PID 算式的差别仅在于微分项系数降低了 $(1-\alpha)$ 倍,并附加了一项 $\alpha u_D(k-1)$。两种 PID 算法的控制作用比较见图 5-26。在 $e(k)$ 发生阶跃突变时,完全微分作用仅在控制作用发生的一个周期内起作用;而不完全微分作用则是按指数规律逐渐衰减到零,可以延续几个周

期,且第一个周期的微分作用减弱。

与基本 PID 增量算式推导方法类似,可以得到不完全微分的增量算式
$$\Delta u(k) = K_P[e(k) - e(k-1)] + K_I e(k) + [u_D(k) - u_D(k-1)]$$

从改善系统动态性能的角度看,不完全微分的 PID 算法除了有滤除高频噪声的作用外,它的控制质量亦较好,因此,在控制质量要求较高的场合,常采用不完全微分的 PID 算法。

(2) 微分先行 PID

微分先行是指把微分运算放在最前面,后面再紧跟比例和积分运算。它有两种结构,见图 5-27。图 5-27(a)是对偏差值微分,也就是对给定值和输出量都有微分作用;图 5-27(b)是只对输出量 $c(t)$ 微分,而不对给定值 $r(t)$ 微分。这种结构适用于给定值频繁升降的场合,可以避免因输入变动而在输出上产生跃变。图中系数 α 应小于 1。依图中所示结构,很容易求得在计算机上实现的差分方程。

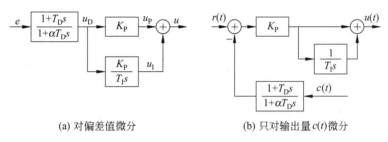

(a) 对偏差值微分   (b) 只对输出量 $c(t)$ 微分

图 5-27 微分先行结构图

4. 带非灵敏区的 PID 控制

在计算机控制系统设计时,有时要求系统不要过于频繁进行调节,以消除过于频繁调整引起系统输出量的波动,如中间容器的液面控制,为此常可采用带不灵敏区的 PID 控制,其结构如图 5-28 所示,控制算法如下:

若 $|e(k)| > \varepsilon$,则 $e_1(k) = e(k)$;

若 $|e(k)| < \varepsilon$,则 $e_1(k) = 0$。

式中 ε 为非灵敏区设置值,可依具体被控过程特性实验决定,其值过大将引起较大滞后和稳态误差,过小则难于达到抑制频繁调整的目的。

图 5-28 带非灵敏区的 PID 控制

5. 自动与手动无扰转换的 PI 算法

工业上通过 PID 控制的被控对象常常有手动与自动两种控制方式，转换时要求实现无扰转换。为此，在实现积分运算时可采用如图 5-29 所示的结构。

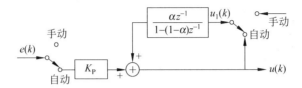

图 5-29 自动与手动无扰转换

从图 5-29 可见，当系统处于自动状态时

$$u(k) = \frac{K_P}{1 - \frac{\alpha z^{-1}}{1-(1-\alpha)z^{-1}}} e(k) = K_P \left(1 + \frac{\alpha z^{-1}}{1-z^{-1}}\right) e(k)$$

显然此为 PI 控制。当开关处于手动位置时，由于 $\frac{\alpha z^{-1}}{1-(1-\alpha)z^{-1}}$ 等于 1，所以 $u(k) = u_1(k)$，从而实现从自动到手动的无扰切换。

5.2.3 PID 调节参数的整定

一个 PID 控制必须选择几个主要参数，如 K_P, T_I, T_D 以及采样周期 T 等。若已知被控对象的数学模型，可以通过理论分析和数学仿真来初步确定。若不知道被控对象的数学模型，进行理论分析和数学仿真就较为困难。

针对工业上被控过程数学模型难于准确知道的实际状态，多年来工业界已积累了一些现场实验整定 PID 参数的方法。由于数字 PID 控制中，采样周期比被控对象的时间常数要小得多，所以是准连续 PID 控制，一般仍袭用连续 PID 控制的参数整定方法。

1. 扩充临界比例度法

这种方法是对连续系统临界比例度法的扩充。适用于具有自平衡能力的被控对象，不需要准确知道对象的特性。具体步骤如下：

(1) 选择一个足够短的采样周期 T。通常可选择采样周期为被控对象纯滞后时间的 1/10。

(2) 用选定的 T 使系统工作。这时，将数字控制器的积分与微分控制取消，只保留比例控制。然后逐步减小比例度 $\delta(1/K_P)$（即增大 K_P），直到系统产生持续等幅振荡。记下此时的临界比例度 $\delta_k(1/K_k)$ 及系统的临界振荡周期 T_k（即振荡波形的两个波峰之间的时间），如图 5-30 所示。

(3) 选择控制度。所谓控制度就是以模拟调节器为基础,将直接数字控制(DDC)的效果与模拟调节器控制的效果相比较,控制效果的评价函数一般采用误差平方积分 $\int_0^\infty e^2(t)\mathrm{d}t$ 来表示。

所以

$$控制度 = \frac{\int_0^\infty [e^2(t)\mathrm{d}t]_{DDC}}{\int_0^\infty [e^2(t)\mathrm{d}t]_{模拟}} \quad (5-54)$$

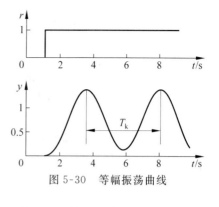

图 5-30 等幅振荡曲线

实际应用中并不需要计算两个误差平方积分。控制度仅表示控制效果这一物理概念。工程经验给出了整定参数与控制度的关系,通常认为控制度为 1.05 时,数字控制与模拟控制效果相当;控制度为 2 时,数字控制效果比模拟控制差得较多。

(4) 根据选定的控制度,按表 5-1 计算采样周期 T 和 PID 的参数 K_P、T_I、T_D 值。

(5) 按计算所得参数投入在线运行,观察效果,如果性能不满意,可根据经验和对 P、I、D 各控制项作用的理解,进一步调节参数,直到满意为止。

表 5-1 扩充临界比例度法整定参数

控制度	控制规律	T/T_k	K_P/K_k	T_I/T_k	T_D/T_k
1.05	PI	0.03	0.53	0.88	—
	PID	0.014	0.63	0.49	0.14
1.20	PI	0.05	0.49	0.91	—
	PID	0.043	0.47	0.47	0.16
1.50	PI	0.14	0.42	0.99	—
	PID	0.09	0.34	0.43	0.20
2.0	PI	0.22	0.36	1.05	—
	PID	0.16	0.27	0.40	0.22

2. 扩充阶跃响应曲线法

扩充阶跃响应曲线法是将模拟调节器响应曲线法推广用于数字 PID 调节器的参数整定,其步骤如下:

(1) 数字控制器不接入系统,将被控对象的被控制量调到给定值附近,并使其稳定下来,然后测出对象的单位阶跃响应曲线。如图 5-31 所示。

(2) 在对象响应曲线的拐点处作一切线,求出纯滞后时间 τ 和时间常数 T_m 以及它们的比值 T_m/τ。

(3) 选择控制度。

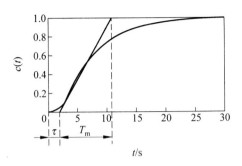

图 5-31 对象的响应曲线

(4) 查表 5-2 求得 PID 的参数 T、K_P、T_I 和 T_D 值。

表 5-2 扩充阶跃响应曲线法 PID 参数

控制度	控制规律	T/τ	$K_P/(T_m/\tau)$	T_I/τ	T_D/τ
1.05	PI	0.10	0.84	3.4	—
	PID	0.05	1.15	2.0	0.45
1.20	PI	0.20	0.78	3.6	—
	PID	0.16	1.0	1.9	0.55
1.50	PI	0.5	0.68	3.9	—
	PID	0.34	0.85	1.62	0.65
2.0	PI	0.80	0.57	4.2	—
	PID	0.60	0.60	1.50	0.82

这种方法可以用于被控过程除了是固有非最小相位环节之外的阶跃响应是单调的或本质是单调的系统。

3. 试凑法确定 PID 参数

实际系统,即使按上述方法确定参数后,系统性能也不一定满足要求,也还需要现场进行探索性调整。而有些系统,则可以直接进行现场参数试凑整定。在试凑调整时,应根据 PID 每项对控制性能的影响趋势,反复调整 K_P、T_I 和 T_D 参数的大小。通常,对参数实现先比例,后积分,再微分的整定步骤:

(1) 首先只整定比例部分。将 K_P 由小到大变化,并观察相应的系统响应,直到得到反应快、超调小的响应曲线。如果没有稳态误差或稳态误差已小到允许范围,那么只需用比例控制即可。

(2) 如果在比例控制的基础上稳态误差不能满足要求,则需加入积分控制。整定时首先设置积分时间常数为一较大值,并将第一步确定的 K_P 减小些,然后减小积分时间常数,并使系统在保持良好动态响应的情况下,消除稳态误差。这种调整可以根据动态响应状况,反复改变 K_P 及 T_I 以期得到满意的控制过程。

(3) 若使用 PI 调节器消除了稳态误差,但动态过程仍不满意,则可加入微分环节。在第 2 步整定的基础上,逐步增大 T_D,同时相应地改变 K_P 和 T_I,逐步试凑以获得满意的调节效果。

5.3 控制系统 z 平面设计性能指标要求

计算机控制系统除采用连续域—离散化设计外,还可以直接在离散域进行设计。连续域—离散化设计的主要缺点是,系统的动态性能与采样周期的选择关系极大,若采样周期取得较大,离散后失真大、系统性能难于达到要求。随着人们对离散控制方法研究的加深以及逐渐为工程技术人员所熟悉,直接在离散域设计控制器就越来越受到重视。离散域设计的主要优点是,控制器已是离散的,因此避免了离散化误差。此外,采样周期可以不必选得太小,因为这种方法是在给定采样周期的前提下进行设计的,可以保证系统性能在选定的采样周期下达到品质指标要求。

在离散域进行设计时,由于多数计算机控制系统的被控对象是连续的,设计时所给定的性能指标要求,基本上与连续系统设计时相同。因此,若在 z 平面上直接进行离散系统设计,需要考虑如何将连续系统的性能指标转换为 z 平面的描述。

5.3.1 时域性能指标要求

控制系统设计时,许多要求是以时域形式给出的。这些指标要求主要有:

(1) 稳定性要求:保证系统稳定是系统正常工作的基础。离散系统的稳定性可以直接利用第 4 章讨论过的方法进行判断和设计。

(2) 系统稳态特性的要求:稳态特性主要是以系统在一定指令信号及干扰信号作用下稳态误差的大小来衡量。影响稳态误差的主要因素是系统的类型及开环放大系数,这与连续系统是类似的。

(3) 系统动态特性要求:动态特性主要以系统单位阶跃响应的升起时间、峰值时间、超调量和调节时间来表示。任意高阶系统动态指标是由系统的零极点分布决定的,并且很难计算。但在很多情况下,高阶系统中都有一对主导极点,这时可把高阶系统近似看作二阶系统来研究。

连续系统主导极点在 s 平面的位置同单位阶跃响应特性有密切关系。设二阶系统传递函数为

$$\Phi(s) = \frac{C(s)}{R(s)} = \frac{\omega_n^2}{s^2 + 2\xi\omega_n s + \omega_n^2} \qquad 0 < \xi < 1 \qquad (5-55)$$

其特征根为
$$s_{1,2} = -\xi\omega_n \pm j\omega_n\sqrt{1-\xi^2}$$

其中实部和虚部的绝对值分别为
$$\text{Re}(s) = \xi\omega_n \tag{5-56}$$
$$\text{Im}(s) = \omega_n\sqrt{1-\xi^2} \tag{5-57}$$

式(5-55)的单位阶跃响应表达式为
$$c(t) = 1 - \frac{e^{-\xi\omega_n t}}{\sqrt{1-\xi^2}}\sin(\omega_n\sqrt{1-\xi^2}\,t + \arccos\xi) \tag{5-58}$$

根据式(5-58),可求得动态指标如下:

超调量
$$\sigma\% = e^{-\pi\xi/\sqrt{1-\xi^2}} \times 100\% \tag{5-59}$$

上升时间
$$t_r = \frac{\pi - \arccos\xi}{\text{Im}(s)} \tag{5-60}$$

峰值时间
$$t_p = \frac{\pi}{\text{Im}(s)} \tag{5-61}$$

调节时间(5%误差带)
$$t_s \approx \frac{3.5}{\text{Re}(s)} \tag{5-62}$$

可见,根据性能指标要求,完全可以确定 s 平面主导极点位置范围,进而根据 $z = e^{sT}$ 关系,确定 z 平面极点位置范围。

• 等 ξ 线

根据超调量 $\sigma\%$ 指标要求,由式(5-59)可确定阻尼比 ξ 的值。在 s 平面,阻尼比相同的特征根轨迹是从原点出发的射线,且与负实轴的夹角为 $\beta = \arccos\xi$。等 ξ 线映射到 z 平面,则为对数螺旋线。

• 等 $\text{Re}(s)$ 线

根据调节时间 t_s 指标要求,由式(5-62),可得 s 平面实部绝对值 $\text{Re}(s) \geqslant 3.5/t_s$,映射至 z 平面,其特征根的模应为:$R \leqslant e^{-T\text{Re}(s)}$,即为同心圆。

• 等 $\text{Im}(s)$ 线

根据峰值时间 t_p 或上升时间 t_r 要求,均可求得 s 平面特征根的虚部 $\text{Im}(s)$(式(5-60)或式(5-61)),映射到 z 平面,其特征根相角 $\theta = T\text{Im}(s)$ 则是通过原点的射线。

在 z 平面上,极点位于以上3条轨迹:等 ξ 线——对数螺旋线,等 $\text{Re}(s)$ 线——同心圆,等 $\text{Im}(s)$ 线——射线所包围的区域内,则可以满足给定的动态指标要求。

例 5-6 设计算机控制系统要求系统的动态性能指标为:$\sigma\% \leqslant 17\%$,$t_s \leqslant 2.3\text{s}$,$t_r \leqslant 1.7\text{s}$,试确定 z 域主导极点所在位置。令采样周期 $T = 0.5\text{s}$。

解 $\sigma\%$ 代入式(5-59),求得 $\xi \geqslant 0.5$;

t_s 代入式(5-62),求得 $\text{Re}(s) \geqslant 1.52$;

t_r 代入式(5-60),求得 $\text{Im}(s) \geqslant 1.232$。

在 z 平面上,画出 $\xi=0.5$ 的对数螺旋线、$R \leqslant e^{-T\text{Re}(s)}=0.467$ 的同心圆以及 $\theta \geqslant T\text{Im}(s)=35.3°$ 的射线,3 条特征曲线包围区域即为满足以上指标的 z 平面极点位置范围。该图可直接利用下述 MATLAB 程序画出,如图 5-32 所示。

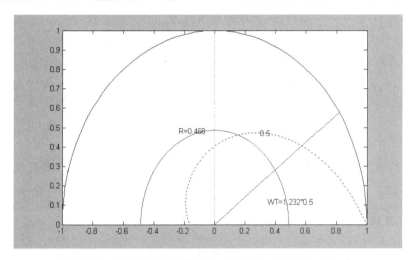

图 5-32　例 5-6 特征根位置($\xi=0.5, R=0.467, \theta=35.3°$)

```
pi = 3.14159;
w = 0:0.01:pi * 2;
x = 0.486 * cos(0.5 * w);
y = 0.486 * sin(0.5 * w);
x1 = cos(35.3 * pi/180);
y1 = sin(35.3 * pi/180);
zgrid(0.5,0); hold on
plot(x,y);
plot([0,x1],[0,y1])
plot([0,0],[0,1],':')          % 画图中垂直坐标轴;
plot([-1,1],[0,0],':')         % 画图中水平坐标轴;
gtext('R = 0.468')
gtext('WT = 1.232 * 0.5')
```

5.3.2　频域性能指标要求

连续系统的频域设计方法也完全可以推广用于离散系统设计。在频域设计时,系统的性能要求常用相关的频域指标给定。与连续系统设计类似,系统频率设计指标可以用闭环系统的频率响应来给定,但更常用的是利用系统开环频率响应特性来描述系统的性能要求。

1. 开环频率特性低频段的形状

低频段的形状及幅值大小充分反映了系统的稳态特性,其结论与连续系统类似。事实上,正如第 4 章所述,位置误差系数为

$$K_p = \lim_{z \to 1} D(z)G(z)$$

对 0 型系统,确定 K_p 的方法与连续系统类似,因为 $z = e^{j\omega T}$,因此,$z \to 1$,意味着 $\omega T \to 0$,因此幅频特性曲线低频段的大小就等于位置误差系数 K_p。速度误差系数为

$$K_v = \lim_{z \to 1} \frac{(z-1)D(z)G(z)}{T}$$

对 I 型系统,确定 K_v 的方法与连续系统类似,K_v 等于 $D(z)G(z)$ 渐近线在 $\omega = 1$ 处的幅值。

2. 开环频率特性中频段的形状

主要反映系统动态特性要求。通常以开环系统的截止频率 ω_c、相位稳定裕度 γ_m、幅值稳定裕度 h 以及在 ω_c 附近幅频特性的斜率要求来描述。这些指标与系统时域指标有内在的联系。

3. 开环频率特性高频段的形状

主要反映系统抑制高频噪声的能力,通常要求开环频率特性高频段幅值衰减要多、要快。

鉴于离散系统频率特性的特点(即频率特性不是 ω 的有理函数),因此,频率域设计时,并不直接利用 z 平面的频率特性,而是将其变换到其他更有利的平面上进行,这时相关的性能要求也应进行变换。

5.4　z 平面根轨迹设计

5.4.1　z 平面根轨迹

计算机控制系统离散域结构如图 5-33 所示,图中 $D(z)$ 为数字控制器,$G(z)$ 为广义被控对象,即

$$G(z) = \mathscr{Z}\left[\frac{1-e^{sT}}{s}G(s)\right]$$

该系统的闭环脉冲传递函数为

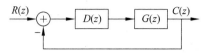

图 5-33 离散控制系统

$$\Phi(z) = \frac{C(z)}{R(z)} = \frac{D(z)G(z)}{1+D(z)G(z)}$$

闭环系统的特征方程为

$$1 + D(z)G(z) = 0 \tag{5-63}$$

可见,式(5-63)与连续系统的闭环特征方程

$$1 + D(s)G(s) = 0 \tag{5-64}$$

形式完全一样。由此得出,连续系统中根轨迹的定义及绘制法则,在 z 域完全适用。

将系统的开环传递函数写成零、极点形式

$$D(z)G(z) = \frac{K\prod_{i=1}^{m}(z-z_i)}{\prod_{i=1}^{n}(z-p_i)} \tag{5-65}$$

式(5-65)中,z_i 和 p_i 分别为开环零、极点,m 为零点数,n 为极点数,K 为根轨迹增益。

根据特征方程式(5-63),根轨迹方程为

$$D(z)G(z) = -1 \tag{5-66}$$

即

$$\frac{K\prod_{i=1}^{m}(z-z_i)}{\prod_{i=1}^{n}(z-p_i)} = -1$$

进而可表示成模值方程与相角方程,即

$$K = \frac{\prod_{i=1}^{n}|z-p_i|}{\prod_{i=1}^{m}|z-z_i|} \tag{5-67}$$

及

$$\sum_{i=1}^{m}\angle(z-z_i) - \sum_{i=1}^{n}\angle(z-p_i) = (2k+1)\pi \tag{5-68}$$

式(5-68)中,$k=0,\pm 1,\pm 2,\cdots$。

随着计算技术的发展,绘制根轨迹可借助计算机进行。但是,作为一个有经验的设计者,能迅速绘出根轨迹草图,了解参数变化对闭环极点的影响,仍是十分

有价值的。

虽然连续域与离散域绘制根轨迹的法则是相同的,但由于离散域的特点,必须注意 z 平面根轨迹的特殊性:

(1) z 平面极点的密集度很高(因为无限大的 s 左半平面映射到有限的单位圆内), z 平面上两个很接近的极点,对应的系统性能有较大的差别。这样,在用根轨迹分析系统性能时,要求根轨迹的计算精度较高。从 $z_i = e^{Ts_i}$ 可见,当 T 较小时,在 $z=1$ 附近,极点的密集度大,要求的计算精度高。

(2) 与连续系统根轨迹的重要差别还在于,当通过根轨迹确定了闭环系统的极点后,用其说明解释系统的稳定性和响应时,与连续系统是不同的。在 s 平面,临界放大系数是由根轨迹与虚轴的交点求得。z 平面的临界放大系数则由根轨迹与单位圆的交点求得。

(3) 离散系统脉冲传递函数的零点多于相应的连续系统,只考虑闭环极点位置对系统动态性能的影响是不够的,还需考虑零点对动态响应的影响。

5.4.2　z 平面根轨迹设计方法

根轨迹法实质上是一种闭环极点的配置技术,即通过反复试凑,设计控制器的结构和参数,使整个闭环系统的主导极点配置在期望的位置上。

1. 设计步骤

- 第 1 步:根据给定的时域指标,在 z 平面给出期望极点的允许范围。
- 第 2 步:设计数字控制器 $D(z)$。

首先求出广义对象脉冲传递函数,即

$$G(z) = \mathscr{Z}\left[\frac{1-e^{-sT}}{s}G(s)\right] \tag{5-69}$$

然后确定控制器 $D(z)$ 的结构形式。常用的控制器有一阶相位超前及相位滞后环节,其脉冲传递函数为

$$D(z) = K_c \frac{z-z_c}{z-p_c} \tag{5-70}$$

式中 z_c 是实零点, p_c 是在单位圆内的实极点。若要求数字控制器不影响系统的稳态性能,则要求 $D(z)|_{z=1}=1$,因此,式(5-70)中的 K_c 应设置为

$$K_c = \frac{1-p_c}{1-z_c} \tag{5-71}$$

当 $z_c > p_c$,即零点在极点左侧,如图 5-34(a)所示,是相位超前控制器,又称是高通滤波器,这时 $K_c > 1$;反之,当 $z_c < p_c$,即零点在极点左侧,如图 5-34(b)所示,是相位滞后控制器,又可称为低通滤波器,这时 $K_c < 1$。它们与相应连续控制器的零、极点相对位置是一致的。

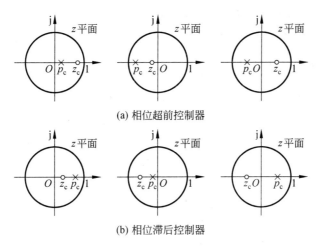

(a) 相位超前控制器

(b) 相位滞后控制器

图 5-34 控制器零、极点分布

在控制器选择时,常采用零、极点对消法。所谓零、极点对消是指用控制器的零、极点对消被控对象不希望的零、极点,从而使整个闭环系统具有满意的品质。但必须要注意,不要试图用 $D(z)$ 去对消被控对象在单位圆外、单位圆上以及接近单位圆的零、极点,否则会因为对零、极点不精确对消而产生不稳定现象。例如图 5-35 所示系统,有一个零点 z_1 和两个极点 p_1 和 p_2(p_1,p_2 靠近单位圆),若用控制器

$$D(z) = K_c \frac{(z-p_1)(z-p_2)}{(z-a)(z-b)} \tag{5-72}$$

的零点对消原系统极点,则根轨迹向圆心移动,闭环系统可能获得满意的品质。但是在实际实现时,由于数字机的有限字长或对象本身特性的变化,零、极点可能不能精确对消。

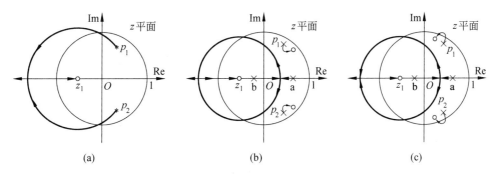

图 5-35 不精确对消的根轨迹

图 5-35 画出了两种不精确对消情况,显然图 5-35(c)所示情况就很不理想,部分根轨迹已在单位圆外,容易造成系统的不稳定。

在设计中,要根据系统性能要求,确定控制器的零、极点 z_c 和 p_c 的位置(超前

或滞后),再根据开环脉冲传递函数 $D(z)G(z)$ 的零、极点绘出闭环根轨迹,直至进入期望的闭环极点允许范围。在允许域中选择满足静态指标要求的根轨迹段作为闭环工作点的选择区间。

- 第3步:进行数字仿真研究,检验闭环系统的动态响应。

必须指出,即使将希望的闭环极点配置在允许域之内,仍有可能出现系统的动态性能不满足指标要求。这是因为系统的性能还受零点的影响,特别是对于离散系统脉冲传递函数的零点数多于对应的连续系统的情况。另外极点允许域是按二阶系统的品质指标近似绘制的,实际系统经常是高于二阶的,高阶系统的响应尽管主要取决于它的一对主导极点,但其他非主导极点对其也有一定的影响。

当仿真结果表明系统的品质不满足指标要求时,则在允许域内重选工作点或另行选择控制器 $D(z)$ 的结构形式,如此反复试凑,直到满足指标为止。

- 第4步:在计算机上编程实现 $D(z)$ 算法。

2. 设计举例

例 5-7 如第3章所述,天线伺服系统的结构图如图 3-26 所示。要求用离散域根轨迹设计法设计控制器 $D(z)$,使系统满足下述要求:

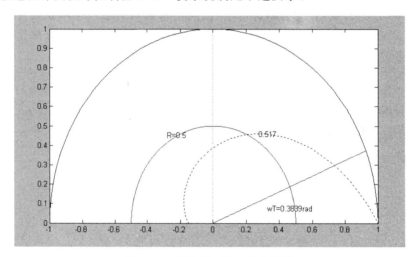

图 5-36 理想的 z 平面极点范围

- 超调量 $\sigma\% = 15\%$;
- 上升时间 $t_r \leqslant 0.55\mathrm{s}$;
- 调节时间 $t_s \leqslant 1\mathrm{s}$;
- 静态速度误差 $K_v \geqslant 5$。

设采样周期 $T = 0.1\mathrm{s}$。

解 (1) 设计指标与 z 平面期望极点位置

根据上述设计指标,依据式(5-59)、式(5-60)及式(5-62),可得闭环系统阻尼

比 $\xi>0.517$；z 域同心圆半径 $r\leqslant 0.5$，z 域射线 $\theta\geqslant T\mathrm{Im}(s)=22°$。理想的极点应当位于图 5-36 中的由上述三条轨迹包围部分。

(2) 设计数字控制器 $D(z)$

利用 MATLAB 指令求得被控对象的脉冲传递函数为：

$$G(z) = \mathscr{Z}\left[\frac{1-\mathrm{e}^{-sT}}{s}\cdot\frac{20}{s(s+10)}\right] = 0.0736\frac{z+0.7174}{(z-1)(z-0.3679)} \quad (5\text{-}73)$$

```
num = [20];
den = [1 10 0];
[n,d] = c2dm(num,den,0.1,'zoh')
```

运行结果为：

```
n = [0 0.0736 0.0528]
d = [1.0000 -1.3679 0.3679]
```

进行离散控制器设计时，为了简化，可先取控制器为纯比例环节，即 $D(z)=k$。为了确定使系统满足要求的 k，绘制系统的根轨迹，如图 5-37 所示。

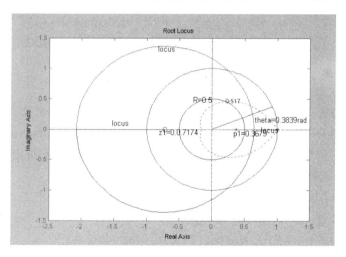

图 5-37 $D(z)=k$ 时根轨迹

从该图中可见，根轨迹没有进入期望极点范围，不管 k 取多大，均不能满足系统要求，因此，需加入具有动态特性的控制器。

分析图 5-37 可知，为使根轨迹进入 z 平面期望极点范围，应使开环极点 p_1 向原点靠近，为此可采用零极对消法，将 p_1 对消，再配置靠近原点或位于原点的新极点。为此选用

$$D(z) = \frac{k(z-0.3679)}{z} \quad (5\text{-}74)$$

此时，系统的开环脉冲传递函数为

$$D(z)G(z) = 0.0736k \frac{z+0.7174}{z(z-1)} = K \frac{z+0.7174}{z(z-1)} \tag{5-75}$$

式中 $K=0.0736k$ 为根轨迹增益。

依式(5-75)可绘制根轨迹如图 5-38 所示。

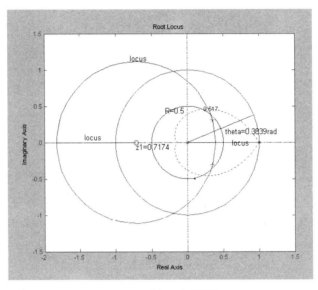

图 5-38　$D(z) = \frac{k(z-0.3679)}{z}$ 根轨迹

从该图可见，根轨迹有一部分进入期望极点范围内，可从中选择满足速度误差系数要求的某一极点。利用 MATLAB 指令 [K,pole] = rlocfind(num, den)，可以在选定极点位置后自动计算所得增益。当用鼠标在根轨迹上指定位置后（如图 5-38 上所示），程序将自动求得：

希望极点：$0.3485 \pm j0.3096$

根轨迹增益：$K=0.3030$

控制器增益：$k=K/0.0736=0.3030/0.0736=4.2$

控制器脉冲传递函数：$D(z) = \frac{4.2(z-0.3679)}{z}$

此时系统静态速度误差系数为

$$K_v = \frac{1}{T}\lim_{z\to1}(z-1)D(z)G(z) = \frac{1}{0.1}\lim_{z\to1}(z-1)\frac{0.3030(z+0.7174)}{(z-1)z} = 5.2 > 5$$

满足性能指标要求。

（3）进行系统时域仿真

依系统结构图 3-27，利用 Simulink 软件进行仿真计算，所得单位阶跃响应曲线如图 5-39 所示。从图可见，该系统较好地满足了给定的时域动态性能要求。

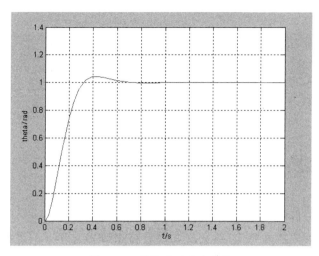

图 5-39　单位阶跃响应曲线

(4) 绘制根轨迹 MATLAB 程序

```
% 绘制根轨迹
  zgrid('new');   hold on              % 表示是画 z 平面的根轨迹图
  num = [1 0.7174];                    % 开环传递函数
  den = [1 -1 0];
  rlocus(num,den);                     % 画根轨迹
% 绘制期望极点范围
  plot([-1.5,1.5],[0,0],'-.');        % 画纵坐标
  plot([0,0],[-1.5,1.5],'-.');        % 画横坐标
  zgrid(0.517,0);                      % 画等阻尼比线
  w = 0:0.01:31.4159*2;                % 画等衰减系数线
  x = 0.5*cos(0.1*w);
  y = 0.5*sin(0.1*w);
  plot(x,y)
  x1 = cos(0.3839);                    % 画等频率射线
  y1 = sin(0.3839);
  plot([0,x1],[0,y1]);
% 添加标志
  gtext('R = 0.5')
  gtext('theta = 0.3839rad')
  gtext('locus')
  gtext('locus')
  gtext('locus')
  gtext('z1 = 0.7174')
% 指定期望极点位置并计算根轨迹增益
  [K,pole] = rlocfind(num, den);       % Select a point in the graphics window.
                                         selected_point = 0.3449 + 0.3086i
```

运行结果为:

```
K = 0.3030
pole =
    0.3485 + 0.3096i
    0.3485 - 0.3096i
```

5.5 w'变换及频率域设计

频率法是分析和设计连续控制系统最有效的方法之一。特别是典型环节可以用渐近对数频率特性画出,给分析和设计带来许多方便。但正如第3章所述,离散系统的频率特性 $G(\mathrm{e}^{\mathrm{j}\omega T})$ 不是 ω 的有理分式函数,所以无法方便地利用典型环节作 Bode 图,为此,需选用新的复数域。目前用得较多的是 w' 域,如将 z 域变换到 w' 域,则可利用 Bode 图的优点进行系统设计。

5.5.1 w'变换

1. 方法

若已知脉冲传递函数 $D(z)$,则

$$D(w') = D(z)\bigg|_{z=\frac{1+\frac{T}{2}w'}{1-\frac{T}{2}w'}} \tag{5-76}$$

或

$$D(z) = D(w')\bigg|_{w'=\frac{2}{T}\cdot\frac{z-1}{z+1}} \tag{5-77}$$

式中 T 为采样周期。显然,式(5-76)和式(5-77)为双线性变换。

2. w'变换主要特性

(1) 映射关系

从 s 域到 w' 域有以下两步映射:

- 从 s 域到 z 域映射

如第3章所述,s 左半平面的主带映射至 z 平面单位圆内,旁带重叠地映射到单位圆内。

- 从 z 域到 w' 域映射

令复变量 $w' = \sigma_w + \mathrm{j}_v$,则 z 和 w' 平面的映射关系式为

$$z = \frac{1+\frac{T}{2}w'}{1-\frac{T}{2}w'} = \frac{\left(1+\frac{T}{2}\sigma_{w'}\right)+\mathrm{j}\frac{\nu T}{2}}{\left(1-\frac{T}{2}\sigma_{w'}\right)-\mathrm{j}\frac{\nu T}{2}} \quad (5\text{-}78)$$

由此式可得

$$|z| = \frac{\left(1+\frac{T}{2}\sigma_{w'}\right)^2+\left(\frac{\nu T}{2}\right)^2}{\left(1-\frac{T}{2}\sigma_{w'}\right)^2-\left(\frac{\nu T}{2}\right)^2}$$

与突斯汀变换类似,分析该式可知,w'变换将 z 平面单位圆一对一地映射到 w' 平面的整个左半平面。但要注意,s 平面的主带映射为整个 w' 平面,所以 s 到 w' 的映射为重叠映射。图 5-40 表示了 s、z 和 w' 域之间的映射关系,读者可自行验算图中①~⑦点的对应位置关系。由图可见,s 平面经过上述两步映射又得到了以虚轴为稳定分界线的 w' 平面。

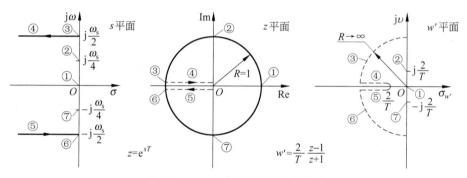

图 5-40 s、z、w' 域之间的映射关系

(2) s 域和 w' 域频率对应关系

s 域和 z 域的频率都用 ω 来表示,ω 是系统的真实频率,变换至 w' 域后得到的频率为虚拟频率,以 ν 表示。

将 $w'=\mathrm{j}\nu$,$z=\mathrm{e}^{\mathrm{j}\omega T}$ 代入式(5-77),仿照 s 与 z 平面关系式的推导方法,最后可得 w' 域和 s 域的频率关系为

$$\nu = \frac{2}{T}\tan\frac{\omega T}{2} \quad (5\text{-}79)$$

可见 ν 和 ω 之间是非线性关系,如图 5-41 所示。从中可见,z 平面的频率特性映射到 w' 平面后,频率轴展宽。当采样频率较高而系统又工作在低频段时,近似有 $\nu\approx\omega$。s 域真实频率和 w' 域虚拟频率近似相等的关系是相当有意义的。在系统定性设计阶段,可将 w' 域频率当作真实频率看待。但是,必须注意,当频率较高时,必须按式(5-79)进行非线

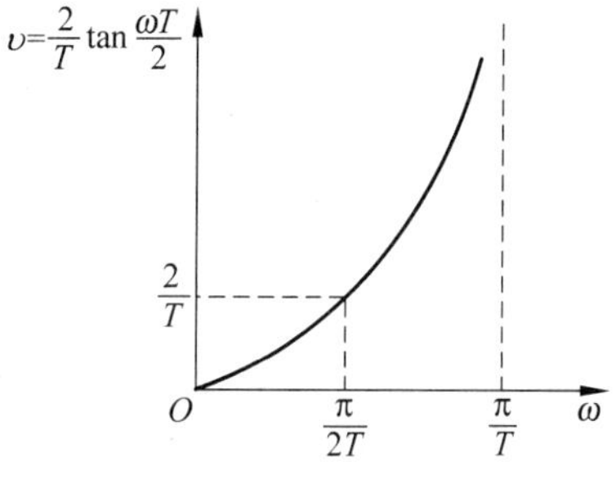

图 5-41 s 域和 w' 域的频率变换关系

性换算。

(3) w'域传递函数与z传递函数的关系

若 $G(z) = \dfrac{\prod\limits_{i=1}^{m}(z+a_i)}{(z-1)^k \prod\limits_{i=1}^{n}(z+b_i)}$，$w'$变换后为

$$G(w') = \dfrac{\prod\limits_{i=1}^{m}(1+a_i)}{\prod\limits_{i=1}^{n}(1+b_i)} \cdot \dfrac{\left(1-\dfrac{Tw'}{2}\right)^{(k+n-m)} \prod\limits_{i=1}^{m}\left[1+\dfrac{T}{2}\dfrac{(1-a_i)}{(1+a_i)}w'\right]}{(Tw')^k \prod\limits_{i=1}^{n}\left[1+\dfrac{T}{2}\dfrac{(1-b_i)}{(1+b_i)}w'\right]} \quad (5\text{-}80)$$

分析式(5-80)，可见：

- 如果$(n+k)>m$，即$D(z)$分母阶次大于分子阶次，则变换后分子添加个数为$p=(k+n)-m$的以下新零点：

$$w' = \dfrac{2}{T}$$

新增零点为非最小相位，它对应$z=\pm\infty$处的零点。实际上，该点是实施z变换时零阶保持器相位滞后的反映。零阶保持器的特性在w'传递函数中能清楚地显示出来，这是w'域设计的一大优点。

- w'传递函数是w'的有理分式函数，将$w'=\mathrm{j}\nu$代入即为w'平面的频率特性，所以，$G(\mathrm{j}\nu)$是虚拟频率ν的有理分式函数。

- 分子分母一般是同阶的。

但也有例外。从式(5-80)可见，如果$D(z)$在$z=-1$处有零点，即$a_i=1$，则式中$\left[1+\dfrac{T}{2}\dfrac{(1-a_i)}{(1+a_i)}w'\right]$变为1，故少了一个零点，此时，$G(w')$分母阶次高于分子。如果$G(z)$在$z=-1$处有极点，即$b_i=1$，则式中$\left[1+\dfrac{T}{2}\dfrac{(1-b_i)}{(1+b_i)}w'\right]$变为1，故少了一个极点，此时，$G(w')$分子阶次高于分母。

反之可见，若$G(w')$的分子阶次比分母高，此时所对应的$G(z)$在$z=-1$处有极点，系统出现等幅振荡现象。

- 从变换关系可见，变换前后稳态增益不变。

(4) s域和w'域传递函数的关系

- 当采样周期减小时，复变量w'近似等于复变量s

将$z=\mathrm{e}^{sT}$代入w'变换公式并在等式两端取$T\to 0$的极限，

$$\lim_{T\to 0} w' = \lim_{T\to 0} \dfrac{2}{T}\dfrac{z-1}{z+1} = \lim_{T\to 0} \dfrac{2}{T}\dfrac{\mathrm{e}^{sT}-1}{\mathrm{e}^{sT}+1} = s \text{(罗彼塔法则)}$$

上式表明，当采样频率无限高(即$T\to 0$)时，可将w'域看作连续域s。

- 传递函数的相似性

如果$G(s)$通过零阶保持器变换为$G(z)$，然后再变换为$G(w')$，可以看到$G(s)$

与 $G(w')$ 是极为相似的。现举例说明如下：

已知连续被控对象

$$G(s) = \frac{a}{s+a} \tag{5-81}$$

含有零阶保持器的广义脉冲传递函数为

$$G(z) = \mathscr{Z}\left[\frac{1-\mathrm{e}^{-sT}}{s}G(s)\right] = \frac{1-\mathrm{e}^{-aT}}{z-\mathrm{e}^{-aT}}$$

将其变换至 w' 平面,得

$$G(w') = G(z)\bigg|_{z=\frac{1+\frac{T}{2}w'}{1-\frac{T}{2}w'}} = \frac{2}{T}\frac{1-\mathrm{e}^{-aT}}{1+\mathrm{e}^{-aT}} \cdot \frac{1-\frac{T}{2}w'}{w'+\frac{2}{T}\frac{1-\mathrm{e}^{-aT}}{1+\mathrm{e}^{-aT}}} \tag{5-82}$$

若 $a=5, T=0.1\mathrm{s}$,则有

$$G(s) = \frac{5}{s+5}$$

$$G(z) = \frac{0.3935}{z-0.6065}$$

$$G(w') = \frac{4.899\left(1-\frac{w'}{20}\right)}{w'+4.899}$$

比较 $G(w')$ 和 $G(s)$ 可见,它们的极点和增益数值十分相近($G(z)$ 则没有这种相似性),不同的是 $G(w')$ 比 $G(s)$ 分子上多了一个 $w'=2/T=20$ 的零点。

当 $T\to 0$ 时,对式(5-82)取极限,得

$$\lim_{T\to 0} G(w') = \frac{a}{w'+a} \tag{5-83}$$

此时 $G(w')$ 和 $G(s)$ 完全一致。

当 $G(s)$ 的分子阶次比分母阶次低 2 阶以上时,$G(w')$ 除了 $\left(1-\frac{Tw'}{2}\right)$ 零点外还会增添新的零点(读者可自行举例验证)。

- $G(s)$ 与 $G(w')$ 稳态增益维持不变

因为从 $s\to z$ 是带 ZOH 的 z 变换,它能保持 $G(s)$ 和 $G(z)$ 稳态增益不变；从 $z\to w'$ 是双线性变换,它也能维持 $G(z)$ 和 $G(w')$ 的稳态增益不变。

(5) w' 变换与突斯汀变换

突斯汀变换是将 $D(s)$ 变换到 z 平面得到 $D(z)$，w' 变换是将 $D(z)$ 变换到 w' 平面得到 $D(w')$。可以验证,如果 $D(z)$ 是由突斯汀变换将 $D(s)$ 变换得到的,那么 $D(z)$ 再经过 w' 变换,则 $D(w')$ 即为 $D(s)$。w' 变换和突斯汀变换都是双线性变换,但应用场合不同。w' 变换应用于离散域直接设计,而突斯汀变换用于将连续控制器离散为数字控制器。

从以上所讨论的 w' 变换的特性可见,w' 域和 s 域不仅几何上类似,而且实际

数据也非常类似，特别是 s 和 w' 平面的稳定域均为左半平面，传递函数都是各自复变量 s 和 w' 的有理分式函数，因此，s 平面的分析、设计方法，如稳定性判据、频率法（特别是 Bode 技术）、根轨迹法均可应用于 w' 平面。但是 w' 域传递函数必须通过 z 域的变换获得，而且在 w' 域设计所得的控制器 $D(w')$ 又必须返回到 z 域上实现。

5.5.2 w' 域设计法

采用 w' 变换设计计算机控制系统可分 6 步进行。

第 1 步：给定连续被控对象，求出 z 域的广义对象的脉冲传递函数，即

$$G(z) = \mathscr{Z}\left[\frac{1-\mathrm{e}^{-sT}}{s}G(s)\right]$$

第 2 步：将 $G(z)$ 变换到 w' 平面上，即

$$G(w') = G(z)\bigg|_{z=\frac{1+\frac{T}{2}w'}{1-\frac{T}{2}w'}}$$

第 3 步：在 w' 平面设计控制器 $D(w')$。

由于 w' 平面和 s 平面的相似性，s 平面上的设计技术，如频率法、根轨迹法等均可应用到 w' 平面。但更让人感兴趣的是，在 w' 平面上采用频率法进行设计。

第 4 步：进行 w' 反变换，求得 z 域控制器，即

$$D(z) = D(w')\bigg|_{w'=\frac{2}{T}\frac{z-1}{z+1}}$$

第 5 步：检验 z 域闭环系统的品质。

第 6 步：$D(z)$ 控制器在计算机上编程实现。

5.5.3 设计举例

例 5-8 天线转角计算机伺服控制系统简化系统结构图如图 3-26 所示。要求用 w' 域设计法设计控制器 $D(z)$，使系统满足下述要求：

- 超调量 $\sigma\% = 15\%$；
- 调节时间 $t_s \leqslant 1\mathrm{s}$；
- 静态速度误差 $K_v \geqslant 5$；
- 相稳定裕度 $\gamma_m \geqslant 50°$，幅值稳定裕度 $L_h \geqslant 6\mathrm{dB}$。

设采样周期 $T = 0.1\mathrm{s}$。

解 （1）求被控对象的脉冲传递函数

利用 MATLAB 指令求得：

$$G(z) = \mathscr{Z}\left[\frac{1-\mathrm{e}^{-sT}}{s}\frac{20}{s(s+10)}\right] = 0.0736\frac{z+0.7174}{(z-1)(z-0.3679)} \quad (5\text{-}84)$$

将其变换到 w' 平面得：

$$G(w') = G(z)\bigg|_{z=\frac{1+\frac{T}{2}w'}{1-\frac{T}{2}w'}} = \frac{-0.0076(w')^2 - 0.7723w' + 18.4876}{(w')^2 + 9.2526w'} \quad (5\text{-}85)$$

$$= -0.0076\frac{(w'+20)(w'-121.5385)}{w'(w'+9.2526)}$$

w' 变换可以直接利用 MATLAB 软件中突斯汀反变换指令完成：

```
numz = [0.0736 0.0528];
denz = [1 -1.3674 0.3674];
[nw dw] = d2cm(numz,denz,0.1,'tustin')
```

运行结果为：

```
nw = [-0.0076 -0.7723 18.4876]
dw = [1.000 9.2526 0.0000]
```

(2) 在 w' 域设计数字控制器 $D(w')$

首先进行系统开环放大系数设计。依系统速度误差系数要求，可知

$$K_v = \frac{1}{T}\lim_{z\to 1}(z-1)D(z)G(z)$$

$$= \frac{1}{0.1}\lim_{z\to 1}(z-1)k_d 0.0736\frac{z+0.7174}{(z-1)(z-0.3679)} = 2k_d \geqslant 5$$

所以，$k_d \geqslant 2.5$。

进行数字控制器 $D(w')$ 设计，取 $D(w') = k_d = 2.5$，此时 w' 平面的开环传递函数为

$$D(w')G(w') = \frac{-0.0189(w')^2 - 1.9318w' + 46.2117}{(w')^2 + 9.2526w'} \quad (5\text{-}86)$$

在 w' 域检查开环稳定裕度要求，利用下述指令完成计算：

```
nw = [-0.0189 -1.9318 46.2117];
dw = [1.0000 9.2423 0];
figure(1);margin(nw,dw);
grid
```

计算结果如图 5-42 所示(图中相角实际为 $(\varphi(\omega) - 360°)$)。从计算结果可知，幅值裕度 $L_h = 13.6\text{dB}(\gamma_g = 15.6\text{rad/s})$，相位裕度为 $\gamma_m = 52.8°(\gamma_c = 4.5\text{rad/s})$。满足指标要求，但截止频率较低。

时域响应特性检查，由于 $D(w') = k = 2.5$，可以直接在 z 平面进行仿真计算。利用 Simulink 软件进行仿真计算，单位阶跃响应曲线如图 5-43 所示。从中可见，

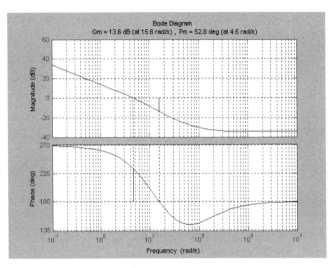

图 5-42 $D(w')=k=2.5$ 时开环频率响应

超调量大于给定要求,调节时间虽满足要求,但余量不大。

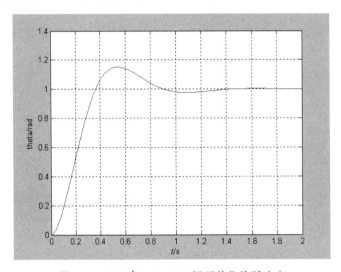

图 5-43 $D(w')=k=2.5$ 闭环单位阶跃响应

从上述结果可见,单纯取 $D(w')=k=2.5$ 不能满足要求,故需进一步设计动态控制器,其目的是在保证稳定裕度的条件下,进一步增大开环截止频率。

为了实现提高截止频率的目的,在正向通道引入超前-滞后环节是合适的做法。利用连续系统控制理论方法,依据开环频率响应的特点,通过试凑,可以确定超前-滞后环节的分子及分母的时间常数和增益。通过 2~3 次修正,最后取

$$D(w') = \frac{0.2w' + 2}{0.02w' + 1} \tag{5-87}$$

该校正网络的对数频率特性如图 5-44 所示。

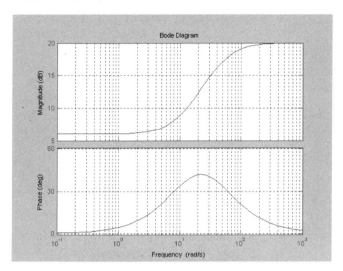

图 5-44　校正网络的对数频率特性

检查加入控制器时系统开环频率特性。加入控制器后的开环传递函数为

$$D(w')G(w') = \frac{-0.0038(w')^3 - 0.4242(w')^2 + 5.3787w' + 92.4234}{0.02(w')^3 + 1.1848(w')^2 + 9.2423w'}$$

(5-88)

该环节可利用 MATLAB 中环节串联命令求得：

```
dn = [0.2 2];              % 控制器传递函数
dd = [0.02 1];
nw = [-0.0189   -1.9318   46.2117];   % 被控对象传递函数
dw = [1.0000   9.2423   0];
[dgn,dgd] = series(nw,dw,dn,dd)
```

运行结果为：

```
dgn = [-0.0038   -0.4242   5.3787   92.4234];   % 开环传递函数
dgd = [0.0200   1.1848   9.2423   0];
```

依式(5-88)求取系统的稳定裕度,如图 5-45 所示(图中相角实际为 $(\varphi(\omega) - 360°)$)。从图中可知,系统相位稳定裕度 $\gamma_m = 52.7°(\gamma_c = 10.7 \text{rad/s})$;幅值稳定裕度 $L_h = 8.11 \text{dB}(\gamma_g = 47.1 \text{rad/s})$,满足要求。但应注意上述两个频率均为虚拟频率,其真实频率可依式(5-79)求得：

$$\omega_c = \frac{2}{T}\arctan(\gamma_c T/2) = \frac{2}{0.1}\arctan(10.7 \times 0.1/2) = 9.8 \text{rad/s}$$

$$\omega_g = \frac{2}{T}\arctan(\gamma_g T/2) = \frac{2}{0.1}\arctan(47.1 \times 0.1/2) = 23.38 \text{rad/s}$$

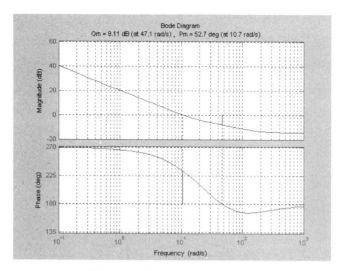

图 5-45　式(5-88)开环频率特性

可见,频率较高时真实频率与虚拟频率相差较大。

(3) 获取 z 平面的控制器 $D(z)$

将所求得的 $D(w')$(式(5-87))进行 w' 反变换,得

$$D_1(z) = D(w')\bigg|_{w'=\frac{2}{T}\frac{z-1}{z+1}} = \frac{4.2857z - 1.4286}{z + 0.4286}$$

这种转换也可以利用 MATLAB 相应指令完成：

```
wdd = [0.02 1];
wdn = [0.2 2];
[zdn,zdd] = c2dm(wdn,wdd,0.1,'tustin')
```

运行结果为：

```
zdn = [4.2857 -1.4286];
zdd = [1.0000 0.4286];
```

由于该控制器的稳态增益为 $D_1(z)\big|_{z=1} = \frac{4.2857z-1.4286}{z+0.4286}\big|_{z=1} = 2$,但静态设计时要求 $k=2.5$,所以,最终 z 平面的控制器 $D(z)$ 应增大为稳态增益的 1.25 倍：

$$D(z) = 1.25\frac{4.2857z - 1.4286}{z + 0.4286} = 5.36\frac{z - 0.3333}{z + 0.4286} \qquad (5-89)$$

(4) 进行闭环系统仿真

依连续被控对象及所得数字控制器式(5-89),利用 Simulink 软件进行仿真,可得系统单位阶跃响应如图 5-46 所示。系统无超调,调节时间小于 0.6s,满足要求。

加入单位斜坡输入信号,其响应如图 5-47 所示。从中可见其稳态误差为

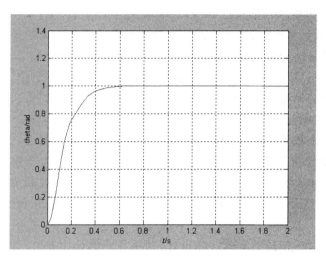

图 5-46　系统单位阶跃响应

$e_{ss}=1/K_v=1/5=0.2$,满足要求。

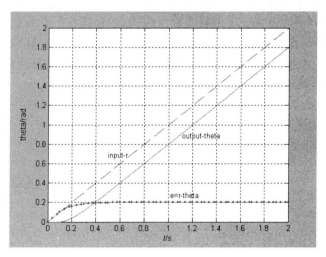

图 5-47　系统单位斜坡响应

本章小结

本章主要介绍了计算机控制系统经典的设计方法。计算机控制系统经典设计方法可以分两种,即连续域—离散化设计与离散域直接设计。本章分别讨论了这两种设计方法。

采用连续域—离散化设计时,核心问题是如何将连续域设计所得到的控制器

$D(s)$ 等效变换为离散域控制器 $D(z)$。本章重点介绍了一阶向后差分法、一阶向前差分法、双线性变换法、修正双线性变换法以及零极点匹配法等。应了解和掌握每种方法的具体变换方法、主要特性以及应用情况。比较起来,由于双线性变换具有一些好的特性,在工程中应用较为普遍。但应注意,不管采用哪种方法,所得到的离散化控制器都不可能与连续控制器特性完全一致,只有当采样周期较小时,离散控制器的特性才能更接近连续控制器特性。

连续域—离散化设计中讨论的另一个问题是工业上常用的 PID 算法的数字化方法。本章分别介绍了位置算法和增量算法。应注意,由于数字控制的灵活性,在实际应用时可以采用各种改进算法,本章主要介绍了抗积分饱和的各种算法以及改进的微分算法等。此外,还介绍了工业上常用的几种 PID 参数整定方法。

离散域设计是依据给定的性能指标,利用不同的设计方法,直接在离散域设计控制器。与前一种方法相比,将允许使用较大的采样周期。在具体介绍各种设计方法之前,本章首先详细地讨论了离散域系统性能指标的表示方法。接着讨论了利用 z 平面根轨迹设计控制器的有关问题,特别说明了在 z 平面利用根轨迹设计时应注意的问题。由于 z 平面频率特性的特点,直接在 z 平面利用频域进行设计较为困难,本章重点介绍了 w' 变换,并说明了在 w' 平面进行频域设计的方法与步骤。对 w' 变换,应重点了解和掌握 w' 变换的具体方法以及它的主要特性,特别应注意 w' 域传递函数与连续域传递函数的相似性。

第 6 章 计算机控制系统状态空间设计

计算机控制系统除了采用第 5 章所介绍的经典方法进行设计外，20 世纪 60 年代后研究和发展的一些现代控制理论方法也获得了广泛的应用。其中，利用状态空间方法描述系统和进行系统设计，是一种应用较早和较成熟的方法。

如第 3 章所述，系统采用状态空间方法描述和设计有许多优点。采用状态空间模型设计时，由于可以充分利用系统的状态信息，从而可以使系统获得更好的性能，并且可以直接基于指定的系统性能要求实现综合设计。

利用状态空间模型进行系统设计的方法很多，其中较为成熟和简单的方法是极点配置状态反馈方法。本章在研究系统可控及可观性的基础上，将重点讨论单输入系统极点配置方法的有关问题。采用全状态反馈可以充分利用系统的信息来改善和提高系统的性能，但实际应用时难于全面获得系统的状态信息。实际上，一种可行的方法是利用系统可测的输出，通过构成观测器来估计系统的状态。本章将详细讨论几种观测器的构成方法。观测器是一种动态系统，当系统加入观测器后，与原状态反馈控制律组合起来将形成新的系统，观测器和状态反馈组合等效为一种典型的控制器。本章将针对调节器问题讨论观测器和状态反馈组合的一些特性。

利用状态空间模型进行系统设计的另一种有效方法是最优二次型设计。本章将简要地介绍离散最优二次型设计方法，并重点说明与计算机控制系统相对应的采样系统最优二次型设计的概念及基本的设计思路。

本章提要

6.1 节在第 3 章讲述的状态空间模型的基础上，介绍离散系统状态模型的基本特性——可控性、可达性及可观性；6.2 节重点讲述状态反馈的特性及全状态反馈的极点配置设计方法；6.3 节详细讨论离散系统三种观测器构成方法及相关问题；6.4 节以调节器为例，讨论观测器和状态反馈控制律组合的特性——系统设计的分离原理，并说明了观测器和状态反馈组合等效为系统的控制器；6.5 节简要介绍了离散系统及采样系统最优二次型设计的概念和基本方法。

6.1 离散系统状态空间描述的基本特性

系统的可控性与可观性是系统状态空间描述的基本特性。对离散系统来说，这些概念虽然与连续系统类似，但也有些特殊问题需要讨论。

6.1.1 可控性与可达性

控制系统的主要目的是驱动系统从某一状态到达指定的状态，但这并不是任何系统都能完成的。如果系统不可控，就不可能通过选择控制作用，使系统状态从初始状态到达任意指定状态。所以有必要研究系统是否可控的一些问题。

设给定离散系统为

$$x(k+1) = Fx(k) + Gu(k) \tag{6-1}$$
$$y(k) = Cx(k) + Du(k)$$

可控性定义：对于式(6-1)所示系统，若可以找到控制序列 $u(k)$，能在有限时间 NT 内驱动系统从任意初始状态 $x(0)$ 达到期望状态 $x(N)=0$，则称该系统是状态完全可控的(简称是可控的)。

可达性定义：对式(6-1)所示系统，若可以找到控制序列 $u(k)$，能在有限时间 NT 内驱动系统从任意初始状态 $x(0)$ 到达任意期望状态 $x(N)$，则称该系统是状态完全可达的。

应当指出，可控性并不等于可达性。由定义知，可控性实质上是可达性的一个特例，即如果系统是可达的，则其一定是可控的。

例 6-1 研究下述离散系统

$$x(k+1) = \begin{bmatrix} 0 & 1 \\ 0 & 0 \end{bmatrix} x(k) + \begin{bmatrix} 1 \\ 0 \end{bmatrix} u(k) \quad x(0) = \begin{bmatrix} x_1(0) \\ x_2(0) \end{bmatrix} \neq 0$$

的可控性与可达性。

解 由递推解

$$x(1) = \begin{bmatrix} 0 & 1 \\ 0 & 0 \end{bmatrix} x(0) + \begin{bmatrix} 1 \\ 0 \end{bmatrix} u(0) = \begin{bmatrix} x_2(0) + u(0) \\ 0 \end{bmatrix}$$

$$x(2) = \begin{bmatrix} 0 & 1 \\ 0 & 0 \end{bmatrix} x(1) + \begin{bmatrix} 1 \\ 0 \end{bmatrix} u(1) = \begin{bmatrix} x_2(1) + u(1) \\ 0 \end{bmatrix} = \begin{bmatrix} u(1) \\ 0 \end{bmatrix}$$

$$x(3) = \begin{bmatrix} 0 & 1 \\ 0 & 0 \end{bmatrix} x(2) + \begin{bmatrix} 1 \\ 0 \end{bmatrix} u(2) = \begin{bmatrix} x_2(2) + u(2) \\ 0 \end{bmatrix} = \begin{bmatrix} u(2) \\ 0 \end{bmatrix}$$

$$\vdots$$

可知,系统是可控的,取控制序列 $u(k) \equiv 0$,在 $k \geq 2$ 时,$x(k)=0$。但系统是不可达的,对该系统,$x_2(k)=0, k \geq 1$,因此不存在一个控制序列 $u(k)$,使系统可以从任意初始状态 $x(0)$ 到达任意给定的不为零的终值状态 $x(N)$。∎

现进一步推导离散系统可控及可达应满足的条件。为了简单起见,以后主要讨论单输入单输出系统的可控性及可达性条件,多输入多输出系统也有类似条件,但问题更复杂。

1. 可达性条件

利用状态方程迭代求解方法,从式(6-1)可得

$$x(1) = Fx(0) + Gu(0)$$
$$x(2) = Fx(1) + Gu(1) = F^2 x(0) + FGu(0) + Gu(1)$$
$$\vdots$$
$$x(N) = F^N x(0) + \sum_{i=0}^{N-1} F^{N-i-1} Gu(i)$$

或

$$\begin{aligned} x(N) - F^N x(0) = & F^{N-1} Gu(0) + F^{N-2} Gu(1) + \cdots \\ & + FGu(N-2) + Gu(N-1) \end{aligned} \quad (6\text{-}2)$$

将式(6-2)写成矩阵形式:

$$x(N) - F^N x(0) = \begin{bmatrix} F^{N-1}G & F^{N-2}G & \cdots & G \end{bmatrix} \begin{bmatrix} u(0) \\ u(1) \\ \vdots \\ u(N-1) \end{bmatrix} \quad (6\text{-}3)$$

这是一组线性方程。对可达性来说,问题是对任意给定的初始状态 $x(0)$ 及终值状态 $x(N)$,是否有控制序列 $u(0), u(1), \cdots, u(N-1)$ 存在。从式(6-3)可见,为使 $u(0), u(1), \cdots, u(N-1)$ 唯一存在,应满足下述充分必要条件:

(1) 由于 x 是 n 维向量,所以该方程必须是 n 维线性方程,故 $N=n$。可见对任何 n 维系统,为使系统从 $x(0)$ 到达 $x(N)$,必须经过 n 步控制。

(2) 该方程组系统矩阵必须满足下述条件:

$$\text{rank} W_R = \text{rank}[F^{N-1}G \quad F^{N-2}G \quad \cdots \quad G] = n \quad (6\text{-}4)$$

即 $W_R = [F^{N-1}G \quad F^{N-2}G \quad \cdots \quad G]$ 应是非奇异的。W_R 称为可达性矩阵。依式(6-3)可得允许控制

$$[u(0) \quad u(1) \quad \cdots \quad u(n-1)]^T = W_R^{-1}[x(N) - F^N x(0)]$$

因此,离散系统可达的充分必要条件是 $\text{rank} W_R = n$。这与连续系统可控的充分必要条件 $\text{rank}[A^{n-1}B \quad A^{n-2}B \quad \cdots \quad AB \quad B] = n$ 一致。表明离散系统的可达性与连续系统的可控性是一致的。

2. 可控性条件

对可控性,问题是对任意给定的初始状态 $x(0) \neq 0$ 及终值状态 $x(N)=0$,是否有控制序列 $u(0), u(1), \cdots, u(N-1)$ 存在。从式(6-3)可见

$$F^N x(0) = -[F^{N-1}G \quad F^{N-2}G \quad \cdots \quad G][u(0) \quad u(1) \quad \cdots \quad u(N-1)]^T$$

或

$$x(0) = -[F^{-1}G \quad F^{-2}G \quad \cdots \quad F^{-N}G][u(0) \quad u(1) \quad \cdots \quad u(N-1)]^T$$

为使上述线性方程组有解,除应使 $N=n$ 外,还必须使

$$W_C = [F^{-1}G \quad F^{-2}G \quad \cdots \quad F^{-N}G] \tag{6-5}$$

是非奇异的,即 $\text{rank} W_C = n$。W_C 称为可控性矩阵。这就是系统状态完全可控的充分必要条件。

由式(6-5)可见,为使可控矩阵 W_C 有意义,系统转移矩阵 F 必须是可逆的。由矩阵理论可知,若 F 是可逆的,那么 W_R 左乘 F^{-N} 即得 W_C。所以,若 F 是可逆的,且 W_R 的秩为 n,那么 W_C 的秩亦为 n,此时可控性与可达性是一致的。

计算机控制系统通常是由连续系统采样形成的,它的系统转移矩阵 F 等于 $\exp(AT)$ (A 是连续系统的系统矩阵),由于

$$\det[\exp(AT)] = e^{\text{tr}(AT)}$$

式中 $\text{tr}(AT)$ 是矩阵 AT 的迹。对任何矩阵的迹,总有 $\det[\exp(AT)] = e^{\text{tr}(AT)} > 0$,所以 F 总是非奇异的。可见,由连续系统采样形成的离散系统,可控性与可达性是一致的。由于本书讨论的计算机控制系统都是这种系统,以后就不再区分可控性与可达性,并一律采用可控性名称。对由纯离散行为构成的离散系统,仍然存在可控与可达不同的问题。

从上述讨论可知,可控性与可达性都描述了系统的结构特性,但两者之间略有差别。对于采样系统,可控性与可达性是等价的,可使用可达性矩阵判断可控性与可达性。对纯离散系统,若 F 是可逆的,可控性与可达性等价。若 F 是奇异的,系统可控不一定可达;系统可达则一定可控,这时应当用定义去判断系统的可控性与可达性。

应当注意,系统的可控性是由系统的结构决定的,简单地改变状态变量的选取或增加控制序列的步数都不能改变系统的可控性。如果已知系统是不可控的,也没有必要去寻求控制作用,唯一的办法是修改系统的结构和参数,使 F、G 构成可控对。另外,还需要指出的是,即使系统是可控的,只有当控制信号 $u(k)$ 的幅值不受限制时,才能确保在至多 n 个采样周期内将任意初始状态转移到原点。否则,可能会需要更多的采样周期。

例 6-2 分析图 6-1 所示系统的可控性,设采样周期 $T=1s$。若控制量限制为 $|u(k)| \leqslant 1$,情况又如何?

解 连续系统状态方程为

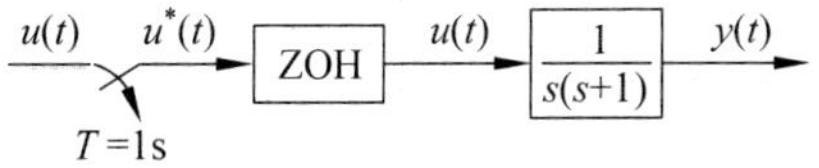

图 6-1 连续被控对象特性

$$\begin{bmatrix}\dot{x}_1\\\dot{x}_2\end{bmatrix}=\begin{bmatrix}0&1\\0&-1\end{bmatrix}\begin{bmatrix}x_1(t)\\x_2(t)\end{bmatrix}+\begin{bmatrix}0\\1\end{bmatrix}u(t)$$

则由式(3-82)和式(3-83)可得离散系统状态方程为

$$\boldsymbol{F}=\mathrm{e}^{\boldsymbol{A}T}=\begin{bmatrix}1&1-\mathrm{e}^{-T}\\0&\mathrm{e}^{-T}\end{bmatrix}=\begin{bmatrix}1&0.632\\0&0.368\end{bmatrix}$$

$$\boldsymbol{G}=\int_0^T\mathrm{e}^{\boldsymbol{A}t}\boldsymbol{B}\mathrm{d}t=\begin{bmatrix}\mathrm{e}^{-T}+T-1\\1-\mathrm{e}^{-T}\end{bmatrix}=\begin{bmatrix}0.368\\0.632\end{bmatrix}$$

也可以直接利用 MATLAB 指令求得：

```
A=[0 1;0 -1];
B=[0;1];
[F,G]=c2d(A,B,1)
```

运行结果为：

```
F=[1.0000 0.6321;0 0.3679]
G=[0.3679;0.6321]
```

容易验证

$$\mathrm{rank}\boldsymbol{W}_\mathrm{C}=\mathrm{rank}\begin{bmatrix}\boldsymbol{FG}&\boldsymbol{G}\end{bmatrix}=\mathrm{rank}\begin{bmatrix}0.767&0.368\\0.233&0.632\end{bmatrix}=2$$

因此，该系统是可控的，在控制量 $u(k)$ 不受限制情况下，至多需要两个采样周期即可将任意初始状态 $x(0)$ 转移到原点，即 $x(2)=\begin{bmatrix}0&0\end{bmatrix}^\mathrm{T}$。

若 $u(k)$ 的幅值是受限的，即 $|u(k)|\leqslant1$。若仍要求 $x(2)=\begin{bmatrix}0&0\end{bmatrix}^\mathrm{T}$，则由离散状态方程

$$\begin{bmatrix}x_1(k+1)\\x_2(k+1)\end{bmatrix}=\begin{bmatrix}1&0.632\\0&0.368\end{bmatrix}\begin{bmatrix}x_1(k)\\x_2(k)\end{bmatrix}+\begin{bmatrix}0.368\\0.632\end{bmatrix}u(k)$$

可很容易求得下式

$$u(0)=-1.5824x_1(0)-1.2437x_2(0)$$
$$u(1)=0.5824x_1(0)+0.2434x_2(0)$$

由于 $|u(0)|\leqslant1$ 和 $|u(1)|\leqslant1$，可得以下四个关系式

$$1.5824x_1(0)+1.2437x_2(0)\leqslant1$$
$$1.5824x_1(0)+1.2437x_2(0)\geqslant-1$$
$$0.5824x_1(0)+0.2434x_2(0)\leqslant1$$

$$0.5824x_1(0) + 0.2434x_2(0) \geqslant -1$$

由以上四个方程所构成的范围如图 6-2 所示。只有当初始状态 $x_1(0)$ 和 $x_2(0)$ 处于平行四边形内部时,才可保证在两个采样周期内将系统初始状态转移到原点,即 $x_1(2)=0, x_2(2)=0$。否则,当初始状态 $x_1(0)$ 和 $x_2(0)$ 处于四边形的外部时,则可能需要 3 个、4 个或更多个采样周期才能将初始状态转移到原点。

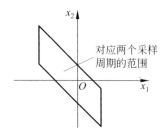

图 6-2 在两个采样周期内由初始状态到达原点的初态范围

6.1.2 可观性

利用状态空间方法设计时主要是用状态反馈来构成控制规律,但并不是任何系统都能从它的测量输出中获得系统状态的信息。如果输出 $y(k)$ 不反映状态的信息,这样的系统被称为是不可观的。

可观性定义:对式(6-1)所示系统,如果可以利用系统输出 $y(k)$,在有限的时间 NT 内确定系统的初始状态 $x(0)$,则称该系统是可观的。

系统的可观性只与系统结构及输出信息的特性有关,与控制矩阵 G 无关,为此,以后可只研究系统的自由运动:

$$x(k+1) = Fx(k)$$
$$y(k) = Cx(k) \tag{6-6}$$

依据定义,可观性的问题是,给定了一系列输出测量值 $y(0), y(1), \cdots, y(k)$,能否在有限的时间 NT 内求得初始状态 $x(0)$。递推求解式(6-6),可得

$$\begin{aligned} y(0) &= Cx(0) \\ y(1) &= Cx(1) = CFx(0) \\ &\vdots \\ y(k) &= CF^k x(0) \end{aligned} \tag{6-7}$$

将式(6-7)写成矩阵形式:

$$\begin{bmatrix} y(0) \\ y(1) \\ \vdots \\ y(k) \end{bmatrix} = \begin{bmatrix} C \\ CF \\ \vdots \\ CF^k \end{bmatrix} x(0) \tag{6-8}$$

若已知 $y(0), y(1), \cdots, y(k)$,为使 $x(0)$ 有解,即

$$x(0) = \begin{bmatrix} C \\ CF \\ \vdots \\ CF^k \end{bmatrix}^{-1} \begin{bmatrix} y(0) \\ y(1) \\ \vdots \\ y(k) \end{bmatrix}$$

有解,要求式(6-8)代数方程组一定是 n 维的,系数矩阵应是非奇异的。为此,若令 $k=n-1$,则下式应成立:

$$\mathrm{rank} W_\mathrm{O} = \mathrm{rank} \begin{bmatrix} C & CF & \cdots & CF^{n-1} \end{bmatrix}^\mathrm{T} = n \tag{6-9}$$

式中 $W_\mathrm{O} = \begin{bmatrix} C & CF & \cdots & CF^{n-1} \end{bmatrix}^\mathrm{T}$。$W_\mathrm{O}$ 被称为可观性矩阵。

与可控性类似,可观性也是由系统性质决定的。如果系统不可观,那么增加测量值也不能使系统变为可观。

系统可观性是与系统可达性对应的概念,与系统可控性对应的还有系统状态可重构性的概念。可重构性的基本问题是,能否利用有限个过去测量值 $y(N-1)$,$y(N-2), \cdots, y(0)$,求得系统当今状态 $x(N)$。同样也可以得到,可观一定可重构。另外,如果系统转移矩阵 F 是可逆的,其可观性与可重构性也是一致的。所以,由连续系统采样而形成的计算机控制系统也不再区分这两个概念了。

例 6-3 研究下述转动物体的可观性:

$$J \frac{\mathrm{d}^2 \theta}{\mathrm{d} t^2} = M$$

式中 M 是控制力矩,J 是转动惯量。

解 令 $\theta = x_1, \dot{\theta} = x_2, M/J = u(t)$,系统状态方程可写为

$$\begin{bmatrix} \dot{x}_1 \\ \dot{x}_2 \end{bmatrix} = \begin{bmatrix} 0 & 1 \\ 0 & 0 \end{bmatrix} \begin{bmatrix} x_1 \\ x_2 \end{bmatrix} + \begin{bmatrix} 0 \\ 1 \end{bmatrix} u(t)$$

若将其转换为离散形式,则有

$$\begin{bmatrix} x_1(k+1) \\ x_2(k+1) \end{bmatrix} = \begin{bmatrix} 1 & T \\ 0 & 1 \end{bmatrix} \begin{bmatrix} x_1(k) \\ x_2(k) \end{bmatrix} + \begin{bmatrix} T^2/2 \\ T \end{bmatrix} u(k)$$

若只测量角位移 x_1,系统输出方程为

$$y(k) = Cx(k) = \begin{bmatrix} 1 & 0 \end{bmatrix} x(k)$$

为检查系统的可观性,计算可观性矩阵 W_O 的秩为

$$\mathrm{rank} W_\mathrm{O} = \mathrm{rank} \begin{bmatrix} C & CF \end{bmatrix}^\mathrm{T} = \mathrm{rank} \begin{bmatrix} 1 & 0 \\ 1 & T \end{bmatrix} = 2$$

由于 W_O 的秩等于 n,所以系统是可观的。对于这种惯性物体,只测量角位移

θ,从物理概念上就可以判定系统是可观的。

若只测量角速度 x_2,系统输出方程
$$y(k) = Cx(k) = \begin{bmatrix} 0 & 1 \end{bmatrix} x(k)$$
此时可观性矩阵 W_O 的秩为
$$\mathrm{rank} W_O = \mathrm{rank}[C \quad CF]^{\mathrm{T}} = \mathrm{rank} \begin{bmatrix} 0 & 1 \\ 0 & 1 \end{bmatrix} = 1 \neq n$$
所以系统是不可观的。这个结果也是容易理解的,因为只测量角速度 $x_2(\dot{\theta})$,为了获得角位移 $x_1(\theta)$,就必须对 x_2 进行积分,为此就应知道 x_1 的初始值。所以,只根据 x_2 测量值是不能估计 x_1 状态的,故系统是不可观的。∎

6.1.3 可控性及可观性某些问题的说明

1. 系统组成部分

由于控制系统的复杂性,通常可以将一个系统分成 4 个组成部分(如图 6-3 所示):可控可观部分 S_1、不可控及不可观部分 S_2、可控不可观部分 S_3、可观不可控部分 S_4。若系统全部状态都可控或可观时,称该系统是完全可控或完全可观,否则称为不完全可控或不完全可观。

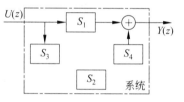

图 6-3 系统的分解

由控制理论可知,表示系统输出 $Y(z)$ 与输入 $U(z)$ 关系的脉冲传递函数 $G(z)$,只反映了系统中可控可观那部分 S_1 状态的特性。只有当系统是完全可控及可观时,传递函数才能完全反映系统的特性。

2. 表示系统可控性及可观性的另一种方式

表示系统可控性及可观性还可采用系统模态可控及可观的表示方式。考察式(6-1)所示系统,若设系统有相异特征根 $\lambda_1, \lambda_2, \cdots, \lambda_n$,通过非奇异变换 T,可以将 F 阵变换为对角阵,令 $\tilde{x}(k) = T^{-1}x(k)$,$\Lambda = T^{-1}FT = \mathrm{diag}[\lambda_i]$,$\Gamma = T^{-1}G = [\gamma_1, \gamma_2, \cdots, \gamma_n]^{\mathrm{T}}$,$H = CT$,此时变换后的状态方程为
$$\tilde{x}(k+1) = \Lambda \tilde{x}(k) + \Gamma u(k)$$
$$y(k) = H \tilde{x}(k)$$

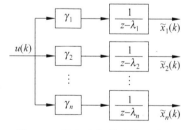

图 6-4 具有对角形系统矩阵的模态可控原理

由于 Λ 是对角矩阵,$\tilde{x}(k)$ 是解耦的,如图 6-4 所示。若 Γ 中任一行全为零(如 $\gamma_i = 0$),则对应的模态 $(\lambda_i)^k$ 不受 $u(k)$ 的影响,该模态是不可控的。若 Γ 中没有全为零的行,即 $\gamma_i \neq 0$,

$i=1,2,3,\cdots,n$,则系统全部模态都是可控的。所以,如果系统每个模态都与控制输入相关联,则系统是完全可控的,如图6-4所示。

若系统有相同的特征根,通过非奇异变换 T,可以将 F 阵变为约当阵,例如

$$\Lambda = \begin{bmatrix} \lambda_1 & 0 & 0 & 0 \\ 0 & \lambda_2 & 0 & 0 \\ 0 & 0 & \lambda_3 & 1 \\ 0 & 0 & 0 & \lambda_3 \end{bmatrix}$$

式中 λ_3 是双重根。由于每个约当块中只含一个特征根,所以,系统完全可控的条件是 Γ 中所有对应每个约当块最后一行的元素应不全为零。

类似地,如果系统每一个模态都通过输出阵 C 与输出 y 相关,则系统是完全可观的。

采用模态表示方法的好处是,可以由 Γ 及 H 阵中各元素判断哪些状态是可控及可观的,并且依据各元素数值的大小了解可控及可观的程度,这对组成反馈控制系统的结构是极为有利的。

3. 系统脉冲传递函数不能全面反映系统特性的原因

该原因是系统传递函数中发生了零点和极点相对消的现象。可以证明,若传递函数的零点和极点发生对消,系统状态可能是不可控的,也可能是不可观的,或者既是不可控的又是不可观的。

例 6-4 检查下述系统的可控性及可观性:

$$\boldsymbol{x}(k+1) = \begin{bmatrix} a & 0 \\ -1 & b \end{bmatrix} \boldsymbol{x}(k) + \begin{bmatrix} 1 \\ 1 \end{bmatrix} u(k)$$

$$y(k) = \begin{bmatrix} -1 & 1 \end{bmatrix} \boldsymbol{x}(k) + u(k) \tag{6-10}$$

解 可控性矩阵 $\boldsymbol{W}_\mathrm{C}$ 为:$\boldsymbol{W}_\mathrm{C} = \begin{bmatrix} \boldsymbol{FG} & \boldsymbol{G} \end{bmatrix} = \begin{bmatrix} \begin{bmatrix} a & 0 \\ -1 & b \end{bmatrix} \begin{bmatrix} 1 \\ 1 \end{bmatrix} & \begin{bmatrix} 1 \\ 1 \end{bmatrix} \end{bmatrix} = \begin{bmatrix} a & 1 \\ b-1 & 1 \end{bmatrix}$

如果系统是可控的,要求 $\mathrm{rank}\boldsymbol{W}_\mathrm{C}=2$,即 $b-1-a\neq 0$。若令 $a=-0.2, b=0.8$,则 $b-1-a=0$,此时系统是不可控的。

可观性矩阵 $\boldsymbol{W}_\mathrm{O}$ 等于

$$\boldsymbol{W}_\mathrm{O} = \begin{bmatrix} \boldsymbol{C} & \boldsymbol{CF} \end{bmatrix}^\mathrm{T} = \begin{bmatrix} \begin{bmatrix} -1 & 1 \end{bmatrix} & \begin{bmatrix} -1 & 1 \end{bmatrix} \begin{bmatrix} a & 0 \\ -1 & b \end{bmatrix} \end{bmatrix}^\mathrm{T} = \begin{bmatrix} -1 & -a-1 \\ 1 & b \end{bmatrix}$$

如果系统是可观的,要求 $\mathrm{rank}\boldsymbol{W}_\mathrm{O}=2$,亦即 $b-1-a\neq 0$。

由式(6-10)可求得系统结构图,如图6-5所示。由该图可以求得到系统传递函数:

$$G(z) = \frac{Y(z)}{U(z)} = \frac{1-(a+1)z^{-1}}{1-az^{-1}} \cdot \frac{1+(1-b)z^{-1}}{1-bz^{-1}}$$

若取 $a=-0.2, b=0.8$,则有 $b-1-a=0$,

$$G(z) = \frac{Y(z)}{U(z)} = \frac{1-0.8z^{-1}}{1+0.2z^{-1}} \cdot \frac{1+0.2z^{-1}}{1-0.8z^{-1}} = 1$$

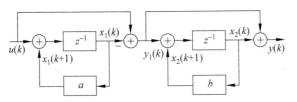

图 6-5 例 6-4 系统结构图

系统发生了全部零、极点对消现象。进一步还可求得

$$\frac{X_2(z)}{U(z)} = \frac{1-0.8z^{-1}}{1+0.2z^{-1}} \cdot \frac{z^{-1}}{1-0.8z^{-1}} = \frac{1}{z+0.2}$$

上式表明,$X_2(z)$作为输出,其中模态$(0.8)^k$并不受$u(k)$的控制,所以系统是不可控的。如求$X_1(z)$与$Y(z)$之间的传递函数,则得

$$\frac{X_1(z)}{Y(z)} = \frac{X_1(z)}{U(z)} \cdot \frac{U(z)}{Y(z)} = \frac{1}{z+0.8}$$

可见,模态$(-0.2)^k$并不出现在输出$Y(z)$中,所以系统是不可观的。

6.1.4 采样系统可控可观性与采样周期的关系

计算机控制系统通常是由连续系统采样得到的。采样后系统的控制作用及输出均是原连续系统控制及输出的子集。为了使采样后所得系统是可控及可观的,原连续系统必须是可控及可观的。但是,如果连续系统是可控可观的,采样后得到的离散系统,由于它的状态方程中的 **F** 及 **G** 均是采样周期 T 的函数,所以采样周期要影响系统的可控性及可观性,并且可能使系统变成不可控及不可观的。对于采样系统的可控性及可观性,不加证明给出下述结果。

(1) 若原连续系统是可控及可观的,经过采样后,系统可控及可观的充分条件是,对连续系统任意两个相异特征根 λ_p、λ_q,下式应成立:

$$\lambda_p - \lambda_q \neq j\frac{2\pi k}{T} = jk\omega_s \quad k = \pm 1, \pm 2, \cdots \tag{6-11}$$

如果系统是单输入单输出系统,上述条件也是必要的。从上述条件可以看到,如果连续系统的特征根无复根时,采样系统必定是可控及可观的。

(2) 反之,若已知采样系统是可控及可观的,原连续系统一定也是可控及可观的。

由式(6-11)可见,采样系统能否保持可控可观性,除与系统本身特性有关外,与采样周期密切相关。如采样周期 T 选取不当,系统将失去可控性及可观性。所以,在对连续系统实现计算机控制时,对给定的采样周期 T,原则上应检查采样系统的可控性及可观性。

为了说明这种现象,现举例如下。

例 6-5 研究下述简谐振荡器采样系统的可控性及可观性。

$$\dot{x}(t) = \begin{bmatrix} 0 & \omega \\ -\omega & 0 \end{bmatrix} x(t) + \begin{bmatrix} 0 \\ \omega \end{bmatrix} u(t)$$

$$y(t) = \begin{bmatrix} 1 & 0 \end{bmatrix} x(t) \quad x(0) = (0,0)^{\mathrm{T}}$$

解 由上式可求得系统传递函数为

$$G(s) = \frac{\omega^2}{s^2 + \omega^2}$$

它的特征根是 $\lambda_{1,2} = \pm \mathrm{j}\omega$,系统是完全可控及可观的。

若输入信号 $u(t)$ 通过采样及零阶保持器加入系统,简谐振荡器的离散状态方程为

$$x(k+1) = \begin{bmatrix} \cos(\omega T) & \sin(\omega T) \\ -\sin(\omega T) & \cos(\omega T) \end{bmatrix} x(k) + \begin{bmatrix} 1-\cos(\omega T) \\ \sin(\omega T) \end{bmatrix} u(k)$$

$$y(k) = \begin{bmatrix} 1 & 0 \end{bmatrix} x(k)$$

由于连续系统特征根为 $\lambda_{1,2} = \pm \mathrm{j}\omega$,根据上述定理,若采样周期 T 满足下式时,

$$\lambda_1 - \lambda_2 = \mathrm{j}k \frac{2\pi}{T}$$

系统将是不可控和不可观的。由上式可得

$$T = k \frac{\pi}{\omega} \quad k = 1, 2, \cdots$$

这个结果很容易利用可控性及可观性条件加以验证。若令 $k=$ 奇数,则有

$$\boldsymbol{F} = \begin{bmatrix} \cos(\omega k\pi/\omega) & \sin(\omega k\pi/\omega) \\ -\sin(\omega k\pi/\omega) & \cos(\omega k\pi/\omega) \end{bmatrix} = \begin{bmatrix} -1 & 0 \\ 0 & -1 \end{bmatrix}$$

$$\boldsymbol{G} = \begin{bmatrix} 1-\cos(\omega k\pi/\omega) \\ \sin(\omega k\pi/\omega) \end{bmatrix} = \begin{bmatrix} 2 \\ 0 \end{bmatrix}$$

$$\boldsymbol{W}_{\mathrm{C}} = \begin{bmatrix} \boldsymbol{FG} & \boldsymbol{G} \end{bmatrix} = \begin{bmatrix} -2 & 2 \\ 0 & 0 \end{bmatrix}$$

因为 rank$\boldsymbol{W}_{\mathrm{C}} = 1 \neq n$,所以系统不可控。又因为

$$\mathrm{rank} \boldsymbol{W}_{\mathrm{O}} = \mathrm{rank} \begin{bmatrix} \boldsymbol{C} \\ \boldsymbol{CF} \end{bmatrix} = \mathrm{rank} \begin{bmatrix} 1 & 0 \\ -1 & 0 \end{bmatrix} = 1 \neq n$$

所以,系统不可观。

若 $k=$ 偶数,可得

$$\boldsymbol{F} = \begin{bmatrix} 1 & 0 \\ 0 & 1 \end{bmatrix} \quad \boldsymbol{G} = \begin{bmatrix} 0 \\ 0 \end{bmatrix}$$

rank$\boldsymbol{W}_{\mathrm{C}} \neq 2$,rank$\boldsymbol{W}_{\mathrm{O}} \neq 2$,系统仍是不可控及不可观。

对系统连续传递函数进行 z 变换,可得

$$G(z) = (1-z^{-1})\mathscr{Z}\left[\frac{1}{s(s^2+\omega^2)}\right] = \frac{[1-\cos(\omega T)](z^{-1}+1)z^{-1}}{1-2z^{-1}\cos(\omega T)+z^{-2}}$$

令 $T=k\pi/\omega$，且 k 为奇数，则得

$$G(z) = 2\frac{z+1}{(z+1)^2} = \frac{2}{z+1}$$

这表明，系统发生了一对零、极点对消现象。由于采样频率 $\omega_s = 2\pi/T = 2\omega/k$，采样后使原连续系统的两个特征根 $\lambda_{1,2} = \pm j\omega$ 映射在 $z=-1$ 处，因此，系统有一个状态是不可控的。

若令 k 为偶数（如 $k=2$），则有

$$G(z) = \frac{[1-\cos(\omega T)](z+1)}{z^2 - 2z\cos(\omega T)+1} = \frac{0 \cdot (z+1)}{(z-1)^2} = 0$$

这表明，系统没有状态是可控和可观的，此时所有的采样值将恒为零。

当 $k=1$ 及 $k=2$ 时，采样简谐振荡器的输出波形如图 6-6 所示。

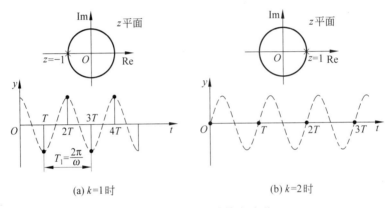

图 6-6　例 6-5 系统输出波形

从图 6-6(b)可见，尽管采样点输出为零，但在采样点之间，系统输出却是振荡的，这种现象称为隐含振荡或采样间隔内的波纹。产生这种现象的原因是，原连续系统的某些振荡模态，由于采样作用，失去了可观性，结果在采样输出中没有反映这些模态的行为，产生了隐含振荡现象。这种现象只在一定的采样周期时才会发生，只要改变采样周期，就可以消除隐含振荡了。

6.2　状态反馈控制律的极点配置设计

状态空间设计，最基本的是指系统满足可控可观条件时，利用状态（或输出）反馈，进行系统闭环设计的方法。与适用于单输入单输出（SISO）系统的经典控制理论相比，采用全状态反馈，可以更多地获得和利用系统的信息，因而容易获得更好的控制效果。

6.2.1 状态反馈控制

给定离散系统状态方程为
$$x(k+1) = Fx(k) + Gu(k) \tag{6-12}$$
$$y(k) = Cx(k) + Du(k)$$

若采用状态线性反馈控制，控制作用可表示为
$$u(k) = -Kx(k) + Lr(k) \tag{6-13}$$

式中 $r(k)$ 是 p 维参考输入向量，K 是 $m \times n$ 维状态反馈增益矩阵。L 是 $m \times p$ 维输入矩阵。由式(6-12)及式(6-13)可得系统结构图，如图 6-7 所示。若令 $L = I$ 时，闭环系统状态方程为
$$x(k+1) = [F - GK]x(k) + Gr(k) \tag{6-14}$$
$$y(k) = [C - DK]x(k) + Dr(k)$$

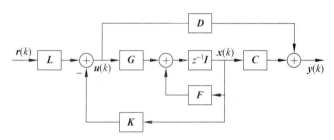

图 6-7 状态反馈控制系统结构图

由于引入了状态反馈，整个闭环系统特性发生了变化。从式(6-14)可见：

(1) 闭环系统的特征方程由 $[F - GK]$ 决定，系统的阶次不改变。由于闭环系统稳定性取决于它的特征根，所以，通过选择状态反馈增益 K，可以改变系统的稳定性。

(2) 闭环系统的可控性由 $[F - GK]$ 及 G 决定，可以证明，如开环系统可控，闭环系统也可控，反之亦然。

事实上，原系统的可控矩阵为
$$W_C = [F^{n-1}G \quad F^{n-2}G \quad \cdots \quad FG \quad G]$$

而反馈系统的可控矩阵为
$$\widetilde{W}_C = [(F - GK)^{n-1}G \quad \cdots \quad (F - GK)G \quad G]$$

对矩阵 $\widetilde{W}_C$ 做初等列变换，可以把 $\widetilde{W}_C$ 中的附加项减为零，这意味着
$$\text{rank}\widetilde{W}_C = \text{rank}W_C$$

所以，状态反馈不改变系统的可控性。由此可推断，如果开环系统有不可控状态，并且是不稳定的，那么通过状态反馈也不能将其稳定，整个系统仍然是不稳定的。

(3) 闭环系统的可观性由 $[F - GK]$ 及 $[C - DK]$ 决定。如果开环系统是可控

可观的,加入状态反馈控制,由于 K 的不同选择,闭环系统可能失去可观性。

例 6-6 给定下述离散系统,试讨论线性状态反馈时闭环系统的可控性及可观性。

$$x(k+1) = \begin{bmatrix} 0 & 2 \\ -4 & -6 \end{bmatrix} x(k) + \begin{bmatrix} 2 \\ 2 \end{bmatrix} u(k)$$

$$y(k) = \begin{bmatrix} 0.5 & 1 \end{bmatrix} x(k)$$

解 容易证明该系统是可控及可观的。若实现下述状态反馈:

$$u(k) = r(k) - Kx(k)$$

式中 $K = \begin{bmatrix} K_1 & K_2 \end{bmatrix}$,闭环系统状态方程为

$$x(k+1) = [F - GK]x(k) + Gr(k) = F_C x(k) + Gr(k)$$

式中

$$F_C = F - GK = \begin{bmatrix} -2K_1 & 2(1-K_2) \\ -2(2+K_1) & -2(3+K_2) \end{bmatrix}$$

闭环系统可控矩阵为

$$W_C = \begin{bmatrix} F_C G & G \end{bmatrix} = \begin{bmatrix} 4(1-K_1-K_2) & 2 \\ -4(5+K_1+K_2) & 2 \end{bmatrix}$$

因为

$$\det[W_C] = 48 \neq 0$$

所以,可控矩阵 W_C 是非奇异的,闭环系统是可控的,并且可控矩阵 W_C 的秩与反馈增益 K 无关。现计算可观性矩阵 W_O:

$$W_O = \begin{bmatrix} C & CF_C \end{bmatrix}^T = \begin{bmatrix} 0.5 & 1 \\ -4-3K_1 & -5-3K_2 \end{bmatrix}$$

因为

$$\det[W_O] = 1.5 + 3K_1 - 1.5K_2$$

可观矩阵 W_O 的秩与 K_1、K_2 的选择有关,只有选择 K_1、K_2 使 $\det[W_O] \neq 0$,才能保证闭环系统是可观的。 ■

(4) 状态反馈时闭环系统特征方程为

$$\Delta(z) = \det[zI - F_C] = \det[zI - F + GK] = 0 \quad (6-15)$$

可见,状态反馈增益矩阵 K 决定了闭环系统的特征根。可以证明,如果系统是完全可控的,通过选择 K 阵可以任意配置闭环系统的特征根。若单输入单输出系统是可控的,则该系统可用下述可控标准型描述:

$$x(k+1) = \begin{bmatrix} 0 & 1 & 0 & \cdots & 0 \\ 0 & 0 & 1 & \cdots & 0 \\ \vdots & \vdots & \vdots & \ddots & \vdots \\ 0 & 0 & 0 & \cdots & 1 \\ -a_n & -a_{n-1} & \cdots & \cdots & -a_1 \end{bmatrix} x(k) + \begin{bmatrix} 0 \\ 0 \\ \vdots \\ 0 \\ 1 \end{bmatrix} u(k) \quad (6-16)$$

它的特征方程是

$$\det[zI - F] = z^n + a_1 z^{n-1} + \cdots + a_{n-1} z + a_n \quad (6-17)$$

若状态反馈控制为

$$u(k) = r(k) - Kx(k) \quad (6\text{-}18)$$

式中 $K = [K_1 \quad K_2 \quad \cdots \quad K_n]$

此时闭环系统状态方程为

$$x(k+1) = \begin{bmatrix} 0 & 1 & 0 & \cdots & 0 \\ 0 & 0 & 1 & \cdots & 0 \\ \vdots & \vdots & \vdots & \ddots & \vdots \\ 0 & 0 & 0 & \cdots & 1 \\ -(a_n + K_1) & -(a_{n-1} + K_2) & -(a_{n-1} + K_3) & \cdots & -(a_1 + K_n) \end{bmatrix} x(k)$$

$$+ \begin{bmatrix} 0 \\ \vdots \\ 0 \\ 1 \end{bmatrix} r(k) \quad (6\text{-}19)$$

闭环系统特征方程为

$$\det[zI - (F - GK)] = z^n + (a_1 + K_n)z^{n-1} + \cdots + (a_n + K_1) = 0 \quad (6\text{-}20)$$

由于 K_i 可以任意取值,闭环特征方程系数亦可为任意值,所以,由方程系数决定的特征根即可以取任意值。对多输入多输出系统,上述结论也是成立的,但问题更复杂。

(5) 状态反馈不能改变或配置系统的零点。

由于系统传递函数 $G(z)$ 的零点定义为系统有非零的状态及输入时,系统输出仍为零值的 z_0 值,故对式(6-14)进行 z 变换并整理,可得闭环系统零点应满足下述方程(假定 $D=0$)

$$\begin{bmatrix} z_0 I - F + GK & -G \\ C & 0 \end{bmatrix} \begin{bmatrix} X(z_0) \\ R(z_0) \end{bmatrix} = 0 \quad (6\text{-}21)$$

通过变量置换,可将式(6-21)改写为

$$\begin{bmatrix} z_0 I - F & -G \\ C & 0 \end{bmatrix} \begin{bmatrix} X(z_0) \\ R(z_0) - KX(z_0) \end{bmatrix} = 0 \quad (6\text{-}22)$$

该方程的系数矩阵与 K 无关,其解不受 K 影响,所以状态反馈不能改变或配置系统的零点。

由于状态反馈可以任意配置系统的极点,它为控制系统设计提供了有效的方法。状态反馈增益矩阵可以依不同要求,采用不同方法确定。依据给定的极点位置,确定反馈增益矩阵是最简单常用的方法。

6.2.2 单输入系统的极点配置

极点配置法的基本思想是,由系统性能要求确定闭环系统期望极点位置,然后依据期望极点位置确定反馈增益矩阵 K。对于式(6-22)系统,由于系统是 n 维的,控制输入矩阵是 m 维的,反馈增益矩阵 K 将是 $m\times n$ 维的,它包含有 $m\times n$ 个元素。由于 n 阶系统仅有 n 个极点,所以 K 阵中的 $m\times n$ 个元素不能唯一地由 n 个极点确定,其中 $m\times n-n$ 个元素可任意选定。若系统是单输入系统,$m=1$,反馈增益矩阵 K 是一行向量,仅包含 n 个元素,可由 n 个极点唯一确定。本节主要讨论单输入系统的极点配置方法。

1. 系数匹配法

若给定闭环系统期望特征根为
$$z_i = \beta_i \quad i=1,2,\cdots,n$$
因此,它的期望特征方程为
$$a_c(z) = (z-\beta_1)(z-\beta_2)\cdots(z-\beta_n) = 0 \tag{6-23}$$
状态反馈闭环系统特征方程为
$$\det[z\mathbf{I} - \mathbf{F} + \mathbf{GK}] = 0 \tag{6-24}$$
使式(6-23)与式(6-24)各项系数相等,可得 n 个代数方程,从而可求得 n 个未知系数 K_i。

例 6-7 卫星通常需要借助三轴姿态控制来确保其天线和各种传感器相对地球保持合适的方位,如图 6-8 所示。试用极点配置法设计图 6-9 所示的单轴卫星姿态控制器,使得闭环姿态控制系统具有等效于 s 平面上阻尼比为 $\xi=0.5$ 和特征根实部为 -1.8rad/s 的连续系统特性。设采样周期为 $T=0.1\text{s}$。

图 6-8 卫星三轴姿态控制问题

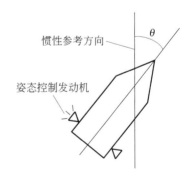

图 6-9 单轴卫星姿态控制原理

解 图 6-9 所示卫星单轴姿态运动方程可以表示为
$$I\ddot{\theta} = M_C + M_D$$
其中 I 为卫星绕旋转轴的转动惯量,M_C 为姿态控制发动机的控制力矩,M_D 为扰动力矩。定义标称化的控制量 $u=M_C/I$ 以及扰动量 $W_d=M_D/I$,则有
$$\ddot{\theta} = u + W_d$$

对上式进行拉普拉斯变换,得到

$$\theta(s) = \frac{1}{s^2}[u(s) + W_d(s)]$$

不考虑干扰项,得到卫星单轴姿态控制的开环传递函数

$$G(s) = \frac{\theta(s)}{u(s)} = \frac{1}{s^2}$$

定义状态变量 $x_1 = \theta, x_2 = \dot{\theta}$,得到连续系统状态方程

$$\begin{bmatrix} \dot{x}_1 \\ \dot{x}_2 \end{bmatrix} = \begin{bmatrix} 0 & 1 \\ 0 & 0 \end{bmatrix} \begin{bmatrix} x_1 \\ x_2 \end{bmatrix} + \begin{bmatrix} 0 \\ 1 \end{bmatrix} u = \boldsymbol{Ax} + \boldsymbol{Bu}$$

$$y = \theta = \begin{bmatrix} 1 & 0 \end{bmatrix} \begin{bmatrix} x_1 \\ x_2 \end{bmatrix} = \boldsymbol{Cx}$$

由此可得离散系统状态方程

$$\begin{bmatrix} x_1(k+1) \\ x_2(k+1) \end{bmatrix} = \begin{bmatrix} 1 & T \\ 0 & 1 \end{bmatrix} \begin{bmatrix} x_1(k) \\ x_2(k) \end{bmatrix} + \begin{bmatrix} \frac{T^2}{2} \\ T \end{bmatrix} u(k) = \boldsymbol{F}\boldsymbol{x}(k) + \boldsymbol{G}u(k) \quad (6\text{-}25)$$

$$y(k) = \begin{bmatrix} 1 & 0 \end{bmatrix} \begin{bmatrix} x_1(k) \\ x_2(k) \end{bmatrix} = \boldsymbol{C}\boldsymbol{x}(k)$$

于是,根据式(6-24)可得闭环系统特征方程为

$$\det \begin{bmatrix} z - 1 + K_1 T^2/2 & -T + K_2 T^2/2 \\ K_1 T & z - 1 + K_2 T \end{bmatrix} = 0$$

展开上式可得

$$z^2 + \left[\frac{K_1 T^2}{2} + K_2 T - 2\right] z + \left[\frac{K_1 T^2}{2} - K_2 T + 1\right] = 0 \quad (6\text{-}26)$$

由期望的闭环系统性能要求,可得等效连续系统期望特征根为 $s = -1.8 \pm j3.12$,根据映射关系 $z = e^{sT}$ 和 $T = 0.1$,得到离散系统期望特征根 $z = 0.8 \pm j0.25$。

根据给定的期望极点,可得期望特征方程

$$z^2 + a_1 z + a_2 = z^2 - 1.6z + 0.7 = 0 \quad (6\text{-}27)$$

由式(6-26)及式(6-27)对应系数相等,可得下述代数方程组

$$\begin{cases} \dfrac{K_1 T^2}{2} + K_2 T - 2 = a_1 \\ \dfrac{K_1 T^2}{2} - K_2 T + 1 = a_2 \end{cases} \quad (6\text{-}28)$$

求解该方程,得

$$\begin{cases} K_1 = \dfrac{1}{T^2}(1 + a_1 + a_2) \\ K_2 = \dfrac{1}{2T}(3 + a_1 - a_2) \end{cases}$$

考虑到 $T = 0.1$s,及 $a_1 = -1.6, a_2 = 0.7$,则 $\boldsymbol{K} = \begin{bmatrix} K_1 & K_2 \end{bmatrix} = \begin{bmatrix} 10 & 3.5 \end{bmatrix}$。∎

2. Ackermann 公式

Ackermann 公式是建立在可控标准型基础上的一种计算反馈阵 K 的方法，对于高阶系统，便于用计算机求解。

如果单输入系统是可控的，使闭环系统特征方程为 $a_c(z)=0$ 的反馈增益矩阵 K 可由下式求得

$$K = \begin{bmatrix} 1 & 0 & \cdots & 0 \end{bmatrix} W_C^{-1} a_c(F) \tag{6-29}$$

式中 W_C 是系统可控矩阵，$W_C = \begin{bmatrix} F^{n-1}G & F^{n-2}G & \cdots & FG & G \end{bmatrix}$；$a_c(F)$ 是给定的期望特征多项式中变量 z 用 F 代替后所得的矩阵多项式，即

$$a_c(F) = F^n + a_1 F^{n-1} + \cdots + a_n I \tag{6-30}$$

例 6-8 利用 Ackermann 公式计算例 6-7 所示卫星单轴姿态控制系统的反馈增益矩阵。

解 由式(6-25)可知

$$F = \begin{bmatrix} 1 & T \\ 0 & 1 \end{bmatrix} \quad G = \begin{bmatrix} T^2/2 \\ T \end{bmatrix}$$

所以，可控矩阵 W_C 为

$$W_C = \begin{bmatrix} FG & G \end{bmatrix} = \begin{bmatrix} 1.5T^2 & 0.5T^2 \\ T & T \end{bmatrix}$$

$$W_C^{-1} = \begin{bmatrix} 1/T^2 & -0.5/T \\ -1/T^2 & 1.5/T \end{bmatrix}$$

由式(6-27)及式(6-30)，得

$$a_c(F) = F^2 + a_1 F + a_2 I = \begin{bmatrix} 1 & T \\ 0 & 1 \end{bmatrix}^2 + a_1 \begin{bmatrix} 1 & T \\ 0 & 1 \end{bmatrix} + a_2 I$$

$$= \begin{bmatrix} 1+a_1+a_2 & 2T+a_1 T \\ 0 & 1+a_1+a_2 \end{bmatrix}$$

由式(6-29)可得

$$K = \begin{bmatrix} K_1 & K_2 \end{bmatrix} = \begin{bmatrix} 1 & 0 \end{bmatrix} W_C^{-1} a_c(F)$$

$$= \begin{bmatrix} 1 & 0 \end{bmatrix} \begin{bmatrix} 1/T^2 & -0.5/T \\ -1/T^2 & 1.5/T \end{bmatrix} \begin{bmatrix} 1+a_1+a_2 & 2T+a_1 T \\ 0 & 1+a_1+a_2 \end{bmatrix}$$

$$= \begin{bmatrix} \dfrac{1+a_1+a_2}{T^2} & \dfrac{3+a_1-a_2}{2T} \end{bmatrix}$$

将 $a_1 = -1.6, a_2 = 0.7, T = 0.1$ 代入，最后可得

$$K = \begin{bmatrix} K_1 & K_2 \end{bmatrix} = \begin{bmatrix} 10 & 3.5 \end{bmatrix}$$

与例 6-7 所得结果相同。

极点配置也可以利用 MATLAB 软件中的符号语言工具箱中相应命令完成，如下述所示：

```
clear all
T = 0.1;
Fs = sym('[1,T;0.1]');
Gs = sym('[T^2/2;T]');
F = eval(Fs)
G = eval(Gs)
% 期望特征根
P = [0.8 + 0.25i, 0.8 - 0.25i];
% 求增益阵
K = acker(F,G,P)
% 验证闭环特征根
eig(F - G*K)
```

以上程序运行结果为：

```
K =
   10.25000    3.4875
ans =
   0.8000 + 0.2500i
   0.8000 - 0.2500i
```

说明闭环极点位于预定的位置。 ■

3. 使用极点配置方法时应注意的几个问题

（1）系统完全可控是求解该问题的充分必要条件。若系统有不可控模态，利用状态反馈不能移动该模态所对应的极点。

（2）实际应用极点配置法时，首先应把闭环系统期望特性转化为 z 平面上的极点位置。通常可以利用第 5 章讨论的系统时间响应特性与系统极点对应关系解决。

（3）理论上，通过选择反馈增益可以使系统有任意快的时间响应。通常加大反馈增益可以提高系统的频带，加快系统的响应。但过大的反馈增益，在一定的误差信号时，必然增大控制作用 $u(k)$ 的幅值。控制信号的幅值受物理条件的限制，不能无限增大。所以，工程设计时，要考虑到所求反馈增益物理实现的可能性。

（4）系统阶次较低时，可以直接利用系数匹配法；系统阶次较高时，应依 Ackermann 公式，利用计算机求解。考察式(6-29)可见，直接计算 **K**，需要矩阵多次相乘，由于计算机的计算积累误差，将会产生较严重的数值计算误差，从数值计算的角度来说，极点配置应寻求较好的计算方法。

6.2.3 多输入系统的极点配置

对于 n 阶系统，最多需要配置 n 个极点。单输入系统状态反馈增益 **K** 矩阵为 $1 \times n$ 维，其中的 n 个元素可以由 n 个闭环特征值要求唯一确定。而对于多输入系统，**K** 阵是 $m \times n$ 维，如果只给出 n 个特征值要求，**K** 阵中有 $m \times (n-1)$ 个元素不能唯一确定，必须附加其他条件，如使 $\|\boldsymbol{K}\|$ 最小，得到最小增益阵；给出特征向量要求，使部分状态量解耦等。设计过程变得复杂多样，设计效果也比仅仅配置 n 个极点更为有效。事实上，对于多输入多输出系统，一般不再使用单纯的极点配置方法设计，而常用如特征结构配置、自适应控制、最优控制等现代多变量控制方法设计。

MATLAB 软件中除了提供指令 acker，利用 Ackermann 公式配置单输入系统的极点外，还提供了另一指令 K=place(A,B,P) 配置极点，该指令不仅可以配置单输入系统的极点，同时亦可配置多输入系统的极点，但应注意所得 K 阵不是唯一的。

例如

$$F = \begin{bmatrix} 0 & 1 \\ -1 & -2 \end{bmatrix} \quad G = \begin{bmatrix} 1 & 0 \\ 0 & 1 \end{bmatrix}$$

期望极点为 $z_1=0.1, z_2=0.2$。

采用如下指令可实现极点配置：

```
F=[0 1;-1 -2];
G=[1 0;0 1];
P=[0.1;0.2];
K=place(F,G,P)
```

运行结果为：

```
K =
  -0.1000  1.0000
  -1.0000  -2.2000
```

```
% 验证特征根
eig(F-G*K)
```

运行结果为：

```
ans =
  0.1000
  0.2000
```

6.3 状态观测器设计

在实际工程中,不论是单输入系统还是多输入系统,采用全状态反馈都是不现实的。原因在于测量所有的状态,一方面是困难的,另一方面也不经济。为了实现状态反馈,除了可以利用不完全状态反馈或输出反馈外,最常用的方法是利用观测器(估计器)来观测和估计系统的状态。

6.3.1 系统状态的开环估计

给定系统的状态方程为
$$x(k+1) = Fx(k) + Gu(k) \tag{6-31}$$
$$y(k) = Cx(k)$$
观测估计系统状态的最简单方法是,构造系统的一个模型
$$\hat{x}(k+1) = F\hat{x}(k) + Gu(k) \tag{6-32}$$
式中 $\hat{x}(k)$ 是模型的状态或状态的估计值。如果 F、G 及 $u(k)$ 已知,且给定了系统的初始状态 $\hat{x}(0) = x(0)$,那么从式(6-32)就可求得状态的估计值 $\hat{x}(k)$。为使估计的状态准确,模型的参数及初始条件必须和真实系统一致。图 6-10 就是这种开环估计的结构图。由于没有利用估计误差进行反馈修正,所以称为开环估计。

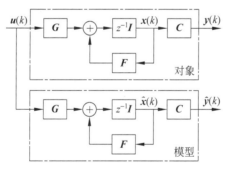

图 6-10 开环估计器结构图

若令 $\tilde{x}$ 为估计误差,则有
$$\tilde{x} = x - \hat{x}$$
观测误差的状态方程为
$$\tilde{x}(k+1) = F\tilde{x}(k) \tag{6-33}$$
由该式可见,开环估计时,观测误差 $\tilde{x}$ 的转移矩阵是原系统的转移矩阵 F,这是不希望的。因为在实际系统中,观测误差 $\tilde{x}$ 总是存在的。如果原系统是不稳定的,那么观测误差 $\tilde{x}$ 将随着时间的增加而发散;如果 F 阵的模态收敛很慢,观测值

$\hat{x}(k)$ 也不能很快收敛到 $x(k)$ 的值,将影响观测效果。从图 6-10 可以看到,开环估计只利用了原系统的输入信号 $u(k)$,并没有利用原系统可测量的输出信号,这种情况促使人们去构造一种闭环估计器,以便利用原系统输出与估计器输出之间的误差,修正模型的输入。

6.3.2 全阶状态观测器设计

为了克服开环估计的缺点,可以利用观测误差修正模型的输入,构成闭环估计,如图 6-11 所示。由于利用系统输出值不同,有两种实现状态闭环估计的方法。一种方法是利用 $y(k-1)$ 值来估计状态 $x(k)$ 值,称为预测观测器,另一种方法是利用当今测量值 $y(k)$ 估计 $x(k)$,称为现今值观测器。

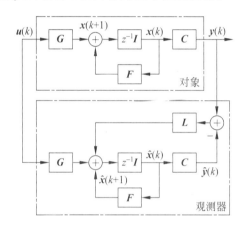

图 6-11 闭环状态估计器

1. 预测观测器

首先讨论第一种方法。这种方法的基本思想是,根据测量的输出值 $y(k)$ 去预估下一时刻的状态 $\hat{x}(k+1)$。根据图 6-11,可得观测器方程

$$\begin{aligned}\hat{x}(k+1) &= F\hat{x}(k) + Gu(k) + L[y(k) - C\hat{x}(k)] \\ &= [F - LC]\hat{x}(k) + Gu(k) + Ly(k)\end{aligned} \quad (6-34)$$

式中 L 是观测器的反馈增益矩阵,$n \times r$ 维,因为观测值 $\hat{x}(k+1)$ 是在测量值 $y(k+1)$ 之前求得的,故称为预测观测器。

由原系统方程式(6-31)及式(6-34)可得观测误差方程

$$\tilde{x}(k+1) = [F - LC]\tilde{x}(k) \quad (6-35)$$

这是齐次方程,它表明观测误差与 $u(k)$ 无关,它的动态特性由 $[F-LC]$ 决定。如果 $[F-LC]$ 的特性是快速收敛的,那么对任何初始误差 $\tilde{x}(0)$,$\tilde{x}(k)$ 将快速收敛于

零,即观测值 $\hat{x}(k)$ 快速收敛于 $x(k)$。

状态观测器的观测误差主要是由以下几个方面的原因造成的：

(1) 构造观测器所用的模型参数与真实系统的参数不可能完全一致,这将引起较大的观测误差。采用精确的模型将可以得到一个好的观测器。

(2) 观测器的初始条件很难与对象的真实初始状态一致。对象真实初始状态是未知的,计算时观测器的初始值通常只能设置为零,所以,观测器的初始观测误差总是存在的。

(3) 对象经常受到各种干扰的影响,对象的输出中也经常包含各种测量噪声。对于式(6-34)的观测器方程,尽管 $[F-LC]$ 可以加快观测误差衰减的动态过程,但作用在对象上的干扰及测量噪声作为输入信号有时将使观测误差不能趋于零。

观测器设计的基本问题是要及时地求得状态的精确估计值,也就是要使观测误差能尽快地趋于零或最小值。从式(6-35)可见,合理地确定增益 L 矩阵,可以使观测器子系统的极点位于给定的位置,加快观测误差的收敛速度。如何确定观测器极点的问题将在后面讨论。

现简单说明在给定观测器极点后,通过选择观测器增益 L 配置观测器极点的条件。观测器的转移矩阵 $[F-LC]$ 与控制律极点配置中所用转移矩阵 $[F-GK]$ 不同,但如果将 $[F-LC]$ 转置为 $[F^T-C^TL^T]$,它的特征值不变,但该式已与 $[F-GK]$ 一致了,依 6.2 节有关极点配置的讨论,可以得出,如果

$$[C^T \quad F^TC^T \quad \cdots \quad (F^{n-1})^TC^T] \tag{6-36}$$

是非奇异的,那么选择增益 L^T,可以任意配置系统 $[F^T-C^TL^T]$ 的极点。但式(6-36)正是原系统式(6-31)的可观矩阵(见式(6-9))。所以,可以得出,如果可观矩阵 W_O 是非奇异的,其转置矩阵也是非奇异的,即系统是可观的,那么就可以通过选择反馈增益 L,任意配置观测器的极点。

观测器期望极点配置问题与 6.2 节讨论的配置极点设计反馈控制规律的问题相同,即若给定观测器的期望特征方程 $\alpha_O(z)=0$,选择观测器反馈增益 L,使观测器特征方程 $\det(F-LC)=0$ 与期望特征方程 $\alpha_O(z)=0$ 相等。可以采用系数匹配法,也可以利用 Ackermann 公式。但应用 Ackermann 公式时,相应矩阵应取转置替代,即取 $F \to F^T, G \to C^T, K \to L^T$。Ackermann 公式由转置方式直接得出：

$$L = \alpha_O(F)W_O^{-1}[0\ 0\cdots 1]^T \tag{6-37}$$

式(6-37)中 $\alpha_O(F)$ 是观测器期望特征多项式。

例 6-9 对例 6-7 所示卫星姿态控制系统设计预测观测器。

解 对该系统

$$F = \begin{bmatrix} 1 & T \\ 0 & 1 \end{bmatrix} \quad G = \begin{bmatrix} T^2/2 \\ T \end{bmatrix} \quad C = \begin{bmatrix} 1 & 0 \end{bmatrix}$$

由于

$$[F-LC] = \begin{bmatrix} 1 & T \\ 0 & 1 \end{bmatrix} - \begin{bmatrix} L_1 \\ L_2 \end{bmatrix} \begin{bmatrix} 1 & 0 \end{bmatrix} = \begin{bmatrix} 1-L_1 & T \\ -L_2 & 1 \end{bmatrix}$$

所以,观测器特征方程为
$$z^2 - (2-L_1)z + 1 - L_1 + L_2 T = 0$$
若观测器期望特征方程为
$$z^2 + \alpha_1 z + \alpha_2 = 0 \tag{6-38}$$
由上述两个方程对应系数相等,可求得
$$L_1 = 2 + \alpha_1$$
$$L_2 = (1 + \alpha_1 + \alpha_2)/T$$

若要求观测器极点均位于 z 平面的原点,则式(6-37)中 $\alpha_1 = 0, \alpha_2 = 0$。期望特征方程为
$$z^2 = 0 \tag{6-39}$$
若设采样周期 $T = 0.1s$,因此可得 $L = [2 \quad 10]^T$。

由于观测误差的特征方程为式(6-39),观测误差 $\tilde{x}(k)$ 将在两个周期内衰减到零,过渡过程时间最短,故称这种观测器为最少拍观测器。

利用 Ackermann 公式亦可求得反馈增益:

```
T = 0.1;
F = [1 T;0 1];
C = [1 0];
P = [0;0];
L = acker(F',C',P)'
```

运行结果为:

```
L =
    2
   10
```

2. 现今值观测器

利用上述方法估计系统状态,产生一步的延迟,也就是,如果将估计的状态 $\hat{x}(k)$ 用于产生当前的控制 $u(k)$,那么 $u(k)$ 与当前的观测误差无关,因此精度较差。为此,可以采用第二种方法,构造现今值观测器。这种观测器的具体算法如下:

若已有了 k 时刻的观测值 $\hat{x}(k)$,根据系统模型可以预测下一时刻的状态
$$\bar{x}(k+1) = F\hat{x}(k) + Gu(k)$$
测量 $(k+1)$ 时刻的系统输出值 $y(k+1)$,并用观测误差 $[y(k+1) - C\bar{x}(k+1)]$ 修正预测值,从而得到 $(k+1)$ 时刻的观测值:
$$\hat{x}(k+1) = \bar{x}(k+1) + L[y(k+1) - C\bar{x}(k+1)]$$
或
$$\begin{aligned}\hat{x}(k+1) &= F\hat{x}(k) + Gu(k) + L\{y(k+1) - C[F\hat{x}(k) + Gu(k)]\} \\ &= [F - LCF]\hat{x}(k) + [G - LCG]u(k) + Ly(k+1)\end{aligned} \tag{6-40}$$

式中 L 仍是观测器增益, $\hat{x}(k)$ 是 $x(k)$ 的现今观测值。现今值观测器的结构如图 6-12 所示。

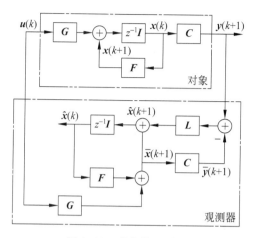

图 6-12　现今值观测器

现今值观测器的观测误差方程是
$$\tilde{x}(k+1) = [F - LCF]\tilde{x}(k) \tag{6-41}$$

式中观测器增益 L 仍可利用预测观测器方法求取,所不同的是,由于式(6-40)的转移矩阵是 $[F-LCF]$,所以观测器极点的配置不是由 $[F\ \ C]$ 是可观性决定,而是由 $[F\ \ CF]$ 的可观性决定。分析表明,如果 $[F\ \ C]$ 是可观的,那么 $[F\ \ CF]$ 必定也是可观的。因此,选择反馈增益 L 亦可任意配置现今值观测器的极点。

现今值观测器与预测器的主要差别是,后者利用陈旧的测量值 $y(k)$ 产生观测值 $\hat{x}(k+1)$,而前者利用当前测量值 $y(k+1)$ 产生 $\hat{x}(k+1)$,并进而计算控制作用。这种差别表现在时间轴上,如图 6-13 所示。图中 ε 是计算机所需时间,由于 ε 不能等于零,所以,现今值观测器是不能准确实现的,但采用这种观测器,仍可使控制作用的计算减少时间延迟,比预测观测器更合理。

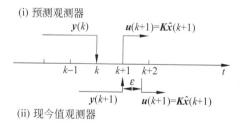

图 6-13　预测观测器与现今值观测器的区别

例 6-10　对例 6-7 所示卫星姿态控制系统设计现今值观测器。

解　对该系统

$$F = \begin{bmatrix} 1 & T \\ 0 & 1 \end{bmatrix} \quad G = \begin{bmatrix} T^2/2 \\ T \end{bmatrix} \quad C = \begin{bmatrix} 1 & 0 \end{bmatrix}$$

由于

$$[F - LCF] = \begin{bmatrix} 1 & T \\ 0 & 1 \end{bmatrix} - \begin{bmatrix} L_1 \\ L_2 \end{bmatrix} \begin{bmatrix} 1 & 0 \end{bmatrix} \begin{bmatrix} 1 & T \\ 0 & 1 \end{bmatrix} = \begin{bmatrix} 1 - L_1 & T - L_1 T \\ -L_2 & 1 - L_2 T \end{bmatrix}$$

所以，观测器特征方程为

$$z^2 + (L_1 + L_2 T - 2)z + (1 - L_1) = 0$$

若期望特征方程仍为式(6-37)，最后可求得

$$L_1 = 1 - \alpha_2, \quad L_2 = (1 + \alpha_1 + \alpha_2)/T$$

如期望特征方程仍为 $z^2 = 0$，则观测器的反馈增益：

$$L_1 = 1, \quad L_2 = 1/T$$

若设 $T = 0.1\text{s}$，则 $L = \begin{bmatrix} 1 & 10 \end{bmatrix}^T$。

类似地，利用 Ackermann 公式亦可求得反馈增益：

```
T = 0.1;
F = [1 T;0 1];
C = [1 0];
P = [0;0];
L = acker(F',(C*F)',P)'
```

运行结果为：

```
L =
    1
    10
```

利用 MATLAB 软件中的符号语言，可得到下述计算观测器的反馈增益的程序：

```
clear all
% 定义系统矩阵
Fs = sym('[1,T;0.1]');
Gs = sym('[T^2/2;T]');
Cs = sym('[1,0]');
Ls = sym('[L1;L2]');
% ======================
% 计算预测器
Zs = Fs - Ls * Cs;
pZs = poly(Zs);
X = 0;
pZs1 = compose(pZs,X);
X = 1;
```

```
pZs2 = compose(pZs,X);
% 求解方程组得到反馈矩阵
e1 = pZs1 - sym ('b'); % b = 书中的 a2
e2 = pZs2 - pZs1 - 1 - sym('a'); % a = 书中的 a1
[L1,L2] = solve(e1,e2,'L1','L2')
% = = = = = = = = = = = = = = = =
% 计算现今值观测器
NZs = Fs - Ls * Cs * Fs;
pNZs = poly(NZs);
X = 0;
pNZs1 = compose(pNZs,X);
X = 1;
pNZs2 = compose(pNZs,X);
% 求解方程组得到观测器反馈矩阵
ne1 = pNZs1 - sym('b');
ne2 = pNZs2 - pNZs1 - 1 - sym('a');
[NL1,NL2] = solve(ne1,ne2,'L1','L2')
% = = = = = = = = = = = = = = = =
% 期望特征多项式
z1 = 0;
z2 = 0;
T = 0.1; % 采样周期
a = -(z1 + z2); % = a1
b = z1 * z2; % = a2
L1 = eval(L1)          % 预测观测器增益
L2 = eval(L2)
NL1 = eval(NL1)        % 现今值观测器增益
NL2 = eval(NL2)
```

运行结果为：

```
L1 = 2 + a
L2 = (1 + a + b)/T
NL1 = 1 - b
NL2 = (1 + a + b)/T
% 期望特征值位于原点时
L1 = 2
L2 = 10
NL1 = 1
NL2 = 10
```

6.3.3 降维状态观测器

全阶状态观测器是利用输出测量值观测系统全部状态。但实际上,测量值本身就包含了系统的某些状态。为什么不直接利用这些状态而要观测全部状态呢?主要的原因是,测量值常常受到比较严重的噪声污染,采用观测器(它相当于一个动态系统)可以起到一种滤波作用。如果噪声干扰不严重,当然应该直接利用测得的状态,此时只需观测其中的部分状态,使观测器简化,这种观测器称为降维状态观测器。

假设系统有 p 个状态可直接测量,那么仅有 $q=n-p$ 个状态需要观测。现将状态变量分成两部分,一部分是可以直接测量的,用 $\boldsymbol{x}_1$ 表示,另一部分是需要观测的,用 $\boldsymbol{x}_2$ 表示。此时状态 $\boldsymbol{x}(k)$ 可表示为

$$\boldsymbol{x}(k) = \begin{bmatrix} \boldsymbol{x}_1(k) \\ \boldsymbol{x}_2(k) \end{bmatrix} \begin{matrix} \} p \\ \} q=n-p \end{matrix} \tag{6-42}$$

整个系统状态方程可表示为

$$\begin{bmatrix} \boldsymbol{x}_1(k+1) \\ \boldsymbol{x}_2(k+1) \end{bmatrix} = \begin{bmatrix} \boldsymbol{F}_{11} & \boldsymbol{F}_{12} \\ \boldsymbol{F}_{21} & \boldsymbol{F}_{22} \end{bmatrix} \begin{bmatrix} \boldsymbol{x}_1(k) \\ \boldsymbol{x}_2(k) \end{bmatrix} + \begin{bmatrix} \boldsymbol{G}_1 \\ \boldsymbol{G}_2 \end{bmatrix} \boldsymbol{u}(k) \tag{6-43}$$

$$\boldsymbol{y}(k) = \begin{bmatrix} \boldsymbol{I} & 0 \end{bmatrix} \begin{bmatrix} \boldsymbol{x}_1(k) \\ \boldsymbol{x}_2(k) \end{bmatrix}$$

由方程(6-43)可得

$$\boldsymbol{x}_2(k+1) = \boldsymbol{F}_{22}\boldsymbol{x}_2(k) + \boldsymbol{F}_{21}\boldsymbol{x}_1(k) + \boldsymbol{G}_2\boldsymbol{u}(k) \tag{6-44}$$

式中后两项 $\boldsymbol{F}_{21}\boldsymbol{x}_1(k)+\boldsymbol{G}_2\boldsymbol{u}(k)$ 可直接测得,可以看作是输入作用。由方程(6-43)又可得

$$\boldsymbol{x}_1(k+1) - \boldsymbol{F}_{11}\boldsymbol{x}_1(k) - \boldsymbol{G}_1\boldsymbol{u}(k) = \boldsymbol{F}_{12}\boldsymbol{x}_2(k) \tag{6-45}$$

该式左端各项均已知,可以看作是输出量。由此可见,式(6-44)及式(6-45)组成了一个降维系统,前者是系统的动态方程,后者是输出方程。因此,可以利用全阶状态观测器的结果。该系统与全阶状态预测观测器各变量及矩阵对应如下:

全阶状态预测观测器	降维状态观测器
$\boldsymbol{x}(k)$	$\boldsymbol{x}_2(k)$
$\boldsymbol{F}$	$\boldsymbol{F}_{22}$
$\boldsymbol{G}\boldsymbol{u}(k)$	$\boldsymbol{F}_{21}\boldsymbol{x}_1(k)+\boldsymbol{G}_2\boldsymbol{u}(k)$
$\boldsymbol{y}(k)$	$\boldsymbol{x}_1(k+1)-\boldsymbol{F}_{11}\boldsymbol{x}_1(k)+\boldsymbol{G}_1\boldsymbol{u}(k)$
$\boldsymbol{C}$	$\boldsymbol{F}_{12}$

由上述对应关系可得降维状态观测器方程

$$\hat{\boldsymbol{x}}_2(k+1) = \boldsymbol{F}_{22}\hat{\boldsymbol{x}}_2(k) + \boldsymbol{F}_{21}\boldsymbol{x}_1(k) + \boldsymbol{G}_2\boldsymbol{u}(k)$$

$$+ L[x_1(k+1) - F_{11}x_1(k) - G_1 u(k) - F_{12}\hat{x}_2(k)]$$
$$= [F_{22} - LF_{12}]\hat{x}_2(k) + [F_{21} - LF_{11}]y(k)$$
$$+ [G_2 - LG_1]u(k) + Ly(k+1) \tag{6-46}$$

在式(6-46)中，$x_1(k+1)$是作为测量值使用的，所以，虽然用的是预测观测器方程，但推得的结果已是现今值观测器。

由式(6-44)及式(6-46)，可得观测误差方程
$$\tilde{x}_2(k+1) = x_2(k+1) - \hat{x}_2(k+1) = [F_{22} - LF_{12}]\tilde{x}_2(k) \tag{6-47}$$

式中 L 仍为观测器增益。对单输入系统，Ackermann 公式为

$$L = \alpha_O(F_{22}) \begin{bmatrix} F_{12} \\ F_{12}F_{22} \\ \vdots \\ F_{12}F_{22}^{q-2} \\ F_{12}F_{22}^{q-1} \end{bmatrix}^{-1} \begin{bmatrix} 0 \\ 0 \\ \vdots \\ 0 \\ 1 \end{bmatrix} \tag{6-48}$$

如果系统全阶状态观测器存在，那么降维状态观测器也一定存在。

例 6-11 对例 6-7 所示卫星姿态控制系统设计降维观测器。设系统可测量状态为 x_1（卫星姿态角），用降维观测器估计状态 x_2（角速度）。

解 依方程式(6-25)，可知
$$F_{11} = 1, F_{12} = T, F_{21} = 0, F_{22} = 1, G_1 = T^2/2, G_2 = T$$

可知该观测器为一阶系统，如仍要求其期望极点位于原点，则有 $\alpha(z) = z = 0$。直接利用 Ackermann 公式，可计算如下：

```
T = 0.1
F22 = 1;
F12 = T;
P = 0;
L = acker(F22',F12',P)'
```

运行结果为：

```
L =
    10
```

6.4 调节器设计（控制律与观测器的组合）

全状态反馈控制律与状态观测器组合起来构成一个完整的控制系统，如图 6-14 所示。如 6.2 节所述，设计反馈控制律时，使用的是真实系统状态，现在用观测的状态代替，能否满足要求？组合系统有哪些特征？本节将讨论这些问题。

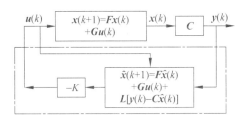

图 6-14 观测器与控制律的组合

6.4.1 调节器设计分离原理

由图 6-14,被控对象方程为
$$x(k+1) = Fx(k) + Gu(k)$$
$$y(k) = Cx(k)$$
$$u(k) = -K\hat{x}(k) \quad (6\text{-}49)$$

式中反馈状态 $\hat{x}(k)$ 由观测器产生,它表示为
$$\hat{x}(k) = x(k) - \tilde{x}(k)$$

若采用预测观测器,观测误差的状态方程为
$$\tilde{x}(k+1) = [F - LC]\tilde{x}(k)$$

联立上述各方程,可得组合系统方程
$$\begin{bmatrix} \tilde{x}(k+1) \\ x(k+1) \end{bmatrix} = \begin{bmatrix} F - LC & 0 \\ GK & F - GK \end{bmatrix} \begin{bmatrix} \tilde{x}(k) \\ x(k) \end{bmatrix}$$

$$y(k) = \begin{bmatrix} 0 & C \end{bmatrix} \begin{bmatrix} \tilde{x}(k) \\ x(k) \end{bmatrix}$$

该系统的特征方程是
$$\det \begin{bmatrix} zI - F + LC & 0 \\ GK & zI - F + GK \end{bmatrix} = 0 \quad (6\text{-}50)$$

由于式(6-50)行列式右上角为零,所以
$$\det[zI - F + LC] \cdot \det[zI - F + GK] = \alpha_c(z) \cdot \alpha_O(z) = 0 \quad (6\text{-}51)$$

该式表明,组合系统的阶次为 $2n$,它的特征方程分别由观测器及原闭环系统的特征方程组成,反馈增益 K 只影响反馈控制系统的特征根,观测器反馈增益 L 只影响观测器系统特征根。这说明,控制规律与观测器可以分开单独设计,组合后各自的极点不变,这就是通常的分离原理。

6.4.2 调节器系统的控制器

把观测器系统与控制规律组合起来,构成控制器,如图 6-14 点划线部分所示。它的状态方程可表示为

$$\hat{x}(k+1) = [F - GK - LC]\hat{x}(k) + Ly(k)$$
$$u(k) = -K\hat{x}(k) \tag{6-52}$$

它的特征方程为
$$\det[zI - F + GK + LC] = 0$$

对单输入单输出系统,控制器可以看作是一个数字滤波器。它的输入为测量输出 $y(k)$,其输出为 $u(k)$。式(6-52)可以写成传递函数形式,对式(6-52)做 z 变换,可得:

$$z\hat{X}(z) = [F - GK - LC]\hat{X}(z) + LY(z)$$
$$U(z) = -K\hat{X}(z)$$

将 $\hat{X}(z)$ 代入 $U(z)$,则有

$$\frac{U(z)}{Y(z)} = D(z) = -K[zI - F + GK + LC]^{-1}L$$

6.4.3 控制律及观测器极点选择

由上述讨论可知,由控制律与观测器的组合而形成的系统,其特性分别受控制律的极点及观测器极点的影响。控制律的极点是由系统期望特性确定的。但由于采用观测器附加了观测器极点,从而不能完全满足闭环系统的性能。并且系统性能的损失主要受观测器极点的影响,所以必须合理地选择观测器极点。

现研究观测器的初始条件对整个系统动态特性的影响。由式(6-49)得
$$x(k+1) = Fx(k) - GK\hat{x}(k)$$

将 $y(k) = Cx(k)$ 代入式(6-52),可得观测器方程
$$\hat{x}(k+1) = [F - GK - LC]\hat{x}(k) + LCx(k)$$

对上述两式做 z 变换,得
$$[zI - F]x(z) = zx(0) - GK\hat{x}(z) \tag{6-53}$$
$$[zI - F + GK + LC]\hat{x}(z) = z\hat{x}(0) + LCx(z)$$

若 $x(0) = \hat{x}(0)$,两式相减,可得
$$[zI - F + LC]x(z) = [zI - F + LC]\hat{x}(z)$$

由此可得 $x(k) = \hat{x}(k)$,此时方程(6-53)变为
$$[zI - F + GK]x(z) = zx(0)$$

这个结果说明,若观测器和系统的初始状态相同,系统的动态响应与观测器无关。若 $x(0) \neq \hat{x}(0)$,系统的动态响应将受观测器动态的影响。正如前节所述,通常,观测器和系统的初始状态是不同的,观测器的动态对系统的动态响应要产生一定影响,为了减少这种影响,必须合理地选择观测器的动态特性。

观测器的动态特性是由它的极点决定的，为了减少观测器对系统动态特性的影响，通常在控制系统的反馈增益 K 或系统动态特性确定之后，选择观测器极点的最大时间常数为控制系统最小时间常数的 $1/2 \sim 1/4$，由此确定观测器的反馈增益 L，以使系统的动态特性主要由控制律极点决定。观测器极点时间常数越小，观测值可以越快地收敛到真实值，但要求反馈增益 L 越大。过大的增益 L，将增大测量噪声，降低观测器平滑滤波的能力，增大了观测误差。所以，观测器增益 L 应根据系统具体情况适当选取。

观测器增益 L 的主要作用是，依观测误差对观测器的对象模型提供一定的修正作用，所以，它可以根据状态估计过程中修正作用的重要程度来适当选取。

如果观测器输出与对象输出十分接近，观测值 $\hat{x}(k)$ 主要由控制输入 $u(k)$ 决定，L 的修正作用较小，故 L 可以取得小些。

如果对象参数不准或对象上的干扰使观测值与真实值偏差较大，为增大修正作用，L 应取得大些。

如果对象输出 $y(k)$ 的测量值中噪声干扰严重，那么在产生状态的观测值时就不能过多地依赖测量值 $y(k)$，此时 L 应取得小些。

由于 L 的大小受很多因素影响，实际系统设计时，最好的方法是采用较真实的模型进行仿真研究，在模型中应包括作用于对象上的干扰及测量噪声。

本节讨论的问题也同样适于降维状态观测器。

例 6-12 对例 6-7 所示单轴卫星姿态控制系统，利用极点配置法设计控制全状态反馈控制律，并设计降维状态观测器，设 $x_1(k)$ 是可以实测的状态，令 $T=0.1\text{s}$。

解 由例 6-7 可知，系统期望闭环极点为
$$z_{1,2} = 0.8 \pm \text{j}0.25$$
计算求得的反馈增益为 $K = [K_1 \quad K_2] = [10 \quad 3.5]$。

因为该系统为二阶系统，降维状态观测器是一阶环节。由前述讨论的观测器极点选择原则，考虑到闭环系统的极点要求，可以选择观测器极点比控制器极点所对应的时间响应快 4 倍。利用第 5 章讨论的结果可知，期望极点对应的调节时间约为 1.98s，所以希望观测器的调节时间为 0.5s，依此可以近似确定观测器期望极点为 $z_0 = 0.5$，期望特征方程为
$$\alpha_0(z) = z - 0.5 \tag{6-54}$$
由降维状态观测器计算公式(6-46)，得
$$\hat{x}_2(k+1) = \hat{x}_2(k) + 0.1u(k) + L[y(k+1) \\ - y(k) - 0.005u(k) - 0.1\hat{x}_2(k)] \tag{6-55}$$
观测器增益 L 可利用系数匹配法确定，由方程(6-47)和方程(6-54)得下述方程
$$\det[z - F_{22} + LF_{12}] = z - 1 + 0.1L = z - 0.5$$

由此可求得 $L=5$。又因为
$$u(k) = -10x_1(k) - 3.5\hat{x}_2(k) = -10y(k) - 3.5\hat{x}_2(k) \tag{6-56}$$
所以,可得下述降维状态观测器方程
$$\hat{x}_2(k+1) = 0.238\hat{x}_2(k) + 5y(k+1) - 5.75y(k) \tag{6-57}$$
将 L 的值代入式(6-55),整理得到
$$\hat{x}_2(k+1) = 0.5\hat{x}_2(k) + 5[y(k+1) - y(k)] + 0.075u(k)$$
因此整个系统结构图如图 6-15 所示。

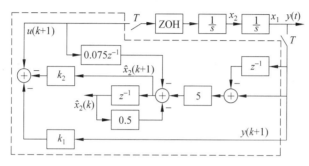

图 6-15 系统结构图

由式(6-56)及式(6-57)构成系统的控制器。对上两式做 z 变换
$$U(z) = -10Y(z) - 3.5\hat{X}_2(z)$$
$$z\hat{X}_2(z) = 0.238\hat{X}_2(z) + 5zY(z) - 5.75Y(z)$$
由第 2 式得
$$\hat{X}_2(z) = \frac{5z - 5.75}{z - 0.238}Y(z)$$
将 $\hat{X}_2(z)$ 代入第 1 式 $U(z)$ 中
$$U(z) = -10Y(z) - 3.5\frac{5z - 5.75}{z - 0.238}Y(z)$$
最后可得
$$D(z) = \frac{U(z)}{Y(z)} = -27.5\frac{z - 0.818}{z - 0.238} \tag{6-58}$$
式(6-58)即为经典设计中的数字超前补偿网络。

图 6-16 表示了系统的暂态响应,它是系统受到单位初始速度扰动时产生的。图中实线是真实速度反馈的位置、速度及控制作用的时间响应,虚线是带有观测器的响应曲线。从中可见,加入观测器对位置响应影响较大,主要是由于最大控制作用建立滞后引起的。

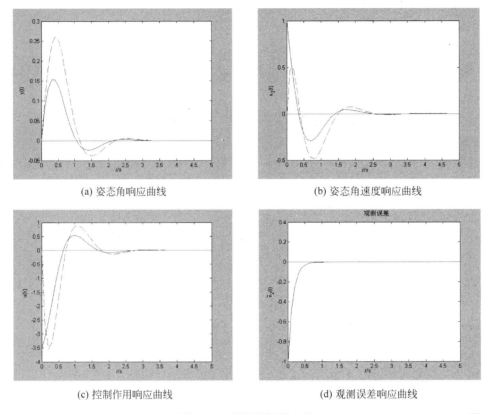

图 6-16 系统的暂态响应

6.5 最优二次型设计

6.5.1 概述

与极点配置方法不同,最优控制将寻求一种最优控制策略,使某一性能指标最佳,这种性能指标常以对状态及控制作用的二次型积分表示,通常称为二次型最优控制。虽然这种控制也是状态反馈,但与极点配置方法不同,它不仅能用于单输入单输出系统,同时也能更方便地用于多输入多输出系统及时变系统。

控制系统设计时,如果选择系统的控制规律,使给定的性能指标达到极大或极小,那么就可以认为该系统在某种意义上是最优的。为了便于设计,性能指标必须是系统参数的函数,并能显示出极值,易于分析、计算和实验。目前最常用的性能指标是用积分判据表示的,常称为代价函数。积分代价函数形式较多,本节主要讨论二次型积分代价函数,它的一般表达式是

$$J = \frac{1}{2}\boldsymbol{x}^{\mathrm{T}}(t_N)\boldsymbol{S}\boldsymbol{x}(t_N) + \frac{1}{2}\int_{t_0}^{t_N}[\boldsymbol{x}^{\mathrm{T}}(t)\boldsymbol{Q}\boldsymbol{x}(t) + \boldsymbol{u}^{\mathrm{T}}(t)\boldsymbol{R}\boldsymbol{u}(t)]\mathrm{d}t \qquad (6-59)$$

对于离散系统，代价函数表示式是

$$J = \frac{1}{2}\boldsymbol{x}_N^{\mathrm{T}}\boldsymbol{S}\boldsymbol{x}_N + \frac{1}{2}\sum_{k=0}^{N-1}[\boldsymbol{x}^{\mathrm{T}}(k)\boldsymbol{Q}\boldsymbol{x}(k) + \boldsymbol{u}^{\mathrm{T}}(k)\boldsymbol{R}\boldsymbol{u}(k)] \qquad (6-60)$$

式中，$\boldsymbol{x}(k)$ 是系统状态变量；$\boldsymbol{u}(k)$ 是系统的控制作用；$\boldsymbol{S}$、$\boldsymbol{Q}$、$\boldsymbol{R}$ 是相应维数的常数矩阵，称为加权矩阵；常数 $1/2$ 是为推导方便引入的。由于式中各项都是二次形式，所以称为二次型代价函数。上述代价函数中的第一项 $(\boldsymbol{x}_N^{\mathrm{T}}\boldsymbol{S}\boldsymbol{x}_N)$，是为限制终端状态 $\boldsymbol{x}_N$ 大小而引入的，它表示了对终端状态大小的惩罚；第二项 $(\boldsymbol{x}^{\mathrm{T}}(k)\boldsymbol{Q}\boldsymbol{x}(k))$ 表示了在控制过程中对状态大小的惩罚与限制；第三项表示了对控制作用能量的限制，这种表达式既简单又合乎逻辑。

为使代价函数有意义，应要求 $\boldsymbol{S}$、$\boldsymbol{Q}$ 至少是对称半正定的，$\boldsymbol{R}$ 是对称正定的。也就是说，代价函数可以对某些变量不给予约束，但对控制作用的每个分量都必须给予约束。

代价函数式(6-59)及式(6-60)中的最终端时刻 t_N 可以任意选取，若 t_N 是有限的，称为有限时间最优代价函数；若 t_N 趋于无限大，则称为无限时间代价函数。此时代价函数可简化写为

$$J = \frac{1}{2}\int_0^\infty [\boldsymbol{x}^{\mathrm{T}}(t)\boldsymbol{Q}\boldsymbol{x}(t) + \boldsymbol{u}^{\mathrm{T}}(t)\boldsymbol{R}\boldsymbol{u}(t)]\mathrm{d}t$$

对离散系统，无限时间代价函数形式为

$$J = \frac{1}{2}\sum_{k=0}^{\infty}[\boldsymbol{x}^{\mathrm{T}}(k)\boldsymbol{Q}\boldsymbol{x}(k) + \boldsymbol{u}^{\mathrm{T}}(k)\boldsymbol{R}\boldsymbol{u}(k)] \qquad (6-61)$$

因为在无限长时间内，系统已趋于平衡状态，没有必要对终端状态进行惩罚，所以式(6-59)及式(6-60)中的第一项已无意义。

6.5.2 无限时间离散最优二次型

当 N 趋于无限大时，代价函数变为式(6-61)

$$J = \frac{1}{2}\sum_{k=0}^{\infty}[\boldsymbol{x}^{\mathrm{T}}(k)\boldsymbol{Q}\boldsymbol{x}(k) + \boldsymbol{u}^{\mathrm{T}}(k)\boldsymbol{R}\boldsymbol{u}(k)]$$

此时最优增益将为常值，这种调节器称为稳态最优调节器。

1. 被控对象及代价函数应满足的条件

为使稳态最优调节器有解，理论研究表明，被控对象及代价函数应满足下述条件：

(1) 被控对象$(\boldsymbol{F} \quad \boldsymbol{G})$应是完全可控或可稳定的，这是稳态解存在的必要条件。要求系统完全可控，条件严格了一些，实际上只要系统是可稳定的就可以了。

(2) 除了要求控制加权阵 **R** 是正定外，还要求状态加权阵 **Q** 也是正定的，这是解存在的充分条件。

在上述条件下，稳态最优调节器的最优控制 $u(k)$ 为

$$u(k) = -Kx(k) \tag{6-62}$$

式中 **K** 为常值反馈增益阵，

$$K = [G^T PG + R]^{-1} G^T PF \tag{6-63}$$

其中矩阵 **P** 为下述方程解

$$P = F^T MF + Q \tag{6-64}$$

$$M = P - PG[G^T PG + R]^{-1} G^T P \tag{6-65}$$

或

$$P = F^T PF - F^T PG[G^T PG + R]^{-1} G^T PF + Q \tag{6-66}$$

式(6-66)为无限时间代数里卡蒂方程。

例 6-13 为了进一步理解上述条件的意义，现研究一阶系统

$$x(k+1) = x(k) + u(k)$$

的最优控制问题。

解 非常明显，该系统是可控而不稳定的，但通过状态反馈控制，系统是可以稳定的。令控制作用 $u(k) = -Kx(k)$，如使 $|1-K| < 1$，即可保证系统是渐近稳定的。

若选择代价函数为

$$J = \frac{1}{2} \sum_{k=0}^{\infty} u^2(k)$$

代价函数的加权阵分别为 $Q=0, R=1$。以此可以求得使 J 为最小的 $u(k)$ 为

$$u(k) = -Kx(k) = [G^T PG + R]^{-1} G^T PFx(k) = \frac{P}{1+P}x(k)$$

式中 **P** 可由下述里卡蒂方程求得

$$P = P - \frac{P^2}{P+1}$$

该方程的解 P 等于零，因此 $K=0, u(k)=0$，所以闭环系统不是渐近稳定的。∎

在上述情况下，最优控制不能保证系统是渐近稳定的。其原因是加权阵 $Q=0$，状态变量没有出现在代价函数 J 中。即状态变量不能由代价函数观测到，从而由代价函数 J 为最小导出的 $u(k)$ 对状态不起约束作用，所以原来不稳定的系统仍然不稳定。为了保证所有的状态变量都出现在代价函数中，均能由代价函数观测到，充分条件是要求 Q 是正定的，保证在代价函数中，对每个状态都给予约束与惩罚。这个条件过于严格了一些，实际上，只要求 $(F \quad D)$ 对完全可观就可以了，其中 D 满足 $D^T D = Q$。如果 Q 是正定的，那么总能求得 D 满足 $D^T D = Q$，使 $(F \quad D)$ 对是完全可观的。

2. 二次型最优稳态调节器的特性

二次型最优稳态调节器设计结果与前述极点配置设计所得到的结果是类似的，但二次型最优稳态调节器却有一些好的特性：

(1) 上述所得到的设计结果不仅可以用于单输入单输出系统，也可以用于多输入多输出系统及时变系统。通过改变 Q、R 各元素相对比值可以很容易地改变系统响应，协调系统响应速度和控制信号模值之间的关系。

(2) 如果 Q、R 是正定的，P 亦是正定的，这是很明显的。如果 Q 是半正定的，且$(F \quad D)$对完全可观，其中 D 满足 $Q = D^T D$，在这种条件下也可以证明 P 是正定的。

(3) 对于无限时间的最优控制，代价函数如式(6-69)，若 Q 半正定，R 正定，可以证明最优控制

$$u(k) = -[G^T P G + R]^{-1} G^T P F x(k) \tag{6-67}$$

使闭环系统 $x(k+1) = (F - GK)x(k)$ 渐近稳定，同时还具有一定的相位稳定裕度和增益稳定裕度。

(4) 最优控制闭环极点轨迹：二次型最优调节器闭环极点与代价函数加权阵密切相关，加权变化时闭环极点随之变化，形成闭环极点轨迹。

6.5.3 采样系统最优二次型设计

计算机控制系统的被控对象通常是连续系统，设计要求也是依据连续系统的响应给定的，但所求得的控制规律要在计算机内实现，这样，采用二次型最优调节器设计时就要寻求数字控制作用使连续代价函数为最小。由于计算机产生的控制作用是分段常值信号，不同于连续系统的最优调节器问题，通常把它称为采样系统最优调节器问题。由于控制作用是分段常值信号，所以不能采用连续系统最优调节器的理论与结果。但由于被控系统是连续的，又要求使连续二次型代价函数为最小，所以它又不同于离散系统最优调节器问题。

1. 采样系统最优调节器问题

给定的连续系统为

$$\dot{x}(t) = A x(t) + B u(t) \tag{6-68}$$

控制作用 $u(t)$ 是分段常值函数，即它只在采样时刻 t_k 改变数值的大小，而在采样区段内保持常值不变，因此

$$u(t) = u(t_k) = u(k) \qquad t_k \leqslant t \leqslant t_{k+1} \tag{6-69}$$

给定的二次型代价函数为

$$J = \frac{1}{2} \int_{t_0}^{\infty} [x^T(t) Q x(t) + u^T(t) R u(t)] dt \tag{6-70}$$

对具有分段常值输入的连续动态系统,确定控制序列 $u(k)(k=1,2,\cdots)$,以使代价函数式(6-70)为最小。

由于控制作用 $u(t)$ 是分段常值信号,可以将状态方程式(6-68)离散为

$$x(k+1) = Fx(k) + Gu(k) \tag{6-71}$$

式中

$$F = \exp(AT), \quad G = \int_0^T \exp(A\tau)\mathrm{d}\tau \cdot B \tag{6-72}$$

类似地,代价函数(6-70)也可以表示为积分之和

$$J = \frac{1}{2}\sum_{k=0}^{\infty}\int_{kT}^{(k+1)T}[x^{\mathrm{T}}(\tau)Qx(\tau) + u^{\mathrm{T}}Ru]\mathrm{d}\tau \tag{6-73}$$

连续代价函数连续对状态及控制加以约束限制,所以在每个采样区段内,状态应连续变化,并应服从下述方程

$$x(\tau) = \exp[A(\tau-kT)]x(k) + \int_{kT}^{\tau}\exp[A(\tau-t_k)]Bu(k)\mathrm{d}t_k \tag{6-74}$$

将式(6-74)代入式(6-73),则有

$$\begin{aligned}J_1 &= \frac{1}{2}\sum_{k=0}^{\infty}\int_{kT}^{(k+1)T}[x^{\mathrm{T}}(\tau)Qx(\tau) + u^{\mathrm{T}}Ru]\mathrm{d}\tau \\ &= \frac{1}{2}\sum_{k=0}^{\infty}\int_0^T\{[F(\tau)x(k) + G(\tau)u(k)]^{\mathrm{T}}Q[F(\tau)x(k) + G(\tau)u(k)] \\ &\quad + u^{\mathrm{T}}(k)Ru(k)\}\mathrm{d}\tau\end{aligned}$$

式中

$$F(\tau) = \exp(A\tau)$$

$$G(\tau) = \int_0^{\tau}\exp(A\tau_1)B\mathrm{d}\tau_1$$

通过简化处理,可得

$$\begin{aligned}J_1 = \frac{1}{2}\sum_{k=0}^{\infty}[&x^{\mathrm{T}}(k)\hat{Q}(T)x(k) \\ &+ 2x^{\mathrm{T}}(k)\hat{M}(T)u(k) + u^{\mathrm{T}}(k)\hat{R}(T)u(k)]\end{aligned} \tag{6-75}$$

式中

$$\begin{aligned}\hat{Q}(T) &= \int_0^T F^{\mathrm{T}}(\tau)QF(\tau)\mathrm{d}\tau = \int_0^T \exp(A^{\mathrm{T}}\tau)Q\exp(A\tau)\mathrm{d}\tau \\ \hat{M}(T) &= \int_0^T F^{\mathrm{T}}(\tau)QG\mathrm{d}\tau = \int_0^T \exp(A^{\mathrm{T}}\tau)Q\left[\int_0^{\tau}\exp(A\tau_1)\mathrm{d}\tau_1 B\right]\mathrm{d}\tau \\ \hat{R}(T) &= \int_0^T [G^{\mathrm{T}}(\tau)QG(\tau) + R]\mathrm{d}\tau \\ &= \int_0^T\left[B^{\mathrm{T}}\int_0^{\tau}\exp(A^{\mathrm{T}}\tau_1)\mathrm{d}\tau_1\right]Q\left[\int_0^{\tau}\exp(A\tau_1)\mathrm{d}\tau_1\right]B\mathrm{d}\tau + \int_0^T R\mathrm{d}\tau\end{aligned} \tag{6-76}$$

上述各加权矩阵称为等价加权矩阵。

通过这样的处理，原采样系统已变为离散系统，连续代价函数也变成了离散代价函数。所以，采样系统最佳二次型问题已转化为离散系统最佳二次型问题。但与一般离散系统不同，代价函数中除增加了状态与控制之间的耦合项外，等价加权阵是原加权阵、系统各矩阵及采样周期的复杂函数。式(6-75)和式(6-76)描述的最优控制问题，可以通过如 MATLAB 环境中的最优控制工具箱求解，当 $\hat{Q}$、$\hat{M}$、$\hat{R}$ 矩阵给出后，可直接获得最优反馈增益 K 阵。

2. 等价加权矩阵的计算

求解采样系统最优调节器的关键问题是如何求解等价加权阵 $\hat{Q}(T)$、$\hat{M}(T)$、$\hat{R}(T)$。目前，有些文献资料介绍过一些计算 $\hat{Q}$、$\hat{M}$、$\hat{R}$ 的方法。下面仅讨论一种较为简单的方法。为了简化计算，可将原系统方程(6-68)化为增广后的齐次方程，即

$$\dot{\hat{x}}(t) = \begin{bmatrix} A & B \\ 0 & 0 \end{bmatrix} \begin{bmatrix} x(t) \\ u(t) \end{bmatrix} = A_h \hat{x}(t) \tag{6-77}$$

式(6-85)中 $A_h = \begin{bmatrix} A & B \\ 0 & 0 \end{bmatrix}$；$\hat{x} = [x(t) \ u(t)]^T$。同时代价函数式(6-70)亦可表示为

$$J = \frac{1}{2} \int_0^\infty [x^T \ u^T] \begin{bmatrix} Q & 0 \\ 0 & R \end{bmatrix} \begin{bmatrix} x \\ u \end{bmatrix} dt = \frac{1}{2} \int_0^\infty \hat{x}^T Q_h \hat{x} dt \tag{6-78}$$

现分别对式(6-77)及式(6-78)进行离散化处理。方程式(6-77)可表示为

$$\hat{x}(k+1) = \begin{bmatrix} F & G \\ 0 & I \end{bmatrix} \hat{x}(k) = F_h(T) \hat{x}(k) \tag{6-79}$$

式(6-79)中 $F_h = \begin{bmatrix} F & G \\ 0 & I \end{bmatrix} = \exp \begin{bmatrix} A & B \\ 0 & 0 \end{bmatrix} T$；式(6-78)代价函数可表示为

$$J = \frac{1}{2} \sum_{k=0}^\infty \int_{kT}^{(k+1)T} \hat{x}^T(\tau) Q_h \hat{x}(\tau) d\tau$$

$$= \frac{1}{2} \sum_{k=0}^\infty \int_0^T [x^T(k) u^T(k)] F_h^T(\tau) \hat{Q}_h F_h(\tau) \begin{bmatrix} x(k) \\ u(k) \end{bmatrix} d\tau$$

$$= \frac{1}{2} \sum_{k=0}^\infty [x^T(k) u^T(k)] \int_0^T F_h^T(\tau) Q_h F_h(\tau) d\tau \begin{bmatrix} x(k) \\ u(k) \end{bmatrix}$$

$$= \frac{1}{2} \sum_{k=0}^\infty \hat{x}^T(k) \hat{Q}_h \hat{x}(k)$$

式中

$$\hat{Q}_h = \int_0^T F_h^T(\tau) Q_h F_h(\tau) d\tau = \int_0^T \begin{bmatrix} F^T & 0 \\ G^T & I \end{bmatrix} \begin{bmatrix} Q & 0 \\ 0 & R \end{bmatrix} \begin{bmatrix} F & G \\ 0 & I \end{bmatrix} d\tau$$

$$= \int_0^T \begin{bmatrix} F^T Q F & F^T Q G \\ G^T Q F & G^T Q G + R \end{bmatrix} d\tau = \begin{bmatrix} \hat{Q} & \hat{M} \\ \hat{M}^T & \hat{R} \end{bmatrix} \tag{6-80}$$

式(6-80)表明，$\hat{Q}_h$ 的计算与式(6-78)中 Q_h 的计算完全相同，仅是用 F_h 及 Q_h 代替式(6-75)的 F 及 Q 即可。当 $\hat{Q}_h$ 求得后，按式(6-80)分块即可求得 $\hat{Q}$、$\hat{M}$、$\hat{R}$ 矩阵，从而使上述3个等效加权阵的计算简化为1个加权阵 $\hat{Q}_h$ 的计算，式(6-80)中的 $\hat{Q}_h$ 可以采用不同的方法计算。实际上式(6-80)可以看作是下述矩阵微分方程

$$\dot{x} = A_h^T x + x A_h + Q_h \tag{6-81}$$

在零初始条件下的解。因此，对式(6-81)进行数值积分即可求得式(6-80)的数值。数值积分中的许多方法，如阿达姆预报校正法都可用于该矩阵方程的积分。

6.5.4 离散最优二次型调节器

按离散或采样系统二次型设计所得的控制规律仍然是一种全状态反馈。如前所述，全状态反馈难于实现，通常要采用状态观测器，从而形成了一种组合系统，在不考虑指令信号时，也构成了一种调节器，其结构如图 6-14 所示。现在的问题是：
- 使用观测器后，为使代价函数最小是否仍使用原设计的最优反馈增益；
- 如仍使用原设计的最优反馈增益，代价函数是否仍是最小。

全面回答上述问题是困难的。通常仍取原设计的最优反馈增益，但有时最优代价函数的最小值要增大，且直接与观测器设计有关。这可简单说明如下。

采用直接状态反馈时，

$$u(k) = -Kx(k)$$

代价函数为

$$J = \sum_{k=0}^{\infty} \{x^T(k)Qx(k) + [x^T(k)K^T]R[Kx(k)]\}$$

若采用观测器时，

$$u(k) = -K[x(k) + \tilde{x}(k)]$$

$$J_1 = \sum_{k=0}^{\infty} \{x^T(k)Qx(k) + [x^T(k) + \tilde{x}^T(k)]K^TRK[x(k) + \tilde{x}(k)]\}$$

因此代价函数的增量等于

$$\Delta J = J_1 - J = \sum_{k=0}^{\infty} \tilde{x}^T(k)K^TRK\tilde{x}(k)$$

可见，最优代价函数损失量完全是由观测误差 $\tilde{x}(k)$ 引起的，它与观测器动态特性有关，因此，在最优调节器中引入观测器时，应把最优代价函数的损失量作为选择观测器特性的一种考虑。

本章小结

本章详细地讨论了状态反馈设计的常用方法及其应用。

(1) 首先,本章重点讲述了系统的可控性与可达性的概念与判断条件。在连续系统中可控性与可达性是一致的,但在离散系统中,两者是不同的。若系统可达,则系统必可控,但系统可控,系统不一定可达。由连续系统通过采样而形成的离散系统两者是一致的。

可观性是系统另一个重要特性,应重点掌握可观性的概念与判断条件。与可控性类似,离散系统还有与可达性相对应的可重构性。类似地,由连续系统通过采样而形成的离散系统两者是一致的。

应注意,若连续系统可控、可观,但由于采样系统的特性与采样周期有关,因此采样周期选取不合适时,采样系统将可能不可控或不可观。本章给出了单输入采样系统不可控及不可观的条件。

(2) 采用全状态反馈设计控制律是利用状态空间设计的基本方法,应掌握有关状态反馈的基本特性,特别应注意,全状态反馈可以任意配置系统的极点但无法影响系统的零点。

(3) 通过全状态反馈配置系统期望极点是简单常用的方法,但应注意,只有单输入系统才能获得唯一全状态反馈控制律,多输入系统无法获得唯一解。应掌握单输入系统系数匹配及 Ackermann 公式求取全状态反馈的方法。

(4) 观测器设计是本章另一重点内容。应熟悉和掌握预测、现今及降维三种观测器的构成方法及差别。可以通过极点配置设计观测器,但应掌握观测器反馈增益及期望极点的确定方法。

(5) 全状态反馈控制律和观测器组成了完整控制系统。分离定理说明了全状态反馈控制律和观测器控制器可以独立设计。但也应了解,实际上,反馈控制律和观测器形成了经典设计中控制器传递函数结构。

(6) 应了解离散系统及采样系统最优二次型设计的基本概念,特别应注意了解如何将采样系统最优二次型设计转换为离散系统最优二次型设计的方法。

第 7 章 计算机控制系统组建以及实现技术

计算机控制系统由硬件和软件组成。硬件是系统的基础,软件是系统的有效保证。在组建计算机硬件系统时,要针对具体情况,结合硬件的适配性,选择所需要的处理器及其相应的外部设备(包括输入输出通道);需要对测量信号进行有效的处理,以消除或减少噪声干扰的影响;需要进行相应软件设计,实现所设计的控制规律。由于计算机的字长是有限的,因此还要分析由此带来的量化现象对系统的影响以及所达到的程度。对于采样周期的选取,虽然目前还没有最优的定量计算方法,但还是有一定的根据和经验规则可以借鉴。实际的工业应用现场承受的干扰大且干扰的种类多,人工编制的软件可能存在软件缺陷,被激活的软件缺陷会造成软件故障。为此,要解决计算机控制系统的抗干扰问题,考虑及提高计算机控制系统的硬件和软件的可靠性,才能真正实施有效控制,达到预期目标的要求。

本章提要

本章主要介绍计算机控制系统的硬件组成以及在系统实现中所应用到的一些技术问题。7.1 节介绍了控制用计算机系统的基本组成、配置以及主要部件的选取,然后介绍在计算机与被控对象之间起信号传递与变换作用的输入输出通道;7.2 节介绍针对带噪声干扰的测量信号所采取的滤波处理,给出对非线性测量信号的线性化处理方法;7.3 节明确计算机控制系统的软件种类,给出控制算法设计中减少计算时延的方法;7.4 节针对已经设计好的控制器,进行控制算法的编排实现,并进行适当的比例因子配置;7.5 节针对有限字长的计算机所产生的量化及溢出进行了分析;7.6 节分析了采样周期对系统性能的影响,归纳了采样频率选取的经验规则;7.7 节针对计算机控制系统使用场合可能出现的各种干扰情况进行分析,介绍了常用的抗干扰技术,列举了一些提高计算机控制系统可靠性的措施。

7.1 硬件组成及输入输出接口

计算机控制系统必须有一套性能良好的硬件支持，才可有效地运行。这些硬件应当包括：计算机、外部设备、测量装置以及执行装置。图 7-1 表示计算机控制系统硬件配置的基本组成。其中的虚线框所包含部分为实时控制所必需的计算机系统的最小配置。其中随机存储器(RAM)可作为数据处理的暂存单元及堆栈，也可存放用户的应用程序。只读存储器(ROM)、可编程存储器(PROM)、电可擦除存储器(E^2PROM)、闪存(FLASH)等可用于存放系统的监控程序、某些固定子程序以及用户程序。由中央处理器(CPU)、RAM、ROM 等存储器、定时器组成的计算机主机是计算机控制系统的核心，其主要作用是，根据接收的被控对象及外界有关信息，按选定的算法进行变换处理并产生必要的控制指令作用于被控对象。

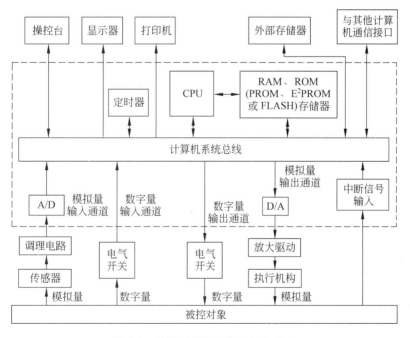

图 7-1 计算机控制系统的基本组成

外界模拟量信号由模/数(A/D)转换器采集并变换成数字量送入计算机。计算机产生的控制指令由数/模(D/A)转换器转换为模拟量输出。如果外界的信号或所需的控制指令是数字式的，则可以分别由数字量输入通道采集或数字量输出通道输出。

定时器用作实时控制的记时标准。当被控对象需响应紧急事件时，就向 CPU

发出中断申请。CPU通过接收中断信号,执行相应的中断服务程序进行回应。

为使计算机主机与外围设备之间能正确交换信息,计算机系统中还配置有不同的接口适配器。显示器、操纵台等设备则是实现人机对话所必需的外设。

实际的传感器将非电量的物理量变换成电量,该电量并不一定适合A/D直接采样转换,有时还必须通过放大、滤波等措施后,才能送入A/D转换器。通常将完成这一系列功能的电路称为信号调理电路。因此,为了使被控对象与计算机之间能正确地相互传递信息,还必须有不同物理量的传感器及调理电路,以及放大驱动和执行机构(它将计算机的控制输出进行功率放大、隔离等措施后,作用到被控对象上)。

在进行控制的过程中,计算机还可以将被检测和控制的输入输出量根据程序的编制,进行显示或打印。当控制过程发生故障或不符合预定的指标要求时,计算机可以输出控制信号给控制台,显示或发出报警信号。

计算机控制系统中的硬件是各式各样的,每一个具体部件的原理及设计都是一个专题研究的内容。本书主要从组建计算机控制系统时选择和使用的角度上讨论与此相关的问题,至于各部件的详细原理请参看有关资料。

7.1.1 控制用计算机系统的硬件要求

结合硬件组成图7-1,可以从以下几方面提出对控制用计算机系统的硬件要求:

1. 对计算机主机的要求

将承担控制的计算机称为控制机。控制机的基本功能是及时收集外部信息,按一定算法实时处理并及时产生控制指令作用于被控对象,以期得到所要求的性能。实时及控制是控制机的主要特点。为此,通常要求主机应具有如下功能。

(1) 实时处理能力

计算机控制系统是实时运行的,必须严格遵循某一个时间顺序"及时"、"立即"来完成各种数据处理及控制指令的产生,因此要求在系统中有一个时间参数。通常这个时间参数由计算机中的实时时钟提供。实时时钟将计算机的操作与外界的自然时间相匹配,建立起"时间"概念。计算机对信息的处理是分时串行进行的,全部收集到的信息不可能"立即"处理完毕。计算机控制系统的实时性,主要是指在时间上能跟得上控制过程所提出的任务,也就是在控制过程的下一个任务尚未向计算机提出要求处理之前,前面的任务必须完成。

为达到实时控制目的,计算机应从硬件上满足实时响应的运算速度要求。由于计算机的实时响应速度主要由计算机的时钟频率决定,因此,应要求计算机有足够高的时钟频率。

(2) 比较完善的中断系统

计算机控制系统必须能够及时处理系统中发生的各种紧急情况。系统运行时，往往需要修改某些参数或设置。在输入输出异常、出现故障或紧急情况时，应能报警和处理。而处理这些问题一般都采用中断控制方式。当计算机接收到中断请求时，可以根据预先的安排，暂停原来的工作程序而转去执行相应的中断服务程序，待中断处理完毕，计算机再返回原程序继续执行原来工作。此外，在计算机控制系统中还有主机和外部设备交换信息、多机联接、与其他计算机通信等问题，这些也采用中断方式解决，因此要求实时控制计算机应具有比较完善的中断功能。

(3) 对指令系统的要求

计算机控制系统要求主机有较丰富的指令系统。

(4) 对内存的要求

为了能及时地进行控制，常常要求将那些常用算法及数据存放在计算机内存中，因此应根据具体要求，估算并配置计算机的内存容量，有时还应配备外部存储器。

为了使控制稳定，内存中的控制程序及数据在控制过程中不应被任何偶然的错误所改变和破坏，因此还必须对内存的某些单元加以保护。

2. 对过程输入输出通道的要求

过程通道分为：模拟量输入通道、数字量输入通道、模拟量输出通道、数字量输出通道。

模拟量输入通道位于物理量测量装置与计算机主机之间。从控制的观点出发，应根据两端的具体情况，对其提出要求，原则上应达到相互适配。

对模拟量输入通道的具体要求是：

(1) 有足够的输入通道数。根据实际被测参数数量而定，并具有一定的扩充能力。

(2) 有足够的精度和分辨率。主要根据传感器等级及系统精度要求确定。

(3) 有足够快的转换速度。转换速度应依输入信号的变化速率及系统频带要求确定。转换速度与转换精度及分辨率常是矛盾的，应视具体情况折中处理。

对模拟量输出通道的要求基本上与模拟量输入通道的要求类似。

数字量的输入输出在计算机控制系统中大量存在。例如当控制系统的执行机构是步进电机时，计算机输出的控制信号就是一组脉冲；当测量装置是光电码盘时，输入信号也是一组数字编码。数字量输入输出是由数字接口完成的。

对复杂系统进行实时控制时，常常要求有直接数据传输能力，即批量数据直接与内存交换，从而减少占用主机的时间。

3. 对软件系统的要求

计算机控制系统的软件可分为系统软件及应用软件两大类。系统软件是由计算机厂家提供的，有一定通用性。这部分软件越多，功能越强，对实时控制越有利。应用软件是用户根据系统要求，为进行控制而编制的用户程序及其服务程序。对应用软件的一般要求是实时性强，可靠性好，具有在线修改的能力以及输入输出功能强等。

4. 方便的人机联系

实时计算机控制系统必须便于人机联系。通常备有现场操作人员使用的操作台，可通过它了解生产过程的运行状况，向计算机输入必要的信息，必要时改变某些参数，发生紧急情况时进行人工干预。人机联系用的操作台应使用方便，符合人们的操作习惯，其基本功能为：

（1）有显示屏，可以及时显示操作人员所需的信息及生产过程参数状态；

（2）有各种功能键，如报警、制表、打印、自动/手动切换等；

（3）功能键应有明显标志，并且应具有即使操作错误也不致造成严重后果的特性；

（4）有输入数据功能键，必要时可以改变控制系统参数。

5. 系统的可靠性及可维护性

可靠性主要是指计算机系统的无故障运行能力，常用的指标是"平均无故障间隔时间"，一般要求该时间应不小于数千小时，甚至达到上万小时。

提高计算机系统硬件可靠性，除了采用可靠性高的元部件及先进的工艺及设计外，采用相同或相似部件并行运行是一个重要措施。在对系统可靠性起关键作用的部件"二重化"中，即使坏了一个部件，系统仍可运行，只有两个部件坏了才能造成系统故障。这种"二重化"做法可扩充到整个系统，甚至构建三重及四重系统。

除了计算机系统硬件可靠性外，软件可靠性也是十分重要的。好的软件可以减少出错的可能性，保证系统正常运行。为此，要求计算机控制系统软件具有较强的自诊断、自检测以及容错功能，即对运算过程中偶然出现的数据超界、运算溢出及未曾定义过的操作指令或其他事先不曾预料的运算错误能进行适当处理。此外，系统应允许操作人员在一定范围内的误操作。软件的这种特性将会改善和提高计算机控制系统的实用性。

为提高计算机控制系统的使用效率，除了可靠性外，还必须提高计算机系统的可维护性。可维护性是指维护工作方便的程度。提高可维护性的措施是采用插件式硬件，采用自检测、自诊断程序，以便及时发现故障，判断故障部位，进行维修。

控制用计算机控制系统硬件除了应满足上述一些要求外,还应注意其成本。在能满足系统性能要求的条件下,不应随意增加系统的功能,以降低系统的成本。

7.1.2 控制用计算机的选择

控制用计算机与控制系统性能有关的主要参数是计算机的运算速度、字长及容量。

1. 计算机运算速度的选择

在确定计算机的运算速度时,应考虑到下述几个方面的要求和限制条件:

(1) 控制系统所需的计算工作量(包括完成控制算法及系统各种管理程序的计算)。

(2) 系统采用的采样周期。为了减少在一个采样周期内的计算工作量,对不同的工作任务可以采用不同的采样周期,即实现多采样速率控制。

(3) 计算机的指令系统和时钟频率。为提高运算速度,可提高计算机时钟的频率。

(4) 硬件的支持。对于某些由软件实现的功能,若采用硬件实现也可以减少运算时间。例如采用硬件浮点乘法运算部件将会极大地提高计算机的运算速度。

2. 计算机字长的确定

计算机的字长定义为并行数据总线的线数。字长直接影响数据的精度、寻址能力、指令的数目和执行操作的时间。由计算机有限位字长引起的量化误差对控制系统的性能有较大的影响,应根据对控制系统的性能要求,合理地确定计算机的字长。

在确定计算机字长时,应考虑到下述几个方面的要求和限制条件。

(1) 量化误差的影响

若给定有限字长对控制算法引起量化噪声统计特性的要求,就可以估计运算部件所需字长 n。设有用信号的方差为 $\bar{\sigma}_s^2$,噪声方差为 $\bar{\sigma}_o^2$,则信噪比为

$$S = \bar{\sigma}_s^2 / \bar{\sigma}_o^2 \tag{7-1}$$

若采用分贝表示,则有

$$S(\mathrm{dB}) = 10\lg(\bar{\sigma}_s^2 / \bar{\sigma}_o^2) \tag{7-2}$$

通过有限字长的量化分析方法,可知量化噪声的方差为

$$\bar{\sigma}^2 = q^2/12 = 2^{-2(n+1)}/3 \tag{7-3}$$

控制算法输出的量化噪声对输入端量化噪声之比为

$$K_\mathrm{m} = \frac{\bar{\sigma}_o^2}{\bar{\sigma}^2} = \frac{1}{2\pi \mathrm{j}} \oint_{|z|=1} D(z)D(z^{-1})z^{-1}\mathrm{d}z \tag{7-4}$$

式中的 $D(z)$ 为控制算法的传递函数，σ_o^2 为 $D(z)$ 输出端的量化噪声方差，$\bar{\sigma}^2$ 是有限字长引起的量化噪声方差。

由式(7-3)和式(7-4)可见，量化噪声的方差与计算机的位数直接有关。位数越多，q 越小，量化噪声越小，信噪比越高。反之，n 越小，q 越大，量化噪声就越大，信噪比就越低。

将式(7-3)、式(7-4)代入式(7-2)，得到计算机的信噪比为

$$S(\text{dB}) = 10\lg\frac{\bar{\sigma}_s^2}{\sigma_o^2} = 10\lg\frac{\bar{\sigma}_s^2}{K_m\bar{\sigma}^2}$$

$$= 10\lg\bar{\sigma}_s^2 - 10\lg K_m - 10\lg\frac{2^{-2(n+1)}}{3} \tag{7-5}$$

由此可推得

$$n \geqslant (S - 10\lg\bar{\sigma}_s^2 + 10\lg K_m - 10\lg 3)/(20\lg 2) \tag{7-6}$$

进一步简化为

$$n \geqslant (S - 10\lg\bar{\sigma}_s^2 + 10\lg K_m - 4.7)/6 \tag{7-7}$$

由式(7-7)可见，已知模拟输入信号的方差 $\bar{\sigma}_s^2$、系统传递函数 $D(z)$ 和信噪比 $S(\text{dB})$，就可以求得计算机的位数 n。

(2) 计算机字长应与 A/D 的字长相协调

若 A/D 字长为 $n_{A/D}$，则数字信号最低有效位为 $2^{-n_{A/D}}$；CPU 对 A/D 变换的近似数进行乘(除)运算时，运算的位数至少要超过十进制的一位，即要超过二进制的四位，故计算机运算部件的字长至少应为

$$n_{\text{cpu}} = n_{A/D} + 4 \tag{7-8}$$

(3) 考虑信号的动态范围

假设信号的最大值为 $X_{\max}$，最小值为 $X_{\min}$，且 $N = X_{\max}/X_{\min}$。

若计算机的字长为 n，则应有 $(2^n - 1) \geqslant N$，所以

$$n \geqslant \lg(N+1)/\lg 2 \tag{7-9}$$

例 7-1 控制算法传递函数为 $D(z) = \dfrac{1}{1 - 0.9z^{-1}}$，要求信噪比为 40 分贝，信号的动态范围为 250，有用信号的方差为 $\bar{\sigma}_s^2 = 1/9$，试求计算机运算部件的最低字长。

解 由式(7-9)，有 $n \geqslant \lg 250/\lg 2 = 7.97 \approx 8$(位)

由式(7-4)，得 $K_m = \dfrac{1}{2\pi j}\oint_{|z|=1} D(z)D(z^{-1})z^{-1}dz = \dfrac{1}{1-(0.9)^2} = 5.26$

由式(7-7)，有 $n \geqslant [40 - 10\lg(1/9) + 10\lg 5.26 - 4.7]/6 \approx 8.7 \approx 9$(位)

加符号位，可知要求的运算部件的字长应该大于或等于 10 位。

(4) 与采样周期的关系

通过后面的分析还可以看到，计算机的字长还与采样周期有关。若采样周期减小，但又希望量化误差保持不变，则所需的计算机的字长就要相应增加。

对于计算工作量少,计算精度要求不高的系统可选用 8 位机(如线切割机等普通机床的控制、温度控制等),对于计算精度高的系统可选用 16 位或 32 位机(如控制算法复杂的生产过程控制,特别是在对大量的数据进行处理等场合)。

选择计算机时,还应当考虑成本高低、程序编制难易以及扩充输入输出接口是否方便等因素。

目前在计算机控制系统中常用的主机有单片机和微机(工控机)。单片机是在一个集成电路中包括了数字计算机四个基本组成部分(CPU、EPROM、RAM 和 I/O 接口),具有价格廉、体积小、小而全、面向控制的特点,可满足很多场合的应用。缺陷是需要开发系统对其软硬件进行开发,编程平台简单。微机系统有丰富的系统软件,可用高级语言、汇编语言编程,程序编程和调试都很方便。缺陷是体积较大,成本较高,当将其应用于控制小系统时,往往不能充分利用系统的全部功能。能充当计算机控制系统主机的还有后面要介绍的嵌入式系统、可编程控制器等。

7.1.3 计算机控制系统的模拟输出通道

计算机控制系统的模拟量输出通道将计算机输出的数字控制信号转换为模拟信号(电压或电流)作用于执行机构,以实现对被控对象的控制。模拟量输出通道主要由 D/A(数/模)转换器、保持器和(或)多路转换开关组成。如图 7-2 所示。

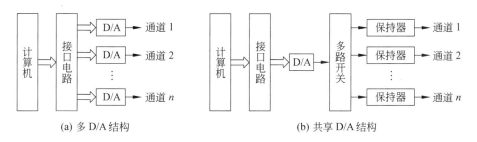

图 7-2 模拟量输出通道的两种实现结构图

1. D/A 转换器工作原理

D/A 转换器是将数字量转换为电压量或电流量的装置,可以表示为

$$V_0 = V_{REF} \cdot D \cdot K \tag{7-10}$$

其中,V_0 为模拟输出电压,V_{REF} 为参考电压,K 为比例因子,D 为输入的数字量。

$$D = D_{n-1}2^{n-1} + D_{n-2}2^{n-2} + \cdots + D_1 2^1 + D_0 2^0 \tag{7-11}$$

D 由数字代码按位组合而成,每一位数字代码对应一定大小的模拟量。为了将输入的数字量转换成模拟量,应将每一位数字代码都转换成相应的模拟量,然后求和得到与输入数字量成正比的模拟量。这就是一般 D/A 变换器的转换原理。

2. D/A 转换器的主要性能及常用型号介绍

常用 D/A 转换器的主要指标如下：

(1) 精度

精度反映实际输出与理想数学模型输出信号接近的程度。

例如某二进制数码的理论输出为 2.5V，实际输出值为 2.45V，则该 D/A 转换器的精度为 2%。若已知 D/A 转换器的精度为 ±0.1%，则理论输出为 2.5V 时，其实际输出值可在 2.5025V～2.4975V 之间变化。具体而言，D/A 转换器的精度主要由线性误差、增益误差及偏置误差的大小决定。如图 7-3 所示。

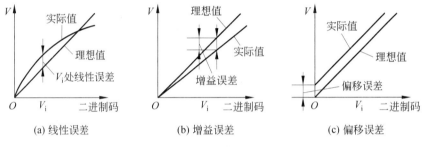

图 7-3 D/A 转换器的误差

(2) 分辨率

分辨率定义为当输入数字量发生单位数码变化时输出模拟量的变化量。

分辨率也常用数字量的位数来表示，例如对于分辨率为 12 位的 D/A 转换器，表示它可以对满量程的 $1/2^{12}=1/4096$ 的增量做出反应。

应当指出，分辨率与精度是不同的两个概念，原理上两者无直接关系。分辨率是指在精度无限高的理想情况下，D/A 转换器的输出最小电压增量的能力，它完全由 D/A 转换器的位数所决定。精度是指在给定分辨率最小电压增量的条件下，D/A 输出电压的准确度。虽然二者为不同的概念，但在一个系统里它们应当协调一致。如果分辨率很高，即位数很多，那么精度也应当要求较高，否则高精度也是无效的。反之，分辨率很低，但精度很高，也是不合理的。

(3) 转换时间

最小有效位常以 LSB 表示，故转换时间定义为 D/A 转换器中的输入代码有满刻度值的变化时，其输出模拟信号达到满刻度值 $\pm\frac{1}{2}$LSB 时所需要的时间。一般为几十纳秒到几微秒。

(4) 输出电平

不同型号的 D/A 转换器的输出电平相差较大。一般为 5～10V，高压输出型的输出电平可达 24～30V。还有一些电流输出型，低的有 20mA，高的可达 3A。

(5) 输入代码形式

D/A 转换器单极性输出时,有二进制码、BCD 码。当双极性输出时,有原码、补码、偏移二进制码等。

常用 8 位 D/A 转换器芯片 DAC0832 可直接与 8086、8085 等其他常用的微机或单片机相连,其芯片内有 R-2RT 型电阻网络,用于对基准电流进行分流,完成数字量的输入、模拟量输出的转换。在实际应用中,通常采用外加运算放大器的方法,将 DAC0832 的电流输出转换为电压输出。DAC0832 的主要特性参数为:

输入数字量分辨率　8 位;

电流建立时间　1μs;

精度　1LBS;

基准电压　−10V～+10V;

电源电压　+5V～+15V。

常用 12 位 D/A 转换器 DAC1208/1209/1210 的原理与 DAC0832 的基本相同,除分辨率不同外,前者的输入寄存器由高 8 位输入寄存器和低 4 位输入寄存器两个寄存器构成,后者的输入寄存器仅为 8 位。

3. D/A 转换器选择的原则

集成 D/A 转换器的输入方式有两种:不带缓冲寄存器(如 8 位的 DAC0808)、带缓冲寄存器(如 8 位的 DAC0832,12 位的 DAC1208 等)。

选择 D/A 转换芯片时,主要考虑芯片的性能、结构及应用特性。在性能上必须满足 D/A 转换的技术要求,在结构和应用上满足接口方便,外围电路简单,价格低廉等要求。

在相关手册中都能查到前面介绍的 D/A 转换器的主要性能指标。在芯片选择时,主要考虑的是只用位数(字长)表示的转换分辨率、转换精度及转换时间。

对于 D/A 转换器字长的选择,可以由其后的执行机构的动态范围来选定。设执行机构的最大输入为 u_{max},执行机构的死区电压为 u_R,D/A 转换器的字长为 n,则计算机控制系统的最小输出单位应小于执行机构的死区,即有

$$\frac{u_{max}}{2^n - 1} \leqslant u_R \tag{7-12}$$

所以

$$n \geqslant \lg\left[\frac{u_{max}}{u_R} + 1\right]/\lg 2 \tag{7-13}$$

4. 多路 D/A 输出时的实现方式

在控制系统中需要有多个 D/A 转换通道时,常用图 7-2 所示的两种实现方式。

图 7-2(a)由于采用了多个 D/A 转换器,显然硬件成本较高。但当要求同时对

多个对象进行精确控制时,这种方案可以很好地满足要求。图 7-2(b)的实现方案中,由于只用了一个 D/A 转换器、多路开关和相应的采样保持器,所以比较经济。

5. D/A 的二进制码制与极性

在计算机控制系统内,输出信号可能有单极性和双极性之分,而且可以用不同的二进制编码来表示,因此 D/A 变换时要考虑极性与码制的适应问题。

(1) 单极性二进制编码

对于单极性信号,常采用直接二进制编码,此时其二进制小数表示为

$$N = \sum_{i=1}^{n} a_i 2^{-i} \qquad i = 1, 2, \cdots, n \tag{7-14}$$

当 a_i 全为 1 时,该值 $N=1-2^{-n}$,比归一化的满刻度值小一个最低有效位。例如 $n=8, N_{max}=1-1/256=255/256$。

(2) 双极性二进制编码

在计算机中,一个有符号的二进制可以用原码、补码、反码和偏移二进制码来表示。为了把双极性的信号表示成数字代码,就需要其中的一位作为"符号位"。这几种编码与十进制数的关系如表 7-1 所示(表中的 V_{REF} 为 D/A 的量程)。

偏移二进制码实际上是一种直接二进制码以满刻度值加以偏移得到的。由于这种编码在硬件电路上容易实现,因此许多 D/A 转换器都采用这种编码方式。

表 7-1 常用双极性二进制编码(设位数为四位)

数	十进制分数	原码	补码	反码	偏移二进制码	对应模拟电压
+7	+7/8	0 1 1 1	0 1 1 1	0 1 1 1	1 1 1 1	$7/8 V_{REF}$
...	...	...	...	...	...	...
+1	+1/8	0 0 0 1	0 0 0 1	0 0 0 1	1 0 0 1	$1/8 V_{REF}$
0	0+	0 0 0 0	0 0 0 0	0 0 0 0	1 0 0 0	0
0	0−	1 0 0 0	(0 0 0 0)	1 1 1 1	(1 0 0 0)	0
−1	−1/8	1 0 0 1	1 1 1 1	1 1 1 0	0 1 1 1	$-1/8 V_{REF}$
...	...	...	...	...	...	...
−7	−7/8	1 1 1 1	1 0 0 1	1 0 0 0	0 0 0 1	$-7/8 V_{REF}$
−8	−8/8		(1 0 0 0)		(0 0 0 0)	$-V_{REF}$

上述各种编码之间的转换关系见表 7-2。

表 7-2 不同二进制编码间的转换关系

待转换编码	转换后的编码	转 换 关 系
原 码	补 码	若最高位＝1，则其余各位取反，再加 00…01
	反 码	若最高位＝1，其余各位取反
	偏移二进制码	最高位取反，若取反后最高位＝1，则其余各位取反，再加 00…01
补 码	原 码	若最高位＝1，其余各位取反，再加 00…01
	反 码	若最高位＝1，则加 11…11
	偏移二进制码	最高位取反
反 码	原 码	若最高位＝1，其余各位取反
	补 码	若最高位＝1，再加 00…01
	偏移二进制码	最高位取反，若取反后最高位＝0，则再加 00…01
偏移二进制码	原 码	最高位取反，若取反后最高位＝1，则其余各位取反，再加 00…01
	补 码	最高位取反
	反 码	最高位取反，若取反后最高位＝1，则加 11…11

在实际应用中，所选用的 D/A 转换器的输入代码形式可能采用上面介绍的几种二进制编码中的一种。需要注意的是，计算机主机内信号的编码可能与 D/A 输入信号的编码不完全一致。若不一致（多数情况），则需要将计算得到的码制进行相应的转换后，方可作为 D/A 的输入信号。

例 7-2 型号为 80C196 的单片机通过外接 8 位芯片 DAC0832 以及相应的调理电路，可以得到 −5V～+5V 的直流输出，已知该 D/A 转换器的输入码制为偏移二进制码，而该型号的单片机内部运算码制为定点小数的二进制补码，试进行相应的码制转换，使 D/A 能够输出正确的输出信号。

解 DAC0832 为采用双极性的 8 位 D/A 芯片，即满足表 7-3 所示的对应关系。

表 7-3 D/A 输入输出关系表

D/A 输入码（偏移二进制码）	00H	40H	80H	A0H	FFH
D/A 输出电压值	−5V	−2.5V	0V	2.5V	5V

由于该型号的单片机内部运算码制为定点小数的二进制补码，最高位为符号位。"0"表示正数，"1"表示负数，小数点位于符号位与表示数据的最高位之间。因此不妨设单片机内可以表示的最大正数（+1）对应输出的模拟电压为 5V，最小

负数(-1)对应输出的模拟电压为-5V,为此可以得到运算码与 D/A 输入码的典型数据之间的关系如表 7-4 所示。

表 7-4 D/A 输入码与运算码的关系表

用 AH 来存储的运算码 (定点小数的二进制补码)	FFH	A0H	80H	40H	7FH
用 BH 存储的 D/A 输入码 (偏移二进制码)	00H	40H	80H	A0H	FFH

由表 7-3 和表 7-4 可以看出,若将运算结果直接作为 D/A 的输入码,就会得到错误的输出值。将运算码转换成 D/A 输入码的方法之一是参考表 7-2 的码制关系进行转换,本例的另一种转换方法如下:

若补码<80H,只需要用立即数 80H 加补码;若定点运算码>80H,只要将补码减立即数 80H 即可。

```
       JBS    AH,7,AA1      ;当 AH.7=1(负数)时,转 AA1
       ADDB   BH,AH,#80H    ;(正数),AH+#80H→BH
       SJMP   AA2
AA1:   SUBB   BH,AH,#80H    ;(负数),AH-#80H→BH
AA2:   NOP
```

7.1.4 计算机控制系统的模拟输入通道

模拟量输入通道将被控对象的模拟信号(如电压、电流、温度、压力等)转换为数字信号送给计算机。计算机的模拟量输入通道主要由 A/D 转换器、采样保持器和多路转换开关组成,如图 7-4 所示。

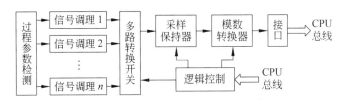

图 7-4 模拟量输入通道一般结构图

1. 采样保持器

实际的采样过程总是需要一定的时间来完成,该时间就定义为孔径时间。在这个时间内,模拟信号都有可能发生变化。希望该变化量比较小,以至于不会引起后面模数转换器输出数字量的变化,为此必须缩短孔径时间。可采取的相应措施是将对模拟信号的采样和对采样的模拟电压的转换分开，分别由不同的电路完成。

采样保持器的作用就是以较短的孔径时间对信号进行采样，然后将采得的模拟电压保持，供 A/D 转换电路进行转换。其工作原理可用图 7-5 来说明。当控制信号使电子开关 K 闭合时，输入信号经过 A_1 放大对保持电容 C_h 充电，使输出 u_o 趋近 u_i，这种状态称为"采样"。当控制信号使 K 断开时，由于 A_2 的输入阻抗非常高，C_h 中的电荷不易释放因此电压变化很慢，u_o 也基本不变。这种状态称为"保持"。用 u_o 来进行模数变换就不必顾虑在转换期间 u_i 的变化。

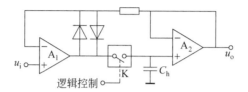

图 7-5　采样保持器原理图

一般采样保持器的孔径时间比 A/D 转换时间要小得多。实际应用中，应尽量在采样保持器的保持状态稳定后再发出启动 A/D 转换的命令，以消除采样保持器孔径时间的影响。

2. A/D 转换器工作原理

A/D 转换器（ADC）是模拟电路与数字电路的接口，其功能是将输入的模拟电压按比例地转化为计算机可以接受的二进制数字信号。常用的转换方式有逐次逼近式和双斜积分式两种。

逐次逼近式 A/D 转换器的工作原理如图 7-6 所示。它由逐次逼近寄存器 SAR、D/A 转换器、比较器、时序与控制逻辑等部分组成。其工作过程大致为：当发出转换命令后，依次从高位到低位，将相应位数据经 D/A 转换器转换成电压 V_f 后，与输入电压 V_x 在比较器中比较，根据比较结果决定该位应为"0"或"1"……直至确定逐次逼近寄存器最低位的值为止。逐次逼近寄存器的内容就是被转换后的数字量。逐次逼近式 A/D 转换器对一个 N 位的 ADC 只需比较 N 次（与输入模拟电压的大小无关），因而转换速度快。故这类 ADC 多用于高速数据采集装置。这种转换器的缺点是抗干扰的能力较差。

常用的逐次逼近式集成 A/D 转换器有 8 位分辨率的 ADC0809，12 位的 AD574 等。

双斜积分式 A/D 转换器的原理如图 7-7 所示。转换分两步进行，开始时用固定时间 T_0 对输入电压 V_x 进行积分，当积分时间到，积分器输入端切换到基准电源，使积分器按固定的斜率放电，与此同时，启动计数器开始计数，当积分器放电到零电平时，鉴零比较器输出信号，停止计数器计数，这时计数器所计的数值就是转换的结果。

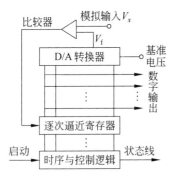

图 7-6 逐次逼近式 A/D 转换器

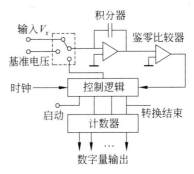

图 7-7 双斜积分式 A/D 转换器

双斜积分式 A/D 转换器转换过程实质上是积分过程,所以是平均值转换,因此对叠加在信号上的交流干扰有较强的抑制能力。若干扰波形对称(如工频干扰),则抑制能力就更强。从另一方面来看,由于积分过程是较慢过程,因此,不能获得像逐次逼近式那样高的速度。故在信号变化较慢,现场干扰严重的场合,宜采用这种 A/D 转换器。

常用的双斜积分式集成 A/D 转换器有 11 位分辨率的 MC14433,14 位的 ILC7135 等。

3. A/D 转换器的主要性能指标

(1) 精度

这是指对应一个给定的数字量的实际模拟量输入与理论模拟量输入接近的程度。通常亦用绝对精度及相对精度表示。实际上对应于同一个数字量,其模拟输入是一个范围。因此,对应一个已知数字量的输入模拟量,定义为模拟量输入范围的中间值。例如:一个 A/D 转换器,理论上 5V 对应数字量 800H,但实际上 $4.997 \sim 4.999$ V 均产生数字量 800H,那么绝对误差将为 $(4.997+4.999)/2-5=2$ mV。

若用最小有效位 LSB 的分数值表示,q 定义为数字量 D 的最小有效位 LSB 的当量,即量化单位。如果模拟量 A 在 $\pm q/2$ 范围内都产生相对唯一的数字量 D,则这时称转换器的绝对精度为 ± 0LSB。如果模拟量 A 在 $\pm 3q/4$ 范围内变化,都产生相对应的数码 D,这时称其绝对精度为 $\pm 1/4$LSB。

相对精度是指任一数字量所对应的模拟输入量实际值和理论值之差与整个转换范围满量程之比。

A/D 转换器的精度主要是由 A/D 变换器的各种误差决定的。由于整个 A/D 转换器是由数字部分(如 D/A 转换器)及模拟部分(如比较器)构成的,因此整个 A/D 转换器的误差也分别由模拟部分的误差及数字部分的误差组成。如果系统工作正常,数字部分误差仅由 A/D 转换器的位数决定,模拟部分的误差源是比较器、T 型网络中的电阻以及基准电源。

(2) 分辨率

A/D 转换器的分辨率是指输出数字量对输入模拟量变化的分辨能力,利用它可以决定使输出数码增加(或减少)一位所需要的输入信号最小变化量。即设 A/D 转换器的位数为 n,则 A/D 转换器的分辨率为

$$D = 1/2^n \quad (\text{有时采用 } D = 1/(2^n - 1)) \tag{7-15}$$

由上式可看出,n 越大,则信号误差就越小,但是成本也越高。国内外 A/D 芯片多为 8 位、10 位、12 位、14 位、16 位,若再提高位数,不但价格贵,而且也难于实现。

A/D 的分辨率与精度也是不同的两个概念,它们的关系类似于 D/A 的分辨率与精度的关系。即在一个系统里 A/D 的分辨率与精度应当协调一致。

(3) 转换时间

设 A/D 转换器已经处于就绪状态,从 A/D 转换的启动信号加入时起,到获得数字输出信号(与输入信号对应之值)为止,所需的时间称为 A/D 转换时间。该时间的倒数称为转换速率。A/D 的转换速率与 A/D 的位数有关,一般来说,A/D 的位数越大,则相应的转换速率就越慢。

逐次逼近式 A/D 转换器转换时间为几微秒~几百微秒。双斜积分式 A/D 转换器的转换时间为几十毫秒~几百毫秒。

(4) 量程

量程指测量的模拟量的变化范围。一般有单极性(如 0~10V、0~20V)和双极性(例如 -5V~+5V,-10V~+10V)两种。为了充分发挥 A/D 转换器件的分辨率,应尽量通过调理环节使待转换信号的变化范围充满量程。

4. A/D 转换器的选择

现阶段生产的 A/D 转换器具有模块化、与计算机总线兼容等特点。使用者不必去深入了解其结构原理便可以使用。在选择 A/D 芯片时,除了要满足用户的各种技术要求外,还必须注意几点:A/D 输出的方式,A/D 芯片对启动信号的要求,A/D 的转换精度和转换时间,它的稳定性及抗干扰能力等。A/D 转换器的精度与传感器的精度有关,一般比传感器的精度高一个数量级;A/D 转换器的转换速率还与系统的频带有关。

根据输入模拟信号的动态范围可以选择 A/D 转换器位数。具体方法如下:

设 A/D 转换器的位数为 n,模拟输入信号的最大值 $u_{\max}$ 为 A/D 转换器的满刻度,模拟输入信号的最小值 $u_{\min}$ 应大于等于 A/D 转换器的最低有效位。据此,可以建立关系如下:

$$\frac{u_{\max}}{2^n - 1} \leqslant u_{\min}$$

则
$$n \geq \lg\left[\frac{u_{\max}}{u_{\min}} + 1\right]/\lg 2 \tag{7-16}$$

5．检测通道的数据采集

计算机控制系统是通过检测通道来获取被测信号的。

检测通道的电路设计与传感器的选择有关。不同的传感器输出的信号大小和形式是不一样的，因此要设计不同的电路，将这些信号转换成计算机所能接受的 TTL 电平形式。对于单路模拟输入通道结构，可采用图 7-8 所示的通道结构类型。

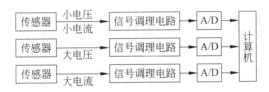

图 7-8　单路检测通道结构类型

在控制系统的控制过程中，常常需要同时使用传感器对多点进行检测。为了能用一套检测装置来实现多点检测，计算机系统中一般采用多线巡回检测装置，对各传感器分时进行采样，故需要一个多路模拟开关，轮流将各传感器输出模拟信号切换到 A/D 转换器。这种完成从多路到一路的转换开关，称为多路转换开关。在计算机数据采集装置中，由于 A/D 转换器的转换过程需要一定的时间，必须使采样值在 A/D 转换过程中保持不变，否则就会影响转换精度，尤其当被测信号速度变化较快时更是如此。有效的措施是在 A/D 转换器前设置采样保持器。模拟输入通道的一般结构如图 7-4 所示。

显然，采样周期一定时，若 A/D 的转换速率过低，在一个采样周期内需要进行 A/D 转换的信号数目就要受到限制，因此在确定 A/D 转换速率时，还要考虑所选采样周期大小及需要采样变换的信号数目。

6．A/D 的二进制码制与极性

A/D 的二进制码制与极性类似于 D/A 的二进制码制与极性，可同时参见表 7-1（此时表中的 V_{REF} 为 A/D 的量程）和表 7-2。在实际应用中，A/D 输出的代码形式可能采用前面介绍的几种二进制编码中的一种。仍需要注意的是，计算机主机内信号的编码可能与 A/D 输出信号的编码不完全一致。若一致，则可将 A/D 输出信号的编码直接作为计算机的运算输入信号。但若不一致（多数情况），则需要将 A/D 输出信号的编码进行相应的转换后，方参与到算法的运算中。

例 7-3　型号为 80C196 的单片机的片内有一个逐次逼近型的 10 位 A/D 转换器，输入采样信号的范围为 0～5V，共有 8 个通道，可用来对 8 路模拟量输入信号进行 A/D 转换。这里有两种调理电路,第 1 种调理电路是将 0~10V 的输入信号调理成 0~5V;第 2 种调理电路是将 -10V~10V 的输入信号调理成 0~5V。调理后得到的信号可以直接输入到单片机的 A/D 转换器。当用第 2 种调理电路后,该 A/D 转换器采用的是偏移二进制码,而单片机内部运算码制为定点小数的二进制补码。假设调理电路前的 10V 电压被采样进入计算机后,对应于运算码的正最大值(+1),试进行相应的码制转换,使 A/D 采样信号进入单片机后仍能正确地表示所对应的物理量。

解 这里分两种情况分别进行相应的码制转换。

对于第 1 种调理电路,对应的是 A/D 单极性输入。由于 80C196 的片内 A/D 为 10 位的,且为高 10 位数据有效(最大数据为 FFC0H),因此可得到表 7-5 所示的几种数据关系表。

表 7-5　A/D 单极性输入对应关系表

调理电路前的模拟量输入	0V	2.5V	5V	7.5V	10V
A/D 转换结果码 AX	0000H	4000H	8000H	A000H	FFC0H
对应定点补码(运算码)	0000H	2000H	4000H	6000H	7FE0H
对应单片机内定点小数	0	0.25	0.5	0.75	0.99898

由表 7-5 可以看出,从 A/D 转换结果码转换到定点运算码,只需要进行右移一位运算即可。

```
SHR   AX,#1      ;右移 1 位,结果为对应定点补码
```

对于第 2 种调理电路,对应的是 A/D 双极性输入。因此可得到表 7-6 所示的几种数据关系表。

表 7-6　A/D 双极性输入对应关系表

调理电路前模拟量输入	-10.0V	-5.0V	0.00V	2.5V	5.0V	7.5V	10V
A/D 转换结果码 AX	0000H	40,00H	80,00H	A0,00H	C0,00H	E0,00H	FFC0H
对应定点补码(运算码)	8001H	C001H	0000H	2000H	4000H	6000H	7FC0H
对应单片机内定点小数	-0.9990	-0.5000	0.0000	0.2500	0.5000	0.7500	0.9990

由表 7-6 可知:若 A/D 转换结果码>8000H,只要将 A/D 转换结果码减立即数 8000H;若 A/D 转换结果码<8000H,只需要用 A/D 转换结果码加立即数 8001H 即可。相应的转换程序为:

```
        JBS     AH,7,AA1        ;当 AH.7=1(输入正电压),转 AA1
        ADD     BX,AX,#8001H    ;(输入负电压),AX+#8001H → BX
        SJMP    AA2
AA1:    LD      CX,#8000H
        SUB     BX,AX,CX        ;(输入正电压),AX-#8000H → BX
AA2:    NOP
```

7. CPU 和 A/D 转换电路之间的 I/O 控制方式

根据不同的情况,可以采用不同的 I/O 控制方式。

(1) 查询方式

查询方式的传送是由 CPU 执行 I/O 指令启动并完成的,每次传送数据之前,要先输入 A/D 转换器的状态,经过查询符合条件后才可以进行数据的 I/O。查询传送方式有比较大的灵活性,可以协调好计算机和外设之间的工作节奏,但由于在读写数据端口指令之前需要重复执行多次查询状态的指令,尤其在外设速度比较慢的情况下,会造成 CPU 效率的大大降低。惟有在 CPU 除了采集数据和简单的计算外,没有很多的工作要做的情况下才适合用查询方式。

(2) 中断方式

在要求一旦数据转换完成就及时输入数据,或 CPU 同时要处理很多工作的情况下,应采用中断方式。转换完成信号经过中断管理电路发出中断请求,CPU 在中断服务子程序中读入转换结果。中断方式可以省掉重复繁琐的查询,并可及时响应外设的要求。在这种方式下,CPU 和外设基本上实现了并行工作,当然由于增加了中断管理功能,所以对应的接口电路和程序要比查询方式复杂。

(3) DMA 方式

在高速数据采集系统中,不仅要选用高速 A/D 转换电路,而且传送转换结果也要求非常及时迅速,为此可以考虑选用 DMA 方式。这就需要检查计算机保留的 DMA 通道,连接有关 DMA 请求及应答信号,而且还要修改 DMA 控制电路的初始化编程。

7.1.5 计算机控制系统的数字输入输出通道

数字输入输出通道又称为开关量输入输出通道,主要由 I/O 缓冲和 I/O 电气两部分构成。如图 7-9 所示。

数字输入通道的功能是将那些来自现场的断续变化的两态信号进行适当的处理,转化为计算机可以接受的数字信号。其中输入缓冲器的作用是对外部输入信号进行缓冲、加强和选通。输出锁存器将 CPU 输出的数据或控制信号进行锁

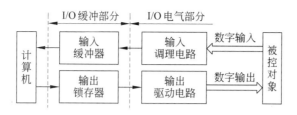

图 7-9　开关量输入输出通道结构

存,以便放大驱动执行机构作用于被控对象。I/O 缓冲功能可以用可编程接口电路(如 Intel 8255A)构成,也可用简单接口电路(如 74LS240、244、373 等)实现。

I/O 电气转换部分的功能主要是:滤波、电平转换、隔离、功率驱动等。由于外部输入信号可能引入干扰、过电压、瞬态尖峰和反极性输入等,因此,必须进行滤波、隔离、过电压和反电压等处理后,才能送给计算机。所采用的一般方法为:

(1) 用齐纳二极管或压敏电阻将瞬态尖峰钳位在安全电平上;

(2) 串联一个二极管来防止反电压输入;

(3) 用限流电阻齐纳二极管构成稳压电路作过电压保护;

(4) 用光电隔离器实现信号完全隔离;

(5) 用 RC 滤波器抑制干扰。

数字输出通道的任务是根据计算机输出的数字信号去控制接点的通、断或数字式执行器的启停等。由于输出通道靠近具有强电环境的大功率外设,环境恶劣,故干扰较为严重。为此,必须采取隔离等措施来抑制干扰。所用的隔离器根据其输出级的不同,可以分为三极管型、单向可控硅型和双向可控硅型等几种。

图 7-10 所示的三极管输出型的光电隔离原理,当输入端流进一定的电流时,发光二极管发出的光作为触发信号,使输出光敏三极管导通;当撤去输入电流时,发光二极管熄灭,三极管截止。利用这种特性可以达到开关控制的目的。这种光电隔离器一般常用于低压开关量隔离。

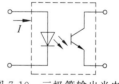

图 7-10　三极管输出光电隔离器原理

图 7-11 为目前最常用的继电器输出接口方式(R 为限流电阻),其输出可适用于高低电压和大小电流场合,这取决于继电器触点所能承受的电压和流过的电流的大小。继电器包括线圈和触点。由于继电器的驱动线圈有一定的电感,在关断瞬间会产生较大的电压,故在继电器线圈一侧常反接一个保护二极管用于反向放电。作用过程:当输入电平 U_i 为 1 时,晶体管截止,J 不吸合;当输入电平 U_i 为 0 时,晶体管导通,J 吸合。

开关量输出通道的一个重要的组成为功率驱动。开关量输出的驱动电路很多,常用的有:大/小功率晶体管、可控硅、达林顿阵列驱动器、固态继电器等。其中的固态继电器由于无触点,比电磁继电器可靠性高、寿命长、速度快,对外界干

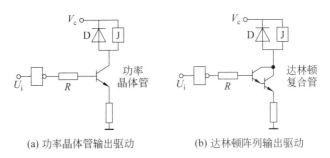

(a) 功率晶体管输出驱动　　　　(b) 达林顿阵列输出驱动

图 7-11　继电器输出接口

扰小,被广泛应用于工业控制领域。

7.1.6　信号的调理

传感器测得的典型测试信号一般可能有以下几种:直流电压、直流电流、数字信号。在某些应用系统中,传感器的输出信号还可以是一种交流信号。这些信号需要调整为计算机输入通道所要求的信号类型和信号范围内,再通过相应的输入通道送入计算机控制系统进行处理。

1. 直流电压信号的调整

若被检测的直流电压信号的大小为 A/D 转换器范围内的电压,则最简单的可行方案是直接采用满足精度要求的 A/D 转换器。反之,就要设计相应的调理电路(如分压、放大等),将这些信号转换成计算机所能接受的电压形式,再直接使用 A/D 转换器。值得注意的一点是:用于数据采集的放大器要求高输入阻抗、高共模抑制比及低温漂。只用一级放大器一般很难满足多方面的指标,实际应用中常将多个放大器组合起来使用。

2. 直流电流信号的调理

对于要求电压输入的计算机控制系统,在电流回路中串入一个 $R=250\Omega(0.1\%$ 级)的 I/V 变换电阻,就可将 $4\sim20\mathrm{mA}$ 的电流信号 I 变换为 $1\sim5\mathrm{V}$ 的直流电压信号 $U_\circ$,其典型调理电路如图 7-12 所示。

$$U_\circ = IR \tag{7-17}$$

图 7-12 的电路为无源 I/V 变换电路。调理时亦可采用有源 I/V 变换电路,即用有源运算放大器和电阻构成,如图 7-13 所示。

3. 数字信号的调理

数字信号的调理电路主要是进行隔离、放大及限幅整形,将微弱的信号变成满足接口要求的等幅脉冲序列。对于数字量的测量主要应用于对频率的测量和对转速的测量。

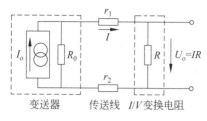

图 7-12　电流信号传输的典型电路

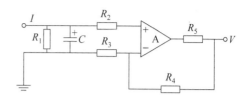

图 7-13　有源 I/V 变换电路

7.1.7　总线技术

在微型计算机的硬件设计中，许多厂商设计和提供了具有不同功能的插件（亦称"模板"）。用户为了构成计算机应用系统，希望这些模板能互相兼容。这种兼容是指插件的尺寸、插座的针数及类型、插针的逻辑定义，控制插件工作的时序及电气特性等相同。也就是说为了使插件与插件间、系统与系统间能够正确连接，就必须对连接各插件或各系统的基础——总线，制定出严格的规约，即总线标准，为各厂商设计和生产插件模块提供统一的依据。因此，采用同一总线标准的不同厂家的模块，就可以组成可正常工作的系统。采用通用标准总线技术可以简化硬件设计，便于扩充、更新及重新组合系统，使得各厂商生产的插件有兼容性，可以互换通用。

1. 总线定义

总线是一组信号线的集合。这些线是系统的各插件间（或插件内部各芯片间）、各系统之间传送规定信息的公共通道，有时也称数据公路，通过它们可以把各种数据和命令传送到各自要去的地方。

2. 总线类型

（1）根据总线不同的结构和用途，总线有如下的几种分类方法。

① 专用总线

将只实现一对物理部件间连接的总线称为专用总线。专用总线的基本优点是其具有较高的流量，多个部件可以同时发送或接受信息，几乎不会出现总线争用的现象。在全互连或部分互连以及环形拓扑结构中使用的总线就是专用总线。

② 非专用总线

非专用总线可以被多种功能或多个部件所共享，所以也称之为共享总线。每个部件都能通过共享总线与接在总线上的其他部件相连，但在同一时刻，却只允许两个部件共享通信,其他部件间的通信要分时进行,因此准确地应称其为分时共享总线。

(2) 根据总线的用途和应用环境,总线可以分为:

① 局部总线

局部总线又称为芯片或元件级总线,它是构成中央处理机或子系统内所用的总线。局部总线通常包括地址线、数据线和控制线三类。

② 系统总线

又称内总线和板级总线,即微型计算机总线,用于各单微处理机之间、模块之间的通信,可用于构成分布式多机系统,如 Multibus 总线、STD 总线、VME 总线、PC 总线等。

③ 外总线

外总线又称为通信总线,用于微处理机与其他智能仪器仪表间的通信,如 RS-232C 和 RS-422 串行通信总线。

(3) 根据总线传送信号的方式,总线一般又可分为并行和串行两种:

① 并行总线

如果用若干根信号线同时传递信号,就构成了并行总线。并行总线的特点是能以简单的硬件来支持高速的数据传输和处理,最广泛地应用于计算机箱内的底板总线。

② 串行总线

串行总线是按照信息逐位的顺序传送信号。其特点是可以用几根信号线在远距离范围内传递数据或信息,主要用于数据通信。

显然,上面提到的总线和局部总线均属于并行总线范畴。而现场总线则是连接工业过程现场仪表和控制系统之间的全数字化、双向、多站点的串行通信网络。鉴于现场总线及其构成的控制系统的内容比较新颖丰富,所以本书专门在 10.2 节对其进行比较详细的介绍。

3. 目前几种通用总线介绍

限于篇幅,这里仅简单介绍目前广泛用于工业控制的 STD 总线、IBM PC/AT 总线、RS-232C 总线和 RS-422 总线。

(1) STD 总线

STD 总线是目前工业控制及工业检测系统中使用最广泛的总线,它兼容性好,能够支持任何 8 位或 16 位微处理器,成为一种通用标准总线。STD 总线在工业控制中广泛采用,是因为它具有以下特点:

① 小板结构,高度模块化

STD 产品采用小板结构,所有模板的标准尺寸为 $165.1mm \times 114.3mm$。这种小板结构在机械强度、抗断裂、抗震动、抗老化和抗干扰等方面具有很大的优越性。

② 严格的标准化，广泛的兼容性

STD 总线模板设计有严格的标准化，这样有利于产品的广泛兼容。其具备的兼容式总线结构还支持 8 位、16 位，甚至 32 位的微处理器，因此，可以很方便地将低位系统通过更换 CPU 板和相应的软件达到升级，而原来的 I/O 模板却不必更换。兼容性的另一方面是软件。STD 产品与 IBM-PC 软件环境兼容，故可利用 IBMPC 系列丰富的软件资源。

③ 面向 I/O 的开放式设计，适合工业控制应用

STD 总线面向 I/O 设计，一个 STD 底板可插 8,15,20 块模板。在众多功能模板的支持下，用户可以方便的组态。

④ 高可靠性

STD 产品平均无故障时间已超过 60 年。可靠性的保证靠小板结构、线路设计、印刷电路板的布线、元件老化筛选、电源质量、在线测试等一系列措施，以及固化软件 Watchdog、掉电保护等技术来提供保障。

STD 是工业应用中十分有前途的通用标准总线。按此标准设计系统，可使系统具有良好的适应性及组装灵活性。目前国内外许多厂家均按 STD 标准来生产系统和插件，因此，对应用者来说，按 STD 标准来组成自己的应用系统将会大大缩短系统的硬件研制周期。

STD 总线定义的插件板为 56 芯插座，全部引脚均定义，分为逻辑电源总线（6 根）、数据总线 $D_0 \sim D_7$（8 根）、地址总线 $A_0 \sim A_{15}$（16 根）、控制总线（22 根）和附加电源线（4 根）。

(2) IBM PC/AT 总线

由于 IBM PC 机有丰富的软、硬件支持，而且其价格低廉，目前已成为国际上广泛使用的微型机之一。IBM PC 机的主板上设计了供输入输出用的总线，这些总线引至系统板上的 5 个或 8 个 62 脚的插座上，这些插座称为扩展插槽。制造商提供的用作扩充 PC 机的选件板有百余种之多，如同步通信控制卡、异步通信控制卡、A/D 及 D/A 转换板、数据采集板、各类存储器扩展板、打印机接口板、网络接口板等。用户可根据需要进行选购，也可根据需要自行设计和开发新的功能板。IBM PC 机箱插上基本配置以后，一般只剩下 3～5 个槽。另外，PC/AT 总线对环境要求较高，无法保证在工业现场可靠运行。PC/AT 总线都是主要采取将微处理器芯片总线经缓冲直接映射到系统总线上，没有支持总线仲裁的硬件逻辑，因而不支持多主系统。

IBM PC 机的输入输出总线共 62 根，包括 8 位的双向数据总线 $D_0 \sim D_7$，20 位的地址总线，6 根中断信号线，3 根 DMA 控制线，4 根电源线以及其他各种控制线等。

1984 年 IBM 公司又推出了 16 位微机的 PC/AT 总线。后来为了统一标准，

便将 8 位和 8/16 位兼容的 AT 总线命名为 ISA 总线（industry standard architecture）。ISA 总线是由 PC/XT 的 8 位总线发展而来的。在微机主板上，ISA 插槽一般用黑色标示，其插槽为两段，其分别为前 62 线段和后 36 线段。

ISA 总线是 8/16 位兼容的总线，当 8 位时，只用其前 62 个引脚，此时，它是 8 位数据线、20 位地址线；当 16 位时，用到全部 98 个引脚，此时它是 16 位数据线、24 位地址线，可寻址 16MB 的内存空间。ISA 总线有 12 个中断输入端，可同时接多达 12 个中断源，另有 7 个 DMA 通道。它的数据传输速率在 4Mbps～8Mbps 之间，适用于低速外设。

1992 年 PCI SIG（peripheral component interconnect special Internet group）推出 PCI 总线。这种局部总线的基本构思是让外设与 CPU 之间建立直接连线，使外设与 CPU 之间可实现高水平的匹配。PCI 总线的数据传输速率可达 132Mbps。它可以与 ISA、EISA 及 MCA 总线相容，并支持 Pentium 的 64 位系统。

目前市面上的微机多采用 PCI 总线，工控机多采用 ISA 总线。虽然目前市面上已经推出了具有 PCI 槽的数模转换卡，但比较成熟以及类型众多的模数转换卡还基本上采用 ISA 插头。因此在组建计算机控制系统时，需要注意选用的总线应当与选用的模数转换卡的接口相适应。

（3）RS-232C 串行接口标准总线

EIA RS-232C 串行总线是电子工业学会正式公布的串行总线标准，也是在微机系统中最常用的串行接口标准，用于实现计算机与计算机之间、计算机与外设之间的同步或异步通信。采用 RS-232C 作串行通信时，通信距离可达 15m，传输数据的速率可任意调整，最大可达 20Kb/s。

采用 RS-232C 总线来连接系统时，有近程通信与远程通信之分。近程通信是指传输距离小于 15m 的通信，这时可以用 RS-232C 电缆直接连接。15m 以上的长距离通信，需要采用调制解调器（MODEM）经电话线进行。图 7-14 为最常用的采用调制解调器的远程通信连接。

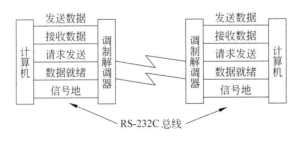

图 7-14　计算机与终端的远程连接

完整的 RS-232C 串行接口标准总线由 25 根信号线组成，采用 25 芯的插头座，包含两条信道：主信道和辅助信道。其中辅助信道的速率要比主信道低得多，可以在连接的两设备间传送一些辅助的控制信号,一般很少使用。即使对主信道而言,也不是所有的线都一定要用到,最常用的是 8 条线。这 8 条线在 25 芯插头中的排列次序及信号定义名称见表 7-7。其中 DTE 表示计算机或终端,DCE 表示调制解调器或其他通信设备。

表 7-7 RS-232C 主要线路功能表

针号	缩写符	功能	信号方向	
			DTE→DCE	DTE←DCE
1		屏蔽(保护)地		
2	TXD	发送数据	√	
3	RXD	接收数据		√
4	RTS	请求发送	√	
5	CTS	清除发送		√
6	DSR	数据设置就绪		√
7	—	信号地		
20	STR	数据终端准备好	√	

RS-232C 接口的主要连线如图 7-15 所示。目前大多数计算机主机和 CRT 终端上都有可接 DCE 的 RS-232C 接口,而且可利用这个接口,在近距离内直接连接计算机和终端,此时的连线可如图 7-16 所示。

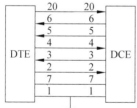

图 7-15 RS-232C 接口的主要连线

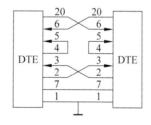

图 7-16 计算机与终端间 RS-232C 对接

(4) RS-422 串行接口标准总线

由于 RS-232C 接口是单端连接,考虑到干扰电平的影响,传输距离和波特率有所限制,为此,RS-422 接口采用了平衡驱动和差分接收器组合的双端接口方式,如图 7-17 所示。

因为两根传输线是扭在一起的,所以任何干扰引起的干扰电压在两根线上都是一样的,因此采用 RS-422 接口,传输距离可以达到 1000m,传输波特率可以达到 10Mb/s。

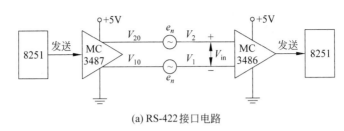

(a) RS-422接口电路

(b) 平衡驱动器原理图　　(c) 平衡驱动器真值表

图 7-17　RS-422 发送驱动器

7.2　系统测试信号的处理

由于控制系统的信号一般是用模拟式传感器测得的,因此这些信号不可避免地要受到各种噪声干扰的污染。针对系统的测试信号,必须进行相应的滤波处理。另外,由于传感器的非线性特性,使得测量得到的信号量值与实际对应的物理量值并不具备线性对应关系,因此需要对测试信号进行线性化处理。

7.2.1　测试信号的滤波

针对不同的干扰源,采取不同的抑制和消除干扰措施,可以极大地削弱进入系统里的各种噪声的强度。但这样做并不能保证将全部干扰完全消除,仍有各种不同频率分量及强度的噪声进入计算机,并带来不同的影响。为了进一步削弱这些干扰对系统的影响,在计算机系统里还采用各种不同的滤波技术。

如果噪声与有用信号的频谱范围不同,通常可以采用不同的带通滤波器来分离。但如果信号与噪声的频谱重叠,则采用估计方法来重构信号(如采用卡尔曼滤波器等)。本节讨论的滤波主要是前一种方法。

1. 模拟滤波器

采用滤波技术消除干扰的影响对任何控制系统都是必要的,对数字控制系统则更为重要。因为一般干扰的频率较高,对于连续模拟控制系统,由于系统本身的低通特性,这些干扰对系统输出的影响较小。但对数字控制系统,当高频干扰与有用信号一起被采样时,将会使高频干扰信号折叠到低频范围,严重影响系统的输出。为此,对计算机控制系统,如果系统干扰严重,一般都应在采样开关前加入适当的模拟滤波器(称为抗混叠滤波器或前置模拟低通滤波器),这种滤波器通常是简单的低通网络,其传递函数为

$$G_F(s) = \frac{1}{(T_f s + 1)^n}, \quad n = 1, 2, 3, \cdots \quad (7\text{-}18)$$

式中的 $T_f = 1/\omega_f$,ω_f 为滤波器的转折频率。在选取滤波器参数时,应尽量保证:在系统频带内信号幅值变化比较平坦,在该频带外,信号幅值有较大的衰减,成为较陡峭衰减的形状。

一般的模拟滤波器常采用 RC 滤波网络来实现。如图 7-18 所示,有无源和有源两类,它们的时间常数 $T_f = RC$。

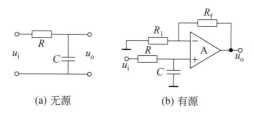

(a) 无源　　　　　　(b) 有源

图 7-18　RC 滤波电路

对于低频干扰信号的滤波,滤波器的时间常数很大。由于大的时间常数要求电容 C 较大,则相应的漏电流就很大,故 RC 网络的误差就大。另外大电容较难制作及实现,高精度的 RC 网络也不易制作。因此当干扰变化速度较慢时,RC 滤波网络参数的选择将会遇到困难。另外,模拟环节不可能完全滤除全部干扰信号,且模拟滤波之后的环节会继续引入外界的干扰而且产生噪声,以致给数据造成新的误差。这时,可以利用计算机的信息处理能力,通过数字滤波来实现对干扰的滤波。

2. 数字滤波

所谓数字滤波,就是利用程序实现的滤波。这种滤波方法只需根据滤波算法编制相应的程序即可达到目的。

数字滤波可以对各种干扰信号,包括频率很低的干扰信号(如 0.01Hz)实现滤波。由于不涉及硬件设备,故可靠性高,参数修改方便,而且一个数字滤波器程序可以被许多通道"共用",所以数字滤波器得到广泛应用。

常用的数字滤波方法主要有:平均值滤波、中值滤波、限幅滤波和惯性滤波。

(1) 平均值滤波

平均值滤波着眼于本次采样周期。在一个采样周期中,对信号 y 连续进行 m 次采样,并对其取算术平均值,作为本采样周期内的滤波器输出 $\bar{y}$。

平均值滤波对周期性干扰信号有良好的抑制作用,但会产生一定的延迟,该延迟与滤波需采样的次数 m 成正比。m 值取决于对平滑度和灵敏度的要求。m 增大,平滑度增大,灵敏度减低。通常,流量取 10,压力取 5,温度等慢变信号取 2 即可。

考虑到在连续多次采样中,信号本身也会变化,因此可以在平均算法中给各次采样值不同的权重系数,此时滤波算法为:

$$\bar{y} = \frac{1}{m} \sum_{i=0}^{m-1} \alpha_i y(i) \qquad (7\text{-}19)$$

式中 α_i 为不同采样值加权系数,且满足 $0 \leqslant \alpha_i \leqslant 1, \sum_{i=0}^{m-1} \alpha_i = 1$,通常取 $\alpha_0 < \alpha_1 < \cdots < \alpha_{m-1}$,这样可以加强临近时刻采样数据的贡献。

(2) 中值滤波

为滤除偶然的脉冲干扰,常采用中值滤波法。中值滤波法是在一个采样周期中,将信号 y 的连续 m 次(一般取奇数,$m \geqslant 3$)采样值进行排序,取其中间值作为本采样周期内的滤波器输出 $\bar{y}$。一般 m 越大滤波效果越好,但延迟增大。中值滤波对缓变过程的脉冲干扰有良好的滤波效果。

(3) 限幅滤波

根据对象的特点和系统的精度,对采样数据的正常范围事先作一个估计。若某次采样受到强烈的干扰,使数据明显超出正常范围,就应该将其剔除。限幅滤波的算式为:

$$\begin{cases} |y(k) - y(k-1)| \leqslant \Delta Y & y_\circ(k) = y(k) \\ |y(k) - y(k-1)| > \Delta Y & y_\circ(k) = y_\circ(k-1) \end{cases} \qquad (7\text{-}20)$$

其中 ΔY 是相邻两次采样值之差的最大可能值,需要根据采样周期 T 和被测参数 Y 的正常变化率及经验,事先确定。

算式(7-20)的含义是:如果本次采样值 $y(k)$ 和上次采样值 $y(k-1)$ 之差小于 ΔY,表示 $y(k)$ 是真实的(因为在被测参数的正常变化范围内),取本次采样值作为滤波器的输出值;反之,$y(k)$ 是不真实的,取前一次的滤波器输出为本次滤波器的输出。

限幅滤波对随机脉冲干扰和采样器不稳定引起的失真有良好的滤波效果。

(4) 惯性滤波

惯性滤波是模拟 RC 低通滤波器的数字实现(参见图 7-18)。RC 滤波器的传递函数为

$$\frac{Y(s)}{X(s)} = \frac{1}{1 + T_f s} \qquad (7\text{-}21)$$

其中 $T_f = RC$ 是滤波器的滤波时间常数。将式(7-21)写成向后差分方程并稍加整理得到在本次采样周期得到的采样数据 $x(k)$ 为正常的情况下,上一拍滤波数据 $y(k-1)$ 对本次采样结果有影响的滤波算法:

$$y(k) = \frac{T_f}{T_f + T}y(k-1) + \frac{T}{T_f + T}x(k)$$
$$= \alpha y(k-1) + (1-\alpha)x(k) \tag{7-22}$$

其中的 $\alpha = T_f/(T_f + T)$ 称为滤波系数，$0 < \alpha < 1$，T 为采样周期。由 RC 滤波器的频率特性可知，滤波系数 α 越大，则频带就越窄，惯性就越大，对数字量中的高频成分抑制就越强，而低频成分越容易通过，即起到低通滤波器的作用，适用于有用信号缓慢变化，干扰信号波动频繁的场合。

以上讨论的四种数字滤波方法，各有其适用场合，应当根据具体情况来选用。实际应用时，为了加强滤波效果，可以同时使用上述几种滤波方法，从而构成复合滤波算法。例如把中值法和平均值法结合起来构成复合滤波。具体做法可以是这样：连续采样 N 次，然后将最大和最小值去掉，将中间的几个采样值按算术平均法求得平均值。

工程上还有很多实用的滤波算法，在此不再列举，使用时应根据具体情况选用。

7.2.2 测试信号的线性化处理

通过模拟量输入通道采集到的数据与该数据所代表的被测参数不一定呈线性关系，常常需要将它们进行非线性补偿，将非线性关系转化为线性关系，才能用于显示和控制。

例如，在温度测量与控制中大量使用热电偶，热电偶的输出热电势与被测温度间为非线性关系，且不同型号的热电偶的非线性的程度也不同。再如铜-康铜热电偶（T 型）以冷端温度 $t_0 = 0℃$ 为条件下，在 $0 \sim 400℃$ 的范围内，可以按照式 (7-23) 来计算温度

$$t = \sum_{i=1}^{8} b_i e^i = \sum_{i=1}^{8} b_i (kd)^i \tag{7-23}$$

其中，e 为热电势(mV)，d 为采样值，k 为量化系数(mV)，k 与输入通道结构有关，$e = kd$，t 为温度(℃)，其他相关系数为：

$b_1 = 3.8740773840 \times 10$ $b_2 = 3.3190198092 \times 10^{-2}$

$b_3 = 2.0714183645 \times 10^{-4}$ $b_4 = -2.1945834823 \times 10^{-6}$

$b_5 = 1.1031900550 \times 10^{-8}$ $b_6 = -3.0927581898 \times 10^{-11}$

$b_7 = 4.5653337165 \times 10^{-14}$ $b_8 = -2.7616878040 \times 10^{-17}$

根据采样值 d，按公式 (7-23) 计算温度，计算量较大，程序也比较复杂。为了使计算简单，提高实时性，通常采用分段线性化的方法，即用多段折线代替曲线进行计算。线性化过程是，首先判断测量数据处于哪一段折线内，然后按照相应段的线性化公式计算出线性值。分段可以是等距的，也可以是非等距的；分段数越

多,线性化精度越高,软件开销就越大。分段数应当视具体情况和要求而定。

7.3 计算机控制系统的实时软件设计

计算机控制系统软件是指完成各种功能的计算机程序的总和,如操作、管理、控制、计算和自诊断等,它是计算机系统的神经中枢。整个系统的动作都是在软件指挥下协调工作的。计算机控制系统是一个实时控制系统,因此这种实时控制软件的主要特点是:实时性和针对性强、灵活性与通用性好、多种输入输出功能强、可靠性高。

7.3.1 软件的分类

以功能来区分,计算机控制系统中的软件可以分为系统软件、应用软件和数据库等。系统软件是指为提高计算机使用效率、扩大功能,为用户使用、维护、管理计算机提供方便的程序的总称。应用软件是用户为解决实时控制问题、完成特定功能而设计和编写的各种程序的总称。应用软件是构成计算机控制系统十分重要的组成部分,它与具体控制对象的性能要求和工作特点密切相关,应用场合不同,对应的应用程序也就不一样。一般计算机控制系统的软件组成如图 7-19 所示。

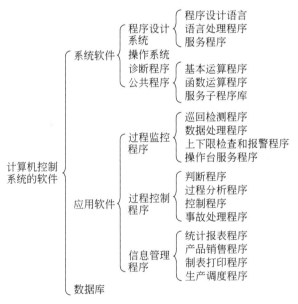

图 7-19 计算机控制系统的软件组成

1. 系统软件

计算机系统中的所有软件和硬件统称为资源,操作系统是对计算机资源进行管理和控制的一种系统软件。实时计算机控制系统要求软件具有实时、可靠、灵活的特点。为此,计算机应配备有实时监控程序或操作系统。操作系统的任务不仅要管理计算机资源、输入输出接口和有关的外设,还要实现模块的调度,完成周期任务。该操作系统还应具有处理中断的能力,能对实时时钟和实时文件,以及计算机通信进行管理。

根据计算机控制系统的要求,用户要编写应用程序在计算机系统上运行。因此,计算机的系统软件还应包括以下几类程序:

(1) 编辑程序

用于对程序进行输入、增补、删除、修改、移动等编辑加工。

(2) 编译程序

将用户应用源程序"翻译"成浮动地址的目标程序(机器代码),同时对用户程序进行语法检查并显示出错信息。

(3) 连接程序

将浮动地址的目标程序连接起来成为一个完整的绝对地址的目标程序,供计算机执行。

(4) 调试程序

有设置断点和启动地址、单步跟踪等跟踪功能;有修改、检查内存和寄存器,移动内存内容的功能,有读写磁盘的功能等,是一种很有用的调试工具。

(5) 子程序库

一些有关外设(如打印机、键盘、磁盘、显示设备等)程序的编写较复杂,因为不仅要了解每个外设的性能,还要了解它们与主机交换信息的规程。同时计算中常常要有应用面广、使用频繁的算式和代码转换程序。为使用户编程方便,系统程序中都提供了这些应用的子程序库。用户了解这些子程序的功能和调用条件后,就能直接在程序中调用它们。

随着微电子技术的发展,计算机的结构越来越复杂,造成维修计算机十分困难。因而需要系统软件中包括有诊断软件。当计算机发生故障后,诊断软件应能迅速地指出故障类型和发生故障的部件,为短时间内排除故障,修复系统提供方便。

2. 应用软件

应用程序是用户针对各自系统的任务特点编制的。目前在计算机控制系统中,除了控制生产过程外,还对生产过程实现管理。根据应用程序的功能,可对应得到如图 7-19 所示的各类程序。在进行应用程序的设计时,应注意使其具有一定的灵活性,以便于控制算法的改进或控制功能的增减。值得注意的是,在控制系统中,应用程序的优劣将给系统的精度和效率带来很大的影响。

7.3.2 实时控制程序设计语言的选用

编写应用程序前首先面临的一个问题,是选用什么语言设计程序。一般来说,可以选用机器语言、汇编语言或高级语言(如 BASIC、PASICAL、PL/M、C 等)来编写程序。

1. 机器语言(即机器指令)

用这种语言编程十分麻烦,效率很低。所编出的程序不易检查和修改,优点是它能具体描述计算过程,紧凑地使用内存单元,对内存的分配比较清楚。

2. 汇编语言

这是一种用助记符编写程序的语言。汇编程序比机器语言程序易读、易记、易检查修改。它具有与机器语言程序相同的灵活性,能发挥计算机硬件的特性,编出的程序运行所需的时间较短,所以在实时控制中还经常采用。用汇编语言编制应用程序比较繁琐,工作量大、开发周期长,通用性差,有一定的局限性,不利于交流推广。

3. 高级语言

高级语言用于计算机控制系统编程有许多优点,如不必了解计算机的指令系统的具体实现,不用考虑内部寄存器和存储单元的安排,程序易修改,编程工作量小,程序易读等。对于 I/O 端口的访问,Microsoft C/C++ 7.0 通常有库函数,允许直接访问 I/O 端口,头文件(CONIO.H)中定义了 I/O 端口例程。

用高级语言编制控制程序存在的主要的问题是编写出的源程序经编译后得到的目标代码,比用汇编程序经编译后所得的目标代码要长得多,因而执行程序所花的时间也要长得多,也就是实时性差,往往难以满足快速性控制要求。所以对一般微机控制系统,以及系统频带较宽(动态响应较快)、实时性要求较严的系统,还是多数采用汇编语言。而对实时性要求不太严格的控制系统,多采用高级语言。

4. 高级语言和汇编语言的混合使用

一般情况下当控制规律比较复杂时,用汇编语言对控制算法的编程则相当繁琐。而高级语言与硬件接口的处理比较复杂,但描述的计算算式与数学公式相近,并具有丰富的子程序库。若混合应用这两类语言得当,就可各取所长。例如,在硬件管理及不常改动的中断管理和输入输出程序等实时管理方面可以采用汇编语言来编制,在程序中复杂计算、调整算法以及图形绘制、显示、打印等方面采用高级语言来编制。目前许多微机系统基本上就允许用户在 BASIC、C 语言编制的程序中调用汇编语言的子程序。

另一种高级语言调用汇编函数的方法是:编制出独立的高级语言和汇编语言的源程序模块,分别使用高级语言的编译器和汇编语言的汇编程序,对源程序进行编译和汇编,然后得到各自的目标模块(obj 文件),使用连接程序进行连接,最后得到可执行的 exe 文件。

实际上与实时性关系最大的是实现平台或操作系统的问题。一般的 DOS 操作系统或实时操作系统的内核比较小,因此在其上面运行的程序的实时性基本能够得到保证。但比较高级的操作系统(例如微软的 Windows 操作系统),可以运行比较丰富的系统软件,可采用多种高级语言,但也因为其内核比较大,实时性难以得到保证,因此对于实时性要求比较高的控制系统就不能基于这种操作系统平台进行。对于实时操作系统,由于其软件功能可裁减,也可以采用高级语言(如 C 语言),为系统的开发带来很大的便利。

至于用户采用哪一种语言来编写应用程序,则主要取决于控制系统硬件组成、相应软件配置的情况和整个系统的要求。

7.3.3 实时控制软件的设计

1. 实时控制软件

对于用微处理机进行的实时控制,实时控制软件基本包括:实时管理软件和过程监视及控制算法计算软件两大部分内容。

(1) 实时管理软件

实时管理软件是对整个控制系统进行管理用的程序,包括对应用控制程序的调度,I/O 管理,中断处理,实时管理等,相当于整个计算机控制系统的主程序。其主要功能为:

- 完成实时时钟管理,并向各分系统提供真实时间依据,使计算机系统以确定的时间周期重复进行采样、计算、输出;
- 输入/输出信息管理,以完成数据的采集与输出;
- 比较完善的中断管理功能,以便分别处理不同的中断请求;
- 完成对各分系统程序运行顺序的管理,即进行任务调度;
- 完成人-机联系;
- 设置系统的初始状态。

(2) 过程监视及控制算法计算软件

过程监视及控制算法计算软件主要是根据采集的信息、输入的指令以及所设

计的控制算法,产生不同的控制指令的计算程序。主要包括:
- 数据变换处理程序(如数字滤波,单位换算,数据合理性检查,数据补偿校正等);
- 控制指令生成程序(如控制器算法计算,系统状态控制,控制指令输出等);
- 事故处理程序(如对系统不同故障的处理指令生成等);
- 信息管理程序(如数据存储、输出、打印、显示以及文件管理等)。

实际上,除了上述两种程序外,控制应用程序中还包括一些公共服务程序,如基本运算程序,码制格式转换程序等。

典型的计算机实时控制系统的程序流程框图如图 7-20 所示。系统中所有其他功能子程序均包括在中断服务子程序内。

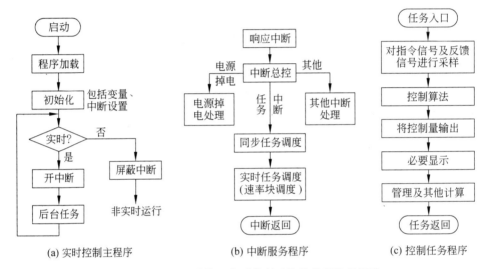

图 7-20 典型的计算机实时控制系统的程序流程框图

2. 控制算法设计中减少计算时延的方法

应当指出,前几章的全部设计分析均是假定输入输出的采样是同步的,即输入与输出开关是同时动作的。但从前述 A/D 及 D/A 转换器的讨论中可知,每个信号 A/D、D/A 转换均需要一定时间,因而产生延时,但这种延时是微秒级的,与采样周期相比小得多,可以近似认为没有延时,是瞬时完成的。当采样信号送入 CPU,按控制算法要求进行数据处理时,由于计算机执行每条指令均需要一定时间,这样,从数据采样到结果输出之间就要产生一定的时间延迟,称为计算时延。如图 7-21 所示。

当算法复杂或计算顺序安排不合理时就会增大计算延时。计算延时相当于在系统通道中引进了延迟环节,将会恶化系统的性能,故应尽量减少。减少计算延时与很多因素有关,其中与控制算法实现方法关系密切。

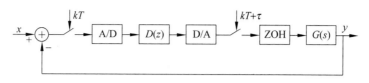

图 7-21 数模混合系统计算时延的引入

如果将那些为了得到当前输出值 $u(k)$ 而必须进行的计算归到算法 I ,而将那些为了得到下一时刻输出值 $u(k+1)$ 而必须进行的计算,以及与当前输出无关的其他计算和管理算法归到算法 II ,则通常控制算法实现时可以有三种输入输出方法,如图 7-22 所示。

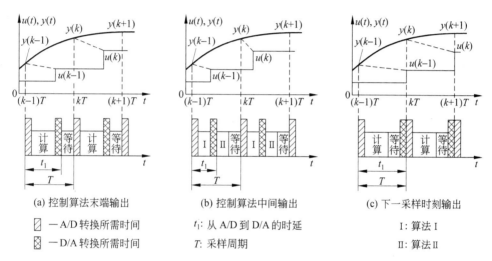

(a) 控制算法末端输出　　　　(b) 控制算法中间输出　　　　(c) 下一采样时刻输出

▨ —A/D 转换所需时间　　　　t_1: 从 A/D 到 D/A 的时延　　　　I: 算法 I

▩ —D/A 转换所需时间　　　　T: 采样周期　　　　II: 算法 II

图 7-22 三种控制算法的输出时刻

这三种控制算法的对应流程框图如图 7-23 所示。

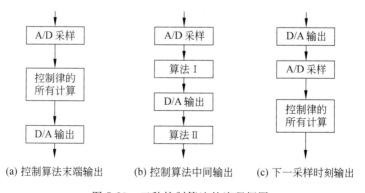

(a) 控制算法末端输出　　　(b) 控制算法中间输出　　　(c) 下一采样时刻输出

图 7-23 三种控制算法的流程框图

第一种实现方法如图 7-23(a) 所示,输出结果被安排在全部计算的结尾,这种方法的计算延时较大,且随控制算法的不同而变化。

第二种实现方法如图 7-23(c)所示,所有的计算结果均在下一个采样周期开始时输出,计算延时等于一个采样周期。这种实现方法的延时最大,但是延时的大小固定,不随控制算法而变,因此在控制算法实现时可以采取适当方法加以补偿,故可以采用。

第三种实现方法如图 7-23(b)所示,将与当前控制输出计算有关的算法 I 计算完后,立即输出,然后再计算与当前输出不直接相关的算法 II。这种方法的计算延时最小,因而对系统的性能影响也较小。通常我们均采用这种实现方法。

7.4 控制算法的编排实现

7.4.1 控制算法的编排结构

在设计得到控制器算法 $D(z)$ 后,就需要将该控制器算法进行编排,以便计算机编程实现。

一般的控制器算法可以采用 z 域传递函数或离散状态方程形式表达。常用的传递函数算法编排基本上可以分成直接型、串联型和并联型三种结构形式。

1. 直接型结构

控制器由下述脉冲传递函数表示

$$D(z) = \frac{U(z)}{E(z)} = \frac{b_0 + b_1 z^{-1} + \cdots + b_m z^{-m}}{1 + a_1 z^{-1} + \cdots + a_n z^{-n}} \quad (m \leqslant n) \tag{7-24}$$

直接型结构是直接按高阶 z 传递函数的分子、分母多项式系数进行编排。若按零点(分子)在前,极点(分母)在后的形式编排,则可得到如图 7-24(a)、图 7-24(b)所示的零极型编排结构。若按极点(分母)在前,零点(分子)在后的形式编排,则可得到图 7-24(c)所示的极零型编排结构。

直接型结构的实现比较简单,不需要做任何变换,但存在严重的缺陷:如果控制器中任一系数存在误差,则将使控制器所有的零极点产生相应的变化。

2. 串联型结构

将 $D(z)$ 的分子分母因式分解,得一阶或二阶的环节乘积如下:

$$D(z) = \frac{U(z)}{E(z)} = b_0 D_1 D_2 \cdots D_l \tag{7-25}$$

其中的 $D_i (i=1,2,\cdots,l)$ 可能为 $\dfrac{1+\beta_i z^{-1}}{1+\alpha_i z^{-1}}$ 或 $\dfrac{1+\beta_{i1} z^{-1} + \beta_{i2} z^{-2}}{1+\alpha_{i1} z^{-1} + \alpha_{i2} z^{-2}}$。

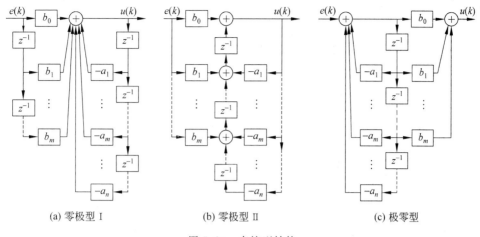

(a) 零极型 I   (b) 零极型 II   (c) 极零型

图 7-24 直接型结构

$D(z)$ 可以用这些低阶环节的编排结构(采用直接型编排实现)进行串联而得。图 7-25 即为一个四阶系统的串联编排结构图(图中每个小环节均采用零极型结构)。

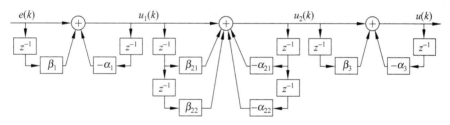

图 7-25 串联型编排实现结构图

串联型结构有一定的优点：如果控制器中某一系数产生误差，只能使其相应环节的零点或极点发生变化，对其他环节的零极点没有影响。由于某一存储器中的系数与相应环节的零点或极点相对应，实验调试时，将非常直观方便。

3. 并联型结构

利用部分分式展开法，$D(z)$ 可以表示成一阶或二阶环节之和：

$$D(z) = \frac{U(z)}{E(z)} = \gamma_0 + D_1 + D_2 + \cdots + D_l \tag{7-26}$$

其中的 $D_i(i=1,2,\cdots,l)$ 可能为 $\dfrac{\gamma_i}{1+\alpha_i z^{-1}}$ 或 $\dfrac{\gamma_{i0}+\gamma_{i1}z^{-1}}{1+\alpha_{i1}z^{-1}+\alpha_{i2}z^{-2}}$。

$D(z)$ 可以用这些低阶环节的编排结构(采用直接型编排实现)进行并联而得。图 7-26 即为一个 3 阶系统的并联编排结构图(图中每个小环节均采用零极型结构)。

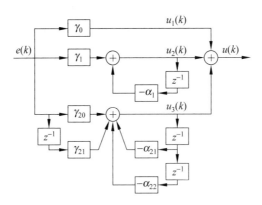

图 7-26 并联型编排实现结构图

并联型结构有较大的优点：各个通道彼此独立，一个环节的运算误差只影响本环节的输出，对其他环节的输出没有影响。某一系数产生的误差，只影响相应环节的零点或极点，对其他环节没有影响。

不管采用哪种编排结构，从控制理论角度来看，它们在静态及动态上都是等效的。但是考虑到在有限字长的计算机上具体实现时，由于量化效应的缘故，它们在动态及静态特性上是不等价的，并各有特点。分析研究表明，并联实现时，由有限字长所引起的量化误差较小，而直接编排所产生的量化误差最大。直接编排对控制器参数变化的灵敏度较高。另外，从以下的例子还可以看到，直接编排实现，简单、直接，不像串联或并联结构那样要求进行分解和展开处理。同时不同编排方法对计算机运算速度及内存容量的要求也不同。对于给定的一个控制算法，究竟采用哪种编排结构，设计者应从以下两个方面综合考虑确定。首先应考虑算法编排实现时，计算机有限字长幅值量化对系统性能的影响，其次还应考虑实现时对计算机速度及内存容量的要求。对于简单的一阶或二阶复根的环节，由于它们本身不能做进一步分解，直接编排结构是最基本的编排方法。

7.4.2 比例因子的配置

如果实时控制计算机采用定点数运算，则要求参加计算的数据及所得结果的绝对值均小于 1 或在给定的范围内（依给定的小数点而定）。因此，为使所有计算不产生溢出，又使量化误差足够小，必须对每个参与运算的参数配置一定的比例因子。

比例因子配置的一般原则如下：

(1) 绝大多数情况下，使各支路信号不上溢。在个别最坏情况下，若有溢出，则采用溢出保护措施。

(2) 尽量减少动态信号的下溢值,减小不灵敏区,提高分辨率。

(3) 控制算法各支路的比例因子可以采用实际参数的最大值与计算机代码的最大值之比来确定。为提高运算速度,应尽量采用 2 的整次幂来放大或缩小信号幅值。

(4) 要保证配置比例因子前后,支路的增益与总的传递特性保持不变。

(5) 要特别注意对 A/D 和 D/A 比例因子的计算。

前面提到,为充分发挥 A/D 的分辨率,一般通过调理环节使待转换信号的变化范围充满量程,也就是使 A/D 转换器输入的最大物理量 u_{imax} 对应 A/D 输出数字量为 1。这时可将该 A/D 视为具有传递系数 $K_{AD}=1/u_{imax}$。类似理由得知,数字量最大值 1 对应 D/A 转换器输出的最大物理量 u_{omax},则可看成该 D/A 具有传递系数 $K_{DA}=u_{omax}$。

注意到,在进行控制律设计时,为了简化问题起见,通常不考虑 A/D 和 D/A 的传递系数,也就是认为当控制律 $D(z)=1$ 时,D/A 的模拟输出就等于 A/D 的模拟输入,即此时信号从 A/D 前到 D/A 后的传递关系为 1。在此,为了不改变信号的这种传递关系,又要兼顾 A/D 和 D/A 的量程关系,就要在计算机内应配置相应的反比例因子 $1/K_{AD}$ 和 $1/K_{DA}$。

当控制器增益大于 1,即有

$$|D(z)| = K \cdot |D_1(z)| > 1, K > 1 \text{ 且 } |D_1(z)| < 1$$

则当误差信号较大时,系统已进入饱和区,只是在误差信号较小时,系统才工作在线性段。这种情况可以采用两种方法处理。一种方法是计算机实现增益小于 1 的控制器 $D_1(z)$,其余增益移到系统模拟部分完成,如图 7-27(a)所示。另一种方法是将大于 1 的增益放到最后,并在该增益之前设置数字限幅保护,防止输入信号较大时发生上溢,如图 7-27(b)所示。

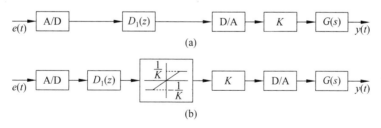

图 7-27 数字控制系统控制器增益的分配

例 7-4 已知控制器函数 $D(z)=\dfrac{U(z)}{E(z)}=\dfrac{2(z-0.7)(z-0.8)}{(z-0.9)(z-0.2)}=\dfrac{2-3z^{-1}+1.12z^{-2}}{1-1.1z^{-1}+0.18z^{-2}}$,控制器在系统中的连接如图 7-28 所示,试画出实现该控制器的结构编排图。设实现控制律的主机采用定点小数的补码来表示数据,进行适当的比例因子配置,写出对应算法的差分方程,给出相应的算法实现流程图。

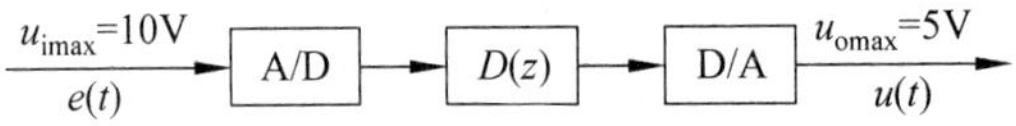

u_{imax}=10V
e(t)
A/D
D(z)
D/A
u_{omax}=5V
u(t)

图 7-28 某控制器接口图

解 (1) 直接编排实现

从所给的控制器函数可得

$$u(k)=2e(k)-3e(k-1)+1.12e(k-2)+1.1u(k-1)-0.18u(k-2)$$

采用直接型结构中如图 7-24(b)的零极型结构编排,得到实现结构如图 7-29 所示。

e(k)
u(k)
2
z^{-1}
-3
1.1
z^{-1}
1.12
-0.18

图 7-29 控制算法编排结构图

按照比例因子配置的 5 条原则,结合考虑控制器的接口关系,可以对图 7-29 所编排的控制律进行如下的配置:

① 考虑系数的情况。

由于主机用定点小数的补码来表示数据,大于 1 的数据无法在计算机内表示出来,而 $a_1=1.1$,因此必须乘以比例因子 2^{-1},为使其所在回路增益保持不变,正向回路必须乘以比例因子 2。为使从头至尾的稳态增益不变,输入必须乘以 2^{-1}。其余支路和回路作相应调整。

② 确定控制器中间变量的最大值,对整个环节进行配置。

该控制器稳态增益 $D(z)\Big|_{\substack{z\to 1\\(t\to\infty)}}=1.5>1$,高频增益 $D(z)\Big|_{\substack{z\to -1\\(t\to\infty)}}=2.6842>1$,故应对整个大环节进行比例因子配置。选择比例因子为 $2^2=4>3$。整个环节前面乘以 2^{-2},环节最后乘以 2^2,以保持整个系统的增益不变。其中的乘法 2^2 通过左移实现,并且在其前面加入限幅保护。

③ 考虑 A/D 和 D/A 的量程。

由于 A/D 的量程为 10V,相当于具有比例因子 1/10;D/A 的量程为 5 V,相当于具有比例因子 5。为保证当控制律取 1 时,信号从 A/D 前到 D/A 后为 1 的传递关系,则需要在 D/A 之前增加一个比例因子 2(注意不要忘记其前面需要加入的限幅保护)。

稍加整理,得配置好比例因子的结构编排图如图 7-30 所示。

根据图 7-30 可以写出算法的差分方程。

算法Ⅰ:$u_1(k)=0.25e(k)+x_1(k-1)$

$$u_2(k)=\begin{cases}-1, & u_1(k)<-0.5\\ 2u_1(k), & |u_1(k)|\leqslant 0.5\\ 1, & u_1(k)>0.5\end{cases}$$

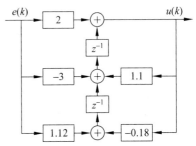

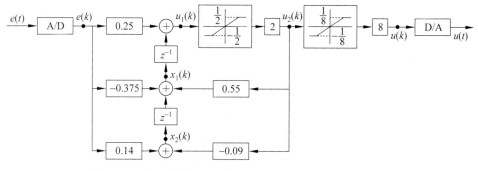

图 7-30 整个环节配置比例因子后的直接编排算法结构图

$$u(k) = \begin{cases} -1, & u_2(k) < -0.125 \\ 8u_2(k), & |u_2(k)| \leqslant 0.125 \\ 1, & u_2(k) > 0.125 \end{cases}$$

算法Ⅱ：

$$x_1(k) = -0.375e(k) + 0.55u_2(k) + x_2(k-1)$$
$$x_2(k) = 0.14e(k) - 0.09u_2(k)$$

分析以上差分方程，若由上至下顺序计算，则 $x_1(k)$ 的值到下一个采样周期才能被前一算式利用，因而它自然成了 $x_1(k-1)$，这样在编程时，$x_1(k)$ 和 $x_1(k-1)$ 就可以共用一个存储单元 x_1。同理，$x_2(k)$ 和 $x_2(k-1)$ 可以共用一个存储单元 x_2。取初值 $x_1 = x_2 = 0$，则可得该差分方程的算法对应的流程图如图 7-31 所示。

图 7-31 的特点是无需进行数据传送，而是依靠计算的先后顺序，间接得到 $e(k)$ 和 $u(k)$ 的历次值。

（2）串联编排实现

将所给的控制器传递函数因式分解，得到串联形式

$$D(z) = \frac{0.25z - 0.175}{z - 0.9} \cdot \frac{0.5z - 0.4}{z - 0.2} \cdot 16$$
$$= D_1(z)D_2(z)D_3(z)$$

按照前面的编排方法以及对比例因子进行配置的原则，可以得到如图 7-32 所示的串联实现的算法结构图（注意，串

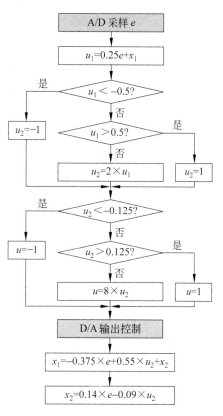

图 7-31 算法流程图

联环节中的每个环节都需要进行相应的检查并进行比例因子配置,还要考虑 A/D 和 D/A 的量程)。

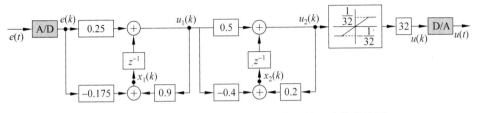

图 7-32 整个环节配置比例因子后的串联算法编排结构图

（3）并联编排实现

将所给的控制器传递函数进行部分分式展开,得到并联形式

$$D(z) = 2\left[1 + \frac{2}{70(z-0.9)} - \frac{3}{7(z-0.2)}\right] = 2[D_1(z) + D_2(z) + D_3(z)]$$

按照前面的编排方法以及对比例因子进行配置的原则,可以得到如图 7-33 所示的并联实现的算法结构图(注意,并联环节中的每个环节都需要进行相应的检查并进行比例因子配置,还要考虑 A/D 和 D/A 的量程,综合点 A 的溢出情况也需要考虑)。

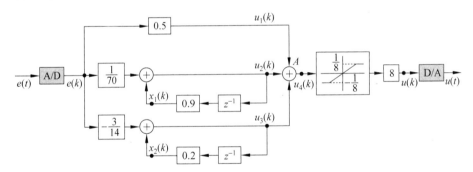

图 7-33 整个环节配置比例因子后的并联算法编排结构图

依据串联和并联编排结构图,类似可以写出算法的差分方程和相应的实现流程图。

从本例可以看到,同一环节可以得到不同的计算机编排形式,不同编排所需的计算机内存及计算量亦不同,当环节的阶次较高时,差别将是很明显的。

7.5 量化效应分析

由于计算机的字长有限,因而所有参与计算的数据用有限字长表示时会产生幅值的量化以及可能的溢出问题。本节首先介绍计算机内有限字长的二进制特性,然后介绍分析量化的产生、传播及其对系统的影响;最后介绍溢出特性及应采取的保护措施。

7.5.1 有限字长二进制特性

数据在计算机中均用二进制的数码表示。计算机中的二进制有浮点和定点两种格式。一般用于科学计算的计算机多采用浮点格式。实时控制用的计算机如果采用浮点格式,由于要用两个字节表示一个数,从而使运算速度降低,另外还要求计算机必须提供浮点运算库(实际控制用的计算机不一定能够提供),所以目前实时控制多数还采用定点二进制。

从表 7-1 可见,对于正数,不同的二进制编码表示的十进制数相同。对于负数,不同的二进制编码所表示的十进制数不同。因为计算机的二进制位数有限,所以任意数在用二进制表示时将产生下述特性。

1. 量化特性

由表 7-1 可见,对于 4 位字长的二进制,如果用 1 位表示符号,3 位表示数值的大小,则只能表示 14~15 种数,即只能表示 14~15 种不同的等间隔的数。每个数之间的分层间隔称为量化单位,用 q 表示,q 称为量化因子。一般而言,若字长为 N(含符号位),则量化单位 q 就可表示为

$$q = 2^{-N+1} = 1/2^{N-1} \tag{7-27}$$

在分层间隔内的数只能处理成量化单位的整数倍,即进行整量化。以 x 表示一个任意值的真实数,在用有限字长的二进制数表示时,它将不能正确表示出来。若以 x_q 表示整量化后的二进制数,则有

$$x_q = L \cdot q \tag{7-28}$$

式中的 L 是由 x 大小所决定的整数,$L=0,1,2,\cdots$,此时有

$$x = x_q + \varepsilon \tag{7-29}$$

式中的 ε 是一个小于 q 的尾数,又称为量化误差。

一个数据的量化特性是一种典型的非线性特性。即数据 x 的量化值 x_q 可以看成是 x 通过图 7-34 所示的非线性环节后得到的结果。量化特性与量化方法及二进制的码制有关。常用的量化方法有舍入量化和截尾量化两种。

舍入量化就是将小于量化单位 q 的尾数进行四舍五入整量化。即当尾数小于 $q/2$ 时舍去,当尾数大于或等于 $q/2$ 时进位。由于舍入是根据数的绝对值进行的,舍入量化特性与负数的表示方式无关。由图 7-34 可知,舍入量化的量化误差 ε_R 可以表示为

$$-q/2 \leqslant \varepsilon_R < q/2 \tag{7-30}$$

截尾量化是将小于量化单位 q 的尾数全部截掉。正数截尾时,截尾后的值是

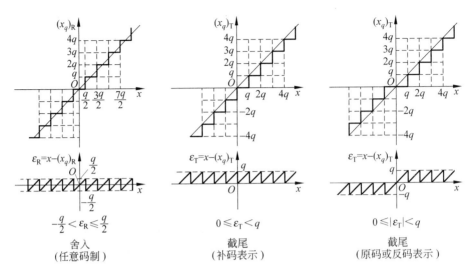

图 7-34 两种量化特性及量化误差

减小的,不同码制的二进制的量化特性相同。负数截尾时,原码及反码的绝对值减小,数值增大;但负数补码表示时,截尾后的绝对值增加,数值减小,从而产生补码截尾特性的不对称。

对于原码及反码,截尾量化的量化误差 ε_T 可以表示为

$$\begin{cases} 0 \leqslant \varepsilon_T < q & x \geqslant 0 \\ -q < \varepsilon_T < 0 & x < 0 \end{cases} \tag{7-31}$$

对补码,截尾量化的量化误差 ε_T 可以表示为

$$0 \leqslant \varepsilon_T < q \tag{7-32}$$

2. 统计特性

为了分析方便,通常假定量化误差是由快速变化的真实数引起的随机量化噪声的干扰,因而采用其统计特性(均值和方差)来描述。为此,这里对量化误差的统计分析假设为:误差序列与信号序列不相关,各误差源之间不相关,量化误差在其变化范围内取值的机会均等。因此可以将量化误差看作是均匀分布的白噪声变量。由于微处理机多采用补码体制,故以下将主要讨论补码量化误差的统计特性。它们的概率密度分布函数如图 7-35 所示。

根据图 7-35,可以求得量化误差的统计参数如下:

(1) 舍入情况

均值

$$\bar{\varepsilon}_R = E(\varepsilon_R) = \int_{-\infty}^{+\infty} \varepsilon_R \cdot P(\varepsilon_R) \mathrm{d}\varepsilon_R = \int_{-q/2}^{+q/2} \frac{1}{q} \varepsilon_R \mathrm{d}\varepsilon_R = 0 \tag{7-33}$$

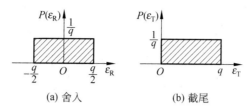

图 7-35　量化误差的概率分布密度函数

方差

$$\bar{\sigma}_R^2 = D(\varepsilon_R) = \int_{-\infty}^{+\infty} (\varepsilon_R - \bar{\varepsilon}_R)^2 \cdot P(\varepsilon_R) \mathrm{d}\varepsilon_R = \int_{-q/2}^{+q/2} \frac{1}{q} \varepsilon_R^2 \mathrm{d}\varepsilon_R = \frac{q^2}{12} \quad (7\text{-}34)$$

(2) 截尾情况

均值

$$\bar{\varepsilon}_T = E(\varepsilon_T) = \int_{-\infty}^{+\infty} \varepsilon_T \cdot P(\varepsilon_T) \mathrm{d}\varepsilon_T = \int_0^{+q} \frac{1}{q} \varepsilon_T \mathrm{d}\varepsilon_T = \frac{q}{2} \quad (7\text{-}35)$$

方差

$$\begin{aligned}\bar{\sigma}_T^2 &= D(\varepsilon_T) = \int_{-\infty}^{+\infty} (\varepsilon_T - \bar{\varepsilon}_T)^2 \cdot P(\varepsilon_T) \mathrm{d}\varepsilon_T \\ &= \int_0^{+q} \frac{1}{q} \left(\varepsilon_T - \frac{q}{2}\right)^2 \mathrm{d}\varepsilon_T = \frac{q}{12}\end{aligned} \quad (7\text{-}36)$$

由计算结果可见，两种情况下的量化误差的方差相同，均值却不一样。

3. 溢出特性

为了清楚地说明二进制的溢出特性，现将表 7-1 所列的二进制数以及所对应的真值画成如图 7-36 所示图形。

从图 7-36 可见，当真值由 7/8（对应二进制为 0111B）继续增加 1/8，二进制数码的最高位将增加 1，变为 1000B，不管何种码制，都不代表真值 8/8。对原码，它代表 -0，对补码，它表示 -1，对反码又表示 $-7/8$。可见对一定码制的二进制，数值在该处发生大的改变。二进制的这种特性称为溢出特性，而且不同码制的二进制数，其溢出特性也不同，图 7-36 的下一排图是数据用原码、补码和反码表示的溢出特性。

由图 7-36 可见，溢出特性是非线性的。运算一旦溢出，输出将从大的正数跃变为零或大的负数，从而造成控制系统的失控。

为了避免溢出的产生，应采取相应的保护措施，使之成为饱和非线性特性。其做法类似于连续系统在信号超出线性范围时设置限幅器，如图 7-37 所示。其中 x 表示输入，$f(x)$ 表示输出。输入可用二进制数码表示，输出则用对应的十进制数值表示。

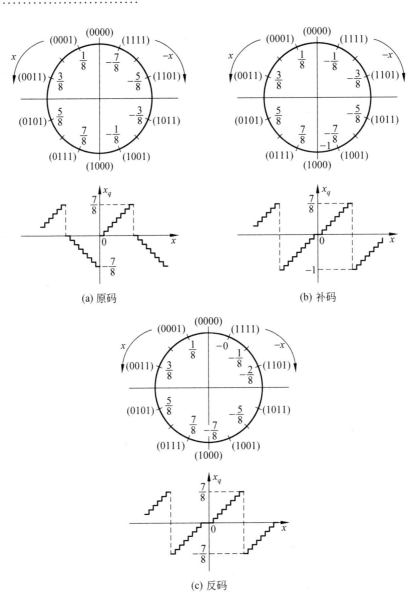

图 7-36 二进制数码及其溢出特性

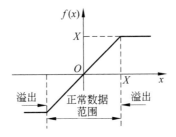

图 7-37 修改后的溢出特性

7.5.2 计算机控制系统中的量化

图 7-38 画出了计算机控制系统的典型结构。

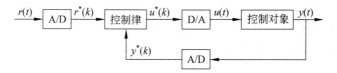

图 7-38 计算机控制系统的典型结构图

从图中可以看出,产生量化误差的原因主要有以下几个方面:

1. A/D 的量化效应

由于 A/D 转换器的位数有限,故 A/D 转换器对采样信号必然要进行量化处理,以便和有限位的寄存器相适应,从而产生量化误差。

2. 控制器参数的量化效应

计算机中存放的控制器参数由于计算机字长有限的量化,与理论设计所得的值会存在一定的误差。

3. 控制规律计算中的量化效应

由于计算机的字长有限,计算过程中也会产生量化误差。例如对于乘法或除法运算,运算结果是双倍的字长,但由于只能用单字长表示,因此会产生量化问题。

4. D/A 转换的量化效应

一般计算机的字长要比 D/A 转换的位数要长。若采用高位对齐,将多余的低位舍掉,则经过 D/A 转化后,也存在如图 7-34 所示的量化效应。

要严格分析量化效应对控制系统的影响是十分困难的,而且也没有必要。通常是采用一些近似的分析方法来研究量化效应的影响,以得到其影响程度的一个大致的数量级,从而能够帮助解释一些现象,继而找出一些克服不良影响的方法。

7.5.3 量化误差分析

以下将从两方面来对量化误差进行分析。

1. 参数的量化误差分析

控制算法实现时,需将控制器参数转换为二进制,并预先存储在计算机中。由于计算机字长所限,要对这些参数按给定的字长进行舍入或截尾,这就是参数的量化。

参数量化误差对系统的影响可以通过计算系统的性能对控制器参数的灵敏度来进行研究。通常通过研究零极点对参数的灵敏度来分析参数量化误差的影响。

设控制器的传递函数为

$$D(z) = \frac{N(z)}{P(z)} = \frac{b_0 z^m + b_1 z^{m-1} + \cdots + b_m}{z^n + a_1 z^{n-1} + \cdots + a_n} \\ = \frac{b_0(z-z_1)(z-z_2)\cdots(z-z_m)}{(z-p_1)(z-p_2)\cdots(z-p_n)} \tag{7-37}$$

下面以特征方程为例来研究分子分母多项式任意参数变化对零极点的影响。

首先研究 $a_k(k=1,\cdots,n)$ 的变化对 $D(z)$ 极点的影响。设

$$P(z) = z^n + a_1 z^{n-1} + \cdots + a_n = (z-p_1)(z-p_2)\cdots(z-p_n) \tag{7-38}$$

若 $P(z)$ 中的某个参数 a_k 变为 $a_k + \Delta a_k$(这里的 Δa_k 可以看成参数的量化误差),$P(z)$ 的任一个根 p_j 也因此变为 $p_j + \Delta p_j (j=1,\cdots,n)$。下面建立 Δp_j 与 Δa_k 之间的关系。

根据上面的说明,$p_j + \Delta p_j$ 对应于 $a_k + \Delta a_k$ 时的根,故有

$$P(p_j + \Delta p_j, a_k + \Delta a_k) = 0 \tag{7-39}$$

泰勒级数展开,得

$$P(p_j + \Delta p_j, a_k + \Delta a_k) = P(p_j, a_k) + \left.\frac{\partial P}{\partial z}\right|_{z=p_j} \Delta p_j + \left.\frac{\partial P}{\partial a_k}\right|_{z=p_j} \Delta a_k + 高次项 \\ = 0 \tag{7-40}$$

将 $P(p_j, a_k) = 0$ 代入式(7-40),忽略其中的高次项,得

$$\Delta p_j \approx -\left.\frac{\partial P/\partial a_k}{\partial P/\partial z}\right|_{z=p_j} \Delta a_k \tag{7-41}$$

根据式(7-38),可以求得

$$\left.\frac{\partial P}{\partial a_k}\right|_{z=p_j} = \left.\frac{\partial}{\partial a_k}(z^n + \cdots + a_k z^{n-k} + \cdots + a_n)\right|_{z=p_j} = p_j^{n-k} \tag{7-42}$$

根据式(7-38),还可以求得

$$\left.\frac{\partial P}{\partial z}\right|_{z=p_j} = \left.\frac{\partial}{\partial z}\left[(z-p_j)\prod_{\substack{i=1 \\ i \neq j}}^{n}(z-p_i)\right]\right|_{z=p_j} \\ = \left.\left[(z-p_j)\frac{\partial}{\partial z}\prod_{\substack{i=1 \\ i \neq j}}^{n}(z-p_i)\right]\right|_{z=p_j} + \left.\left[\prod_{\substack{i=1 \\ i \neq j}}^{n}(z-p_i)\frac{\partial}{\partial z}(z-p_j)\right]\right|_{z=p_j}$$

$$= \prod_{\substack{i=1 \\ i \neq j}}^{n} (p_j - p_i) \tag{7-43}$$

将式(7-42)和式(7-43)代入式(7-41),得

$$\frac{\Delta p_j}{\Delta a_k} \approx - \frac{p_j^{n-k}}{\prod_{\substack{i=1 \\ i \neq j}}^{n}(p_j - p_i)} \tag{7-44}$$

式(7-44)是控制器传递函数分母某一参数的变化所引起控制器某一极点相应变化的灵敏度公式。分析该灵敏度公式,可以看出:

(1) 灵敏度与 p_j^{n-k} 成正比

通常,控制器本身稳定,极点在单位圆内,即 $|p_j|<1$,故由式(7-44)可见,k 越大(k 可以为 $1,2,\cdots,n$),相应的 Δa_k 对根的影响也越大,当 $k=n$ 时,Δa_k 对根的影响最大。另外,灵敏度也与某一极点的位置有关,当极点越接近单位圆,则它受 Δa_k 的影响就越大。

(2) 灵敏度与各极点之间距离成反比

从灵敏度公式可以看出,$p_j(j=1,\cdots,n)$ 分布得越分散,它们受 Δa_k 的影响就越小。

(3) 灵敏度与采样周期有关

设连续控制器某一极点为 $-a$,采样周期为 T,则离散化后对应的极点为 e^{-aT}。随着 T 的减小,离散极点越接近1。对多个极点而言,采样周期减少,各极点之间的距离缩小,各极点更密集于1的附近。因此,采样周期减少,灵敏度将增高,参数量化的影响将更严重。

如果控制器有重极点,设 $P(z)=(z-P_j)^n$,则由于极点产生了偏差,故有

$$\left.\frac{\partial P}{\partial z}\right|_{z=p_j} \Delta p_j = (z-p_j+\Delta p_j)^n \Big|_{z=p_j} = (\Delta p_j)^n \tag{7-45}$$

将式(7-42)和式(7-45)代入式(7-41),得

$$(\Delta p_j)^n = -p_j^{n-k}\Delta a_k \tag{7-46}$$

可见灵敏度将随着重极点阶数的增高而增高。

例 7-5 若 $D(z)=\dfrac{N(z)}{(z-0.99)^3}=\dfrac{N(z)}{z^3-2.97z^2+2.9403z-0.970299}$,在 $D(z)$ 采用直接型结构实现时,试求系数 $a_3=-0.970299$ 变化多大,将使 $D(z)$ 有一极点处于单位圆上。用串联和并联结构实现时又如何?

解 如果 $D(z)$ 采用直接型结构实现时,有一极点处于单位圆上,则

$$\Delta p_j = 1 - 0.99 = 0.01$$

而 $p_j^{n-k}=(0.99)^{3-3}=1$,代入式(7-46),得

$$\Delta a_3 = -(\Delta p_j)^3 = -0.01^3 = -0.000001$$

即 $a_3+\Delta a_3=-0.970299-0.000001=-0.970298$ 时,有一个极点趋向单位

圆。为防止 $D(z)$ 有一个极点跑到单位圆上，Δa_3 必须小于 10^{-6}。系数 a_3 如果用定点数表示时，至少需要 20 位字长。

若 $D(z)$ 采用串联和并联结构实现，每个环节的系数本身即为环节的极点，每个系数的误差只要小于 10^{-2}，就可以避免极点跑到单位圆上，即系数只需 7 位字长就可以满足要求。因此，在实现高阶控制器时，最好避免采用直接型结构。∎

应用类似的方法，也可以求得系数 b_k 变化对控制器零点 z_j 变化的灵敏度，所得的结论是雷同的。

2. 变量的量化误差分析

如前所述，量化误差可以认为是随机量化噪声干扰，并用其统计特性来描述。通常情况下，采用统计分析方法分析计算所得的结果与实际较接近，但具体计算较繁杂，使该方法的具体应用比较困难，因此一般不采用这种分析方法，而采用确定性分析法来进行分析计算。

（1）变量量化误差的确定性分析

如图 7-39 所示，对于变量的量化误差可以看作附加的外加干扰 $e_q(k)$ 作用到线性系统上，从而可以利用线性系统的各种分析方法。因此常用的分析方法是将 $e_q(k)$ 看作确定性干扰，则可按确定性系统进行分析。

图 7-39 乘法量化误差的线性处理　　图 7-40 量化误差环节传播结构图

从量化特性可以知道，量化误差 ε 是一个随机数，其变化范围已知。在量化误差的确定性分析中，常做以下假设：

① 量化误差源为确定性的常数，且此常数取量化误差的最大值；
② 各支路量化误差源对输出的影响是线性叠加的；
③ 各条支路量化误差源对输出的影响只考虑其稳态值。

（2）量化误差的传播

确定性量化误差通过一个环节 $D(z)$（如图 7-40 所示）之后，得到环节输出的最大量化误差值 u_ε 为：

$$u_\varepsilon = \varepsilon \lim_{z \to 1} D(z) \quad （利用终值定理） \tag{7-47}$$

例 7-6　已知环节 $D(z) = \dfrac{z}{z - e^{-aT}} = \dfrac{1}{1 - e^{-aT} z^{-1}}$，求输出的量化误差（乘积按舍入处理）。

解　令 $\beta = e^{-aT}$，则有 $D(z) = \dfrac{1}{1 - \beta z^{-1}}$，按确定性法分析。

乘积按四舍五入方式处理,量化为舍入量化,故有 ε＝q/2,则输出的量化误差为

$$u_\varepsilon \leqslant \frac{q}{2} \cdot \frac{1}{1-\beta}$$

由此可见,量化误差与噪声对某个环节输出的影响与下列因素有关:该环节的极点(因为 z 平面的极点均在单位圆内,所以它们对量化误差起放大作用)和采样周期 T(由于 $\beta=\mathrm{e}^{-aT}$,当采样周期 T 越小,极点 β 就越趋向于1,因此 T 不能太小,否则量化噪声就会增大)。∎

7.5.4 量化效应的非线性分析

量化效应的本质是如图7-34所示的非线性特性。前面利用线性系统的分析方法可以近似地估计出它们对系统性能的影响,然而量化所引起的非线性量化效应如死区、极限环等,则不能用线性系统的分析方法来进行分析和解释。

设要实现一个一阶环节 $D(z)=\dfrac{U(z)}{R(z)}=\dfrac{1}{1-az^{-1}}$ 的控制规律,已知 $a=0.9$,输入为零,初值 $u(0)=10q$。其结构图如图7-41所示。

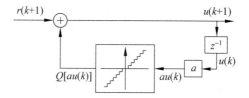

图7-41 一阶环节 $1/(1-az^{-1})$ 的结构图

由传递函数可写出对应的差分方程为

$$u(k+1) = au(k) + r(k+1)$$

(1) 设乘积采用舍入量化处理,仿照计算机进行计算的步骤如下:
① 置 $u(k)=10q, k=0$;
② 计算 $au(k)=0.9u(k)$;
③ 将 $au(k)$ 四舍五入,结果记为 $Q[au(k)]$;
④ $k+1\rightarrow k$,转②。

计算结果如表7-8所示。

表7-8 乘法舍入误差对输出的影响($u(0)=10q$)

k	0	1	2	3	4	5	6	…
$u(k)$	10	9	8	7	6	5	5	…
$au(k)$	9	8.1	7.2	6.3	5.4	4.5	4.5	…
$Q[au(k)]$	9	8	7	6	5	5	5	…

由表 7-8 可见,由于乘法的舍入量化,该环节产生了死区,$k \to \infty$ 时,环节输出 $u(k)$ 不是趋近于零,而是趋近于 $5q$。

(2) 设乘积采用截尾量化处理,仿照计算机进行计算的步骤如下:

① 置 $u(k)=10q, k=0$;

② $au(k)=0.9u(k)$;

③ 将 $au(k)$ 尾数舍去,结果记为 $Q[au(k)]$;

④ $k+1 \to k$,转②。

计算结果如表 7-9 所示。

表 7-9 乘法截尾误差对输出的影响($u(0)=10q$)

k	0	1	2	3	4	5	6	7	8	9	10
$u(k)$	10	9	8	7	6	5	4	3	2	1	0
$au(k)$	9	8.1	7.2	6.3	5.4	4.5	3.6	2.7	1.8	0.9	0
$Q[au(k)]$	9	8	7	6	5	4	3	2	1	0	0

由表 7-9 可见,由于乘法的截尾舍入,该环节无死区现象,$k \to \infty$ 时,$u(k) \to 0$,达到了理想的稳态值。

若取 $u(0)=-10q$,用同样的方法和计算步骤,可得表 7-10。

表 7-10 乘法截尾误差对输出的影响($u(0)=-10q$)

k	0	1	2	3	⋯
$u(k)$	−10	−9	−9	−9	⋯
$au(k)$	−9	−8.1	−8.1	−8.1	⋯
$Q[au(k)]$	−9	−9	−9	−9	⋯

由表 7-10 可见,当初值为 $-10q$,乘法采用截尾时,输出存在一个负的停滞区或死带。同样方法推知,当初值为 $-10q$,乘法采用舍入时,输出也存在一个负的停滞区或死带。舍入时正负死带对称,截尾只有负死带。

如果要实现的控制规律同上,但 $a=-0.9$,输入为零。则用同样的方法和计算步骤,可得表 7-11。

表 7-11 乘法舍入误差对输出的影响($a=-0.9$)

k	0	1	2	3	4	5	6	7	⋯
$u(k)$	10	−9	8	−7	6	−5	5	−5	⋯
$au(k)$	−9	8.1	−7.2	6.3	−5.4	4.5	−4.5	4.5	⋯
$Q[au(k)]$	−9	8	−7	6	−5	5	−5	5	⋯

由表 7-11 可见,输出值正负交替地衰减到某一个值后,形成等幅振荡,即极限环。振荡频率为 1/2 采样周期。

输出存在死区和极限环的本质原因,是因为乘积尾数量化的非线性效应。

由上面的分析,可以推出舍入量化时,死带和极限环产生的条件和一般式。

如果环节已经达到稳态,依量化定义,舍入误差应小于 $q/2$,故有

$$|Q[au(k)] - a \cdot u(k)| \leqslant q/2 \quad (7\text{-}48)$$

依加减法的不等式关系,上式又可以写为

$$|Q[au(k)]| - |a||u(k)| \leqslant q/2$$

如前所述,产生死区或极限环时,应满足条件

$$|Q[au(k)]| = |u(k)|$$

将上式代入式(7-48),得

$$|u(k)| - |a||u(k)| \leqslant q/2 \quad (7\text{-}49)$$

由此可得死区或极限环时的输出幅值

$$|u(k)| \leqslant \frac{q/2}{1-|a|} \quad (7\text{-}50)$$

由式(7-50)可以求得 $a = \pm 0.9$ 时,死带和极限环的最大值为 $5q$,与上面的几个表中的计算结果一致。

从式(7-50)还可以看出,当 a 越接近于 1,死带和极限环的幅值越大,当 $a < 0.5$ 时,死带或极限环为零。

式(7-48)表明 a 等效于 1,此时环节的极点迁移到单位圆上,如图 7-42(a)所示。若极点迁移到 -1,则环节产生幅值不变的振荡(即极限环),其振荡频率为 1/2 采样周期;若极点迁移到 +1,则环节输出将停滞在该时刻的输出上(即输出产生了死区)。

对于二阶环节,若量化使环节的极点迁移到非实轴的单位圆上,如图 7-42(b)所示,则环节输出还是产生极限环振荡。

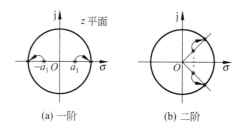

图 7-42 一阶和二阶环节极点迁移

若 a 是由传递函数 $b/(s+b)$ 经过 Tustin 变换而得的,即 $a = (1-bT/2)/(1+bT/2)$,则有

$$|u(k)| \leqslant \frac{q/2}{1-\frac{1-bT/2}{1+bT/2}} = \left(\frac{1}{bT}+\frac{1}{2}\right)\frac{q}{2} \approx \frac{q/2}{bT} \tag{7-51}$$

由此可见，低频环节如果采用高采样频率，将导致死带幅值的增大。

综上所述，可以得到结论：为了避免量化非线性引起的控制器或系统的死区和极限环，在进行设计时，应当尽量使控制器或闭环系统的极点远离单位圆。

7.5.5 控制算法δ变换描述

δ变换是近年来发展起来的一种离散域描述方法。由 z 变换特性可知，采样周期很小时，采用 z 变换会使离散模型的极点密集于 z 平面上 $z=1$ 附近，极易产生建模误差；在有限字长的计算机实现时会带来更大的量化误差和非线性效应。δ变换的特点是，在小采样周期下，δ离散模型近似于原连续模型，克服了 z 变换的上述不足；在数字算法实现时有更好的数值特性。

1. δ变换的定义

δ变换可以直接定义为

$$\delta = \frac{z-1}{T} \text{ 或 } z = 1 + T\delta \tag{7-52}$$

函数的 δ 变换可直接由 z 变换式求得，即

$$G(\delta) = G(z)\Big|_{z=1+T\delta}$$

因为

$$z = e^{sT} = 1 + sT + \frac{(sT)^2}{2!} + \cdots$$

所以

$$\delta = \frac{z-1}{T} = s + \frac{s^2 T}{2!} + \cdots$$

显然，当 $T \to 0$ 时，$\delta \to s$，故 $G(\delta)$ 与 $G(s)$ 形式相同，极点位置及各种特性与 $G(s)$ 相似。例如，连续传递函数 $F(s) = \frac{1}{s+a}$，z 变换为 $F(z) = \frac{Tz}{z-e^{-aT}}$，δ变换为 $F(\delta) = F(z)\Big|_{z=1+\delta T} = \frac{1+\delta T}{\delta+(1-e^{-aT})/T}$，当 $T \to 0$ 时，$F(\delta) = \frac{1}{\delta+a}$，显见与连续传递函数形式相同。

由δ变换定义式(7-52)可知，δ变换与 z 变换的关系，相当于 z 平面上一点向左平移单位1，并放大 $1/T$ 倍。

2. δ变换的差分方程描述

已知变量 $x(k)$ 的 z 变换 $X(z)$，若

$$zX(z) = aY(z)$$

则对应的差分方程为
$$x(k+1) = ay(k) \tag{7-53}$$

已知变量 $x(k)$ 的 δ 变换 $x(\delta)$，类似地，若
$$\delta x(\delta) = a'y(\delta)$$

根据定义，则对应的 z 变换为
$$\frac{z-1}{T}X(z) = a'Y(z)$$

故它的差分方程可写为
$$x(k+1) = x(k) + T[a'y(k)] \tag{7-54}$$

式(7-54)比式(7-53)稍微复杂些。但研究表明，式(7-54)在有效位数较少的计算机上运算时，具有较好的数值特性及较小的量化误差。

如已知连续被控对象为
$$G(s) = \frac{C(s)}{U(s)} = \frac{a}{s+a}$$

则相应的 z 变换为
$$G(z) = \mathscr{Z}\left[\frac{1-\mathrm{e}^{-sT}}{s}\frac{a}{s+a}\right] = \frac{1-\mathrm{e}^{-aT}}{z-\mathrm{e}^{-aT}}$$

所以
$$c(k+1) = \mathrm{e}^{-aT}c(k) + (1-\mathrm{e}^{-aT})u(k) \tag{7-55}$$

如果将 $G(z)$ 变换到 δ 平面，则有
$$G(\delta) = G(z)\Big|_{z=T\delta+1} = \frac{1-\mathrm{e}^{-aT}}{T\delta+1-\mathrm{e}^{-aT}} = \frac{(1-\mathrm{e}^{-aT})/T}{\delta+(1-\mathrm{e}^{-aT})/T}$$

它又可写为
$$[\delta+(1-\mathrm{e}^{-aT})/T]C(\delta) = (1-\mathrm{e}^{-aT})U(\delta)/T$$
$$\delta C(\delta) = \frac{-(1-\mathrm{e}^{-aT})}{T}C(\delta) + \frac{1-\mathrm{e}^{-aT}}{T}U(\delta) \tag{7-56}$$

反变换，可得差分方程
$$c(k+1) = c(k) + T\left[-\frac{1-\mathrm{e}^{-aT}}{T}c(k) + \frac{1-\mathrm{e}^{-aT}}{T}u(k)\right] \tag{7-57}$$

通常式(7-55)可以写为
$$zc(k) = \mathrm{e}^{-aT}c(k) + (1-\mathrm{e}^{-aT})u(k) \tag{7-58}$$

而式(7-56)及式(7-57)又可改写成
$$\delta c(k) = -\frac{1-\mathrm{e}^{-aT}}{T}c(k) + \frac{1-\mathrm{e}^{-aT}}{T}u(k) \tag{7-59}$$

此时，式(7-59)的差分方程则应等于式(7-57)。如果进行简化，可知式(7-57)即为式(7-55)。但研究表明，计算机实现时，式(7-57)有较好的数值特性。

当采样周期 T 较小时，在 z 域上进行数值计算，有限字长效应较为明显，当量

化效应使极点趋于单位圆上或圆外时,引起非线性振荡或使系统不稳定。在 δ 域上,由于 δ 变量是 z 的平移及放大(放大了 $1/T$ 倍),因此 δ 域上的脉冲传递函数的零极点的相互位置及到原点的距离放大了 $1/T$ 倍,各种有限字长效应不太明显了,可以减小有限字长产生的量化效应,使它具有较好的数值特性。

7.6 采样频率的选取

采样周期 T 或采样频率 ω_s 是计算机控制系统的重要参数,在系统设计时就应选择一个合适的采样周期。当采样周期取得大些,在计算工作量一定的条件下,对计算机运行速度、A/D 及 D/A 的转换速度的要求就可以低些,从而降低系统的成本;从另一方面看,也可以有较充裕的时间允许系统采用更复杂的算法。从这个角度上来看,采样周期应取得大些。但通过参数的量化误差分析也得知,过大的采样周期又会使系统的性能降低。因此,设计者必须考虑各种不同的因素,选取一个合适的采样周期。以下将简要地总结和讨论一下采样周期对系统性能的影响,并给出确定采样周期的一些经验规则。

7.6.1 采样频率对系统性能的影响

1. 对系统稳定性能的影响

在计算机控制系统里,采样周期 T 是系统的一个重要的参数,对闭环系统的稳定性和性能有很大的影响。当系统参数一定时,可以确定使系统稳定的最大采样周期 T_{max}。由于最大采样周期是临界的采样周期,实际应用时,所选用的采样周期应比上述采样周期要小。

2. 丢失采样信息的影响

为使系统的输出能准确复现系统的输入信号,就要求采样信号应能准确地包含原连续信号的信息,才可形成正确的误差去控制输出信号。假定输入及反馈信号的最大频率为 ω_{max},依采样定理,采样频率 ω_s 应当满足 $\omega_s \geqslant 2\omega_{max}$。

对于一个实际控制系统,上述条件难于实际应用。主要的问题是,信号的最大频率 ω_{max} 难于确定(特别像阶跃信号等许多信号所含的频率就很高)。

在计算机控制系统里,被控对象的输出信号必是被采样的信号,其特性由被控对象的特征根决定。因此,可以认为系统输出中所含的最高频率分量由被控对象特征根中的最高频率来决定。在实际工程应用时,最高频率难以估计准确,并且又常常发生变化,加之考虑到被控对象建模时的不精确,为了减少频率混叠现象,选择采样频率时,常常要求采样频率满足

$$\omega_s \geqslant (4 \sim 10)\omega_{Rmax} \tag{7-60}$$

式中 ω_{Rmax} 是被控对象全部特征根中的最高频率。

另外，一个闭环控制系统的频带是有限的。当被控对象输出中某个分量的频率高于系统闭环频带时，它的模值将被衰减，在整个输出信号中所占的比例很小。所以，采样频率还可以依系统的闭环频带来确定，即把闭环频带看作是信号的最高频率，故采样频率应高于闭环频带两倍以上。与前述理由类似，工程应用时，考虑到高于闭环频带的信号分量对低频分量的影响，为减少混叠现象，常应选用

$$\omega_s \geqslant (4 \sim 10)\omega_b \tag{7-61}$$

式中 ω_b 是系统闭环频带。

3. 采样周期与系统抑制干扰能力的关系

系统除了受指令信号控制外，还经常受到各种不同类型干扰的影响。抑制干扰的影响是控制系统的重要任务。通常，计算机控制系统抑制干扰的能力不如连续系统，主要的原因是，信号采样使系统丢失了采样间隔之间干扰变化的信息。在极端情况下，若采样开关动作速度比干扰变化的速度慢得多，即采样间隔过长，那么系统对干扰就犹如完全没有控制作用一样（因为在采样间隔内控制作用不变）。所以，在选择系统的采样频率时，还必须要考虑到系统可能受到的干扰以及系统对抑制干扰的要求。

若干扰是变化的，且具有一定的频率，并要求像连续系统那样对干扰进行控制，那么就必须依干扰信号中的最高频率 ω_{fmax} 来选择采样频率 ω_s：

$$\omega_s \geqslant 2\omega_{fmax} \tag{7-62}$$

通常，作用于系统上的干扰的频率较高，依上式来确定 ω_s，势必使 ω_s 取得过高，以至工程实现较为困难。因此，工程应用中比较常用的方法可类似于图 7-43 所示方法。

图 7-43 为某系统受到随机干扰时，输出方差与采样周期 T 的关系曲线。当 T 增大时，输出方差增加。若给定系统输出方差 $\bar{\sigma}_x^2$ 的最大允许值，依图即可确定最大采样周期 $T_允$。

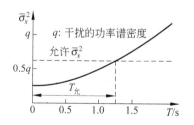

图 7-43 采样周期与输出方差关系图

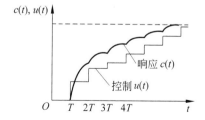

图 7-44 输出响应的不平滑性

4. 系统输出平滑性与采样周期

计算机产生的指令信号是通过零阶保持器输出的，因此，为一组阶梯信号。在这组阶梯信号作用下，被控过程的输出是一组彼此相连的阶跃响应，如图 7-44

所示。由于信号阶梯的大小与采样周期成正比，在采样周期较大时，信号阶梯增大，使被控对象的输出响应不平滑，产生不允许的高频波动。

为了减小这种波动，采样周期应取得小些为好，以保证在响应过程中有足够多的采样点数。经验规则是：

若系统的阶跃响应是非周期形状，一般要求在阶跃响应的升起时间 T_r 内，采样点数 N_r 为

$$N_r = \frac{T_r}{T} \geqslant (5 \sim 10) \tag{7-63}$$

若系统的阶跃响应是振荡的形状，要求在一个振荡周期 T_d 内的采样点数 N_r 为

$$N_r = \frac{T_d}{T} \geqslant (10 \sim 20) \tag{7-64}$$

零阶保持器不仅引起输出响应的不平滑，而且它所引入的相位延迟也是降低系统稳定性的重要原因。为了保证系统有足够的相稳定裕度，要求零阶保持器在系统开环截止频率 ω_c 附近引入的相位迟后不能过大。零阶保持器的相位迟后 $\Phi = \omega T/2$。通常，希望在系统开环截止频率 ω_c 处，由零阶保持器引入的相位迟后不大（$5° \sim 10°$），这样可以保证对原系统的相稳定裕度的影响不会太大。由此可以确定采样周期

$$T \leqslant \frac{2(5° \sim 10°)}{57.3\omega_c} = \frac{0.17 \sim 0.35}{\omega_c} \tag{7-65}$$

从以上几个方面来看，为了获得较好的系统性能，希望将采样周期取得小些较好，但也并不是越小越好，过小的采样周期也会带来一些缺欠和问题。

5. 计算机字长与采样周期

当采样周期趋于无限小时，由于计算机运算部件、A/D 及 D/A 变换器的字长有限，计算机控制系统并不趋近连续系统，且由于字长有限所产生的量化误差反会增大。例如对于微分控制算法，就需要用到前后两次采样值的差。当 T 太小时，相邻的两个采样信号将有相近的幅值，在计算机中就仅作为零处理而失去其调节作用。为此，就必须要减小量化单位 q，即增加字长或者增大采样周期。

此外，从上节的讨论中看到，采样周期过小时，将会增大控制算法对参数变化的灵敏度，使控制算法参数不能准确表示，从而使控制算法的特性变化较大。

6. 计算机的工作负荷与采样周期

控制系统要求计算机在一个采样周期内应完成必要的系统管理、输入输出、控制算法计算等任务。但计算机的运算是串行的，各项任务的计算都要占用一定的时间，所以，当计算机的速度及计算任务确定后，采样间隔就要受到一定限制。现代计算机的运算速度越来越快，似乎采样周期可以取得更小，但也应看到，现代

计算机控制系统的控制算法越来越复杂,这又加大了计算工作量,因此也限制了采样周期的降低。

最后,还应指出,在计算机控制系统中是否使用前置滤波器对采样周期的选取也有很大的影响。如果在系统中使用前置滤波器,通常可以放宽对采样周期的限制,即允许选用相对较大的采样周期。

7.6.2 选择采样频率的经验规则

采样周期对系统性能的影响是多方面的,并且许多不同因素的影响又是矛盾的,对于一个具体的控制系统,很难找到最优采样周期的定量计算方法。实际经验为工程应用选取采样周期提供了一些有价值的经验规则,可以作为应用时的参考:

(1) 对一个闭环控制系统,如果被控过程的主导极点的时间常数为 T_d,那么采样周期 T 应取

$$T < T_d/10 \tag{7-66}$$

上述规则较广泛地用于实际控制系统的设计,但如果被控过程的开环特性较差(即主导极点的 T_d 较大),而要得到一个较高性能的闭环特性时,采样周期应取得更小些为好。

(2) 如果被控过程具有纯延滞时间 τ,且占有一定的重要地位,采样周期 T 应比延滞时间 τ 小一定的倍数,通常要求

$$T < (1/4 \sim 1/10)\tau \tag{7-67}$$

(3) 如果闭环系统要求有下述特性:稳态调节时间为 t_s,闭环自然频率为 ω_n,那么采样周期或采样频率可取为

$$T < t_s/10 \tag{7-68}$$

$$\omega_s > 10\omega_n \tag{7-69}$$

多数工业过程控制系统常用的采样周期为几秒到几十秒,表 7-12 给出了工业过程典型变量的采样周期。快速的机电控制系统,要求取较短的采样周期,通常取几毫秒或几十毫秒。

计算机控制系统的采样周期对系统性能及效益影响很大,设计者应综合考虑各种因素,精心地选取一个合理的采样周期。总的原则是:在能满足系统性能要求的前提下,应尽量选取较大的采样周期(即较低的采样频率),以降低系统成本。

表 7-12 工业过程控制典型变量的采样周期

控制变量	流量	压力	液面	温度
采样周期/s	1	5	10	20

7.6.3 多采样频率配置

为了充分发挥计算机的作用,一台计算机经常要同时控制多个系统或同一系统中多个变量,而这些系统或变量的特性或控制要求是不同的,如果采用一个相同的采样频率已不能满足多个系统或变量的控制要求,也可能使系统成本增加。因此,工程上将会根据不同系统或变量的要求,选择合适的不同采样速率,形成多采样速率系统。

1. 多采样速率系统的主要好处

(1) 可以有效地减少计算机的运算量,从而降低对计算机的运算速度的要求;

(2) 对宽频带回路的快变信号选择相应高的采样速率,可以减少高频控制器数字化带来的动态误差;根据低频带回路的慢变信号选择相应低的采样速率,可以减少低频控制器数字化带来的量化误差。

多采样速率配置的原则是根据每个回路或变量特性,按前面讨论的原则进行配置。就单个回路而言,采样频率的选择与单速率系统是相同的。为使多采样速率在计算机中实现简单,除保证同步采样的要求外,采样速率之比通常取整数倍,如采样速率比 $n=2,4$ 等。

在一个复杂的计算机控制系统中,需要运行很多任务(如控制任务、管理任务等)。依据不同任务的对时间紧迫程度要求的不同,也可采用多速率运行。为此,需要将不同的任务分配到不同的运算模块中,以不同的速率实现。为了节省机时,充分发挥计算机的功效,应把所有的运算任务,划分成若干个所需机时大体相当的子功能模块,并按不同的速率要求,将它们分配到不同的小循环周期里。

2. 在划分子模块时应注意的几点

(1) 子模块不能划分过细和过粗,应当适中。过粗会影响计算机计算负荷的均衡,过细又过分繁琐;

(2) 各子模块不应过分集中在某一小循环周期内,应适当分在不同的循环内;

(3) 采用同一速率且有因果关系的子模块应分在同一小循环周期内,否则会产生延迟等待。

在计算机实现多速率采样和运算时,是按从小周期到大周期(高速率到低速率)的顺序进行的,定时中断周期取最小的周期。这样,高速率部分在每个小周期内均运算 1 次,中间速率部分隔几个小周期运算 1 次,低速率部分只需一个大周期运算 1 次。低速率运算结果存放于数字保持器(即存储器)内,直到下一次采样数据产生,对存储数据进行更新。高速率信号的获得,只需按相应的小采样周期从存储器多次取数即可。

7.7 计算机控制系统的抗干扰及可靠性技术

计算机控制系统一般放置于生产现场,与其相连的控制对象往往延伸到很多地方,这就使得生产现场的各种强烈的干扰源,从不同的渠道向计算机控制系统袭来。如电网的波动、大型设备的启停、高压设备和开关设备的电磁辐射等都会造成对系统正常工作的危害,甚至使整个系统瘫痪。因此,如果计算机控制系统不解决抗干扰的问题,不提高其可靠性,就无法工作。由于各计算机控制系统所处的环境不同,系统所受的干扰也不同,故需要从实际情况出发,进行具体分析,找出合适的办法,做到"对症下药"。

解决计算机控制系统的抗干扰问题,主要有两种途径:一是找到干扰源,寻找相应的办法抑制或消除干扰,尽可能避免干扰串入系统,从外因解决问题;二是提高计算机控制系统自身抵抗干扰的能力,从内因解决问题。

7.7.1 干扰源及抗干扰措施

1. 干扰源

计算机控制系统工作时,干扰串入系统的途径主要有三类:电源电压的浪涌干扰、系统内部的干扰和系统外部空间的干扰。

(1) 电网噪声

电网中大功率设备(特别是大感性负载)的启停、电网切换或各种故障的产生,都会使电网发生瞬变,产生脉冲型噪声。

其中高压电网中产生脉冲噪声的原因主要有:用断路器对高压母线或电缆进行通断负载操作、投入和断开补偿电容器组、发生间隙飞弧、切断变压器励磁电流、故障跳闸、雷击等。

高压瞬变电流或瞬变电压可通过分布电感和分布电容耦合到控制电路,或经供电变压器传导到控制电路,或因故障而传导到控制电路。此外,在发生高压接地故障时所产生的强烈电磁场也会将瞬变电压感应到控制电路中。

低压电网中产生脉冲噪声的主要原因有:通断电力负载、熔断器熔断、断开感性负载(如继电器、变压器、蜂鸣器、电动机等)、雷电、投入电容器等。

这种瞬变电压的波形大多为无规律的正负脉冲,振荡频率高达20MHz,表现在电网上常常出现几百伏,甚至几千伏的尖脉冲干扰。

(2) 内部干扰

由于整个系统的接地系统不完善,信号被电磁感应和电容耦合,使系统内部存在干扰。内部干扰主要有:不同信号的感应(如杂散电容、长线传播造成的波的反射等)、多点接地造成的电位差引入的干扰、装置及设备中各种寄生振荡引入的干扰、热噪声、尖峰噪声等引入的干扰。

(3) 外部干扰

外部干扰主要指来自空间的干扰,如太阳及其他天体辐射的电磁波、电台发出的电磁波、周围的电器设备(如发射机、可控硅逆变电源等)发出的电磁干扰,气象条件、空中雷电,甚至地磁场的变化也会引起干扰。

这些干扰中,以电源干扰影响最大,其次为系统内部的干扰,来自空间的辐射干扰不太突出。

2. 克服空间感应的抗干扰措施

空间感应的干扰主要来源于电磁场在空间的传播,一般只需采用适当的屏蔽及正确的接地方法即可解决。根据屏蔽目的的不同,屏蔽及接地的方法也不一样。电场屏蔽解决分布电容问题,所以一般接大地。电磁场屏蔽主要避免雷达、短波电台等高频电磁场辐射干扰,屏蔽层可以用低阻金属材料做成,而且连接大地。磁屏蔽用以防止磁铁、电机、变压器、线圈等磁感应、磁耦合,屏蔽层用高导磁材料做成,一般也以接大地为好。

3. 过程通道的抗干扰措施

强烈的干扰往往沿着过程通道进入计算机,其主要原因是过程通道与计算机之间存在公共地线,而且首当其冲是 A/D 和各种输入装置。所以要求这些设备有很强的抗干扰能力,而且要设法削弱来自公共地线的干扰,以提高过程通道的抗干扰性能。

干扰的作用方式,一般可分为串模干扰和共模干扰。

(1) 串模干扰及其抑制

叠加在被测信号上的干扰信号称为串模干扰。一般情况下,被测信号的变化比较缓慢,而串模干扰信号的主要成分是 50Hz 的工频和特殊的高次谐波,且通过电磁耦合和漏电等传输形式,叠加到信号或引线上形成干扰,如图 7-45 所示。因此,除了在计算机内部采用适当的数字滤波外,在采样之前还可以采取下列措施尽量减少其影响:

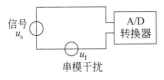

图 7-45 串模干扰示意图

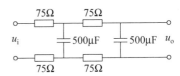

图 7-46 二级阻容滤波器网络

① 模拟滤波

图 7-46 为常用的二级阻容滤波器网络,它可以使 50Hz 的干扰信号衰减到 1/600 左右,时间常数小于 200ms。但当被测信号变化较快时,需要改变网络参数。

② 进行电磁屏蔽和良好的接地

由图 7-45 可见，串模干扰和被测信号源处于同一回路中，如果这种干扰也是缓慢地变化，用上述滤波的办法就很难消除，只能从根本上切断引起干扰的干扰源。例如选择带屏蔽层的双绞线或同轴电缆连接一次仪表（如压力变送器、热电偶）和转换设备，并配以良好的接地措施来解决。

(2) 共模干扰及其抑制

共模干扰产生的主要原因是不同"地"之间存在共模电压，以及模拟信号系统对地存在漏阻抗。共模干扰通过过程通道串入主机，其一般表现形式如图 7-47 所示。

抑制共模干扰的措施除了浮空加屏蔽的措施外，还可以采用以下两种有效的方法：

① 采用差分放大器做信号前置放大

由于共模干扰电压只有转变成串模干扰才能对系统产生影响，因此要抑制它，就要尽量做到线路平衡。采用差分放大器可以有效抑制共模干扰，如图 7-48 所示。图中 Z_1、Z_2 为信号源内阻和引线电阻，Z_{i1}、Z_{i2} 为输入电路的输入阻抗。

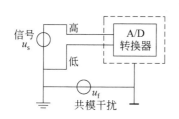

图 7-47 共模干扰示意图

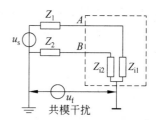

图 7-48 差分输入级示意图

共模干扰电压 u_f 在放大器输入端 A、B 产生的串模干扰为：

$$u_e = u_f \left(\frac{Z_{i1}}{Z_1 + Z_{i1}} - \frac{Z_{i2}}{Z_2 + Z_{i2}} \right) \tag{7-70}$$

若线路中 Z_1、Z_2 越小，Z_{i1}、Z_{i2} 越大，而且 Z_{i1} 与 Z_{i2} 越接近，共模干扰的影响就越小。

② 采用隔离技术将地电位隔开

当信号地与放大器地隔开时，共模干扰电压不能形成回路，就不能转成串模干扰。

常用的隔离方法是使用变压耦合或光电耦合。最简单的隔离方法是选用光电耦合器实现模拟信号的隔离，这是利用光电耦合器输入输出具有较高的绝缘电阻而实现将输入地与输出地隔离。由于光电耦合器的线性范围有限，且难于满足对微弱信号低漂移的要求，因此限制了它的应用。

如果被测信号是直流信号，希望采用变压器隔离，则可以采用带调制解调的隔离放大器（市场上有相应的产品出售）。

若将光电耦合器与压频(V/F)变换器、频压(F/V)变换器组合起来,形成组合式模拟隔离器,不仅隔离方便,信号抗干扰性强,而且对模拟信号的远距离传送尤为有效。

4. 电源系统的抗干扰措施

现在的计算机大部分使用市电(220V,50Hz)。市电电网的瞬变过程是经常不断发生的,电网上冲击频率的波动,将直接影响计算机控制系统的可靠性及稳定性,因此,在计算机与市电之间必须采取一些保护性的抗干扰措施。一般可采取如下一些措施:

(1) 合理配置和使用低通滤波器和交流稳压装置

由谐波频谱分析可知,毫秒、毫微秒级的干扰源的大部分为高次谐波,故可在电源电路中使用低通滤波器,让50Hz的基波通过,将高次谐波成分滤掉。采用稳压器则能抑制长期电压波动。

(2) 采用抗干扰能力强的开关电源

以开关频率可达10kHz~20kHz的脉冲调宽直流稳压器代替各种稳压器电源。这种电源体积小,功率大,效率高,抗干扰能力强,易于保护信息。

(3) 采用分布式独立供电

计算机控制系统通常由许多功能模块组成,如主机、A/D和D/A板等。采用分布式独立供电,即在每块插件板上用三端直流稳压块(如7805、7824等)进行稳压。这种方式比起单一集中稳压方式有许多优点,即将稳压器造成的故障危险分散,不会因稳压器的故障使整个系统遭到破坏,同时加大了稳压器的散热面积,使之工作更加稳定可靠。

(4) 采用备用电源或不间断电源(UPS)

这是为了防止电源突然中断对计算机工作的影响(如丢失数据,严重时损坏机器等),在计算机供电系统中采用的一种防范措施。

5. 地线配置的抗干扰措施

在实时控制系统中,接地是抑制干扰的主要方法,在设计及施工中如能把接地与屏蔽正确地结合起来使用,就可以解决大部分干扰的问题。

接地设计有两个基本目的:

(1) 清除各电路电流流经公共地线阻抗时产生的噪声电压;

(2) 避免磁场及地电位差的影响,不使其形成地回路。

计算机控制系统中大致有以下几种地线:

- 数字地(又称逻辑地):该种地作为逻辑开关网络的零电位;
- 模拟地:这种地作为A/D转换器前置放大器或比较器的零电位。当A/D转换器采样变换小信号(如0~50mV)时,模拟地必须认真对待,否则会给

系统带来不可估量的影响;
- 功率地:这是大电流网络的零电位;
- 信号地:这通常为传感器的零电位;
- 交流地:交流50Hz电源地线,这种地线是噪声地;
- 直流地:直流电源的地线;
- 屏蔽地(机壳地):它是为防止静电感应和磁感应而设置的。

上述几种地线如何设置是计算机控制系统设计、安装、调试中的大问题,必须妥善解决,应用时可采用以下一些处理措施:
- 高频电路就近多点接地的多点接地原则和低频电路一点接地的一点接地原则;
- 交流地与信号地分开;
- 数字地与模拟地分开走线,只在一点汇在一起;
- 功率地的地线应粗,且与小信号地线分开,而与直流地相连;
- 信号地以 5Ω 导体一点入地。

一个复杂的工业过程控制中,主机到现场相距较远,可达几十米到数百米,信息在这种长线上传输时会遇到三个问题:产生信号延迟、高速脉冲波在传输过程中产生的畸变和衰减会引起脉冲干扰、易受外界及其他传输线的干扰。因此,在长线传输过程中必须采取必要措施以提高传输的可靠性及稳定性。长线的距离与信息的变化速率有关,经验表明,当计算机主频为1MHz时,超过 0.5m 的传输线即应作长线处理,若主频为3MHz时,超过 0.3m 的传输线即应作长线处理。

长线传输时应注意下述一些问题:
- 长线传输时通常应采用双绞线且应对称使用;
- 注意排除长线传输中的窜扰(常采用分开走线和交叉走线的方法);
- 长线传输时还应注意输入与输出端的阻抗匹配,以增强抗干扰的能力。

6. 看门狗电路(Watchdog)

Watchdog 由一个与CPU形成闭合回路的定时器构成,如图 7-49 所示。

Watchdog 的输出连到CPU的复位端或中断输入端。每隔一个时间间隔 T_W(T_W<定时器最大定时 T_{max}),CPU 就设置定时器。若程序弹飞[①],CPU 就不能设置定时器。定时器计时超过 T_{max} 后,产生溢出输出。Watchdog 的每一次溢出输出将引起系统复位,使系统重新初始化或产生中断使系统进入故障处理程序,进行必要的处理,

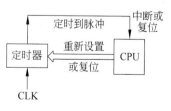

图 7-49 Watchdog 的构成

---

① 程序弹飞是由于外部干扰或内部程序编制错误引起的一种单片机运行故障。

自动恢复正常的运行程序。

程序正常运行时，CPU 每隔 $T_S < T_{max}$，设置定时器，使定时器不能达到 T_{max}，故不会发出故障中断或故障复位的信号。

Watchdog 的应用场合：

(1) 对系统"飞程序"自动恢复

计算机控制系统的程序通常设计成定时循环结构，循环周期一般就是采样周期。工作流程示意图如图 7-50 所示。每个循环周期的工作程序完成后，应将本周期的重要数据连同计算机各主要寄存器状态，都保护在与主存储器不同的另一个存储器中，该存储器在正常工作期间处于封锁状态，只有要写入保护数据或取出上一次存入的保护数据时，才能解除封锁。一旦干扰使程序"弹飞"，则由 Watchdog 产生 NMI 中断。中断处理程序可以将前一次所保护的重要数据和计算机各主要状态取出，用这一组数据和状态恢复现场并重新运行。因此，Watchdog 可以用于检测由于干扰引起的系统出错并自动恢复运行，提高控制系统的可靠性。

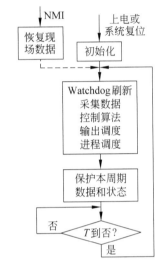

图 7-50 用 Watchdog 恢复现场示意图

要注意的是：Watchdog 是针对干扰导致程序"弹飞"的情况而设计的，它不能在此瞬间做任何保护，因而只能实现任务的恢复，不可能实现断点的恢复。

(2) 对硬件的故障进行检测

这类硬件故障常常是不可修复的，一旦出现，即使 Watchdog 进行恢复，也不可能克服这类故障，故具体表现在 Watchdog 可能连续产生溢出脉冲，频繁进入中断处理程序。为此可以在程序设计中规定，凡在一时间间隔内连续数次出错，便可以判定为硬件故障，从而产生故障报警信号，由人工予以故障诊断和修复。

无论在什么场合采用 Watchdog，均可以大大提高系统实时运行的可靠性，但遇到以下情况之一，Watchdog 也会失效：Watchdog 或 CPU 电路损坏、某些关键数据虽已进行数据保护，但碰巧遇上了干扰而被改写、干扰使 CPU 执行一个重构的错误循环程序，而该循环中正好包含了对 Watchdog 的访问，而且访问时间间隔小于 Watchdog 的溢出时间。

7. 对干扰进行滤波

针对不同的干扰源，采取不同的抑制和消除干扰措施，可以极大地削弱进入系统里的各种噪声的强度,但这样并不能保证将所有的干扰完全消除。为了进一步削弱这些干扰信号对系统的影响,在计算机系统里还采用各种不同的滤波技术。如果噪声与有用信号的频谱范围不同,通常可以采用不同的带通滤波器来分离。

一般干扰的频率较高,对连续模拟控制系统而言,由于系统本身的低通特性,这些干扰对系统的影响会较小。但对计算机控制系统,当高频信号与有用信号一起被采样时,将会使高频信号折叠到低频信号,严重影响系统的输出。为此,针对计算机控制系统,如果系统干扰比较严重,一般都应在采样开关之前加入模拟低通滤波器,对干扰加以衰减滤除。在计算机内部,采用数字滤波器对进入计算机内的信号进行滤波。

7.7.2 提高系统可靠性的措施

实时过程控制对计算机控制系统的可靠性提出了特别高的要求。一旦出现故障,就会酿成重大事故,造成重大经济损失。计算机控制系统由硬件和软件组成,硬件系统由各种具有特定功能的部件组成。由于硬件部件的物理退化会导致它们的失效,部件的故障又将引起系统整体的故障。在整个软件生存期的各个阶段,都贯穿着人的干预,而人是难免不犯错误的,其结果将导致软件缺陷的产生,当软件缺陷被激活时,就会出现软件故障甚至软件失效。目前随着计算机技术的发展,很多由硬件完成的功能可以用软件实现,因此,硬件故障逐渐减少,软件故障逐渐增多,而软件故障又随系统复杂程度的增加而增加。

由以上分析可见,计算机控制系统,从部件到整体,从硬件到软件都可能发生故障。为此应采用特殊技术进行系统设计以减少故障,当系统发生故障时又能及时发现和处理故障。

为了获得系统的高可靠性,通常可采用两种方法,一种方法是采用可靠性高的元部件进行完善的设计,获得一个高可靠性的单机系统,另一种方法是采用容错技术,获得一个高可靠的系统。

1. 提高单机系统可靠性的方法

为提高单机系统可靠性,常可采取如下措施:

(1) 对元部件严格筛选,使用可靠的单个元件,并对元件进行多道老化和严格检验;

(2) 充分重视元部件安装的机械强度,以使机械运动(如振动)不会引起导线或焊接区的断裂。此外,对必要的元部件应机械加固;

(3) 对组件采取涂漆和浇注处理可进一步提高机械紧固性;

(4) 插座是发生故障的最常见因素,因此,应尽量少用插座,并采用大的插座;

(5) 抗温升保护,多数电子器件对温度变化比较敏感,因此需要设计足够的通风系统,采用温度补偿措施。

2. 容错技术

容错技术的含义是,在容忍和承认错误的前提下,考虑如何消除、抑制和减少错误影响的技术。常用的方法是利用各种冗余技术将可靠性较低的元件组成一个可靠性较高的系统,其实质是利用资源来换取高的可靠性。

冗余技术一般包括硬件冗余、软件容错、指令冗余和信息冗余等。

(1) 硬件冗余

硬件冗余基本上有三种方式:硬件冗余、待命储备冗余、混合冗余。

① 硬件堆积冗余(亦称为静态冗余)

就是通过元部件的重复(如相同元部件的并联)而获得可靠性的提高。图7-51为一种三模冗余表决系统示意图。系统由三个功能相同的模块和一个表决器组成,三个模块同时运行,表决器接受三个模块的输出作为其输入,并将多数表决的结果作为系统的输出。

② 待命储备冗余(亦称为动态冗余)

图7-52表示含 S 个备件的动态冗余方案。系统由 $S+1$ 个功能相同的模块组成,其中一个运行,其余作备件(冷备件或热备件)。若正在运行的模块发生故障,它便被切除而由备用模块取代。显然动态冗余要求不停地进行故障检测和故障恢复。

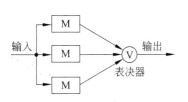

图 7-51　三模冗余表决系统

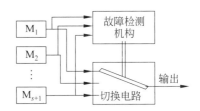

图 7-52　含 S 个备件的动态冗余系统

最常见的是双机冗余系统,它采用二取一的冗余技术,系统中一台运行,一台备用。双机系统的组成有各种结构形式。最简单的一种双机工作策略是一台主机工作,另一台机器备用,同时一个故障检测机构不停地进行故障检测。当检测到主机发生故障时,马上切换备用机接替主机工作,此时程序参数必须要进行转交。此外,还必须保证,在发生故障时备用机是可以运行的。为了解决程序数据转交的问题,可以使双机共用同一外部存储器,即主机工作时,所有检测数据及中间计算结果均存放于外存,由于共用同一外存,所以备用机工作时,可以较容易继续主机的工作。为了保证备用机在故障时是可运行的,可以采用在一定的间隔时间内两机轮换工作的方法。另一种双机工作策略是,双机同步工作,两机同时接收采集数据,处理数据并产生控制指令,但实际上仅一台机器处于实时控制。两个系统的控制信号进行比较,出现不一致时,双机都进行自检分析,并将产生故障的系统切除。

③ 混合冗余

系统是将前两种方法结合运行的方案,即当堆积冗余中有一个模块发生故障时,立即将其切换并用无故障的待命子系统代替,这种方案既可达到较高的可靠度,又可获得较长的平均无故障运行时间。

(2) 软件容错

要防止软件出错,首先应当严格按照软件工程的要求进行软件开发,然后弄清软件失效的机理,并采取相应的措施。

软件失效的机理是:由于软件错误引起软件缺陷,当软件缺陷被激发时产生软件故障,严重的导致软件失效。因此软件容错的作用是及时发现软件故障,并采取有效的措施限制、减小乃至消除故障的影响,防止软件失效的产生。软件容错的众多研究基本上沿袭了硬件容错的思路。目前软件容错有两种基本方法:恢复块方法和 N 文本方法。前者对应于硬件动态冗余,后者对应于硬件静态冗余。

实现软件容错的基本活动有四个:故障检测、损坏估计、故障恢复和缺陷处理。

故障检测就是检查软件是否处于故障状态。这其中有两个问题需要考虑,一个是检测点安排的问题,另一个是判定软件故障的准则。软件故障检测可以从两个方面进行:一个方面检查系统操作是否满意,如果不满意,则表明系统处于故障状态;另一方面是检查某些特定的(可预见的)故障是否出现。

从故障显露到故障检测需要一定的时间(潜伏期)。这期间故障被传播,系统的一个或多个变量被改变,因此需进行损坏估计,以便进行故障恢复。

故障恢复是指将软件从故障状态转移到非故障状态。

缺陷处理指确定有缺陷的软件部件(导致软件故障的部件),并采用一定方法将其排除,使软件继续正常运行。排除软件可以有两种方法:替换和重构(缺陷软件不再使用,系统降级使用)。

程序的执行过程可以看成由一系列操作构成,这些操作又可由更小的操作构成。恢复块设计就是选择一组操作作为容错设计单元,从而把普通的程序块变成恢复块。一个恢复块包含有若干个功能相同、设计差异的程序块文本,每一时刻有一个文本处于运行状态。一旦该文本出现故障,则以备件文本加以替换,从而构成"动态冗余"。软件容错的恢复块方法就是使软件包含有一系列恢复块。恢复块的流程参见图 7-53。

N 文本方法就是要求设计 N 个功能相同,但内部差异的文本程序,文本功能即为软件功能。N 个文本分别运行,以"静态冗余"方式实现软件容错。每个文本程序中设置一个或多个交叉检测点。每当文本执行到一个交叉检测点时,便产生

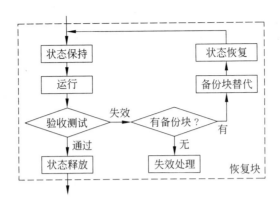

图 7-53 恢复块流程

一个比较向量,并将比较向量交给驱动程序,自己则进入等待状态,等待来自驱动程序的指令。驱动程序任务就是管理 N 个文本的运行。

值得注意的是,如果一个软件在某种激励下出现故障,那么其备份软件在这种激励下必然会出现故障。故软件的备份不能作为软件备件。软件备件只能是功能相同,而内部含有差异的软件模块,因此,软件容错必须以"差异设计"为基础。所谓差异设计,就是对一个软件部件,采用不同的算法,由不同的程序员,甚至用不同的程序设计语言,设计出功能相同而内部结构尽可能不同的多个文本,使这些文本出现相同设计缺陷的概率尽可能地小,从而达到相互冗余的目的。一般工程上也称之为非相似余度系统。

另外,一个软件部件虽然在某一特定的输入条件下出现故障,但在绝大多数其他输入条件下仍能正常工作,因此与替换故障硬件不同,对软件部件的替换是暂时性的,即故障处理后,被替换的软件部件仍可再次被投入使用。

目前,在一般工程中,为提高软件使用的可靠性,常采用一些实用的办法,如软件固化,建立 RAM 数据保护区以及使用自诊断程序等。

软件固化是对调试好的软件,根据它们的不同用途及性质固化在相应类型的只读存储器中。常用的只读存储器有下述几种。

- 只读存储器(ROM):存放计算机系统的操作程序及监控程序,由生产厂家一次完成。
- 可编程只读存储器(PROM):存放已调试好的应用程序或常数,由用户一次写入。
- 可抹掉的只读存储器(EPROM):由用户存放试运转的应用程序,必要时可进行修改,然后重新写入。

采取软件固化措施可以防止各种偶然因素将程序抹掉丢失,即使停电,其内容也保持不变,从而提高了软件的可靠性。

为了防止程序运行过程中随机存储器出错,丢失重要数据,对重要的输入输出数据应开辟 2、3 个存储区同时保存(即采用余度存储的方法),取数时采用多数表决方法,使数据"去伪存真",提高可信程序。

采用自诊断程序是提高计算机软件可靠性的重要手段。所谓自诊断就是设计一个程序,使其能对系统进行检查,如发现错误则自动报告并采取相应措施。其基本方法是根据被校验的程序功能(如数字控制算法),事先编好一个程序,使其能够向被校验的程序输入一组常数,把输出值与标准值进行比较,并根据比较的结果进行显示报警。

(3) 指令冗余

指令冗余是利用消耗时间资源来达到对系统的容错目的。当 CPU 受到干扰后,往往将一些操作数当作指令码来执行,从而引起程序混乱。当程序弹飞到某一单字节时,便自动纳入正轨。当弹飞到双字节或三字节时,则将继续出错。因此,应当多采用单字节指令,并在关键的地方人为地多插入一些单字节指令(NOP)或将有效单字节指令重复书写,这便是指令冗余。指令冗余技术仅可减少程序弹飞的次数,使其很快纳入程序轨道,但并不能保证系统在失控之间能正常运行,也不能保证程序纳入正常轨道后太平无事。

(4) 信息冗余

计算机控制系统中的信息发生偏差的一般场合为:数据的传递、数据对存储器的读写、数据的运算。

信息冗余就是利用增加信息的余度来提高可靠性,具体做法是在数据(信息)中附加检错码或纠错码,以检查数据是否发生偏差,并在有偏差时纠正偏差。常用的检错码有奇偶校验码、循环码、定比传输码等。常用的纠错码有海明码、循环码等。

本章小结

计算机是计算机控制系统的核心,模拟量输入输出通道是计算机与被控对象间的纽带和桥梁,它们都是计算机控制系统的重要组成部分。本章介绍了计算机系统的基本组成、控制用计算机的选取以及输入输出通道的应用特性。模拟量输入通道完成采样和量化,模拟量输出通道完成数模转换任务,并具有保持功能。为使信号能够得到充分利用,需要对信号进行相应的调理。并通过滤波等有效措施,去除或削弱干扰噪声的影响。

计算机控制系统软件包含控制计算软件和实时管理软件。可针对控制系统软件配置的情况和整个系统的要求,选用合适的编程语言。在实现数字控制器时,还需要考虑许多具体的实现问题,如时延、码制、比例因子、溢出处理等。将数字控制器算法分为算法Ⅰ和算法Ⅱ,通过算法Ⅰ后直接输出的方式可以减少输入输出之间的时延。对于不同部件所采用的码制,需要进行细致分析,必要时需进行码制转换。进行比例因子配置和限幅保护可以避免计算机出现溢出现象。

采样周期是计算机控制系统的重要参数,选取不当,造成系统控制品质的下降,甚至导致系统失控。本章简要地总结和讨论了采样周期对系统性能的影响,引进了采样周期选择的原则及经验规则。

计算机控制系统大多用于工业控制现场。工业控制现场环境恶劣、干扰频繁。针对不同的干扰,本章介绍了常采用的屏蔽技术、接地技术、电源抗干扰技术以及目前常用的看门狗技术。

为了获得计算机控制系统的高可靠性,一种方法是采用可靠性高的元部件进行完善的设计,获得一个高可靠性的单机系统;另一种方法是采用容错技术,获得一个高可靠的系统。适当的运用软件技术可以提高系统可靠性。本章虽然较详细介绍了各种抗干扰、提高可靠性等方面的实用措施,但是实践中还有大量的新技术新方法不断出现,希望读者注意学习和应用。

第 8 章　嵌入式系统及可编程控制器

随着计算机网络、自动控制和微电子技术的发展,大量智能控制芯片和智能传感器的不断出现,驱使控制系统向系统网络化、节点智能化方向发展。实时操作系统的出现并逐渐成熟,又为计算机的实时控制系统提供了高效的实时多任务以及实时的任务间通信。嵌入式系统设计提供了可重用、高性能、图形化、网络化软硬件基础平台和高效的开发模式,其发展和成熟,为网络控制节点的智能化提供了硬件基础和实现技术上的可能性。

在网络控制系统的直接控制级,普遍采用的是可编程控制器。可编程序控制器是以微处理器为核心的一种工业自动化控制设备,它融计算机技术、控制技术和通信技术于一体,集顺序控制、过程控制和数据处理于一身,是机电一体化技术具有代表性的体现。

本章提要

本章用两节的篇幅,分别对这两方面的相关内容进行了介绍。其中8.1节首先对嵌入式系统的基本概念和软硬件协同设计技术进行介绍,然后引出实时操作系统的重要概念,选取广泛应用的源代码免费实时操作系统——μC/OS 进行介绍,给出嵌入式系统的开发过程。8.2节介绍可编程控制器的发展以及特点,阐述可编程控制器的结构和工作原理,介绍可编程控制器的常用语言,给出两种典型应用,概要性介绍可编程控制器的网络系统。

8.1　嵌入式系统

8.1.1　概述

嵌入式系统的广泛应用,已经渗入到我们日常生活的各个方面。在手机、MP3(moving picture expert group layer 3,一种按运动图像专家组制定的标准压缩编码的数字音频文件格式的声音播放器)、PDA （personal digital assistant，个人数字助理）、数码相机、空调，甚至电饭锅、手表里，都有嵌入式系统的身影。嵌入式系统小到一个芯片，大到一个标准的 PC 机或一台独立的设备，种类繁多，让人顿生目不暇接之感。在工业自动化控制、通信、仪器仪表、汽车、航空航天、消费类电子产品等领域更是嵌入式系统的天下。

几种典型的应用实例如图 8-1 所示。

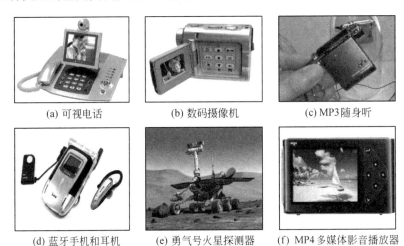

(a) 可视电话　　　　(b) 数码摄像机　　　　(c) MP3 随身听

(d) 蓝牙手机和耳机　　(e) 勇气号火星探测器　　(f) MP4 多媒体影音播放器

图 8-1　使用嵌入式技术的几种设备

1. 嵌入式系统定义和分类

嵌入式系统的"嵌入"特性意味着系统的本身与其所控制和管理的系统是融为一体的，是其中的一个有机组成部分，是各种控制系统的基本构造单元。硬件形式的嵌入系统多为专用的或可编程控制的芯片，软件形式的嵌入式系统则主要是各种专门用途的控制软件系统。嵌入式系统在有的应用情况下是显式存在，即用户可明显感觉到该系统的存在，但更多的情况下，用户在实际使用过程中很难察觉到其存在。即便是有经验的技术人员也需要经过充分的比较，才能确定在某一特定过程中是否有嵌入式系统的参与。

根据 IEEE（国际电气和电子工程师协会）的定义，嵌入式系统是"控制、监视或者辅助设备、机器和车间运行的装置"。

国内一个普遍认同的定义是：嵌入式系统是以运用为中心、以计算机技术为基础、软件硬件可裁剪，适应应用系统对功能、可靠性、成本、体积、功耗严格要求的专用计算机系统。

根据这个普遍认同的定义，可以理解为：①嵌入式系统是面向用户、面向产品、面向应用的系统；②嵌入式系统是将先进计算机技术、半导体技术和电子技术以及各行业的具体应用相结合的产物，因而决定其必然为一个技术密集、资金密集、高度分散、不断创新的知识集成系统；③嵌入式系统必须根据应用需求可以对软硬件进行裁剪,满足应用系统的功能、可靠性、成本、体积等要求。

嵌入式系统具有几个重要的特点:①小型系统内核;②专用性较强;③系统精简,以减少控制系统成本,利于实现系统安全;④采用高实时性的操作系统,且软件要固化存储;⑤使用多任务的操作系统,使软件开发标准化;⑥嵌入式系统开发需要专门的工具和环境。

嵌入式系统由硬件和软件组成,因此对嵌入式系统的分类,可以从硬件和软件两个不同的方面进行。

从硬件的表现形式方面来看,嵌入式系统可以分为:芯片级嵌入(含程序或算法的处理器)、模块级嵌入(系统中的某个核心模块)和系统级嵌入。

从软件方面,根据实时性要求来分类,则可以分为两大类:非实时系统(例如PDA等)和实时系统。

实时系统是指能在确定的时间内执行其功能,并对外部的异步事件做出响应的计算机系统,其操作的正确性不仅依赖于逻辑设计的正确程度,而且与这些操作进行的时间有关。实时系统又分为硬实时系统和软实时系统。在实时系统中,如果系统在指定的时间内未能实现某个确定的任务,就会引起系统崩溃或导致致命错误,则该系统称为硬实时系统(意味着存在必须满足的时间限制,例如导弹飞行姿态控制系统和工业控制系统)。而在软实时系统中(如消费类产品),虽然响应时间同样重要,但是超时却不会导致致命错误,这也意味着偶尔超过时间限制是可以容忍的。

2. 嵌入式处理器

各种各样的嵌入式处理器是嵌入式系统硬件的核心部分,其发展趋势是经济性(成本)、微型化(封装、功耗)和智能化。嵌入式处理器又可以分为以下几类:

(1) 嵌入式微控制器(microcontroller unit,MCU)

嵌入式微控制器的典型代表是单片机。单片机芯片内部集成 ROM、RAM、总线、定时器/计时器、I/O、串行口、A/D、D/A 等各种必要的功能和外设,在工作温度、抗电磁干扰、可靠性等方面一般都做了各种增强,且体积小、功耗成本低,比较适合控制,因此称为微控制器。MCU 价格低廉、功能优良,拥有大量的品种和数量,比较有代表的有 8051、MCS96、68K 系列等。

(2) 嵌入式微处理器(microprocessor unit,MPU)

嵌入式微处理器的基础是通用计算机中的 CPU,它一般装配在专门设计的电路板上,只保留与嵌入式应用密切相关的功能硬件,去掉其他冗余的功能部分。目前的主要类型有 Am186/88、PowerPC、ARM 系列等。

(3) 数字信号处理器(digital signal processor,DSP)

DSP 处理器是专门用于信号处理方面的处理器,其在系统结构和指令算法方面进行了特殊设计,可以进行向量运算、指针线性寻址等运算量很大的数据处理,具有很高的编译效率和指令执行速度,一般大量用于数字滤波、FFT(快速傅里叶变换)、频谱分析等。比较有代表性的产品有 Motorola 的 DSP56000 系列、Texas Instruments 的 TMS320 系列等。

(4) 嵌入式片上系统(system on chip,SOC)

片上系统 SOC 是在一个硅片上实现一个复杂的系统,其最大的特点是实现了软硬件的无缝结合,直接在处理器内嵌入操作系统的代码模块。用户只需使用特定的语言(如标准 VHDL),综合时序设计直接在器件库中调用各种通用处理器的标准,通过仿真之后,就可以直接交付芯片厂商进行生产。SOC 往往是专用的,不为一般用户所知。比较典型的 SOC 产品为 Philips 的 Smart XA。

3. 开发设计工具

嵌入式系统所使用的开发设计工具分为硬件设计工具和软件开发平台。

系统级设计方面采用的硬件设计工具有 Cadence 的 SPW 和 System View。模拟电路系统采用的仿真工具有 Pspice 和 EWB。印刷电路设计方面的设计工具有 Protel、PADs 的 Power PCB & Tool Kit 和 Mentor 的 Expedition & Tool Kit。另外,可编程逻辑器件设计工具还有 Mentor FPGA Advantage & ModelSim、Xilinx Foundation ISE & Tool Kit 以及各种综合和仿真工具等。

目前的软件开发平台主要分为以下几类:高级语言编译器(compiler tools)、实时在线仿真系统 ICE(in circuit emulator)、源程序模拟器(simulator)、实时多任务操作系统(real time multi-tasking operation system,RTOS)。

RTOS 分为商用型和免费型两类。商用型的 RTOS 的功能稳定可靠,具有比较完善的技术支持和售后服务,但价格昂贵而且都针对特定的硬件平台。如 WindRiver 公司的 VxWorks、Palm Computing 掌上电脑公司的 Palm OS 等。

免费的 RTOS 主要有 Linux 和 μC/OS 等。这些免费 RTOS 是开放源码的,可以根据需要进行取舍。尽管这些资源带有源码,但理解、消化并运用在某应用系统上也是一项艰苦的工作,相应的调试工具是没有免费的。

4. 嵌入式系统的应用和发展趋势

嵌入式计算机系统广泛应用到工业、交通、能源、通信、科研、医疗卫生、国防以及日常生活等领域,并发挥着极其重要的作用。将其应用按照市场领域划分,可以分为下述几类。

消费类电子产品:办公自动化产品如激光打印机、传真机、扫描仪、复印机、LCD(liquid crystal display,液晶显示)投影仪,其他的产品如 MP3、数码相机、视频游戏播放机、数码手表(带全球定位系统 GPS)、带机顶盒的电视机等。

控制系统和工业自动化:典型的信号检测和过程控制单元、智能仪器仪表、智能执行机构、卫星通信系统中的遥测遥控单元、汽车的燃料注入控制、牵引控制、气候控制、灯光控制和 ABS 防死锁刹车控制等。

机器人领域：微型控制器、智能检测单元等。

生物医学系统：如 X 光机的控制部件，结肠镜、内窥镜等诊断设备。

数据通信：调制解调器、数据通信基础设施中的网卡和路由器、IP 电话、协议转换器、加密系统、基于 Web 的远程监控、远程接入服务器、电信中的 GPS 等。

无线通信：手机、PDA、蓝牙设备等。

嵌入式技术的发展趋势从宏观方面来看，是使嵌入式系统更经济、小型、可靠、快速、智能化、网络化（即采用嵌入式 Internet 技术）。嵌入式 Internet 是近几年发展起来的一项新兴概念和技术，是指设备通过嵌入式模块而非 PC 系统直接接入 Internet，以 Internet 为介质实现信息交互的过程，通常又称为非 PC Internet 接入。其典型应用是：智能家居（家电上网）、工业远程监控与数据采集等。

嵌入式技术的发展趋势从芯片方面来看，是可编程片上系统。可编程片上系统是可编程逻辑器件在嵌入式应用中的完美体现。可编程片上系统的技术基础是：①超大规模可编程逻辑器件 FPGA（field programmable gate array，现场可编程门阵列）及其开发工具的成熟；②微处理器核以 IP（intellectual property）核的形式嵌入到 FPGA 中；③IP 核开发理念的发展已深入人心，信号处理算法、软件算法模块、控制逻辑等均可以 IP 核的形式体现。

目前对 IP 还没有一个统一的定义，但其实际内涵是有界定的。首先，IP 必须是为了易于重用而按嵌入式专门设计的。其次，IP 模块实现必须通过优化设计。优化目标通常为"四最"，即芯片的面积最小、运算速度最快、功率消耗最低、工艺容差最大。

8.1.2 软硬件协同设计技术

嵌入式控制系统的设计应当包括硬件设计和软件设计两大部分。

1. 硬件体系结构

嵌入式系统的基本要素主要指嵌入式处理器系统和嵌入式软件系统。其中嵌入式处理器系统主要指嵌入式系统的硬件部分，包括嵌入式处理器、各种类型存储器、模拟电路及电源、接口控制器及接插件，如图 8-2 所示。

嵌入式系统就是围绕嵌入式处理器来构造的。根据不同的应用场合，可以由以上的不同功能部件来构成嵌入式系统的硬件部分。

嵌入式系统差别很大，连接的设备包括传感器、转换器以及各种输入设备。为了控制所有这些设备，用户需要针对现有的应用，选择专用的控制电路与处理器电路板连接。

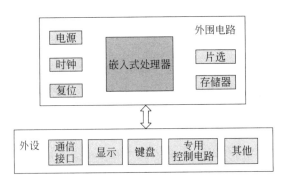

图 8-2 嵌入式系统硬件体系结构的功能部件

嵌入式系统为了与外部设备交互,需要通信接口。多数处理器提供一个串行接口以串行的格式发送和接受数据。具有网络功能的嵌入式系统提供以太网接口。还有的嵌入式系统(如手机等)提供了很多接口,包括串行接口、并行接口、红外接口、蓝牙接口和串行总线 USB 接口。

嵌入式系统的设计目标是减少尺寸、降低成本、减少耗电量并增强性能和可靠性。这些要求可以通过使用可编程逻辑设备(programmable logic device,PLD)来达到。PLD 是能够组合大量离散逻辑和存储器的单个芯片。这种芯片可以是可编程逻辑阵列(programmable array logic,PAL)、FPGA 或者可编程逻辑设备 PLD。

2. 传统设计技术

传统的嵌入式系统设计模型如图 8-3 所示,其设计过程的基本特征是:系统在一开始就被划分为软件和硬件两大部分,软件和硬件是独立地进行开发设计,通常采用的是"硬件先行"(hardware first)的设计方法。

传统的嵌入式系统设计会带来一些问题:例如软硬件之间的交互受到很大限制(而软硬件之间的相互性能影响很难评估),造成系统集成相对滞后,因此传统嵌入式系统设计的结果往往是设计质量差、设计修改难,同时研制周期不能得到有效保障。另外,随着设计复杂程度的提高,软硬件设计中的一些错误将会使开发过程付出昂贵的代价。同时,"硬件先行"的做法常常需要由软件来补偿由于硬件选择的不适

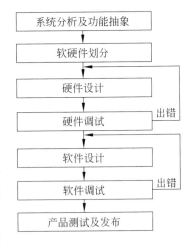

图 8-3 传统的嵌入式系统的设计方法

合造成系统的缺陷,从而增加软件的代价。由此看来,传统嵌入式设计并不合理,软硬件设计过程发展方向应为协同设计。

3. 软硬件协同设计技术

(1) 定义

软硬件协同设计定义为:在硬件和软件的设计中,通过并发和交互设计来满足系统级的目标要求。

这里的"并发"指的是硬件和软件沿各自的路线同时开发。"交互"指在硬件和软件的开发过程中,还需要二者的交互作用,以满足整体系统的性能准则和功能要求。

(2) 基本需求

软硬件协同设计的基本需求为:

① 采用统一的软硬件描述方式——软硬件支持统一的设计和分析工具或技术,允许在一个集成环境中仿真及评估系统的软硬件设计,支持系统任务在软件和硬件设计之间的相互移植;

② 采用交互式软硬件划分技术——允许进行多个不同的软硬件划分设计仿真和比较,划分应用可以最大满足设计标准(功能和性能目标)要求;

③ 具有完整的软硬件模型基础——可以支持设计过程中各阶段的评估,支持逐步开发以及对硬件和软件的综合;

④ 验证方法必须正确,以确保系统设计达到目标要求。

嵌入式系统的软硬件协同设计流程如图 8-4 所示。

嵌入式系统采用软硬件协同设计的优势为:设计初始阶段就可进行软硬件交互设计和调整——协同设计要贯穿整个设计周期,且使设计修改容易,

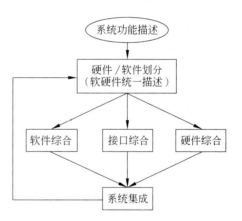

图 8-4 嵌入式系统的软硬件协同设计流程

研制周期可以得到有效保障。另外软硬件交互设计变得简单,这得益于关键技术(如可编程逻辑综合技术、器件接口和功能模型描述)的进步。

"硬件和软件并发开发"意味着要在硬件平台尚未完成的情况下就开始进行编程工作。解决这种缺乏硬件平台支持困难的方法有两种:模型和开发平台。

模型需要覆盖各种各样的需求,以满足全部系统应用程序运行的需要。另

外,还要为系统、多内核、存储器和各种外设建模。开发平台或实验样机则提供一个接近于全速运行的系统,同时提供真实的物理接口。

目前的 FPGA 工艺技术使得 FPGA 产品的规模足以放得下整个处理器和系统模块。因此,只要芯片设计者已完成设计,经过综合就可以被软件设计者和系统设计者使用,从而使得硬件设计和软件设计可以同步进行,同时还能够验证系统设计和性能的情况。

目前嵌入式系统软硬件协同设计技术中的主要问题是:缺乏标准的描述和较好的确认和评估方法。对此可能的解决方案是:扩展现有的硬件和软件语言,以应用到不同的实例中;将比较正式(formal)的确认技术扩展到硬件/软件领域中;采用基于 FPGA 的嵌入式系统设计,即可编程片上系统设计。

(3) 设计的基本步骤

软硬件协同设计的基本步骤有:

① 描述——将系统行为的功能进行明确、提取并列表;

② 划分——即对硬件/软件的功能进行分配;

③ 评估——进行性能评估或对综合后系统依据指令级评价参数做出评估,若不满足要求,则需要回到②;

④ 验证——是为保证系统可以按照设计要求正常工作,而达到合理置信度的过程。根据应用领域的不同可能采取不同的验证方法,但都必须经过性能与功能的协同仿真;

⑤ 实现——通过综合后的硬件的物理实现和通过编译后的软件执行。

8.1.3 实时操作系统

操作系统是软硬件资源的控制中心,它以尽量合理有效的方法,组织多个用户共享计算机的各种资源,目的是提供一台功能强大的虚拟机,给用户一个方便、有效、安全的工作环境。

1. 实时操作系统定义及特点

实时操作系统 RTOS 是指能支持实时控制系统工作的操作系统,它可以在固定的时间内对一个或多个由外设发出的信号做出适当的反应。

实时操作系统强调了系统对外部异步事件响应时间的确定性。实时调度算法主要有 3 种:事件发生率单调算法、最早截止优先算法、最少裕度法。

事件发生率单调算法是事先为每个任务分配一个与时间发生频率成正比的优先级,调度程序总是调度优先级最高的就绪任务,必要时将剥夺当前任务的 CPU 使用权,让高优先级的任务先运行。这种算法被证明是最优的,也是为大部分实时内核所采用的调度方式。

最早截止优先算法是将就绪队列中的任务按照截止期限进行排序,使截止期限最短的任务的优先级最高。

最少裕度法是首先计算各任务的富裕时间(称之为裕度,laxity),并选择裕度最少的任务优先运行。

尽管通过这三种算法中的任何一种都可以将分时操作系统转化为实时操作系统,但实际上,由于分时操作系统的任务切换时间太长,实时性能都比较低,所以对实时性要求比较高的系统一般都采用专用的实时操作系统。这些实时操作系统的主要特征有:规模小、中断被屏蔽的时间很短、中断处理时间短且任务切换很快。

常见的实时操作系统有商用的 RTOS:VxWorks、pSOS、Palm OS 等;免费的 RTOS:Linux 和 μC/OS 等。

VxWorks 是美国 WindRiver 公司 1983 年设计开发的实时嵌入式操作系统,其对应的开发集成环境为 Tornado。由于它具有高性能的系统内核和友好的用户开发环境,在实时嵌入式操作系统领域牢牢占据一席之地。其突出特点是:可靠性、实时性和可裁减性。它是目前使用最广泛、市场占有率最高的实时操作系统。它支持多种处理器,如 x86、i960、Sun Spare、Motolora MC68xxx、MIPS RX000、Power PC 等。

pSOS 是 Integrated System 公司(该公司现已被 WindRiver 公司兼并)的产品。pSOS 系统是一个模块化、高性能的实时操作系统。标准的模块结构使它们可以不用做丝毫改变,就可以被不同的程序调用,从而减少用户的维护工作。与大部分嵌入式操作系统不同的是,pSOS 系统不和硬件发生丝毫关系。用户在配置表中定义应用程序环境和相关的硬件,在执行环境和目标环境中进行配置,从而满足了不同的硬件环境。每个模块都提供一系列的系统调用函数来满足实时设计的需要,系统调用这些函数时就像调用 C 函数一样。

有关 VxWorks 和 pSOS 产品及相关信息可参见:http://www.windriver.com/products/html。

Palm OS(http://www.palmos.com)是著名网络设备制造商 3COM 旗下 Palm Computing 掌上电脑公司专门为手持计算领域设计的产品,在 PDA 市场上占有很大的市场份额。Palm OS 目前获得了 IBM、Oracle、Nokia、Handspring、Symbol 和 Sony 等国际知名公司的支持,同时有很多的软件开发者为其开发软件应用程序,还有相当多的硬件开发人员为其开发外围扩展设备,例如 GPS 系统、数码摄像头、录音系统等。

嵌入式操作系统是支持嵌入式系统工作的操作系统。嵌入式系统一般具有实时特点,这里把嵌入式操作系统和实时操作系统不加区别对待。

嵌入式实时操作系统的精华在于向开发人员提供一个实时多任务内核。开发人员将具体一项应用工作分解成若干个独立的任务,将各任务要做的事、任务间的关系向实时多任务内核交代清楚,让实时多任务内核去管理这些任务,开发过程就完成了。

一般意义上的计算机操作系统具有的内容为:外存管理(或文件管理)、内存管理、任务管理(或进程管理)、I/O 管理。嵌入式实时操作系统没有文件管理,一般不需要内存管理,它具有的是实时操作系统中最重要的内容,即多任务实时调度和任务的定时、同步操作,具有很短的任务切换时间和实时响应速度。

在嵌入式应用中提倡使用实时操作系统的主要原因是提高系统的可靠性、提高开发效率并缩短开发时间。

2. 实时操作系统的一些重要概念

与实时操作系统相关的概念有很多,其中一些最常见的重要概念为:

(1) 任务(task)

任务指拥有所有 CPU 资源的程序分段。这种分段被操作系统当作一个基本的单位来调度。在进行实时应用程序的设计过程中,通常要把工作分割成多个任务,每个任务处理一部分问题,并被赋予一定的优先级、被分配有一套自己的 CPU 寄存器及堆栈。实时系统中的大部分任务是周期的,这体现在编程上每个任务是一个典型的无限循环。

(2) 任务工作状态(state)

如图 8-5 所示,每个任务都处于下面的 5 种工作状态之一。

休眠(dormant):任务完成或因错误等原因被清除的任务,也可以认为是系统中不存在的任务。

就绪(ready):进入任务等待队列,通过调度转为运行状态。

运行(executing):获得 CPU 控制权,正在运行中。

挂起(suspended):任务发生阻塞,移出任务等待队列,等待系统实时事件发生而被唤醒,从而转入就绪或运行。有时也将此状态称为"等待"状态。

被中断(interrupted):发生中断时,CPU 进行相应的中断服务,原来正在运行的任务暂时不能继续运行,就进入被中断状态。

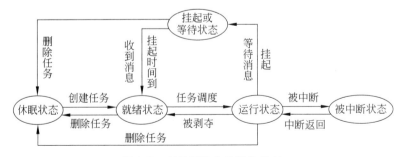

图 8-5 实时系统中的任务状态

多任务的运行实际上是通过靠 RTOS 在许多任务之间切换、调度来实现的。CPU 只有一个,轮番服务于一系列任务中的某个任务。任何时刻系统中只能有一个任务处于运行状态,各任务按级别通过时间片分别获得对 CPU 的使用权。

(3) 实时内核(real time Kernel)

多任务系统中,实时内核负责管理各个任务,为每个任务分配 CPU 时间,并且负责任务间的通信。内核提供的基本服务是任务切换。使用实时内核可以大大简化应用系统的设计,但也增加了应用程序的额外负荷:使应用系统的代码空间增加了 ROM 用量,数据结构增加 RAM 用量。更主要的是,每个任务要有自己的栈空间,且需要占很大的内存空间。内核本身对 CPU 的占用时间一般在 2%~5%。

实时内核可以分为可剥夺型(preemptive)和不可剥夺型(non-preemptive)两类。可剥夺型内核是指内核可以剥夺正在运行着的任务的 CPU 使用权,并将该使用权交给进入就绪态的优先级更高的任务。可剥夺型内核的实时性最好,但若任务之间的竞争问题处理得不好,就会产生系统崩溃、死机等严重后果。商业化的 RTOS 软件全部都是可剥夺型的。

不可剥夺型内核运用某种算法决定让哪个任务运行后,就将 CPU 控制权完全交给这个任务,直到该任务主动将 CPU 控制权还回来。因此,不可剥夺型内核的实时性取决于最长任务的执行时间。

(4) 任务切换(context switch)

当多任务内核决定运行另外的任务时,它将正在运行任务当前的状态(context)保存在任务的栈区中,然后将下一个即将运行任务的 CPU 寄存器状况从该任务的栈中重新装入 CPU 寄存器中,并开始下一个任务的运行。这个过程就称为任务切换。

(5) 调度(scheduler)

调度是内核的主要职责之一,它决定任务运行的次序。基本的调度算法有先来先服务 FCFS,最短周期优先 SBF,优先级法(priority),轮转法(round-Robin),多级队列法(multi-level queues),多级反馈队列(multi-level feedback queues)等。调度的基本方式有可剥夺型和不可剥夺型。多数实时内核是基于优先级调度的多种方法的复合。

(6) 优先级(priority)

每个任务按其重要性被赋予一定的优先级。优先级又分为静态优先级与动态优先级。已开发出多种算法用于实时任务的优先级分配,基本的有单调执行率调度法 RMS 和最早期限优先法 EDF 等。

(7) 互斥(mutex)机制

互斥机制确保在同一时间段内不同的任务不执行同一部分代码,以保证每个任务在处理共享数据时的排它性,避免竞争和数据的破坏。

(8) 信号量(semaphore)机制

当某项任务正在内核中执行时,设置一个"标志",在这个标志清除前,其他任务必须等待,并且该任务不能被中断。这个标志就称为一个信号量。这是一种锁定机制,它会通知其他任务某项资源被锁定。

(9) 代码临界区(critical section)

代码临界区指一段不可分割的代码,一旦执行,不能被中断。实现代码临界区的方法有:①屏蔽中断,通常在代码执行前关闭中断,执行后打开中断,只能用于单处理机的情形;②通过信号量机制。

(10) 任务间通信(inter-task communication)

在多任务系统中,任务之间存在相互制约的关系,或者任务之间需要交换信息,称为任务间通信。任务间通信的方式有:邮箱,队列,事件标记等。

(11) 可预测性(predictability)

可预测性指在系统运行的任何时刻、任何情况下,实时操作系统的资源调配策略都能为争夺资源(包括 CPU、内存、网络带宽等)的多个实时任务合理地分配资源,使各实时任务的实时性要求都能得到满足。简单而言:操作系统的行为是可知的。

(12) 评价实时操作系统的 3 个重要指标为:

① 系统响应时间(system response time)

系统响应时间指从系统发出处理要求,到系统给出应答信号的过程所用的时间。

② 任务切换时间(context-switching time)

任务切换时间指任务之间切换所使用的时间。

③ 中断延迟(interrupt latency)

中断延迟指从计算机接收到中断信号到操作系统做出响应,并完成切换转入中断服务程序的过程所用时间。

3. 实时操作系统的开发环境和编译技术

由于嵌入式系统本身不具备自主开发能力,在设计完成后,用户不能对其中的程序功能进行修改,而且开发机器不是执行机器,开发环境不等于执行环境,因此就需要一套专门的开发工具和开发环境才能进行开发。这些工具和环境一般是基于通用计算机上的软硬件设备以及各种逻辑分析仪、混合信号示波器等。如果开发机就是运行机,则称为本地编译。但通常采用的是"宿主机/目标机"方式(如图 8-6 所示),即首先利用宿主机丰富的资源和良好的开发环境来对目标机将要运行的程序进行开发和仿真调试,然后通过串口或网络接口将交叉汇编生成的目标代码下载到目标机上,并利用交叉调试器在监控程序或实时内核的支持下进行实时分析和调度。最后由目标机在特定的环境下运行。

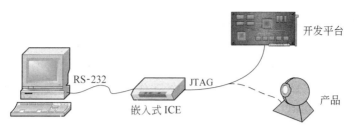

图 8-6 宿主机/目标机的开发方式

4. μC/OS-Ⅱ 实时操作系统

μC/OS 是美国人 Jean Labrosse 1992 年编写的源码公开的实时内核。希腊字母 μ 表示"小",C 是 control 表示控制器。μC/OS 字面上的意思是"适合于小的、控制器的操作系统"。1998 年升级版本成为 μC/OS-Ⅱ (www.uCOS-Ⅱ.com),目前的版本为 μC/OS-Ⅱ V2.61。μC/OS 以及 μC/OS-Ⅱ 已经被移植到几乎所有的嵌入式应用类 CPU 上,且移植实例的源码可以从网站上下载。

(1) μC/OS-Ⅱ 的特点

μC/OS-Ⅱ 的特点可以概括为以下几个方面:

① 有源代码,有范例,且源代码中有详细的注解。

② 源代码的 90% 以上用 C 语言写成,可移植性好。

μC/OS-Ⅱ 可裁减、可固化,最小内核的 ROM 可以小到 2KB 以下。

③ 多任务。μC/OS-Ⅱ 内核属于优先级的可剥夺型,可以管理 64 个任务(目前的版本保留 8 个给系统,应用程序最多可以有 56 个任务)。每个任务有特定的优先级,用一个数字来标识,优先级越高,数字越小。任务切换采用查表法,切换速度快。实时性是可知的、有保证的。

④ 中断管理。中断嵌套层数可达 255 层。

⑤ 稳定性与可靠性有保证。μC/OS 自 1992 年以来,已经有上千个应用,是一个被实践证实为好用的内核。

(2) μC/OS-Ⅱ 的任务调度机制

μC/OS 是可剥夺型实时多任务内核。这种内核在任何时刻只运行就绪了的最高优先级的任务。μC/OS 调度工作的内容是进行最高优先级任务的寻找和任务的切换。

μC/OS 还提供了调度的锁定和解锁机制,使得某个任务就可以短期禁止内核进行任务调度,从而占有 CPU。由于调度锁定采用的是累加方式,内核允许任务进行多级锁定,最大锁定层数不能超过 255。当一个任务锁定了系统的任务调度时,μC/OS 基于优先级的实时运行方式不复存在,优先级由高到低的次序被改为:各种中断任务(最高)、锁定调度的任务(其次)、其他所有任务(最低)。

8.1.4 嵌入式系统的开发

嵌入式设计具有一个生命周期,即可以将嵌入式项目设计分为 7 个具体阶段:①产品定义;②软件与硬件的划分;③迭代与实现;④详细的硬件与软件设计;⑤硬件与软件集成;⑥产品测试与发布;⑦持续维护与升级。

1. 嵌入式系统开发步骤

为了达到设计复用和可视化、减小设计修改成本、有助于测试和质量控制的目的,设计过程中必须要有比较完善的文档管理,其中包括:
- 需求分析文档(产品定义阶段);
- 总体方案设计(选择过程和软硬件划分阶段);
- 概要设计文档(软硬件初步设计阶段);
- 详细设计文档(软硬件详细设计阶段);
- 测试需求文档(模块测试及联调准备阶段);
- 系统测试报告(测试小组);
- 使用说明文档/源程序注释。

在嵌入式系统的开发中,可以按照以下步骤进行:

(1) 确定嵌入式系统的要求

包括功能要求(取决于应用的用途,决定了硬件的部分,例如输入、输出外围部件以及计算和通信部件)和非功能要求(如尺寸、成本和耗电量)。

(2) 设计系统的体系结构和总体方案设计

注意系统采用的是什么种类的 OS(硬实时、软实时,是否需要嵌入式)、选择处理器种类(MCU、MPU、DSP 或 SOC)和相关硬件。

总体方案设计中还需要进行系统外部接口描述、系统软硬件框架设计、时间与进度安排、对产品成本估算和对研制经费需求分析。

在选择操作系统时要满足定时要求、获得 OS 对处理器的支持,适当的 OS 覆盖区(可删除不必要的功能以减少覆盖区),满足成本要求。

根据功能要求选择不同厂商、不同位数的处理器。选择时不仅要考虑价格和性能,还要考虑客户支持、培训、设计支持和开发工具的成本。针对只包含最少的处理工作和少数 I/O 的功能,可以使用 8 位微控制器。如果由于计算和体系要求使得应用(如路由器、电信交换机)需要嵌入式 OS,就应该使用一个 16 位或 32 位的处理器。如果应用涉及信号处理和数学计算(如音频编码、视频信号处理等),就需要选择一个 DSP。如果应用在很大程度上面向图形,且要求响应时间要快,可能就需要使用一个 64 位处理器。

确定处理器后,需要确定外围设备,包括静态 RAM、EPROM、闪存、串行和并行通信接口、网络接口、可编程定时器/计数器、状态 LED 指示和应用的专门硬件电路。

(3) 选择开发平台

这里的开发平台包括硬件平台(包括交叉编译器、连接器、加载程序和调试器)、编程语言(C、VC++、VB 或 Java 语言)和开发工具。

开发工具集有：EPROM 编程器、ROM 仿真器、指令集模拟器、调试监视器、测试仪器、实时在线仿真系统 ICE、JTAG(joint test action group)等。

(4) 应用编码并按照代码优化原则优化代码

代码优化中需要进行的工作包括：清除程序中无用代码以及为调试引入的代码，避免使用大型的库例程和递归式例程，只要可能就使用无符号数据类型。另外，若某个函数或例程消耗大量的计算时间，则将其采用汇编语言来编码。

(5) 在主机系统上验证软件

先将源代码编译和汇编成目标文件，然后将所有目标文件链接成一个单独的目标文件，再将其重新定位在所分配的物理存储器地址中，得到程序的可执行二进制映像，并可装载到嵌入式系统的目标 ROM。这个定位程序也运行在主机系统上。

(6) 在目标系统上验证软件

当软件在主机系统上测试通过后，就可以移植到目标电路板上，在这里完成对功能和性能要求的完整测试。

2. 一类 ARM SDT 仿真开发环境

计算机体系结构有 CISC(complex instruction set computer，复杂指令系统计算机)和 RISC(reduced instruction set computer，精简指令集计算机)两大类。目前在 2.5G 和 3G 芯片中，基于 ARM(advanced RISC machines)内核的芯片占总量的 99%，小灵通基本上也是基于 ARM。

1985 年 4 月 26 日，第一个 ARM 原型在英国剑桥的 Acorn 计算机有限公司诞生，由美国加州 San Jose VLSI 技术公司制造。ARM 公司的 32 位 RISC 处理器在 1999 年因移动电话火爆市场，到 2001 年初占市场份额超过 75%。ARM 公司是知识产权供应商，是设计公司，本身不生产芯片，靠转让设计许可，由合作伙伴公司来生产各具特色的芯片。ARM 的内核耗电少、成本低、功能强，特有 16/32 位双指令集，已成为移动通信、手持计算、多媒体数字消费等嵌入式解决方案的 RISC 标准。

ARM 处理器当前有 5 个产品系列：ARM7、ARM9、ARM9E、ARM10 和 SecurCore。每个系列提供一套特定的性能来满足设计者对功耗、性能和体积的需求。其中 ARM7 处理器系列应用最广，采用 ARM7 处理器作为内核生产芯片的公司最多。ARM7TDMI 是适合用于低端的 ARM7 处理器核。

当进行嵌入式系统开发时，选择合适的开发工具可以加快开发进度，节省开发成本。因此，一套含有编辑软件、编译软件、汇编软件、连接软件、调试软件、工程管理及函数库的集成开发环境是必不可少的。

ARM SDT 是 ARM Software Development Toolkit 的简写,是 ARM 公司为方便用户在 ARM 芯片上进行应用软件开发而推出的一整套集成开发工具。ARM SDT 由一套完备的应用程序构成,并附带支持文档和例子,可以用于编写和调试 ARM 系列的 RISC 处理器应用程序。另外,进行嵌入式系统开发时,开发平台不可缺少。

下面介绍的 ARM SDT 仿真开发平台采用了基于 S3C44B0X 微处理器的嵌入式系统。S3C44B0X 微处理器是三星公司专为手持设备和一般应用提供的高性价比和高性能的微控制器解决方案,它使用 ARM7TDMI 核,工作在 66MHz。为了降低系统总成本和减少外围器件,这款芯片中还集成了下列部件:8KB Cache、外部存储器控制器、LCD 控制器、4 个 DMA 通道、2 通道 UART、1 个多主 IIC 总线控制器、1 个 IIS 总线控制器、5 通道 PWM 定时器及一个内部定时器、71 个通用 I/O 口、8 个外部中断源、实时时钟、8 通道 10 位 ADC 等。采用 S3C44B0X 开发通用系统的嵌入式系统的系统框架结构如图 8-7 所示。

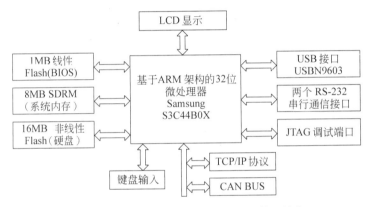

图 8-7 基于 ARM 的嵌入式硬件平台体系结构

一类基于 ARM 和 μC/OS-Ⅱ 的嵌入式开发平台如图 8-8 所示。

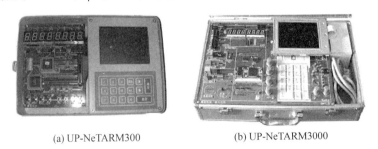

(a) UP-NeTARM300   (b) UP-NeTARM3000

图 8-8 嵌入式开发平台

按照如图 8-9 所示的方式连接嵌入式开发板,就可以在其上进行用户程序的调试。

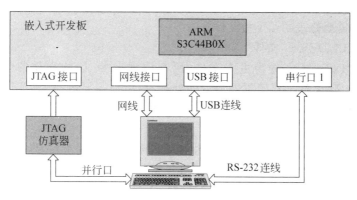

图 8-9　嵌入式开发板的连接方式

3. 基于 μC/OS-Ⅱ 建立实时操作系统

在建立实时操作系统之前,需要将 μC/OS-Ⅱ 移植到自己的硬件平台上,然后再扩展得到 RTOS 的体系结构,并在此基础上,建立相应的文件系统、外设及驱动程序、引进图形用户接口等,得到自己的 RTOS。

(1) μC/OS-Ⅱ 的移植

所谓移植,是指使一个实时操作系统能够在某个微处理器平台上运行。μC/OS-Ⅱ 的主要代码都是由标准的 C 语言写成的,移植方便。

将 μC/OS-Ⅱ 移植到目标处理器时必须满足的要求为:

- 处理器的 C 编译器能产生可重入代码;
- 在程序中可以打开或者关闭中断;
- 处理器支持中断,并且能产生定时中断(通常在 10Hz~1000Hz 之间),以实现多任务间的调度;
- 处理器能够容纳一定量数据的硬件堆栈;
- 处理器有将堆栈指针和其他 CPU 寄存器存储和读出到堆栈(或者内存)的指令。

基于 ARM7TDMI 核的 S3C44B0X 处理器完全可以满足这 5 点对目标处理器的要求,因此可以很方便地进行移植。

将 μC/OS-Ⅱ 移植到 S3C44B0X 必须进行的工作内容为:

- 在 OS_CPU.H 中设置与处理器和编译器相关的代码、对具体处理器的字长重新定义一系列数据类型、声明几个用于开关中断和任务切换的宏;
- 在 OS_CPU_C.C 中用 C 语言编写 6 个与操作系统相关的函数;
- 在 OS_CPU_A.ASM 中改写 4 个与处理器相关的汇编语言函数。

编译后的 μC/OS-Ⅱ 内核大约有 6KB~8KB;若只保留最核心的代码,则最小可压缩到 2KB。RAM 的占用与系统中的任务数有关,任务堆栈要占用大量的 RAM 空间,堆栈的大小取决于任务的局部变量、缓冲区大小以及可能的中断嵌套的层数。因此，所要移植的系统中必须要有足够的 RAM。

移植中需要修改的 4 个头文件有：

① INCLUDES.H 文件

INCLUDES.H 文件为主头文件，所有后缀名为.C 的文件的开始都包含 INCLUDES.H 文件。对于不同类型的处理器，用户需要改写 INCLUDES.H 文件，增加自己的头文件，但必须加在文件的末尾。

② OS_CPU.H 文件

OS_CPU.H 文件定义了与处理器和编译器相关的基本信息，这些基本信息包括：

- 与编译器相关的数据类型如 INT8U、INT8S 等。
- 通过宏 OS_ENTER_CRITICAL( ) 和 OS_EXIT_CRITICAL( ) 来控制系统关闭或者打开中断。
- 设置堆栈增长方向为由高地址向低地址增长。
- 采用 OS_TASK-SW( ) 来实现任务切换。就绪任务的堆栈初始化应该模拟一次中断发生后的样子，堆栈中应该按进栈次序设置好各个寄存器的内容。OS_TASK-SW( ) 函数模拟一次中断过程，在中断返回时进行任务切换。
- 设定时钟节拍的发生频率。

③ OS_CPU_C.C 文件

需要用户用 C 语言编写 6 个与操作系统相关的函数：

- void * OSTaskStkInit (void (* task)(void * pd), void * pdata, void * ptos, INT16U opt)——用于初始化任务的堆栈；
- void OSTaskCreateHook (OS_TCB * ptcb);
- void OSTaskDelHook (OS_TCB * ptcb);
- void OSTaskSwHook (void);
- void OSTaskStatHook (void);
- void OSTimeTickHook (void)。

其中后 5 个函数为钩子函数，需要声明，可以不加代码。

④ OS_CPU_A.ASM 文件

需要用户用汇编语言编写 4 个与处理器相关的函数：

- OSStartHighRdy( )——运行优先级最高的就绪任务；
- OSCtxSw( )——实现任务级的任务切换；
- OSIntCtxSw( )——实现中断级任务切换；
- OSTickISR( )——$\mu C/OS-II$ 的时钟中断服务函数。

(2) 基于 $\mu C/OS-II$ 扩展 RTOS 的体系结构

完成上述工作后，$\mu C/OS-II$ 就可以正常运行在 ARM 处理器上了，但离实际使用还有一段距离，需要通过以下工作，将其扩展为实用的操作系统。对操作系统的扩展主要包括：建立文件系统、为外部设备建立驱动程序并规范相应的 API 函数、创建 GUI(graphical user interface,图形功能用户接口)函数、建立其他实用的应用程序接口函数等。基于 μC/OS-Ⅱ 内核扩展的 RTOS 的软件框架如图 8-10 所示。

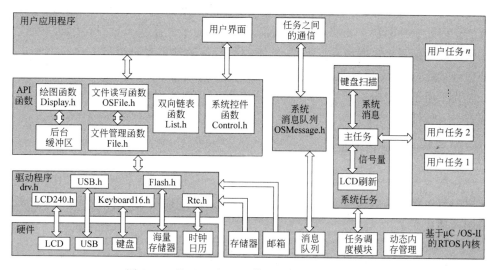

图 8-10 基于 μC/OS-Ⅱ 扩展 RTOS 的体系结构

由图 8-10 可以看出，基于 μC/OS-Ⅱ 扩展 RTOS 的各个部分可以划分为：RTOS 内核、系统外围设备的硬件部分、驱动程序模块、操作系统提供标准应用程序接口的 API 函数、系统消息队列、系统任务、用户应用程序。

(3) 建立文件系统

μC/OS-Ⅱ 本身不提供文件系统。针对嵌入式的应用，参考 FAT16(file allocation table,文件分配表)的文件系统，可以利用与文件系统相关的 API 函数（初始化系统文件管理函数 initOSFile、读取文件函数 ReadOSFile、写文件函数 WriteOSFile、关闭文件函数 CloseOSFile 等），来建立相应的简单文件系统。该文件系统可以保存最多 512 个文件，文件数据以簇为单位进行存储，每个簇的大小固定为 16KB，每个簇在文件分配表(FAT)中都有对应的表项。文件名称和相关信息存放在文件目录表中，整个文件系统(文件目录表和文件分配表)就构成了一个单向链表。

(4) 外设驱动程序

外设驱动函数可以对系统提供访问外围设备的接口，当外围设备改变时，只需要更换相应的驱动程序，不必修改操作系统内核以及运行在操作系统中的软件。常用的外围设备有：串行口、液晶显示、键盘、USB 接口、网络相关组件等。

(5) 图形用户接口(GUI)

基于 32 位的嵌入式处理器的硬件平台有比较高的运算速度和大容量的内

存。可以为人机交互建立起图形用户接口,即为图形用户界面应用建立相应的 API 函数,其中包括基于 Unicode 的汉字字库、基本绘图函数、典型的控件。

(6) 系统消息队列

在多任务操作系统中,各任务之间通常是通过消息来传递信息和同步的。用户应用程序的每个任务都有自己的信息响应队列和消息循环。通常,任务通过等待消息而处于挂起状态。当任务接到消息后,则处于就绪状态,然后开始判断所接收到的消息是否需要处理。如果是,则执行相应功能的处理函数。执行完相应处理函数后,将删除所接收到的消息,继续挂起等待下一条消息。

为了便于用户应用开发,操作系统还提供了其他实用的 API 函数,包括双向链表、系统时间函数等。

4. 建立与调试用户应用程序

在嵌入式硬件平台的基础上,有了前面基于 μC/OS-Ⅱ建立的实时操作系统,用户就可以在相应的操作系统平台上使用操作系统所提供的 GUI 及 API 函数来编制应用程序了。

(1) 操作系统的启动过程

一般而言,操作系统的启动过程如下面程序所示:

```
int Main(int argc, char * * argv)
{
    ARMTargetInit( );              //开发板初始化
    OSInit( );                     //操作系统初始化
    uHALr_ResetMMU( );             //复位 MMU
    LCD_Init( );                   //初始化 LCD 模块
    initOSGUI( );                  //初始化图形界面
    LoadFont( );                   //装载系统 Unicode 字库
    LoadConfigSys( );              //使用 config.sys 文件配置系统设置
    OSTaskCreate(Main_Task,(void * )0, (OS_STK * ) &Main_Stack[STACKSIZE *
    8-1], Main_Task_Prio);
                                   // 创建系统任务
    OSAddTask_Init( );             //创建系统附加任务
    LCD_ChangeMode(DspGraMode);    //变 LCD 显示模式为文本模式
    InitRtc( );                    //初始化系统时钟
    Nand_Rw_Sem = OSSemCreate(1);  //创建 Nand-Flash 读写控制旗语,1 满足互斥
                                   //条件
    OSStart( );                    //操作系统任务调度开始
    return 0;
}
```

(2) 实现消息循环

在多任务系统中,消息是系统各个任务之间通信的最常见的手段。在系统的主任务中,可以使用如下的代码来实现消息循环:

```
POSMSG pMsg;
        for( ; ; )
{       //消息循环
        pMsg = WaitMessage(0);           //等待消息,返回指向系统的消息/结构
                                         //指针
            switch(pMsg->Message){
                case OSE_KEY:
                onKey(pMsg->WParam, pMsg->LParam);
                break;
            }
            DeleteMessage(pMsg);          //删除消息,释放资源
}
```

(3) 任务对应资源分配及其任务的创建

μC/OS-Ⅱ操作系统可以同时运行 64 个任务,且每个任务均有独立的栈空间和唯一的任务优先级。其中 8 个任务被系统内核使用,4 个任务被操作系统使用。被操作系统使用的一个任务对应的资源分配如下:

```
OS_STK Main_Stack[STACKSIZE * 8] = {0, };    //Main_Task 堆栈空间分配
void Main_Task(void * Id);                   //Main_Task 任务说明
#define Main_Task_Prio     12                //任务的优先级
```

其中的 STACKSIZE 是一个常量,为系统默认的任务栈的大小,若任务需要分配的栈空间比较大,则可以适当取该常量的倍数,以增加对应的栈空间。

假设用户某任务为 Dp_Task,则相应任务定义如下:

```
OS_STK Dp_Stack[STACKSIZE] = {0, };          //Dp_Task 堆栈空间分配
void Dp_Task(void * Id);                     //Dp_Task 任务说明
#define Dp_Task_Prio     14                  //任务的优先级
```

使用下面的代码来创建 Dp_Task 任务:

```
OSTaskCreate(Dp_Task,(void *)0,(OS_STK *) &Dp_Stack[STACKSIZE-1], Dp_Task_Prio);
```

(4) 任务的实现

完成任务 Dp_Task 所对应的程序将放置于函数体 Dp_Task( )内实现。例如,假设该任务是在液晶屏和串口同时显示信息"Hello world!",则实现程序为:

```
void Dp_Task(void * Id)                    //Dp_Task
{
    POSMSG pMsg;                           //消息定义
    LCD_ChangeMode(DspTxtMode);            //转换 LCD 显示模式为文本显示模式
    LCD_Cls( );                            //文本模式下清屏命令
    LCD_printf("Hello world! \n");         //向 LCD 输出
    Uart_Printf("Hello world! \n");        //向串口输出

    for(;;)
    {   //消息死循环
        OSTimeDly(200);                    //主任务挂起 200ms
    }
}
```

8.1.5 嵌入式控制系统设计实例

1. 税控收款机

税控收款机是带有税收监控功能的收款机,它带有税收计量仪,在收款的同时可以存储产品销售及应上缴税金的记录,有严格的物理和电子保护措施,由税务机关铅封,使存储的数据无法人为地修改和破坏。税控收款机的内部主要由收款和税控组成,所以首先必须包括商业 pos 机的功能,支持一般性商品的销售、商品管理、销售业绩管理、销售统计分析等。为了提高系统的性价比和降低成本,并便于进行管理和提高系统的可靠性,采用嵌入式计算机控制系统来设计该税控收款机。

(1) 税控收款机系统的硬件设计

嵌入式税控收款机的硬件组成如图 8-11 所示。

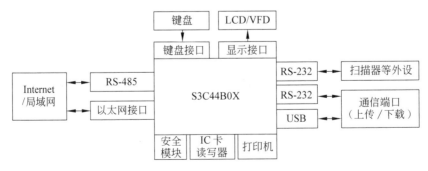

图 8-11 税控收款机的系统组成框图

嵌入式控制器采用 ARM 结构微处理器(S3C44B0X),外围扩展存储器接口,其非易失性存储器用于存储系统的运行参数等重要数据。通过键盘进行销售与部分控制功能。VFD 向顾客显示交易状态；LCD 向营业员显示当前的交易状态和功能选择菜单。作为收款机，还需要将条形码扫描器、电子秤、Modem、磁卡阅读器通过 RS-232 与税控收款机相连接。USB 口可以用于对大批量商品目录进行下载更新。安全模块保证程序数据已经设定不可修改，并带有自毁功能以阻止任何未经授权的侵入。IC 卡读写器可用来装入税务部门的初始化卡和指定时间报税数据的写入。打印机通过光敏元件进行定长走纸控制，以用来打印税务部门印制的专用发票。税控收款机联网的连接方式为 RS-485 总线或以太网接口，具有连接简单、成本低、可靠性高的优点。

（2）税控收款机系统的软件设计

软件设计采用模块化思想，嵌入式控制器使用基于 μC/OS 内核的 RTOS 操作系统，以完成多任务之间的调度和同步。用户的应用程序建立在系统的主任务之上。用户应用程序主要通过调用系统的 API 函数对系统进行操作，在用户的应用程序中也可以创建用户自己的任务。根据税控收款机的功能需求，系统任务的划分如图 8-12 所示。系统的软件框图则可以借鉴图 8-10。

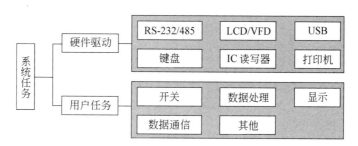

图 8-12　系统任务的划分

2. 智能滴灌控制器

滴灌技术是通过管道系统与安装在管道末端的灌水器如滴头、微喷头等，将有压水按作物的实际耗水，适时、适量地对作物根部土壤进行灌水的一种先进灌溉方法。

滴灌控制器的工作原理是：根据室外气象传感器提供的气象信息（室外的温度、湿度、风速、风向、光照、雨量等），废液回收系统的废液品质，以及温室内部的温、湿度，土壤湿度信息和植物叶面蒸腾量，决策出不同灌溉区域的灌溉控制方式，并根据营养液混合管道的盐度和酸碱度传感器的反馈，调节营养液配比装置，利用人工智能技术（包括专家系统、模糊控制）对节水灌溉的全部系统进行自适应检测与控制，做到合理调配水、肥，实现既经济又适当的农业生产供水。

（1）智能滴灌控制器的硬件设计

嵌入式智能滴灌控制器硬件结构如图 8-13 所示。嵌入式控制器采用 ARM

结构微处理器，外围扩展存储器接口，其非易失性存储器用作存储系统的运行参数和灌溉规则等重要数据。液晶显示器、键盘触摸屏作为人机交互接口，通过无线网与 PC 机进行通信。采用 8255 作为系统的 I/O 扩展，光电隔离之后实现键盘接口、液位报警输入和各类驱动输出。开关量输出通过驱动过零型固态继电器开关水泵和电磁阀，使系统具有很高的抗干扰性能。嵌入式控制器可以支持工业现场总线、工业以太网两种网络结构。嵌入式控制器与网络伺服驱动器之间采用无线通信方式，具有连接简单、成本低、可靠性高的优点。

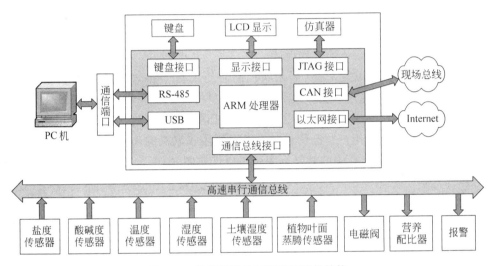

图 8-13　智能灌溉控制器系统硬件结构

RS-485 串行接口负责与远端的气象站通信，可获得室内外温、湿度，土壤水分及室外光照、雨量、风速等参量；还可与其他控制器级联及与上位机进行通信，构成更大范围的智能灌溉自动控制系统。RS-485 差分驱动器之前控制系统及其应用采用高速光电隔离，以保证系统通信的高可靠性和稳定性。由于控制器长期连续工作，可靠性非常重要。利用 Watchdog 及低电压检测电路提高系统的抗干扰性能。控制器电源进线加入噪声滤波器及压敏电阻抑制电源干扰。后向通道采用过零型固态继电器输出，减小负载通断产生的干扰影响。

(2) 智能滴灌控制器的软件设计

软件设计采用模块化思想，嵌入式控制器使用基于 μC/OS 内核的 RTOS 操作系统。其软件主流程框图如图 8-14 所示。

后台通信程序通过 RS-485 以中断方式得到系统计算所需的各传感器数据。前台主程序采用状态转移法设计，通过状态标志的修改完成各模块之间的切换。

采用的几种运行模式有：

手动运行模式——用户制定灌溉区域、营养液配比以及灌溉时间和灌溉水量。

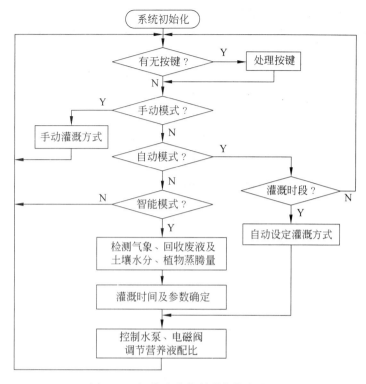

图 8-14 智能滴灌控制器软件主流程

自动运行模式——利用用户预先设定的一批灌溉参量(包括灌溉区域、营养液配比、灌溉时间和灌溉水量)进行自动灌溉。

智能运行模式——根据各传感器的参数输入,使用人工智能算法自动完成拟定动态输配水计划,对节水灌溉的全部系统进行自动检测与控制。

实践应用表明,该智能滴灌控制器具有较高的性价比和自动化程度,同时,本控制系统具有较好的系统可扩展性、灵活性和较高的系统可靠性,且节水效果明显。

8.2 可编程控制器(PLC)

8.2.1 概述

1. 可编程控制器的发展

根据被控对象的时间特性,自动控制系统可分为3大类:连续量的运动控制、连续量的过程控制和断续量控制。

断续量控制系统在时间特性上表示为离散量（开关量、数字量），这类控制系统以顺序控制为主流，包括时间顺序控制系统、逻辑顺序控制系统和条件顺序控制系统。

　　时间顺序控制系统是固定时间程序的控制系统，它以执行时间为依据，设备的运行或停止与时间有关，各设备运行的时间事先确定。例如物料的输送系统。

　　逻辑顺序控制系统是按照逻辑先后顺序执行操作命令，与时间无严格的关系。例如批量控制的反应釜的进料控制系统。

　　条件顺序控制系统是以执行操作指令的条件是否满足为依据。当条件满足时，执行相应的操作。典型的例子是电梯控制系统。

　　对开关量、数字量的自动控制，在 20 世纪 20~30 年代，采用继电器和接触器等分立电子元件组成的电器控制装置来实现的。这种控制方式简单经济，但继电器和接触器触点的可靠性较差，且固定接线的通用性和灵活性较差，只适应动作较简单、控制规模较小的场合。20 世纪 50 年代启用的半导体逻辑元件，可组成无触点逻辑控制装置，但也只解决了触点的可靠性问题。

　　1969 年，针对美国通用汽车公司（GE）的要求，美国数字设备公司（DEC）将计算机系统的功能与电器控制系统的特点相结合，研制成一种通用的可编程序的控制装置，并在汽车自动装配线上试用并获得了成功。从此，可编程控制器作为一种计算机控制技术得到了极为迅猛的发展。1980 年，美国电气制造商协会（NEMA）正式将可编程控制器命名为 Programmable Controller，简称 PC。由于 PC 容易和个人计算机（personal computer）混淆，故人们仍习惯用 PLC 作为可编程序控制器的缩写。本书亦采用 PLC 作为可编程控制器的缩写。

　　国际电工委员会（International Electronic Commission，IEC）于 1982 年和 1985 年两次对可编程控制器标准进行了规定，指出可编程控制器是一种专为在工业环境下应用而设计的计算机控制装置，其设计原则是易于与工业控制系统形成一个整体，并易于扩充其功能。

　　随着大规模集成电路技术、计算机技术和通信技术的飞速发展，许多新的技术很快在 PLC 的实际中得到应用，使 PLC 的功能不断丰富和完善。

　　从 1969 年到现在，PLC 经历了四次换代：第一代 PLC 多用一位机开发，用磁芯存储器存储，只有单一的逻辑控制功能；第二代 PLC 运用 8 位微处理器及半导体存储器，产品开始系列化，控制功能得到较大的扩展；第三代 PLC 产品随着高性能微处理器的大量使用，其处理速度大大提高，并促使其向多功能及联网通信方面发展，初步形成了分布式的通信网络体系，但由于制造厂商各自为战，各产品的互通比较困难；第四代 PLC 产品不仅全面使用 16 位、32 位高性能微处理器、RISC 体系 CPU，且在一台 PLC 中配置多个微处理器，进行多道处理。同时开发大量内含微处理器的智能模块，使第四代 PLC 产品成为具有逻辑控制功能、过程控制功能、运动控制功能、数据处理功能、联网通信功能的多功能控制器。第四代 PLC 为开放式产品,采用标准的软件系统,增加了高级编程语言,且其构成的PLC网络也得到飞速发展。PLC及其网络已成为工厂企业首选的工业控制装置,并成为CIMS(computer-integrated manufacturing system,计算机集成制造系统)不可或缺的基本组成部分。PLC及其网络已经被公认为现代工业自动化三大支柱(PLC、机器人、CAD/CAM)之一。

现代PLC的发展有两个主要趋势:其一是向体积更小、速度更快、功能更强和价格更低的微小型方面发展,以占领小型、分散和简单功能的工业控制市场。由于微电子工业的迅速发展,集成电路的制造水平不断提高,使PLC可以设计得非常紧凑,抗震防潮和耐热能力增强,可靠性进一步提高,因此就有可能将PLC安装到每个机械设备的内部,与机械设备有机地融合在一起,真正做到机电一体化。其二是向大型网络化、高速度、高可靠性、好的兼容性和多功能方面发展,使其向下可将多个PLC、I/O框架相连;向上与工业计算机、以太网、MAP(manufacturing automation protocol,制造业自动化通信协议)网等相连构成整个工厂的自动化控制系统。

2. 可编程控制器的特点

PLC之所以在工业界得到越来越多的应用,是因为它具有以下的特点:

(1) 功能齐全

PLC的基本功能包括:①多种控制功能(包括逻辑、定时、计数、顺序控制等)。②输入/输出接口调理功能(包括开关量输入输出,模拟量输入输出)。③数据采集、存储与处理功能(包括辅助继电器,状态继电器,延时继电器,锁存继电器,主控继电器,定时器,计数器,移位寄存器,鼓形控制器,跳转和强制I/O等,其指令系统日趋丰富,不仅具有逻辑运算、算术运算等基本功能,而且能以双倍精度或浮点形式完成代数运算和矩阵运算)。④通信联网功能(包括通信联网、成组数据传送等)。⑤其他扩展功能(包括PID闭环回路控制、排序查表、中断控制及特殊功能函数运算、智能I/O、远程I/O等)。

(2) 应用灵活

PLC采用标准的积木硬件结构和模块化的软件设计,使其不仅可以适应大小不同、功能各异的控制要求,而且可以适应各种工艺流程变化较多的场合。

PLC机的安装和现场接线简单,可以按积木方式扩充和删减其系统规模。由于它的逻辑、控制功能是通过软件完成的,因此允许设计人员在没有购买硬件设备之前,就进行"软接线"工作,从而缩短了整个设计、生产、调试周期,研制费相对而言也相应减少。

(3) 操作维修方便,稳定可靠

PLC采用电气操作人员习惯的接近绘制电气原理图的梯形图或功能助记符编程,使用户能十分方便地读懂程序和编写、修改程序。操作人员经短期培训,就可以使用 PLC。

PLC 的结构采取整体密封或插件组合型,对印刷板、框架、插座等均有严密的措施。由于需要在环境较恶劣(如环境温差大,电源质量差,有较大的粉尘和较强的电磁干扰)的工厂现场运行,因此 PLC 具有很强的抗干扰能力和较高的可靠性。

PLC 机具有完善的监视和诊断功能。其内部工作状态、通信状态、I/O 点状态和异常状态等均有醒目的显示,大多数模块可以带电插拔。因此,操作人员、维修人员可以及时准确地了解机器故障点,利用替代模块或插件的办法迅速处理故障。

另外,由于 PLC 采用了屏蔽、滤波、隔离、连锁、Watchdog 电路等积极有效的硬件防范措施,且其结构精巧,所以耐热、防潮、抗震等性能也很好,平均无故障时间可达 4~5 万小时,西门子、AB(Allen Bradley)、松下等微小型 PLC 可达 10 万小时以上,而且均有完善的自诊断功能,判断故障迅速,便于维护。虽然各厂家生产不同的 PLC 型号,但各国均有相应的标准,产品都严格地按有关技术标准进行出厂检验,均可适应恶劣的工业应用环境。制造厂商认为可靠性已不存在问题。在日立、西门子、IPM 等产品资料中,可靠性不再是一项技术指标。

目前,许多厂家的 PLC 产品诊断的故障分级响应、处理措施,可以极大提高系统的可靠性。一些公司已将自诊断技术、冗余技术、容错技术广泛应用到现有产品中,推出了高可靠性的冗余系统,并采用热备用或并行工作、多数表决的工作方式,从而大大提高了系统的可靠性。

(4) 模块智能化、通信网络化

PLC 专用 I/O 模块的智能化使得 PLC 从继电器控制系统的替代物迅速转变为能够在制造测试、质量管理、过程控制和其他领域中应用的多用途控制器。

越来越多的厂家将形成开放式的网络作为产品目标,例如 AB 公司和 OMRON 公司等都开发了以太网卡及有关的产品,使 PLC 可以通过以太网同许多厂商提供的各种设备进行广泛的通信。由于 PLC 通信功能的不断扩展,使得 PLC 不仅仅能孤岛运行,更可以联网、与计算机通信、交换数据,增加现场总线、通信、特殊模块。PLC 的通信包括 PLC 之间、PLC 与上位计算机之间以及 PLC 与其他智能设备间的通信。PLC 系统与通用计算机可以直接或通过通信处理单元、通信转接器相连构成网络,以实现信息的交换,并可构成"集中管理、分散控制"的分布式控制系统,满足工厂自动化系统发展的需要,各 PLC 系统或远程 I/O 模块按功能各自放置在生产现场分散控制,然后采用网络连接构成集中管理的分布式网络系统。使得 PLC 再次获得强大的生命力和更宽的应用领域。

PLC 目前主要应用于以下几种场合:①开关逻辑控制(如自动电梯的控制、传输皮带的控制等);②闭环过程控制(如锅炉运行控制,自动焊机控制、连轧机的速度和位置控制等);③机械加工的数字控制;④机器人控制;⑤多级网络系统。

值得注意的一点是:由于 PLC 是由电气控制厂家研制生产的,其开始就是针对工业顺序控制并扩大应用而发展起来的,因此硬件结构专用,各厂家产品不通用,兼容性较差。而且,PLC 的软件资源较贫乏,还不能直接应用资源丰富的微机软件。

8.2.2 PLC 的结构和工作原理

1. PLC 的组成和基本结构

从外形上看,PLC 一般具有两种结构形式:整体式单元结构和模块化结构。整体式单元结构如图 8-15(a)所示。它可以作为一个独立的控制设备使用,支持的 I/O 点数比较少,适用于单体设备的开关量自动控制和机电一体化产品的开发应用等场合。必要的时候可以通过扩展 I/O 电缆,将整体式 PLC 连接一个或几个扩展单元,以增加 I/O 点数,如图 8-15(b)所示。模块化结构如图 8-15(c)所示,根据系统中各组成部分的不同功能,分别将它们制成独立的功能模块,各个模块具有统一的总线接口。用户在配置系统时,只要根据系统的功能要求选用相应的模块组装到一起,就可以组成完整的系统;因此具有组合灵活的特点,适用于复杂过程控制系统的应用场合。

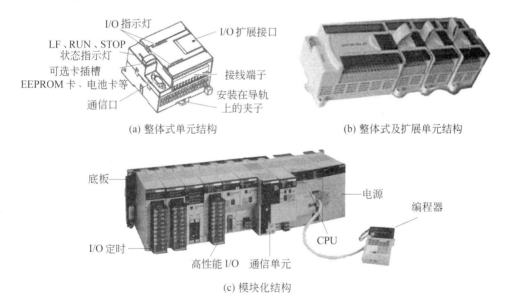

图 8-15 PLC 结构形式图

一般按 I/O 点数,可将 PLC 分为微型、小型、中型、大型四大类。微型 PLC 是整体单元结构,I/O 点数一般为几十点(如 OMRON 的 C12H,三菱的 FX_0)。小型 PLC 的 I/O 点数至多可达 256 点,可以采用整体单元结构(如 OMRON 的 C120H)和模块化结构(如 OMRON 的 C200H、三菱的 FX_2)两种。中型 PLC 控制

I/O 点数可达 512～1024（如 OMRON 的 C1000H、三菱的 AnS 系列），其中 C1000H 的 PLC 采用多处理器结构，功能齐全且处理速度快。三菱的 AnS 系列使用了将全部功能集中到一起的一个专用芯片，其处理顺序指令的速度高达 0.2 微秒/步，并拥有支持几十个 PID 回路、浮点运算、三角函数的指令。大型 PLC，指的是其 I/O 点数可达 2048 甚至更多的 PLC，如 OMRON 的 C2000H（I/O 点达 2028），西门子的 S5-135U（I/O 点均达 4096）。一般中大型的 PLC 都是采用模块化结构。

PLC 采用了典型的计算机结构，主要由 CPU、RAM、ROM 和专门设计的输入输出的接口电路等组成，其原理如图 8-16 所示。

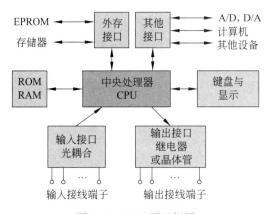

图 8-16　PLC 原理框图

PLC 系统的硬件结构框图如图 8-17 所示。下面简要介绍各模块的主要功能。

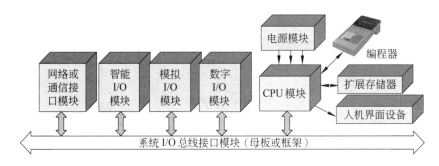

图 8-17　可编程控制器系统硬件结构框图

(1) CPU 模块

CPU 模块是 PLC 的核心部件，它包括微处理器、系统存储器、控制逻辑和接口等，其主要功能是：接收来自输入模块的状态或数据，根据用户编制的应用程序要求，进行逻辑判断、数值计算、数据处理，最后再向被控对象输出相应的控制命令，它还完成对整个系统的自诊断、内部工作状态监控与编程器管理等工作。

(2) 扩展存储器模块

CPU 模板上的存储器容量比较小,若用户程序比较大,就必须考虑插入扩展存储器模块。存储器包括系统存储器和用户存储器。系统存储器由生产厂家事先编写并固化好,其内容主要为监控程序、模块化应用功能子程序、命令解释和功能子程序的调用管理程序等。用户存储器又分为程序区和数据区。程序区是用于存放用户的控制程序,其内容可以由用户根据生产过程和工艺的要求进行修改或增删;数据区主要用来存放输入、输出数据和中间变量,提供计时器、计数器、寄存器等,还包括满足系统程序使用需求和管理的系统状态和标志信息。

(3) 编程器

编程器是编制、编辑、调试、监控用户程序的设备,通过串行口或并行口与 CPU 模块连接。一般编程器有简易手持编程器、智能化图形编程器两种。简易型编程器带有触摸小键盘和液晶显示窗,采用命令语句助记符联机编程,智能型编程器常采用梯形图语言,并可脱机编程。很多 PLC 生产厂家利用微型计算机改装成智能编程器,配有相应的应用软件,不仅可以编程,还可以进行通信和事务管理(如三菱公司的 MELSEC MEDOC 通用编程软件包,就可应用微型计算机对其系列 PLC 进行编程)。

(4) 电源模块

电源模块将交流电源转换成 PLC 所需要的直流电源,使 PLC 可以正常工作,同时还要防止对电源的干扰,有处理电源电压瞬时下降或瞬时停电的功能。它既可以是 CPU 模块内置的,也可以是外挂的(当驱动能力不足时,必须外挂)。PLC 的电源一般采用开关电源,其特点是输入电压范围宽,体积小,重量轻,效率高,抗干扰性能好。

(5) I/O 模块——包括数字 I/O 模块和模拟 I/O 模块两类

数字输入模块将设置在机械上的各种检测器件和安装在控制装置上的控制器件的开关量信号输入,其功能为:将外部输入信号与 PLC 内的信号隔离、将 AC100V 或 DC24V 等输入信号的电平变为能在 PLC 内部处理的信号(通常变为 DC5V 的电平)、过滤混在输入信号中的干扰信号、过滤装置可以消除触点器件接点的振动和跳动现象。所接收和采集现场设备的输入信号,包括由按钮、选择开关、行程开关、继电器触点、接近开关、光电开关、数字拨码开关等开关量信号。

数字输出模块输出功率信号到驱动装置或控制单元中的指示灯等部件,其功能为:输出运算结果、对外部期间电源和 PLC 内部信号进行隔离、防止发生在外部器件或输出导线上对 PLC 的干扰、把能驱动外部器件的电压变换为电流。输出类型可为直流的晶体管、交直流的继电器、交流的晶闸管等方式。

模拟 I/O 模块可实现对连续参数的检测和控制。模拟输入主要包括信号变换电路、模/数转换和隔离锁存电路。模拟输出模块主要包括信号变换电路、数/模转换及隔离锁存电路。

(6) 人机操作界面(HMI)设备

HMI 设备提供操作人员与 PLC 系统之间的交互界面接口。使用 HMI 设备可以显示当前的控制状态、过程变量、报警信息,并可以通过硬件或可视化图形方式输入控制参数。HMI 内置功能可对 PLC 进行简单的监控和设置。一般的 HMI 有文本显示型(TD)和具有触摸屏的图形显示型(TP)两类。

(7) 智能接口模块

智能模块其实是具有 PLC 系统 I/O 总线接口的独立小型微处理器系统,它们可在 PLC 的统一管理下完成某些独立的特定功能,既可弥补 I/O 模块的不足,又不加大中央处理器的负担。常见的智能模块有:远程 I/O 模块(可以使 I/O 模块安装在远离 CPU 模块的设备旁)、高速计数模块、自动位置控制模块(实现高精度定位控制)、PID 模块、中断控制模块、ASCII 模块(可连接具有 RS-232/RS-422 或 20mA 电流环接口的各种外部设备)等等。

(8) 网络通信接口模块

这是为 PLC 之间、PLC 与各种计算机之间、PLC 与各种智能设备之间提供的通信接口,具有传送设定值、控制量等数据功能。

(9) 系统 I/O 总线接口模块

系统 I/O 总线接口模块也称为母线或模块框架,有的是带有插槽的母板,有的是带有插槽的框架,内部装有由总线接口电路、驱动电路等组成的印刷线路板,以实现各插槽间的电器连接。PLC 的各种模块都必须安装在这种母板或框架上,才能组成一个 PLC 系统使用。

一般的 PLC 既可与其他的 PLC 通信,也可与计算机或 PLC 一起组成主从式通信网络或分布式计算机控制系统。

2. PLC 的工作原理

顺序控制是以预先规定的时间或条件为依据,按照预先规定好的动作次序顺序地进行工作。在顺序控制系统中,绝大多数的输入输出信号都是开关量,其变化只有"通"、"断"两种状态。因此,顺序控制要处理的问题就成为对状态的记忆和处理各个信号状态变化的逻辑和时序关系。由于这类系统往往要求多个输入信号同时参与运算,随着输入状态的变化即刻产生输出。在设计顺序控制系统时,必须根据工艺要求,实现信号间的连锁、互锁、状态的记忆设定等。当系统中开关量信号达到成百上千时,则将是一项极其复杂、繁琐的工作。若采用一般的微型计算机来实现控制,则微机的工作方式和编程方法将会给用户的编制控制程序带来极大的不便。且当系统规模大到一定程度时,采用一般微机控制系统就会产生突出的矛盾:

第一,控制系统要求在同一时刻对生产线上各工序的多种信号分别进行状态组合运算。微机对 I/O 点访问的过程是,执行一条程序指令,寻址并处理一个或几个 I/O 点。因此，前后参加运算的输入信号就不是同时刻的状态。极有可能导致逻辑关系不正确，同时也难以保证和生产线上各工序的同步操作。当信号越多、逻辑关系越复杂时，这种矛盾就越突出。

第二，对生产线上各工序的转换信号必须随时捕捉，统一处理。而这些信号状态变化长短不一，时刻不同。微机的传统处理方式是 CPU 不断查询某个信号的状态或由信号状态的变化向 CPU 产生中断申请，使 CPU 转去执行与此有关的处理程序。若这类信号数量较多，无论采用哪种方式，要想对每个信号的状态变化都能随时监测到，则势必会使用户程序的编制变得极其困难，且系统 CPU 也总是处于被动状态，不能充分发挥计算机的优势。

为此，PLC 采用了不同于微机的巡回扫描工作方式，以有效地解决这些矛盾。

(1) PLC 的等效电路

PLC 的 CPU 完成逻辑运算功能，其存储器用于保持逻辑功能，因此，可将图 8-16 画成类似于继电接触器控制的等效电路图，如图 8-18 所示（其中内部控制电路的解释见梯形图语言部分）。

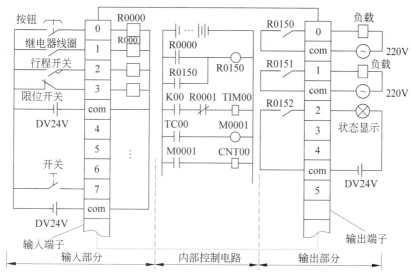

图 8-18 PLC 的等效电路

PLC 的等效电路可分为三部分：输入部分、内部控制电路和输出部分。

① 输入部分

其作用是收集被控设备的信息或操作命令。输入端子是 PLC 与外部开关、敏感元件等交换信号的端口。输入继电器（如图中 R0000、R0001 等）由接到输入端的外部信号来驱动，其驱动电源可由 PLC 的电源模块提供（如直流 24V），也有的用独立的交流或直流电源供给。

② 内部控制电路

它对应用户的控制程序，其作用是按用户程序的控制要求对输入信号进行运算处理,并将得到的结果输出给负载。PLC 内部有许多类型的器件,如定时器、计数器、辅助继电器(图 8-18 中分别用 TIM、CNT、M0001 表示),它们均是软器件,都是用软件实现的常开触点(高电平状态)和常闭触点(低电平状态)。编写的梯形图是将这些软器件进行内部连线,完成被控设备的控制要求。

③ 输出部分

输出部分的作用是驱动外部负载。PLC 输出继电器(如图 8-18 中的 R0150 等)的触点与输出端子相连,通过输出端子驱动外接负载(如接触器的驱动线圈、信号灯、电磁阀等)。根据用户的负载需求可选用不同的负载电源。此外,PLC 还有晶体管输出和可控硅输出,前者只能用于直流输出,后者只用于交流输出,二者均采用无触点输出,运行速度快。

(2) PLC 的工作方式

PLC 的巡回扫描工作方式为:将 CPU 所要完成的工作顺序排列起来,依次处理,而且是周而复始地按照这种顺序反复进行,直至系统停止运行。由于 CPU 的速度很高,所以可以在很短的时间内对全部功能扫描一次,又因为 CPU 不断巡回扫描,所以对每项具体工作而言都好像是连续不断地进行。

巡回扫描工作方式的突出特点是:CPU 对 I/O 操作和执行用户程序分离。在同一扫描周期内,某个输入点的状态对整个用户程序是一致的,不会造成运算结果的混乱;在同一扫描周期内,输出值都将保留在输出映象区中,输出点的值在用户程序中也可以当作逻辑运算的条件使用。

规定扫描周期是从扫描过程中的一点开始,经过顺序扫描又回到该点的过程。在一个扫描周期中,除了要进行系统监控与自诊断外,还包括三个扫描过程:输入扫描过程、执行扫描过程、输出扫描过程。PLC 系统工作过程如图 8-19 所示。

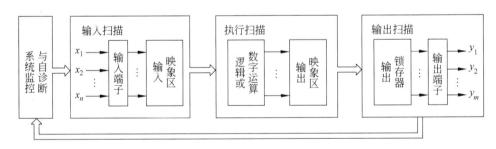

图 8-19 可编程控制器工作过程

① 输入扫描阶段

在一个工作周期开始时,控制器首先读入所有输入端的信号状态,并存入输入状态寄存器。由于输入状态寄存器的位数与输入端子数目相对应,因此,输入状态寄存器又称为输入映象区。用户程序只能读取输入映象区寄存器的状态,而不能改变它的状态。输入采样结束后,控制器进入程序执行阶段。在这一工作周期里,即使输入的状态发生变化,输入映象区的内容也不会改变。只要 CPU 的扫描周期小于所有输入信号电平保持时间的最小值,则 CPU 就能够及时捕捉到任何一个输入信号的状态变化,因而满足顺序控制要求随时检测每个信号状态变化的条件。

② 执行扫描阶段

PLC 按照用户程序在存储器中的存放地址,从头至尾顺序扫描执行整个用户程序。按照指令取出输入映象区的输入状态,若程序需要读入某输出状态,则从输出状态寄存器的对应位读入,然后进行逻辑运算或数字运算,运算结果存入输出映象区保存起来。本阶段并不直接访问 I/O 模板,只与输入输出映象区或其他内部数据区打交道、交换数据。只有当用户程序顺序执行完后,控制器才进入输出扫描阶段。在程序的执行扫描过程中,输出映象区的内容会随程序的执行而变化,但不直接影响输出端子的工作现状。

③ 输出扫描阶段

控制器进入输出扫描的刷新阶段,即同时将输出映象区中的所有输出状态转存到输出锁存器中,并驱动继电器的输出线圈,形成 PLC 的实际输出。

在一个工作周期执行完毕后,地址计数器又恢复到初始地址,重复进入公共操作部分(即系统检测与自诊断),执行由上述 3 个阶段组成的工作周期。只要 PLC 的扫描周期小于所有输出执行机构的最小动作时间,就可以保证系统在整个运行期间,对任一输出点都可以做到连续控制,不存在失控问题。

由图 8-19 可知,PLC 一般的输入输出规则是:

- 输入状态寄存器的内容,由上一个输入采样期间输入端子的状态决定;
- 输出映象区的状态,由程序执行期间输出指令的执行结果决定;
- 输出锁存电路的状态,由程序执行结束后输出映象区的内容来确定;
- 输出端子板上各输出端的状态,由输出锁存电路来确定。

若定义系统响应时间为输入信号变化时刻到由此输入信号引起的输出信号变化时刻之间的时间间隔,则 PLC 系统的响应时间主要受输入/输出延迟、周期扫描和用户程序编程技巧等因素影响。但只要周期扫描时间适当,一般的机电设备是允许这些滞后的。对于实时响应要求较高的系统,则可选用快速智能模块,利用高速脉冲计数、执行高速处理指令,可以将其结果直接输往外部,从而不受巡回扫描方式的制约。此外,还可以利用中断控制功能,使某些信号得到迅速响应。

8.2.3 PLC 常用编程语言

PLC 是专门为面向工业实时控制而开发的装置,因此,要求其使用语言面向现场、面向问题、面向用户,并可直接而简明地表达被控对象的输入输出之间的关系以及动作方式,有效表达有关控制和数据处理的要求。

另外,由于控制语言的标准化是走向自动控制系统开放性的重要一步,因此,1992 年国际电工委员会 IEC 颁布了 IEC61131-3 控制编程语言标准,为不同厂商的 PLC 编程语言的标准化和可移植性提供了可能。由于 IEC61131-3 组合了世界范围已广泛使用的各种风格的控制编程方法,并吸收了计算机领域最新的软件思想和编程技术,其定义的编程语言可完成的功能,已超出了传统 PLC 的应用领域,扩大到所有工业控制和自动化应用领域,包括后面要介绍的 DCS 系统。

IEC61131-3 定义了以下五种编程语言。

1. 梯形图语言 LD（ladder diagram）

梯形图语言是在原电气控制系统中常用的接触器、继电器梯形图基础上演变而来的,它与电气操作原理相呼应。它形象直观,为电气技术人员所熟知,是 PLC 的主要编程语言。这种编程语言适合于对接触器控制电路比较熟悉的技术人员。但由于没有模拟量元素,梯形图不适合用于连续过程的模拟控制。

电气控制梯形图使用的是物理继电器、定时/计数器等的硬接线,而 PLC 的梯形图的接点和线圈均为"软继电器"。"软继电器"实际上是系统存储器中的对应位。当该位为"1"时,表示线圈被激励、或者常开触点被闭合、或者常闭触点被断开;当该位为"0"时,表示的动作与上述动作相反。"软"继电器、定时器/计数器等,均是通过软件实现的,因而使用方便,修改灵活,这是前者所无法比拟的。

PLC 的每个梯形图网络由多个梯级组成,每个输出线圈可构成一个梯级,每个梯级可由多个支路组成。每个支路最右边的元素必须是输出线圈。PLC 梯形图按照"自上而下,从左到右"的顺序绘制。与每个继电器线圈相连的全部支路形成一个逻辑行。两侧的竖线类似电器控制图的电源线,称作母线（BUSBAR）。每一行从左至右,左侧总是安排输入接点,并把并联接点多的支路靠近最左端。输入接点在图形符号上用常开"—| |—"和常闭"—|/|—"来表示,而不记及其物理属性。输出线圈用圆形或椭圆形表示。

值得注意的是,电器控制电路中各支路是同时加上电压并行工作的,而 PLC 是采用不断循环扫描的方式工作,梯形图中各元件是按扫描顺序依次执行的,是一种串行处理方式。由于扫描的时间很短,所以控制效果与电器控制电路相同,但在设计梯形图时,对这种并行处理与串行处理的差别应予以注意。

例 8-1　画出实现如下控制过程的梯形图:当开关 1 和 2 均闭合,开关 3 不切断时,红灯亮;开关 4 和 5 任一个闭合时,绿灯亮。

解　相应电路图如图 8-20 所示。采用 PLC 来实现的过程为:先读入开关 X1、X2、X3、X4、X5 的触点信息,然后对 X1、X2、X3 的状态进行逻辑运算。若逻辑条件满足,Y1 线圈接通;对 X4、X5 状态进行逻辑运算,若条件满足,则 Y2 线圈接通。若 Y1 线圈接通,则外触点 Y1 接通,外电路形成回路,红灯亮;若 Y2 线圈接通,则外触点 Y2 接通,外电路形成回路,绿灯亮。

采用梯形图来绘制 PLC 工作过程,就可得图 8-21 所示的梯形图程序。

从图 8-21 可以看出,梯形图中接点的水平方向串联相当于"逻辑与"（AND）。

图 8-21 中的 X1 和 X2 必须同时接通,同时 X3 不切断,线圈 Y1 才能接通。接点在垂直方向上的并联表示"逻辑或"(OR),即 X4 和 X5 中只要有一个接通,则线圈 Y2 就能接通。

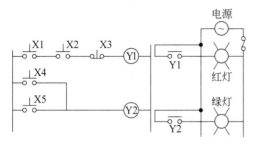
图 8-20 电路实例图

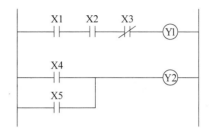
图 8-21 可编程控制器梯形图程序

PLC 是以扫描方式从左到右,从上到下的顺序执行用户的程序。扫描过程按梯形图的梯级顺序执行,上一个梯级的结果是下一个梯级的条件。

一些特殊功能(如定时器、计数器等)的各种梯形图符号及编程方法,请参阅具体的 PLC 使用手册。

2. 语句表 IL(instruction list)

IL 语言是一种汇编语言,亦称为助记符语言,是一种底层编程语言。由于其在 EC61131-3 软件结构中的作用不可替代,因此,在软件结构的内部,还起到其他文本语言和图形语言编译生成或相互转换的公共中间语言的作用。

语句表是 PLC 梯形图的文字表达式。一段梯形图可以用一系列命令语句表来表示。命令语句由操作码和操作数组成,其表达式类似于微机的汇编指令。

PLC 的命令语句:操作码+操作数。

操作码亦称为助记符,主要用于说明 CPU 执行此命令将要完成的功能,一般是用与操作功能有关的英文字词缩写而成。操作数内包含为执行该操作所必需的信息。由于没有国际统一标准,所以各厂家所使用的命令语句对操作码的定义也不同。

表 8-1 中分别用三菱公司 PLC 的命令语句和 GE 公司 PLC 的命令语句编写的为实现图 8-20 功能的程序。

表 8-1 实现图 8-20 功能的程序

序号	三菱公司 PLC 的命令语句		GE 公司 PLC 的命令语句		注 释
	操作码	操作数	操作码	操作数	
000	LD	X1	STR	X1	逻辑行开始,取输入 X1(常开接点)
001	AND	X2	AND	X2	串联接点 X2(常开接点)
002	ANI	X3	AND NOT	X3	串联接点 X3(常闭接点)
003	OUT	Y1	OUT	Y1	输出 Y1,本逻辑行结束

序号	三菱公司 PLC 的命令语句		GE 公司 PLC 的命令语句		注　　释
	操作码	操作数	操作码	操作数	
004	LD	X4	STR	X4	逻辑行开始,取输入 X4(常开接点)
005	OR	X5	OR	X5	并联接点 X5(常开接点)
006	OUT	Y2	OUT	Y2	输出 Y2,本逻辑行结束

3. 结构化文本语言 ST(structured text)

ST 是一种高级程序语言。ST 的风格类似 Pascal 程序语言,程序设计结构化,灵活而易读,能够实现指针等非常灵活的控制,需要记忆大量编程指令,而且要求对 CPU 内部的寄存器等结构了解比较深刻。通常,由于 ST 语言的灵活性和易学易用,工程师都喜欢用于编制函数和功能块,然后用其他语言来调用它们。

例如用 ST 语言编程实现 2 的乘幂循环的程序如下:

```
WHILE counter<>0 DO
Var1: = Var1 * 2;
counter: = counter-1;
END_WHILE
erg: = Var1;
```

4. 顺序功能图 SFC(sequential function chart)

SFC 来源于 Petri 网,它采用状态转移图方式编程。SFC 将系统的工作过程分为若干个阶段,这些阶段称为"状态(State)"。状态与状态之间由"转换(Transition)"分隔。相邻的状态具有不同的"动作(Action)",每一个动作包含使用其他语言实现的一系列指令。当相邻的两状态之间的条件得到满足时,转换得以实现。即上一状态的动作结束而下一状态的动作开始,因而不会出现状态的动作重叠。当系统正处于某一状态时,将该状态称为"活动状态"。状态转移图是描述控制系统控制过程的一种图形,它具有简单、直观等特点。特别在具有较复杂的工程步进控制工艺的场合下使用,更能体现出其简单直观的优越性。

状态元件是构成状态转移图的重要元件。例如 FX_2 系列的 PLC 的状态元件有 900 点($S0 \sim S899$),其中 $S0 \sim S9$ 为初始状态,是状态转移图的起始状态。状态用方框表示,方框内为状态元件号或状态名称,状态之间用线段连接,线段上的垂直短线和它旁边标注的文字符号或逻辑表达式表示状态的转移条件。该状态期间的输出信号用圆形、方框或椭圆形表示。

例 8-2 图 8-22 为一个小车运动的示意图,画出其用 SFC 实现时对应的状态转移图。

解 小车的工作过程如下：

(1) 启动按钮 PB 后，小车前进；

(2) 当小车到右限位开关 X011 时，后退；

(3) 当小车到左限位开关 X013 时，停止，定时器 T0 开始计时；

(4) 定时器 T0 计时 5s 后，小车前进；

(5) 当小车运行到右限位开关 X012 时后退，运行到达左限位 X013 后，回到初态，继续进入下一个循环。

采用 SFC 语言描述，则其状态转移过程为：

(1) S0 为初始状态。当启动按钮后，状态从 S0 向 S20 转移，小车前进 Y021 动作。

(2) 当右限位开关 X011 接通时，状态 S20 向 S21 转移，前进输出 Y021 切断，后退输出 Y023 接通。

(3) 当左限位开关 X013 接通时，状态 S21 向 S22 转移，启动定时器 T0。

(4) 5s 后，定时器 T0 的触点动作，转至状态 S23，小车前进 Y021 动作。

(5) 当右限位开关 X012 接通时，状态 S23 向 S24 转移，前进输出 Y021 切断，后退输出 Y023 接通。到达左限位 X013 接通，状态返回 S0，又进入下一个循环。

由于小车的前进及后退都是由同一电机的不同方向转动来带动的，因此加上连锁后，得到图 8-23 为该系统相对应的状态转移图。∎

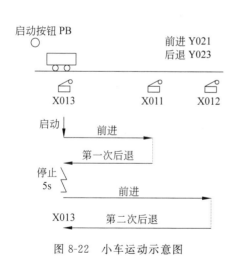

图 8-22 小车运动示意图

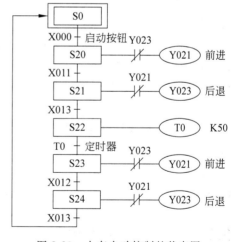

图 8-23 小车自动控制的状态图

由以上的状态转移描述及图 8-23 可以看出，用 SFC 语言描述的状态转移过程与实际的工艺流程极为相似。故用该种方式表达的程序，应该很容易被人们理解，且便于动态监视。

5. 功能模块图 FBD（function block diagram）

功能模块图也是一种图形化的控制编程语言，它通过调用函数、功能模块来实现程序，调用的函数和功能模块可以定义在 IEC 标准库中，也可以定义在用户自定义库中。这些函数和功能模块可以由任意五种编程语言完成，模块和模块之间用连线建立逻辑连接。FBD 编程语言的形式如图 8-24 所示。

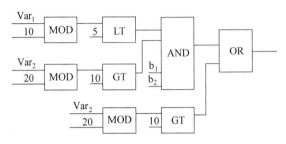

图 8-24　FBD 编程语言的形式

目前，为了给用户提供方便，很多公司提供了高级编程语言，如西门子公司 S5-155 机的 CPU M 处理器，编程可用 BASIC、C 或 ASM86/186 语言，GE 公司 Series six ASCⅡ/BASIC 模块可用 BASIC 语言编程。其他公司也都有使用或正在开始摸索使用高级语言。

不同的 PLC 产品可能拥有上面介绍的 PLC 编程语言中的一种、两种或全部的编程方式。

很多 PLC 的生产厂家开发了相应的标准软件包，支持上面介绍的某些编程语言。如西门子公司的 STEP 7 标准软件就支持 LD、ST 和 FBD 三种语言，而且支持这三种语言的混合编程以及相互之间的转换，以充分发挥不同编程语言的优势。

还有许多厂家还开发了相应于硬件的 PLC 仿真软件。这些仿真软件能够在 PC 上模拟实际 PLC 的 CPU 运行。在对应的 PLC 开发软件平台上，可以像对待真实的硬件一样，对模拟 CPU 进行程序下载、测试和故障诊断，非常适合在硬件设备没有到货的情况下进行前期的工程调试。

8.2.4　PLC 的应用实例

1. 交通信号控制的时序系统

（1）控制要求分析

交通信号控制系统是一类有代表性的时序控制系统。这里介绍最常用的一种控制方案，其中各个路口的信号灯开闭时间可以根据路口的交通情况进行调整。图 8-25 为城市交通指挥灯的一个简单示意图。

路口的每个方向都有红、黄、绿三色信号灯,由一个总启动开关控制整个控制系统的运行。控制时序如图 8-26 所示。

控制要求如下:

① 南北向绿灯与东西向绿灯不能同时点亮。否则应立即报警并自动关闭整个信号系统。

② 南北红灯亮并维持 25s,与此同时,东西向绿灯亮,维持 20s。到 20s 时,东西绿灯闪亮 3s 后熄灭;在东西绿灯熄灭后,东西黄灯亮并维持 2s。当东向黄灯熄灭时,南北红灯熄灭,南北绿灯亮,东西红灯亮。

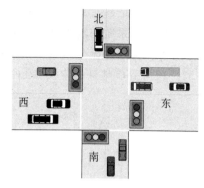

图 8-25 交通指挥信号灯示意图

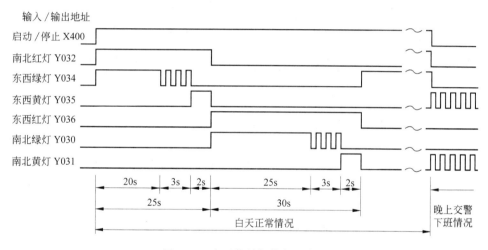

图 8-26 交通信号灯控制时序图

③ 红灯亮并维持 30s,与此同时,南北向绿灯亮,维持 25s。到 25s 时,南北绿灯闪亮 3s 后熄灭;在南北绿灯熄灭后,南北黄灯亮并维持 2s。当南北黄灯熄灭时,东西红灯熄灭,东西绿灯亮,南北红灯亮。至此结束一个工作循环。

④ 根据上述时序,周而复始。

⑤ 在晚上交警下班后,总启动开关断开,要求东西向和南北向的红灯和绿灯都熄灭,黄灯都闪烁。

(2) PLC 选型及 I/O 地址定义

根据控制要求分析,该系统采用自动工作方式,其输入信号有系统启动停止按钮信号;输出有东西方向、南北方向各两组指示灯驱动信号和故障指示灯驱动信号。由于每一方向两组指示灯中,同种颜色的指示灯同时工作,为节省输出点数,可采用并联输出方法。由此可知该系统所需的输入点数为1,输出点数为7,全部为开关量。此系统属小型单机控制系统。

PLC 控制系统的输入输出元件以及对应的地址定义如图 8-26 所示,输入地址为 X400,输出地址分别为 Y030～Y036,其中警灯(故障指示)的输出地址为 Y033。根据 I/O 地址的定义,PLC 外部输入输出信号的接线如图 8-27 所示。

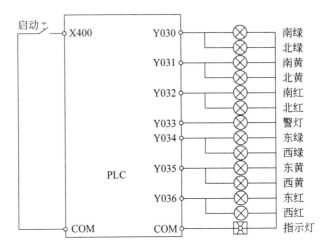

图 8-27 系统的 I/O 接线图

为了产生闪烁信号,需用计时器,本系统采用 T452、T453 两个计时器组成振荡器,并针对点亮时间和闪烁时间的要求,本系统还设置了 8 组计数器,它们分别为 T550～T557(计时器又称为定时器,相当于电器控制系统中的通电延时时间继电器,其工作情况是:计时器线圈通电后,经过设置的延迟时间,其常开触点才闭合,常闭触电才断开)。

(3) 交通信号灯 PLC 控制梯形图

根据控制要求设计得到交通信号灯的梯形图如图 8-28 所示。

整个控制系统的工作原理如下:

① 当启动开关合上,X400 接通,辅助继电器线圈 M100 得电,Y032 得电,南北红灯亮,计时器 T550 开始对南北红灯时间计时;与此同时,Y032 的常开接点闭合,Y034 线圈得电,东西绿灯亮,计时器 T556 开始对东西绿灯时间计时。

② 延时 20s 后,T556 的常开接点接通,与该接点串联的 T452 的常开接点产生周期为 1s 的振荡信号,使东西向绿灯闪烁,计时器 T557 开始对东西绿灯闪烁时间计时。

③ 再过 3s,T557 的常闭接点断开,Y032 线圈失电,东西绿灯熄灭,此时 T557 的常开接点闭合,Y035 线圈接通,东西黄灯亮。

④ 再过 2s 后,T555 的常闭接点断开,Y035 线圈失电,东西黄灯熄灭,此时 T550 正好延时了 25s,T550 的常闭接点断开,Y032 线圈失电,南北红灯灭;同时,

图 8-28 交通信号灯控制系统梯形图

T550 的常开接点闭合,Y036 接通,东西红灯亮;由于 Y036 常开节点闭合,Y030 线圈得电,南北绿灯亮。

南北绿灯工作 25s 后,系统的工作情况与上述情况雷同。

在晚上,X400 关闭,其常闭接点闭合,东西和南北方向的黄灯由振荡电路 T452 和 T453 出发,发出交替的闪烁信号。

如果发生南北、东西绿灯同时亮,则系统出现故障,应立即报警处理。

实际的交通信号灯控制系统常常要复杂得多,例如对各方向的信号灯的点亮时间进行调整;控制方案的实现可以采用其他方法(例如功能表图实现);在某些路口设置人工操作的按钮,以供有一定权限的操作员进行手动切换和控制等,在此不再详述。

2. 物料混合装置的批量控制系统

物料的混合操作是一些工厂关键的或不可缺少的一环。对物料混合系统的要求是:物料混合质量高、生产效率高、自动化程度高、适应范围广、抗恶劣工作环境。采用 PLC 对物料混合装置进行控制恰好能够满足这些要求。

多种液体按一定的比例混合是物料混合的一种典型形式。

(1) 工艺过程分析

图 8-29 为一个液体混合装置的工作示意图,其工作过程如下:

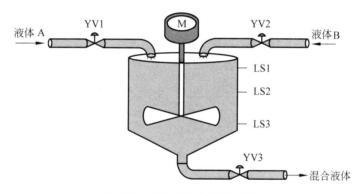

图 8-29 液体混合装置示意图

加料阶段:按动启动按钮 PS 后,进料电磁阀 YV1 通电打开,液体 A 流入容器;当液位上升到 LS3 时,搅拌电动机 M 开始运转和搅拌;当液位到达 LS2 时,进料电磁阀 YV1 断电关闭,电磁阀 YV2 通电打开,液体 B 流入容器;到液位 LS1 时,电磁阀 YV2 关闭,加料过程结束。

搅拌阶段:加料过程结束后,搅拌电动机继续运转半小时,进行物料的充分混合。

放料阶段:打开混合物料的出料电磁阀 YV3,搅拌电动机继续运转,直到液位下降到 LS3 才停止运转,同时关闭电磁阀 YV3。

停止阶段:按动停止按钮 PT,电磁阀 YV3 再打开 60s,使混合物料排空。

(2) PLC 选型与 I/O 地址分配

该系统的输入信号有:按钮 2 个,液位传感器 3 个。系统的输出信号有:电磁阀3个,电动机接触器1个。这里为了采用顺序功能图进行控制编程,因此可以考虑选用一个满足输入输出要求并拥有顺序功能图语言的小型PLC。

设启动信号PS为X100,停止信号PT为X101,液位开关LS1、LS2、LS3分别为X201、X202、X203,输出到搅拌电动机M的信号为Y100,输出到阀门YV1、YV2、YV3的信号分别为Y101、Y102、Y103,设置计时器为T1和T2。

(3) 液体混合装置PLC控制的顺序功能图

根据控制要求,画出SFC图如图8-30所示,其中对电动机和电磁阀的控制均采用了具有保持功能的置位SET和复位RST指令。

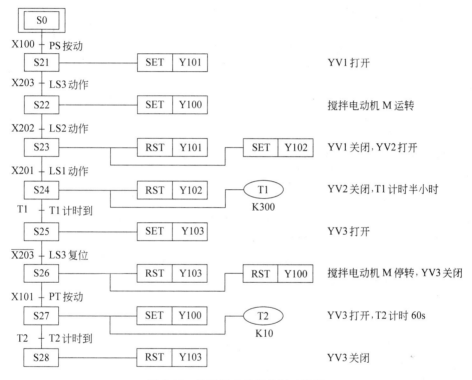

图8-30 物料混合批量控制功能图

8.2.5 PLC的网络系统

PLC是一种有效的工业控制装置,它已经从单一的开关量控制发展到具有顺序控制、模拟量控制、连续PID控制等多种功能;从小型整体结构发展到大中型模块结构;从独立的单台运行,发展到数台连成PLC网络。由PLC网络构成的控制系统运行安全可靠,使用范围更加广泛。

1. PLC 网络的四种主要形式

（1）以一台 PLC 作为主站，其他多台同型号的 PLC 作为从站，构成主从式 PLC 网络，成为简易集散系统。配置了显示器、打印机等外设的主站作为其中的操作站，实现显示、报警、监控、编程以及操作功能；其他的 PLC 则负责完成控制任务。

（2）以通用微机为主站，多台同型号的 PLC 为从站，组成简易集散系统。用户必须知道通信协议，才能编制出正确的通信程序。

（3）将 PLC 网络通过特定的网络接口，连入大型集散系统中，成为其中的一个子网。

（4）专用 PLC 网络。由 PLC 制造厂商开发用于连接 PLC 的专用网络，如 AB 公司的 DH 和 DH＋高速数据通道、SIEMENS 公司的 SINES-L1 和 SINEC-H1 网络等。

2. PLC 通信的特点

从通信原理上看，PLC 网络与一般的通信网络是一样的，其特殊之处主要表现为：

（1）由于 PLC 采用梯形图及其他方式编程，因此其通信程序也必须采用梯形图及其他方式编程。而在上位机中的通信则是用 C 语言、其他高级语言或汇编语言编写，所以必须符合 PLC 中的通信协议。

（2）生产 PLC 的厂商为使所生产的 PLC 连网的适应性更强，对通信协议的物理层常配置几种接口标准，如 RS-232C 和 RS-422 等；其数据异步传送的格式也有两种以上。

（3）由于主从式存取控制方法简单，实现方便，因而在 PLC 网络中，主从式存取控制方法仍在使用。随着 PLC 网络规模的不断增大以及标准化进程的加快，符合 MAP 规约的 PLC 及 PLC 网络也越来越多。

（4）PLC 网络中的过程数据多数是触点的开通与关断，数据短，对差错控制要求高。在 PLC 中，可以使用"异或码"进行校验。

3. PLC 网络的功能结构

PLC 制造厂家常采用生产金字塔结构来描述其产品所能提供的功能。图 8-31(a) 为美国 AB 公司的生产金字塔，图 8-31(b) 为 SIEMENS 公司的生产金字塔。尽管这些生产金字塔结构层数不同，各层功能有所差异，但它们都表明 PLC 及其网络在工厂自动化系统中，由上到下，在各层都发挥着作用。这些金字塔的特点是：上层负责生产管理，低层负责现场控制与检测，中层负责生产过程的监控以及优化。

(a) AB的生产金字塔　(b) SIEMENS的生产金字塔

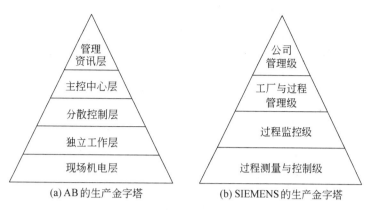

图 8-31　生产金字塔结构示意图

美国国家标准局曾为工厂计算机控制系统提出过一个如图 8-32 所示的 NBS 模型，它分为 6 级，并规定了每一级应当实现的功能，这一模型获得了国际广泛的承认。

图 8-32　NBS 模型

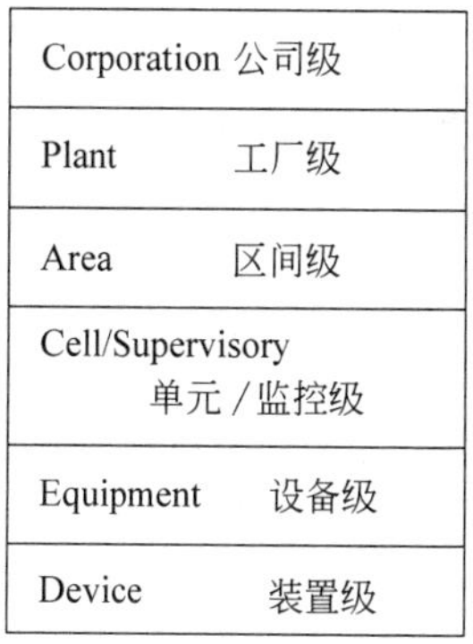

将金字塔结构与 NBS 模型比较一下，可以发现，PLC 及其网络发展到现在，已经可以实现 NBS 模型要求的大部分功能。

由于生产金字塔各层对通信的要求相差甚远，如果采用单级子网，只配置一种通信协议，势必顾此失彼，无法满足所有各层对通信的要求。只有采用多级通信子网，构成复合型拓扑结构，在不同级别的子网中配置不同的通信协议，才能满足各层对通信的要求。

PLC 网络的分级与生产金字塔的分层不是一一对应的关系。相邻几层的功能，若对通信的要求相近，则可以合并，由一级子网去实现。

许多 PLC 生产厂商为此开发了多种不同用途的 PLC 网络。例如美国的 AB 公司目前就提供了 8 种 PLC 网络，它们分别为：

(1) 信息管理网(Ethernet/MAPnet)；

(2) DH＋网(为 PLC-5 系列 PLC 所设计的令牌总线型工业局域网)；

(3) DH 网(为 PLC-2 系列、PLC-3 系列 PLC 所设计的工业局域网)；

(4) 宽带 DH 网；

(5) DH Ⅱ网(实时性较好的工业局域网)；

(6) DH485 网(专为 PLC 的 SLC-500 系列 PLC 联网设计的小型工业局域网)；

(7) 远程 I/O 链路(用于现场控制)；

(8) 0＃通道通信链路(从 PLC-5 系列的前面板配置的一个称为 0＃通道的机

内串行口所连出的通信链路)。

这些网络各有其适用范围及用途,既可以单独使用,也可以采用复合拓扑结构,组成多级分布式 PLC 网络,实现如图 8-31(a)所示的 AB 生产金字塔所要求的功能。

PLC 及其网络近年发展极为迅速,是目前用得最多,应用范围最广的自动化产品,也可以说是最实用的自动化设备。详细介绍这方面技术和应用的书籍和资料比较多。限于篇幅,这里只是简单地对网络系统进行了介绍。尽管各种 PLC 及其网络差异很大,但从本质上看,其同一性却是主要的。各种 PLC 网络系统配置与系统组态具有同一性,它们的网络拓扑结构和通信机理也具有同一性。抓住了 PLC 网络的同一性,就可以从更深层次上认识 PLC 网络,达到举一反三的效果。

另外,由于各家不同的产品使用起来差异很大,各种场合的使用要求也不尽相同,所以必须结合实际情况,选用以及构建相应的 PLC 网络,才能发挥 PLC 的作用。

本章小结

嵌入式系统是以运用为中心,以计算机技术为基础,软件硬件可裁剪,适应应用系统对功能、可靠性、成本、体积、功耗严格要求的专用计算机系统。嵌入式控制系统的设计包括硬件设计和软件设计两大部分,通过并发和交互设计来满足系统级的目标要求,以实现软硬件的协同设计。实时操作系统 RTOS 强调系统对外部异步事件响应时间的确定性,从而可以支持实时控制系统的工作。这里只是对实时操作系统 μC/OS 及其开发过程进行简要介绍,只有经历相关的实际开发过程,才能真正理解和应用嵌入式控制系统。

PLC 是一种主要用于顺序控制的多用途控制器。标准的积木硬件结构和模块化的软件设计,使 PLC 不仅可以适应大小不同、功能各异的控制要求,而且可以适应各种工艺流程变化较多的场合。PLC 采用完全不同于微机的工作方式和编程方法,即采用巡回扫描工作方式。在编程方法、I/O 接口、网络通信等方面进一步标准化和开放化,同时在价格方面的优势,使得 PLC 在控制系统中已占据了重要的地位。不仅可以构成 PLC 网络进行有效控制,进一步还可以与计算机系统和设备直接实现系统集成,组成大型的控制系统,使 PLC 再次获得强大的生命力和更宽的应用领域。

第 9 章 控制网络系统及网络控制技术

当今,工业界的自动化、信息化和网络化已经成为一种不可逆转的趋势。集散控制系统是分散控制和管理集中的计算机网络系统,在工业自动化领域得到广泛应用。但由于其现场装置往往采用模拟信号进行通信联系,因此同时难以实现设备之间及系统与外部之间的信息交换,而现场总线控制系统由于采用了智能化现场设备,把单个分散的测量控制设备变成网络节点,使之可以相互沟通信息,从而形成了一种新型的全分布式的控制系统结构。由于计算机控制系统在不同层次间传送的信息已变得越来越复杂,对工业网络在开放性、互连性、带宽等方面提出了更高的要求,因此在许多控制系统中,将以太网技术用于监控层的数据交换。为实现管理与控制的一体化,支持企业实现高效率、高效益、高柔性,需要将信息网络与控制网络进行集成,以便给企业提供一个更完善的信息资源共享环境。

在网络控制系统中,网络节点成为控制系统的节点。网络控制系统中的信息传输不可避免存在延迟。由于这个延迟的影响,导致原来的控制理论设计方法无法直接使用在网络控制系统的分析和设计过程中,因此需要对延迟进行理论分析,以建立相应的网络控制系统的数学模型,更好地进行闭环网络控制系统的控制器设计。

本章提要

本章用 7 节的篇幅,归纳总结了计算机网络控制系统中的一些主要技术。9.1 节介绍了集散控制系统,9.2 节就现场总线及其现场总线控制系统作了介绍,9.3 节对工业以太网技术进行了较全面的阐述,9.4 节简要介绍控制网络和信息网络的集成技术,9.5 节总结了网络控制系统特点及时间同步问题,9.6 节对闭环网络控制系统进行了分析,9.7 节给出了闭环网络控制系统的控制器设计方法。

9.1 集散控制系统

随着生产规模的日益扩大,功能需求增加,信息往来的频繁,使得原来孤立的控制单元渐渐联成一体,促使采用分散控制和集中管理设计思想的分布式计算机控制系统——集散控制系统得以出现,其相应产品的应用范围已经遍及工业控制领域的各个行业。集散控制系统目前已经成为工业生产过程自动控制装置的主流。

9.1.1 概述

现代生产的发展对计算机控制系统提出了更高的要求。一方面被控对象和控制工艺愈加复杂、规模越来越大,另一方面不仅要求计算机控制系统有优越的控制性能,同时还需要具备经营管理、调度储运、CAD等多种功能。此外,还希望计算机控制系统的可靠性要高、可维护性好,并具有灵活的构成方式。

这种情况下,被控系统具有以下特点:①具有高维的被控对象;②整个系统的性能不仅体现在单个对象上,同时还体现在对象相互之间的关联特性上;③系统分布地域很广。

如果采用单一的计算机来实现对这样的系统的控制,则对应的控制称为集中控制。集中控制要求"控制计算机"速度快,容量大,对计算机及通道的可靠性要求特别苛刻。另外,集中控制的参数越多,危险集中的程度就越大,计算机上的任何故障都会危及整个工业大系统。因此,集中式计算机控制系统已经难以满足大系统控制的实际应用要求。

由于微机的性能日益提高,价格又大幅度下降,加上计算机通信技术以及局域网络的迅速发展,使得分布式计算机控制系统的产生和发展有了很好的基础。分布式控制系统在整个计算机控制研究领域已经引起人们重视并得以迅速发展。

分布式控制就是把一个工业大系统划分为若干个子系统,分别由若干台控制器去控制。分布式控制承认各个子系统间的联系,经过通信子网将各个局部控制器联系起来,为了实现大系统意义上的总体目标最优,还设置上级协调器,实现全系统的协调控制。

集散型计算机控制系统又称为分散型综合控制系统(distributed control systems,简称集散控制系统 DCS),它以微处理器为基础,是应用于过程控制的工程化的分布式计算机控制系统。

生产过程控制的方式最好是分散进行,而监视、操作和最佳化管理应以集中为好。因此,"管理要集中,控制要分散"的实际需要极大地推动了集散控制系统的迅速发展。集散控制系统是作为过程控制领域的一种工程化产品提出来的。

目前在运动控制与逻辑控制领域,工程化的计算机控制系统也在长足地进步,而且相互融合,形成了综合自动化系统。

目前的集散控制系统是指出现于 20 世纪 70 年代中期的以微处理器为基础的分散型计算机控制系统。它们的出现就是为了解决集中控制所存在的问题。

图 9-1 为集散控制系统组成的简图。

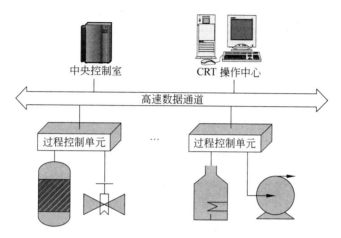

图 9-1 集散控制系统简图

图 9-1 的过程控制单元以微处理机为基础,具有几十种或上百种运算功能,可以独立地对回路进行各种复杂控制。它们按地理位置分散于现场,分别独立地控制一个或数个回路。各控制单元的信息通过通信系统集中到中央操作站中,实现全系统的综合管理。

随着局域网络技术、人工智能技术、超大规模集成电路 VLSI 等技术的发展,集散控制系统的发展出现了以下新的趋势:

(1) 网络系统的功能增强,而且朝着开放、标准化方向发展。以内联网(Intranet)及现场总线为主干的递阶控制系统也在发展中。

(2) 中小型集散控制系统有较大发展。现场总线技术的发展和 PLC 的发展更促进了各集散控制系统制造商推出中小型集散控制系统。

(3) 电控、仪表与计算机(electrical instrumentation computer,EIC)"机电一体化"将导致各公司的兼并,EIC 集成已是大势所趋。仪表厂、PLC 厂和微机厂均在相互渗透,并在产品中引入 EIC 的各种先进技术,国际上一些公司为此采取收购、兼并措施,取长补短,推出争夺市场的有利产品。

(4) 软件与人机界面更加丰富。集散系统已经采用实时多用户、多任务操作系统。配备先进控制软件的新型集散系统将可以实现适应控制、解耦控制、优化控制和智能控制。多媒体技术将逐步引入到集散控制系统中。

(5) 系统集成化。以 CIMS 为代表的系统集成自动化成为提高企业综合效益的重要途径。CIMS 的对象包括了离散制造和连续生产的过程,因此集散控制系统作为 CIMS 的基础,已经成为其系统集成的主要组成部分。

（6）以因特网（Internet）、内联网、局域网、控制网或现场总线为通信网络框架结构的一种更开放、更分散、集成度更高的分布式计算机控制网络正在迅速发展,相应的控制理论和控制方法也将得到新的发展。

9.1.2 功能分层体系及基本结构

集散控制系统的本质是：采用分散控制和集中管理的设计思想、分而自治和综合协调的设计原则、采用层次化体系结构。

1. 集散控制系统功能分层体系

为体现集中管理与分散控制的思想,传统 DCS 的结构体系可描述为"三站一线"：工程师站、操作员站、I/O 站和通信网络。工程师站负责系统管理、控制组态、系统生成与下装；操作员站实现控制系统的控制操作、过程状态显示、历史数据的收集、报警状态显示以及趋势显示和报表生成打印等；现场 I/O 站实现各种信号的采集和处理、回路的运算和控制结果输出等；通信网络负责提供各种功能站之间的数据通信和联络。

虽然 DCS 已经发展到具有很强的功能特性,但其体系特征仍表现为功能层次化。按照功能分层的方法,可以将集散控制系统的功能分成如图 9-2 所示的 3 级以及相应的通信网络系统。

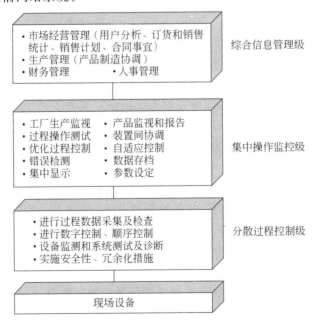

图 9-2 集散控制系统体系结构的各层功能

(1) 分散过程控制级

分散过程控制级的核心为现场控制站,而现场控制站的一般构成为:机柜、电源、控制器、通信控制单元、手动和(或)自动显示操作单元。

在这一级里,控制器直接与现场各类装置(如变送器、执行器、记录仪表等)相连,对所连接的装置实施数据采集、直接数字控制、顺序控制、信号报警、打印报表、数据通信,同时它还与第二层的计算机相连,接收上层的管理信息,并向上传递装置的特性数据和采集到的实时数据。

这些现场各类装置的主要工作是将现场的各种物理信号转变成电信号或数字信号,并进行一些必要的处理(如滤波等),或者将各种控制信号转变成物理变量(如位移等)。目前为止,其主要接口仍然是 4~20mA(模拟量)或电平信号(开关量)。不过,随着现场总线技术的普及和现场总线智能仪器仪表的成熟和成本的大幅度下降,将来应用现场总线通信的各种智能仪表和执行机构会越来越流行。

选择该级控制器时,要从工程要求、现场环境和经济性等方面考虑,可以选择 PLC、工控机、远程测控终端 RTU 等设备。将控制器和装置设备集成在一起构成的专用嵌入式控制器,也将会得到越来越普及的使用。另外,许多先进的控制算法(如多变量预测控制、模糊控制算法等)也得到了应用,使得控制装置的能力和控制品质都得到了提高。

(2) 集中操作监控级

集中操作监控级需要具备 SCADA(supervisory control and data acquisition,系统监控与数据采集)功能,即综合监视过程各站的所有信息,集中显示操作,进行数据的存储和分析、性能分析、控制回路组态和参数修改,优化过程处理,根据产品各部件的特点,协调各单元级的参数设定。另外还包括历史记录、各种报警处理及网络信息的发布(Web 浏览)等功能。对应组成主要有监控计算机、操作站、工程师站。

(3) 综合信息管理级

这一级主要由管理计算机、办公自动化服务系统、工厂自动化服务系统构成,担负起全厂的总体协调管理,包括各类经营活动、人事管理等。它主要由管理信息系统(management information system, MIS)来实现生产管理和经营管理。企业 MIS 又可粗略地分为市场经营管理、生产管理、财务管理和人事管理四个子系统。

集散系统的 1~3 级所实现的功能如图 9-2 中各级对应方框内所示。

(4) 通信网络系统

数据通信系统的作用是在上面 3 级之间完成数据的传递和交换。对通信系统的要求除了传输速率、误码率等外,主要是开放性和互操作性。系统的"开放性"就是允许与其他厂商的产品通信,因此要求通信有一个统一的标准协议。各厂商的产品通信应该符合这个标准协议。这个通信标准的框架结构是国际标准化组织的开放系统互联参考模型。系统的"互操作性"指现场总线的通信标准,它要求不同厂商的智能现场变送器、执行器等可以互换。

2. 集散控制系统基本结构

集散控制系统发展至今已经 40 年,现在已经发展到第四代。无论已推出的型号和系统怎样千差万别,从以下 DCS 的发展历程,可以看到 DCS 的基本结构都具有同一性。

(1) 第一代集散控制系统

以 1975 年由美国霍尼韦尔(Honeywell)公司首先推出的集散系统 TDC-2000 为第一代集散系统的标志。这一代集散系统主要解决当时过程工业控制应用中采用模拟电动仪表难以解决的有关控制问题,其基本结构如图 9-3 所示,它们的基本组成为:

- 过程控制单元(process control unit,PCU)——一般由微处理器、存储器、多路转换器、I/O 输入输出板、A/D 和 D/A 转换、内总线、电源、通信接口等组成。可以控制一个或多个回路。

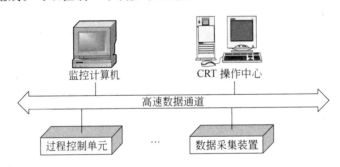

图 9-3　第一代集散控制系统结构简图

- 数据采集装置——以微处理器为基础的微型计算机结构,其主要作用是采集数据,进行数据处理后,经数据传输通道(通信系统)送到监控计算机。
- CRT 操作站——为 DCS 的人-机接口,由 CRT、微型计算机、键盘、外存、打印机等组成。它可以显示过程的各类信息,并对 PCU 进行组态和操作,对全系统进行管理。
- 监控计算机——DCS 的主计算机,国内习惯上称其为上位机。它综合监视全系统的各工作站,管理全系统的所有信息,以实现全系统的优化控制与管理。

当时的 DCS 产品类型有:Honeywell 公司的 TDC-2000、Taylor 公司的 MOD3、横河(YOKOGAMA)公司的 CENTUM、西门子公司的 TELEPERM 等。

(2) 第二代集散控制系统

20 世纪 80 年代,由于微机技术的成熟和局部网络技术的进入,使得集散控制系统得到飞速发展。第二代集散控制系统以局部网络为主干来统领全系统工作,系统中各单元都可以看作是网络节点的工作站,局部网络节点又可以挂接桥和网间连接器,并与同网络和异型网络相连。图 9-4 显示了第二代集散控制系统的构成。其特点是系统功能扩大及增强。它们的基本组成为:

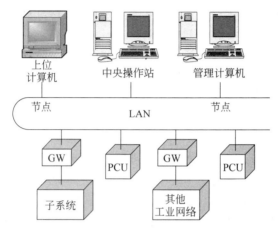

图 9-4 第二代集散控制系统结构简图

- 局域网(local area network,LAN)——为第二代集散系统的通信系统,由传输介质(如同轴电缆、双绞线等)和网络节点组成。
- 节点工作站——指过程控制单元。
- 中央操作站——为挂接在 LAN 上的节点工作站。其主要作用是对全系统的信息进行综合管理,是全系统的主操作站。
- 系统管理站——又称 SMM(system management module,系统管理模块)。
- 主计算机——也称为管理计算机。
- GW(gate way,网间连接器)——它是局部网络与其他子网络或其他工业网络的接口装置,起着通信系统转接器、协议翻译器或系统扩展器的作用。

典型的 DCS 产品类型有:Honeywell 公司的 TDC-3000、Taylor 公司的 MOD300、Baily 公司的 NETWORK-90、西屋公司的 WDPF 等。

(3) 第三代集散控制系统

随着网络技术的进步,特别是局部网络技术化技术的飞速发展,使得集散控制系统进入了第三代历程。其结构的主要变化是局部网络采用了 MAP 或者是与 MAP 兼容、或者局部网络本身就是实时 MAP LAN。它的结构组成如图 9-5 所示。

MAP 是由美国 GM(通用汽车公司)负责制定的,它是一种工厂系统公共的通信标准,已逐步成为一种事实上的工业标准。

除了局部网络的根本进步之外,第三代集散控制系统的其他单元无论是硬件还是软件,都有很大的变化,但系统的基本组成变化不大,其主要特征为开放系统。

从第三代 DCS 结构来看,由于系统网络通信功能的增强,各不同制造厂商的产品可以进行数据通信,克服了第二代 DCS 在应用过程中出现的自动化孤岛等困难。同时,由于第三方应用软件可以在系统中方便地应用,从而为用户提供了更广阔的应用场所。

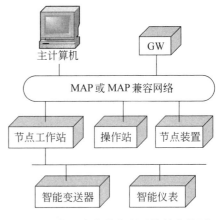

图 9-5 第三代集散控制系统结构简图

典型的 DCS 产品类型有:Honeywell 公司的 TDC 3000/PM、YOKAGAWA 公司的 Centum—XL、Bailey 公司的 INFI—90 等。

(4) 第四代集散控制系统

20 世纪 90 年代末期至 21 世纪初始,由于电子信息产业的开放潮流和现场总线技术的成熟与应用,DCS 厂家进一步提升了系统功能范围,将系统开发的方式由原来完全自主开发变为集成开发,推出了第四代 DCS,其鲜明共性为:全面支持企业信息化、系统构成集成化、混合控制功能兼容,营建进一步分散化、智能化和低成本化,系统平台开放化、应用系统专业化。如 Honeywell 公司的 Experion-PKS(过程知识系统),Emerson 公司的 Plantweb(emerson process management),横河公司的 CS3000-R3(plant resource manager,PRM),ABB(Asea Brown Bovers)公司的 Industrial-IT 系统,以及国内和利时公司的 HOLLiAS 系统。

第四代集散控制系统的主要特征为:信息化和集成化;混合控制系统;融合采用现场总线技术的进一步分散化;I/O 处理单元小型化、智能化、低成本;系统平台开放型与应用的专业化。

前身为电子部六所自动化工程事业部的和利时公司,应用其大型集成软件平台,将所有产品有机集成,形成的第四代 DCS——HOLLiAS(HollySys integrated Automation System)系统如图 9-6 所示。图中出现的几个术语的含义分别为:SCM(supplier chain management,供应链管理)、CRM(customer resource management,用户资源管理)、ERP(enterprise resource plan,企业资源计划)。

从具有典型代表意义的图 9-6 可以看出,第四代 DCS 加强和丰富其各种控制功能,且已超越了控制过程的范围,变成了一套综合控制与信息管理系统;在强调系统体系结构和功能设计的基础上,尽可能采用世界先进技术和成熟产品,从而以最快的速度和最经济的集成方式向世界推出综合平台系统;另外,不再局限于过程控制，而是全面提供连续调节、顺序控制和批处理控制，实现混合控制功能；它还支持各种现场总线规约，包容现场总线控制系统的多种产品，且现场信号处理也开始采用集成方式，实现小型化、智能化、分散化和低成本；已经从几个不同的系统层面实现了开放，消除了过去的自动化孤岛现象，且各厂家已经开始提升专业化解决方案能力。

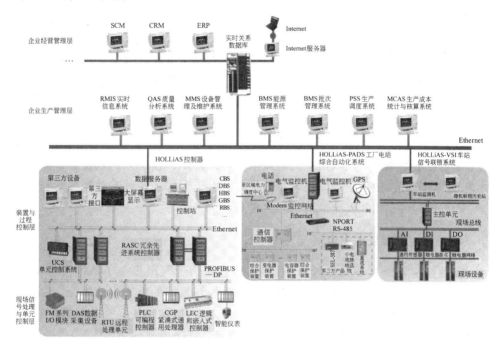

图 9-6　和利时第四代集散控制系统体系结构

3. 集散控制系统特点

DCS 是集计算机技术、控制技术、网络通信技术和图形显示技术于一体的系统。与常规的集中式控制系统相比有如下特点：

（1）分散性和集中性

系统的控制分散、功能分散、负荷分散，从而危险分散。集中性则体现在：监视集中、操作集中、管理集中。

（2）自治性和协调性

系统中各工作站独立自主地完成合理分配给自己的规定任务。各工作站通过通信网络传送各种信息，协调工作，以完成控制系统的总体功能和优化处理。

（3）友好性

集散系统采用实用而简洁的人机会话系统，丰富的画面显示，具有实时的菜单功能，密封方便的操作器。

(4) 适应性、灵活性和可扩充性

硬件和软件均采用开放式、标准化和模块化设计，系统积木式结构，具有灵活的配置，可以适应不同用户的需要。可以根据生产要求，改变系统的大小配置。在工厂改变生产工艺、生产流程时，只需改变某些配置和控制方案。以上的变化均不需要修改或重新开发软件，只是使用组态软件填写一些表格即可，并容易解决系统的扩充与升级问题。

(5) 实时性

采用网络通信技术，实现集中监视、操作和管理。使得管理与现场分离，管理更能综合化和系统化。通过人机接口和 I/O 接口，可对过程对象进行实时采集、分析、记录、监视、操作控制，并包括对系统结构和组态回路的在线修改、局部故障的在线维护等，提高了系统的可用性。

(6) 可靠性

集散控制系统中广泛采用了冗余技术和容错技术。各单元都具备自诊断、自检查、自修理功能，故障出现时还可自动报警。由于采取了各种有效措施，使得集散控制系统的可靠性和安全性得到大大提高。

4. 集散控制系统数据通信

集散控制系统是一种多计算机系统，通过通信子网把多个子系统组织在一起，实现递阶控制结构。因此，数据通信为集散控制系统的重要组成部分，必须选择适当的通信网络结构、通信控制方案和通信介质，以保证信息高速可靠地在网络中传送，才能协调网络内各微机共同完成给定系统的控制与管理任务。

(1) 数据传输的介质

数据传输的介质可以有多种，例如有双绞线、光纤、同轴电缆等，需要根据实际情况进行选择，但都必须要满足使用要求，而且维护方便、强度要好。

(2) 数据传输方式

集散控制系统中的数据传输形式基本上可分为两种：基带传输方式和频带传输方式。

基带传输是指按照数字波形的原样传输。基带传输不需要调制解调器，但长距离传送，信号有衰减，而且通道数目比较少，故只适于较小范围的数据传输。

频带传输是一种采用调制解调技术的传输形式。一般是在音频范围内选某一频率的正弦信号（称为载波），将需要传送的数字数据分别对载波的振幅、频率或相位进行控制，使数字数据"寄载"到载波上，然后将携带数字数据的载波（称为已调波）在信道上传送，接收端再将数字数据从已调波中取出，提供给接收设备。频带传输可以将通信信道以不同载波分成若干个信道，因此同一信道可以传输多个通信信号。载波调制使信号的传播性好，但成本比较高。

(3) 数据通信网络的拓扑结构

网络的拓扑结构是指网络中各节点(站)相互连结的形式,一般数据通信网络采用的拓扑结构有如图9-7所示的星型、环型、树型和总线型等常见几种。

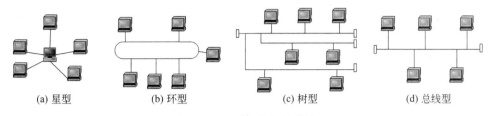

(a) 星型　　　　(b) 环型　　　　(c) 树型　　　　(d) 总线型

图9-7　局域网络拓扑结构

在星型拓扑中,使用中央交换单元(中心节点)来连接网络中所有的节点。中心节点是所有节点中唯一有中继作用的节点。如果中心节点发生故障,那么将影响全网络的通信,因此,这种拓扑结构的网络的可靠性较低。为提高可靠性,可采用冗余和切换技术。

环型拓扑由封闭的环组成,每个节点通过中继器连接到环型网上。数据沿中继器间的一系列点到点数据链路绕环循环。希望传输的节点等待它的下一次机会,并在那时将数据送到环上。这种拓扑结构属于分散型网络,环网中任两点通信,必须沿一定方向,按顺序进行点对点式通信,经过多次转发才能完成。由于是公用通信线路,所以不适用于信息流量大的场合。

总线或树型拓扑的特征是使用多点媒体。总线是树的一种特殊情况,其中只有一条主干而没有分枝。由于所有装置共用一个公共的通信媒体,在总线或树上只能有一对装置可以通信。这种拓扑结构采用一种分布式媒体访问协议,以确定下一次是哪一个站传输。同环一样,它们使用含源点和终点地址字段的分组进行传输。

考虑到以上各种网络拓扑结构所具有的特点,结合实际的过程应用需求,目前集散控制系统采用的网络结构主要有总线型和环型两种。

(4) 网络的访问控制方法

信息存取控制方式是计算机局部网络中的通信控制与管理的关键技术。对通信进行控制与管理,可避免碰撞与冲突,使通信能正常进行。

集散控制系统采用的信息存取控制方式主要为:CSMA/CD(带有冲突检测的载波侦听多路存取)、令牌环法和令牌总线3种。

CSMA(carrier sense multiple access,载波侦听多路存取)的基本原理是:每个站点在发送数据前侦听信道上其他站点是否在发送数据,如在发送,该站就不发送数据。因此可以减少冲突的机会,但由于存在传播时延,冲突还可能发生。CSMA/CD(collision detection,带冲突检测)的基本工作原理就是边发送边侦听。只要侦听到发生冲突,冲突的双方就停止发送数据。一旦侦听到信道空闲就立即发送数据,并继续侦听。这种方法可以减少发生冲突的可能,有效提高信道的利用率。CSMA/CD 方法在通信管理上比较简单,目前使用比较普遍。这种方法不能完全避免碰撞,冲突检测也比较复杂。对于实时性较高的场合不是很合适。

令牌环法一般要求通信系统能够形成一个简单的闭合环路,环路中有一个令牌。当环路中各个节点都空闲时,令牌就按照一定顺序高速绕环而行。环路上的各节点只有在令牌传到时,才可利用环路发送信息(发送的信息将随令牌沿环路传送下去)或从环路接收信息(并给予回答标志)。当信息沿环路运行一周回到原发送点时,原发送点才有权将其发送的信息从环路上撤销。令牌传送实现较容易,没有中央控制,不会发生碰撞,额外开销是收发器数目的线性函数,在重负载下吞吐率较高,可获得线性等待时间,可采用平衡负载,利用光缆构建高速网。

令牌总线方式的工作原理是:令牌在总线上某些指定的节点中传递。令牌总线在物理上是一个总线网,在逻辑上是一个令牌网。令牌总线控制网络特点是:节点接入方便(特别是在交换控制网络中可以构成虚拟专用网)、工作可靠性较高、无冲突、发送时延有确定的上限。

对于过程控制级,由于可靠性和实时性要求较高,数据包较短,地理分布区域较小,数据量不大,所以采用令牌总线或主从总线结构比较合适。监控级的特点是数据量比较大,数据包较长且规整,实时性、可靠性和灵活性要求也比较高,所以采用令牌总线较好。管理级的主要特点是数据多传输量大,系统按功能横向分布,地域范围广,灵活性要求较低,工作站容量大,所以采用令牌环较适宜。

9.1.3 集散控制系统的组态性

DCS 是集计算机技术、控制技术、网络通信技术和图形显示技术于一体的系统,其对应产品中都提供大量的功能模块和算法模块。所谓"组态(configuration)"就是用 DCS 所提供的功能模块或算法组成所需的系统结构,使计算机或软件按照预先的设置,自动执行特定任务,达到所要求的目的。为了完成某些特定功能,采用 DCS 提供的组态语言编写有关程序也属于组态范围。组态性是 DCS 的一个重要的使用指标,它与 DCS 本身所具有的组态语言、高级控制算法的特点、采用的共享数据库的性能、系统程序、应用程序和运算速度有关。

1. 集散控制系统的组态类型

DCS 的组态包括系统组态、画面组态和控制组态。其中系统组态完成组成系统的各设备间的连接;画面组态完成操作站的各种画面、画面间的连接;控制组态完成各控制器、过程控制装置的控制结构连接、参数设置等。

工业流程画面生成软件提供的显示内容有背景图形和动态画面两种。背景图形由画面生成软件提供的一些图素构成,而动态画面则随着实时数据的变化而同时刷新。

控制组态需要用到各种相关的功能模块。而功能模块是由集散系统制造商提供的系统应用程序,它通常包含结构参数(包括功能参数和连接参数)、设置参数和可调参数。

设置参数包括系统设置参数和用户设置参数。系统设置参数由系统产生,用于系统的连接、数据共享等。用户设置参数由功能模块位号、描述、报警和打印设备号、组号等不需要调整的参数组成。

可调整参数分操作员可调整参数和工程师可调整参数。操作员可调整参数包括开停、控制方式切换、设定值设置、报警处理、打印操作等参数。工程师可调整参数包括控制器参数、限值参数、不灵敏区参数、扫描时间常数、滤波器时间常数等。

按照功能分类,功能模块可以分为:I/O类、控制算法类、运算类、信号发生器类、转换类、信号选择及状态类(包括信号的多路切换、信号高低限及报警状态)等。

2. 集散控制系统的组态软件

集散控制系统的组态软件是指一些包括数据采集与工程控制的专用软件,属于自动控制监控层一级的软件平台和开发环境,以灵活多样的组态方式提供良好的用户开发界面和简捷的使用方法,可以非常容易实现和完成监控层的各项功能,并能同时支持各种硬件厂家的计算机和 I/O 设备,向控制层和管理层提供软、硬件的全部接口,进行系统的集成。

组态软件产品大约在 20 世纪 80 年代中期在国外出现,在中国也有近 20 年的历史。在 20 世纪 80 年代末 90 年代初,有些国外的组态软件如 ONSPEC、PARAGON 等就开始进入中国。目前中国市场上的组态软件按厂商划分大致可分为两类:国外专业软件厂商提供的产品,如美国 Wonderware 公司的 INTOUCH、美国 Intellution 公司的 FIX 以及西门子公司的 WINCC,国内自行开发的国产化产品有 Synall、组态王、力控、MAGS、Controlx 等。

目前推出的运行于 32 位 Windows 平台的组态软件都采用类似于资源浏览器的窗口结构,并对工业控制系统中的各种资源(设备、标签量、画面等)进行配置和编辑;处理数据报警及系统报警;提供多种数据驱动程序;各类报表的生成和打印功能;使用脚本语言提供二次开发的功能;存储历史数据并支持历史数据的查询等。

组态软件的特点是实时多任务(包括数据采集与输出、数据处理与算法实现、图形显示及人机对话、实时数据的存储、检索管理、实时通信)、接口开放、使用灵活、功能多样、运行可靠。

组态软件的使用者是自动化工程技术人员。组态软件允许使用者在生成适合自己需要的应用系统时,不需要修改软件程序的源代码。

(1) 组态软件需要解决的问题有:

- 如何与采集、控制设备间进行数据交换。
- 使来自设备的数据与计算机图形画面上的各元素关联起来。
- 处理数据报警及系统报警。
- 存储历史数据并支持历史数据的查询。
- 各类报表的生成和打印输出。
- 为使用者提供灵活、多变的组态工具,可以适应不同应用领域的需求。
- 最终生成的应用系统运行稳定可靠。
- 具有与第3方程序的接口,方便数据共享。

使用者在组态软件中,只需要填写一些事先设计的表格,再利用组态软件的图形功能就可以将被控对象(如反应罐、温度计、锅炉、趋势曲线、报表等)形象地画出,通过内部数据连接,将被控对象的属性与I/O设备的实时数据进行逻辑连接。当由组态软件生成的应用系统投入运行后,与被控对象相连的I/O设备数据发生变化,会直接带动被控对象的属性变化。若要对应用系统进行修改,也十分方便。

利用组态软件,可以很容易得到某工厂集散控制系统的组态画面,如图9-8所示。

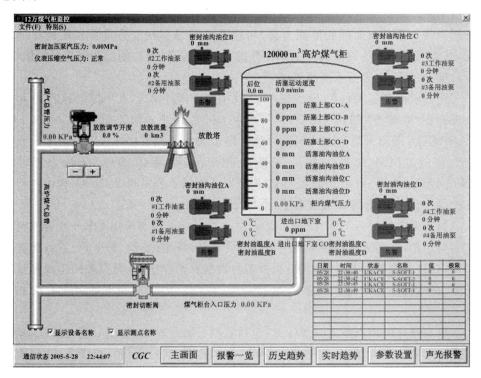

图9-8 集散控制系统的组态画面

(2) 许多组态软件具有的突出特性：

① 组态向导（软件助手）

组态向导提供预定义的参数，组态工程师可借鉴它来进行或修改组态过程。预览窗口显示当前参数的影响。如果组态工程师按照向导的建议，就可根据预定义的设定值，迅速建立一个相关的解决方案。

② 库和模块

已建立的对象可储存在一个库内，也可将它们从库中调出。这样使用户可以开发公司、技术或部门专用的标准，有助于快速建立项目。

库包括对象库和功能库。对象库中又包含全局库和项目库两大类。全局库包括按主题分类的对象（如阀门、电机、电路、显示仪表等），作为软件包的一部分，随组态软件一起提供。可随时按行业扩展这个全局库。项目专用库是为各种项目而提供的。

每个图形对象，不论其复杂性如何，都可存储在对象库内。这些图形对象可包括纯粹的图形，也可以包含专门用于处理的例行程序（甚至包含过程连接）。

应用拖放手段可以将库对象放置在一个过程画面内，就如同在 Simulink 环境下，利用所提供的功能块搭建一个控制系统一样简单，同时便于模块化组态所有的对象类型，容易绘制工厂概貌的画面，为集散系统提供生产过程的集中操作和监视画面。

③ 交叉引用组态

可以通过交叉索引列表的画面，提供处理大量数据的组态工具，具有数据的导入/导出功能，可以导入和导出变量、导入和导出消息、导入和导出文本。

④ 测试、试运行和维护

有多种组态软件不必与硬件连接，只需应用仿真器就可对一个组态进行测试。这使得组态工程师的逻辑错误可能性大为降低。在投产试运行过程中，可能还需要增加和更改组态，因此，组态软件一般最好可以在线组态，以便于修改。在线组态意味着系统在运行时，工程师在第二窗口内对应用程序进行专门的更改但该更改不参与运行，也不影响原先应用程序的运行。如果更改确认是有效的（例如改变画面选择），也只是简单保存对象。在下次选择原始画面时，系统会自动地装载这个新版本。在图形编辑器中使用运行时按钮，就可立即测试更改后的画面。如图 9-9 就是使用组态软件 WinCC 的图形编辑器的在线组态过程。

3. 组态设计步骤

使用组态软件的一般步骤为：

(1) 将所有 I/O 点的参数收集齐全，并填写表格，以备在监控软件和 PLC 上组态时使用。

(2) 搞清楚所使用的 I/O 设备的生产商、种类、型号，使用的通信接口类型，采用的通信协议，以便在定义 I/O 设备时做出准确选择。

(3) 将所有 I/O 点的 I/O 标识收集齐全，并填写表格。I/O 标识是唯一确定

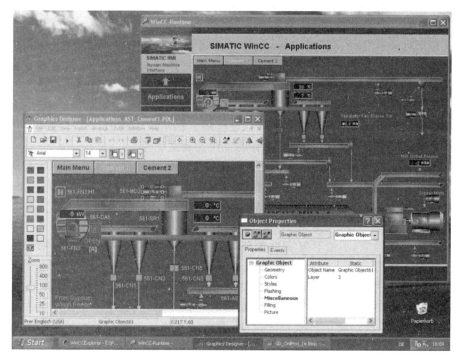

图 9-9　使用图形编辑器的在线组态

一个 I/O 点的关键字,组态软件通过向 I/O 设备发出 I/O 标识来请求其对应的数据。

(4) 根据工艺过程绘制、设计画面结构和画面草图。

(5) 按照(1)统计出的表格,建立实时数据库,正确组态各种变量参数。

(6) 根据(1)和(3)的统计结果,在实时数据库中建立实时数据库变量与 I/O 点的一一对应关系,即定义数据连接。

(7) 根据(4)的画面结构和画面草图,组态每一幅静态的操作画面。

(8) 将操作画面中的图形对象与实时数据库变量建立动画连接关系,规定动画属性和幅度。

(9) 对组态内容进行分段和总体调试。

(10) 系统投入运行。

9.2　现场总线控制系统

本节首先引出现场总线产生的渊源,然后总结现场总线的技术特点,介绍现场总线的体系结构,从所采用的通信模型及所具备的特性方面介绍几种常用的现场总线,最后给出两个应用的实例。

9.2.1 概述

1. 现场总线概述

控制系统中的变送器、控制器、执行器等现场装置往往采用 4~20mA 的模拟信号进行通信联系，无论它们的制造厂商是谁，它们一般都可以互换。从 20 世纪 60 年代发展起来的 4~20mA 信号是一种国际标准，目前仍在使用。由于模拟量传递的精度差，易受干扰信号影响，因此整个控制系统的控制效果及系统稳定性都很差，同时难以实现设备之间及系统与外部之间的信息交换，使自动化系统成为"信息孤岛"。

智能仪表利用超大规模集成电路技术和嵌入式技术，将微处理器、存储器、A/D 转换器和输入、输出功能集成在一块芯片上，传感器信号可以直接以数字量形式输出，使信号的模数转换工作从计算机下移到现场端，降低系统复杂性，简化了系统结构。现代智能仪表的一个主要优点是除了可以像传统传感器一样输出被测信号量外，还能给出传感器自身的状况信息，具有数据通信功能，使系统控制人员能随时掌握系统中各传感器的运行现状，为整个系统的安全运行提供了可靠的保障。智能仪表的第三个功能是自带控制，许多简单的控制算法（如 PID）可以直接由智能传感器完成，进一步简化了系统结构。智能仪表的问世，为现场总线的出现奠定了基础。

现场总线是应用在生产现场、在微机化测量控制设备之间实现双向串行多节点数字通信的系统，也被称为开放式、数字化、多点通信的底层控制网络。

现场总线控制系统（fieldbus control system，FCS）是顺应智能仪表而发展起来的。它的初衷是用数字通信代替 4~20mA 模拟传输技术，但随着现场总线技术与智能仪表管控一体化（仪表调校、控制组态、诊断、报警、记录）的发展，在控制领域内引起了一场前所未有的革命。

现场总线作为过程自动化、制造自动化、楼宇、交通等领域现场智能设备之间的互连通信网络，沟通了生产过程现场控制设备之间及其与更高控制管理层网络之间的联系，为彻底打破自动化系统的信息孤岛创造了条件。

传统的 DCS 系统具有集中监控、分散控制、操作方便的特点。但是，在实际应用中也发现 DCS 的结构存在一些不足之处，如控制不能做到彻底分散，危险仍然相对集中；由于系统的不开放，不同厂家的产品不能互换、互联，限制了用户的选择范围。利用现场总线技术，开发 FCS 系统的目标是针对现存的 DCS 的某些不足，改进控制系统的结构，提高其性能和通用性。

随着现场总线技术的出现和成熟，促使了控制系统由 DCS 向 FCS 的过渡。在一般的 FCS 系统中，遵循一定现场总线协议的现场仪表可以组成控制回路，使控制站的部分控制功能下移分散到各个现场仪表中。从而减轻了控制站负担，使得控制站可以专职于执行复杂的高层次的控制算法。对于简单的控制应用,甚至可以把控制站取消,在控制站的位置代之以起连接现场总线作用的网桥和集线器,操作站直接与现场仪表相连,构成分布式控制系统。

FCS是新型的自动化系统,又是低带宽的底层控制网络。它可以与互联网(Internet)、企业内部网(Intranet)相连,且位于生产控制和网络结构的底层,因此有人称之为底层设备控制网络(Infranet)。它作为网络系统最显著的特征是具有开放统一的通信协议,肩负生产运行一线测量控制的特殊任务。

虽然以微处理器芯片为基础的各种智能仪表为现场信号的数字化及实现复杂的运用功能提供了条件,但不同厂商提供的设备之间的通信标准不统一,严重束缚了工厂底层设备控制网络的发展。为此,需要形成统一的标准,组成开放互连网络,将不同厂商提供的自动化设备互连为系统。

美国仪表协会(ISA)于1984年开始制定现场总线标准。1994年6月WorldFIP和ISP联合成立了现场总线基金会,它包括了世界上几乎所有的著名控制仪表厂商在内的100多个成员单位,致力于国际电工委员会 IEC(International Electro technical Commission)的现场总线控制系统国际标准化工作,制定了基金会现场总线。与此同时,不同行业陆续派生出一些有影响的总线标准,它们大都在公司标准的基础上逐渐形成,并得到其他公司、厂商以至于国际组织的支持。如德国的控制局域网络 CAN、法国的 FIP、美国局部操作网络 LonWorks、德国的过程现场总线 PROFIBUS 和 HART 协议等。但是,总线标准的制定工作并非一帆风顺,由于行业与地域发展等历史原因,加上各公司和企业集团受自身利益的驱使,致使现场总线的国际化标准工作进展缓慢。预计在今后一段时期内,会出现几种现场总线标准共存、同一生产现场有几种异构网络互连通信的局面。但是不论如何,制定单一的开放国际现场总线标准,真正形成开放互连系统是发展的必然。

2. 现场总线控制系统的体系结构

传统模拟控制系统采用一对一的设备连线,按照控制回路进行连接。FCS采用了智能仪表(智能传感器、智能执行器等),利用智能仪表的通信功能,实现了彻底的分散控制。图9-10为传统控制系统与FCS的结构对比。

FCS的体系结构主要表现在以下5个方面。

(1) 现场通信网络

现场总线将通信一直延伸到生产现场或生产设备。

(2) 现场设备互连

现场设备或现场仪表指遵循一定现场总线协议的变送器、执行器、服务器和网桥、辅助设备、监控设备等。这些设备通过一对传输线(如双绞线、同轴电缆、光纤和电源线等)互连。

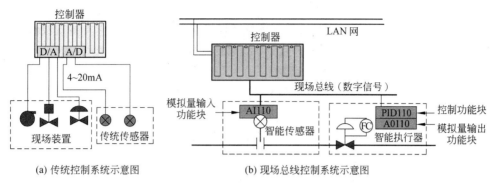

图 9-10 传统控制系统与现场总线控制系统结构的比较

这里的变送器具有常规变送器的检测和变送功能,同时还具有补偿、PID 运算及运算功能。其中的服务器通过现场总线 H_1 连接现场装置,其向上还可以连接局域网;网桥作为不同现场总线的连接桥。辅助设备有 H_1/气压转换器、H_1/电流转换器、电流/H_1 转换器、安全栅、总线电源等。辅助设备有提供现场总线控制系统组态的工程师站、供工艺操作与监视的操作员站、用于优化控制和建模的计算机站。

(3) 控制功能分散

现场总线控制系统将输入/输出单元和控制站的部分功能分散给现场智能仪表,从而构成虚拟控制站,如图 9-10(b)所示。其中智能传感器含有模拟量输入功能块(AI110),智能执行器含有 PID 控制功能块(PID110)及模拟量输出功能块(AO110)。

(4) 通信线供电

通信线供电方式允许现场仪表直接从通信线上获取能量,这种方式提供本质安全环境下的低功耗现场仪表,与其配套的还有安全栅(由于生产现场有可燃性物资,所有现场设备必须严格遵守安全防爆标准)。

(5) 开放式互连网络

现场总线为开放式互连网络,它既可以与同层网络互连,又可以与不同层的网络互连,同时还体现在网络数据库共享,通过网络对现场设备和功能块统一组态,使不同厂商的网络和设备融为一体,构成统一的现场总线控制系统。

3. 现场总线技术特点

现场总线采用一对 N 结构,即一对传输线,N 台仪表,双向传输多个信号,如图 9-10 所示,因而接线简单、费用低廉、维护方便。

分布式的 FCS 系统比 DCS 系统更好地体现了"信息集中,控制分散"的思想。DCS 代表传统与成熟,而 FCS 代表潮流与发展方向,也是独具优势的事物。与传统的控制系统相比,FCS 具有下面的技术特点。

(1) 可靠性高、有较强的抗干扰能力

作为工厂网络底层的现场总线对现场环境有较强的适应性。它支持双绞线、同轴电缆、光缆、无线和电力线等,并且数字信号传输抗干扰的能力比模拟信号强。

(2) 具有高度的控制功能分散性

(3) 现场仪表或设备具有高度的智能化与功能自主性,可完成控制的基本功能

操作员在控制室既可了解现场的设备或仪表的工作状况,也可以对它们进行参数调整,并可预测、诊断以及寻找故障。

(4) 开放性

FCS 对相关标准具有一致性、公开性,强调对标准的共识与遵从。通信协议一致公开,各不同厂家的设备之间可实现信息交换,通过现场总线可构筑自动化领域的开放互连系统。

(5) 互操作性和互用性

互操作性指互连设备间、系统间信息传送与沟通。互用则意味着不同生产厂家的性能类似的设备可实现相互替换。现场总线的设备可以由各厂商不同性能价格比、不同种类、不同品牌的现场设备统一组态,实现"即插即用",构成用户所需的控制回路。

值得注意的是,现场总线的开放系统允许使用不同厂家的产品,但又必须防止单个元件或设备影响整个网络正常运行的情况发生。为此,需要在某种现场总线上使用的设备必须通过该总线所对应的认证程序来进行认证和签发商标,其目的是保证厂商、用户和操作人员按照规范和附件的规定统一起来,确保将通过认证的元件接入网络时有更高的安全性。

4. 现场总线的优点

由于现场总线的以上特点,特别是其系统结构的简化,使其从设计、安装、投运到正常生产运行及检修维护,都体现出以下的优点:

(1) 节省硬件数量与投资

由于 FCS 中使用的智能仪表功能很强,不再需要 DCS 系统中的大量的隔离器、端子柜、I/O 卡、I/O 端口、信号调理等功能单元及复杂的连线,节省了 I/O 装置及装置室的空间,因此可以节约硬件投资。

(2) 节省安装费用

由于结构上改变的原因,FCS 的接线非常简单,一对双绞线或一条电缆上可以挂接多个设备,减少了大量电缆、端子和架线,减少连线设计和接头校对工作量,可以极大地节省安装费用。

(3) 节省系统维护开销

由于现场控制设备具有自诊断与简单故障处理能力,操作员在控制室就可以

了解现场的设备或仪表的工作状况,并可预测、诊断以及寻找故障,并快速排除故障,因此缩短维护停工时间,减少维护工作量。

(4) 用户具有高度的系统集成主动权

由于 FCS 具有互操作性和互用性,因此用户可以自由选择不同品牌的设备达到最佳的系统集成,使系统集成过程的主动权掌握在用户手中。

(5) 提高了系统的准确性与可靠性

由于现场总线设备的智能化、数字化,与模拟信号相比,从根本上提高了测量与控制的精确度,减少了传送误差;同时,由于系统结构简化,连线减少,减少信号的往返传输,从而提高了系统的可靠性。

此外,由于现场总线设备的标准化、功能模块化,它还具有设计简单,易于重构等优点。

应用实例表明,与常规技术相比,使用现场总线技术可以使电缆、调试和维修成本节省 40% 以上。

9.2.2　现场总线类型

1. 开放式系统互联参考模型

为了便于网络互联,国际标准化组织(International Standards Organization, ISO)提供了一个标准的协议结构——开放式系统互联(OSI)参考模型,如图 9-11 所示,共分为七层功能以及对应的协议,每层完成一个明确定义的功能集合,并按照协议相互通信。每层向上层提供所需的服务,在完成本层协议时使用下层提供的服务,各层的功能相对独立,层间的相互作用通过层接口实现。

物理层:主要是为通信各方(数据终端设备和数据通信设备)提供物理信道,完成物理连接和传送通路的建立、维护和释放等操作,按位传送比特流。

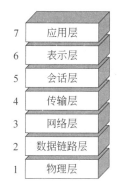

图 9-11　ISO 的 OSI 参考模型

数据链路层:分为介质访问控制层(media access control, MAC)和逻辑链路控制层(logical link control, LLC),前者主要解决物理信道的使用,后者保证信息正确有序地在有噪信道上传输。

网络层:在有限条物理信道上建立多条逻辑信道并完成路径选择与中继、网络流量控制、网络的连接和管理。

传输层:在端点之间提供可靠的、透明的数据传输,提供端对端的错误恢复和流控制。

会话层:提供在两个进程间建立、维护和拆除的手段,对连接传输进行管理。

表示层：完成有用的数据转换，提供一个标准的应用接口和公共的通信服务，如文本压缩、加密等，解决如何描述数据结构并使之与机器无关。

应用层：负责两个应用进程之间的通信，为网络用户间的通信提供专用的应用程序包。

具有七层结构的 OSI 参考模型可支持的通信功能是相当强大的。为了构成开放互连系统，满足实时性要求、实现工业网络的低成本，作为工业控制现场低层网络的现场总线的通信模型大都在 OSI 模型的基础上进行了不同程度的简化。

以下为几种较流行的现场总线，它们大都以 ISO 的开放系统互连模型作为基本框架，并根据行业的应用需要施加某些特殊规定后形成自己的标准，并在较大范围内取得了用户与制造商的认可。

2. 基金会现场总线

基金会现场总线（foundation fieldbus,FF）是在过程自动化领域得到广泛支持和具有良好发展前景的一种技术。基金会现场总线前身是以美国 Fisher-Rosemount 公司为首，联合 Foxboro、横河、ABB、西门子等 80 家公司制定的 ISP 协议和以 Honeywell 公司为首，联合欧洲等地 150 家公司制定的 World FIP 协议。这两大集团于 1994 年 9 月合并，成立了现场总线基金会，致力于开发出国际上统一的现场总线协议。由于参与该基金会的公司是该领域自控设备的主要供应商，对工业低层网络的功能了解比较透彻，也具备足以左右该领域现场自控设备发展方向的能力，所以由该基金会颁布的现场总线规范具有一定的权威性。

基金会现场总线以 ISO/OSI 开放系统互连模型为基础，取其物理层、数据链路层、应用层为 FF 通信模型的相应层次，隐去了其中的第 3~6 层，并在应用层上增加了用户层。其通信模型的主要部分及其关系如图 9-12 所示。

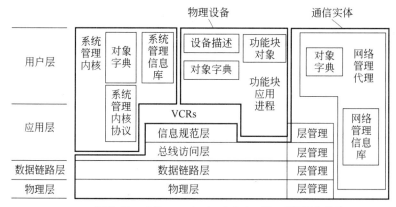

VCR: Virtual Communication Relationship，虚拟通信关系

图 9-12　FF 通信模型的主要组成部分及其相互关系

应用层分为总线访问层和信息规范层。其中总线访问层的基本功能是确定数据访问的关系模型和规范,根据不同要求,采用不同的数据访问工作模式。信息规范层的基本功能是面向应用服务,生成规范的协议数据。应用层的任务是完成一个应用进程到另一个应用进程的描述,实现应用进程之间的通信,提供应用接口的标准操作,实现应用层的开放性。

用户层主要针对自动化测控应用的需要,定义了信息存取的统一规则,规定对象字典、采用设备描述语言规定了通用的功能模块集,供用户组成所需要的应用程序,并实现网络管理和系统管理。在系统管理中,为了提供一个集成网络各层通信协议的机制,实现设备操作状态的监控与管理,设置一个网络管理代理和一个网络管理信息库,提供组态管理、性能管理和差错管理的功能。在系统管理中,设置系统管理内核、系统管理内核协议和系统管理信息库,实现设备管理、功能管理、时钟管理和安全管理等功能。

基金会现场总线开发了两种互补的现场总线:擅长于过程控制应用的 H1、面向高性能应用和子系统集成的 HSE。

H1 的传输速率为 31.25kbps,通信距离可达 1.9km,可支持总线供电和本质安全防爆环境。物理传输介质可为双绞线、光缆和无线,其传输信号采用曼切斯特编码。HSE 采用了基于 EtherNet 和 TCP/IP 六层协议结构的通信模型。HSE 充分利用了低成本和成熟可用的以太网技术,以太网作为高速主干网,传输速率为 100Mbps 到 1Gbps,或以更高的速度运行,主要用于复杂控制、子系统集成、数据服务器的组网等。HSE 和 H1 两种网络都符合 IEC61158 标准(用于测量和控制的数据通信——工业控制系统使用的现场总线标准),HSE 支持所有的 H1 总线的功能,支持 H1 设备对点通信,一个链接上的 H1 设备还可以直接与另一个链接上的 H1 设备通信,无须主机的干扰。

FF 截至 2004 年 10 月为止,已经应用于 5000 个系统,共超过 30 万节点,且每年的增长约为 12.5 万节点。每年的增长率达到 50%。

FF 的其他特性为:

- 拓扑结构——H1 采用星型或总线型,HSE 采用星型。
- 物理介质——双绞线或光纤。
- 最多连接设备——每网段 240 点,可扩展为 65000 个网段(H1);由于是 IP 选址,无限制(HSE)。
- 最大传输距离——针对 H1 为 1900m;针对 HSE 采用 100Mbps 双绞线连接为 100m,采用 100Mbps 全双工光纤连接为 2000m。
- 数据包大小——在 H1 上为 128 字节;在 HSE 上则根据 TCP/IP 协议,大小不定。
- 循环时间——H1 的小于 500ms;HSE 的小于 100ms。

3. CAN（控制器局域网络）

CAN（controller area network）是由德国 Bosch 公司为汽车生产的检测和控制而设计的，其总线规范已成为国际标准化组织 ISO11898 标准。CAN 总线的技术规范（Version2.0）包括 A 和 B 两部分，2.0A 给出了 CAN 报文标准格式，而 2.0B 给出了标准的和扩展的两种格式。目前 CAN 总线广泛应用于过程控制、机械工业、纺织机械、农业机械、机器人、数控机床等其他领域的控制。

CAN 属于总线式通信网络，与一般通信总线相比，具有突出的可靠性、实时性和灵活性。其特点可以概括为：

- 多主方式工作，因而可以方便地构成多机备份系统。
- 对应网络上的节点信息可以有不同优先级，可满足不同实时要求。
- 采用非破坏性总线仲裁技术，当多个节点同时向总线发送信息时，低优先级节点主动退出，最高优先级节点继续传输数据，节省了总线冲突的仲裁时间。
- 只需通过报文滤波就可以实现点对点、一点对多点及全局广播等几种方式的传播接收数据，无需专门的调度。
- 采用短消息报文，每一帧有效字节数为 8 个，传输时间短，受干扰的概率低，具有极好的检错效果。
- 每帧信息采用循环冗余校验 CRC 及其他检错措施，保证数据出错率极低。
- 传输介质可为双绞线、同轴电缆或光纤，选择灵活。
- CAN 节点在错误严重时，具有自动关闭输出的功能，以使总线上其他节点的操作不受影响。

CAN 基于 OSI 模型，但进行了优化，采用了其中的物理层和数据链路层（包括 MAC 和 LLC），提高了实时性。在 CAN 技术规范 2.0A 版本中，MAC 和 LLC 子层的服务和功能被描述为"传送层"和"目标层"。CAN 的分层结构和功能如图 9-13 所示。

CAN 总线的突出优点使其在各个领域的应用得到迅速发展。许多器件厂商竞相推出各种 CAN 总线器件产品，并已逐步形成系列。丰富廉价的 CAN 总线器件又进一步促进了 CAN 总线应用的迅速推广。CAN 不仅是应用于某些领域的标准现场总线，而且正在成为微控制器的系统扩展及多机通信的接口。目前，支持 CAN 协议的有 Intel，Motorola，Philips，Siemens，NEC，Silioni，Honeywell 等百余家国际著名大公司。

4. LonWorks（局部操作网络）

LonWorks（local operating network）是由美国 Echelon 公司推出并由它与摩

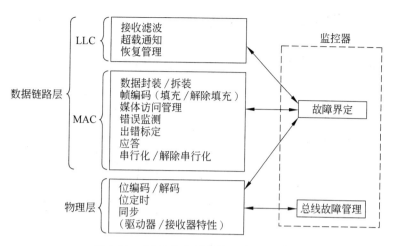

图 9-13 CAN 的分层结构和功能示意图

托罗拉和东芝公司共同倡导，于 1990 年正式公布而形成的。它采用国际标准化组织 ISO 定义的开放系统互连 OSI 的全部七层协议结构。LonWorks 技术的核心是具备通信和控制功能的 Neuron 神经网络芯片。Neuron 芯片实现 LonWorks 所采用的 LonTalk 通信协议，其上集成有三个 8 位 CPU，如图 9-14 所示。

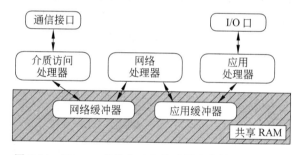

图 9-14 Neuron 芯片内三个处理器和存储器结构框图

一个 CPU 完成 OSI 模型第一和第二层的功能，称为介质访问处理器。一个 CPU 是应用处理器，运行操作系统服务与用户代码。还有一个 CPU 为网络处理器，作为前两者的中介，进行网络变量寻址、更新、路径选择、网络通信管理等。由神经芯片构成的节点之间可以进行对等通信。LonWorks 支持双绞线、光纤、红外线、电力线等多种物理介质并支持多种拓扑结构，组网方式灵活，被誉为通用控制网络。

LonWorks 控制节点有两大类：①以神经元芯片为核心的控制节点；②采用 MIP 结构的控制节点，如图 9-15 所示。

神经元芯片是一组复杂的 VLSI 器件，通过独具特色的硬件、固件结合的技术，使一个神经元芯片几乎可以包含一个现场节点的大部分功能模块——应用

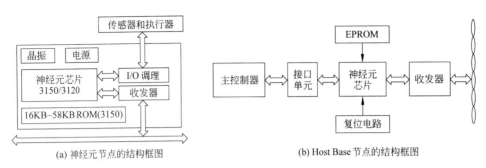

图 9-15 LonWorks 控制节点

CPU、I/O 处理单元、通信处理器。因此,一个神经元芯片加上收发器便可以构成一个典型的现场控制节点。

对于一些复杂的控制,以神经元芯片为核心的控制节点就显得力不从心,必须采用 Host Base 结构来解决这一问题,即将神经元芯片作为通信协处理器,用高级主机的资源来完成复杂的测控功能。

LonWorks 技术中的一个重要特色是采用路由器。正是路由器的采用,使得 LonWorks 总线可以突破传统现场总线的限制——不受通信介质、通信距离、通信速率的限制。LonWorks 总线与其他总线不同的地方是需要一个网络管理工具,以便进行网络的安装、维护和监控。通过节点、路由器和网络管理这 3 部分的有机结合,就可以构成一个带有多介质、完整的网络系统。一些资料称 LonWorks 不再是现场总线而是现场网络。图 9-16 为采用 LonWorks 总线构成的一个现场网络。

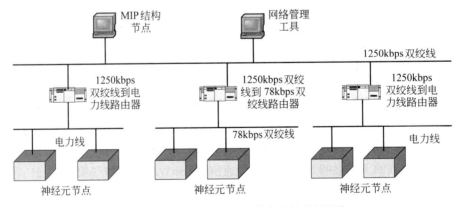

图 9-16 采用 LonWorks 总线构成的现场网络

LonWorks 应用范围主要包括楼宇自动化、工业控制等,在组建分布式监控网络方面有较优越的性能,在开发智能通信接口、智能传感器方面,其神经元芯片也具有独特的优势。

5. PROFIBUS(过程现场总线)

PROFIBUS(process field bus)是德国标准 DIN 19245 和欧洲标准 EN 50 170 的现场总线标准。PROFIBUS 只采用了 OSI 模型的物理层、数据链路层、应用层。PROFIBUS 支持主从方式、纯主方式、多主多从通信方式。主站对总线具有控制权,主站间通过传递令牌来传递对总线的控制权。取得控制权的主站,可向从站发送、获取信息。传输速率为 9.6kbps~12Mbps,最大传输距离在 12Mbps 时为 100m,1.5Mbps 时为 400m,可用中继延长至 10km,传输介质可以是双绞线和光纤。PROFIBUS 有三个兼容版本,分别适用于不同场合。

(1) PROFIBUS—FMS(fieldbus message specification,现场总线报文规范)

主要用于解决车间级通用性通信任务,提供大量的通信服务,完成中等传输速度的循环和非循环通信任务,用于纺织工业、楼宇自动化、电气传动、传感器和执行器、PLC、低压开关设备等一般自动化控制。

(2) PROFIBUS—PA(process automation,过程自动化)

主要适用于过程自动化,通过总线供电,采用标准的本质安全的传输技术,实现了 IEC1158-2 中规定的通信规程,可用于危险防爆区域。

(3) PROFIBUS—DP(distributed periphery,分布式外设)

经过优化的高速、廉价的通信连接,专门设计为在自动控制系统与在设备级分散的 I/O 之间进行通信使用,满足高速数据传输要求。

PROFIBUS 的应用范围如图 9-17 所示,它们的协议结构图则如图 9-18 所示。

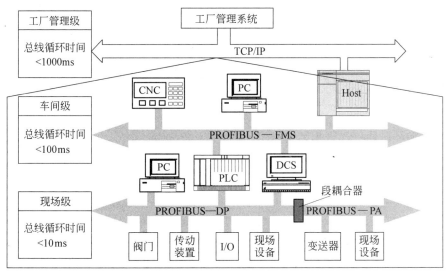

图 9-17 PROFIBUS 应用范围

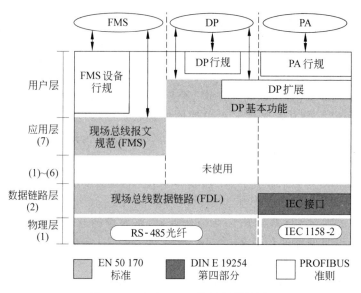

图 9-18 PROFIBUS 协议的结构图

截至 2004 年 10 月为止,PROFIBUS 已经有超过 1000 万节点的安装量。其特性为:

- 拓扑结构——星型、线型、环型或总线型。
- 物理介质——双绞线或光纤。
- 最多连接设备——最多 127 节点,分 4 个网段,采用 3 个中继器;可加 3 个主设备。
- 最大传输距离——12Mbps 时为 100m,光纤连接可达 12km。
- 通信方式——主/从方式(master/slave)、对等方式(peer-to-peer)。
- 传输特性——PROFIBUS—DP:500kbps、1.5Mbps、12Mbps;PROFIBUS—PA:31.25kbps。
- 数据包大小——250 字节。
- 循环时间——根据结构有所不同,小于 2ms。

6. HART 总线

HART(highway addressable remote transducer,可寻址远程传感器)高速通道的开放协议是由 Rosemount 公司于 1986 年提出并得到 80 多家著名仪表公司的支持的通信协议,并在 1993 年成立了 HART 通信基金会。其特点是在现有模拟信号传输线上实现数字信号通信,属于模拟系统向数字系统转变过程中的过渡性产品,因此在当前的过渡时期具有比较强的市场竞争能力,在智能仪表市场上占有很大的份额。

HART 协议使用了 FSK(frequency shift keying,频移键控)技术,在

4～20mA 信号过程测量模拟信号上迭加了一个频率信号。由于频率信号的平均值为 0，HART 通信信号不会影响 4～20mA 信号的平均值，使得 HART 通信可以和 4～20mA 信号并存而不互相干扰，这是 HART 标准的重要优点之一。

HART 包括 ISO/OSI 模型的物理层、数据链路层和应用层，在运用层规定 HART 命令。智能设备从这些命令中辨识对方信息的含义。HART 通信可以有点对点或多点连接模式。

HART 采用统一的设备描述语言（device description language，DDL）。现场设备开发商采用这种标准语言来描述设备特性，由 HART 基金会负责登记管理这些设备特性，并将它们编为设备描述字典，主设备用 DDL 技术来理解这些设备的特性参数，而不必为这些设备开发专用接口。但由于这种模拟数字混合信号制，导致难以开发出一种能满足各公司要求的通信接口芯片。国际电工委员会 IEC 于 2004 年一致认同 DDL 成为国际标准 61804-2。

HART 能利用总线供电，可满足本质安全防爆要求，并可组成由手持编程器与管理系统主机作为主设备的双主设备系统。

HART 通信协议允许两种通信模式：①应答式——主设备向从设备发出命令，从设备予以回答；②成组式——无需主设备发出请求而由从设备自动连续发出数据。

HART 协议被认为是事实上的工业标准，但它本身并不算现场总线，只能说是现场总线的雏形，是一种过渡性协议。其不足之处在于速度较慢（1200bps），而一台智能设备要么选用"成组"方式，要么在"主从"方式中充当从设备，它不能像一台现场总线设备既可以做从设备，又可以作主设备。由于目前使用 4～20mA 标准的现场仪表大量存在，所以，在其他现场总线进入工业应用后，HART 仍会应用好多年。

截至 2004 年 10 月为止，已经有超过 1400 万的 HART 设备，占全球潜在安装量的 25% 左右；一项调查还显示，HART 在 2002—2010 年间的增长率有望达到每年 5%。

HART 还具有以下特性：
- 拓扑结构——一般采用已有的连线结构。
- 物理介质——4～20mA 连线，不需要终端器。
- 最多连接设备——推荐点对点方式，但可以采用多点方式，最多可连接 15 个设备。
- 最大传输距离——3000m，可采用中继器。
- 通信方式——模拟 4～20mA，加双向数字主/从方式。
- 传输速度——模拟 4～20mA，几乎是即时的，无传输延迟或同步时间。
- 数据包大小——符合 IEEE 浮点值的 4 个过程变量，加工程单元，加设备状态。

- 循环时间——500ms（数字信号）。

9.2.3 典型应用系统构成

1. 汽车总线控制系统

随着车用电气设备越来越多，从发动机控制到传动系统控制，从行驶、制动、转向系统控制到安全保证系统及仪表报警系统，从电源管理到为提高舒适性而作的各种努力工作，都使汽车电气系统形成一个复杂的大系统，并且它们的控制都集中在驾驶室进行。

（1）网络连接方式

从信息共享角度分析，现代典型的控制单元有电控燃油喷射系统、电控传动系统、防抱死制动系统（ABS）、防滑控制系统（ASR）、废气再循环控制和空调系统等。为了满足各子系统的实时性要求，有必要对汽车公共数据实行共享，如发动机转速、车轮转速、油门踏板位置等。应该注意的是，每个控制单元对实时性的要求因数据的更新速率和控制周期不同而不同。

在现代轿车的设计中，CAN已经成为必须采用的技术。奔驰、宝马、大众、沃尔沃及雷诺汽车都将CAN作为控制器联网的手段。由于我国中高级轿车主要以欧洲车型为主，因此欧洲车应用最广泛的CAN技术，也将是国产轿车引进的技术项目。目前汽车上的网络连接方式主要采用两条CAN，一条用于驱动系统的高速CAN，速率达到500kbps，另一条用于车身系统的低速CAN，速率是100kbps，网络连接方式如图9-19所示。图中的ECU表示Electronic Control Unit（电子控制单元）。

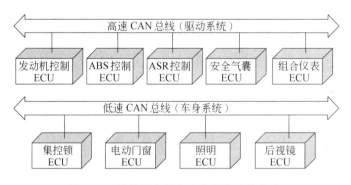

图9-19 目前国产轿车上的网络连接方式

驱动系统CAN主要连接对象是发动机控制器、ABS控制器（anti-lock braking system，制动防抱死系统）、制动防滑装置ASR（anti-slip braking system，驱动防滑系统）及安全气囊控制器、组合仪表等，它们的基本特征相同，都是控制与汽车行驶直接相关的系统。车身系统CAN主要连接对象是四门以上的集控锁

(中央门锁)、电动车窗、后视镜和厢内照明灯等。目前有些先进的轿车除了上述两条总线,还会有第三条负责卫星导航及智能通信系统的 CAN 总线。

目前,驱动系统 CAN 和车身系统 CAN 这两条独立的总线之间没有关系。工程师将逐步克服技术障碍,设置网关,在各个 CAN 之间搭桥实现资源共享,将各个数据总线的信息反馈到仪表板总成上的显示屏上。驾车者只要看看仪表板,就可以知道各个电控装置是否正常工作了。

(2) 汽车 CAN 总线节点 ECU 的设计

汽车节点 ECU 的开发可以选择带有在片 CAN 的微控制器,也可以选择其他微控制器和相应的片外 CAN 控制器、收发器。这里以后者为例说明 ECU 的开发。

带有 CAN 接口的 ECU 设计是总线开发的核心与关键。各节点的 ECU 主要由 MCU、DSP、CAN 控制器 SJA1000、CAN 收发器 PCA2C250 和其他外围器件构成。图 9-20 给出一个由 51 单片机开发 CAN 节点的原理图(图中省略了一些细节电路),完全可以说明带 CAN 接口 ECU 设计的原理。

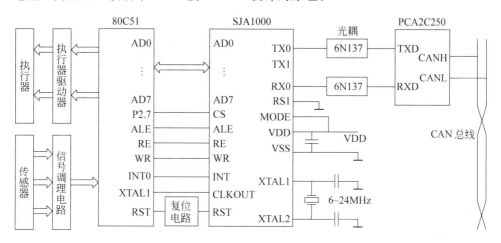

图 9-20 由 51 单片机开发的 CAN 节点的原理图

图 9-20 中,CAN 控制器 SJA1000 负责执行完整的 CAN 协议,完成通信功能,包括信息缓冲和接收滤波、处理总线通信中产生的错误。CAN 收发器 PCA2C250(收发器为 CAN 控制器和物理总线之间的接口芯片)实现 CAN 控制器与总线之间逻辑电平信号的转换。光耦 6N137 的作用是隔离信号,增强该控制节点的抗干扰能力。CAN 控制器和收发器完成 CAN 物理层和逻辑电路层的所有功能。应用层的功能则由软件来实现。

发动机控制器 ECU 的控制目标之一是消除污染和使汽车尾气排放量达标。为控制废气排放量,利用半导体传感器来精确测量吸入空气的成分,在通过传感器测量到发动机的状态以后,图 9-20 中的微控制器 80C51 就可以处理这些数据并提供合适的控制信号来控制执行器的动作。由于有正确的空气-燃料比,因此可以达到近乎完美的燃烧状态,从而使废气的排放达到最少。

汽车电气系统中的每一个子系统都是比较复杂的控制系统,集成以后得到的集成化系统更是一个非常复杂的控制系统,其中软件系统是其核心部分,它决定了整个系统运行好坏、控制的优劣。软件系统的集成并不是将各个子控制系统简单的累加,而是要将它们有机融合,还要考虑到软件运行的实时性、可靠性,控制算法的优化等问题,努力做到结构设计一体化、性能一体化和控制一体化。

技术的先进性是总线在汽车上应用的最大动力,也是汽车生产商竞相应用总线的主要原因,汽车总线的普及和发展是大势所趋,是提高汽车性能的一条很好途径。

2. 陶瓷窑现场总线控制系统

陶瓷是将粘土等原料经过适当的配比、粉碎、成型并加以高温烧制,经过一系列的物理化学反应后形成坚硬的物质。陶瓷的烧成一般是指瓷器的坯体经过热处理,完成特定的物理化学变化,产生瓷化和结晶的过程。烧成中对温度高低、温度变化快慢、不同阶段的气氛(即相应炉膛中的气体含氧量)、温度持续的时间等都有严格的要求,对保证产品的品质极为重要。

辊道窑为连续式窑炉,它用许多平行的不停转动的辊棒构成辊道,陶瓷坯件就放在辊道上通过预热、烧成、冷却,最后出窑。辊道窑炉外形如图 9-21(a)、图 9-21(b)所示。辊道窑炉主要用于建筑瓷烧成、日用瓷烧成烤花、化工物料干燥焙烧等,具有操作简单、运行可靠、能耗低、合格率高等特点。

各种不同的产品在烧制的过程中,对烧成温度和烧制时间均有不同的要求。通过控制辊棒传动速度,可以达到控制坯体在窑炉内的烧制时间。烧成品的质量即成品率和优品率,完全依赖于窑内温度和气氛的控制。为了达到提高烧成质量和降低能源消耗的目的,需要对窑炉内温度进行精确控制,温度控制目的是:保证温度符合烧成曲线,保证窑内某段温度均匀。

现在国内一般使用重油(柴油)经过喷嘴雾化、燃烧,经过控制供油流量来控制燃烧。辊道窑炉常见的总体布局如图 9-21(d)所示。其中,角执行器和热电偶共 8 组,通过角执行器控制喷油阀的开度,分段控制窑炉内的温度。窑道的中央部分是整个窑炉中温度最高的部分,也是影响陶瓷质量最关键的位置,因此,氧含量探测器以及压力传感器均布置在这里。除了进口处的给氧风机以及出口处的抽风机外,还有雾化风机和冷却风机等风机,采用变频器对这 4 个风机进行控制。进油流量计和出油流量计之差即是实际消耗的燃油量。燃油量是检验控制系统节能的重要指标。

(1) 控制系统结构及总体设计

针对辊道窑炉中的具体控制对象,如温度、气压以及氧含量等,建立单回路的控制系统,各个单回路的控制结构如图 9-22(a)~9-22(c)所示。对于陶瓷窑窑炉的控制系统要求,基于 CAN 总线的控制系统采用如图 9-22(d)所示的总体设计方案。

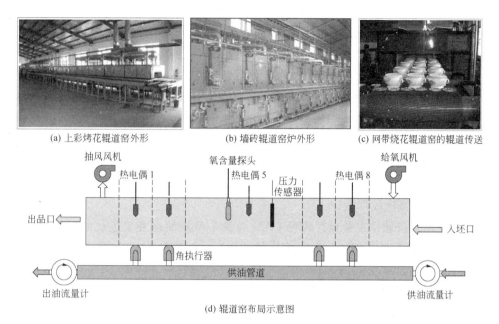

图 9-21 几种陶瓷辊道窑

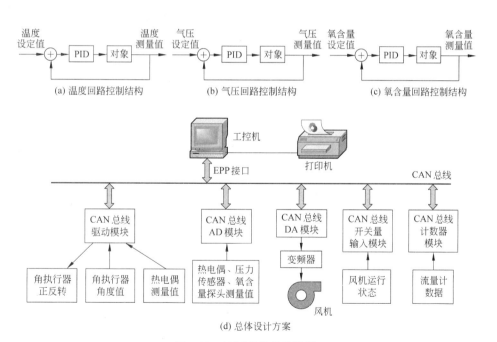

图 9-22 控制系统总体设计

温度控制回路以热电偶采样温度作为测量值,用户设定作为期望,控制油阀开度使测量值跟踪期望值。气压控制回路以采样点气压作为测量值,用户设定作为期望,控制抽风风机使测量值跟踪期望值,对压力的控制是通过调节抽风风机的变频器来实现。氧含量控制回路以采样点氧含量作为测量值,用户设定作为期望,控制氧风机使测量值跟踪期望值,对氧含量的控制是通过调节给氧风机的变频器来实现。

在设计中,将各段窑炉上的角执行器和对应段的热电偶用一块 CAN 总线控制模块来进行控制和信号采集,并将其安装在现场,这样可以大大减少热电偶信号在传输过程中可能有的干扰。其他的热电偶、氧含量探头以及压力传感器数据利用 CAN 总线 AD 模块来采集,风机的控制通过 CAN 总线 DA 模块来进行,流量计数据通过计数器模块来采集,风机的运行状态等开关量信号进入 CAN 总线开关量输入模块。

(2) 控制系统硬件设计

本控制系统硬件主要包括现场 CAN 总线 I/O 模块以及工控机的 CAN 总线 EPP(高速增强型并行口)接口板,模块的硬件结构框图如图 9-23 所示。

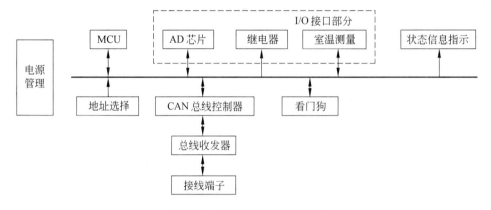

图 9-23 驱动模块硬件结构图

这里用 CAN 总线驱动模块为例说明了 I/O 模块的硬件结构。在设计中,MCU 采用片内集成了 8K EEPROM 的 AT89C52 芯片、CAN 控制器 SJA1000、CAN 收发器 PCA82C250、AD 芯片 AD7715、室温测量 DS18B20。供电电源为 24V 直流,经过 DC-DC 变换,可以得到模块中各种芯片工作需要的各种电压,整个总线模块的功耗在 30mA 以下。

系统复位有三种方式:上电复位、手动按键复位和程序跑飞导致的看门狗强制复位,看门狗芯片采用 X5045P。当系统上电时,看门狗芯片发出复位信号,对 MCU、SJA1000 和 AD 芯片进行上电复位;通过按下手动复位按键降低看门狗芯片的供电电压至监视电压以下,完成手动复位;通过对该芯片的 CS 进行定时输出,定时清除看门狗定时器。除了完成看门狗的功能外,X5054P 芯片还提供了 512×8 位 EEPROM,可以将一些需要保留的数据保存在其中,以免掉电或者复位时丢失。

CAN 总线网络接口如图 9-20 所示,其网络节点号由 MCU 读取地址选择拨码开关决定。

对于完成不同控制功能的各类型 CAN 模块,其 I/O 接口部分各不相同。这里介绍驱动模块部分。驱动模块 I/O 部分包括两组继电器、两路 AD 转换器以及一路室温测量,以完成对一段窑炉的温度测量和喷油口开度的控制。两路 AD 与 MCU 通过串行口进行数据交换,通过 MCU 的 I/O 口来片选 AD。通过 I/O 口完成对继电器的控制和对室温的测量。

EPP 接口板也是利用 SJA1000 和 PCA82C250 作为核心部分,并直接与工控机或 PC 机的 EPP 接口连接,直接与上位机的 CPU 进行数据收发。

(3) 控制系统软件设计

系统软件由三大部分组成,如图 9-24 所示。

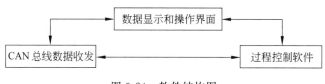

图 9-24 软件结构图

图 9-24 中 CAN 总线数据收发部分直接和下层硬件交互,完成对现场数据的采集和对现场执行机构的命令。此部分收到的数据一方面发送给数据显示和操作界面进行可视化显示,一方面发送到过程控制软件部分,提供过程控制需要的数据。过程控制软件部分一方面将控制命令转送各 CAN 总线数据收发部分,另一部分还将控制曲线等图表发送到显示界面上显示,而此部分也接收来自数据显示和操作界面的一些预设定的参数,以便更好地完成控制。

9.3 以太控制网络系统

企业信息化的基本思路是:充分利用现代信息技术,改造生产工艺,实现生产过程自动化;改善企业经营服务,实现管理方式系统化;改进信息系统,实现知识管理网络化;改变营销手段,实现商务运营的电子化、网络化。

从功能的角度划分,企业信息化的网络系统的层次结构如图 9-25 所示,可以分为 3 层:企业资源规划层(enterprise resource plan, ERP)、制造执行层(manufacturing execution system, MES)、过程控制层(process control system, PCS)。

传统概念上的监控、管理、调度等多项控制管理功能交错的部分被包罗在中间的制造执行层。图中 ERP 与 MES 层大多数采用以太网技术构成网络,网络节点多为各种计算机及其外设。随着互联网技术的飞速发展与普及,在 ERP 与 MES 层的网络集成与信息交互之间得到较好解决,它们与外界互联网之间的信息

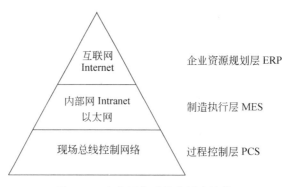

图 9-25 企业网络系统的层次结构

交互也相对比较容易。

由于生产现场自控设备种类繁多,过程控制层信息内容主要包括生产装置运行参数的测量值、控制量、工作状态、设备资源与维护信息、系统组态、参数修改等。在一体化解决方案中,需要调用、设置这些参数值,需要解决该层内部、与上层及与外部网络在信息集成中存在的困难。

另外,随着现场设备功能逐渐增强,现场设备之间、现场设备与 MES 层、ERP 层之间需要进行交换的数据量成倍增加,加上现在有些现场设备要内置 Web 服务器、以网页形式与外界沟通信息等需求,都需要得到有效的技术支持。

尽管有些现场总线可以得到更高的通信速率(如 PROFIBUS—DP 在 100m 线路长度下的最高通信速率可达 12Mbps),但它们需要特定通信芯片的支持,这些通信芯片的使用数量和价格都无法与以太网的相应部分抗衡。市场需要技术成熟、鲁棒性好、成本低廉的通信技术。互联网技术能够满足这些要求,便于以较低的费用获得高性能、低成本的控制网络。鉴于上述原因,使 FCS 在工业控制中的推广应用受到了一定的限制。而互联网技术则借助其技术优势,开始进军现场总线控制网络领域。

工业以太网是指用于工业控制系统中的以太网技术,最初是为办公自动化发展起来的,因此这种商用主流的通信技术发展至今已有应用广泛、价格低廉、传输速率高、软硬件资源丰富等技术优势。相比之下,一般的以太网技术除了通信的吞吐量要求较高外,对其他性能没有特殊要求;而工业控制现场由于其环境的特殊性,对工业以太网的实时性、可靠性、网络生存性、安全性等均有很高的要求。

为了对以太网技术及其构成的控制系统有更深入的理解,下面首先介绍控制网络的相关技术基础,然后介绍以太控制网络的组成及特点,针对以太网应用到工业现场可能出现的问题,引出相关的关键技术。

9.3.1 控制网络的技术基础

这里提及的控制网络技术主要指控制网络的局域网技术和交换式控制网络技术。

1. 控制网络的局域网技术

控制网络的拓扑结构类似于集散控制系统的通信网络拓扑结构。一般控制网络采用的拓扑结构有如图 9-7 所示的星型、环型、树型和总线型等常见几种。

共享式控制网络中,多个节点共享一个公共信道,必须采用共享介质访问控制方法,否则网络就不能正常工作。

共享介质访问控制方式有:CSMA/CD、令牌环方式和令牌总线方式。

下面介绍控制网络的 OSI 参考模型与标准。

局域网 LAN 的概念产生于 20 世纪 60 年代末。IEEE 于 1980 年成立的局域网标准委员会制定了 802 标准。该标准所描述的局域网参考模型如图 9-26 所示。由该图可见,IEEE 局域网参考模型对应于 OSI 参考模型的数据链路层与物理层。到 20 世纪 80 年代,局域网的产品已经大量涌现,其典型代表就是以太网。

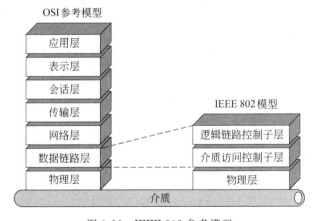

图 9-26　IEEE 802 参考模型

严格而言,以太网与 IEEE802.3 标准并不完全相同,但人们通常都将后者认为是以太网标准。目前它是国际上最流行的局域网标准之一。

工业以太网对环境的适应性要比传统的商业以太网更强,包括设备、通信电缆、连接件等在内的防爆性、抗腐蚀性、机械强度、电磁兼容性等,但目前尚无关于以太网在工业环境下的相关标准。

TCP/IP(transmission control protocol/ Internet protocol,传输控制协议/网间协议)是一套工业标准协议。TCP/IP 提供标准的可路由的网络协议,简化了异种机环境连接的体系结构,并使访问 Internet 及其资源成为可能。

TCP/IP 是物理网上的一组完整的网络协议,对应于 OSI 七层模型,TCP 相当于传输层,它保证信息的可靠传输,而 IP 提供网络层服务,完成节点的编址、寻址和信息的封装与分解。相关的几个术语的含义如下所述。

UDP(user datagram protocol,用户数据报协议):为用户进程提供无连接的协议,以保证数据的传输,但不进行正确性检查。

TCP:传输控制协议,该协议向用户提供可靠的全双工面向流的连接,并进行传输正确性检查。

IP:网间协议,负责主机间数据的路由及网络数据的存储,同时为 TCP、UDP 和网间报文控制协议提供分组发送服务。

TCP/IP 协议的核心是 TCP、UDP 和 IP 协议。这三种协议一般由网络操作系统内核实现,用户往往感受不到它的存在。

2. 交换式控制网络技术

传统的共享式控制网络由于共享固定的带宽,网络系统的效率会随着节点数的增加和应用的增多而大大降低。在任何给定时间内,共享式控制网络只允许一个工作站有权发送信息。而将交换技术加入局域网,就可以使局域网交换器的每个端口并行、安全、同时地互相传送信息,而且交换式局域网是可扩充的,其带宽随着用户的增加而增加。

以交换式集线器、交换式网络交换机、ATM(asynchronous transfer mode,异步传输模式)交换机等交换设备为中心构成的控制网络称为交换式控制网络。

(1) 交换式控制网络的技术特点

与共享式控制网络相比,交换式控制网络具有如下的技术特点:

- 具有很高的传输带宽(目前已有 1000Mbps 带宽以太交换机),且利用网络分段,增加每个端口的可用带宽,还可进一步缓解共享式控制网络的拥塞状况;
- 容量大,可支持几十至几百个接入设备,并具有组网方便的优点;
- 一般可以提供无拥塞的服务与多对端口之间的同时通信,且交换设备具有低交换传输延时(仅几十 μs 至几十 ms),一般可以满足实时控制要求;
- 支持虚拟网络服务;
- 可靠性高。

(2) 网络交换技术的工作方式

网络交换技术常采用两种工作方式:直通方式和存储转发方式。

直通方式的网络交换机就像是在输入端口和输出端口之间有一个水平和垂直交叉的线路矩阵。其工作原理如图 9-27 所示。直通方式的优点是延迟小、交换速度快。缺陷是无法进行错误检测,且当交换机端口数增加时,交换矩阵变得复杂,从而实现困难。

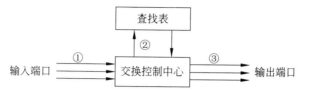

① 交换控制中心查找数据包头以确定该包要送达的端口
② 从查找表找出具体的输出端口号
③ 发送该包到指定输出端口

图 9-27　直通方式网络交换工作原理

在存储转发方式中,网络交换机的交换控制中心将输入端口的数据包缓存起来,检验其校验码,滤掉错误数据包,确定为正确后,取出正确的地址,通过查找表转换成发送的输出端口地址,再将该数据包发送出去。其工作原理如图 9-28 所示。

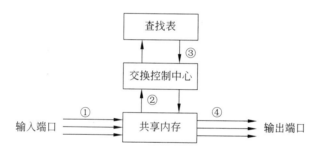

① 完整的数据包存储到共享内存中,确定数据包正确
② 交换控制中心查找数据包以确定该包要送达的输出端口
③ 从查找表找出具体的输出端口号
④ 数据发送到指定输出端口

图 9-28　存储转发方式网络交换工作原理

存储转发方式可以对进入交换机的数据包进行错误检测,因此它传输的延时比较大。对于不同速度端口的数据交换,只能采取存储转发的方式进行。

可以用网络交换机或交换式集线器为中心,组成一个交换式控制网络,如图 9-29 所示。

由于星型结构具有组网方便、工作可靠及价格便宜等特点,所以交换式控制网络几乎都采用星型结构。

3. 分布式控制网络技术

目前一种比较普遍的控制网络结构是采用如图 9-30 所示的分布式控制网络结构。

该分布式控制网络的上层为一般的 LAN、Internet/Intranet,下层为现场总线

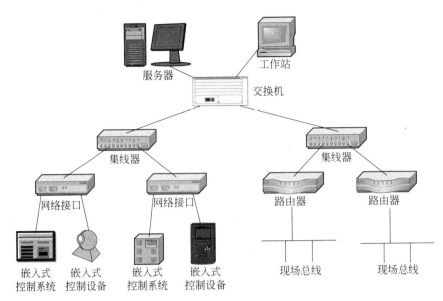

图 9-29 交换式控制网络

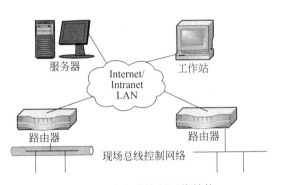

图 9-30 分布式控制网络结构

或以太控制网络,上下层网络之间通过 IP 路由器连接。

分布式控制网络对应的软件也相应地分为 3 层:上层为全局控制服务器(Web 服务器、数据文件管理及对局域控制器的管理)和 Web 控制客户机(实现控制网络的监控、操作和维护);中层为 IP 路由器(起到网络连接、路由选择、协议转换等网关作用);下层为现场总线或以太控制网络控制节点(以实现现场设备的控制功能和过程 I/O)。

分布式控制网络之间互相遵循 TCP/IP 协议,从而使网络具有开放性。分布式控制网络结构是一个集成的网络,采用相应的网络可以在网上的任何地点对其他节点进行工作,使系统的安装、监测、诊断、维护等都非常方便。在分布式控制网络中,各种现场总线控制网络通过路由器互联。路由器工作方式只是在网络中进行逻辑隔离,而非物理隔离,使通道之间透明。分布式控制网络正在兴起和发展中,其技术为实现控制网络与信息网络的无缝集成创造了良好的条件。

4. 虚拟局域网技术

虚拟局域网(virtual LAN,VLAN)是一个广播域,它不受地理位置的限制,可以跨多个局域网交换机。一个 VLAN 可以根据部门职能、对象组以及应用等因素将不同地理位置的网络用户划分为一个逻辑网段。其结构如图 9-31 所示。

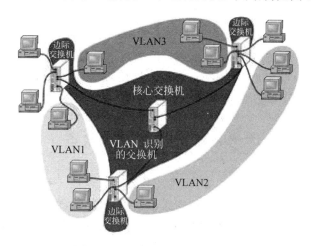

图 9-31 虚拟局域网结构示意图

隶属于不同交换机的主机和服务器可以属于同一逻辑子网——VLAN,每个 VLAN 都是独立的广播域,即一个 VLAN 的广播不会发往另一个 VLAN 中。同一 VLAN 的两台主机之间可以自由通信,不同 VLAN 的主机之间的通信,数据包需要经过上层交换机路由,交换机之间以 100Mbps Fast Ethernet 链路充当主干(trunk),同时传输各 VLAN 的数据。

工业以太网无论在通信协议时,还是在网络结构上都是开放的;对于网络本身而言,现场控制单元、监控单元、管理单元等都是对等的,受到相同的服务。但工业工程控制要求则是,控制层单元在数据传输实时性和安全性等方面都要与普通的单元区分开来,因此采用虚拟局域网在工业以太网的开放平台上做逻辑分割。其作用为:

(1) 分割功能层

VLAN 可以有效将管理层与控制层、不同功能单元在逻辑上分割开,使底层控制域的过程控制可以免受管理层的广播数据报的影响,以保证带宽。为了上下层可直接进行必要的通信,可以在 OSI 参考第三层设备上使用"过滤器",实现上下层之间的"无缝"连接;而传统方式是通过主控计算机实现"代理"功能,因为上下层网络属异种网,无法直接通信。

(2) 分割部门

通过 VLAN 划分功能单元，各自的单元子网不受其他网段的影响，可以保证本部门之间的网络的实时性。

(3) 提高网络的整体安全性

不同 VLAN 之间的通信必须经过第三层路由，可以在核心层交换机配置路由访问列表，控制用户访问权限和数据流向，达到安全目的。

(4) 简化网络管理

对于交换式以太网，如果对某些终端重新进行网段分配，需要网管对网络系统的物理结构重新进行调整，甚至需要追加网络设备，从而增加网络管理的工作量。采用 VLAN 技术后，只需网络管理人员在网管中心进行 VLAN 网段的重新分配即可。节省了投资，降低营运成本。

9.3.2 以太控制网络系统的组成及其特点

由于以太控制网络的成本低、传输速率高（有 10Mbps、100Mbps、1000Mbps），加上其技术成熟、应用广泛，又有丰富的软硬件资源和广大工程技术人员的支持，因此以太控制网络在工业自动化和过程控制方面的应用正在迅速增加。至 2003 年，以太控制网络安装的节点数已经达到 2 万个左右。以太网络是目前应用最广泛的局域网技术，其开放性、低成本和广泛应用的软硬件支持，促使其成为很有发展前景的控制网络。

以太控制网络最典型应用形式为顶层采用 Ethernet，网络层和传输层采用国际标准 TCP/IP。另外，嵌入式控制器、智能现场测控仪表和传感器可以很方便地接入以太控制网。以太控制网容易与信息网络集成，组建起统一的企业网络。

另外很重要的一点是，如果采用以太网作为控制网络的总线，可以避免现场总线技术游离于计算机网络技术之外，使现场总线技术和一般的网络技术很好融合起来，从而打破任何总线技术的垄断，实现网络控制系统的彻底开放。

从以太控制网络的组成图 9-32 可以看出，以太控制网络系统有下述几个特点。

(1) 以太控制网络以交换式集线器或网络交换机为中心，采用星型结构。以太控制网络系统中包括数据库服务器、文件服务器。以太网络交换机有多种带宽接口，以满足工业 PC、PLC、嵌入式控制器、工作站等频繁访问服务器时对网络带宽的要求。

(2) 监视工作站用于监视控制网络的工作状态。

(3) 控制设备可以是一般的工业控制计算机系统（通过以太网卡接入网络交换机或交换式集线器）、现场总线控制网络（通过数据网关与以太控制网络互联）、PLC（带以太网卡的 PLC 通过以太网卡接入网络交换机或交换式集线器，不带以

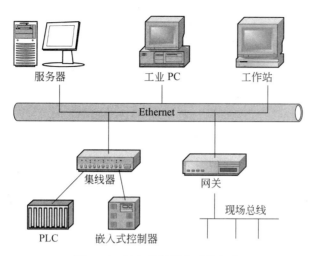

图 9-32　以太控制网络系统组成

太网卡的 PLC 将通过 RS-485/RS-232 转换及工业控制计算机接入网络交换机或交换式集线器)、嵌入式控制系统(通过自带的以太网卡接入网络交换机或交换式集线器)。

(4) 当控制网络规模较大时,可采用分段结构,连成更大的网络,每一个交换式集线器及控制设备构成相对独立的控制子网。若干个控制子网互联组成规模较大的控制网络。

(5) 以太控制网络的底层协议为 IEEE 802.3(定义了 CSMA/CD 总线介质访问控制子层与物理层规范),基本通信协议采用 TCP/IP,高级应用协议为 CORBA(common object request broker architecture,公用对象代理体系结构)或 DCOM(distributed component object model,分布式组件对象模型),网络操作系统为 Windows、Linux 或 UNIX。

(6) 实时控制网络软件是集实时控制、数据处理、信息传输、信息共享、网络管理于一体的庞大而复杂的软件工程。针对其实时性的要求,实时应用软件通常由若干个分系统和若干个进程组成,这些进程必须严格协调工作,因此要求有高性能、实时的控制网络操作系统支持。这类实时控制网络操作系统必须提供固定优先级调度策略、文件同步、剥夺型内核、异步输入输出、存储保护等实时特性,满足实时应用的要求。可供以太控制网络采用的实时操作系统有 RT-Linux、Windows NT 及 Digital UNIX 等。

9.3.3　以太网用于工业现场的关键技术

为满足工业控制需要,工业以太网需要解决的问题包括:通信实时性、网络生存性、网络安全、现场设备的总线供电、本质安全、远距离通信、可互操作性等。

1. 实时性

对于控制系统而言,"实时"成为系统的基本要求。由于传统以太网采用总线式拓扑结构且信息存取控制方式为 CSMA/CD,在实时性要求较高的场合下,重要数据的传输过程会产生传输延滞,这被称为以太网的"不确定性"。一般认为它不能满足控制系统的实时性要求。

研究表明,商业以太网在工业应用中的传输延滞在 2ms~30ms 之间,这是影响以太网长期无法进入过程控制领域的重要原因之一。

目前在工业控制领域的以太网应用中,通过限制总线上的站点数目、控制网络流量,使总线保持在轻负荷工作条件下,可以满足控制的实时性要求。实际使用中,由于控制系统的最底层是对实时性要求最严格的部分,传输数据要求速度快,但数量并不大,且不包括大量的图形信息,以 10Mbps 带宽为例,实际碰撞率已经很低,而且实际碰撞率还会随着交换式以太网技术的进一步发展更趋下降。

正是快速以太网与交换式以太网技术的发展,给解决以太网通信的非确定性带来了希望,使这一应用成为可能。首先,以太网的通信速率一再提高,从 10Mbps 发展到 100Mbps,目前 1000Mbps 以太网已经在局域网、城域网中普遍应用,万兆以太网也正加紧研制。相同通信量的条件下,通信速率的提高意味着网络负荷的减轻,而减轻网络负荷则意味着提高网络通信的确定性。

在全双工交换式以太网上,交换机将网络切分为多个网段,交换机之间通过主干网络进行连接。在网段分配合理的情况下,由于网段上多数的数据不需要经过主干网传输,因此交换机能够过滤掉这些数据,使这些数据只在本地网络传输。这种方法使本地的数据传输不占用其他网段的带宽,从而降低了所有网段和主干网络的负荷。

在一个用 5 类双绞线来连接的全双工交换式以太网中,若一对线用于发送数据,另外一对线用于接受数据,则一个 100Mbps 的网络提供给每个设备的带宽就有 200Mbps,这样交换式双工以太网就消除了冲突的可能,有条件达到确定性网络的要求。

由此可以得到以下的结论:通过全双工以太网交换技术可以完全避免 CSMA/CD 碰撞,通过半双工以太网交换技术可以极大降低碰撞的可能性,并提高网络带宽的利用率和实时性。

2. 工业以太网质量服务(QoS)

IP 的 QoS(quality of service,服务质量)是指 IP 数据通过网络时的性能。其目的是向用户提供端到端的服务质量保证。它有一套度量指标,包括业务可用性、延迟、可变延迟、吞吐量和丢包率等。

QoS 是网络的一种安全机制。在正常情况下并不需要,但当出现对精心设计的网络也能造成影响的事件时就十分必要。在工业以太网中采用 QoS 技术，可以为工业控制数据的实时通信提供一种保障机制；当网络过载或拥塞时，它能确保重要数据传输不受延迟或丢弃，同时保证网络的高效运行。

对于传统的现场总线，信息层和控制层、设备层充分隔离，底层网络承载的数据不会与信息层数据竞争；同时底层网络的数据量小，故无需使用 QoS。工业以太网的出现，很重要的一点就是要实现从信息层到设备层的"无缝"集成，满足 ERP、SCM 等应用对管理信息层直接访问现场设备能力的需求。此时，控制域数据必须比其他数据先得到服务，才能保证工业控制的实时性。

拥有 QoS 的网络是一种智能网络，它可以区分实时与非实时数据。在工业以太网中，可以使用它来识别来自控制层的拥有较高优先级的采样数据和控制数据，优先得到处理。而其他拥有较低优先级的数据，如管理层的应用类通信，则相对被延后。智能网络还有能力制止对网络的非法使用，例如非法访问控制层现场控制单元和监控单元的终端等，这对于工业以太网的安全性提升有重要作用。

3. 网络生存性

若系统中的某个部件发生故障，会导致系统瘫痪，则说明系统的网络生存能力较低。为使网络正常运行事件最大化，需要一个可靠的技术来保证在网络维护和改进时，系统不发生中断。

生存性包括：可靠性、可恢复性和可管理性。

以太网的可恢复性指在以太网系统中，当任一设备或网段发生故障而不能正常工作时，系统可以依靠事先设计的自动恢复程序将断开的网络重新连接起来，并将故障进行隔离，以使任一局部故障不会影响整个系统的正常运行，也不会影响生产装置的正常生产。同时，它能自动定位故障，以使故障能够得到及时修复。

可管理性则指通过对系统和网络的在线管理，可以及时发现紧急情况，并使得故障得到及时的处理。

4. 网络安全性

工业以太网的应用，不但可以降低系统的建设和维护成本，还可实现工厂自上而下更紧密的集成，并有利于更大范围的信息共享和企业综合管理；但同时也带来网络安全方面的隐患。以太网和 TCP/IP 的优势在于其商业网络的广泛应用以及良好的开放性，可是与传统的专用工业网络相比，也更容易受到自身技术缺点和人为的攻击。对于工业以太网的安全功能需满足：

- 防范来自外部网络的恶意攻击，限制外部网络非信任终端对内部网络资源的访问。
- 防止来自内部网络的攻击以及对控制域资源的非授权访问。
- 提供工程人员和设备供应商远程故障诊断和技术支持的保障机制。

采用的基本安全技术有 3 方面：
- 加密技术——采用常规的密钥密码体系；
- 鉴别交换技术，通过交换信息的方式来确认；
- 访问控制技术——具体体现的一种为常用的防火墙技术。

5. 总线供电与安全防爆技术

总线供电，指连接到现场设备的线缆不仅传送数据信号，还能给现场设备提供工作电源。

可以采取以下方法：

（1）在目前 Ethernet 标准基础上，适当修改物理层的技术规范，将以太网的曼彻斯特（Manchester）信号调制到一个直流或低频交流电源上，在现场设备端再将这两路信号分离出来。这种方法实现了与现场总线所采用的"总线供电法"相一致，做到"一线二用"。但由于在物理介质上传输的信号在形式上已不一致，因此，这种基于修改后的以太网设备与传统的以太网设备不能直接互连，必须增加额外的转接设备。

（2）通过连接电缆中的空闲线缆为现场设备提供工作电源。

6. 可互操作性和远距离传输

要解决基于以太网的工业现场设备之间的互操作性问题，唯一有效的方法就是在以太网＋TCP(UDP)/IP 协议的基础上，制定统一并适用于工业现场控制的应用技术规范，同时可参考 IEC（国际电工委员会）的有关标准，在应用层上增加用户层，将工业控制中的功能块进行标准化，通过规定它们各自的输入、输出、算法、事件、参数，并把它们组成为可在某个现场设备中执行的应用程序，便于实现不同制造商设备的混合组态与调用。这样，不同自动化制造商的工控产品共同遵守标准化的应用层和用户层，这些产品再经过一致性和互操作性测试，就能实现它们之间的互可操作。

考虑到信号沿总线传播时的衰减与失真等因素，Ethernet 协议对传输系统的要求作了详细的规定，如每段双绞线（10Base-T）的长度不得超过 100m，使用细同轴电缆（10Base-2）时每段的最大长度为 185m，粗同轴电缆（Base-5）时每段最大长度仅为 500m，对于距离较长的终端设备，可使用中继器（但不超过 4 个）或者光纤通信介质进行连接。

目前许多有影响的现场总线都在致力于发展与互联网的结合，并在保护已有的技术和投资条件下拓宽自己的生存空间，这些研究工作的进展为以太网进入 FCS（或向 FCS 现场级延伸）提供了可行性。必须指出，工业以太网 FCS 中，其现场级总线的传输速度并不理想，这是因为工业以太网还只是在上层控制网络中应用，而许多厂商出于安全考虑，在许多技术问题没有解决之前，现场级尚未使用工业以太网,所以 FCS 总体的传输速度没有什么质的飞跃。为了实现以太网向现场级的延伸,除了改进以太网的通信协议之外,还需要解决网络的安全、现场设备的冗余和通过以太网向现场仪表供电等技术问题。

工业以太网的介入为 FCS 的发展注入了新的活力,随着 FCS 国际标准的推出以及有关技术问题的突破性进展,在保留 FCS 特色的基础上解决上述问题后,将使工业以太网具有强大的生命力。

9.4 控制网络与管理网络集成技术

为了给企业计算机综合自动化(computer integrated plant automation, CIPA)与信息化创造有利的条件,有必要将控制网络与信息网络进行集成。这里集成的含义是实现网络间信息与资源的共享。

控制网络一般指完成自动化任务的网络系统,其网络节点除了计算机外,更大量的是具有计算与通信能力的测控设备。

信息网络一般指在办公自动化和通信等领域广为采用的计算机网络。这类网络的特点是:通信信息量大,经常传送文档、报表、图形以及信息量更大的音频、视频等多媒体信息。

目前信息网络的技术已经相当成熟。将信息网络与控制网络进行集成,将给企业提供一个更完善的信息资源共享环境,加强企业同外界的信息交流,提高企业的经济效益。

控制网络与信息网络集成技术主要是实现信息交换和资源共享。涉及到的主要集成技术如图 9-33 所示。

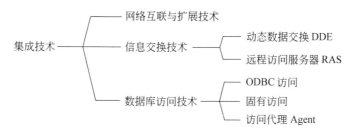

图 9-33 控制网络与信息网络的主要集成技术

实现互联是控制网络与信息网络集成的基本技术之一。当控制网络与信息网络在地理上相距较远时,远程通信技术是实现网络集成的有效方法之一。当控制网络与信息网络有一共享工作站或通信处理机时,可以通过动态数据交换技术实现控制网络中实时数据与信息网络中数据库数据的动态交换,从而实现控制网络与信息网络的集成。信息网络一般采用开放数据库,通过数据库访问技术可以实现控制网络与信息网络的集成。

控制网络与信息网络集成的最终目的,就是实现管理与控制的一体化。以一个高效而统一的企业网络支持企业实现高效率、高效益、高柔性。

9.4.1 网络互联技术

网络互联,是指将分布在不同地理位置的网络、设备相连接,构成更大的互联网络系统。控制网络与信息网络可以是同种类型的网络,也可能是不同类型的网络。互联网络应当屏蔽控制网络与信息网络在网络协议、服务功能与网络管理上的差异。

控制网络与信息网络互联要解决物理互联与逻辑互联(即互联软件)两个问题。对于同构的控制网络与信息网络,可以通过网桥进行连接;对于异构的控制网络与信息网络,则进行网络互联的两种主要部件为路由器和网关。

由于网络的协议是分层的,网络互联也是分层的。根据网络的层次结构模型,网络互联的层次可以分为:
- 数据链路层互联——互联设备为网桥;
- 网络层互联——互联设备为路由器;
- 高层互联——互联设备为网关。

对于不同类型的网络,有不同的互联技术,相应有不同的互联产品。几种典型的控制网络与信息网络互联技术应用有:
- 现场总线控制网络与信息网络互联——需要通过网关进行;
- 共享式控制网络与信息网络的互联——协议不同采用网关,协议相同采用网桥;
- 交换式控制网络与信息网络的互联——网络间采用外部网络路由器。

9.4.2 动态数据交换技术

动态数据交换(DDE)协议使用共享内存在应用程序之间传输数据,完成应用程序之间的数据交换。由于 DDE 方法的实时性较好,同时作为连接控制网络与信息网络的通信处理机比较容易实现,因此,DDE 技术在控制网络与信息网络集成中得到了实际应用。

应用 DDE 技术实现控制网络与信息网络集成的系统结构如图 9-34 所示。

图 9-34 中,通信处理机既是信息网络的一个工作站,也是控制网络的一个工作站或分布式控制系统的上位机,它完成控制网络与信息网络动态数据交换的任务。为了通过共享内存实现动态数据交换,要求控制网络与信息网络平台必须保证支持 Windows 的 DDE 功能。

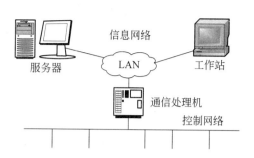

图 9-34 应用 DDE 实现控制网络与信息网络集成

9.4.3 远程通信技术

当两个网络在地理上相距较远时,可应用远程通信技术来实现控制网络与信息网络的集成。远程通信技术有:利用调制解调器的数据通信技术和基于 TCP/IP 通信技术两种。

1. 利用调制解调器的数据通信技术

通过标准的电话线可以实现两台计算机或两个设备之间的高速数据通信。这种通过电话线进行的数据通信,必须借助于调制解调器 Modem。调制是将接收的数字信息转化为能在标准电话线上传输的模拟信息,解调是将从标准电话线接收的模拟信息转换为可以被计算机接收的数字信息。

利用调制解调器实现的数据通信,是通过计算机的串行口(COM port 或 RS-232C)来实现的。RS-232C 是电子工业协会定义的一种标准,这个标准定义了异步通信口的工作方式。

利用 Modem 数据通信实现控制网络与信息网络集成的应用实例如图 9-35 所示。图中控制网络工作站与信息网络工作站通过调制解调器、公用交换电话网 PSTN 进行数据通信,实现控制网络与信息网络的集成。

图 9-35 应用调制解调器实现控制网络与信息网络集成

2. 基于 TCP/IP 通信技术

(1) 基于 TCP/IP 的通信程序设计

Winsock(Windows socket)是 Windows 操作系统下通用的 TCP/IP 应用程序的网络编程接口。目前 Windows 下的 Internet 软件均为基于 Winsock 开发的。设

置 Socket 编程接口的目的是解决网间网的进程间通信的问题。程序员可以将 Socket 看成一个文件指针，只要向指针对应的文件读写数据，就可以实现网络通信。一个应用程序可以同时申请多个 Socket，即可以同时与多个应用程序通信。

利用 Socket 进行的通信有两种主要方式：流方式（又称面向连接的方式，它采用 TCP 协议）和数据报方式（又称无连接方式，它使用 UDP 协议）。Winsock 编程也相应地分为面向连接和面向无连接两种。

在 TCP/IP 网间网中，最重要的进程间相互作用的模型是客户机/服务器 (Client/Server, C/S) 模型，它将网络应用程序分为两部分：客户和服务器。实际上，C/S 并不是一种物理结构，即客户和服务器不一定是两台机器，它们可能位于同一台机器上，其地位甚至可以互换，对 C/S 的理解应当是应用程序间相互作用的一种模型。客户机程序（进程）发送请求给服务器程序（进程），服务器进程对客户机的请求做出响应，并返回结果。在 C/S 模型下，客户机为主动方，即请求方；服务器为被动方，接受并处理请求。

采用 C/S 模型主要是为了实现网络资源共享，为网间通信进程连接的建立、数据交换的同步提供一种机制。

(2) 文件传输协议(file transfer protocol, FTP)

文件传输是 TCP/IP 中使用最广泛的应用之一，它实现主机间的文件传输。

FTP 使用两个 TCP 连接来完成文件的传送操作。一个连接用于命令传送，一个连接用于数据传送。当客户端用户使用登录命令连接到服务器后，双方便建立起连接，此连接称为控制连接，用于传输控制信息。一旦建立控制连接，双方进入交互式会话状态。然后客户端每调用一个数据传输命令，双方再建立一个数据连接以进行数据传输。该命令执行完毕后，再回到交互式会话状态，可继续执行别的数据传输命令。最后，用户发出退出命令，FTP 会话终止，控制连接释放。FTP 的 C/S 模型如图 9-36 所示。

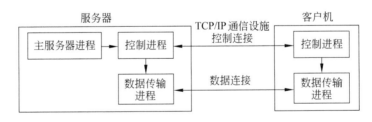

图 9-36 FTP 的 C/S 模型

9.4.4 数据库访问技术

一般的信息网络采用开放式数据库系统，这样可以通过数据库访问技术来方便地实现控制网络与信息网络的集成。

根据编程语言的不同,常用的访问数据库应用编程接口 API 主要有三种:ODBC(open database connectivity,开放数据库互联)API、固有连接 API、JDBC(Java database connectivity,Java 数据库连接)API。

ODBC API 是一种建立数据库驱动程序的开放标准。建立这个标准的目的是为了能够以统一的方式访问不同的数据库系统。访问数据库的过程就是调用 ODBC API,通过 ODBC API 驱动程序管理器,然后由驱动器驱动数据源。ODBC API 的显著特点是用它生成的程序与数据库系统无关。

固有连接 API 一般包括一个特定的应用程序开发包,根据特定的数据库进行固有连接编程,它只适合于某种数据库系统,无互操作性,优点是访问速度很快。

JDBC API 是面向 Java 语言的,JDBC 设计成既能保证查询语句的简洁性,又能保证需要是提供一些高级功能。应用 JDBC 可以实现数据库与应用程序之间双向、全动态、实时的数据交换。

9.5 网络控制系统及其时间同步

9.5.1 网络控制系统定义及存在问题

1. 网络控制系统的定义

在网络控制系统中,传感数据和控制数据通过网络实时传输,各个网络节点必须协同工作来完成控制任务。随着航空航天技术、Internet 的发展,出现了各种人在回路的网络控制系统,操作者借助网络,根据通过网络反馈的被控对象的信息(比如图像、力反馈等)来实时控制被控对象,如图 9-37 所示。

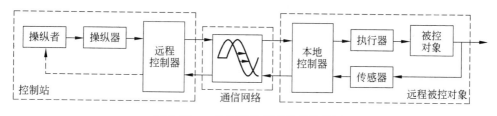

图 9-37 一种网络控制系统的结构图

由于连接到通信介质上的每个设备都是一个信息源,而通信介质是分时复用的,待发送信息只有等到网络空闲时才能被发送出去,这就不可避免导致了传输延迟的发生。延迟的存在给控制带来了很多问题,使得现有的控制理论不能直接应用于闭环网络控制系统的设计和分析。怎样在延迟特别是时变延迟存在的情况下设计网络控制器就成为一个十分关键的问题。

这里将网络控制系统定义为:通过网络实时交换数据而形成闭环的反馈控制

系统。

由此定义可以看出网络控制系统的基本特征是：被控对象和控制器等节点之间的信息通过网络进行实时交换。

2. 将传输网络引入闭环控制系统所带来的问题

(1) 大大增加系统分析和设计的复杂性。
(2) 网络传输存在传输延迟且是时变的。
(3) 网络传输中有数据包丢失等现象发生。

传统的控制理论有很多假设，比如等周期采样、同步控制、从传感器获得数据和从执行器获得控制数据都没有延迟等。而网络控制系统中，由于传输间隔是时变的，因此网络传输中存在传输延迟，且传输延迟是时变的，传输中有数据包丢失等问题。

传输间隔时变的含义是：由于网络传输为非确定性，即使希望固定间隔采样和传输，传输实际上并不能等周期进行。例如，如果两个节点同时都要发送数据，那么至少有一个节点需要等待才能发送。

数据丢包的含义是：当节点出现信息冲突或碰撞时，网络控制系统有时会发生网络丢包的情况。尽管多数网络协议都有发送-重发机制，但它们只能在有限的时间重发，当超过这段时间后，包就被丢弃了。对于实时反馈控制数据，丢弃旧的、未传输的数据包而传送一个新的、有效的数据包则可能是有益的。一般反馈控制设备允许一定数量的数据丢失，但必须保证在以一定的速率传送数据包时，确认系统是稳定的。

9.5.2 传输延迟的分析

将传输网络引入到控制系统中，对闭环系统控制必然会产生一定的影响。表征网络性能的度量有很多种，从控制的角度来看，传输延迟是主要的因素。对闭环网络控制系统进行控制时，不论采用何种方法，都要求对传输延迟的分布情况有较好的了解，才能使设计出来的控制律符合系统的实际情况，从而得到良好的控制效果。

延迟指节点之间传输一位数据所需要花费的时间。传输时间（或平均报文延迟）指一帧信息准备就绪，通过执行协议与控制成功地完成传输所占用的时间。

传输过程中的时变延迟会大大降低控制系统的性能甚至引起系统不稳定，因此时变的传输延迟对于控制是一个重要的挑战。

在交换网络中，数据传输过程如图 9-38 所示。

从图 9-38 可以看出，传输延迟描述的是数据包从源站开始产生，直至最后被成功地传送到目的站所需要的时间。因此传输延迟又可细分为：处理延迟、排队

图 9-38　交换网络中的数据传输过程

延迟、传送延迟和传播延迟。

处理延迟指对数据包进行一致性检测、报头检测以决定发送的目的地所耗费的时间。

排队延迟指设备从收到数据包到开始传输数据包之间的时间间隔,也就是指数据包在队列中等待发送的时间。

传送延迟指设备发送一个数据包所需要的时间,即从开始发送数据包的第一个 bit 与发送完该数据包的最后一个 bit 的时间间隔。

传播延迟为一个 bit 数据从发送方到接收方所需要的时间。

从一个源节点向目的节点传送一个信息包的总时间＝处理延迟＋排队延迟＋传送延迟＋传播延迟。

9.5.3　网络控制的时钟同步

1. 时钟同步的提出

网络控制系统的各个节点间通过数据交换实现资源共享和任务协作。如果各个节点之间没有时钟同步,各节点根据自己的局部时钟对同一时间发生的事件或状态信息的理解会产生偏差。另外应当注意到,网络信息传输不可避免存在延迟,而且延迟是随机的。该延迟使得通信的节点不能实时地得到交互数据。

为了使网络控制系统中的各个节点相互协调,有效完成闭环控制任务,需要保证网络控制系统中,各个节点在时间上的一致性,也就是需要在这些节点之间有一个准确的、统一的时钟,即有一个公共的时钟基。建立公共时钟基的过程就称为时钟同步。

2. 时钟同步的解决方法

针对网络传输延迟造成的信息不同时的原因,一般通过时戳机制来获知收发节点之间的时间差。时戳机制是指在发送数据包的时刻,将发送方的本地时间也同时发送出去,类似于邮局在发送信件时打上的时间邮戳。

针对由于各节点的局部时钟不同步的原因,则可以采用时钟同步的方法来解决。

目前,根据应用的需要,可以将时钟同步分为两种:帧周期同步和精确同步。基于帧周期的时钟同步称为帧周期同步;基于高分辨率局部时钟的时钟同步称为精确同步。

在分布实时控制系统中,往往根据对被控对象的采样周期将整个控制时间划分为等长的运行时间段,该时间段称为帧周期。各节点的局部时钟往往以帧周期为局部时钟的分辨率,周期地进行实时控制运算和产生交互数据,而在下一帧周期运算结束前将保持前一帧周期的运算结果,即在控制对象中引入零阶保持器。因此,任何一个帧周期的运算结果将在一个帧周期中维持不变。根据被控对象的不同属性和控制精度的不同要求,帧周期的大小各不相同,一般为几毫秒到几十毫秒。

目前,根据实现的软硬件环境,可以将时钟同步方法分为三种:硬件同步、软件同步和混合同步。

(1) 硬件同步

所谓硬件同步是指利用时钟硬件设备(如 GPS 接收机、UTC 接收机、专用的时钟信号线等)进行局部时钟间的同步,其操作对象往往是计算机内部的或外接的硬件时钟。由于硬件同步的误差主要来自于电信号的传播延时和硬件时钟分辨率,所以硬件同步可以获得接近硬件时钟分辨率的同步精度,达到纳秒级。但是硬件同步也具有以下一些缺点:

① 要引入专用的硬件设备,同步代价相对较高;

② 对于专用时钟信号线进行的硬件同步方法,需要在系统中建立专门连接各个节点时钟的通信网络,这对于分布范围很大的系统而言是不现实的;

③ 专用通信网络和硬件设备的引入增加了故障点,降低了整个系统的可靠性。

(2) 软件同步

软件同步是指利用软件同步算法进行节点局部时钟的同步。

由于软件同步无需借助外部硬件,所以它实现简单、灵活。目前软件同步方法主要有确定性同步算法和概率性同步算法,并假设测定子节点到主节点的延迟为 ΔT。

① 确定性同步算法

在时间同步时,主节点广播当前的标准时间 T_S。设某节点收到该广播信息时本机的时间为 T_R,则认为本节点到主节点的时钟差为

$$\Delta T = T_S - T_R \tag{9-1}$$

② 概率性同步算法

主节点向各子节点发送一系列(n 个)同步信息,主节点发送第 i 个同步信息的时间为 $T_S(i)$,子节点收到第 i 个同步信息的本地时间为 $T_R(i)$,则认为本节点到主节点的时钟差为

$$\Delta T = T_S - T_R \tag{9-2}$$

其中 $T_S = \frac{1}{n}\sum_{i=1}^{n} T_S(i), T_R = \frac{1}{n}\sum_{i=1}^{n} T_R(i)$。

软件同步的缺陷有:
- 软件同步信息的传输和处理增加了网络通信负荷和节点计算机的计算负荷;
- 网络性能和网络传输状况对软件同步精度具有决定性的影响,特别是节点间通过广域网相连时,软件同步比硬件同步的精度低得多。

(3) 混合同步

混合同步是硬件和软件相结合的同步方法,其主要思路是:在软件同步无法获得满意的同步精度的节点中引入硬件同步,从而提高整个系统的同步精度。

对于有大量节点且广泛分布的大型分布系统,全部采用硬件同步将会提高成本,在实际应用中往往是不现实的;全部采用软件同步会使同步精度降低,使节点的同步处理负担加重,大大限制其在大型分布系统中的应用。

混合同步将硬件同步和软件同步的优点充分结合,因此,它成为大型分布系统中性价比最高的同步方法。

9.6 闭环网络控制系统分析

综合图 9-37 所示的网络控制系统的结构,闭环网络控制系统结构可用图 9-39 来描述。

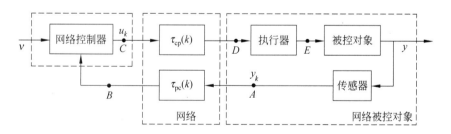

图 9-39 闭环网络控制系统结构图

图 9-39 中,$\tau_{cp}(k)$ 表示控制器到执行器的传输延迟,$\tau_{pc}(k)$ 表示传感器到控制器的传输延迟,k 表示采样时刻。控制器中的计算延迟 $\tau_c(k)$ 被并入到 $\tau_{cp}(k)$ 中。

由于延迟环节的引入,使得闭环系统降低了系统的控制性能,甚至可能引起系统不稳定。

执行器的工作方式可以分为事件驱动和时间驱动两种。

时间驱动的工作方式是指执行器在采样时钟的作用下等周期对控制信号采

样，然后施加到被控制对象上。

事件驱动的工作方式是指控制信号到达执行器后，执行器立刻将控制信号施加到被控对象上。

假设被控对象的连续时间模型为：

$$\dot{X} = AX + BU \qquad (9\text{-}3)$$

在图 9-39 所示的闭环网络控制系统结构中，根据执行器不同的工作方式，可以得到不同的被控对象离散模型。

9.6.1 基于事件驱动的稳定性分析

1. 基于事件驱动的被控对象离散模型

若执行器采用事件驱动的工作方式，则图 9-39 所示闭环网络控制系统中，施加于被控对象上的控制信号如图 9-40 所示。

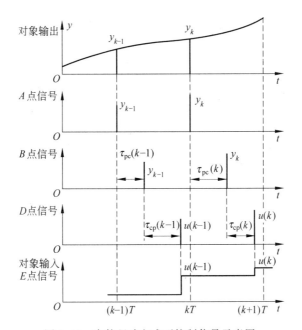

图 9-40 事件驱动方式下控制信号示意图

对于一般的事件驱动被控对象，设 m 表示控制器信号到执行器的最大传输延迟参数（即在 kT 时刻，已经到达的最新控制量为 u_{k-m}），则对于 $\forall \tau_{pc}(k)$，满足：

$$\tau_{pc}(k) \leqslant mT \qquad (9\text{-}4)$$

不妨设在时间范围 $kT \sim (k+1)T$ 内，控制信号 $U_{k-i}(i=m-1, m-2, \cdots, 0)$ 在时间 t_i^k 到达执行器。则在采样时刻 $(k+1)T$，被控对象的离散时间模型为：

$$X_{k+1} = A_s X_k + \sum_{i=0}^{m} B_i^k U_{k-i} \tag{9-5}$$

其中 A_s 表示离散化后的系统矩阵，$A_s = e^{AT}$，$B_i^k = \int_{t_i^k}^{t_{i-1}^k} e^{A(t_{i-1}^k - \tau)} B d\tau$，且 $t_m^k = kT$，$t_{-1}^k = (k+1)T$。

由于 t_i^k 为随机变量，所以对应离散系统为一个随机的不确定系统。

2. 基于事件驱动的网络控制系统的稳定性分析

首先考察每一采样延迟 τ_k 小于一个采样周期 T 的以下简单系统模型（将一个周期内的所有延迟合并为一个来表示），并采用如式(9-6)所示的状态反馈：

$$u(t^+) = -Kx(t-\tau_k), \quad t \in \{kT + \tau_k, k = 0,1,2,\cdots\} \tag{9-6}$$

其中，$u(t^+)$ 是分段连续的且仅在 $kT + \tau_k$ 时改变取值。因此可以得到周期为 T 的采样系统：

$$\begin{cases} x(k+1) = \Phi x(k) + \Gamma_0(\tau_k) u(k) + \Gamma_1(\tau_k) u(k-1) \\ y(k) = Cx(k) \end{cases} \tag{9-7}$$

其中，$\Phi = e^{AT}$，$\Gamma_0(\tau_k) = \int_{\tau_k}^{T} e^{At} B dt$，$\Gamma_1(\tau_k) = \int_{0}^{\tau_k} e^{At} B dt$。

定义广义状态向量：$w(k) = [x^T(k), u(k-1)]^T$，则得到广义闭环系统为

$$w(k+1) = \widetilde{\Phi}(k) w(k) \tag{9-8}$$

其中

$$\widetilde{\Phi}(k) = \begin{bmatrix} \Phi - \Gamma_0(\tau_k)K & \Gamma_1(\tau_k) \\ -K & 0 \end{bmatrix} \tag{9-9}$$

进一步考虑最简单的一阶系统：$\dot{x}(t) = u(t)$，则对应得到

$$\widetilde{\Phi} = \begin{bmatrix} 1 - KT + \tau K & \tau \\ -K & 0 \end{bmatrix}$$

根据离散系统稳定性要求，可以得到 τ 必须满足

$$\max\left\{\frac{T}{2} - \frac{1}{K}, 0\right\} < \tau < \min\left\{\frac{1}{K}, T\right\}$$

另外，根据采样系统的稳定性判断，对于 $K > 2/T$，没有延迟的系统也可能不稳定。所以对应系统的稳定区如图 9-41 所示。由图 9-41 可以看出，当采样周期 T 很小时，系统的网络延迟 τ 可能接近一个采样周期，当 T 变大时，τ/T 的上限变小。

对于一般的系统，不能确切分析稳定的区域，通常的做法是通过仿真来确定稳定区域。例如通过增加延迟，计算判断所得的扩展闭环矩阵是否稳定，从而得到稳定区中对应的点集，并大致得到系统的稳定区域。

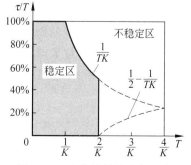

图 9-41 积分控制的稳定区域

9.6.2 基于时间驱动的稳定性分析

1. 基于时间驱动的被控对象离散模型

若执行器采用时间驱动的工作方式,则闭环网络控制系统中施加于被控对象上的控制信号如图 9-42 所示。

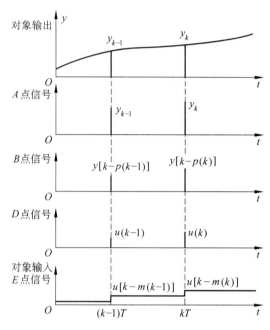

图 9-42 时间驱动方式下控制信号示意图

在采样时刻 kT,被控对象的离散时间模型为:

$$X_{k+1} = A_d X_k + B_d U_{k-m(k)} \tag{9-10}$$

其中 $A_d = e^{AT}$,$B_d = \int_0^T e^{At} dt \cdot B$,$m(k)$ 为 k 时刻控制信号的传输延迟。

2. 基于时间驱动的网络控制系统的稳定性分析

由于执行器和控制器均采用时间驱动方式工作,为便于分析和书写,进一步假设:采样周期恒定为 T、实际传输延迟整数化、省略周期 T 的书写。

对应图 9-39 所示的闭环网络控制系统,若无网络延迟,假设被控对象方程为:

$$\begin{cases} X_{k+1} = AX_k + BU_k \\ Y_k = CX_k \end{cases} \tag{9-11}$$

控制器方程为:

$$\begin{cases} \boldsymbol{Z}_{k+1} = \boldsymbol{F}\boldsymbol{Z}_k + \boldsymbol{G}\boldsymbol{Y}_k \\ \boldsymbol{U}_k = \boldsymbol{H}\boldsymbol{Z}_k \end{cases} \tag{9-12}$$

若存在网络延迟，则对应网络控制系统的被控对象方程和控制器方程可以分别表示为：

$$\begin{cases} \boldsymbol{X}_{k+1} = \boldsymbol{A}\boldsymbol{X}_k + \boldsymbol{B}\boldsymbol{U}_{k-\tau_{cp}(k)} \\ \boldsymbol{Y}_k = \boldsymbol{C}\boldsymbol{X}_k \end{cases} \tag{9-13}$$

$$\begin{cases} \boldsymbol{Z}_{k+1} = \boldsymbol{F}\boldsymbol{Z}_k + \boldsymbol{G}\boldsymbol{Y}_{k-\tau_{pc}(k)} \\ \boldsymbol{U}_k = \boldsymbol{H}\boldsymbol{Z}_k \end{cases} \tag{9-14}$$

由式(9-13)和式(9-14)，得到

$$\begin{cases} \boldsymbol{X}_{k+1} = \boldsymbol{A}\boldsymbol{X}_k + \boldsymbol{B}\boldsymbol{H}\boldsymbol{Z}_{k-\tau_{cp}(k)} \\ \boldsymbol{Z}_{k+1} = \boldsymbol{F}\boldsymbol{Z}_k + \boldsymbol{G}\boldsymbol{C}\boldsymbol{Y}_{k-\tau_{pc}(k)} \end{cases} \tag{9-15}$$

为式(9-15)建立增广方程：

$$\overline{\boldsymbol{X}}_{k+1} = \boldsymbol{\Phi}_k \overline{\boldsymbol{X}}_k \tag{9-16}$$

其中：$\overline{\boldsymbol{X}}_k = (\boldsymbol{X}_k^T, \boldsymbol{Z}_k^T, \boldsymbol{X}_{k-1}^T, \boldsymbol{Z}_{k-1}^T, \cdots, \boldsymbol{X}_{k-\tau_{max}}^T, \boldsymbol{Z}_{k-\tau_{max}}^T)^T$，

$$\tau_{max} = \max\{\max_k \tau_{pc}(k), \max_k \tau_{cp}(k)\}$$

且有

$$\boldsymbol{\Phi}_k = \boldsymbol{Q}(\tau_{cp}(k), \tau_{pc}(k)) = \begin{bmatrix} \boldsymbol{A}_0 & \boldsymbol{A}_1 & \boldsymbol{A}_2 & \cdots & \boldsymbol{A}_{\tau_{max}} \\ \boldsymbol{I} & 0 & \cdots & 0 & 0 \\ 0 & \boldsymbol{I} & \cdots & 0 & 0 \\ \vdots & \vdots & \ddots & \vdots & \vdots \\ 0 & 0 & \cdots & \boldsymbol{I} & 0 \end{bmatrix} \tag{9-17}$$

其中：$\boldsymbol{A}_0 = \begin{bmatrix} \boldsymbol{A} & \boldsymbol{B}_0 \\ \boldsymbol{G}_0 & \boldsymbol{F} \end{bmatrix}, \boldsymbol{A}_i = \begin{bmatrix} 0 & \boldsymbol{B}_i \\ \boldsymbol{G}_i & 0 \end{bmatrix}, \quad (i = 1, 2, \cdots, \tau_{max})$

$$\boldsymbol{G}_i = \begin{cases} \boldsymbol{GC}, & i = \tau_{pc}(k) \\ 0, & i \neq \tau_{pc}(k) \end{cases}, \quad \boldsymbol{B}_i = \begin{cases} \boldsymbol{BH}, & i = \tau_{cp}(k) \\ 0, & i \neq \tau_{cp}(k) \end{cases}$$

可见，闭环网络控制系统(9-16)为一类特殊的离散系统，其系统矩阵 $\boldsymbol{\Phi}_k$ 如式(9-17)所示，随着延迟 $\tau_{pc}(k)$ 和 $\tau_{cp}(k)$ 的变化而变化。变化的系统矩阵构成一个矩阵集合，系统(9-16)的稳定性由该矩阵集合决定。如果延迟始终固定不变，则该矩阵集合的元素个数为1，系统(9-16)为定常系统。

下面对具有固定延迟的网络控制系统进行稳定性分析。

假设前向通道延迟和反馈通道延迟都为固定延迟，则增广方程(9-16)成为一定常系统，其稳定性可以由式(9-17)中的 $\boldsymbol{\Phi}$ 决定。

可以证明，在固定延迟时，只要前向通道延迟和反馈通道延迟之和 $\tau_{pc}(k) + \tau_{cp}(k)$ 保持不变，式(9-17)中 $\boldsymbol{\Phi}$ 的非0特征值总保持不变。闭环网络控制系统(9-15)为定常系统，可由式(9-17)中的 $\boldsymbol{\Phi}$ 来确定其稳定性。

在实际应用中,实际延迟常常满足 $d(k)\in(0,T)$。此时的网络延迟 $\tau_{cp}(k)\equiv \tau_{pc}(k)\equiv 1$,网络控制系统的稳定性可根据式(9-18)中的 Φ 来决定。

$$\Phi = \begin{bmatrix} A & 0 & 0 & BH \\ 0 & F & GC & 0 \\ I & 0 & 0 & 0 \\ 0 & I & 0 & 0 \end{bmatrix} \quad (9\text{-}18)$$

针对具有随机延迟网络控制系统的稳定性分析的情况比较复杂,已经超出了本教材的大纲要求范围,故在此不再详细介绍,该领域更深入的知识可参见相关的资料。

9.7 闭环网络控制系统的控制器设计方法

对于上述的闭环网络控制系统,主要有两种控制器设计方法:确定性控制设计方法和随机控制设计方法。由于篇幅所限,加上随机控制设计方法尚未形成比较成熟的理论体系,所以这里就不做介绍。

9.7.1 确定性控制设计方法

确定性控制方法的基本思想是将随机延迟转化为固定延迟,然后针对转化后的固定延迟设计时延网络控制器,也就是将一个不确定性系统转化成一个定常系统。

1. 对网络控制系统提出的几点假设

(1) 控制器和执行器都采用时间驱动。

(2) $\tau_{cp}(k)$、$\tau_{pc}(k)$ 都有确定的上界,且满足 $\tau_{cp}(k)\leqslant mT$,$\tau_{pc}(k)\leqslant lT$。其中 m,l 为非负整数,T 为采样周期。

(3) 执行器、被控对象和传感器在同一网络节点上,并统称为被控对象。

2. 网络控制系统的被控对象状态方程

在控制器和被控对象上分别设置数据接收缓冲区,其长度分别是 l 和 m,根据以上假设,在任何时刻 kT,控制器的缓冲区已经有了被控对象 $(k-l)T$ 时刻的数据,被控对象的缓冲区已经有了控制器 $(k-m)T$ 时刻的数据。如果在控制器上始终使用被控对象 $(k-l)T$ 时刻的数据,被控对象上始终使用控制器 $(k-m)T$ 时刻的数据,那么得到网络控制系统的被控对象状态方程:

$$\begin{cases} X_{k+1} = AX_k + Bu_{k-m}, & A\in R^{n\times n}, \quad B\in R^{n\times p}, \quad m\geqslant 0 \\ y_{k-l} = CX_{k-l}, & C\in R^{q\times n}, \quad l\geqslant 0 \end{cases} \quad (9\text{-}19)$$

这样,一个带有随机时变延迟的随机系统转化成为一个定常系统。当然,它与通常的线性时不变系统(这里假设被控对象本身为线性时不变系统)仍然有一定的区别,表现在输入中有一个延迟参数 m,输出中有一个延迟参数 l。

3. 确定性控制设计方法

针对确定性控制系统的被控对象状态方程(9-19),很多学者进行了研究,得到以下的结果:

(1) 实例证明对于具有随机传输延迟的闭环控制系统,若按最大传输延迟来设计控制器,虽然在最大传输延迟情况下系统是稳定的,但实际闭环控制系统却不一定稳定。

(2) 一类网络控制系统的状态观测器的设计方法是:将控制器节点到执行器节点的传输延迟和传感器到控制器节点的传输延迟合并,记为 $\tau_{\text{sum}}(k)$,则有:

$$\tau_{\text{sum}}(k) = \max \tau_{\text{pc}}(k) + \max \tau_{\text{cp}}(k) \tag{9-20}$$

从而得到闭环网络控制系统的等价结构框图如图 9-43 所示。假设被控对象模型为

$$\begin{cases} \boldsymbol{X}_{k+1} = \boldsymbol{A}\boldsymbol{X}_k + \boldsymbol{B}u_k \\ \boldsymbol{y}_k = \boldsymbol{C}\boldsymbol{X}_k \end{cases} \tag{9-21}$$

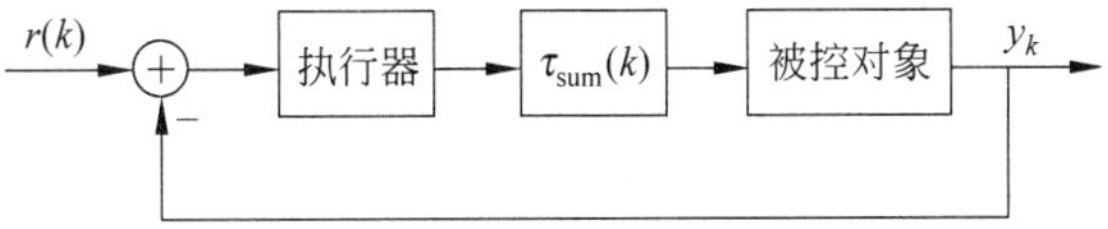

图 9-43 闭环网络控制系统结构图

进一步假设最大延迟步数为 $\tau_{\text{sum}}(k)=P$。

一种方法是针对上述转化后的闭环网络控制系统,建立下面的多步观测器:

$$\begin{aligned} \boldsymbol{Z}_{k+1|r} &= \boldsymbol{A}\boldsymbol{Z}_{k|r-1} + \boldsymbol{B}\boldsymbol{U}_k, \\ \boldsymbol{Z}_{k+1|1} &= \boldsymbol{A}\boldsymbol{Z}_{k|1} + \boldsymbol{B}\boldsymbol{U}_k + \boldsymbol{L}_k(y_k - \boldsymbol{C}\boldsymbol{Z}_{k|1}) \end{aligned} \tag{9-22}$$

以及预测观测器:

$$\boldsymbol{U}_k = \boldsymbol{\Gamma}_k \boldsymbol{Z}_{k|P}, \qquad P \geqslant 2 \tag{9-23}$$

另一种方法是建立以下的观测器:

$$\hat{\boldsymbol{X}}_{k+1} = \boldsymbol{A}\hat{\boldsymbol{X}}_k + \boldsymbol{B}\boldsymbol{U}_k + \boldsymbol{F}y_{k-p} - \boldsymbol{C}\boldsymbol{A}^{-p}\hat{\boldsymbol{X}}_k + \boldsymbol{C}\boldsymbol{A}^{-p}\sum_{i=1}^{p}\boldsymbol{A}^{i-1}\boldsymbol{B}\boldsymbol{U}_{k-i} \tag{9-24}$$

并得到误差方程

$$\boldsymbol{e}_{k+1} = (\boldsymbol{A} - \boldsymbol{F}\boldsymbol{C}\boldsymbol{A}^{-p})\boldsymbol{e}_k \tag{9-25}$$

其中的 $\boldsymbol{F}$ 用于任意配置观测器的极点。

(3) 上述基于观测器的补偿器,在其设计过程中没有直接考虑整个闭环系统的性能,而只是保证系统的稳定性。基于这种方法,一些专家提出了闭环网络控制系

统的扩展回路传输恢复(LTR)综合方法,并将标准的 LTR 技术从一步预测推广到多步预测的情况,在设计过程中可以兼顾到闭环系统的性能和鲁棒稳定性。

(4) 针对网络控制系统中普遍存在的通信延迟问题,在有动态噪声及测量噪声存在的情况下,还有的专家提出采用适当的延迟补偿器结构,以实现对随机通信延迟的补偿和对信号的最小方差预测。

4. 确定性控制设计方法的优点

确定性控制设计方法将随机系统转化为定常系统,因此具有非常明显的优点:可以利用已有的确定性系统的设计和分析方法对闭环网络控制系统进行设计和分析,不受网络诸多因素变化的影响。因此在传输延迟相对固定或时延特性难以获取或变化较快的情况下使用确定性控制设计方法,可以得到良好的控制效果。

5. 确定性控制设计方法的缺陷

确定性控制设计方法有两个难以逾越的缺陷:

(1) 在确定性控制系统设计方法中,控制器、执行器采用的都是时间驱动的工作方式,导致新的信息得不到及时利用,不利于系统控制性能的进一步提高。

(2) 将每一步的传输延迟都转化为最大的传输延迟,相当于人为地将延迟扩大化,降低了系统应有的控制性能。

9.7.2 存在问题

随着控制网络应用的日益广泛,关于闭环网络控制系统的分析与设计也越来越受到人们的重视,已取得了不少研究成果。但由于在网络控制系统传输延时的随机时变性,使得闭环网络控制系统的分析与综合变得异常复杂,从目前的许多相关研究来看,尚未形成比较成熟的理论体系,研究结果可以借鉴,还存在很多问题需要继续进行深入的研究,其中主要分为以下几类:

(1) 针对通信中存在的时间延迟、数据包丢失、甚至数据链暂时丢失等情况,所对应的延迟补偿技术和信息预测技术。

(2) 在已有的分析与设计方法中,都假设被控对象都是模型精确可知,没有考虑建模的不确定性。因此,在建模存在不确定性的情况下如何设计闭环网络控制系统,仍需要进一步深入研究。

(3) 对随机控制方案的研究,缺乏关于控制器设计的解析方法,控制器的鲁棒性问题尚未得到有效解决。

(4) 当被控对象为非线性对象时,如何进行闭环网络控制系统的分析和网络控制器设计。

(5) 如何对整个控制网络进行优化设计。这里的网络优化,是指对网络中的信息传输进行有效的调度、避免信息的阻塞,同时尽可能地提高网络资源的利用率。体现在闭环网络控制系统的设计上,就是对各个闭环网络控制系统的采样周期和采样时刻进行有效、合理的调度,尽量减少信息发送的冲突,减少甚至消除传输延迟。

本章小结

信息技术的迅猛发展深刻地改变着人们的生活方式和工作方式,同时也对企业信息化和自动化领域产生了巨大的影响。本章主要介绍了计算机网络控制系统中的一些主要技术,包括集散控制系统、现场总线技术、工业以太网技术以及控制网络和信息网络的集成技术。

集散控制系统是采用标准化、模块化和系列化设计,显示操作管理功能集中,控制功能相对分散的计算机网络控制系统。本章介绍了集散控制系统的基本概念和层次化体系结构,基本特点和组态特性。集散系统的现场装置多采用模拟信号进行信号的传递。

在引出现场总线产生的渊源后,总结了现场总线的技术特点,介绍了现场总线的体系结构,并从所采用的通信模型及所具备的特性方面介绍几种常用的现场总线,然后给出两个现场总线控制系统的应用实例。

以太控制网络的成本低、传输速率高、技术成熟、应用广泛,且其在工业自动化和过程控制方面的应用正在迅速增加。为了对以太网技术及其构成的控制系统有更深入的理解,本章介绍了以太控制网络的组成及特点,总结归纳了以太网应用于工业现场时的关键技术问题。以太网在控制系统监控层的应用,消除了控制系统数据传输的瓶颈,使控制系统的开放性得到了进一步的增强。

对实时性要求很高的控制网络与在办公自动化和通信等领域广为采用的信息网络区别很大,本章介绍的几种信息网络与控制网络的集成技术分别为:网络互联技术、动态数据交换技术、远程通信技术和数据库访问技术。

在网络控制系统中,网络节点成为控制系统的节点。为使网络控制系统有效完成闭环控制任务,首先对网络控制节点进行时钟同步,然后针对网络信息传输中存在的延迟,进行了理论分析,分别建立了基于事件驱动和基于时间驱动的网络控制系统数学模型,给出了闭环网络控制系统确定性控制器设计方法。

新技术在控制网络的引进及运用当中还有很多问题值得研究、探讨。网络传输延迟及其随机性又增加了网络控制系统的复杂性,为此,需要探索发展及完善相关的控制理论及其设计方法。

第10章 计算机控制系统设计与应用实例

尽管计算机控制系统的被控对象多种多样,系统设计方案和具体技术指标也千变万化,但在设计计算机控制系统中应该遵循的共同原则是一致的,即:可靠性要高,操作性能要好,实时性要强,通用性要好,经济效益要高。

系统的设计方法和步骤随系统的控制对象、控制方式、规模大小等不同而有所差异,但系统设计的基本内容和主要步骤大体相同。主要包括:系统总体控制方案设计,系统硬件设计、选择与开发,软硬件的可靠性设计,确定满足一定经济指标的目标函数,建立被控对象的数学模型并针对目标函数进行控制算法规律设计,系统软件设计与开发,系统整体调试等。

本章提要

为加深理解,本章10.1节针对一个具体实验系统,遵循上面提出的原则和步骤,进行计算机控制系统的设计和实现。通过这个实现实例,可以了解并借鉴有关的分析方法、设计手段和实现过程,以便更好地掌握简单计算机控制系统从分析、设计,再到实现这样一个完整的过程。10.2节以三轴飞行模拟转台控制系统为背景,研究了高性能伺服控制系统的设计与实现的问题。为了更好地了解和深入体会集散控制系统及其他先进网络控制技术在实际工程中应用的情况。10.3节从多角度介绍了民用机场供油集散系统的开发实现的过程。

10.1 双摆实验系统的计算机控制设计与实现

吊车系统很常见,港口和建筑工地搬运重物时多采用这种系统。为提高生产率,吊车需将货物尽可能快速地运送到指定地点。多数货物在运送时不能有大的振动,因此需要研究控制吊车的运动规律。双摆系统可以视为吊车系统对应的实验系统。

在单摆系统的摆杆端加入新的关节,就可以将其改装成双摆系统。双摆系统是一个关节间存在较强耦合的非线性的被控系统。对双摆的控制可以牵涉到许多典型的控制问题,如随动问题、跟踪问题、非线性解耦问题等。双摆系统又是一个典型结构的机械系统,具有比较复杂的数学模型。

将双摆系统作为被控对象,采用计算机实现控制器,可以实现各种复杂的控制算法,对这些控制方法进行有效地验证。因此,双摆系统是进行计算机控制教学实验的有效设备。

10.1.1 双摆实验控制系统介绍

1. 双摆实验控制系统组成

双摆实验系统的被控对象是在滑轨上可移的两节摆杆,如图 10-1 所示。摆杆固定在四轮滑车上,且可围绕固定轴转动,上下两摆杆亦可相对转动。滑车通过皮带轮由低速力矩电机驱动在导轨上移动。力矩电机由模拟放大器箱(由电压放大及功率放大两级组成,并为电位计提供所需的 ±10V 直流电压源)控制。为了实现闭环控制,与驱动电机同轴安装了测速机及测量滑车位移的多圈电位计,同时在双摆的各自转轴上安装了单圈电位计,用于测量上下摆的摆动角度。

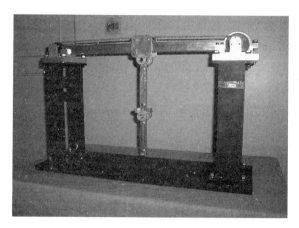

图 10-1 双摆实验系统

2. 双摆实验控制系统性能指标

本实验系统控制的目的是:当滑车在导轨上以一定速度和加速度运动时,应保持双摆的摆动角度最小;或双摆有任一初始摆角时,系统将使双摆迅速返回平衡位置。

为实现上述控制目的,提出如下性能指标要求:

(1) 计算机 D/A 输出 100mV 时,电机应启动。

(2) 滑车最大运动速度为 0.4m/s,D/A 的最大输出对应滑车的最大运行速度。

(3) 当有较大的初始扰动(上摆角初始角度为 50°)时,上下摆的摆角到达稳态时间<5s~6s,摆动次数<3~4 次。

(4) 当滑车从偏离零位处回归零位时,上下摆的摆角到达稳态时间<5s~6s,摆动次数<3~4 次。

10.1.2 双摆控制系统的整体方案

为了实现系统性能指标要求,将该系统设计成一个双闭环的控制系统,其中系统的内环为滑车速度闭环控制系统,外环为滑车位置及双摆摆角控制系统。内环采用模拟部件实现,即通过测速电机测量滑车运动速度,并通过模拟运算放大器及功率放大器控制力矩电机实现滑车速度稳定。外环采用计算机控制实现。通过三个精密电位计实现对滑车位置、上摆及下摆摆角的测量,并通过 A/D 变换器进入计算机,实现闭环负反馈控制。控制指令由设置在计算机内的控制算法生成,通过 D/A 变换器控制速度回路,进而实现对滑车及双摆的控制。

计算机选用一般常用的微机,选用最常用的 A/D 和 D/A 板卡,该板卡上的 A/D 转换器的位数为 12 位,转换范围为 $-10V \sim +10V$;该板卡上的 D/A 转换器的位数为 12 位,输出范围为 $-5V \sim +5V$。由于该系统在实验室环境下工作,且电位计的工作电源为 $\pm 10V$ 的直流电压,所以在传感器(测量电位计)与 A/D 之间不需增加调节电路,可以直接连接。D/A 输出也可以直接连接到放大器箱的相应接口端上。整个系统结构示意图如图 10-2 所示,控制系统方块图如图 10-3 所示。

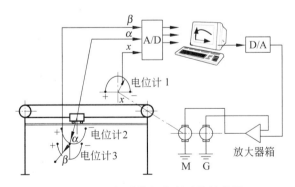

图 10-2 双摆计算机控制系统结构图

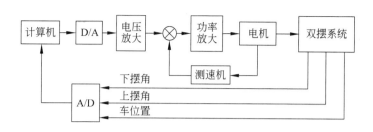

图 10-3　双摆计算机控制系统框图

10.1.3　双摆系统数学建模

双摆作为典型的机械系统,其数学模型可以通过建立拉格朗日方程来获得。非保守系统的拉格朗日方程为

$$\frac{\mathrm{d}}{\mathrm{d}t}\left(\frac{\partial L}{\partial \dot{q}_i}\right) - \frac{\partial L}{\partial q_i} = F_i \quad i = 1,2,\cdots,n \tag{10-1}$$

式中,L:拉格朗日函数＝系统的总能量－系统的总势能;

q_i:系统各个自由度的广义坐标;

$\dot{q}_i$:广义坐标 q_i 对于时间的一阶导数;

F_i:驱动每个自由度运动的广义力或力矩;

n:系统自由度数。

在此,利用拉格朗日方程建立双摆系统的动力学方程并进行适当的简化,以得到在小扰动情况下系统的线性化状态方程。

1. 以控制力为输入建立双摆系统的数学模型

滑车与导轨间的摩擦力是滚动摩擦,阻碍上下摆摆角摆动的阻力主要由关节处轴承的摩擦产生。由于阻力很小,建模时将不考虑这些因素。同时,在运动中摆杆和滑车的变形非常小,可以认为系统是由绝对刚体组成。

双摆的受力分析如图 10-4 所示。

其中,F:拖动电机对于滑车的控制力;

M:滑车质量;

m_1:上摆关节的质量;

m_2:下摆关节的质量(包括摆锤);

x:滑车距参考坐标系原点的横坐标;

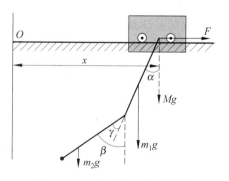

图 10-4　双摆系统受力分析图

l_1：上摆质心距滑车铰链的长度；

l_2：关节铰链距滑车铰链的长度（上摆杆的摆长）；

l_3：关节铰链距下摆质心的长度；

α：上摆摆动角度；

β：下摆摆动角度；

γ：下摆关节摆动角度，且满足 $\gamma=\beta-\alpha$；

J_1：上摆摆杆的转动惯量；

J_2：下摆摆杆的转动惯量。

滑车-双摆系统是具有三个自由度的机械系统，其第一个自由度的广义驱动力由力矩电机产生，第二、三个自由度均为摆杆相对于铰链的自由摆动，广义力为零。

在笛卡儿坐标系中，列出系统总的动能和重力势能，计算出拉格朗日函数，然后分别对每个自由度，根据式(10-1)列出系统的拉格朗日方程如下：

$$F = (M+m_1+m_2)\ddot{x}$$
$$+[-(m_1l_1+m_2l_2)\cos\alpha - m_2l_3\cos(\alpha+\gamma)]\ddot{\alpha}$$
$$+[-m_2l_3\cos(\alpha+\gamma)]\ddot{\gamma} + 2m_2l_3\sin(\alpha+\gamma)\dot{\alpha}\dot{\gamma}$$
$$+[(m_1l_1+m_2l_2)\sin\alpha + m_2l_3\sin(\alpha+\gamma)]\dot{\alpha}^2 + m_2l_3\sin(\alpha+\gamma)\dot{\gamma}^2$$
(10-2)

$$0 = [-m_2l_2\cos\alpha - m_1l_1\cos\alpha - m_2l_3\cos(\alpha+\gamma)]\ddot{x}$$
$$+(J_1+J_2+m_1l_1^2+m_2l_2^2+m_2l_3^2+2m_2l_2l_3\cos\gamma)\ddot{\alpha}$$
$$+(J_2+m_2l_3^2+m_2l_2l_3\cos\gamma)\ddot{\gamma}+(-2m_2l_2l_3\sin\gamma)\dot{\alpha}\dot{\gamma}+(-m_2l_2l_3\sin\gamma)\dot{\gamma}^2$$
$$+m_1l_1g\sin\alpha + m_2l_2g\sin\alpha + m_2l_3g\sin(\alpha+\gamma)$$
(10-3)

$$0 = -m_2l_3\cos(\alpha+\gamma)\ddot{x}+(J_2+m_2l_3^2+m_2l_2l_3\cos\gamma)\ddot{\alpha}+(J_2+m_2l_3^2)\ddot{\gamma}$$
$$+(-m_2l_2l_3\sin\gamma)\dot{\gamma}^2 + m_2l_3g\sin(\alpha+\gamma)$$
(10-4)

式(10-2)~式(10-4)为双摆系统的动力学方程，从中可以看出，这几个方程中包含有惯性项、向心力项、哥氏力项和重力项等几个部分，其中哥氏力项是关于摆角和摆角速度的非线性项。在系数中还包含有上、下摆摆角的三角函数。由于双摆的控制目标是将系统稳定在平衡位置附近，在平衡位置附近认为上下摆角的摆动角度不大，因此可以作以下的简化，以便得到对应的线性方程：

- 忽略由速度引起的向心力和哥氏力；
- $\sin(\phi) \approx \phi, \cos(\phi) \approx 1,(\phi=\alpha$ 或 $\phi=\gamma)$；
- 另外，由于上摆和下摆的重量主要集中在关节和摆锤处，可以认为上下摆是两个质点，由此又可以进一步简化为
- $l_1 = l_2$（为上摆杆长度），l_3 可视为下摆杆长度，$J_1=0, J_2=0$。

将上面的简化应用到双摆系统力学方程中，代入 $\beta=\alpha+\gamma$，又令

$$\boldsymbol{X} = \begin{bmatrix} x_1 & x_2 & x_3 & x_4 & x_5 & x_6 \end{bmatrix}^T = \begin{bmatrix} x & \dot{x} & \alpha & \dot{\alpha} & \beta & \dot{\beta} \end{bmatrix}^T$$

这几个状态分别对应为：x_1 车位置、x_2 车速度、x_3 上摆角度、x_4 上摆角速率、x_5 下摆角度、x_6 下摆角速率。

可推导得到双摆系统在平衡位置附近的线性状态方程为

$$\begin{bmatrix} \dot{x}_1 \\ \dot{x}_2 \\ \dot{x}_3 \\ \dot{x}_4 \\ \dot{x}_5 \\ \dot{x}_6 \end{bmatrix} = \begin{bmatrix} 0 & 1 & 0 & 0 & 0 & 0 \\ 0 & 0 & -\dfrac{m_1+m_2}{M}g & 0 & 0 & 0 \\ 0 & 0 & 0 & 1 & 0 & 0 \\ 0 & 0 & -\left(\dfrac{m_1+m_2}{M\cdot l_1}+\dfrac{m_1+m_2}{m_1\cdot l_1}\right)g & 0 & \dfrac{m_2}{m_1\cdot l_1}g & 0 \\ 0 & 0 & 0 & 0 & 0 & 1 \\ 0 & 0 & \dfrac{m_1+m_2}{m_2\cdot l_3}g & 0 & -\dfrac{m_1+m_2}{m_1\cdot l_3}g & 0 \end{bmatrix} \begin{bmatrix} x_1 \\ x_2 \\ x_3 \\ x_4 \\ x_5 \\ x_6 \end{bmatrix} + \begin{bmatrix} 0 \\ \dfrac{1}{M} \\ 0 \\ \dfrac{1}{M\cdot l_1} \\ 0 \\ 0 \end{bmatrix} F$$

(10-5)

2. 建立电机加双摆对象的数学模型

直流伺服电机在忽略了感抗的影响以及启动死区电压后，可以视为一个二阶的线性系统。其模型如图 10-5 所示。

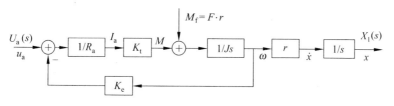

图 10-5　电机模型

其中：R_a：电机的电枢电阻；

　　　K_e：电机的反电势系数；

　　　K_t：电机的力矩系数；

　　　J：电机电枢绕组的转动惯量；

　　　r：皮带轮的半径；

　　　u_a：输入到电机的控制电压。

根据图 10-5，可得到方程：

$$\left[(U_a(s)-K_e\omega)\frac{K_t}{R_a}-F\cdot r\right]\frac{r}{Js^2}=X_1(s) \qquad (10-6)$$

即

$$-R_aF\cdot r^2+rK_tu_a-K_eK_t\dot{x}=R_aJ\cdot\ddot{x}$$
$$F=(rK_tu_a-K_eK_t\dot{x}-R_aJ\cdot\ddot{x})/R_ar^2 \qquad (10-7)$$

将式(10-7)代入式(10-5)，进行适当的整合，就可得到平衡位置附近处电机加双摆对象的数学模型：

$$\begin{bmatrix} \dot{x}_1 \\ \dot{x}_2 \\ \dot{x}_3 \\ \dot{x}_4 \\ \dot{x}_5 \\ \dot{x}_6 \end{bmatrix} = \begin{bmatrix} 0 & 1 & 0 & 0 & 0 & 0 \\ 0 & -\dfrac{K_e K_t}{(Mr^2+J)R_a} & -\dfrac{(m_1+m_2)gr^2}{Mr^2+J} & 0 & 0 & 0 \\ 0 & 0 & 0 & 1 & 0 & 0 \\ 0 & -\dfrac{K_e K_t}{(Mr^2+J)R_a l_1} & -\dfrac{(m_1+m_2)g[(m_1+m_2)r^2+J]}{m_1 l_1(Mr^2+J)} & 0 & \dfrac{m_2}{m_1\cdot l_1}g & 0 \\ 0 & 0 & 0 & 0 & 0 & 1 \\ 0 & 0 & \dfrac{m_1+m_2}{m_1\cdot l_3}g & 0 & -\dfrac{m_1+m_2}{m_1\cdot l_3}g & 0 \end{bmatrix} \begin{bmatrix} x_1 \\ x_2 \\ x_3 \\ x_4 \\ x_5 \\ x_6 \end{bmatrix}$$

$$+ \begin{bmatrix} 0 \\ \dfrac{r\cdot K_t}{(Mr^2+J)R_a} \\ 0 \\ \dfrac{r\cdot K_t}{(Mr^2+J)R_a l_1} \\ 0 \\ 0 \end{bmatrix} u_a \tag{10-8}$$

10.1.4 系统控制器设计

1. 系统的速度环设计

经检测,得知该系统的执行电机的死区比较大,达到 1V,即有 $U_{\text{dead}}=1\text{V}$。

根据性能指标(1)的要求,该双摆控制系统必须克服电机的死区电压,满足滑车最大运动速度的要求。

为满足克服死区电压的指标要求,在 D/A 之后引入模拟放大环节,使得 D/A 输出 0.1V 时电机启动,则从计算机输出点到控制电机输入点之间的放大倍数 K_0 必须满足

$$K_0 \geqslant (U_{\text{dead}}/0.1) \tag{10-9}$$

与电机同轴的测速机输入为电机的转动角速度 ω,输出为直流电压值。由于测速机动态过程相对于电机的动态过程要快很多,故可将其传递函数视为常值 K_w。参数 K_w 可以通过相关的仪器(例如测速表、电压表等)测量得到。

为了满足性能指标(2),即 D/A 输出满量程 5V 时对应滑车最大速度 $V_{\max}=0.4\text{m/s}$ 的要求,需要在控制系统结构中引入测速机输出进行速度反馈。放大器箱提供两级电压放大,可将 K_0 分成两级,并将测速机的反馈信号通过一定的增益变换加入到放大器两级放大之间,构成如图 10-6 所示的模拟内回路的控制系统。

为简化起见,计算时采用稳态数值,有下式成立:

$$\left(U_{\max}K_1 - K_3 K_w \dfrac{V_{\max}}{r}\right) K_2 K_m = \dfrac{V_{\max}}{r} \tag{10-10}$$

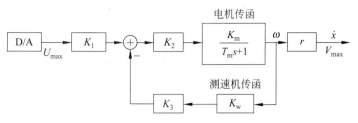

图 10-6 双摆控制系统的模拟内环

式中,K_m:为电机传函的静态放大倍数,取 $K_m = K_e^{-1}$;

U_{max}:D/A 板的满量程;

K_3:测速机的反馈系数。

计算机控制系统的设计应该建立在设计好的模拟内环的基础上。由于测速机的反馈系数 K_g 是电机的速度反馈,可以将其合并到反电动势项 K_e 中:

$$K'_e = K_e + K_2 K_3 K_w r \tag{10-11}$$

考虑放大器箱的放大倍数,D/A 输出电压 u 满足:

$$u = \frac{u_a}{K_0} = \frac{u_a}{(K_1 \cdot K_2)} \tag{10-12}$$

则描述系统的线性化状态方程(10-8)可以改写为

$$\begin{bmatrix} \dot{x}_1 \\ \dot{x}_2 \\ \dot{x}_3 \\ \dot{x}_4 \\ \dot{x}_5 \\ \dot{x}_6 \end{bmatrix} = \begin{bmatrix} 0 & 1 & 0 & 0 & 0 & 0 \\ 0 & -\dfrac{K'_e K_t}{(Mr^2+J)R_a} & -\dfrac{(m_1+m_2)gr^2}{Mr^2+J} & 0 & 0 & 0 \\ 0 & 0 & 0 & 1 & 0 & 0 \\ 0 & -\dfrac{K'_e K_t}{(Mr^2+J)R_a l_1} & -\dfrac{(m_1+m_2)g[(m_1+m_2)r^2+J]}{m_1 l_1 (Mr^2+J)} & 0 & \dfrac{m_2}{m_1 \cdot l_1}g & 0 \\ 0 & 0 & 0 & 0 & 0 & 1 \\ 0 & 0 & \dfrac{m_1+m_2}{m_1 \cdot l_3}g & 0 & -\dfrac{m_1+m_2}{m_1 \cdot l_3}g & 0 \end{bmatrix} \begin{bmatrix} x_1 \\ x_2 \\ x_3 \\ x_4 \\ x_5 \\ x_6 \end{bmatrix}$$

$$+ \begin{bmatrix} 0 \\ \dfrac{rK_t K_1 K_2}{(Mr^2+J)R_a} \\ 0 \\ \dfrac{rK_t K_1 K_2}{(Mr^2+J)R_a l_1} \\ 0 \\ 0 \end{bmatrix} u = A \cdot X + B \cdot u \tag{10-13}$$

将模型的实际参数代入到 A、B 阵中,可以计算判断出:速度回路可控且稳定,并且具有满意的动态特性。

2. 采样周期的选取

该系统的电机参数和机械参数见表 10-1 和表 10-2。

表 10-1 电机参数

型号	$K_t(\text{N}\cdot\text{m/A})$	$K_e(\text{V}\cdot\text{s/rad})$	$J(\text{kg}\cdot\text{m}\cdot\text{m})$	$R_a(\Omega)$	$r(\text{m})$
SYL-5	0.467	0.0482	5.56×10^{-5}	13.9	1/50

表 10-2 系统机械参数

$M(\text{kg})$	$m_1(\text{kg})$	$m_2(\text{kg})$	$l_1(\text{m})$	$l_3(\text{m})$
1.19	0.62	1.0	0.3	0.22

由电机的模型以及电机的相关参数可知,该电机的机电时间常数为：

$$T_m = \frac{R_a J}{K_t K_e} = \frac{13.9 \times 5.56 \times 10^{-5}}{0.467 \times 0.0482} \approx 0.04(\text{s})$$

根据采样周期的选取原则,可以将采样周期选择为：$T=10\text{ms}$。

3. 系统位置环设计(控制律设计)

双摆系统是作为一种实验装置提供给实验者的。实验者在设计控制规律时,可用的方法很多,从经典控制理论到现代控制理论中的各种方法都可用来设计本系统的控制器。具体的设计方法可以参见本书前面几章介绍的具体内容,此处只侧重于设计方法的应用,这里基于最优二次型来进行调节器设计。

由于使用计算机来实现状态调节器,所以设计的控制律是针对于离散状态方程进行的(当然也可以采用采样系统最优二次型的调节器设计方法)。

根据式(10-13),将有关参数代入进行计算,可计算出 $\bm{A}$、$\bm{B}$ 阵的值。利用 MATLAB 函数 c2d,可以计算得到相应的离散状态方程

$$\bm{X}(k+1) = \bm{F}\bm{X}(k) + \bm{G}u(k) \qquad (10\text{-}14)$$

的状态转移阵：

[F,G] = c2d(A,B,T)

针对离散系统(10-14),采用无限时间离散二次型的代价函数：

$$J = \frac{1}{2}\sum_{k=0}^{\infty}\left[\bm{X}^{\text{T}}(k)\bm{Q}\bm{X}(k) + u^{\text{T}}(k)Ru(k)\right] \qquad (10\text{-}15)$$

则存在唯一的最优控制函数：

$$u(k) = -\bm{K}\bm{X}(k) \qquad (10\text{-}16)$$

$$\bm{K} = \bm{R}^{-1}\bm{G}^{\text{T}}\bm{P} \qquad (10\text{-}17)$$

其中的 $\bm{K}$ 为常值反馈增益阵,$\bm{P}$ 由下面的黎卡提方程解出：

$$-PA - A^{\mathrm{T}}P + PBR^{-1}B^{\mathrm{T}}P - Q = 0 \qquad (10\text{-}18)$$

将 Q、R 阵的初始设置如下：

$$Q = \begin{bmatrix} 10 & 0 & 0 & 0 & 0 & 0 \\ 0 & 0.5 & 0 & 0 & 0 & 0 \\ 0 & 0 & 100 & 0 & 0 & 0 \\ 0 & 0 & 0 & 1 & 0 & 0 \\ 0 & 0 & 0 & 0 & 100 & 0 \\ 0 & 0 & 0 & 0 & 0 & 1 \end{bmatrix}, \quad R = [0.1]$$

由式(10-16)~(10-18)可计算得系统状态反馈阵，也可以利用 MATLAB 中的函数 dlqr 计算可以得出：

```
[K,P,e] = dlqr(F,G,Q,R)
```

其中，e 为闭环系统的特征值。

闭环控制系统中，3 个可以直接测量得到的状态量（车位置、上摆角度、下摆角度）可以直接用于状态反馈，3 个不能直接测量的状态量（车速度、上下摆角的速度），可以采用多种方式获得，例如降维观测器、差分近似等。这里为简化起见，采用位移量差分计算得到。

10.1.5 软件设计

对于本系统而言，软件设计比较简单。计算机控制软件包括监控软件和控制软件。其中监控软件要实现的功能有：过程数据的显示和过程控制曲线的显示。控制程序设计要求实现的功能有 3 个模拟量的采集，数字处理（包括数字滤波、显示量与工程量间的转换）、控制器算法的编程实现、控制量（模拟量）的输出。

该软件采用模块化程序设计，将程序系统按功能分成模块，使每个模块既独立，又有一定的联系。程序系统主要分为两大模块：主程序和时钟中断服务子程序。

主程序的功能是系统初始化，并实现监控软件的功能，其流程图如图 10-7(a) 所示。

时钟中断服务子程序的功能是完成控制软件中的数据采集、数字滤波、工程量转换、双摆系统的控制量计算、控制量输出，其流程图如图 10-7(b) 所示。

10.1.6 闭环控制实验结果

1. 摆角扰动闭环控制（上摆角初始扰动角度 50°）

未加控制作用时，上下摆角的摆动情况如图 10-8 和图 10-9 所示。

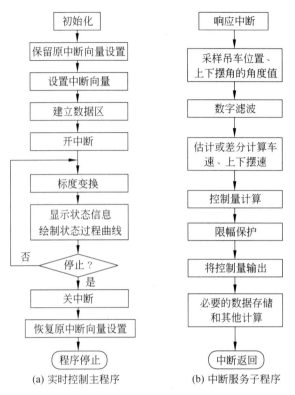

(a) 实时控制主程序 (b) 中断服务子程序

图 10-7 双摆计算机控制系统的程序流程图

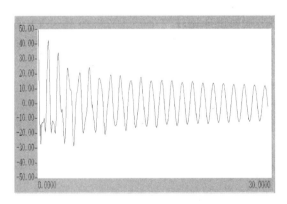

图 10-8 未加控制的上摆角曲线

(横轴为时间轴,单位为 s,纵轴为角度轴,单位为°)

依最优设计,状态反馈增益阵 $\boldsymbol{K}=[-1.7 \ -0.1 \ -7.2 \ -0.33 \ 2.4 \ -0.21]$。加入最优状态反馈时,上下摆角的摆动曲线如图 10-10 和图 10-11 所示。

2. 滑车位置回零控制(滑车从 −0.3m 处回归零位)

未加控制时上下摆的摆角位移曲线如图 10-12 和图 10-13 所示。用同上面一

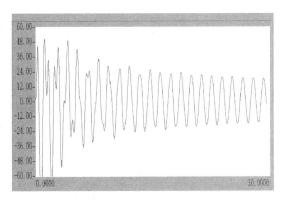

图 10-9 未加控制的下摆角曲线
（横轴为时间轴，单位为 s，纵轴为角度轴，单位为°）

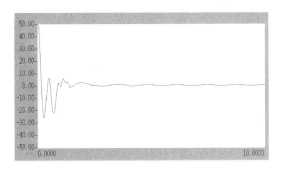

图 10-10 施加最优控制的上摆角曲线
（横轴为时间轴，单位为 s，纵轴为角度轴，单位为°）

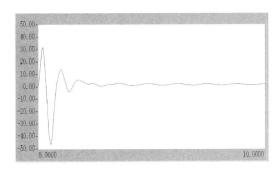

图 10-11 施加最优控制的下摆角曲线
（横轴为时间轴，单位为 s，纵轴为角度轴，单位为°）

样的最优控制器对双摆系统进行控制，得到上下摆角的摆动曲线如图 10-14 和图 10-15 所示。

从图 10-10、图 10-11、图 10-14 和图 10-15 可以看出，采用所设计的双闭环控制器，可以得到比较满意的控制效果，满足性能指标(3)和(4)的要求。

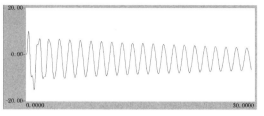

图 10-12　未加控制的上摆角曲线

（横轴为时间轴，单位为 s，纵轴为角度轴，单位为°）

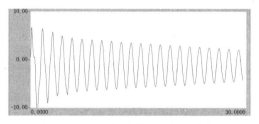

图 10-13　未加控制的下摆角曲线

（横轴为时间轴，单位为 s，纵轴为角度轴，单位为°）

图 10-14　施加最优控制的上摆角曲线

（横轴为时间轴，单位为 s，纵轴为角度轴，单位为°）

图 10-15　施加最优控制的下摆角曲线

（横轴为时间轴，单位为 s，纵轴为角度轴，单位为°）

10.2　转台计算机伺服控制系统设计

飞行仿真转台为高精度的复杂控制系统，是地面半实物仿真的关键设备，用以模拟飞行器在空中的各种动作和姿态，包括偏航、滚转和俯仰，实际上是一种电信号到机械运动的转换设备。把高精度传感器如陀螺仪、导引头等安装于转台之上,将飞行器在空中的各种姿态的电信号转化为转台的三轴机械转动,以使陀螺仪、导引头等敏感飞机的姿态角运动。

"高频响、超低速、宽调速、高精度"成为仿真转台的主要性能指标和发展方向。其中,"高频响"反映转台跟踪高频信号的能力强;"超低速"反映系统的低速平稳性好;"宽调速"可提供很宽的调速范围;"高精度"指系统跟踪指令信号的准确程度高。

10.2.1 转台系统介绍

图 10-16 是国产某型号三轴转台,除外框为音叉式结构外,内、中框均为闭合式结构,三框可连续旋转,驱动均采用电动机。被测陀螺安装于内框上,其输入输出电信号通过导电环从外框底座引出。三框的物理定义是:内框代表滚转、中框代表俯仰、外框代表偏航,三框同时动作便可以模拟陀螺仪在三维空间的真实动作和姿态。

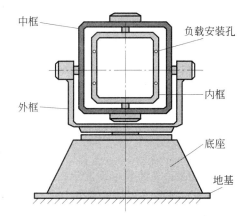

图 10-16 三轴模拟转台及其示意图

系统的驱动部分为:外框采用一个直流力矩电动机;中框采用两个电气并联同轴连接的直流力矩电动机;内框采用一个直流力矩电动机。这些电动机由各自的脉冲调宽放大器(PWM)提供可控直流电源。三框各有一个测速发电机和一个感应同步器,用以实时检测框架的旋转角速度和角位置。

不同用途的测试转台的对性能指标的要求也不同。一般转台的主要技术指标包含:静态精度(达到千分之几度)、角速度范围(从千分之几度/秒到几百度/秒)、频率响应要求较宽,并具有一定的负载能力要求,且三个框架都具有最大速率的限制。

10.2.2 三轴测试转台的总体控制结构

转台三个框架的控制是相互独立的,因此转台的控制系统可以采用如图 10-17 所示的原理方案。该系统为上下位机结构的计算机控制系统。以一台工控机作上位机,实现对伺服系统的监控、检测和管理。上位机提供操作者的人机界面,实现对整个转台系统的在线检测、安全保护、性能检测和系统的运动管理以及数据处理。下位机是直接控制机,完成三个通道的实时控制任务,采用一台工控机来实现。各个通道的控制为并行关系,各个通道控制回路的物理结构相同。

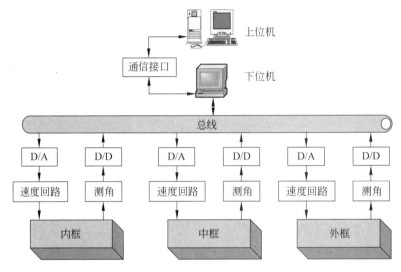

图 10-17 三轴测试转台系统总体控制结构图

系统的工作状态通过上位机的操作面板设置,工作状态信息在上位机显示。上位机在接受输入设置命令后传送给下位机,上下位机通过通信接口进行数据交换。下位机快速采集测速机及数显表反馈信号,依据控制算法,实时解算出控制量,由 D/A 输出,经前置放大器和功放后控制电机,实现转台的实时控制。

由于转台为复杂的机电系统,存在诸如机械摩擦、电路参数的漂移、轴系间的力矩耦合、环境干扰、以及轴系间的不垂直度或不交度而引起的系统负载力矩的不平衡、台体刚度不足而引起的机械变形、负载的波动以及电机本身的齿槽效应等许多非线性的、不确定性的因素,因此,可以认为转台系统为一个具有很强非线性和不确定性的控制系统。

究其本质,飞行仿真转台是一个高精度位置/速度伺服系统。对于驱动元件为电动机的转台系统,其本质又为一个电动机的位置或速度闭环系统。

10.2.3 转台单框的数学模型

由于转台三个框架的控制是相互独立的,因此可以分别对每个框架的控制系统进行设计。以下为转台单框的数学建模:

$$J\frac{d\omega}{dt} + B\omega + T_l + T_f = k_c i_a \quad (10\text{-}19)$$

$$u_a = k_e \omega + R_a i_a + L_a \frac{di_a}{dt} \quad (10\text{-}20)$$

$$u_a = k_m u \quad (10\text{-}21)$$

$$\omega = \frac{d\theta}{dt} \quad (10\text{-}22)$$

其中,J 为转动惯量,包含负载和电机转子本身的转动惯量;ω 为转子的机械角速度;B 为系统的粘性系数;T_l 为负载的转矩;T_f 为摩擦转矩;k_c 为电动机的电磁转矩常数;i_a 为电动机的电枢电流;u_a 为电动机电枢两端电压;k_e 为电动机的反电势系数;R_a 为电枢电阻;L_a 为电枢电感;k_m 为 PWM 功率放大器的放大倍数;u 为输入控制电压;θ 为电动机的输出角位置。

对上述方程进行拉氏变换,记 $\omega(t)$ 的拉氏变换为 $\Omega(s)$,$u_a(t)$ 的拉氏变换为 $U_a(s)$,注意到电枢电感 L_a 很小,通常将其略去。由此推导得到电枢电压与输出角速度之间的传递函数为:

$$\frac{\Omega(s)}{U_a(s)} = \frac{k_c}{R_a J s + R_a B + k_c k_e} = \frac{K}{T_m s + 1} \quad (10\text{-}23)$$

其中,$K = \frac{k_c}{R_a B + k_c k_e}$,$T_m = \frac{R_a J}{R_a B + k_c k_e}$ 分别为转台单框电动机的静态放大倍数和考虑粘性系数而忽略电感的情况之下的机电时间常数。

以上为在较理想的情况之下,对转台单框直流电动机的建模分析结果,对于系统精度要求不是很高的情况之下才可以采用此模型。

10.2.4 转台单框控制回路设计

转台单框系统的控制采用如图 10-18 所示的多环控制器结构,其中 θ_r 为框架参考角位置输入信号,θ_c 为输出角位置信号。

实际的设计中,适当选择低频段和中频段参数,在保证系统稳态精度和稳定性的前提下,使系统具有良好的跟随性能,并加强对负载扰动的调节能力。一般的设计过程是从内向外,依次设计电流环、速度环和位置环,根据系统整体的性能指标,适当分配相应的设计指标,按典型系统设计控制及补偿环节。

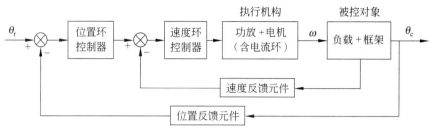

图 10-18 转台控制系统框图

1. 电流环设计

引入电流环负反馈可以充分利用电机所允许的过载能力,同时限制电流的最大值,从而对电机启动或制动器起到快速的保护作用。设计得到的电流环控制器直接在功放硬件电路中实现。

在电流环中引入适当的控制器,就可使电流环无静差地跟踪阶跃信号,有效减少电机回路的时间常数,为拉宽速度环频带、设计具有快速响应的速度环控制器打下良好的基础。

在电流环的具体设计中,常将功率放大器与电枢电流之间的关系用一个惯性环节来等效,参照仿真模型加入 PI 控制器,通过具体的实验验证设计结果。一般要求设计后的电流环回路响应速度快、无超调或超调量很小。

2. 速度环设计

速度环是位置控制系统中非常重要的一个环节。通常采用测速发电机作为速度反馈元件,构成模拟式速度反馈系统。

速度环的作用为:保证速度回路的稳态精度;在电机和框架的结构刚度不够大的情况下,尽量提高速度回路的刚度;为保证转台的快速性,尽可能拉宽速度回路的频带;为保证转台的平稳运转和抗噪声干扰,对高频段的谐振和未建模动态特性有较大的衰减;尽可能降低系统对扰动的灵敏度;减小速度环的死区电压。采用模拟式速度反馈带来的好处是,一旦位置环控制发生故障,速度环仍然可保持系统的稳定,不至于发生"飞车"。但是,速度环的刚度也不可太大,否则容易引起系统的机械振荡,并将影响系统的稳定性。

在进行速度环设计时,应当考虑以下两点:
- 速度环控制器应当包含一个积分环节,以克服伺服电机的死区和功率放大器漂移所造成的静态误差,保证稳态精度指标,提高系统静态刚度。
- 将速度环的闭环特性设计为过阻尼,使其主导极点为一对实极点,从而有利于克服摩擦的影响,改善伺服电机低速运行特性。

为此,速度环调节器一般设计成 PI 控制器的形式,其结构如图 10-19 所示,

u_{nd} 为电压量纲的速度指令，u_s 为转速反馈电压值。

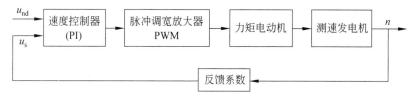

图 10-19 模拟速度环

3. 位置环设计

转台的位置闭环控制系统如图 10-20 所示。在本位置环的设计中，将包括速度环调节器、脉冲调宽放大器（PWM）、力矩电动机、测速发电机和数显表在内的模拟电路部分统称为被控对象。其中，数显表包括位置传感器和用以将模拟式位置信号转化为数字信号的 A/D 转换器。位置环控制器为数字控制器，利用计算机来实现。

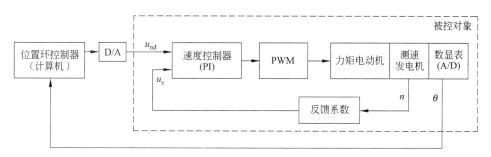

图 10-20 三轴测试转台控制系统原理图

位置环控制器的工作过程是：通过键盘或其他通信方式获取位置指令信号，通过位置传感器（数显表）获取系统当前输出的实际角位置，按照一定的算法计算出控制器的输出，经过 D/A 转换器输出控制量，使得系统的实际输出跟踪指令信号的变化。

当系统进行速度跟踪控制时，由于只能采集到精确的位置信号，没有精确的测速元件，故采用了将位置信号差分的方法来获取速度信号。然后进行位置闭环控制，用位置环的精度来保证速度的精度。

从上述分析可以看出，无论是位置控制还是速度控制，转台的控制核心是位置环的控制算法，它是系统控制精度的保障。

适用于转台精密位置控制的方法有经典的 PID、PID 加前馈的复合控制，现代的自适应控制、变结构控制，智能的动态鲁棒补偿器控制、神经网络逆模型、神经网络并行控制、滑动模态控制等。这里不深入讨论采用这些控制方法的设计过程。

10.2.5 控制系统软件设计

由于转台是一个高精度的控制系统,因此,其上下位机的采样周期都取为1ms。考虑到转台控制系统的实时性要求较高,开发周期短,所以转台软件在DOS环境下进行开发。

1. 上位机软件需要实现的功能

自检:按照一定的次序,自动检查转台各个部件的运行情况,确保状态正常。

转台回零:提供安全的回零手段,保证台体以稳定的低速精确回零。

工作状态设置:实现对转台框架和工作状态(位置/速度)的选择,对位置/速率值的设置。

数据处理:实现对系统各信号量的显示,对可能出现的数据传输错误的处理,模拟示波器对系统信号量的实时图形显示。

信号发生器:产生正弦、三角波、方波及随机信号供系统调试及工作检测使用。

通信:完成与下位机的通信,向下位机发出控制命令及从下位机得到系统当前的状态信息;完成对稳速转台控制系统的通信,发出相应的控制指令。

为提供良好的界面,软件中通过读写及显示位图文件实现 Windows 风格的图形界面,使用系统扩展内存技术实现 1MB 以上内存的访问和使用,并且不依赖汉字环境,在西文 DOS 下显示汉字。上位机软件各项功能分别由对应软件界面中控制菜单:回零、设置、动态测试、静态测试、运行、演示、退出、自检等实现。

2. 下位机需要实现的功能

实时控制:完成系统的数据采集、控制量解算以及系统当前状态监测等实时任务。

性能测试:作为可选模块,完成对最终系统频带的测试。存储系统扫描结果,为绘制系统波特图提供信息。

数据处理:对系统各状态量进行采集、滤波。

通信:完成与上位机的通信,接受上位机控制命令,完成相应工作。

3. 上下位机的通信设计

上下位机之间的通信利用 NE2000 兼容的以太网卡(实时通信速率可以达3ms),采用 Netbios(network basic input and output system)通信协议,实现上下位机毫秒级的实时数据传输。

Netbios 是 IBM 公司在其网络适配器中采用的简单网络协议,位于 OSI 协议的传输层与应用层之间,提供类似于传输层的 4 类应用服务:命令支持、数据报支持、会话支持及其他通用命令。

考虑到转台控制系统中对通信实时性要求较高,传输层应用服务选用无连接的数据报服务和 Client-Server 机制,应用层采用简单停-等机制、累加和校验及错误重传策略。在定义上下位机通信协议时,尽可能的减少数据帧长度。实时工作段采用单向数据传输以减少传输量。

以标记 CommandM=1 表示下位机接收到上位机的命令,则整个转台通信程序的流程框图如图 10-21 所示。

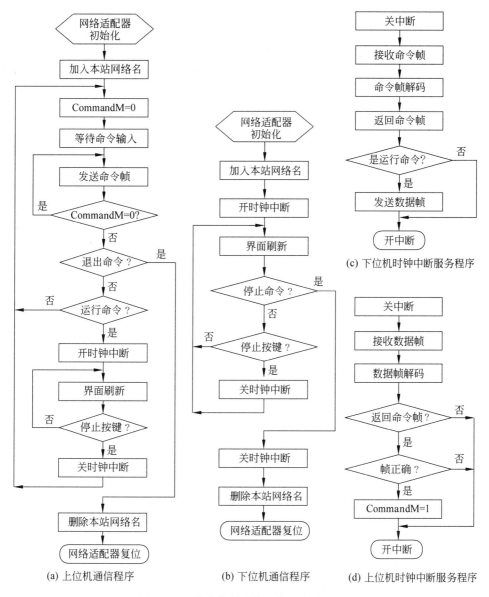

图 10-21 转台控制系统通信程序流程图

10.2.6　控制律及仿真结构

针对本三轴转台,采用 PID 控制其中的内框。为了提高控制精度,再引入一个对输入信号进行微分的顺控补偿,形成 PID 加前馈的复合控制,对应得到的转台及伺服系统的仿真结构图如图 10-22 所示。

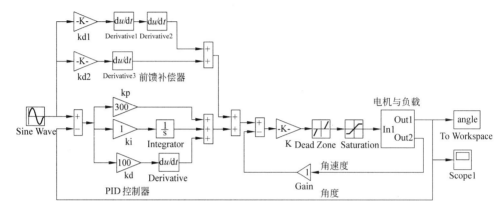

图 10-22　模拟转台及伺服系统结构图

10.2.7　实际控制效果

设定三轴测试转台的定时中断时间为 1ms,取数据记录间隔为 1ms,并在内框负载 30kg。实施 PID 加前馈的复合控制,针对位置指令为 0.5°、频率分别为 1.5Hz 的正弦信号,得到指令与内框转动角度跟踪实际效果如图 10-23(a)所示;针对位置指令为 1°、频率分别为 2Hz 的正弦信号,得到指令与跟踪实际效果如图 10-23(b)所示(图中纵轴坐标单位为°,横轴单位为时间 s)。

从图 10-23 可以看出,PID 加前馈的复合控制效果相当明显。

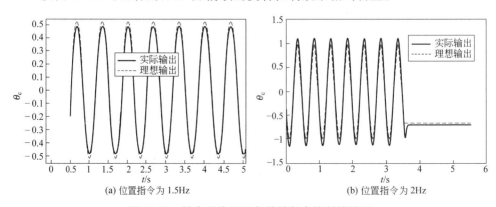

图 10-23　转台系统 PID 加前馈复合控制结果图

10.3 民用机场供油集散系统

SCADA(supervisory control and data acquisition)系统即数据采集与监控系统。传统的 SCADA 系统主要由远程控制单元(remote terminal unit,RTU)、通信网络及中心站组成,完成对整个生产过程的综合监控、调度与管理。实质上,当今的 SCADA 系统应该被广义地理解成一个基于计算机网络的工业自动化系统,是一个应用于具有"测量点分散、地域广阔"特征的,在工业领域具有综合监视、控制、调度与管理功能的实时信息处理系统,从而实现整个工业过程的高度自动化。

机场供油系统是一个典型的具有"测量点分散、地域广阔"特点的过程控制系统,所以机场供油 SCADA 系统是典型的集散控制系统。

10.3.1 民用机场供油系统工艺简介

机场供油 SCADA 系统的建设是以系统的工艺为基础的。各机场供油系统规模不同,但其基本工艺相同的,如图 10-24 所示。

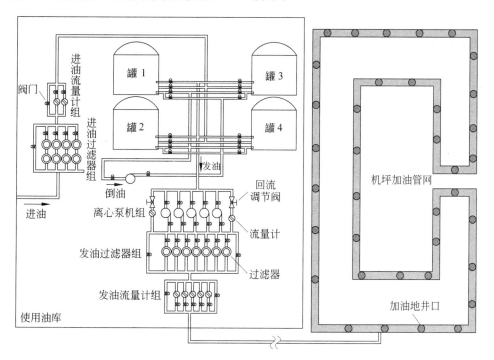

图 10-24 民用机场供油系统基本工艺示意图

民用机场配有一个使用油库,并与停机坪有一段距离。整个供油系统主要完成 4 个基本工艺过程，即储油、收油（进油）、倒油（倒罐）和发油（加油）。

国内机场的油库一般有若干个存储航空煤油的巨型金属储油罐，每个罐与进油、倒油和发油管线相连，各管线上安有阀门。储油过程主要是监视各个储油罐的储油状况，包括航空煤油的液位、温度、密度、体积、质量、存储时间以及罐顶内外气压差等，以确定储油罐工作是否正常、其储存的航空煤油可否发送到机坪为航班加油。

使用油库的航空煤油一般来自中转油库。通过输油管道接收来自中转油库的航空煤油的过程为收油过程。收油过程中要对航空煤油的流量、压力和温度，以及过滤器压差等过程变量进行监视，尤其要监视收油罐的液位，当到达一定液位时，或更换收油罐或结束收油过程。

若储油罐需要清理或维修，需将其中的航空煤油转存到其他储油罐中，这便是倒油过程。在倒油过程中，需监视两个储油罐的液位。

加油过程是由油库内的离心泵将储油罐内的航空煤油经管道抽送到机坪的加油管网，并将加油管网内的航空煤油压力恒定在某一数值上。航班加油时，用加油车将机坪管网上的加油地井口与航班连接，在机坪管网内的航空煤油压力作用下，便可实现为航班加油。加油过程是一个连续控制过程，其核心控制目标是将机坪管网内的航空煤油压力恒定在要求数值上，以便保证航班安全快速地加油。

整个机场供油系统工艺设备众多，I/O 点一般有成百上千，且分散于整个使用油库和停机坪，范围广达几个平方公里；当需要对中转油库和使用油库间的长输管线也进行相关监测控制时，最远的测控点甚至远达几十公里。民用机场供油 SCADA 系统的功能就是要监视各工艺过程、过程变量、设备运行参数和状态，自动完成所有的工艺过程，并对整个生产进行调度和管理。简言之，就是要根据系统的工艺特点、要求和行规，实现供油系统的高度自动化。

10.3.2 机场供油系统的总体结构

机场供油 SCADA 系统在总体结构（如图 10-25 所示）上分为三级——现场设备级、直接控制级和监控管理级，每一级又具有分布式的结构，每一级的设备之间以及各级之间通过网络连接。

现场设备级由分散于现场的测量仪表（压力表、流量计等）和控制设备（电动阀门执行器、变频器等）构成。该级主要功能是测量现场工艺过程变量和工艺设备的工作参数，并将连同自身的运行状态及其他相关信息上传给直接控制级；同时，接受直接控制级的下传命令，执行各种现场操作。

直接控制级由现场控制站、网桥以及智能 I/O 通道等设备构成。主要任务是完成数据采集、对现场设备的监控、以及对工艺过程的直接控制。

监控管理级是操作人员与系统的交互界面，其主要任务是对整个系统实施综合的监视、控制与管理,体现"集中管理"的思想。

整个 SCADA 系统基于网络构建。机场供油系统对分散于现场的测控仪表均采用智能化总线仪表。现场设备级与直接控制级也通过网络进行通信。对于支持直接控制级局域网络类型的智能设备(如变频器)可直接挂入直接控制级局域网;对于不支持直接控制级局域网络类型的智能设备(如智能总线阀门系统)则可通过相应的网桥进行转接;对于那些只提供模拟信号的传统仪表,则通过智能 I/O 通道与直接控制级相连。直接控制级与监控管理级之间亦通过局域网络进行连接。同时,整个 SCADA 系统还可通过监控管理级的网络服务器连入企业的 Intranet,与加油站、ERP 系统等系统进行信息交互;还可以连入 Internet,在远程监控终端上实现对本系统的远程监控和管理。

图 10-25 中的 ESD(emergency shut down)系统为紧急停车系统,它是一种应用于过程控制的安全系统,对生产装置可能发生的危险或不采取措施将继续恶化的状态进行及时响应和保护,使生产装置进入一个预定义的安全停车工况,从而

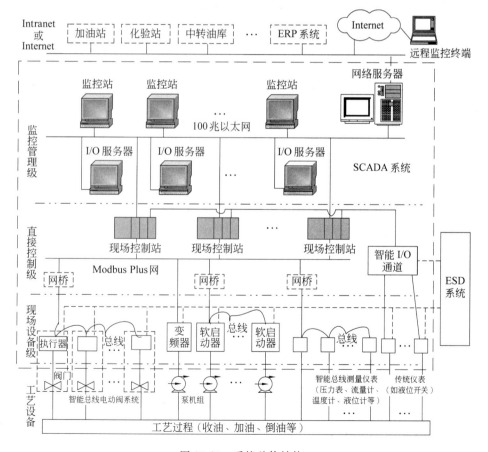

图 10-25 系统总体结构

使危险降低到可以接受的最低程度，以保证人员、设备、生产、装置以及周边环境的安全。

10.3.3　网络设计

局域网是本 SCADA 系统的主干与核心。由于民用机场供油系统在地域上属于较小的一种，故将监控管理级与直接控制级全部置于中心控制室。

设备级的总线类型是智能化总线仪表本身固有的，除此之外，由系统总体结构图 10-25 可知，本系统还涉及以下 3 种通信网络：

1. 直接控制级与现场设备级之间的通信网络

高可靠性和高实时性是对这一级网络的核心要求。从传输数据的实时性角度看，令牌传递协议更适合控制的要求，故本系统在这两级之间的通信网络采用 Modbus Plus 网（一种广泛应用于工业控制领域的 1Mbps 令牌总线网）。

2. 直接控制级与监控管理级之间的通信网络

本系统在功能设计上将所有直接控制功能均放在直接控制级执行，监控管理级仅完成监视、手动操作与控制、调度和管理功能，因此本系统对直接控制级与监控管理级间的通信网络的实时性要求并不高，可采用目前最为常用的以太局域网，便于系统的开发和维护。以太网的速度设计为 100M。

3. 监控管理级各计算机之间的通信网络

由于监控管理级还要与其他系统通信，故监控管理级各计算机之间的通信网络对通信速度的要求较高。同样，该网络也设计为 100M 以太局域网。

由此，监控管理级各台工作站以及直接控制级的现场控制站共同构成了如图 10-25 所示的一个以太局域网。

10.3.4　功能设计

1. 直接控制级功能设计

直接控制级被设计为可以脱离监控管理级独立运行，其主要功能包括：
(1) 数据采集

对现场工艺过程变量和工艺设备的工作参数，以及现场测控设备运行状态等信息进行快速采集，并作检错、数据类型转换、标度变换等必要的运算和处理。

(2) 数据计算

对一些基本变量（如进油和发油流量、运行时间及次数、收发油量等）进行必要的运算,生成监控管理级对监视、管理和设备维护所需的数据。

(3) 触发报警

对相应工作状态进行监视,当对应工作参数超出正常范围时,触发相应的报警并送至监控管理级,同时进行必要的操作(如关阀等)。

(4) 对现场设备(主要指泵和电动阀两类设备)进行直接控制。

(5) 对工艺过程(收油、发油和倒罐)进行自动控制。

2. 监控管理级功能设计

监控管理级是整个 SCADA 系统与操作人员的交互界面,实现系统的监视、操作、控制、调度和管理功能,体现 DCS 的"集中管理"的思想。该级主要功能设计如下:

(1) 显示工艺过程及其状态;

(2) 显示工艺过程装置及测量仪表的工作状态;

(3) 显示工艺过程参数、设备工作参数以及统计数据;

(4) 显示某些重要变量(如机坪压力、加油流量等)的趋势图;

(5) 采用声光两种方式报警提示及管理;

(6) 对泵或电动阀门等设备进行控制;

(7) 对三个主要的工艺过程进行控制;

(8) 设置设备维修状态;

(9) 设置系统参数(保压时的机坪压力范围、加油时的机坪压力给定值等);

(10) 存储关键变量(如机坪压力、加油流量等)和系统事件内容及时间等数据;

(11) 生成及打印各种记录报表;

(12) 进行三级用户(操作员、系统管理员和工程师)访问权限管理;

(13) 进行应用程序管理;

(14) 与外界通信(连入企业的 Intranet 和 Internet),在远程监控终端上实现对本系统的远程监控和管理。

10.3.5 硬件设计

1. 现场设备级硬件配置

根据机场供油系统的工艺特点以及 SCADA 系统的功能要求,系统配置的现场测量仪表主要有压力、温度、流量和液位四大类,而控制设备主要是电动阀、变频器和软起动器。根据基于网络的建设思想,现场设备级的所有仪表均选用智能化总线仪表。

2. 直接控制级硬件配置

本系统既有大量的现场数据需要采集与传输,还要执行各种控制功能,包括连续闭环控制,因此,直接控制级的现场控制站选用 PLC。

3. 监控管理级硬件配置

监控管理级的计算机要求有较快的运算速度,较强的信息处理能力,较大的存储量以及较强的图形显示功能。针对本系统的规模和本级的具体任务,选用通用的工业控制计算机即可。另外,为提高本级局域网络的速度,采用交换机来组网。

10.3.6 软件设计

直接控制级与监控管理级的各项功能由应用软件实现。

Window NT/2000 操作系统由于其可靠性、稳定性和安全性经受了实际应用的考验,并为广大技术人员所熟悉,为系统的开发、使用和维护带来了方便,所以被几乎所有的 SCADA 系统软件开发平台所支持,成为工业自动化系统的主流操作系统。因此,本系统监控管理级的所有工作站的操作系统均采用 Windows NT/2000。监控管理级的应用软件采用组态软件进行开发。

监控管理级的功能实际上涵盖了过程监控与生产管理两个层次,因此,该级在硬件上是一级,在功能上是监控和管理两层(如图 10-26 所示)。它们的本质区别在于,监控层功能面向控制过程,要求较强的实时性,其实现以实时数据库为核心;而管理层功能重在对已有数据进行统计、报表和查询,因此其实现以关系数据库为核心。

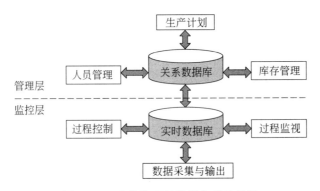

图 10-26 监控管理级数据集成示意图

10.3.7 实际应用

1. 系统总体结构及配置

系统采用如图 10-27 所示的总体结构和配置。为进一步提高系统的可靠性,对现场控制站采取双机热备设计,对监控管理级采用服务器＋双网冗余结构。监控管理级、直接控制级以及现场设备级的通信接口设备都位于中控室内。监控管理级的工作站安装在监控操作台内(如图 10-28 所示),直接控制级的设备以及现场设备级的通信接口设备安装在操作控制柜内(如图 10-29 所示)。

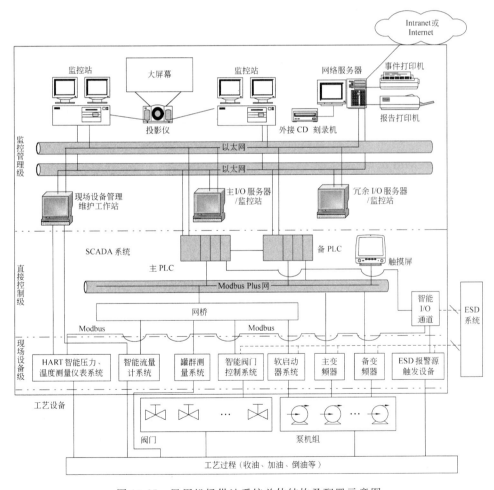

图 10-27 民用机场供油系统总体结构及配置示意图

图 10-28 中心控制室及监控管理级

图 10-29 直接控制级

2. 直接控制级开发

国内民用机场供油系统的 I/O 点数一般在几百到几千之间，只有一个连续闭环控制回路，其他都是开关量控制，按 DCS 或 SCADA 系统的标准来衡量，属于中等偏小规模的系统；且对于过程控制而言，采样周期要求不是很苛刻。目前的 PLC 一般都具有较高的运算速度和较强的控制功能，一台 PLC 完全能够胜任该级的控制需求。为此系统直接控制级只配置两台 PLC，一主一备。

3. 监控级开发

监控级的硬件配置如图 10-27 所示。两台监控站用于操作员对系统进行监视、操作和控制。采用两台监控站，一是实现冗余，二是显示不同的监控界面，扩大直接监控范围，避免过多的界面切换，方便系统的操作。两台 I/O 服务器为冗余设计，主要用于与直接控制级通信，也同时担当监控站，报警服务器和趋势服务器的功能也由 I/O 服务器完成。两台 I/O 服务器和两台监控站均可用作操作员站和工程师站。以不同身份登陆，就可进行相应身份的操作。

本级还配置了一台现场设备管理维护工作站和一台网络服务器。现场设备管理维护工作站用于对智能温度计、压力表以及智能流量计进行管理和维护。网络服务器负责本局域网的管理以及与外界的通信。每台工作站配置 100Mbps 高速以太网卡。为扩大监控操作范围，两台监控站采用一机多屏技术配置了双显示器。同时，系统还配有大屏幕显示系统、外接光盘刻录机，以及事件打印机和报告打印机。

应用软件采用模块化设计，其总体结构如图 10-30 所示。

应用程序由 7 个模块构成：监控管理级与直接控制级的通信模块、各种简单运算和报警文件触发模块、数据收集与管理模块、网络管理模块、应用程序管理模块、操作员界面、工程师界面。其中前 5 个模块负责数据的获取、产生、处理和存储，后 2 个模块则应用前 5 个模块的数据进行显示和操作。

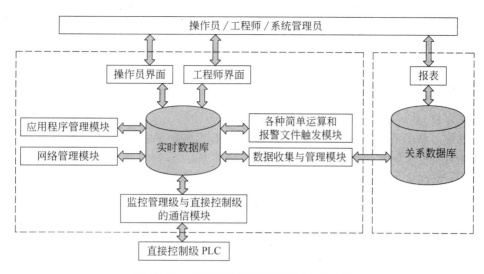

图 10-30　监控管理级应用软件结构示意图

应用软件的所有数据存放在一个分布式实时数据库中，为各个子系统所共享。

4. 开发的系统特点

上面介绍的民用机场供油 SCADA 系统方案采用分级分布式总体结构，且基于 Modbus Plus 网和以太网两层网络构建，具有 DCS 的"集中管理，分散控制"的优点。此外该系统还具有以下特点：

（1）采用智能化总线仪表，克服了以往系统"连线复杂，故障点多"的缺陷，并且实现了对现场设备的主动维护。

（2）直接控制级采用 PLC 构建，保证了系统的可靠性和可扩展性。

（3）监控管理级的应用软件采用组态软件开发，保证了应用软件的可靠性以及人机界面的友好性。

（4）直接控制级和监控管理级采取了相应的热备份与冗余设计，进一步提高了系统的可靠性。

（5）系统在功能设计上将直接控制级设置为系统的核心，它可以独立于监控管理级运行，使得系统的功能划分更为清晰，为系统的维护和使用带来了方便，也进一步提高了系统的可靠性。

所有这些特点和措施综合在一起，使机场供油系统成为了一个具有综合的监视、控制、调度与管理功能的实时信息处理系统，全面提升了系统的自动化水平和可靠性。实际应用表明，系统稳定可靠、功能齐全、便于使用和维护。

本章小结

本章从确定系统的总体控制方案、数学建模、系统的模拟回路设计、计算机控制律设计、软件设计以及系统闭环调试等方面，介绍了双摆计算机控制系统的设计过程。双摆系统是进行计算机控制教学实验的有效实验系统，可以利用其进行各种复杂的控制算法设计及计算机实现的验证。

实际的机电系统，存在诸如机械摩擦、环境干扰、机械变形、负载的波动等许多非线性、不确定性的因素，为具有非线性和不确定性的控制系统。三轴飞行仿真转台就是这样一个典型的例子。为此，针对具体应用实例的要求，介绍了设计对应控制系统时应进行的步骤和应考虑的问题，总结出一些相应的原则和对策。

针对民用机场供油系统中存在的一系列问题，本章所介绍的实例采用了 SCADA 集散系统的建设思想和方案来实现，完成了系统的总体结构设计、网络设计、功能设计和软硬件配置，并成功得到实际应用。

双摆计算机控制系统的分析设计过程，是基于前面介绍的计算机控制基础知识、控制器设计理论以及实现技术的。机场供油集散系统则充分应用了前两章所介绍的 PLC、集散系统、现场总线、工业以太网、网络集成等方面的知识和技术。

附录 A z 变 换 表

$F(s)$	$f(t)$	$F(z)$
e^{-ksT}	$\delta(t-kT)$	z^{-k}
1	$\delta(t)$	1 或 z^{-0}
$\dfrac{1}{s}$	$1(t)$	$\dfrac{z}{z-1}$
$\dfrac{1}{s^2}$	t	$\dfrac{Tz}{(z-1)^2}$
$\dfrac{1}{s^3}$	$\dfrac{1}{2!}t^2$	$\dfrac{T^2 z(z+1)}{2(z-1)^3}$
$\dfrac{1}{s^4}$	$\dfrac{1}{3!}t^3$	$\dfrac{T^3 z(z^2+4z+1)}{6(z-1)^4}$
$\dfrac{1}{s^{k+1}}$	$\dfrac{1}{k!}t^k$	$\lim\limits_{a\to 0}\dfrac{(-1)^k}{k!}\dfrac{\partial^k}{\partial a^k}\left(\dfrac{z}{z-e^{-aT}}\right)$
$\dfrac{1}{s-(1/T)\ln a}$	$a^{t/T}$	$\dfrac{z}{z-a}$
$\dfrac{1}{s+a}$	e^{-at}	$\dfrac{z}{z-e^{-aT}}$
$\dfrac{1}{(s+a)^2}$	te^{-at}	$\dfrac{Tze^{-aT}}{(z-e^{-aT})^2}$
$\dfrac{1}{(s+a)^3}$	$\dfrac{t^2}{2}e^{-at}$	$\dfrac{T^2 e^{-aT}z}{2(z-e^{-aT})^2}+\dfrac{T^2 e^{-2aT}z}{(z-e^{-aT})^3}$
$\dfrac{1}{(s+a)^{k+1}}$	$\dfrac{t^k}{k!}e^{-at}$	$\dfrac{(-1)^k}{k!}\dfrac{\partial^k}{\partial a^k}\left(\dfrac{z}{z-e^{-aT}}\right)$
$\dfrac{a}{s(s+a)}$	$1-e^{-at}$	$\dfrac{z(1-e^{-aT})}{(z-1)(z-e^{-aT})}$
$\dfrac{\omega_0}{s^2-\omega_0^2}$	$\sinh(\omega_0 t)$	$\dfrac{z\sinh(\omega_0 T)}{z^2-2z\cosh(\omega_0 T)+1}$
$\dfrac{s}{s^2-\omega_0^2}$	$\cosh(\omega_0 t)$	$\dfrac{z[z-\cosh(\omega_0 T)]}{z^2-2z\cosh(\omega_0 T)+1}$
$\dfrac{\omega_0^2}{s(s^2-\omega_0^2)}$	$\cosh(\omega_0 t)-1$	$\dfrac{z[z-\cosh(\omega_0 T)]}{z^2-2z\cosh(\omega_0 T)+1}-\dfrac{z}{z-1}$
$\dfrac{\omega_0^2}{s(s^2+\omega_0^2)}$	$1-\cos(\omega_0 t)$	$\dfrac{z}{z-1}-\dfrac{z[z-\cos(\omega_0 T)]}{z^2-2z\cos(\omega_0 T)+1}$
$\dfrac{\omega_0}{(s+a)^2+\omega_0^2}$	$e^{-at}\sin(\omega_0 t)$	$\dfrac{ze^{-aT}\sin(\omega_0 T)}{z^2-2ze^{-aT}\cos(\omega_0 T)+e^{-2aT}}$

续表

$F(s)$	$f(t)$	$F(z)$
$\dfrac{s+a}{(s+a)^2+\omega_0^2}$	$e^{-at}\cos(\omega_0 t)$	$\dfrac{z^2-ze^{-aT}\cos(\omega_0 T)}{z^2-2ze^{-aT}\cos(\omega_0 T)+e^{-2aT}}$
$\dfrac{a^2}{s(s+a)^2}$	$1-(1+at)e^{-at}$	$\dfrac{z}{z-1}-\dfrac{z}{z-e^{-aT}}-\dfrac{aTe^{-aT}z}{(z-e^{-aT})^2}$
$\dfrac{a^2(s+b)}{s(s+a)^2}$	$b-be^{-at}+a(a-b)te^{-at}$	$\dfrac{bz}{z-1}-\dfrac{bz}{z-e^{-aT}}+\dfrac{a(a-b)Te^{-aT}z}{(z-e^{-aT})^2}$
$\dfrac{a^3}{s^2(s+a)^2}$	$at-2+(at+2)e^{-at}$	$\dfrac{(aT+2)z-2z^2}{(z-1)^2}+\dfrac{2z}{z-e^{-aT}}+\dfrac{aTe^{-aT}z}{(z-e^{-aT})^2}$
$\dfrac{(a-b)^2}{(s+b)(s+a)^2}$	$e^{-bt}-e^{-at}+(a-b)te^{-at}$	$\dfrac{z}{z-e^{-bT}}-\dfrac{z}{z-e^{-aT}}+\dfrac{(a-b)Te^{-aT}z}{(z-e^{-aT})^2}$
$\dfrac{(a-b)^2(s+c)}{(s+b)(s+a)^2}$	$(c-b)e^{-bt}+(b-c)e^{-at}-(a-b)(c-a)te^{-at}$	$\dfrac{(c-b)z}{z-e^{-bT}}+\dfrac{(b-c)z}{z-e^{-aT}}-\dfrac{(a-b)(c-a)Te^{-aT}z}{(z-e^{-aT})^2}$
$\dfrac{a^2 b}{s(s+b)(s+a)^2}$	$1-\dfrac{a^2}{(a-b)^2}e^{-bt}+\dfrac{ab+b(a-b)}{(a-b)^2}e^{-at}+\dfrac{ab}{a-b}te^{-at}$	$\dfrac{z}{z-1}-\dfrac{a^2 z}{(a-b)^2(z-e^{-bT})}+\dfrac{[ab+b(a-b)]z}{(a-b)^2(z-e^{-aT})}+\dfrac{abTe^{-aT}z}{(a-b)(z-e^{-aT})^2}$
$\dfrac{a^2 b(s+c)}{s(s+b)(s+a)^2}$	$c+\dfrac{c^2(b-c)}{(a-b)^2}e^{-bt}+\dfrac{ab(c-a)+bc(a-b)}{(a-b)^2}e^{-at}+\dfrac{ab(c-a)}{a-b}te^{-at}$	$\dfrac{cz}{z-1}+\dfrac{a^2(b-c)z}{(a-b)^2(z-e^{-bT})}+\dfrac{[ab(c-a)+bc(a-b)]z}{(a-b)^2(z-e^{-aT})}+\dfrac{ab(c-a)Te^{-aT}z}{(a-b)(z-e^{-aT})^2}$
$\dfrac{b-a}{(s+a)(s+b)}$	$e^{-at}-e^{-bt}$	$\dfrac{z}{z-e^{-aT}}-\dfrac{z}{z-e^{-bT}}$
$\dfrac{(b-a)(s+c)}{(s+a)(s+b)}$	$(c-a)e^{-at}+(b-c)e^{-bt}$	$\dfrac{(c-a)z}{z-e^{-aT}}+\dfrac{(b-c)z}{z-e^{-bT}}$
$\dfrac{ab}{s(s+a)(s+b)}$	$1+\dfrac{b}{a-b}e^{-at}-\dfrac{a}{a-b}e^{-bt}$	$\dfrac{z}{z-1}+\dfrac{bz}{(a-b)(z-e^{-aT})}-\dfrac{az}{(a-b)(z-e^{-bT})}$
$\dfrac{ab(s+c)}{s(s+a)(s+b)}$	$c+\dfrac{b(c-a)}{a-b}e^{-at}+\dfrac{a(b-c)}{a-b}e^{-bt}$	$\dfrac{cz}{z-1}+\dfrac{b(c-a)z}{(a-b)(z-e^{-aT})}+\dfrac{a(b-c)z}{(a-b)(z-e^{-bT})}$
$\dfrac{a^2 b^2}{s^2(s+a)(s+b)}$	$abt-(a+b)-\dfrac{b^2}{a-b}e^{-at}+\dfrac{a^2}{a-b}e^{-bt}$	$\dfrac{abTz}{(z-1)^2}-\dfrac{(a+b)z}{z-1}-\dfrac{b^2 z}{(a-b)(z-e^{-aT})}+\dfrac{a^2 z}{(a-b)(z-e^{-bT})}$

续表

$F(s)$	$f(t)$	$F(z)$
$\dfrac{a}{s^2(s+a)}$	$t-\dfrac{1-\mathrm{e}^{-at}}{a}$	$\dfrac{Tz}{(z-1)^2}-\dfrac{(1-\mathrm{e}^{-aT})z}{a(z-1)(z-\mathrm{e}^{-aT})}$
$\dfrac{1}{(s+a)(s+b)(s+c)}$	$\dfrac{\mathrm{e}^{-at}}{(b-a)(c-a)}+$ $\dfrac{\mathrm{e}^{-bt}}{(a-b)(c-b)}+$ $\dfrac{\mathrm{e}^{-ct}}{(a-c)(b-c)}$	$\dfrac{z}{(b-a)(c-a)(z-\mathrm{e}^{-aT})}+$ $\dfrac{z}{(a-b)(c-b)(z-\mathrm{e}^{-bT})}+$ $\dfrac{z}{(a-c)(b-c)(z-\mathrm{e}^{-cT})}$
$\dfrac{s+d}{(s+a)(s+b)(s+c)}$	$\dfrac{(d-a)}{(b-a)(c-a)}\mathrm{e}^{-at}+$ $\dfrac{(d-b)}{(a-b)(c-b)}\mathrm{e}^{-bt}+$ $\dfrac{(d-c)}{(a-c)(b-c)}\mathrm{e}^{-ct}$	$\dfrac{(d-a)z}{(b-a)(c-a)(z-\mathrm{e}^{-aT})}+$ $\dfrac{(d-b)z}{(a-b)(c-b)(z-\mathrm{e}^{-bT})}+$ $\dfrac{(d-c)z}{(a-c)(b-c)(z-\mathrm{e}^{-cT})}$
$\dfrac{abc}{s(s+a)(s+b)(s+c)}$	$1-\dfrac{bc}{(b-a)(c-a)}\mathrm{e}^{-at}-$ $\dfrac{ca}{(c-b)(a-b)}\mathrm{e}^{-bt}-$ $\dfrac{ab}{(a-c)(b-c)}\mathrm{e}^{-ct}$	$\dfrac{z}{z-1}-\dfrac{bcz}{(b-a)(c-a)(z-\mathrm{e}^{-aT})}-$ $\dfrac{caz}{(c-b)(a-b)(z-\mathrm{e}^{-bT})}-$ $\dfrac{abz}{(a-c)(b-c)(z-\mathrm{e}^{-cT})}$
$\dfrac{abc(s+d)}{s(s+a)(s+b)(s+c)}$	$d-\dfrac{bc(d-a)}{(b-a)(c-a)}\mathrm{e}^{-at}-$ $\dfrac{ca(d-b)}{(c-b)(a-b)}\mathrm{e}^{-bt}-$ $\dfrac{ab(d-c)}{(a-c)(b-c)}\mathrm{e}^{-ct}$	$\dfrac{dz}{z-1}-\dfrac{bc(d-a)z}{(b-a)(c-a)(z-\mathrm{e}^{-aT})}-$ $\dfrac{ca(d-b)z}{(c-b)(a-b)(z-\mathrm{e}^{-bT})}-$ $\dfrac{ab(d-c)z}{(a-c)(b-c)(z-\mathrm{e}^{-cT})}$
$\dfrac{\omega_0}{s^2+\omega_0^2}$	$\sin(\omega_0 t)$	$\dfrac{z\sin(\omega_0 T)}{z^2-2z\cos(\omega_0 T)+1}$
$\dfrac{s}{s^2+\omega_0^2}$	$\cos(\omega_0 t)$	$\dfrac{z[z-\cos(\omega_0 T)]}{z^2-2z\cos(\omega_0 T)+1}$

附录 B 习 题

说明：带"＊"的习题表示该题的解答在书中所附的光盘上。

第 1 章 习 题

1-1 举例说明 2～3 个你熟悉的计算机控制系统，并说明与常规连续模拟控制系统相比的优点。

1-2 利用计算机及接口技术的知识，提出一个用同一台计算机控制多个被控参量的分时巡回控制方案。

1-3 题图 1-3 是模拟式雷达天线俯仰角位置伺服控制系统原理示意图，试把该系统改造为计算机控制系统，画出原理示意图及系统结构图。

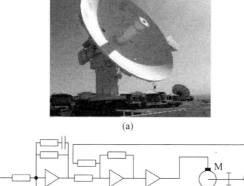

题图 1-3 模拟式雷达天线俯仰角位置伺机控制系统原理示意图

1-4 水位高度控制系统如题图 1-4 所示。水箱水位高度指令由 W_1 电位计指令电压 u_r 确定，水位实际高度 h 由浮子测量，并转换为电位计 W_2 的输出电压 u_h。用水量 Q_1 为系统干扰。当指令高度给定后，系统保持给定水位，若打开放水管路后，水位下降，系统将控制电机，打开进水阀门，向水箱供水，最终保持水箱水位为指令水位。试把该系统改造为计算机控制系统。画出原理示意图及系统结构图。

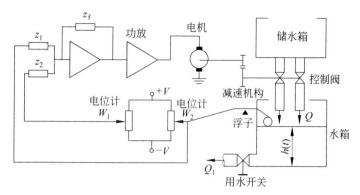

题图 1-4　水箱水位控制系统原理示意图

1-5　题图 1-5 为一机械手控制系统示意图。将其控制器改造为计算机实现，试画出系统示意图及控制系统结构图。

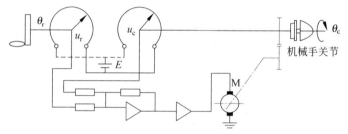

题图 1-5　机械手控制系统示意图

1-6　现代飞机普遍采用数字式自动驾驶仪稳定飞机的俯仰角、滚转角和航向角。连续模拟式控制系统结构示意图如题图 1-6 所示。图中所有传感器、舵机

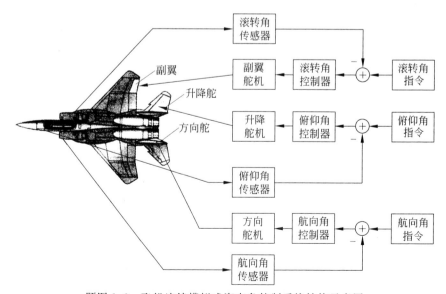

题图 1-6　飞机连续模拟式姿态角控制系统结构示意图

及指令信号均为连续模拟信号。试把该系统改造为计算机控制系统,画出系统结构图。

第 2 章 习 题

2-1* 下述信号被理想采样开关采样,采样周期为 T,试写出采样信号的表达式。
(1) $f(t)=1(t)$ (2) $f(t)=te^{-at}$ (3) $f(t)=e^{-at}\sin(\omega t)$

2-2* 已知 $f(t)$ 的拉氏变换式 $F(s)$,试求采样信号的拉氏变换式 $F^*(s)$(写成闭合形式)。
(1) $F(s)=\dfrac{1}{s(s+1)}$ (2) $F(s)=\dfrac{1}{(s+1)(s+2)}$

2-3* 试分别画出 $f(t)=5e^{-10t}$ 及其采样信号 $f^*(t)$ 的幅频曲线(设采样周期 $T=0.1s$)。

2-4* 若数字计算机的输入信号为 $f(t)=5e^{-10t}$,试根据采样定理选择合理的采样周期 T,设信号中的最高频率为 ω_m 定义为 $|F(j\omega_m)|=0.1|F(0)|$。

2-5* 已知信号 $x=A\cos(\omega_1 t)$,试画出该信号的频谱曲线以及它通过采样器和理想滤波器以后的信号频谱。设采样器的采样频率分别为 $4\omega_1$ 和 $1.5\omega_1$ 这 2 种情况。解释本题结果。

2-6* 已知信号 $x=A\cos(\omega_1 t)$,通过采样频率 $\omega_s=3\omega_1$ 的采样器以后,又由零阶保持器恢复成连续信号,试画出恢复以后信号的频域和时域曲线;当 $\omega_s=10\omega_1$ 时,情况又如何?比较结果。

2-7* 已知信号 $x=\sin(t)$ 和 $y=\sin(4t)$,若 $\omega_s=1,3,4$,试求各采样信号的 $x(kT)$ 及 $y(kT)$,并说明由此结果所得结论。

2-8* 试证明 ZOH 传递函数 $G_h(s)=\dfrac{1-e^{-sT}}{s}$ 中的 $s=0$ 不是 $G_h(s)$ 的极点,而 $Y(s)=\dfrac{1-e^{-sT}}{s^2}$ 中,只有一个单极点 $s=0$。

2-9 若已知 $f(t)=\cos(\omega t)$ 的采样信号拉氏变换
$$F^*(s)=\dfrac{1-\cos(\omega T)e^{-sT}}{1-2\cos(\omega T)e^{-sT}+e^{-sT}}$$
试问 $\omega_s=\omega,\omega_s=4\omega$ 时,$F^*(s)=?$,并就所得结果进行说明。

2-10 若 $F(s)=1/s$,试由此证明,$s=\pm jm\omega_s$ 均为 $F^*(s)$ 的极点(m 为正整数),并说明 $F^*(s)$ 的零点与 $F(s)$ 零点的关系。

2-11 若飞机俯仰角速度信号 ω_z 测试得到的频谱如题图 2-11 所示,若采样周期 $T=0.0125s$,试画出采样信号 ω_z^* 的频谱图形,由此可得什么结论?

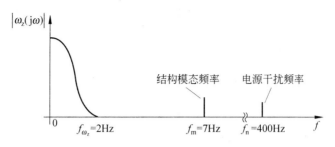

题图 2-11 飞机俯仰角速度信号 ω_z 测试频谱

2-12 若连续信号的频谱如题图 2-12 所示,若采样频率分别为 $\omega_s > 2\omega_c$,$\omega_s = 2\omega_c$,$\omega_s < 2\omega_c$ 时,试画出采样信号的频谱。

2-13 若信号 $f(t) = \cos\omega_1 t$ 被理想采样开关采样,并通过零阶保持器,试画出零阶保持器输出信号的频谱。假定 ω_1 分别大于和小于奈奎斯特频率 ω_N。

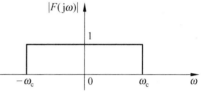

题图 2-12 连续信号的频谱

2-14 若 $f(t) = 5\sin 3t$ 加到采样-零阶保持器上,采样周期 $T = \pi/6$
(1) 该保持器在 $\omega = 3\text{rad/s}$ 处有一输出分量,试求它的幅值与相位;
(2) 对 $\omega = 15\text{rad/s}$、$\omega = 27\text{rad/s}$,重复上述计算。

2-15 已知采样周期 $T = 0.5\text{s}$,试问在系统截止频率 $\omega_c = 2\text{rad/s}$ 处,零阶保持器所产生的相移为多少?若使零阶保持器所产生的相移为 $-5°$,试问应取多大的采样周期。

2-16 已知连续信号 $x(t) = \sin(\omega_1 t)$,$\omega_s = 4\omega_1$,试画出题图 2-16 上 A、B、C 点的波形图。

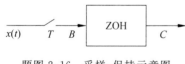

题图 2-16 采样-保持示意图

2-17 已知连续信号 $f(t) = \cos(50t)$,采样频率 $\omega_s = 50\text{rad/s}$,试说明该信号采样后又通过零阶保持器后,恢复为一直流信号。

2-18 一阶保持器在数学仿真中常有应用,试推导一阶保持器的传递函数。

第 3 章 习　题

3-1* 求下列各连续函数的采样信号的拉普拉斯变换式(写成闭合形式)。
(1) $f(t) = 1(t)$　　(2) $f(t) = a^t$

3-2 根据 z 变换定义，求 3-1 题各函数的 z 变换，并与 3-1 题的结果相比较。

(1) $F(z) = \sum\limits_{k=0}^{\infty} 1 \cdot z^{-k} = 1 + z^{-1} + z^{-2} + \cdots = \dfrac{1}{1-z^{-1}} = \dfrac{z}{z-1}, |z^{-1}| < 1$;

(2) $F(z) = \sum\limits_{k=0}^{\infty} a^{kT} z^{-k} = 1 + a^T z^{-1} + a^{2T} z^{-2} + \cdots = \dfrac{1}{1-a^T z^{-1}} = \dfrac{z}{z-a^T}$, $|a^T z^{-1}| < 1$。

3-3* 试用 z 变换定义求下列脉冲序列的 z 变换。

(1) $f(k) = 0, 1, 0, 1, \cdots$ (2) $f(k) = 1, -1, 1, -1, \cdots$

3-4* 利用 z 变换性质求下列函数的 z 变换。

(1) $f(t) = t$ (2) $f(t) = t \cdot 1(t-T)$ (3) $f(t) = t^2$ (4) $f(t) = t^2 e^{-at}$

3-5* 利用不同方法求下列函数的 z 反变换。

(1) $F(z) = \dfrac{z}{z-0.5}$ (2) $F(z) = \dfrac{(1-e^{-T})z}{(z-1)(z-e^{-T})}$

(3) $F(z) = \dfrac{z}{(z-2)(z-1)^2}$

3-6* 试确定下列函数的初值及终值。

(1) $E(z) = \dfrac{z^2}{(z-0.5)(z-1)}$ (2) $E(z) = \dfrac{z^2}{(z-0.8)(z-0.1)}$

3-7* 用 z 变换法求解下列差分方程。

(1) $c(k+1) - bc(k) = r(k)$，已知输入信号 $r(k) = a^k$，初始条件 $c(0) = 0$。

(2) $c(k+2) + 4c(k+1) + 3c(k) = 2k$，已知初始条件 $c(0) = c(1) = 0$。

(3) $c(k+2) + 5c(k+1) + 6c(k) = 0$，已知初始条件 $c(0) = 0, c(1) = 1$。

求 $c(k)$。

3-8* 已知以下离散系统的差分方程，求系统的脉冲传递函数。

(1) $c(k) + 0.5c(k-1) - c(k-2) + 0.5c(k-3) = 4r(k) - r(k-2) - 0.6r(k-3)$；

(2) $c(k+3) + a_1 c(k+2) + a_3 c(k) = b_0 r(k+3) + b_2 r(k+1) + b_3 r(k)$ 且初始条件为零。

3-9* 试列出题图 3-9 所示计算机控制系统的状态方程和输出方程。图中 $D(z) = (1+0.5z^{-1})/(1+0.2z^{-1})$，$G_0(s) = 10(s+5)/s^2$，$T = 0.1$s。

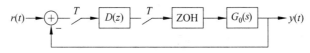

题图 3-9 题 3-9 系统框图

3-10* 试用 $C(z)$ 表示题图 3-10 所列系统的输出，指出哪些系统可以写出输出对输入的脉冲传递函数，哪些不能写出。

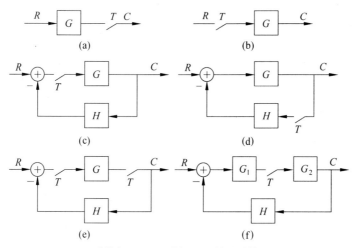

题图 3-10　习题 3-10 所示系统

3-11* 试分别求如题图 3-11 所示的两个系统的阶跃响应采样序列,并比较其结果可得什么结论(设 $T=1s$)。

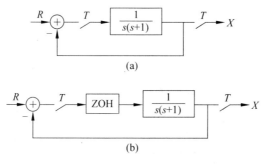

题图 3-11　系统方块图

3-12* 热蒸汽加热系统如题图 3-12(a)所示。进气阀门开度由线圈控制的铁芯带动。水箱内水温由热电偶检测。系统方块图如题图 3-12(b)所示。若 $D(z)=1, T=0.2s$,试求闭环传递函数、单位阶跃响应和稳态值。

3-13* 题图 3-13(a)是以太阳能作动力的"逗留者号"火星漫游车,由地球上发出的路径控制信号 $r(t)$ 能对该装置实施遥控,控制系统结构如题图 3-13(b)所示,其中 $n(t)$ 为干扰(如岩石)信号。控制系统的主要任务就是保证漫游车对斜坡输入信号 $r(t)=t, t>0$ 具有较好的动态跟踪性能,并对干扰信号具有较好的抑制能力。若令数字控制器 $D(z)=1$ 和增益 $K=2$,试求输出对输入信号及干扰信号 n 的输出表达式(设 $T=0.1s$)。

3-14* 气体成分控制系统如题图 3-14(a)所示。其中阀门开度由线圈控制的铁芯位移控制。培育室内二氧化碳含量由气体分析仪测定,气体分析仪是一个时滞环节。系统动态结构图如题图 3-14(b)所示。若采样周期 $T=45s$,试

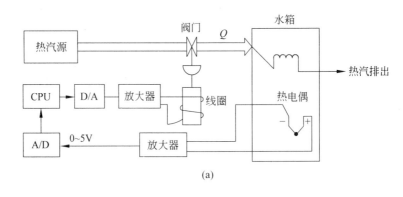

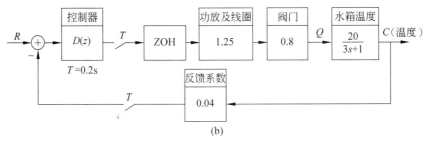

题图 3-12 习题 3-12 加热系统结构图

(a)

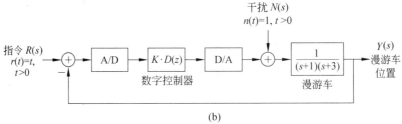

(b)

题图 3-13 火星漫游车控制系统

求闭环传递函数。令 $k=1, D(z)=1$。

3-15* 车床进给伺服系统如题图 3-15(a)所示。电动机通过齿轮减速机构带动丝杠转动,进而使工作台面实现直线运动。该系统为了改善系统性能,利用

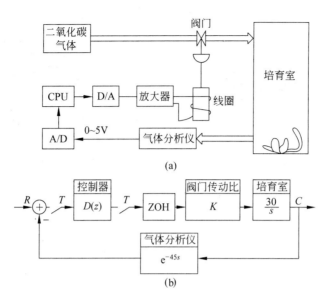

题图 3-14　习题 3-14 气体成分控制系统

测速电机实现测速反馈。试将该系统改造为计算机控制系统。连续系统的结构框图如题图 3-15(b) 所示。若 $D(s)=1$，试求数字闭环系统传递函数。令 $T=0.1\text{s}, K_1=K_x=1, K_2=0.1, K_m=40, a=2$。

3-16　采用部分分式展开法求以下函数的 z 变换。

(1) $F(s)=\dfrac{a-b}{(s+a)(s+b)}$　　(2) $F(s)=\dfrac{5}{s^2(s+1)}$

3-17　序列 $f(k)$ 的 z 变换为 $F(z)=\dfrac{z-1}{(z-1)(z+1)}$

(1) 用终值定理求 $f(k)$ 的终值；

(2) 通过求 $F(z)$ 的反变换检验上述结果。

3-18　已知采样系统的脉冲传递函数为 $G(z)=\dfrac{C(z)}{R(z)}=\dfrac{\sum\limits_{k=0}^{M}b_kz^k}{\sum\limits_{k=0}^{N}a_kz^k}$，$(N\geqslant M)$，试

证明 $c(k)=\sum\limits_{k=0}^{M}\dfrac{b_k}{a_N}r((k-N+k)T)-\sum\limits_{k=0}^{N-1}\dfrac{a_k}{a_N}c((k-N+k)T)$，并用该式

求取 $\dfrac{C(z)}{R(z)}=\dfrac{z+1}{z^2-z+1}$ 的 $c(k)$ 值。

3-19　已知连续传递函数 $G(s)=\dfrac{2}{(s+1)(s+2)}$，试求取 $G(z)=\mathscr{Z}\left[\dfrac{1-e^{-sT}}{s}G(s)\right]$，并讨论其零点随采样周期的变化情况。

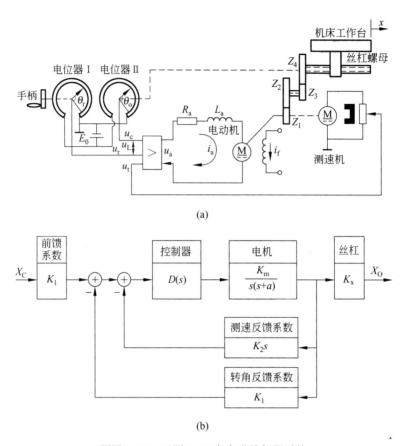

题图 3-15 习题 3-15 车床进给伺服系统

3-20 已知连续传递函数 $G(s)=\dfrac{6(1-s)}{(s+3)(s+2)}$,如采用零阶保持器时,试求取其脉冲传递函数,并确定当采样周期为多大时,其零点均在单位圆内。

3-21 通常,直流电动机可用下述连续传递函数或状态空间模型描述。

$$G(s)=\dfrac{\Theta(s)}{U(s)}=\dfrac{k_m}{s(T_m s+1)}$$

$$\begin{bmatrix}\dot{x}_1\\ \dot{x}_2\end{bmatrix}=\begin{bmatrix}-T & 0\\ 1 & 0\end{bmatrix}\begin{bmatrix}x_1\\ x_2\end{bmatrix}+\begin{bmatrix}k_m\\ 0\end{bmatrix}u$$

式中 Θ 为电机转角,U 为电机控制电压。若令 $k_m=1$,$T_m=1$,试确定
(1) 通过零阶保持器采样时,系统的离散状态空间模型;
(2) 脉冲传递函数;
(3) 输入与输出的差分方程;
(4) 脉冲传递函数极点与零点随采样周期变化的关系。

3-22 已知 $G(s)=\dfrac{1}{s}\mathrm{e}^{-Ts}$,试求其脉冲传递函数,并分析采样系统的极点和零点。

3-23 试用级数展开法求题图 3-23 所示系统离散状态方程,并画出结构图。

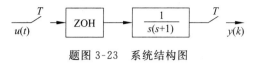

题图 3-23 系统结构图

3-24 试推导下述连续系统相对应的具有零阶保持器的离散状态方程。($T=1$s)

(1) $\dfrac{\mathrm{d}^2 y}{\mathrm{d}t^2} + 3\dfrac{\mathrm{d}y}{\mathrm{d}t} + 2y = \dfrac{\mathrm{d}u}{\mathrm{d}t} + 3u$

(2) $\dfrac{\mathrm{d}^3 y}{\mathrm{d}t^3} = u$

3-25 很多物理系统可以用下述方程描述

$$\begin{bmatrix} \dot{x}_1 \\ \dot{x}_2 \end{bmatrix} = \begin{bmatrix} -a & b \\ c & -d \end{bmatrix} \begin{bmatrix} x_1 \\ x_2 \end{bmatrix} + \begin{bmatrix} f \\ g \end{bmatrix} u(t)$$

式中 a、b、c、d 是非负数,试求采用零阶保持器时采样系统的方程。(注:首先应证明系统极点为实极点)

第4章 习　题

4-1* s 平面上有 3 对极点,分别为 $s_{1,2} = -1 \pm \mathrm{j}1.5$,$s_{3,4} = -1 \pm \mathrm{j}8.5$,$s_{5,6} = -1 \pm \mathrm{j}11.5$,$\omega_s = 10$,试求在 z 平面上相应极点的位置,并绘出示意图。

4-2* 已知 s 平面上实轴平行线上点的位置(A、B、C)如题图 4-2(a)和 4-2(b)所示,试分别画出映射到 z 平面上点的位置。

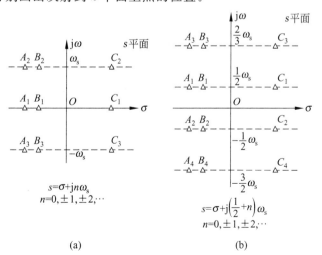

题图 4-2　习题 4-2 图

4-3* 已知 z 平面上的点 $z_{1,2}=-0.5\pm j0.5$，试求其映射至 s 平面上的位置，设采样周期 $T=0.1$s。画出 s 平面极点位置示意图。

4-4* 已知 s 平面上封闭曲线如题图 4-4 所示(①→②→③→④→⑤→①)，试画出映射至 z 平面的封闭曲线。

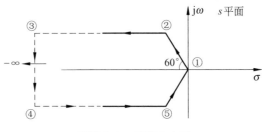

题图 4-4 习题 4-4 图

4-5* 已知离散系统闭环特征方程分别为
(1) $\Delta(z)=(z+1)(z+0.5)(z+2)=0$；
(2) $\Delta(z)=2z^2+0.6z+0.4=0$；
(3) $\Delta(z)=z^3+2z^2+1.31z+0.28=0$，试判断其稳定性。

4-6* 已知系统的结构图如题图 4-6 所示，其中 $k=1,T=0.1$s，输入 $r(t)$，试用稳态误差系数法求稳态误差，并分析误差系数与 T 的关系。

4-7* 汽车行驶速度控制系统的结构图如题图 4-7 所示。设 $D(z)=k$，试判断干扰力矩 M_f 为单位阶跃时所产生的稳态误差（依图直接判断）。若 $T=0.2$s，求使系统稳定的 k 值范围。若该系统为连续系统时，结果又如何。并比较说明之。

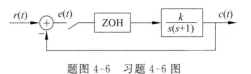

题图 4-6 习题 4-6 图

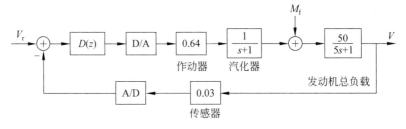

题图 4-7 习题 4-7 汽车行驶速度控制系统的结构图

4-8* 已知单位反馈离散系统开环传递函数为 $G(z)=\dfrac{k(1-e^{-\frac{T}{T_m}})z}{(z-1)(z-e^{-\frac{T}{T_m}})}$，试求使系统稳定时 k 与 T 的关系式。

4-9* 试确定题图 4-9 所示系统使系统稳定的 k 值范围,令采样周期 T 趋于 0,k 值又如何?若将该系统作为连续系统,结果又如何?对上述结果进行讨论?

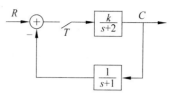

题图 4-9 习题 4-9 离散系统结构图

4-10* 给定系统如题图 4-10 所示,设指令输入 $R(s)=1/s, D(z)=k$,扰动输入 $N(s)=A/s, T=0.2\text{s}, G_p(s)=\dfrac{1}{s+1}, G_2(s)=1$,当 $A=1, k=2$,系统的稳态误差如何?

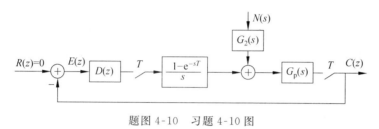

题图 4-10 习题 4-10 图

4-11* 写出开环脉冲传递函数 $G(z)=\dfrac{z}{z^2-z+0.5}$ 的脉冲响应表达式,并绘出曲线。

4-12* 如题图 3-13 所示的火星漫游车控制系统,若 $D(z)=1$,T 分别为 0.1s 及 1s,试确定使系统稳定的 k 值范围。

4-13* 双关节机械臂如题图 4-13(a)所示。简化后系统结构图如题图 4-13(b)所示。若 $D(z)=1$,试画出连续系统及采样周期 $T=0.1\text{s}$ 及 $T=1\text{s}$ 开环对数频率特性曲线,并求其稳定裕度。

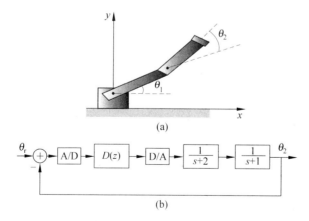

题图 4-13 习题 4-13 双关节机械臂结构图

4-14 已知 z 平面复极点 z_i,试求相应 s 平面极点的阻尼比及无阻尼自然频率。

4-15 题图 4-15 为水位高度控制系统略图。电机通过减速器控制 N 个阀门的开度，水箱底面积为 A，进水量为 $q_i(t) = k_i N \theta_c(t)$ (θ_c 为电机转角)，出水量 $q_o(t) = k_o h(t)$，水箱的水位高度方程为 $h(t) = \dfrac{1}{A}\int_0^t (q_i(t) - q_o(t))\mathrm{d}t = \dfrac{1}{A}\int_0^t (k_i N \theta_c(t) - k_o h(t))\mathrm{d}t$，对应传递函数为 $\dfrac{h(t)}{\theta_c(t)} = \dfrac{k_i N}{As + k_o}$。在本系统中，根据已给参数可得 $\dfrac{h(t)}{\theta_c(t)} = \dfrac{0.06N}{s+1}$，另外，直流电机的传递函数为 $\dfrac{\theta_c(s)}{u_a(s)} = \dfrac{1.7}{s(s+12.5)}$，驱动电机的功率放大器系数 $k_a = 50$；电位计的传递系数 $k_s = 1$；减速比 $i = 100$。

(1) 若 $D(z) = k_d = 1$，$T = 0.05$，试求使系统稳定的最大阀门数 N；

(2) 如考虑 A/D 的变换误差为 5%，试求系统保持水位高度的稳态误差。

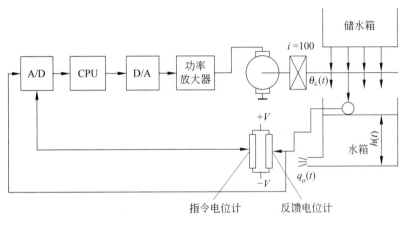

题图 4-15　水箱控制系统原理示意图

4-16 微机控制的直流电机速度控制系统如题图 4-16 所示。其中 $v_c = 24\mathrm{V}$，$k_m = 5\mathrm{rad/s/V}$，$T_m = 0.05\mathrm{s}$，$p = 100$ 脉冲/周。设采样周期 $T = 0.1\mathrm{s}$。试求使系统稳定的 $D(z) = k_d$ 值以及 $k_d = 1$ 时，系统单位阶跃响应特性及稳态值。

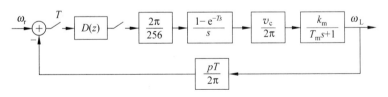

题图 4-16　直流电机速度控制系统示意图

4-17 数字飞船控制系统如题图 4-17 所示。若采样周期 $T = 0.264\mathrm{s}$，$J_v = $

41822，$k_p = 1.65 \times 10^6$，试推导系统开环及闭环传递函数，并求使系统稳定的临界 k_r 值。

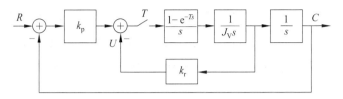

题图 4-17 数字飞船控制系统

4-18 已知单位负反馈闭环系统传递函数为 $\Phi(z) = \dfrac{z+0.5}{3(z^2-z+0.5)}$，$T=1s$，试求开环传递函数，并绘制伯德图，求相位、幅值稳定裕度。

4-19 试求题 3-12 所示热蒸汽加热系统的相位、幅值稳定裕度及单位阶跃响应特性和稳态误差。令 $D(z)=k_d$ 分别为 1、10，采样周期 T 分别为 0.2s 及 1s。

4-20 若开环传递函数为 $G(s)=1/s(s+1)$，试绘制连续系统奈奎斯特图及带零阶保持器和不带零阶保持器离散系统的奈奎斯特图，设采样周期 $T=0.2s$。

第5章 习 题

5-1* 已知连续传递函数 $D(s) = \dfrac{1}{s^2+0.2s+1}$，采样周期 $T=1s$，若分别采用向前差分法和向后差分法将其离散化，试画出 s 域和 z 域对应极点的位置，并说明其稳定性。

5-2* 设连续传递函数 $D(s) = \dfrac{1}{0.05s+1}$，采样周期 $T=0.1s$。
（1）用突斯汀变换法求其脉冲传递函数 $D(z)$。
（2）用频率预修正突斯汀变换求其脉冲传递函数 $D_m(z)$。
（3）在转折频率 $\omega=20\text{rad/s}$ 处，分别计算 $D(s)$、$D(z)$、$D_m(z)$ 的幅值与相位，并比较之。

5-3* 设连续传递函数为 $D(s) = \dfrac{s+1}{s^2+1.4s+1}$，试用零极点匹配法使之离散化，令 $T=1s$。

5-4* 已知超前校正网络 $D(s) = 5\dfrac{s+2}{s+8}$，采样周期 $T=0.1s$，试用突斯汀变换进行离散化，求得其脉冲传递函数 $D_T(z)$，画出 $D(s)$、$D_T(z)$ 在 0～3Hz 频段内的幅相频率特性，并比较之。

5-5* 已知伺服系统被控对象的传递函数为 $G(s)=\dfrac{2}{s(s+1)}$,串联校正装置为 $D(s)=0.35\dfrac{s+0.06}{s+0.004}$。采用某种合适的离散化方法,将 $D(s)$ 离散为 $D(z)$,并计算采样周期 T 分别为 $0.1s,1s,2s$ 时,计算机控制系统的单位阶跃响应,记录时域指标 $\sigma\%,t_r$ 和 t_s。并说明连续域-离散化设计与采样周期 T 的关系。

5-6* 试求增量式 PID 控制器(理想微分)的脉冲传递函数,设 $T=0.1T_c$,$T_I=0.5T_c$,$T_D=0.125T_c$,T_c 为临界振荡周期。

5-7* 已知计算机控制系统的连续被控对象为 $G(s)=\dfrac{2}{s(0.2s+1)}$,采样周期 $T=0.1s$,将 $G(s)$ 变换至 w' 域,画出 $G(w')$ 的对数幅相频率特性曲线草图,并与 $G(s)$ 的伯德图作比较。

5-8* 已知 z 平面上一对特征根为 $z_{1,2}=R\angle\pm\theta$,其中 $R=0.5$,$\theta=\pi/4$,采样周期 $T=1s$。求 s 平面上相应特征根的实部和虚部($s_{1,2}=\sigma\pm j\omega$),并计算该对特征根 $s_{1,2}$ 的阻尼比 ξ 及无阻尼自然频率 ω_n。

5-9* 已知天线方位跟踪系统的被控对象模型为 $G(s)=\dfrac{1}{s(10s+1)}$,采样周期 $T=1s$,令数字控制器 $D(z)=K_c\dfrac{z-0.905}{z+0.4}$。试在 z 平面上画出 $D(z)G(z)$ 的根轨迹,并取稳态速度误差系数 $K_v=1$ 处为系统工作点,检验闭环响应。

5-10* 汽车空气与燃料混合比控制系统结构图如题图 5-10 所示,图中
$$G_p(s)=\dfrac{e^{-T_d s}}{1+\tau s}, T_d=1s, \tau=0.25s$$
近似表示发动机传递函数。若取采样周期 $T=0.1s$,(1)若令 $D(s)=K$,试求闭环系统特征方程并绘制 K 的根轨迹。(2)若取 $D(s)=K_p+K_I/s$,且用一阶向后差分法离散,试绘制 $K_I=1$ 时,K_p 的根轨迹。

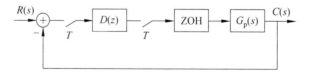

题图 5-10 汽车空气与燃料混合比控制系统

5-11* 对习题 3-13 中的火星漫游车控制系统(见题图 5-11),试用 z 平面根轨迹法采用零极点对消技术设计 $D(z)$。设计要求为:
(1) 超调量 $\sigma\%\leqslant 15\%$,调节时间 $t_s<2s$,上升时间 $t_r\leqslant 0.8s$。
(2) 速度误差系数 $K_v>5$。采样周期 $T=0.1s$。
控制系统的主要任务就是保证漫游车对斜坡输入信号 $r(t)=t,t>0$ 具有

较好的动态跟踪性能。

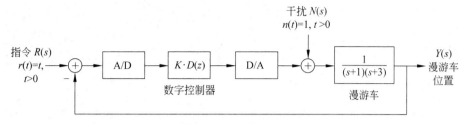

题图 5-11　火星漫游车控制系统

5-12* 对习题 3-12 中的加热系统设计一个控制器 $D(z)$（如题图 5-12 所示）。要求阶跃输入时稳态误差<2%，相位裕度>40°，幅值裕度>6dB，试给出 $D(z)$ 的脉冲传递函数。

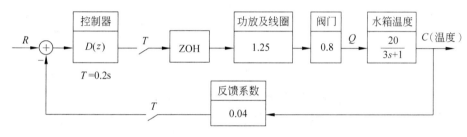

题图 5-12　习题 5-12 加热系统结构图

5-13* 飞机俯仰角速度控制系统如题图 5-13 所示，试设计控制器 $D(z)$，使阶跃响应超调量小于 15%，调节时间小于 4s，并使等效舵面常值干扰稳态误差为零。设采样周期 $T=0.05$s。（为了简化，设计时可以略去舵机的时间常数）。

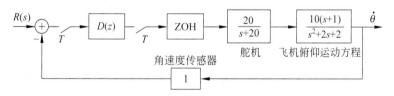

题图 5-13　飞机俯仰角速度控制系统

5-14* 自动化的磁悬浮列车可以在极短的时间内正常运行，而且具有极高的速度和能量利用率。自动化磁悬浮列车的一个关键技术就是对列车的悬浮高度进行控制。题图 5-14(c) 是代表世界先进水平的德国 M-Bahn 号磁悬浮列车悬浮高度的计算机控制系统。若采样周期 $T=0.01$s，试在 w' 域设计数字控制器 $D(z)$，使系统的相位裕度满足 $45°\leqslant\gamma\leqslant55°$，并估算校正后的系统阶跃响应。

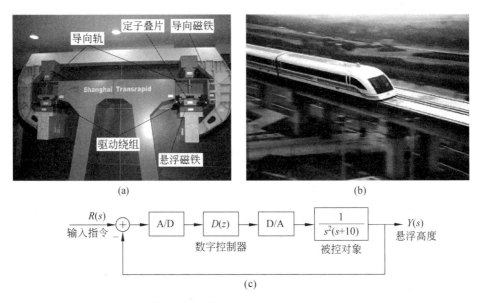

题图 5-14 磁悬浮列车高度控制系统

5-15* 不稳定系统的控制问题成为大多数控制系统需要解决的难点。由于绝大多数的不稳定系统的控制都是非常危险的,因此在实验室研究中,常采用开环不稳定的球杆系统作为实验系统。球杆系统简单安全并具备一个非稳定系统所具有的重要的动态特性。

球杆执行系统结构如题图 5-15(a)所示,它由一根 V 型导轨和一个不锈钢球组成。V 型导轨一侧为不锈钢杆,另一侧为直线位移电阻器。当球在轨

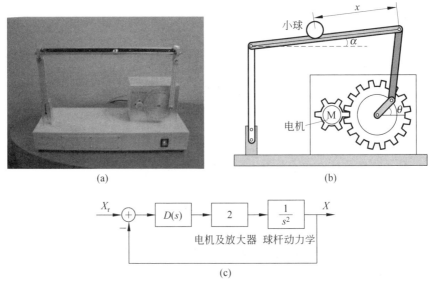

题图 5-15 球杆控制系统

道上滚动时,通过测量不锈钢杆上输出电压即可测得球在轨道上的位置。V型导轨的一端固定,而另一端则由直流电机经过齿轮减速,再通过固定在大齿轮上的连杆带动进行上下往复运动。需要解决的问题是,通过调节直流电机的转动,可使球停放在导轨上的指定位置。

该系统的框图模型如题图 5-15(b)所示。试在连续域设计控制器 $D(s)$,使球可以在杆上任一指定位置停止。选择合适方法将 $D(s)$ 离散化,并通过数字仿真的方法验证数字系统与连续系统的响应特性是相近的。(应注意,电机转角与小球位移是非线性的函数关系,本题将其近似为线性关系。)

5-16* 飞行模拟转台是现代飞机飞行控制系统在地面进行仿真实验的高精度实验设备。题图 5-16(a)是我国自行研制的三轴电动模拟转台。转台分成三个框,分别围绕各自轴转动,每轴各用一套高精度伺服系统驱动。简化后其中某一轴的伺服系统结构图如题图 5-16(b)所示。所设计的控制器连续传递函数为

$$D(s) = 300 + \frac{1}{s} + 100s = \frac{100s^2 + 300s + 1}{s}$$

(a)

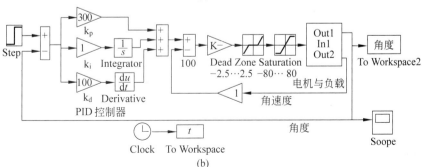

(b)

题图 5-16 模拟转台及伺服系统结构图

试选择合适的离散化方法将其离散化,求得 $D(z)$,并比较两个控制器的时域及频域的误差。设采样周期 $T=0.0005\text{s}$。

5-17* 机械手计算机控制系统如题图 5-17(a) 所示,该系统控制过程分为加速段、减速段和位置伺服段。前两段为开环控制,在夹持钳接触玻璃杯后为控制弹性垫的压缩量,系统进入位置闭环伺服控制段,实际压缩量由压力传感器检测。闭环伺服控制系统结构如图 5-17(b) 所示。其中 $K_t=0.3\text{Nm/A}$, $K_p=0.833\text{V/mm}$, $K_a=1\text{A/V}$, $r=0.015\text{m}$, $m=1\text{kg}$,采样周期 $T\leqslant 0.0014\text{s}$。

在 w' 平面设计控制器满足如下要求:

(1) 在静摩擦力矩 $M_f\leqslant 10^{-2}\text{Nm}$ 时,闭环系统的静差 $\leqslant 0.1\text{mm}$。
(2) 最大超调量 $\leqslant 15\%$,调节时间 $\leqslant 0.5\text{s}$。
(3) 相位稳定裕度 $\gamma_m>50°$,幅值稳定裕度 $L_h>10\text{dB}$。

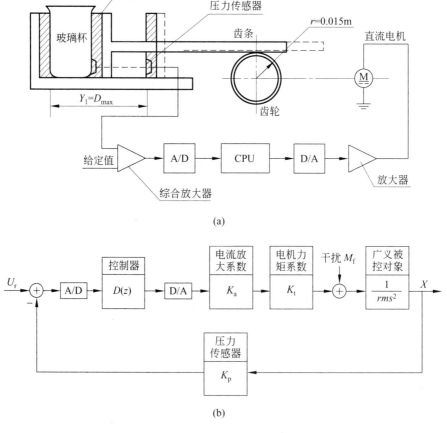

题图 5-17 机械手计算机控制系统

5-18 已知系统结构如题图 5-18 所示,图中 $D(s)=(a+s)/s$;$G_h(s)$ 为 ZOH 传递函数;$G_0(s)=1/s$。设 $T=0.1\text{s}$。

(1) 将控制器用双线性变换法离散,试确定使系统稳定的最大 a 值。

(2) 试将控制器用一阶向后差分变换法离散,试确定使系统稳定的最大 a 值。

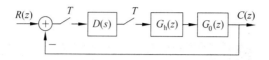

题图 5-18　系统结构图

5-19　若离散化采用 $\dfrac{\mathrm{d}u(t)}{\mathrm{d}t} = \dfrac{u(k+1)-u(k-1)}{2T} = e(k)$ 近似时,称为中心差分法,试导出中心差分法替换式。

5-20　试用零极点匹配法求控制器 $D(s)=s+a$ 的等效离散控制器。

5-21　巴特沃斯(Butterworth)滤波器常常用来获得锐截止阻带和平直通带频率特性的滤波器。其特性由幅值平方方程 $G^2(\omega)=\dfrac{1}{1+(\omega/\omega_c)^{2n}}$ 表示,式中 n 为滤波器阶次,ω_c 为截止频率。若 $n=4$,依幅值平方方程,可以得到 $\omega_c=1$ 时的 s 平面巴特沃斯滤波器的传递函数为 $G(s)=\dfrac{1}{(s+0.3827+\mathrm{j}0.9239)(s+0.3827-\mathrm{j}0.9239)}$

$\times \dfrac{1}{(s+\mathrm{j}0.3827+0.9239)(s-\mathrm{j}0.3827+0.9239)}$,试用零极点匹配方法求其脉冲传递函数。

5-22　题图 4-15 为水位高度控制系统示意图。

(1) 画出阀门数 N 的根轨迹。

(2) 如若取 $N=5$,数字控制器为 $D(z)=k_c\dfrac{z-z_c}{z-p_c}$,试用零极点对消法选择控制器有关参数,并保证系统速度误差系数不变。

5-23　在题 3-12 所示热蒸汽加热系统中,设 $T=0.2\mathrm{s}$,要求在常值输入时稳态误差应小于 2%,试设计一相位滞后的控制器,使相位及幅值裕度分别大于 $40°$ 及 $6\mathrm{dB}$,试给出控制器传递函数 $D(z)$。

5-24　太阳光源跟踪系统利用伺服系统控制太阳电池帆板的移动,使其跟踪并始终垂直于太阳光线,最大程度地接受太阳能。太阳光源跟踪系统由感光器与检测线路和电机的功率放大器(可以简化视为一个增益放大环节),太阳帆板(作为直流力矩电机的负载,可以近似看作常值转动惯量加到电机轴上),电机位置传感器(其输出与电机转角成正比的电压信号)和直流力矩电机组成。

太阳光源跟踪系统如题图 5-24(a)所示。计算机控制系统方块图如题图 5-24(b)所示。试设计数字控制器,满足如下指标要求:

(1) 超调量 $\sigma\% \leqslant 15\%$；
(2) 上升时间 $t_r \leqslant 0.55\text{s}$；
(3) 调节时间 $t_s \leqslant 1\text{s}$；
(4) 静态速度误差系数 $K_v > 5$。

设采样周期 $T = 0.1\text{s}$。

(a)

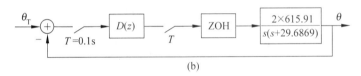

(b)

题图 5-24　太阳光源跟踪计算机控制系统

5-25　若给定系统闭环传递函数为 $\Phi(z) = \dfrac{C(z)}{R(z)} = \dfrac{T^2(k_p z^2 + k_i T z + k_i T - k_p)}{Az^3 + Bz^2 + Cz + D}$，式中 $A = 2J_v$，$B = Tk_p + 2k_r T - 6J_v$，$C = 6J_v - 4k_r T + T^3 k_i$，$D = 2k_r T + k_i T^3 - 2J_v - k_p T^2$，$J_v = 41822$，试确定 k_p, k_r, k_i，使输出 $c(k)$ 以最少的采样周期数达到阶跃的输入值。

5-26　现考察导弹滚转控制问题。导弹绕纵轴滚转特性近似用传递函数 $G(s) = \dfrac{1}{s(s+15)}$ 描述，其控制系统结构如题图 5-26 所示。

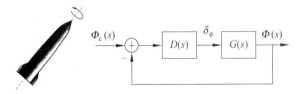

题图 5-26　导弹滚转控制系统

(1) 试用连续域-离散化方法设计控制器 $D(s)$，满足下述指标：
 - $k_v \geqslant 150$；

- 相位裕度 $\gamma_m \geq 55°$;
- 控制器增益尽可能低;
- 采用双线性变换法求取数字控制器 $D(z)$。

设采样周期 $T \geq 0.02s$。

(2) 利用 w' 变换方法直接设计数字控制器 $D(z)$,满足上述指标要求。设采样周期 $T \geq 0.04s$。

5-27 一直流电机控制的速度伺服系统如题图 5-27 所示。系统采用 PI 控制并对力矩干扰进行测量实现完全补偿,按连续系统进行设计,选择适当离散化方法求数字控制器的 $u(k)$ 表达式。

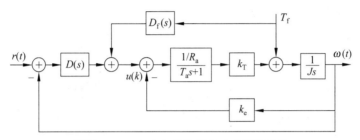

题图 5-27 直流电机控制的速度伺服系统

第6章 习 题

6-1* 试判断下述系统的可控性及可观性。

$$x(k+1) = \begin{bmatrix} 0.5 & -0.5 \\ 0 & 0.25 \end{bmatrix} x(k) + \begin{bmatrix} 6 \\ 4 \end{bmatrix} u(k)$$

$$y(k) = \begin{bmatrix} 2 & -4 \end{bmatrix} x(k)$$

6-2* 下述连续系统被采样,求离散传递函数,并确定 T 为何值时系统不可控,试说明之。

$$G(s) = \frac{2(s+5)}{s^2 + 10s + 29}$$

6-3* 给定下述系统

$$x(k+1) = \begin{bmatrix} 0 & 1 & 2 \\ 0 & 0 & 3 \\ 0 & 0 & 0 \end{bmatrix} \begin{bmatrix} x_1(k) \\ x_2(k) \\ x_2(k) \end{bmatrix} + \begin{bmatrix} 0 \\ 1 \\ 0 \end{bmatrix} u(k)$$

(1) 试确定一组控制序列,使系统从 $x(0) = \begin{bmatrix} 1 & 1 & 1 \end{bmatrix}^T$ 达到原点。

(2) 该控制序列最少步数是多少?

(3) 能否找到一组控制序列,使系统从原点到达 $\begin{bmatrix} 1 & 1 & 1 \end{bmatrix}^T$,解释为什么。

6-4* 伺服系统的状态方程为 $x(k+1) = \begin{bmatrix} 1 & 0.0952 \\ 0 & 0.905 \end{bmatrix} x(k) + \begin{bmatrix} 0.00484 \\ 0.0952 \end{bmatrix} u(k)$,试

利用极点配置法求全状态反馈增益,使闭环极点在 s 平面上位于 $\xi=0.46$, $\omega_n=4.2\text{rad/s}$。假定采样周期 $T=0.1\text{s}$。

6-5* 对(6-4)题所示系统设计全阶状态预测观测器及现今值观测器,要求观测器的特征根是相等实根,该实根所对应的响应的衰减速率是控制系统衰减速率的4倍。若 $y(k)=\begin{bmatrix}1 & 0\end{bmatrix}x(k)$,试设计降阶状态观测器,要求观测器极点位于原点,并求由观测器而引入系统的数字滤波器传递函数。

若 $y(k)=\begin{bmatrix}0 & 1\end{bmatrix}x(k)$,试问能设计降价状态观测器吗?

6-6* 桥式吊车计算机控制系统如题图 6-6 所示,图中 u 为施加于台车上的外力,m_c 是台车的等效质量,m_1 是重物的质量,x_1 是台车的位移,y_1 是重物的位移,φ 是重物的摆角,l 是摆长。

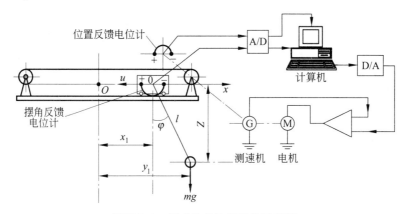

题图 6-6 桥式吊车控制系统示意图

为简化起见,假定:①轨道和台车之间无摩擦;②摆长 l 不变(只研究水平方向的控制);③作用力 u 的动态过程可忽略。在上述假定下,可得被控对象状态方程:

$$\dot{x}=\begin{bmatrix}\dot{x}_1\\ \dot{x}_2\\ \dot{x}_3\\ \dot{x}_4\end{bmatrix}=\begin{bmatrix}x_2\\ \dfrac{u+(g\cos x_3+lx_4^2)m_1\sin x_3}{m_c+m_1\sin^2 x_3}\\ x_4\\ -\dfrac{u\cos x_3+(g+lx_4^2\cos x_3)m_1\sin x_3+gm_c\sin x_3}{l(m_c+m_1\sin^2 x_3)}\end{bmatrix}$$

式中 $x_2=\dot{x}_1$,$x_3=\varphi$,$x_4=\dot{\varphi}$。

在小扰动下,可取 $\dot{\varphi}=x_4\approx 0$,$\varphi=x_3\approx 0$,$\sin x_3\approx x_3$,则上述方程可简化为

$$\dot{x}=\begin{bmatrix}0 & 1 & 0 & 0\\ 0 & 0 & a_{23} & 0\\ 0 & 0 & 0 & 1\\ 0 & 0 & a_{43} & 0\end{bmatrix}x+\begin{bmatrix}0\\ g_2\\ 0\\ g_4\end{bmatrix}u$$

式中 $a_{23}=m_1 g/m_c$；$a_{43}=-\dfrac{m_1+m_c}{m_c}g/l$；$g_2=1/m_c$；$g_4=-1/m_c l$。

如取 $l=1\text{m}$；$m_c=7.9\text{kg}$；$m_1=3\text{kg}$。

(1) 试求该系统被控对象的状态方程。

(2) 若选取采样周期 $T=0.1\text{s}$，试求系统的离散状态方程。

(3) 求状态反馈阵 K 使系统闭环极点位于 $z_1=0.6, z_2=0.6, z_{3,4}=0.5\pm\text{j}0.3$。

(4) 取 $\boldsymbol{y}=\begin{bmatrix} 1 & 0 & 0 & 0 \\ 0 & 1 & 0 & 0 \\ 0 & 0 & 1 & 0 \\ 0 & 0 & 0 & 0 \end{bmatrix}\boldsymbol{x}$，试设计降维观测器。

6-7* 题图 6-7 是卫星轨道控制示意图，描述了地球上空高度为 463km 的赤道圆轨道卫星运行情况，卫星在轨道平面中运动的标准状态微分方程为

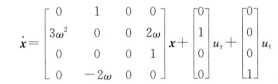

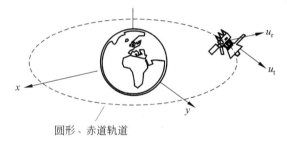

题图 6-7 卫星轨道控制示意图

其中，状态向量 x 表示赤道圆轨道的基准摄动，分别表示径向和切向上的摄动位置和速度，u_r 表示从径向推进器获得的径向输入，u_t 表示从切向推进器获得的切向输入，卫星的轨道角速率为 $\omega=0.0011\text{rad/s}$（约为每圈 90min）。采样周期 $T=1\text{min}$。

(1) 将卫星轨道摄动方程进行离散化，并判断轨道振动是否稳定。

(2) 如果只有 u_t 发挥作用，卫星是否能控？

(3) 如果只有 u_r 发挥作用，卫星是否能控？

(4) 如果能够测得切向方向上的位置摄动，请确定由 u_t 到该位置振动量的传递函数。（提示：可以令观测输出方程为 $y(k)=\begin{bmatrix} 0 & 0 & 1 & 0 \end{bmatrix}x(k)$）

(5) 采用状态反馈 $u_t=-kx$ 设计合适的切向反馈控制器，使得闭环采样控制系统具有较好的动态性能。

6-8* 产品库存控制系统可用下述微分方程描述

$$\dot{x}_1 = -x_2 + u$$
$$\dot{x}_2 = -bu$$

式中 x_1 为产品库存清单数量，x_2 为产品销售速度，u 为产品生产速度，b 为常数。若令 $u(t)=u(kT), kT \leqslant t < (k+1)T, T$ 为采样周期。采用状态反馈设计：

$$u(k) = r(k) - k_1 x_1(k) - k_2 x_2(k)$$

式中 $r(k)$ 为参考输入，k_1 和 k_2 为反馈增益。

(1) 求 k_1 和 k_2，使闭环系统极点位于 z 平面原点。

(2) 若令 $e(k) = r(k) - x_1(k), D(z) = \dfrac{U(z)}{E(z)}$，试求 $D(z)$ 使 $x_1(k)$ 在 $r(k) = 1(k \geqslant 0)$ 时是非周期的（令 $T=1\text{s}, b=1$），并求 $x_2(k)$。

6-9* 直流电机的伺服系统如题图 6-9 所示。已知直流电机电枢电阻 $R_a = 9.8\Omega$，放大器输出阻抗 $R_o = 0.1\Omega$，电机反电势系数 $k_e = 0.986\text{V}/(\text{rad/s})$，电机力矩系数 $k_t = 10175\text{g} \cdot \text{cm/A}$，转子转动惯量 $J_M = 60\text{g} \cdot \text{cm} \cdot \text{s}^2$，减速比 $i=8$，负载重量 $p=5\text{kg}$，均质圆盘，最大直径为 30cm，采样周期 $T=0.025\text{s}$。假设输出转角的值 $\theta_{Lmax} = \pm 170°$ 对应电位计最大输出电压 $\pm 10\text{V}$。试求：

(1) 写出连续系统 $u(t)$ 至 $\theta_L(t)$ 之间的状态方程。

(2) 利用级数展开法求该连续系统离散状态方程。

(3) 判断系统的可达性及可观测性。

(4) 利用极点配置法进行全状态反馈设计，使得闭环系统性能满足：超调量 $\sigma_p \leqslant 15\%$，上升时间 $t_r \leqslant 0.4\text{s}$，调节时间 $t_s \leqslant 1\text{s}$。确定期望极点可允许分布区域范围，并选择一个合适的期望极点。

(5) 若 $\theta(t)$ 可测，设计一降维状态观测器，使其期望极点比系统响应快 5 倍，并求出系统等效数字滤波器。

(6) 在 w' 平面绘制系统开环对数频率特性曲线，并求其相位稳定裕度和幅值稳定裕度。

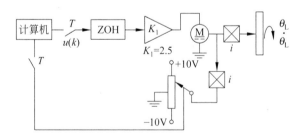

题图 6-9 直流电机伺服系统构成

6-10* 已知某飞机纵向运动简化离散方程为 $x(k+1) = Fx(k) + Gu(k)$。

其中 $\boldsymbol{F} = \begin{bmatrix} 0.9250 & 0.0953 \\ -0.9363 & 0.9188 \end{bmatrix}, \boldsymbol{G} = \begin{bmatrix} -0.0344 \\ -0.6240 \end{bmatrix}$。飞机状态分别选为

$x_1 = \alpha$(迎角), $x_2 = q$(俯仰角速度)。试求

(1) 用极点配置法求全状态反馈增益 K_1 和 K_2。设期望极点分别为 $\lambda_1 = 0.7, \lambda_2 = 0.7$,采样周期 $T = 0.1\text{s}$。

(2) 若飞机迎角反馈不可用,拟用俯仰角速度 q 进行在线估计,试设计一降维状态观测器,并使观测器极点位于 $z_1 = 0.4$。

(3) 试求整个系统调节器的传递函数。

6-11* 对习题 6-10 所示的飞机纵向运动简化离散方程,试用离散最优二次型方法设计全状态反馈控制律(利用 MATLAB 程序进行计算)。

6-12* 对习题 5-15 中的球杆控制系统,试利用状态空间方法进行设计,选择合适的状态反馈增益,使系统稳定。

6-13 下述系统是可达的吗?

$$\boldsymbol{x}(k+1) = \begin{bmatrix} 1 & 0 \\ 0 & 0.5 \end{bmatrix} \boldsymbol{x}(k) + \begin{bmatrix} 1 & 1 \\ 1 & 0 \end{bmatrix} \boldsymbol{u}(k)$$

假定有一标量输入 $u'(k)$ 使 $\boldsymbol{u}(k) = \begin{bmatrix} 1 \\ -1 \end{bmatrix} u'(k)$,那么从 $u'(k)$ 来看,系统是可达吗?

6-14 数控系统由下述方程描述

$$\boldsymbol{x}(k+1) = \begin{bmatrix} 0 & 0 & 0 \\ 0 & 0.5 & 0 \\ 0 & 0 & 2 \end{bmatrix} \begin{bmatrix} x_1(k) \\ x_2(k) \\ x_3(k) \end{bmatrix} + \begin{bmatrix} 1 \\ 0 \\ 1 \end{bmatrix} u(k)$$

(1) 确定系统的可控性;

(2) 系统通过下述常系数状态反馈能稳定吗?

$$u(k) = -\begin{bmatrix} k_1 & k_2 & k_3 \end{bmatrix} \boldsymbol{x}(k)$$

6-15 卫星的动力学方程可以表示如题图 6-15 所示。设采样周期 $T = 0.05\text{s}$。

(1) 求该系统的离散模型;

(2) 利用极点配置法求全状态反馈。系统期望的阻尼比 $\xi = 0.7$,自然频率 $\omega_n = 10\text{rad/s}$;

题图 6-15 卫星的动力学结构

(3) 求现今值观测器增益,其期望极点的阻尼比 $\xi = 0.7$,自然频率 $\omega_n = 20\text{rad/s}$;

(4) 确定数字滤波器的传递函数;

(5) 用根轨迹或频率法设计超前滤波器,等效 s 平面的自然频率 $\omega_n \cong 10\text{rad/s}$,阻尼比 $\xi \cong 0.7$;

(6) 比较上述两个滤波器。

6-16 已知系统结构图如题图 6-16 所示,试用极点配置法求 k_1 及 k_2,使系统的

调节时间最短。

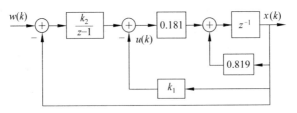

题图 6-16 系统结构图

6-17 利用电磁力可以将一个钢球悬浮起来,产生电磁力的电流由球的位置控制,其方案如题图 6-17 所示。运动方程为 $m\ddot{X}=-mg+f(X,I)$,式中 $f(X,I)$ 是作用于球上的电磁力。平衡状态为 X_0,I_0,在平衡状态下进行小扰动线性化处理,可得到如下线性化方程 $m\ddot{x}=k_1 x+k_2 i$,已知 $k_1=1000, k_2=20$,采样周期 $T=0.01$s。

(1) 极点配置设计全状态反馈控制律,满足要求:调节时间 $t_s \leqslant 0.25$s,超调量小于初始偏离的 20%。

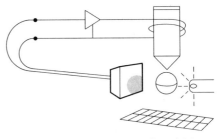

题图 6-17 钢球悬浮系统示意图

(2) 为观测位移速度设计降阶观测器,观测误差的调节时间小于 0.08s。
(3) 通过仿真画出初始偏离的响应曲线。

第 7 章 习　题

7-1 计算机控制系统由哪几个部分组成?各部分的主要作用是什么?

7-2 输入输出通道中通常遇到什么干扰,如何进行抑制?

7-3 计算机控制系统设计时,选取信号测量用的传感器应注意什么问题?

7-4 计算机控制系统设计时,设计者应考虑选择哪些部件的字长,应根据什么原则来选择?这些部件的字长的相互关系如何?若已有部件的字长不能满足要求,可以采用哪些措施解决?

7-5 什么是接口技术和过程通道?

7-6 什么是计算机控制系统的实时性?如何保证计算机控制系统的实时性?

7-7 控制用计算机与科学计算用计算机有何异同点?

7-8 A/D 和 D/A 的精度与分辨率两个技术指标含义有何不同?它们的关系如何?

7-9 已知 8 位单极性 D/A 转换器的参考电压 $V_{ref}=5$V,当输入数据为 40H、

80H、C0H 时,理论上的输出电压为多少?

7-10 设 12 位 A/D 转换器的输入电压为 0～+5V,求出当输入模拟量为下列值时输出的数字量:1.25V、2V、2.5V、3.75V、4V、5V。

7-11 A/D 转换器的字长 n 由输入信号动态范围 $[y_{min}, y_{max}]$ 和要求的分辨率 Δy 决定,现某炉温变化范围为 0～1500℃ 要求分辨率为 3℃,A/D 转换器的字长应当选为多少? 若 n 不变,通过变送器将信号零点迁移到 600℃,则此时系统对炉温变化的分辨率为多少?

7-12 D/A 转换器的字长由执行机构的输入变化范围 $[u_{min}, u_{max}]$ 和灵敏度 Δu 决定,现某执行机构的输入变化范围为 0～10mA,灵敏度为 0.05mA,应选字长 n 为多少的 D/A 转换器?

7-13 数字滤波与模拟滤波相比有什么特点?

7-14 在计算机控制系统中,为何常采用数字滤波的方法? 常用的数字滤波方法有几种? 它们各有什么优缺点?

7-15 按照中值滤波的原理,试用 C 语言编写其实现源程序。

7-16 如何用软件来补偿传感器的测量误差?

7-17 为什么要制定计算机总线标准? 采用总线结构有哪些优点?

7-18 计算机总线大致可分为哪几类? 常见的总线体系结构有哪几种? 总线控制方式又有哪些?

7-19 STD 总线有哪些特点? 为什么它曾在工业界受到欢迎?

7-20 滤波器的脉冲传递函数为

$$D(z) = \frac{U(z)}{E(z)} = \frac{1+0.9z^{-1}}{1+0.6z^{-1}} \cdot \frac{1+0.8z^{-1}}{1+0.95z^{-1}}$$

试画出对应的零极型编排图和串联编排图,写出实现方法的迭代方程及结构图。

7-21 针对某机械手伺服系统设计得到的控制器传递函数为

$$D(z) = 13.667 \frac{z-0.95122}{z+0.667}$$

试画出直接实现时的编排结构图,为其配置比例因子,写出对应的迭代方程。

7-22 试写出飞机数字电传操纵系统的离散控制器直接编排实现的结构图和迭代方程,并写出其对应的算法Ⅰ和算法Ⅱ,画出程序流程图(见 p152 应用举例)。

7-23 已知控制器的传递函数为

$$D(z) = \frac{0.5z-0.42}{z^2-1.1z+0.3}$$

(1) 试用直接法、串联法和并联法画出系统的编排结构图;
(2) 对直接实现法进行比例因子的配置,并写出对应的算法Ⅰ及算法Ⅱ的迭代方程,画出其流程图。

7-24 数字控制器的计算机实现中会遇到哪几种量化误差? 它们对控制系统有

什么影响?

7-25 计算机控制系统中的采样周期是如何影响系统的性能及成本的?

7-26 数字飞行控制系统,若飞机短周期自然频率为 $\omega_n=4\text{rad/s}$,而一阶弹性模态自然频率 $\omega_{n1}=50\text{rad/s}$,试大致估计采样周期。

7-27 一阶模拟滤波器的传递函数为 $D(s)=\dfrac{s+4.5762}{s+2.7684}$,现采用突斯汀法离散,采样周期为 $T=0.5\text{s},0.005\text{s}$,并用 8 位微机定点小数实现,试分析采样周期对滤波器的影响。

7-28 什么是串模干扰和共模干扰?它们如何产生?如何对它们进行抑制?

7-29 为了计算机控制系统的可靠,通常采用哪些可靠性技术?

7-30 说明要提高计算机控制系统的抗干扰能力应从哪些方面采取措施?

第 8 章 习 题

8-1 嵌入式处理器可以分为几种类型?它们各有什么特点?

8-2 嵌入式系统对实时性的要求有哪些?试分别举例说明满足这几种对实时性要求的嵌入式应用系统。

8-3 与通用微型计算机应用系统相比,嵌入式系统具有哪些特点?

8-4 在嵌入式系统的开发过程中,为什么要采用软硬件协同设计的技术?在没有硬件环境支撑的情况下,如何可以进行软件的开发?

8-5 嵌入式系统软硬件协同设计技术中需要有标准的描述、较好的确认和评估方法,请你根据目前技术发展的趋势,寻找标准的描述方法,比较合理的确认和评估方法。

8-6 实时操作系统与一般计算机操作系统有什么不同?常见的实时操作系统有哪些?评价它们的指标主要体现在哪几个方面?

8-7 试结合一个实际系统,总结得到嵌入式系统的开发过程。

8-8 为何 PLC 的 CPU 采用巡回扫描工作方式,而不采用一般微机所使用的查询方式和(或)中断方式?

8-9* 请查询有关的资料,比较微机的中断输入处理与 PLC 的中断输入处理有什么区别?

8-10 可编程控制器由哪几部分组成?各部分的作用及功能又如何?

8-11 什么是可编程控制器的扫描周期,它主要受什么因素影响?

8-12 可编程控制器的等效工作电路由哪几部分组成?试与继电器控制系统进行比较。

8-13 可编程控制器的工作过程具有什么样的显著特点?

8-14 使可编程控制器产生输出滞后的因素包括哪些?

8-15 设计一个 4 台电机顺序控制的程序,满足以下要求:
(1) 启动操作:按下启动按钮 SB1 后,电机 M1 启动,10s 后电机 M2 启动,8s 后电机 M3 启动,12s 后电机 M4 启动;
(2) 停车操作:按下停止按钮 SB2 后,电机 M4 立刻停止,8s 后电机 M3 停止,9s 后电机 M2 停止,4s 后电机 M1 停止。

8-16 设计一个智力抢答控制装置,满足以下要求:
(1) 当出题人说出问题且按开始按钮 SB1 后 15s 内,4 个参赛人中只有最早按抢答按钮的人抢答有效;
(2) 每个抢答桌上安装一个抢答按钮、1 个指示灯。当抢答有效时,指示灯快速闪亮 3s,且赛场中的音响装置放一端 4s 的音乐;
(3) 15s 后抢答无效。

8-17 有 5 组节日彩灯,每组由红、橙、绿、蓝 4 盏灯顺序排放。编制相应的梯形图以实现下面的控制要求:
(1) 每 0.5s 移动 1 个灯位;
(2) 每次亮 1s;
(3) 可用 1 个开关选择灯点亮的方式:①每次 1 盏;②每次 1 组。

第 9 章 习　题

9-1 计算机网络系统由哪几部分组成?其特点是什么?简述 Intranet 与 Internet 的相同点和不同点。

9-2 简述集散控制系统的发展历程和特点。

9-3 集散控制系统常用网络结构有哪些?

9-4 集散控制系统的通信特点是什么?

9-5 集散控制系统体系结构体现在哪几个方面?

9-6 简述一个典型的 DCS 构成和特点,并用一个典型的 DCS 产品加以说明。

9-7 DCS 的组态软件是什么?其主要功能体现在哪里?

9-8 简述 DCS 在生产过程综合自动化系统中的作用和地位。

9-9* DCS 的核心思想是什么?在传统 DCS 中是否能实现该核心思想?为什么?

9-10 什么是现场总线?简述其优缺点。

9-11 现场总线有什么特点?常用的现场总线有几种类型?它们各有什么特点?

9-12 简述现场总线的七层模型。

9-13 H1、HSE 标准有什么区别?

9-14 RS485 总线为什么比 RS232C 总线传送的距离长?

9-15 为什么说 HART 协议是过渡协议？它是如何发挥作用的？

9-16* 现场总线技术与传统测控仪表技术上的差别在何处？

9-17* DCS 与现场总线技术集成的几种可行方案目前为：现场总线在 DCS 系统 I/O 总线上的集成、现场总线在 DCS 网络层上的集成、现场总线通过网关与 DCS 系统并行集成。查阅有关资料，分析比较这几种方案的适用场合。

9-18* FCS 是在 DCS 的基础上发展起来的，FCS 在开放性、控制分散等诸多方面都优于传统 DCS，代表着自动控制系统的发展方向与潮流。DCS 代表着传统与成熟。试从技术、商务和用户 3 个角度分析目前影响 FCS 的发展，制约 FCS 应用的主要原因。

9-19 简单区分控制网络和信息网络的差异。

9-20 推动工业以太网技术发展最直接的两个主要原因是什么？以太网在工业现场设备应用的致命弱点和主要障碍之一指的是什么？

9-21 以太网用于工业现场的关键技术是什么？

9-22 工业以太网采用那些机制来实现实时性？

9-23 控制网络与信息网络的区别何在？各适用于何种场合？它们的集成主要通过哪些方式或技术来进行？

9-24 如何理解网络控制系统的定义？

9-25 归纳一下采用网络控制的优点，指出采用网络控制系统的难点。

9-26 网络传输的延迟对系统的控制效果会有什么影响？

9-27 举例说明网络控制系统的典型应用。

9-28 网络传输延迟产生的原因可能有哪些？

9-29 除了本书介绍的硬件同步的方法外，还有哪些硬件同步的方法？

9-30 为减少时空的不一致，采用的补偿算法可以有多种，试举例说明其中的一些补偿算法。

参 考 文 献

1. 高金源等编著.计算机控制系统——理论、设计与实现.北京：北京航空航天大学出版社,2001
2. 高金源主编.计算机控制技术.北京：中央广播电视大学出版社,2001
3. 高金源等编著.计算机控制系统.北京：高等教育出版社,2004
4. 郭锁凤主编.计算机控制系统.北京：航空工业出版社,1987
5. 陈忠信,王醒华,高金源.计算机控制系统.北京：中央广播电视大学出版社,1989
6. 刘植桢,郭木河,何克忠.计算机控制.北京：清华大学出版社,1981
7. 杨天怡,黄勤.微型计算机控制技术.重庆：重庆大学出版社,1996
8. 张宇河,金钰.计算机控制系统.北京：北京理工大学出版社,1996
9. 黄一夫主编.微型计算机控制技术.北京：机械工业出版社,1988
10. 李九龄等.计算机控制系统.北京：清华大学出版社,1997
11. 孙增圻.计算机控制理论与应用.北京：清华大学出版社,1989
12. 于海生.微型计算机控制技术.北京：清华大学出版社,1999
13. 金井喜美著,张平译.计算机控制系统入门——δ算子的应用.北京：北京航空航天大学出版社,1996
14. Kou. B. C. Digital Control System, Holt. Rinehart and Winston. Inc 1980
15. Åström K,J,Computer Control System—Theory and Design,Prentic-Hall,Inc. 1984
16. Phillips e h. Digital Control System Analysis and Design, Prentic-Hall,Inc. 1984
17. Paul,Katz. Digital Control Using Microprocessors, Prentic-Hall International. Inc 1981
18. J,r,leigh. Applied Digital Control, Prentic-Hall International. Inc 1985
19. Gene F. Franklin. Digital Control of Dynamic Systems.北京：清华大学出版社,2001
20. John Dorsey. Continuous and Discrete Control Systems.北京：电子工业出版社,2002
21. Åström K,J著,周兆英等译.计算机控制系统——原理与设计.北京：电子工业出版社,2001
22. 杨廷善,周莉.计算机测控系统总线手册.北京：人民邮电出版社,1993
23. 张晋格主编.计算机控制原理与应用.北京：电子工业出版社,1995
24. 周祖德.基于网络环境的智能控制.北京：国防工业出版社,2004
25. 何克忠,李伟.计算机控制系统.北京：清华大学出版社,2000
26. Richard C. Dorf, Robert H. Bishop. Modern Control Systems.（谢红卫等译. 现代控制系统）(第八版).北京：高等教育出版社,2003
27. 绪方胜彦. 现代控制工程. 北京：科学出版社,1978
28. 孙增圻.智能控制理论与技术.北京：清华大学出版社,2000
29. 王田苗主编.嵌入式系统设计与实例开发——基于ARM微处理机与μC/OS-II实时操作系统.北京：清华大学出版社,2002
30. 盖江南,阎文丽等译.嵌入式系统编程源代码解析.北京：电子工业出版社,2002

31. 孙玉芳,梁彬等译.嵌入式计算系统设计原理.北京：机械工业出版社,2002
32. 邵贝贝,许庆丰,王若鹏.嵌入式 RTOS 讲座.单片机与嵌入式系统应用,2001,7~12
33. 何衍庆,戴自祥,俞金寿编著.可编程控制器原理及其应用技巧.北京；化学工业出版社,2001
34. 邱公伟主编.可编程控制器网络通信及应用.北京：清华大学出版社,2001
35. 何衍庆,俞金寿编著.集散控制系统原理及应用.北京：化学工业出版社,2002
36. 郑文波编著.控制网络技术.北京：清华大学出版社,施普林格出版社,2001
37. 张云生,祝晓红,王静编.网络控制系统.重庆：重庆大学出版社,2003
38. 杨劲松,张涛.计算机工业控制.北京：中国电力出版社,2003
39. 周泽魁.控制仪表与计算机控制装置.北京：化学工业出版社,2002
40. 王常力,罗安.分布式控制系统(DCS)设计与应用实例.北京：电子工业出版社,2004
41. 唐光荣,李九龄,邓丽曼.微型计算机应用技术——数据采集与控制技术.北京：清华大学出版社,2000
42. 高钦和.可编程控制器应用技术与设计实例.北京：人民邮电出版社,2004
43. 黄四牛.闭环网络控制系统的研究.北京航空航天大学博士论文,2003
44. 于之训,陈辉堂,王月娟.时延网络控制系统均方指数稳定的研究.控制与决策,2000,15(3)：278~281
45. 于之训,陈辉堂,王月娟.基于 H∞ 和 μ 综合的闭环网络控制系统的设计.同济大学学报(自然科学版),2000,29(3)：307~311
46. 张平等编著.MATLAB 基础与应用简明教程.北京：北京航空航天大学出版社,2001

《全国高等学校自动化专业系列教材》丛书书目

教材类型	编号	教材名称	主编/主审	主编单位	备注
\multicolumn{6}{本科生教材}					
控制理论与工程	Auto-2-(1+2)-V01	自动控制原理（研究型）	吴麒、王诗宓	清华大学	
	Auto-2-1-V01	自动控制原理（研究型）	王建辉、顾树生/杨自厚	东北大学	
	Auto-2-1-V02	自动控制原理（应用型）	张爱民/黄永宣	西安交通大学	
	Auto-2-2-V01	现代控制理论（研究型）	张嗣瀛、高立群	东北大学	
	Auto-2-2-V02	现代控制理论（应用型）	谢克明、李国勇/郑大钟	太原理工大学	
	Auto-2-3-V01	控制理论CAI教程	吴晓蓓、徐志良/施颂椒	南京理工大学	
	Auto-2-4-V01	控制系统计算机辅助设计	薛定宇/张晓华	东北大学	
	Auto-2-5-V01	工程控制基础	田作华、陈学中/施颂椒	上海交通大学	
	Auto-2-6-V01	控制系统设计	王广雄、何朕/陈新海	哈尔滨工业大学	
	Auto-2-8-V01	控制系统分析与设计	廖晓钟、刘向东/胡佑德	北京理工大学	
	Auto-2-9-V01	控制论导引	万百五、韩崇昭、蔡远利	西安交通大学	
	Auto-2-10-V01	控制数学问题的MATLAB求解	薛定宇、陈阳泉/张庆灵	东北大学	
控制系统与技术	Auto-3-1-V01	计算机控制系统（面向过程控制）	王锦标/徐用懋	清华大学	
	Auto-3-1-V02	计算机控制系统（面向自动控制）	高金源、夏洁/张宇河	北京航空航天大学	
	Auto-3-2-V01	电力电子技术基础	洪乃刚/陈坚	安徽工业大学	
	Auto-3-3-V01	电机与运动控制系统	杨耕、罗应立/陈伯时	清华大学、华北电力大学	
	Auto-3-4-V01	电机与拖动	刘锦波、张承慧/陈伯时	山东大学	
	Auto-3-5-V01	运动控制系统	阮毅、陈维钧/陈伯时	上海大学	
	Auto-3-6-V01	运动体控制系统	史震、姚绪梁/谈振藩	哈尔滨工程大学	
	Auto-3-7-V01	过程控制系统（研究型）	金以慧、王京春、黄德先	清华大学	
	Auto-3-7-V02	过程控制系统（应用型）	郑辑光、韩九强/韩崇昭	西安交通大学	
	Auto-3-8-V01	系统建模与仿真	吴重光、夏涛/吕崇德	北京化工大学	
	Auto-3-8-V01	系统建模与仿真	张晓华/薛定宇	哈尔滨工业大学	
	Auto-3-9-V01	传感器与检测技术	王俊杰/王家祯	清华大学	
	Auto-3-9-V02	传感器与检测技术	周杏鹏、孙永荣/韩九强	东南大学	
	Auto-3-10-V01	嵌入式控制系统	孙鹤旭、林涛/袁著祉	河北工业大学	
	Auto-3-13-V01	现代测控技术与系统	韩九强、张新曼/田作华	西安交通大学	
	Auto-3-14-V01	建筑智能化系统	章云、许锦标/胥布工	广东工业大学	
	Auto-3-15-V01	智能交通系统概论	张毅、姚丹亚/史其信	清华大学	
	Auto-3-16-V01	智能现代物流技术	柴跃廷、申金升/吴耀华	清华大学	

续表

教材类型	编　　号	教　材　名　称	主编/主审	主编单位	备注
本科生教材					
信号处理与分析	Auto-5-1-V01	信号与系统	王文渊/阎平凡	清华大学	
	Auto-5-2-V01	信号分析与处理	徐科军/胡广书	合肥工业大学	
	Auto-5-3-V01	数字信号处理	郑南宁/马远良	西安交通大学	
计算机与网络	Auto-6-1-V01	单片机原理与接口技术	杨天怡、黄勤	重庆大学	
	Auto-6-2-V01	计算机网络	张曾科、阳宪惠/吴秋峰	清华大学	
	Auto-6-4-V01	嵌入式系统设计	慕春棣/汤志忠	清华大学	
	Auto-6-5-V01	数字多媒体基础与应用	戴琼海、丁贵广/林闯	清华大学	
软件基础与工程	Auto-7-1-V01	软件工程基础	金尊和/肖创柏	杭州电子科技大学	
	Auto-7-2-V01	应用软件系统分析与设计	周纯杰、何顶新/卢炎生	华中科技大学	
实验课程	Auto-8-1-V01	自动控制原理实验教程	程鹏、孙丹/王诗宓	北京航空航天大学	
	Auto-8-3-V01	运动控制实验教程	綦慧、杨玉珍/杨耕	北京工业大学	
	Auto-8-4-V01	过程控制实验教程	李国勇、何小刚/谢克明	太原理工大学	
	Auto-8-5-V01	检测技术实验教程	周杏鹏、仇国富/韩九强	东南大学	
研究生教材					
	Auto(＊)-1-1-V01	系统与控制中的近代数学基础	程代展/冯德兴	中科院系统所	
	Auto(＊)-2-1-V01	最优控制	钟宜生/秦化淑	清华大学	
	Auto(＊)-2-2-V01	智能控制基础	韦巍、何衍/王耀南	浙江大学	
	Auto(＊)-2-3-V01	线性系统理论	郑大钟	清华大学	
	Auto(＊)-2-4-V01	非线性系统理论	方勇纯/袁著祉	南开大学	
	Auto(＊)-2-6-V01	模式识别	张长水/边肇祺	清华大学	
	Auto(＊)-2-7-V01	系统辨识理论及应用	萧德云/方崇智	清华大学	
	Auto(＊)-2-8-V01	自适应控制理论及应用	柴天佑、岳恒/吴宏鑫	东北大学	
	Auto(＊)-3-1-V01	多源信息融合理论与应用	潘泉、程咏梅/韩崇昭	西北工业大学	
	Auto(＊)-4-1-V01	供应链协调及动态分析	李平、杨春节/桂卫华	浙江大学	

教师反馈表

感谢您购买本书！清华大学出版社计算机与信息分社专心致力于为广大院校电子信息类及相关专业师生提供优质的教学用书及辅助教学资源。

我们十分重视对广大教师的服务，如果您确认将本书作为指定教材，请您务必填好以下表格并经系主任签字盖章后寄回我们的联系地址，我们将免费向您提供有关本书的其他教学资源。

您需要教辅的教材：	
您的姓名：	
院系：	
院/校：	
您所教的课程名称：	
学生人数/所在年级：	_____人/ 1 2 3 4 硕士 博士
学时/学期	_____学时/_____学期
您目前采用的教材：	作者：_____ 书名：_____ 出版社：_____
您准备何时用此书授课：	
通信地址：	
邮政编码：	联系电话
E-mail：	
您对本书的意见/建议：	系主任签字 盖章

我们的联系地址：

清华大学出版社 学研大厦 A602，A604 室
邮编：100084
Tel：010-62770175-4409, 3208
Fax：010-62770278
E-mail：liuli@tup.tsinghua.edu.cn; hanbh@tup.tsinghua.edu.cn